Geschichte der Raumfahrt bis 1975

André T. Hensel

Geschichte der Raumfahrt bis 1975

Vom Wettlauf ins All bis zur Mondlandung

3., vollständig überarbeitete und erweiterte Auflage

 Springer

André T. Hensel
Fachhochschule Kärnten (Carinthia University
of Applied Sciences)
Villach, Österreich

ISBN 978-3-662-64572-7   ISBN 978-3-662-64573-4   (eBook)
https://doi.org/10.1007/978-3-662-64573-4

Die Deutsche Nationalbibliothek verzeichnet diese Publikation in der Deutschen Nationalbibliografie;
detaillierte bibliografische Daten sind im Internet über http://dnb.d-nb.de abrufbar.

Ursprünglich erschienen unter dem Titel: Von der V2 über Sputnik zu Apollo, bei AV Akademikerverlag,
Saarbrücken 2013
© Springer-Verlag GmbH Deutschland, ein Teil von Springer Nature 2013, 2019, 2023

Einbandmotiv: © NASA

Planung/Lektorat: Gabriele Ruckelshausen
Springer ist ein Imprint der eingetragenen Gesellschaft Springer-Verlag GmbH, DE und ist ein Teil von
Springer Nature.
Die Anschrift der Gesellschaft ist: Heidelberger Platz 3, 14197 Berlin, Germany

In Memoriam

„*Die Eroberung des Weltraums ist das Risiko von Menschenleben wert.*" Virgil I. Grissom (1926–1967), Astronaut von Mercury 4, Gemini 3 und Apollo 1.

„*Neuland zu entdecken und zu erforschen ist für mich das Risiko wert.*" *Thomas A. Reiter (*1958), Astronaut von Euromir 95 (Sojus TM-22, Mir EO-20) sowie der ISS-Expeditionen 13 & 14 (STS-121 & 116).*
Bell X-2 Starbuster † 12.05.1953: Lt. Jean L. Ziegler (*1920).
Bell X-2 Starbuster † 27.09.1956: Cpt. Milburn G. Apt (*1924).
Lockheed F-104 Starfighter † 26.07.1958: Cpt. Iven C. Kincheloe (*1928).
Institut für Luft- und Raumfahrtmedizin Moskau † 23.03.1961: Oberleutnant Walentin W. Bondarenko (*1937).
Northrop T-38 Talon † 31.10.1964: Cpt. Theodore C. Freeman (*1930).
Northrop T-38 Talon † 28.02.1966: Cdr. Elliot M. See (*1927), Maj. Charles A. Bassett (*1931).
Lockheed F-104 Starfighter † 08.06.1966: Cpt. Joseph A. Walker (*1921).
Apollo 1 † 27.01.1967: Lt. Col. Virgil I. Grissom (*1926), Lt. Col. Edward H. White (*1930), Lt. Cdr. Roger B. Chaffee (*1935). Sojus 1 † 24.04.1967: Hauptmann Wladimir W. Komarow (*1927).
Volkswagen VW Käfer † 06.06.1967: Maj. Edward G. Givens (*1930).
Republic F-105 Thunderchief † 13.09.1967: Lt. Col. Russell L. Rogers (*1928).

Northrop T-38 Talon † 05.10.1967: Maj. Clifton C. Williams (*1932).
North American NAA X-15 † 15.11.1967: Maj. Michael J. Adams (*1930).
Lockheed F-104 Starfighter † 08.12.1967: Maj. Robert H. Lawrence (*1935).
Mikojan i Gurewitsch MiG-15 † 27.03.1968: Oberst Juri A. Gagarin (*1934).
Northrop T-38 Talon † 04.09.1970: Lt. Col. James M. Taylor (*1930). Sojus
11 † 29.06.1971: Oberstleutnant Georgi T. Dobrowolski (*1928), Ing. Wiktor
I. Pazajew (*1933), Ing. Wladislaw N. Wolkow (*1935).
Tupolew Tu-144 † 03.06.1973: Wladimir N. Benderow (*1924).

Geleitwort zur 2. Auflage 2019

Die Landung der ersten Menschen auf dem Mond vor über fünfzig Jahren war das Ergebnis eines der größten Innovationsprozesse, den die Geschichte bis dahin erlebt hat. Der vorliegende erste Band zur Geschichte der Raumfahrt beschreibt diesen Innovationsprozess von der Idee bis zur praktischen Umsetzung. Dieser Prozess vollzog sich über ziemlich genau ein Jahrhundert. Die Idee wurde 1865 von Jules Verne in seinem Science-Fiction-Roman *Von der Erde zum Mond* formuliert. Der russische Autodidakt Konstantin Ziolkowski entwarf um die Jahrhundertwende die physikalischen Grundgleichungen für die Entwicklung von Weltraumraketen. Während des Zweiten Weltkrieges baute ein innovatives Ingenieurteam um Wernher von Braun die erste Großrakete, die bis an den Rand des Weltraumes vorstieß. Der erste praktische Einsatz diente der Bombardierung Londons. Innovationen können auch missbräuchlich angewendet werden. In der Nachkriegszeit dienten die Innovationen in der Raketentechnologie zunächst dem Bau von ballistischen Interkontinentalraketen, mit denen sich die beiden Atommächte USA und Sowjetunion gegenseitig bedrohten. Alle Trägerraketen für die Raumfahrzeuge der 1950er- und 60er-Jahre waren Derivate solcher Atomraketen. Es gab nur eine Ausnahme: die Rakete vom Typ Saturn, die das Apollo-Raumschiff zum Mond beförderte.

Innovation bedeutet auch, scheinbar unüberwindliche Grenzen zu überschreiten und in neue Sphären vorzustoßen – das, was einige Jahrzehnte zuvor noch als Hirngespinst abgetan wurde, Wirklichkeit werden zu lassen. Als Professor Robert Goddard 1920 seine Abhandlung über die Zukunft der Raketentechnologie veröffentlichte, zog er sich den Spott der Presse zu, weil er behauptete, dass man in nicht allzu ferner Zukunft mit Raketen bis zum Mond fliegen könnte. Diese Vision erschien den meisten Menschen damals vollkommen absurd. 40 Jahre später erklärte Präsident Kennedy die Vision, Menschen auf den Mond zu bringen, zum nationalen Ziel der USA. Das größte staatliche Förderprogramm für innovative Spitzentechnologie löste den sogenannten Apollo-Rush aus, einen gewaltigen Innovationsschub. Viele Techniken und Materialien, die heutzutage im Automobilbau Standard sind, wurden damals entwickelt. Auch der aktuelle Trend von Fahrassistenzsystemen bis hin zum autonomen Fahren hat in den automatischen Steuerungs- und Regelungssystemen der Raumfahrzeuge ihren Ursprung. Unser heutiger Alltag wäre ohne die Raumfahrt nicht möglich: Die moderne Telekommunikation, Navigation und Wettervorhersage stützt sich auf Satellitennetze im Orbit.

Die Anforderungen der in der Raumfahrt eingesetzten Systeme sind enorm: Sie müssen möglichst leicht und kompakt sein, gleichzeitig jedoch möglichst viele verschiedene Anwendungsmöglichkeiten bieten und unter widrigsten Bedingungen absolut zuverlässig funktionieren. Die Raumfahrt war, ist und bleibt ein großer Innovationstreiber. Die Geschichte dieses Innovationsprozesses hat nichts von ihrer Faszination verloren. Ein halbes Jahrhundert nach dem Ende des Apollo-Mondprogramms lohnt sich ein Blick zurück in die Pionierzeit der Raumfahrt.

André Hensel ist es gelungen, eine detaillierte, informative und umfassende Geschichte der Pionierzeit der Raumfahrt zu schreiben, die dennoch kurzweilig und spannend zu lesen ist.

Allen Leserinnen und Lesern wünsche ich angenehme, anregende und erkenntnisreiche Stunden bei der Lektüre dieses Buches.

Villach   FH-Prof. Dr. Peter Granig
im März 2019   Professor für Innovations-
                                              management und Rektor der Fach-
                                                     hochschule Kärnten

Vorwort zur 3. Auflage

Das vorliegende Werk bildet den 1. Band einer Trilogie zur Geschichte der Raumfahrt:

1. Der erste Band befasst sich mit der Pionierzeit der Raumfahrt bis 1975. Schwerpunkte der Darstellung sind die theoretische Begründung der Kosmonautik zur Jahrhundertwende, die ersten praktischen Versuche in der Zwischenkriegszeit, das deutsche Raketenprogramm im Zweiten Weltkrieg sowie der Wettlauf ins All (Space Race) in der Nachkriegszeit zwischen den beiden Supermächten USA und Sowjetunion vor dem Hintergrund des Kalten Krieges mit der bemannten Mondlandung als Höhepunkt. Folgende Raumfahrtprogramme werden ausführlich behandelt: V2 (Deutsches Reich), Sputnik, Lunik bzw. Luna, Wostok, Woschod, LOK, Sojus und Saljut 1–3 (Sowjetunion) sowie Explorer, Discoverer, Surveyor, Mercury, Gemini, Apollo und Skylab (USA). Das erste gemeinsame amerikanisch-sowjetische Raumfahrtprogramm, das Apollo-Sojus-Test-Projekt (ASTP) im Jahr 1975 bildet den Abschluss der Pionierzeit der Raumfahrt und des ersten Bandes. Im Vergleich zur vorhergehenden 2. Auflage, welche die Geschichte der Raumfahrt bis 1970 behandelt hat, wurde die vorliegende 3. Auflage um den Wettlauf um das erste Raumlabor (Saljut versus Skylab), das ASTP und um ein Kapitel über die Anfänge der westeuropäischen Raumfahrt (ESRO und ELDO mit der Europa-Rakete) erweitert.
2. Der zweite Band befasst sich mit dem Zeitraum von 1975 bis 2000. Der Fokus liegt hierbei auf den bemannten Raumfahrtprogrammen der USA und der Sowjetunion, wobei in den 1970er und 1980er Jahren noch

der Ost-West-Konflikt dominierte, während man in den 1990er Jahren zu einer Ost-West-Kooperation übergegangen ist. Schwerpunkte der Darstellung sind einerseits Die freifliegenden Raumlabore bzw. Raumstationen Saljut 4–7 und Mir (SU/RUS) und andererseits die Raumfähren Space Shuttle (USA) und Buran (SU). In diesem Zusammenhang werden in eigenen Abschnitten auch die Beiträge der westeuropäischen bemannten Raumfahrt, d. h. Spacelab und Euromir, ausführlich behandelt. Darüber hinaus wird auch das unbemannte Ariane-Programm der ESA (Ariane 1–4) in einem eigenen Kapitel behandelt.

3. Der dritte Band behandelt die Geschichte der Raumfahrt seit 2000. Schwerpunkte der Darstellung sind die Internationale Raumstation ISS, das europäische Ariane-Programm (Ariane 5 und 6), das Mondprogramm Artemis, der asiatische Wettlauf ins All sowie die Erforschung des Sonnensystems mit Raumsonden und des Universums mit Weltraumteleskopen. Einen weiteren Schwerpunkt bildet das Trendthema New Space, d. h. die Privatisierung und Kommerzialisierung der Raumfahrt. Ein Ergänzungsband soll sich mit den Zukunftsthemen der Raumfahrt beschäftigen, darunter Weltraumtourismus (Space Tourism), Weltraumbergbau (Space Mining), Weltraumproduktion (Space Manufacturing) sowie Weltraumkolonisation (Space Colonization) und Erdumwandlung (Terraforming).

Vor über einem halben Jahrhundert landeten die ersten Menschen auf dem Mond. Dieses welthistorische Ereignis stellt zweifellos einen Höhepunkt des Industriezeitalters dar und steht exemplarisch für die Dritte Industrielle Revolution. Während die erste Weltumsegelung von Magellan im 16. Jahrhundert noch volle 3 Jahre dauerte, umfuhr das Luftschiff LZ-127 Graf Zeppelin im Jahr 1929 die Erde in 35 Tagen. 1938 umflog Howard Hughes die nördliche Hemisphäre mit einem Flugzeug in nur 91 Stunden. 1947 durchbrach Chuck Yeager mit dem Raketenflugzeug X-1 als erster Mensch die Schallmauer. 1961 flog der erste Mensch in den Weltraum. Der sowjetische Kosmonaut Juri Gagarin umkreiste in der Raumkapsel Wostok 1 die Erde in gerade einmal 90 Minuten. 1968 flogen erstmals Menschen zum Mond. Das Raumschiff Apollo 8 mit Frank Borman, Jim Lovell und Bill Anders an Bord benötigte für den rund 400.000 km langen Flug von der Erde zum Mond nur 3 Tage. Diese Beispiele zeigen die ungeheuren Fortschritte auf dem Gebiet der motorisierten Fortbewegung durch die Luft- und Raumfahrt innerhalb von nur 4 Jahrzehnten. Wesentliche Investitions- & Innovationsschübe lieferten die 3 Weltkriege des 20. Jahrhunderts: Der 1. Weltkrieg, der 2. Weltkrieg und der Kalte Krieg. Damit bestätigte sich bei der Luft- und Raumfahrt wie bei so vielen anderen bahnbrechenden Entwicklungen der Technikgeschichte die alte Weisheit des antiken griechischen Philosophen Heraklit von Ephesos (520–460 v. Chr.), nämlich dass der Krieg der Vater aller Dinge sei.

Dieser erste Band der Trilogie zur Geschichte der Raumfahrt widmet sich der Pionierzeit der Raumfahrt von den Anfängen bis zu den ersten bemannten Raumlaboren. Diese Pionierzeit wird in der Literatur als Wettlauf ins All beziehungsweise auf Englisch Race to Space oder kurz Space Race genannt. Dieser Wettlauf war von zahlreichen spektakulären Erfolgen wie Erstleistungen und Rekorden geprägt, aber auch von Rückschlägen und Katastrophen. Die Weltöffentlichkeit hat in dieser Zeit die Raumfahrtaktivitäten mit großem Interesse verfolgt. Dabei ging es nicht nur um die Faszination an der Technik und der Eroberung neuer Sphären, sondern auch um die Demonstration der Leistungsfähigkeit des jeweiligen Systems. In dieser Zeit besaßen nur zwei Staaten die nötigen Ressourcen, um umfangreiche Raumfahrtprogramme durchführen zu können, nämlich die beiden Supermächte USA und Sowjetunion. Da diese beiden Mächte in der Nachkriegszeit in einem globalen Systemwettstreit gegeneinander standen, entwickelte sich der erdnahe Weltraum zum größten Kriegsschauplatz des Kalten Krieges. Wer hier die Nase vorn hatte, galt als überlegen und konnte daraus auch einen irdischen Führungsanspruch ableiten

Der Wettlauf ins All begann bereits 1945 mit dem Wettlauf der beiden Hauptsiegermächte des Zweiten Weltkrieges um die deutsche Raketentechnologie. Deutsche Ingenieure um Wernher von Braun hatten in der ersten Hälfte der 40er Jahre mit dem *Aggregat Vier* (A4) die erste Weltraumrakete entwickelt, welche die deutsche Wehrmacht im letzten Kriegsjahr unter der Bezeichnung *Vergeltungswaffe Zwei* (V2) zur Bombardierung von London eingesetzt hatte. Parallel dazu wurden im Dritten Reich auch die ersten Raketenflugzeuge entwickelt, gebaut und eingesetzt (He 176 und Me 163). Ein Hauptgrund für den deutschen Vorsprung in der Raketentechnologie lag in den Bestimmungen des Versailler Vertrages von 1919, in welchem der Reichswehr diverse schwere Waffen verboten wurden, ohne dabei jedoch die Raketen zu berücksichtigen. Diese Vertragslücke hatte man ausgenutzt. Kurz vor Kriegsende kam es sogar zum ersten bemannten Senkrechtstart mit Raketenantrieb (Ba 349). Obwohl den Amerikanern der Großteil der deutschen Technologie und auch der Ingenieure in die Hände gefallen war, versäumten sie es in den folgenden zehn Jahren, ihren Startvorteil zu nutzen. Dies lag einerseits am internen Konkurrenzkampf der drei Teilstreitkräfte Armee, Marine und Luftwaffe, zum anderen auch an der strategischen Planung der Luftwaffe, die der Modernisierung ihrer

Luftflotten (Umrüstung von Propeller- auf Düsenantrieb) oberste Priorität einräumte, während die Raketenentwicklung vernachlässigt wurde.

In der zentralistisch-diktatorischen Sowjetunion wurden dagegen sämtliche Anstrengungen gebündelt. Zudem bevorzugte man einfache, improvisierte und robuste Lösungen, die schnelle Erfolge ohne langwierige und aufwändige technologische Grundlagenforschung versprachen. Da die sowjetischen Atombomben größer und schwerer waren und die Sowjetunion bis 1959 auch keine Verbündeten auf dem amerikanischen Kontinent hatte, musste sie zwangsläufig auch größere Raketen mit mehr Reichweite bauen. Die Sowjetunion war umringt von alliierten Verbündeten der USA: Von der Bundesrepublik Deutschland im Westen über die Türkei im Süden bis zu Japan im Osten. Von dort aus konnten jederzeit Bombenflugzeuge oder Kurz- und Mittelstreckenraketen mit atomaren Sprengköpfen sowjetisches Territorium erreichen. Umgekehrt waren die USA durch den Pazifik im Westen und den Atlantik im Osten geschützt. Die Sowjetunion stand daher unter dem Zugzwang, der unmittelbaren atomaren Bedrohung entlang ihrer Außengrenzen ein adäquates Bedrohungspotenzial gegenüber der feindlichen Supermacht USA aufzubauen. Daher stellte der militärisch-industrielle Komplex der Sowjetunion schon Anfang der 1950er Jahre deutlich mehr Ressourcen für die Entwicklung einer Interkontinentalrakete zur Verfügung als das amerikanische Verteidigungsministerium.

Ein sowjetisches Ingenieurteam unter der Leitung von Sergej Koroljow entwickelte Mitte der 50er Jahre mit der Rakete Nr. 7 (Raketa Semjorka, R-7) die erste Trägerrakete, die in der Lage war, eine tonnenschwere Nutzlast in die Erdumlaufbahn (Orbit) zu befördern. Alle sowjetischen Trägerraketen der folgenden Jahrzehnte basierten auf dem Konzept der R-7. Dadurch entstand die sogenannte Raketenlücke (Missile Gap), die der Sowjetunion Ende der 50er und Anfang der 60er Jahre sensationelle Erfolge bescherte. Hinzu kam ein entscheidender Informationsvorsprung: Während die Sowjets ihre Raumfahrtprogramme unter strengster Geheimhaltung planten, wurden sie in den USA vorher angekündigt. So wussten die Sowjets immer, wann die USA den nächsten Schritt planten, während die Amerikaner umgekehrt nicht wussten, was in den Weiten der kasachischen Steppe vor sich ging.

Der Start des ersten Satelliten löste 1957 in den USA den sogenannten Sputnik-Schock (Sputnik Crisis) aus, denn nun wurde plötzlich auch der amerikanischen Öffentlichkeit klar, dass die Kombination aus Atombombe und Weltraumrakete, die Atomrakete, das entscheidende und beherrschende Waffensystem des Kalten Krieges war. Die Regierung handelte und bündelte die Raumfahrtprogramme unter der Ägide der neu gegründeten nationalen Luft- und Weltraumbehörde NASA.

Bevor die Maßnahmen griffen, gelang es der Sowjetunion 1961 mit dem Kosmonauten Juri Gagarin in der Raumkapsel Wostok den ersten Menschen in den Weltraum zu befördern. Es folgten noch bis Mitte der 60er Jahre weitere sensationelle Erstleistungen wie der erste Doppelflug von zwei Wostok-Kapseln 1962, die erste Frau im Weltraum 1963, die erste Dreierbesatzung in einer Raumkapsel vom Typ Woschod 1964, sowie der erste Weltraumausstieg 1965.

Diese spektakulären Erfolge täuschten jedoch darüber hinweg, dass sich parallel zur Raketenlücke zugunsten der Sowjetunion eine Technologielücke (Technology Gap) zugunsten der USA auftat. Aufgrund der geringeren Nutzlastkapazitäten der amerikanischen Trägerraketen mussten die amerikanischen Raumkapseln vom Typ Mercury und Gemini wesentlich leichter und kompakter gebaut werden. Außerdem sollten die Astronauten im Gegensatz zu den Kosmonauten ihre Raumkapsel selber steuern können. Zu diesem Zweck entstanden in den USA neue Forschungsfelder und ein neuer Industriezweig, die Raumfahrtindustrie. Die bemannten US-Raumfahrtprogramme in der zweiten Hälfte der 60er Jahre – Gemini und Apollo – waren das bis dahin größte staatliche Forschungs- und Entwicklungsprogramm für innovative Spitzentechnologie (High-Tech). Insgesamt waren 150 Universitäten und Forschungseinrichtungen sowie 20.000 Firmen mit rund 400.000 Mitarbeitern an diesen Programmen beteiligt. Um diese Einrichtungen zu vernetzen wurde das Internet erfunden, welches die moderne Informations- und Wissensgesellschaft seitdem prägt. Während in der Sowjetunion gegenseitige Bespitzelung und Kontrolle vorherrschte und jeder gerade nur so viel wissen sollte, wie er zur Erfüllung seiner individuellen Aufgaben brauchte, entwickelte sich in den USA ein reger, landesweiter Informations- und Wissensaustausch. So entstand zusätzlich noch eine Wissenskluft (Knowledge Gap). Um die ungeheuren Datenmengen zu sammeln und zu verarbeiten wurde viel in die Entwicklung von Großrechnern investiert. Parallel dazu mussten für die Raumfahrzeuge sehr kompakte aber dennoch leistungsfähige Computer zur Kontrolle und Steuerung der komplexen Systeme entwickelt werden. Der Technologische Vorsprung der USA erlebte in der zweiten Hälfte der 60er Jahre mit dem Wettlauf zum Mond seinen Durchbruch. Auch wenn die Sowjetunion im Nachhinein bestritt, sich an diesem Wettlauf beteiligt zu haben, gab es tatsächlich streng geheime Projekte für die Mondrakete Nositel (N-1) und das Raumschiff Lunnij Orbitalnij Korabl (LOK), welches aus dem für den Erdorbit konzipierten Raumschiff vom Typ Sojus entwickelt werden sollte. Die Prototypen waren jedoch unausgereift und nicht konkurrenzfähig. Hier stieß das sowjetische Know-how an seine Grenzen. Den USA gelang es dagegen mit der Saturn eine leistungsfähige Mondrakete zu entwickeln und die Raketenlücke zu schließen sowie mit dem Apollo-System ein erstes Raumschiff für den Bemannten Flug zu einem anderen Himmelskörper zu bauen. Die Landung von Menschen auf dem Mond bildete den krönenden Abschluss des Wettlaufes zum Mond. Die Bilder der Astronauten auf dem Mond täuschen jedoch darüber hinweg, dass es auch einen unbemannten Wettlauf zum Mond gegeben hat, welchen die Sowjetunion in allen Teildisziplinen gewonnen hat.

Anfang der 1970er Jahre kam es schließlich noch zu einem dramatischen Wettlauf um das erste freifliegende Raumlabor (Free Flyer). Während die sowjetischen Raumlabore Saljut 1 bis 3 scheiterten und auch 3 Kosmonauten das Leben kostete (Sojus 11), gelang es den USA mit dem Skylab das erste Raumlabor erfolgreich bemannt zu betreiben. Man einigte sich schließlich 1975 auf das erste gemeinsame amerikanisch-sowjetische Raumfahrtprogramm, das Apollo-Sojus-Test-Projekt (ASTP). Es bildete den versöhnlichen Abschluss der Pionierzeit der Raumfahrt.

Das letzte Kapitel des 1. Bandes der Trilogie zur Geschichte der Raumfahrt befasst sich mit den Anfängen der westeuropäischen Raumfahrt in der Nachkriegszeit. Zunächst werden die nationalen Raumfahrtaktivitäten in der Bundesrepublik Deutschland, Großbritannien und Frankreich beschrieben. Anschließend werden die ersten Versuche einer gemeinsamen westeuropäischen Raumfahrtpolitik mit der Weltraumforschungsorganisation ESRO und der Trägerraketen-Entwicklungsorganisation ELDO mit der gescheiterten Europa-Rakete beschrieben. Den Abschluss bildet die Fusion von ESRO und ELDO zur europäischen Raumfahrtagentur ESA im Jahr 1975.

Virgil Grissom, der zusammen mit zwei Kollegen 1967 im Raumschiff Apollo 1 ums Leben kam, hat einmal in einem Interview folgenden bemerkenswerten Satz gesagt: *„Die Eroberung des Weltraums ist das Risiko von Menschenleben wert"*[1].

Thomas Reiter, der einzige Deutsche, der zur Stammbesatzung von zwei verschiedenen Raumstationen (Mir und ISS) gehörte, nahm den Faden auf und schrieb: *„Neuland zu entdecken und zu erforschen ist für mich das Risiko wert."*[2]

Diese Sätze sind zeitlos und allgemein gültig. Man könnte genauso gut auch die Eroberung der Weltmeere oder des Luftraumes, die Besteigung der höchsten Gipfel oder die Entdeckung neuer Kontinente einsetzen. Seit

---

[1] Zit. nach: Woydt, Hermann. 2017. *SOS im Weltraum*. Stuttgart: Motorbuch, S. 4.

[2] Reiter, Thomas. 2010. Leben in der Umlaufbahn. Warum sich Weltraumforschung lohnt – beruflich wie privat. In: *Schwerelos. Europa forscht im Weltraum*. (= Spektrum der Wissenschaft Extra). Heidelberg: Spektrum der Wissenschaft, S. 8.

Jahrtausenden riskieren abenteuerlustige Menschen ihr Leben um dorthin vorzudringen, wo vor ihnen noch kein Mensch war. Dieser Entdeckungs-, Erforschungs- und Erkenntnistrieb ist eines der wesentlichen Merkmale, die uns Menschen von den Tieren unterscheidet. Sie ist seit jeher eine Triebfeder für die Entwicklung und den Fortschritt menschlicher Zivilisation. Unsere überragende Intelligenz hat es uns zudem ermöglicht, Fahrzeuge zu konstruieren und zu bauen, mit denen wir alle Länder und Meere befahren und uns sogar in die Lüfte erheben konnten. Der Straßen-, See- und Luftverkehr erfordert große Investitionen in die Infrastruktur und verursacht immer wieder tödliche Unfälle. Der Weltraum stellt die vierte Dimension dar, in welche sich die Menschheit ausbreitet. Die technischen Herausforderungen zur Eroberung dieser vierten Dimension sind ungleich größer und aufwendiger. Es ist jedenfalls ein Versuch wert. Genauso wie es vor über 500 Jahren auch für Christoph Columbus einen Versuch wert war, über den großen Ozean um die Erde herum zu segeln. Immerhin waren die theologischen und wissenschaftlichen Autoritäten zu dieser Zeit noch der Meinung, dass die Erde eine Scheibe mit nur drei Kontinenten sei und man am Rand dieser Scheibe über einen endlosen Wasserfall ins Bodenlose abstürzen würde. Die Raumfahrt hat uns eine neue Welt eröffnet, die viel größer ist als unsere irdische. Gleichzeitig hat sie uns aber auch die Beschränktheit und Verletzlichkeit unseres Heimatplaneten vor Augen geführt. Dies wurde der Menschheit erst so richtig bewusst, als die ersten Menschen zum Mond geflogen sind und von dort aus die Erde fotografiert haben. Vor allem zwei Bilder sind als Ikonen der Friedens- und Umweltschutzbewegung in die Geschichte eingegangen: *Earthrise* (Erdaufgang), aufgenommen am Weihnachtstag 1968 von dem ersten bemannten Mondflug Apollo 8 und *Blue Marble* (Blaue Murmel), aufgenommen im Dezember 1972 vom letzten bemannten Mondflug Apollo 17. Buzz Aldrin, der nach Neil Armstrong im Juli 1969 als zweiter Mensch den Mond betrat, beschrieb die Mondlandschaft als eine *„magnificent desolation"* (grandiose Trostlosigkeit): Eine graue Szenerie aus Staub und Steinen ohne einen einzigen Lufthauch, eine Totenstille ohne das geringste Anzeichen von Leben, eine erbarmungslos brennende, ungefilterte Sonne und über dem Horizont ein kalter, schwarzer Himmel. Michael Light schreibt dazu: *„Das kühnste Unterfangen der Menschheit, das von ihrem Heimatplaneten wegführte, wies von Beginn an unerbittlich in die andere Richtung: Zurück zur Erde."*[3]

---

[3] Light, Michael. 2002. *Full Moon*. München: Frederking & Thaler, letzte S. im Nachwort (ungezählt).

Da die bemannte Raumfahrt riskant ist und immer wieder Menschenleben gefordert hat, widme ich diesen Band den bei der Ausübung ihres
Berufes bis zum Jahr 1975 ums Leben gekommenen Raumfahrern. Auf
der Gedenkseite habe ich insgesamt 23 Luft- und Raumfahrer chrono-
logisch zum Zeitpunkt des jeweiligen tödlichen Unfalles aufgelistet (vgl. In
Memoriam). 4 Raumfahrer sind bei Feuerunfällen im Rahmen von Bodentest verbrannt und 14 weitere bei Test- bzw. Trainingsflügen mit Luftfahrzeugen abgestürzt. Einer ist bei einem Verkehrsunfall während einer
Dienstreise mit dem Auto ums Leben gekommen. 4 Raumfahrer sind
bei Raumfahrtmissionen tödlich verunglückt, allerdings nicht im Orbit,
sondern beim Wiedereintritt in die Erdatmosphäre (Sojus 11) bzw. bei
der Landung (Sojus 1). Die kritischsten und gefährlichsten Phasen einer
Raumfahrtmission sind Start und Landung, obwohl sie jeweils nur ein paar
Minuten dauern. Das bedeutet nicht, dass die Raumflugphase dazwischen
ungefährlich sei. Es gab zahlreiche gefährliche Zwischenfälle im Weltraum,
der bekannteste war wohl die Explosion des Sauerstofftanks im Servicemodul von Apollo 13 auf dem Flug zum Mond 1970. Nicht berücksichtigt
habe ich in meiner Liste die unzähligen namenlosen Arbeiter, Ingenieure
und Techniker, die bei verschiedenen Unfällen in den Raumfahrtzentren
ums Leben gekommen sind. Die größte Katastrophe dieser Art ist 30 Jahre
lang totgeschwiegen worden und wurde erst nach dem Zusammenbruch
der Sowjetunion und dem Ende des Kalten Krieges bekannt: Im Jahr 1960
ist auf dem Kosmodrom Baikonur eine vollgetankte Interkontinentalrakete vom Typ R-16 rund eine Stunde vor dem geplanten Start explodiert.
Zu diesem Zeitpunkt hatten sich noch rund 250 Personen in der Nähe
der Startrampe befunden. Über 120 von Ihnen kamen in dem Flammen-
inferno ums Leben, welches erst nach dem Untergang der Sowjetunion
bekannt wurde und schließlich als Nedelin-Katastrophe in die Geschichte
eingegangen ist.
   In diesem Zusammenhang seien mir ein paar grundsätzliche Hinweise
erlaubt: Im Text wird wegen der besseren Lesbarkeit auf Gender-Symbole
(Asterisk, Gap) verzichtet. Auch sind nicht jedes Mal die Endungen für
alle Geschlechter angeführt, es sind jedoch stets alle Geschlechter gemeint.
Darüber hinaus wird immer noch das alte Adjektiv „bemannt" verwendet.
Im Zuge des Gendering wird es im deutschsprachigen Raum zunehmend
durch „astronautisch" ersetzt. Dieser Begriff ist jedoch auch nicht inklusiv,
da er die kosmonautische (russ.) und die taikonautische (chines.) Raumfahrt nicht berücksichtigt. Im angloamerikanischen Raum tut man sich dies-
bezüglich wesentlich leichter: Anstatt „manned" wird einfach „crewed" oder

„human" verwendet. Alle Dollar-Angaben im Buch werden mit $ abgekürzt und beziehen sich ausschließlich auf den United States Dollar.

Abschließend noch ein paar Worte zur persönlichen Motivation:

Das Interesse an der Raumfahrt wurde mir quasi in die Wiege gelegt. Meine Großmutter und Großtante haben Anfang der 40er Jahre in der Kantine des Raketenentwicklungswerkes der Heeresversuchsanstalt (HVA) Peenemünde gearbeitet. Dieses befand sich direkt neben der technischen Direktion und dem Offizierskasino. Die Versorgung mit Lebensmitteln und Getränken ließ keine Wünsche offen um das Raketenentwicklungsteam rund um Wernher von Braun bei Laune zu halten und zu verhindern, dass in der hermetisch von der Außenwelt abgeriegelten, künstlichen Kleinstadt ein Lagerkoller aufkam. Nach erfolgreichen Testversuchen wurden bis spät in die Nacht rauschende Feste gefeiert. In der Freizeit konnte man an den Strand gehen. Peenemünde wurde mir als eine paradiesische Insel inmitten des Krieges beschrieben. Von den Zwangsarbeiterlagern war keine Rede, genauso wenig wie von der Absicht, mit den Raketen die Londoner Zivilbevölkerung zu terrorisieren. Wernher von Braun wurde mir als eine charismatische Persönlichkeit geschildert, welche die Blicke auf sich zog, wenn sie den Raum betrat. Ein angeblich gutaussehender, höflicher, gebildeter, wohlerzogener Mann aus adeligem Hause. Ein junges Genie im Alter von Ende 20, welches von den jungen Frauen im Alter von Anfang 20 verehrt und umschwärmt wurde. Dass er einen faustischen Pakt mit dem Teufel geschlossen hatte, um seine Raumfahrtvisionen verwirklichen zu können, war den jungen Frauen damals noch nicht bewusst. Mein Vater Dr. Hartmut Hensel hat nach dem Abschluss seines Maschinenbaustudiums Mitte der 60er Jahre an der Raketenschule des Heeres (RakS H) beim Raketenartillerielehrbataillon (RakArtLBtl) 1 in Eschweiler bei Aachen Werkstoffkunde und Werkzeugmaschinen unterrichtet. Durch die Erzählungen meiner Verwandten wurde mein Interesse an der Raumfahrt geweckt und somit befasse ich mich bereits in dritter Generation mit diesem Thema. Als Teenager war ich Abonnent der Flug Revue und besaß ein Spiegelteleskop mit welchem ich nächtelang den Mond, die Planeten und die Sterne beobachtet habe. Als es im Rahmen meines Studiums der Geschichte an der Alpen-Adria-Universität Klagenfurt um das Thema meiner Diplomarbeit ging, war die Geschichte der Raumfahrt die logische Antwort. Schwerpunkt meiner wissenschaftlichen Abschlussarbeit war der Wettlauf zwischen den Supermächten zur Eroberung des Weltraums vor dem Hintergrund des Kalten Krieges. Anlässlich des 50. Jahrestages der ersten Mondlandung 2019 gewährte mir der Verlag Springer die Möglichkeit, mich nochmals intensiv mit diesem Thema zu beschäftigen und eine überarbeitete Version zu publizieren. Für die 3. Auflage 2022 habe ich mein Werk nochmals aktualisiert, überarbeitet und erweitert. Deckte die 2. Auflage den Zeitraum bis 1970 ab, so reicht die 3. Auflage bis 1975 und inkludiert damit auch den Wettlauf um das erste Raumlabor (Skylab versus Saljut) sowie das erste gemeinsame Ost-West-Raumfahrtprojekt ASTP. Darüber hinaus gibt es auch ein neues Kapitel, welches die Anfänge der westeuropäischen Raumfahrt beschreibt.

Villach   Mag. André T. Hensel MSc
im September 2023

Danksagung

Ich danke meinen Eltern DDipl.-Ing. Dr. Hartmut und Maria Elisabeth Hensel für ihre Geduld und ihre finanzielle Unterstützung während meines Studiums.

Meinen inzwischen leider schon verstorbenen Mentoren Univ.-Prof. Dr. Norbert Schausberger und Univ.-Prof. Mag. Dr. Karl Stuhlpfarrer, die mich während der Abfassung meiner Diplomarbeit an der Alpen-Adria-Universität Klagenfurt vorbildlich betreut haben, bin ich in großer Dankbarkeit verbunden und halte ihr Andenken in Ehren.

Ein herzliches Dankeschön meiner Frau Prof. Mag. Christine Hensel und meinem ehemaligen Studienkollegen und Freund Dir. Mag. Dr. Bernhard Erler, MBA für das Korrekturlesen.

Ebenso danke ich meinem rotarischen Paten und Kollegen FH-Prof. Dr. Christoph Ungermanns, Professor für Physik an der Fachhochschule Kärnten, für die Überprüfung der technisch-physikalischen Formeln.

Ich danke meinem Vorgesetzten, FH-Prof. Mag. Dr. Peter Granig, Professor für Innovationsmanagement und Rektor der Fachhochschule Kärnten, für sein Geleitwort zu meinem Werk.

Special thanks to my colleague and friend Cpt. Marvin D. Hoffland, MSc, Professor of English at the Carinthia University of Applied Sciences, for the translation of the summary.

Many thanks to the National Aeronautics and Space Administration (NASA) and the European Space Agency (ESA) for the kind permission to use images from the NASA Image & Video Library and the ESA Photo Library for Professionals.

Schließlich möchte ich der Redaktion des Verlages Springer in Heidelberg, namentlich Margit Maly und Bettina Saglio, für die Unterstützung bei der Veröffentlichung danken.

Summas gratias!

Inhaltsverzeichnis

Über den Autor

André T. Hensel wurde 1968 in Aachen geboren. Seine Schulzeit verbrachte er in Wiesbaden. Nach dem Abitur emigrierte er 1990 nach Österreich

Er absolvierte das Diplomstudium Geschichte und Germanistik an der Alpen-Adria-Universität Klagenfurt (Abschluss: Mag. phil.) sowie den postgradualen Universitätslehrgang (ULG) Library and Information Studies (LIS) an der Karl-Franzens-Universität Graz (Abschluss Grundlehrgang: akademischer Bibliotheks- und Informationsexperte, Abschluss Aufbaulehrgang: MSc LIS).

Seit 2002 leitet der die FH-Bibliothek Kärnten mit vier Campusbibliotheken in Villach, Klagenfurt am Wörthersee, Spittal an der Drau und Feldkirchen in Kärnten. Seit 2023 ist er zudem Doktorand an der Alpen-Adria-Universität Klagenfurt.

Er ist Mitglied im 1844 gegründeten Geschichtsverein für Kärnten sowie Archivar und Chronist des 1932 gegründeten Rotary Club Villach. Darüber hinaus ist er Gründungsmitglied der Kommission für FH-Bibliotheken in der Vereinigung Österreichischer Bibliothekarinnen und Bibliothekare (VÖB).

André Hensel beschäftigt sich bereits in 3. Generation mit dem Thema Raumfahrt, das ihn seit seiner Kindheit begleitet. Angefangen mit den Erzählungen der Großmutter von den ersten Weltraumraketen in Peenemünde über die Lehrtätigkeit des Vaters an der Raketenschule des Heeres in Eschweiler bis hin zu seinen eigenen historischen Studien, die in einer Diplomarbeit über den Wettlauf der Supermächte ins All vor dem

Hintergrund des Kalten Krieges mündeten. Letztere bildet die Grundlage des 1. Bandes der Trilogie zur Geschichte der Raumfahrt.

Die Abschlussarbeit im Studienfach Germanistik befasst sich mit der Entstehung der modernen Kriminalliteratur und wurde 2014 im Akademikerverlag veröffentlicht. Die Masterarbeit in LIS wurde 2012 als Band 12 der Schriften der VÖB veröffentlicht. Es handelt sich dabei um eine Vergleichsstudie zur beruflichen Aus-, Fort- und Weiterbildung auf der mittleren Qualifikationsebene im Archiv-, Bibliotheks-, Informations- und Dokumentationswesen (ABID) des deutschsprachigen Raumes.

Neben diesen Monografien hat der Autor auch zahlreiche Buchbeiträge und Zeitschriftenartikel zu bibliothekarischen, historischen und rotarischen Themen veröffentlicht.

Abkürzungsverzeichnis

A	Aggregat = deutsche Raketenbaureihe → A4 a = acceleratio (lat.) = Beschleunigung
A4	Aggregat Vier = erste Großrakete an den Rand zum Weltraum, vom Deutschen Reich im Zweiten Weltkrieg als Vergeltungswaffe eingesetzt → FR, V2
AAM	Air-to-Air Missile = Luft-Luft-Rakete, siehe auch → ASM, SAM
AAP	Apollo Applications Program = Apollo-Anwendungs-Programm
ABC-Waffen	atomare, chemische und biologische Waffen = Massenvernichtungswaffen → WMD
Abb.	Abbildung
Abk.	Abkürzung
Abschn.	Abschnitt
ABMA	Army Ballistic Missile Agency = Raketenforschungsamt der US Army in Huntsville, Alabama
Adm.	Admiral (milit. Dienstgrad)
AE	Astronomische Einheit = interplanetares Längenmaß, entspricht dem mittleren Abstand der Erde zur Sonne (ca. 149,6 Mio. km) → AU
Aerospace:	Aeronautics & Spaceflight = Luft- und Raumfahrt
AFB	Air Force Base = Luftwaffenbasis der → USAF
AFC	Alkaline Fuel Cell = Alkalische Brennstoffzelle
AG	Aktiengesellschaft
AGC	Apollo Guidance Computer = Bordcomputer zur automatischen Flugsteuerung (Fly-by-Wire) im Apollo-Raumschiff. Bestandteil des → PGNCS

AIAA	American Institute of Aeronautics and Astronautics = Amerikanisches Institut für Luft- und Raumfahrt (1963 gegr. Nachfolgeorganisation der → ARS)
AIS	American Interplanetary Society = Amerikanische Interplanetare Gesellschaft (gegr. 1930). Vorgängerorganisation der → ARS
AIT	Assembly, Integration & Testing = Endmontage & Funktionstest eines → RFZ
AKM	Apogee Kick Motor = Apogäumsmotor für den Übergang vom → GTO zum → GEO, s. auch → PKS
ALSEP	Apollo Lunar Scientific Experiments Package = Messinstrumentenstation des Apollo-Programmes für wissenschaftliche Langzeitexperimente auf der Mondoberfläche, Nachfolger des → EASEP
AM	Airlock Module = Luftschleuse zwischen zwei gekoppelten bemannten Raumfahrzeugen
amerik.	amerikanisch
AMU	Astronaut Maneuvering Unit = Tornister mit Lebenserhaltungssystem und Steuerdüsen für Außenbordaktivitäten im Weltraum → EVA
AOC(S)	Attitude & Orbit Control (System) = Bahn- und Lageregelungssystem von Raumfahrzeugen → RCS, RFZ, S/C
AOS	Acquisition of Signal = Empfang des Signals = Wiederempfang der Telemetriedaten eines → RFZ nach dem Signalverlust → LOS
APC	Armoured Personnel Carrier = gepanzerter Mannschaftstransportwagen
APN	Agentstwo Petschati Nowosti (Kyrill. Агентство Печати Новости, АПН) = staatliche Nachrichtenagentur der Sowjetunion
Ar	Arado = dt. Flugzeugwerke in Rostock-Warnemünde (1921-1961)
ARC	Ames Research Center = Forschungszentrum der → NASA im Silicon Valley
ARPA	Advanced Research Projects Agency = US-Militärbehörde für weiterführende Forschungsprojekte (gegr. 1958)
ARS	American Rocket Society = Amerikanische Raketengesellschaft (Nachfolgeorganisation der → AIS, Vorgängerorganisation des → AIAA)
Art.	Artikel
AS	Apollo-Saturn Raumfahrtsystem (Raumschiff + Trägerrakete) → SA

ASAT	1. Anti-Satellite Weapon = Antisatellitenwaffe, 2. Arbeits-gemeinschaft Satellitenträger = ERNO + EWR zum Bau von Astris
ASM	Air-to-Surface Missile = Luft-Boden-Rakete, siehe auch → AAM, SAM
A-Stoff	Aerosol-Stoff = Codewort für flüssigen Sauerstoff (→ LOX) als Oxidator für die → V2. → B-Stoff, T-Stoff, Z-Stoff
ASTP	Apollo-Soyuz Test Project = Apollo-Sojus-Test-Projekt, russ. Eksperimentalnij Poljot Sojus-Apollon, kyrill. Экспериментальный Полёт Союз-Аполлон (ЭПСА)
AT&T	American Telephone and Telegraph Co.
ATM	Apollo Telescope Mount = Weltraumteleskop (Sonnen-observatorium) des Skylab-Raumlabors
ATPL	Airline Transport Pilot License = Verkehrspilotenlizenz
AU	Astronautical Unit = Astronomische Einheit → AE
AVA	Aerodynamische Versuchsanstalt (1919–1969), Nachf. → DFVLR
AVUS	Automobile Versuchs- und Übungsstrecke in Berlin
B	Boeing Flugzeugwerke (gegr. 1916 von Wilhelm E. Böing)
Ba	Bachem Flugzeugwerke (gegr. 1942 von Erich H. Bachem)
BAe	British Aerospace = britischer Luft- und Raumfahrtkonzern (gegr. 1977)BAJ: Bristol Aerojet = brit. Luftfahrtunter-nehmen
Bd.	Band
Bearb.	Bearbeiter/in
Begr.	Begründer/in
BDLI	Bundesverband der Deutschen Luftfahrtindustrie (gegr. 1955)
BI	Bortinzener = kyrill. Бортинженер (БИ) = Bordingenieur eines sowjet. Raumschiffes bzw. Raumlabors → FE BIP: Bruttoinlandsprodukt Bio.: Billion = 1000 Milliarden → Mia
BMAt	Bundesministerium für Atomenergie (1955–1962) Nachf. → BMwF BMEWS: Ballistic Missile Early Warning System = Frühwarnsystem der USA zur Erkennung anfliegender ballistischer Atomraketen mittels Radarstationen BMF: Bundesministerium für Finanzen BMFT: Bundesministerium für Forschung und Technologie BMI: Bundesministerium für Inneres BMPF: Bundesministerium für Post- und Fernmelde-wesen BMV: Bundesministerium für Verkehr
BMVg	Bundesministerium für Verteidigung BMwF: Bundes-ministerium für wissenschaftliche Forschung (gegr. 1962) Vorg. → BMAt BMWi: Bundesministerium für Wirtschaft

	BNCSR: British National Committee for Space Research = Brit. Kommission für Weltraumforschung BO: 1. Burn-Out = Brennschluss. 2. Bitowoj Otsek, kyrill. Бытовой Отсек (БО) = Orbitalsektion des Sojus-Raumschiffes → PAO, SA
BRBM	Battlefield Range Ballistic Missile = taktische ballistische Kurzstreckenrakete für die Schlachtfeldreichweite (bis 250 km), auch → TBM genannt. Sie gehören zur Raketenartillerie (RakArt)
BRD	Bundesrepublik Deutschland
Brig. Gen.	Brigadier General = Brigadegeneral (milit. Dienstgrad)
brit.	britisch
B-Stoff	Brennstoff = Codename für Alkohol (75Vol.-%) als Brennstoff für die V2-Rakete → A-Stoff, T-Stoff, Z-Stoff
BSV	Bayerischer Schulbuch-Verlag
bzw.	beziehungsweise
°C	Grad Celsius
Caltech	California Institute of Technology, Träger des → JPL
Capcom	Capsule communicator = NASA-Verbindungssprecher
Capt.	Captain = Kapitän zur See (milit. Dienstgrad)
CASA	Construcciones Aeronáuticas Sociedad Anónima = spanischer Luft- & Raumfahrtkonzern
CCAFS	Cape Canaveral Air Force Station = Luftwaffenstation und Raketenstartgelände am Cape Canaveral, Florida → KSC
CCCP	Союз Советских Социалистических Республик = Sojus Sowjetskich Sozialistitscheskich Respublik = Union der Sozialistischen Sowjetrepubliken → UdSSR
CDH	Command & Data Handling = Zentrales Bordcomputersystem von Raumfahrzeugen
CDR	Commander = Kommandant eines bemannten Raumfahrzeuges
Cdr.	Commander = Fregattenkapitän (milit. Dienstgrad)
CECLES	Centre Européen pour la Construction de Lanceurs d'Engins Spatiaux = franz. Bezeichnung der → ELDO
CERN	Conseil Européen pour la Recherche Nucléaire = europäische Kernforschungsorganisation in Meyrin bei Genf (gegr. 1953)
Chefred.	Chefredakteur/in
CIA	Central Intelligence Agency = US-Geheimdienst (gegr. 1947)
CIEES	Centre Interarmées d'Essais d'Engins Spéciaux = gemeinsames Raketen-Versuchszentrum der französischen Armee und Luftwaffe

CIFAS	Consortium Industrial Franco-Allemande pour le satellite Symphonie = dt.-franz. Industriekonsortium für das Satellitenprogramm Symphonie
cm	Centimeter = Zentimeter
CM	Command Module = Kommandomodul des Apollo-Raumschiffes
CMP	Command Module Pilot = Pilot des Kommandomoduls des Apollo-Raumschiffes
CNES	Centre National d'Études Spatiales = franz. Raumfahrtbehörde
Co.	Company = Unternehmensgesellschaft
Col.	Colonel = Oberst (milit. Dienstgrad)
COMINT	Communication Intelligence = Fernmeldeaufklärung. Analyse von Fernmelde- bzw. Kommunikationssignalen des Gegners durch Bodenstationen oder Aufklärungssatelliten. Teil der → SIGINT
Comsat	Communication satellite = Nachrichtensatellit
COMSAT	Communication Satellite Corp. = erstes privates Satellitenunternehmen
Convair	Consolidated Vultee Aircraft Corp. = amerik. Luft- & Raumfahrtunternehmen, gegr. 1943, 1954 zu General Dynamics
COPERS	Comité Préparatoire pour la Recherche Spatiale = Vorbereitungskomitee für Weltraumforschung (1960–62) → ELDO, ESRO
COPUOS	United Nations Committee on Peaceful Uses of Outer Space = UNO-Sonderausschuss für die friedliche Nutzung des Weltraumes
Corp.	Corporation = Kapitalgesellschaft
COSPAR	Committee on Space Research = Ausschuss für Weltraumforschung (gegr. 1958) der → ICSU
COSPAR-ID	International Designator = Internationaler Identifizierungscode des → COSPAR für Raumflugkörper aller Art (sog. COSPAR-Bezeichnung)
Cpt.	Captain = Hauptmann (milit. Dienstgrad)
C/S	Control Segment = Kontrollsegment, Teilsystem eines Raumfahrtsystems → MCC, G/S, S/S, U/S
CSG	Centre Spatial Guyanais (franz.) = Guiana Space Centre (engl.) = Raumfahrtzentrum der → ESA bei Kourou in Französisch-Guayana
CSM	Command & Service Module = Apollo-Raumschiff (Mutterschiff)

CSMH	Congressional Space Medal of Honor = Weltraum-Ehren-medaille des Kongresses = höchste Auszeichnung für US-Astronauten
CTR	Chemisch-Technische Reichsanstalt = Prüf- und Versuchs-amt der Reichswehr in Berlin-Reinickendorf
CTS	Communication & Telemetry System = Kommunikations- und Telemetriesystem, Subsystem eines Raumfahrzeuges
d	dies (lat.) / day (engl.) = Tag → h, m, s, y
DBG	Deutsche Buchgemeinschaft (Verlag)
DDR	Deutsche Demokratische Republik (1949–1990)
DEFA	Direction des Études et Fabrications d'Armement = französisches Amt für Entwicklung und Beschaffung neuer Waffensysteme → LRBA
Ders.	Derselbe
DFG	Deutsche Forschungsgemeinschaft (gegr. 1951)
DFL	Deutsche Forschungsanstalt für Luftfahrt (1936–1969), Nachf. → DFVLR
DFRC	Dryden Flight Research Center = Flugtestzentrum der NASA am Gelände der → EDW AFB in Kalifornien. 2014 in Armstrong FRC umbenannt
DFVLR	Deutsche Forschungs- und Versuchsanstalt für Luft- und Raumfahrt (1969–1989). Vorg. → AVA, →DVL und → DFL. Nachf. → DLR
DGLR	Deutsche Gesellschaft für Luft- und Raumfahrt (gegr. 1967), Vorg. → DGRR und → WGLR
DGRR	Deutsche Gesellschaft für Raketentechnik und Raumfahrt (1956-1969), Nachf. → DFVLR
d. h.	das heißt
Dial	Diamant Allemagne = Deutscher Diamant (2. dt. Satellit) → Wika
Dies.	Dieselbe
Dimazin	(unsymmetrisches) Dimethylhydrazin ($C_2H_8N_2$) = Raketen-treibstoff → UDMH
Dipl.-Ing.	Diplomingenieur
DISA	Defense Information Systems Agency = Behörde des → DoD für Informations- und Kommunikationstechnik
DKfW	Deutsche Kommission für Weltraumforschung
DM	1. Deutsche Mark = Währung der BRD 1948–2001, 2. Docking Module = Kopplungsadapter des → ASTP
DMSP	Defense Meteorological Satellite Program = Netzwerk militärischer Wettersatelliten der USA
DNVP	Deutschnationale Volkspartei
DoD	Department of Defense = US-Verteidigungsministerium

DOM	Département d'Outre-Mer = französisches Übersee-Departement
DOS	Dolgowremennaja Orbitalnaja Stanzija = Dauerhafte Orbitale Station = kyrill. Долговременная Орбитальная Станция (ДОС) = zivile Variante der Saljut-Raumstation → OPS
DPA	Deutsche Presse-Agentur (gegr. 1949)
Dr.	Doktor
DRG	Deutsche Raketengesellschaft Hermann Oberth (1952–1993)
DSCS	Defense Satellite Communications System = Netzwerk militärischer Kommunikationssatelliten der USA
DSN	Deep Space Network = weltweites Netzwerk von Bodenstationen zum Empfang der Telemetriedaten von Raumfahrzeugen außerhalb des Erdorbits
DSP	Defense Support Program = Netz von Frühwarnsatelliten der USA
DSTF	Dynamic Structural Test Facility = Strukturdynamische Testanlage für Raumfahrzeuge am → MSFC
dt.	deutsch
dtv	Deutscher Taschenbuch-Verlag (München)
DVA	Deutsche Verlags-Anstalt (München)
DVL	Deutsche Versuchsanstalt für Luftfahrt (1912–1969), Nachf. → DFVLR
EASEP	Early Apollo Scientific Experiments Package = Messinstrumentenstation von Apollo 11, Vorgänger des → ALSEP
ebd.	ebenda
EDW AFB	Edwards Air Force Base = Luftwaffenbasis der → USAF in der Mojave-Wüste in Kalifornien (bis 1949 Muroc Air Field)
ELDO	European Launcher Development Organisation = Europäische Trägerraketen-Entwicklungsorganisation (1962-73), Nachf. → ESA
ELDO-PG	ELDO Preparatory Group = ELDO-Vorbereitungsgruppe
ELE	Ensemble de Lancement Europa = Startkomplex für die Europa-Rakete am → CSG
ELINT	Electronic Intelligence = elektronische Aufklärung. Aunalyse von elektronischen Signalen von Leit-, Lenk- Ortungs- & Navigationssystemen des Gegners, Teil der → SIGINT
engl.	englisch
EOR	Earth Orbit Rendezvous = Mondflugvariante mit dem Zusammenbau des Raumschiffes im Erdorbit, verworfene Alternative zum → LOR

EOI	Earth Orbit Insertion = Einschwenken des Apollo-Raumschiffes in den Erdorbit beim Übergang von der Transferbahn vom Mond
ERNO	Entwicklungsring Nord = dt. Luft- und Raumfahrtunternehmen, 1964 aus der Fusion der → VFW mit der → HFB hervorgegangen, → EWR
ESA	European Space Agency = Europäische Weltraumagentur (gegr. 1975), Vorg. → ELDO und → ESRO
ESOC	European Space Operations Centre = Europäisches Raumflugkontrollzentrum der → ESRO, später → ESA in Darmstadt, Hessen
ESRO	European Space Research Organisation (1962–1975) = Europäische Weltraumforschungs-Organisation, Nachf. → ESA
ESSA	Environmental Science Services Administration = nationale Umweltbehörde der USA, Betreiber von Wettersatelliten-Netzten
etc.	et cetera → usw.
ETR	Eastern Test Range = Östliches Raketenversuchs- und Startgelände der USA am Cape Canaveral, Florida → CCAFC
EVA	Extra-Vehicular Activity = Außenbordeinsatz → HHMU, IVA, LEVA, SEVA
EWG	Europäische Wirtschaftsgemeinschaft (1957–1993)
EWR	Entwicklungsring Süd (dt. Luft- & Raumfahrtunternehmen) → ERNO
f.	folgende (Seite)
ff.	fortlaufend folgende (Seiten)
F	fortitudo (lat.) = Schubkraft eines Raketentriebwerks
FAI	Fédération Aéronautique Internationale = Internationaler Luftsportverband (gegr. 1905)
F&E	Forschung und Entwicklung → R&D
FKG	Flugkörpergeschwader der Luftwaffe der Bundeswehr
FlaRak	Flugabwehrrakete → MIM, SAM
FlaRakBtl	Flugabwehrraketenbataillon des Heeres der Bundeswehr
FLAT	First Lady Astronaut Trainee = Astronautenanwärterinnen der NASA
FOBS	Fractional Orbit Bombardment System = sowjet. Atomraketensystem
FOC	Full Operating/Operational Capability = volle Einsatzreife → IOC
FR	Fernrakete = techn. Bezeichnung für das → A4
franz.	französisch
ft	foot/feet = Fuß = 12 inch bzw. Zoll = 30,48 cm → yd

g	Gramm oder Gravitation → kg, μg, 0g
g0	Gravitationskonstante (Normfallbeschleunigung) = 9,81 m/s
GALCIT	Guggenheim Aeronautical Laboratory of the California Institute of Technology in Pasadena bei Los Angeles
GATV	Gemini Agena Target Vehicle = Zielobjekt für → RVD-Versuche im Rahmen des Gemini-Programmes
GB	Great Britain = Großbritannien
GDL	Gasdinamitscheskaja Laboratorija, kyrill. ГазоДинамическая Лаборатория (ГДЛ) = sowjet. Forschungslabor für Gasdynamische Antriebe (gegr. 1928)
geb.	geboren
gegr.	gegründet
Gen.	General
GEO	Geostationary Earth Orbit = geostationäre Erdumlaufbahn (35.786 km Höhe)
GEOS	Geostationary Earth Orbit Satellite = Satellit im → GEO
Gestapo	Geheime Staatspolizei des Dritten Reiches
GfW	Gesellschaft für Weltraumforschung (1934–1956), Nachf. → DGRR
GIRD	Gruppa Isutschenija Reaktiwnogo Dwischenija, kyrill. Группа Изучения Реактивного Движения (ГИРД) = Gruppe zum Studium der Rückstoßbewegungen = sowjetische Raketenforschungsgruppe in Leningrad und Moskau (LenGIRD = ЛенГИРД und MosGIRD = МосГИРД)
G+J	Gruner und Jahr (Verlag)
GM	General Motors = amerikanische Automobilkonzerngruppe (gegr. 1908)
GmbH	Gesellschaft mit beschränkter Haftung
GNC(S)	Guidance, Navigation & Control (System) = Steuerungs-, Ortungs- & Kontrollsystem = Subsystem eines → RFZ
Gosplan	Gosudarstwennj Planovj Komitet/Gossudarstwennaja Planowaja Komissija, kyrill. Государственный плановый комитет/Государственная плановая комиссия (Госплан) = Госплан Государственный плановый комитет/ Государственная плановая комиссия (Госплан) = Staatliches Plankomitee/Staatliche Plankommission der SU
Gpc	Gigaparsec = 1 Mia. Parsec = 3,26 Mia. Lichtjahre → Parsec, Lj., kpc, Mpc
GPS	Global Positioning System = globales Satellitennavigationssystem, s. Navstar
griech.	Griechisch

G/S	Ground Segment = Bodensegment, umfasst die gesamte terrestrische Infrastruktur, insbesondere die Raumfahrt-zentren → SFC, C/S, S/S, U/S
GSFC	Goddard Space Flight Center = Raumflugzentrum der → NASA in Greenbelt, Maryland
GSOC	German Space Operations Center = dt. Raumfahrtkontroll-zentrum der → DFVLR (später → DLR) in Ober-pfaffenhofen bei München
GTO	Geostationary Transfer Orbit = hochelliptische Umlaufbahn (→HEO) als Transferbahn für Satelliten in eine geostationäre Umlaufbahn (→GEO)
Gulag	Glawnoje uprawlenije lagerej, kyrill. Главное управление лагерей (Гулаг) = Hauptverwaltung der Zwangsarbeitslager der Sowjetunion
h	hora (lat.)/hour (engl.) = Stunde → d, m, s, y
ha	Hektar = 10.000 m^2
Hanomag	Hannoversche Maschinenbau AG (1871–1984)
He	Heinkel-Flugzeugwerke (gegr. 1922 von Ernst Heinkel)
HEO	Highly Elliptical Orbit = hochelliptische Umlaufbahn
HEOS	Highly Eccentric Orbit Satellite = Satellit mit stark exzentrischer Umlaufbahn
HFB	Hamburger Flugzeugbau = Tochter der Blohm + Voss, Teil der → ERNO
HHMU	Hand-Held Maneuvering Unit = Gasdruckpistole zum Manövrieren bei einer → EVA
HLV	Heavy-lift Launch Vehicle = Schwere Trägerrakete mit einer Nutzlastkapazität von 20 bis 50 Tonnen → SHLV, MLV, P/L
Hrsg.	Herausgeber/in
HW	Hückel-Winkler = dt. Versuchsrakete (1929)
H/W	Hardware = elektronische Computerbauelemente → S/W
HWA	Heereswaffenamt = Amt für Entwicklung und Beschaffung neuer Waffen für die dt. Reichswehr bzw. Wehrmacht
HVA	Heeresversuchsanstalt
HYPER	Hydrogen Peroxyde = Wasserstoffperoxid (H$_2$O$_2$) → T-Stoff
IAC	International Astronautical Congress = Internationaler Astronautischer Kongress der → IAF
IAF	International Astronautical Federation = Internationale Astronautische Föderation (gegr. 1950)
IAS	Institute of Aerospace Sciences = Institut für Luft- und Raumfahrtwissenschaften (USA, 1932–1963), Nachf. → AIAA
IBM	International Business Machines Corp. = amerikan. Computerkonzern

ICBM	Intercontinental Ballistic Missile, russ. Meskontinentalnija Ballistitscheskaja Raketa (MBR), kyrill. Межконтинентальная Баллистическая Ракета (МБР) = Ballistische Interkontinentalrakete (Reichweite >8000 km)
ICSU	International Council of Scientific Unions = Internationaler Rat wissenschaftlicher Vereinigungen (gegr. 1931)
i. d. R.	in der Regel
IGY	International Geophysical Year, kyrill. Международный Геофизический Год (МГГ) = Internationales Geophysikalisches Jahr (01.07.1957–31.12.1958)
ICW	Intracoastal Waterway = Kanalsystem entlang der amerik. Golf- und Atlantikküste
ILS	Instrument Landung System / Instrumenten-Landesystem = Leitstrahl für den Anflug im Luftverkehr → LFF
IMINT	Imagery Intelligence = abbildende Aufklärung. Aufklärungsbilder von optischen bzw. Infrarotkameras sowie durch Radar mit Aufklärungsflugzeugen und Aufklärungssatelliten (→ Recsat)
INTELSAT	International Telecommunications Satellite Consortium
IOC	Initial Operating/Operational Capability = eingeschränkte Einsatzreife → FOC
IOT	In-Orbit Test = Test aller Subsysteme eines → RFZ kurz nach dem Erreichen des vorläufigen Parking Orbits, Abschluss des → LEOP
IRBM	Intermediate Range Ballistic Missile = Ballistische Rakete mit einer Reichweite zwischen der → MRBM und der → ICBM (2500–5500 km). Sie wird teilweise auch als → TCBM bezeichnet
I_{SP}	Spezifischer Impuls = Kennzahl zur Effizienz eines Raketentriebwerks
ISS	International Space Station = Internationale Raumstation, Kyrill. Международная Космическая Станция (МКС)
IVA	Intra-Vehicular Activity = Aktivitäten innerhalb eines Raumfahrzeuges → EVA
Jg.	Jahrgang
JP	Jet Propellant = Treibstoff für Düsentriebwerke (Kerosin) → RP
JPL	Jet Propulsion Laboratory = Labor für Düsenantriebe beim → CIT (1943 aus dem GALCIT hervorgegangen)
JSC	Johnson Space Center = NASA-Bodenkontrollstation in Houston, Texas (hervorgegangen aus dem → MSC)
Juno 1	Jupiter Composite No. 1 = 1. Satellitenträgerrakete (→ SLV) der USA

Kap.	Kapitel
KFZ	Kraftfahrzeug → LFZ, RFZ
kg	Kilogramm
KGB	Komitet Gosudarstwennoj Besopasnosti, kyrill. Комитет Государственной Безопасности (КГБ) = Komitee für Staatssicherheit (sowjet. Geheimdienst)
km	Kilometer
km²	Quadratkilometer
km/h	Kilometer pro Stunde
km/s	Kilometer pro Sekunde
kN	Kilonewton = 1000 Newton → N. 1 kN = Beschleunigung von 100 kg auf 1 m/s
KOH	Kaliumhydroxid = alkalische Lauge, die als Elektrolyt in → AFC fungiert
kpc	Kiloparsec = 1000 Parsec = 3260 Lichtjahre → Parsec, Mpc, Gpc
KPdSU	Kommunistische Partei der Sowjetunion, russ. Kommunistischeskaja Partija Sowjetskogo Sojusa, kyrill. Коммунистическая Партия Советского Союза КПСС) → ZK
KSC	Kennedy Space Center = Raumflughafen am Cape Canaveral → ETR
kyrill.	kyrillische Schreibweise russischer Namen und Bezeichnungen
KZ	Konzentrationslager
£	Libra = Pounds = Pfund (brit. Währung)
LA	Launch Area = brit. Raketenstartrampe
LaRC	Langley Research Center = Forschungszentrum der → NASA in Hampton, Virginia
lat.	lateinisch
LC	Launch Complex = Startkomplex mit mehreren Startplätzen (Launch Pad) in einem Raumflugzentrum → SFC
LCC	Launch Control Center = Startkontrollzentrum am Startplatz, dem → MCC bzw. → SOC untergeordnet
LEO	Low Earth Orbit = niedrige Erdumlaufbahn (200–2000 km Höhe)
LEOP	Launch & Early Orbit Phase = Start- und Aufstiegsphase bis zum Test aller Systeme (→ IOT) in der vorläufigen Umlaufbahn (Parking Orbit)
LEVA	Lunar Extra-Vehicular Activity = Außenbordeinsatz auf dem Mond → EVA, SEVA

LFF	Landefunkfeuer = 1930 von der Firma Lorenz in Berlin entwickeltes Funkleitstrahlverfahren, das auch bei der → V2 zum Einsatz kam, Vorgänger des → ILS
LFZ	Luftfahrzeug → KFZ, RFZ
LH_2	Liquid Hydrogen = Flüssig-Wasserstoff (Raketenbrennstoff)
Lj.	Lichtjahr = interstellares Längenmaß, entspricht ca. 9,5 Bio. km → LY
LK	Lunnij Korabl, kyrill. Лунный Корабль (ЛК) = Mondfähre, sowjetischer Prototyp für eine bemannte Mondlandung, sollte mit dem → LOK zum Mond.
LKW	Lastkraftwagen
LLRR	Lunar Laser Ranging Retroreflector = Laserstrahlenreflektor des Apollo- Programms auf dem Mond
LM	Lunar Module = Mondfähre des Apollo-Systems
LMP	Lunar Module Pilot = Pilot der Mondfähre des Apollo-Systems
ln	logarithmus naturalis (lat.) = natürlicher Logarithmus
LOI	Lunar Orbit Insertion/Injection = Einschwenken (Insertion) des Apollo-Raumschiffes von der Transferbahn von der Erde in den Mondorbit durch Start des Haupttriebwerkes (Injection) zum Abbremsen
LOK	Lunnij Orbitalnij Korabl, kyrill. Лунный Орбитальный Корабль (ЛОК) = Mondorbitalschiff (sowjet. Mondraumschiff-Prototyp)
LOR	Lunar Orbit Rendezvous = Kopplungsmanöver zwischen dem Apollo-Mutterschiff (CSM) und der Mondfähre (LM) im Mondorbit
LOS	Loss of Signal = Signalverlust, z. B. beim Wiedereintritt in die Erdatmosphäre oder beim Flug um die Rückseite des Mondes → AOS
LOX	Liquid Oxygen = Flüssigsauerstoff = Treibstoffkomponente (Oxidator) für Raketenantriebe
LP	Launch Pad = Startrampe, Teil eines → LC bzw. SLC
LRBA	Laboratoire des Recherches Balistiques et Aérodynamiques = französisches Forschungslabor für ballistische und aerodynamische Studien der → DEFA
LRBM	Long Range Ballistic Missile = ballistische Langstreckenrakete mit einer Reichweite von 3500 bis 5500 km, auch → IRBM oder → TCBM genannt
LRC	Lewis Research Center = Forschungszentrum der → NASA in Cleveland, Ohio, seit 1999 Glenn Research Center (GRC)
LRV	Lunar Roving Vehicle, kurz Lunar Rover genannt = Mondauto von Apollo 15 bis 17

LSR	Lunar Surface Rendezvous = Mondflugvariante mit Fahrzeugwechsel auf dem Mond, verworfene Alternative zum → LOR
LSRM	Lunar Sample Return Mission = Bodenproben-Rückkehrmission vom Mond → SRM, RSRM, MSRM
Lt.	Lieutenant = Leutnant (milit. Dienstgrad)
LTA	Lunar Test Article = Testmodell (Mockup) der Apollo Mondfähre → LM
Lt. Cdr.	Lieutenant Commander = Korvettenkapitän (milit. Dienstgrad)
Lt. Col.	Lieutenant Colonel = Oberstleutnant (milit. Dienstgrad)
Ltd.	Limited Company = Kapitalgesellschaft
Lt. Gen.	Lieutenant General = Generalleutnant (milit. Dienstgrad)
LTO	Lunar Transfer Orbit = hochelliptische Umlaufbahn (→ HEO) als Transferbahn für Raumfahrzeuge, die zum Mond fliegen
LV	Launch Vehicle = Trägerrakete für die Raumfahrt → SLV
LY	Light-Year = Lichtjahr → Lj.
m	Meter oder Masse
m^2	Quadratmeter
m^3	Kubikmeter
m_0	multitudo nullus (lat.) = Startmasse einer Rakete
M	Monat
Ma	Mach = Schallgeschwindigkeit
MA	Mercury-Atlas = US-Raumkapsel und Raketen-Kombination
MAF	Michoud Assembly Facility = Fertigungszentrum für Raumfahrtsysteme der → NASA bei New Orleans, Louisiana
Maj.	Major (milit. Dienstgrad)
Maj. Gen.	Major General = Generalmajor (milit. Dienstgrad)
Matra	Mécanique Avion Traction = franz. Fahrzeughersteller
MBB	Messerschmitt-Bölkow-Blohm = dt. Luft- & Raumfahrtkonzern (1969–1989)
m_{BO}	Burn-out mass = Brennschlussmasse einer Rakete → BO
MCC	Mission Control Center = Raumflugkontrollzentrum
m_D	Dry mass = Trocken- bzw. Leermasse einer Rakete = Strukturmasse (m_S) + Antriebsmasse (m_P)
MDA	Multiple Docking Adapter = Mehrfacher Andockstutzen für → Skylab-Apollo
m_e	multitudo exitus (lat.) = Brennschlussmasse einer Rakete
Me	Messerschmitt-Flugzeugwerke (gegr. 1936 von Wilhelm Messerschmitt)
MEO	Medium Earth Orbit = mittlere Erdumlaufbahn (2000–20000 km Höhe)

MET	1. Mission Elapsed Time = abgelaufene Missionzeit = Methode der Zeitmessung für Raumfahrtmissionen (verstrichene Zeit seit dem Start der Mission) → T+, 2. Modular Equipment Transporter = modularer Ausrüstungstransporter = Handkarren von Apollo 14, genannt „Rickshaw" (dt. Rikscha)
Metsat	Meteorological satellite = Wettersatellit
m_F	Fuel mass = Brennstoffmasse, ergibt zusammen mit der Oxidatormasse (m_{OX}) die Treibstoffmasse einer Rakete (m_{RP})
μg	micro gravity = Mikrogravitation → g, 0g
MGM	Mobile Guided Missile = mobile ferngesteuerte Rakete
MGR	Mobile Guided Rocket = mobile ferngesteuerte Rakete
mi	mile(s) = Meile(n), 1 mi = 1,6 km
Mia	Milliarde(n) = 1000 Millionen → Mio
MIDAS	Missile Defense Alarm System = Atomraketen-Frühwarnsatellitenserie der → USA
MiG	Mikojan i Gurjewitsch, Kyrill. Микоян и Гуревич (МиГ) = sowjet. (später russ.) Flugzeugwerke
milit.	militärisch
MIM	Mobile Interceptor Missile = mobile Abfangrakete → FlaRak
min	Minute(n)
MINT	Mathematik, Informatik, Naturwissenschaft und Technik → STEM
Mio	Million(en)
Mirak	Minimumrakete
Miss	Man in space soonest = US-Programm für die bemannte Raumfahrt
MIT	Massachusetts Institute of Technology = Technische Universität von Massachusetts
Mitarb.	Mitarbeiter/innen
MLP	Mobile Launcher Platform = mobile Startplattform für Weltraumträgersysteme
MLV	Medium-lift Launch Vehicle = Mittelschwere Trägerrakete mit einer Nutzlastkapazität von 2 bis 20 Tonnen → SLV, HLV, SHLV, P/L
mm	Millimeter
MOL	Manned Orbiting Laboratory (MOL) = Bemanntes Orbital-Labor = in den 1960er Jahren geplantes militärisches Raumlabor der → USAF
MoU	Memorandum of Understanding = Absichtserklärung
m_{OX}	Oxidizer mass = Oxidatormasse, ergibt zusammen mit der Brennstoffmasse (m_F) die Treibstoffmasse (m_{RP})

m_P	Propulsion mass = Masse des Antriebssystems einer Rakete (Triebwerke, Tanks, Leitungen, Pumpen), ergibt zusammen mit der Strukturmasse (m_S) die Trocken- bzw. Leermasse (m_D)
$m_{P/L}$	Payload mass = Nutzlastmasse → P/L
Mpc	Megaparsec = 1 Mio. Parsec = 3,26 Mio. Lichtjahre → Parsec, kpc, Gpc
MQF	Mobile Quarantine Facility = mobiler Quarantäne-Container für die Apollo-Astronauten
MR	Mercury-Redstone = US-Raumkapsel und Raketen-Kombination
MRBM	Medium Range Ballistic Missile = Ballistische Mittel-streckenrakete (Reichweite: 2000–4000 km)
m_{RP}	Rocket Propellant mass = Raketentreibstoffmasse = Brenn-stoffmasse (m_F) + Oxidatormasse (m_{OX})
m_S	Structure mass = Strukturmasse, ergibt zusammen mit der Antriebsmasse (m_P) die Leermasse (m_D) einer Rakete
m/s	Meter pro Sekunde
m/s^2	Meter pro Sekunde zum Quadrat
MSBS	Missile Mer-Sol Balistique Stratégique = franz. strategische ballistische U-Boot-Rakete
MSC	Manned Spacecraft Centre = US-Astronauten-Ausbildungs-zentrum in Houston, Texas (gegr. 1960, heute: JSC)
MSFC	Marshall Space Flight Center = Raumflugzentrum der → NASA in Huntsville, Alabama, Nachf. des → OGMC
MSLV	1. Mini Satellite Launch Vehicle (Minilauncher) = Träger-rakete für Minisatelliten (<500 kg), 2. Micro Satellite Launch Vehicle (Microlauncher) = Trägerrakete für Mikrosatelliten (<100 kg)
MTF	Mississippi Test Facility = Testgelände für Raketenstufen der → NASA in Hancock, Mississippi, errichtet 1961, seit 1988 Stennis Space Center (SCC)
N	Newton = Maßeinheit für die Kraft, hier: Schubkraft eines Raketentriebwerks. 1 Kilonewton (kN) = 100 kg
N = H	Nositel = Носитель = sowjetische Trägerrakete für den Mondflug
NAA	North American Aviation = US-Flugzeugwerke (gegr. 1928)
NACA	National Advisory Committee for Aeronautics = Nationales Beratungskomitee für Luftfahrt
Nachf.	Nachfolger/in
NASA	National Aeronautics and Space Administration = Nationale Luft- und Raumfahrtbehörde der USA (gegr. 1958)

NASC	National Aeronautics & Space Council = Nationaler Luft- und Raumfahrtrat der USA (1958–1973)
NASM	National Air and Space Museum of the Smithsonian Institution = Nationales Luft- und Raumfahrtmuseum der USA in Washington, D. C
NATO	North Atlantic Treaty Organization = Nordatlantisches Verteidigungsbündnis (gegr. 1949)
Navsat	Navigationssatellit
Navstar	Navigational Satellite Timing and Ranging = GPS-Satellitennetz
NKWD	Nardonij Komissariat Wnutrennich Del, kyrill. Народный Комиссариат Внутренних Дел (НКВД) = sowjet. Volkskommissariat für innere Angelegenheiten
No.	Numero bzw. Number → Nr.
NOAA	National Oceanic & Atmospheric Administration = US-Behörde für Ozeanographie und Wetterbeobachtung
Nr.	Nummer → No.
NRL	Naval Research Laboratory = Forschungslabor der → USN
NRO	National Reconnaissance Office = US-Militärnachrichtendienst für den Einsatz von Aufklärungssatelliten (gegr. 1960)
NS	Nationalsozialismus
NSC	National Security Council = Nationaler Sicherheitsrat der USA
NSSDC	National Space Science Data Center = Abteilung der → NASA zur Sammlung von Daten aller ihr bekannten Raumfahrtmissionen
NSSDC-ID	International Designator = Internationaler Identifizierungscode des → NSSDC für Raumflugkörper aller Art (→ COSPAR-ID)
NSSDCA	NASA Space Science Data Coordinated Archive = Koordiniertes wissenschaftliches Datenarchiv der → NSSDC
NSSTC	National Space Science & Technology Center = Nationales Weltraumwissenschafts- und Technologiezentrum in Huntsville, Alabama
NTO	(Di-)Nitrogen Tetroxyde = Distickstofftetroxid (N_2O_4) = Treibstoffkomponente (Oxidator) für Raketenantriebe
OAMS	Orbit Attitude and Maneuvering System = Steuerdüsensystem der Gemini-Raumkapsel
OAO	Orbiting Astronomical Observatory = US-Weltraumteleskop
OAST	Office of Aeronautics & Space Technology = Entwicklungsbüro für Luft- und Raumfahrttechnologien der NASA

OGMC	Ordnance Guided Missile Center = Forschungs- und Entwicklungszentrum der US-Armee für gesteuerte Raketen (1950–1960), Vorg. des → MSFC
OGO	Orbiting Geophysical Observatory = US-Satellitenserie zur Erdbeobachtung
OKB	Opitnoje Konstruktorskoje Bjuro, kyrill. Опытно Конструкторское Бюро (ОКБ) = sowjet. Versuchs-Konstruktionsbüro
OOS	On-Orbit Servicing = Space Infrastructure Servicing (SIS) = Montage- und Instandhaltungsarbeiten an → RFZ in der Umlaufbahn
OOSA	Office for Outer Space Affairs = UNO-Sekretariat des → COPUOS in Wien
OPS	Orbitalnaja Pilotiruemaja Stanzija = Orbitale Pilotierte Station, kyrill. Орбитальная Пилотируемая Станция (ОПС) = militärische Variante des Saljut-Raumlabors → DOS
ORM	Opitnoje Raketnoje Motor = Versuchsraketenmotor
OSO	Orbiting Solar Observatory = US-Satellitenserie zur Sonnenbeobachtung
OSSOAWIACHIM	Obschtschestwo Sodeistwija Oboronje Awiazionnomu i Chimitscheskomu Stroitelstwu, kyrill. Общество Содействия Обороне, Авиационному и и Химическому Строительству (ОСОАВИАХИМ) = staatliche sowjet. Gesellschaft zur Förderung der Verteidigung, des Flugwesens und der Chemie
OST	Outer Space Treaty = Weltraumvertrag (1967)
OWS	Orbital Workshop = interne technische Bezeichnung für das → Skylab
PAO	Priborno-Agregatnij Otsek, kyrill. Приборно-Агрегатный Отсек (ПАО) = Geräte- und Aggregats-Sektion = Antriebs- und Servicemodul des Sojus-Raumschiffes → BO, SA
Parsec	Parallax Second = Parallaxensekunde = Längenmaß des intergalaktischen Raumes, entspricht 3,26 Lichtjahren → Lj.
PDI	Powered Descent Initiation = Einleitung des Landemanövers der Apollo-Mondfähre → LM
PEMFC	Polymer Electrolyte Membran Fuel Cell = Brennstoffzelle mit Polyelektrolyt-Membran
PEO	Polar Earth Orbit = polare Erdumlaufbahn
PGNCS	Primary Guidance, Navigation & Control System (sprich: *Pings*) = Flugsteuerungs- und Navigationssystem des Apollo-Raumschiffes → AGC

PhD	Philosophiae Doctor = Doctor of Philosophy
PKS	Perigee Kick Stage = Kickstufe für den Übergang vom Parking Orbit zum Transferorbit → AKM, GTO
P/L	Payload = Nutzlast von Weltraumträgerraketen → SLV
PLC	Payload Capability = Nutzlastkapazität einer Trägerrakete, Indikator für die Größenklasse → HLV, MSLV, MLV, SHLV, SLV
PLSS	Portable Life Support System = Tragbares Lebenserhaltungssystem der Apollo-Astronauten auf dem Mond → LEVA
PPP	Public Private Partnership = öffentlich-private Partnerschaft (Zusammenarbeit zwischen öffentlichen und privaten Unternehmen)
Prof.	Professor
P&W	Pratt & Whitney = amerikan. Triebwerkshersteller (gegr. 1925)
R = Р	Raketa = Ракета, sowjetische Raketenbaureihe (NATO-Code: → SS)
RA	Rote Armee (Streitkräfte der Sowjetunion)
RABE	(Sowjetisches) Institut für Raketenbau und Entwicklung in Bleicherode bei Nordhausen/Thüringen (1945–1946)
RADAR	Radio Detecting and Ranging = Funknavigations- und Erfassungssystem
RAdm	Rear Admiral = Konteradmiral (milit. Dienstgrad)
RAE	Royal Aircraft Establishment = Forschungs- & Entwicklungsabteilung der → RAF
RakArt	Raketenartillerie = Truppenverband der Artillerie mit taktischen Kurzstreckenraketen → TBM/BRBM
RakArtBtl	Raketenartilleriebataillon des Heeres der Bundeswehr
RakArtLBtl	Raketenartillerielehrbataillon der Bundeswehr
RAF	Royal Air Force = Königliche Luftwaffe von Großbritannien
RakS H	Raketenschule des Heeres in Eschweiler bei Aachen (gegr. 1964)
RCS	Reaction Control System = Lageregelungssystem eines → RFZ mit Steuerdüsen → AOC
RD = РД	Raketnilji Dwigatel = Ракетный Двигатель = Raketentriebwerk
R&D	Research and Development = Forschung und Entwicklung → F&D
RDL	Reentry, Descent & Landing = Wiedereintritt, Abstieg und Landung eines Raumfahrzeuges auf der Erde → RFZ
Recsat	Reconnaissence satellite = Aufklärungssatellit
Red.	Redakteur/in
RFZ	Raumfahrzeug → S/C, KFZ, LFZ

reg.	regiert = Regierungsjahre
RL	Rampe de Lancement = franz. Raketenstartrampe → LA, LC, SLC
RLM	Reichsluftfahrtministerium
RLV	Reusable Launch Vehicle = wiederverwendbare Trägerrakete, Gegensatz → ELV
RM	Reichsmark = Währung des Deutschen Reiches
RNII	Reaktiwnij Nautschno-Issledowatelskij Institut, kyrill. Реактивный Научно-Исследовательский Институт (РНИИ) = Wissenschaftliches Institut für Rückstoßantriebe (gegr. 1933 durch Zusammenschluss von → GDL und → GIRD)
RORSAT	Radar Ocean Reconnaissance and Surveillance Satellite = NATO-Code für sowjet. Aufklärungssatelliten zur Überwachung von NATO-Flottenmanövern
RP	Rocket Propellant = Raketentreibstoff → JP
rpm	revolutions per minute = Umdrehungen pro Minute → rps
rps	revolutions per second = Umdrehungen pro Sekunde → rpm
RR	Rolls Royce = brit. Automobil- und Triebwerkshersteller
RSRM	Robotic Sample Return Mission = automatische Rückführung von Bodenproben mit einer unbemannten Rückkehrsonde → SRM, LSRM
russ.	russisch
RVG	Raketen-Versuchsgelände
RVD	Rendezvous & Docking = Begegnungs- und Kopplungsmanöver zweier Raumfahrzeuge
s.	siehe
S.	Seite
$	US-Dollar, ursprünglich Silverdollar, dt.: Silbertaler (daher das $)
SA	Spuskaiemij Apparat, kyrill. Спускаемый Аппарат (СА) = Landeapparat = Kommandomodul bzw. Landekapsel des Sojus-Raumschiffes → BO, PAO
SAC	Strategic Air Command = strategisches Luftkommando der → USAF
SALT	Strategic Arms Limitation Talks = Verhandlungsrunde zur Begrenzung der strategischen Waffen
SAM	1. Surface-to-Air Missile = Boden-Luft-Rakete → AAM, ASM, FlaRak; 2. School of Aviation Medicine = Schule für Flugmedizin der → USAF
SAP	Solar Array Panels = Solarzellenausleger zur Stromversorgung von Raumfahrzeugen

Saro	Saunders-Roe Ltd. = brit. Luftfahrtkonzern
SAS	1. Sistema Awariynogo Spasenija, kyrill. Система Аварийного Спасения (САС) = Notfall-Rettungssystem der Sojus, 2. Space Adaption Syndrome = Weltraumanpassungssyndrom (Raumkrankheit)
Sat	Satellit
SC	Space Center = Weltraumzentrum → SFC
S/C	Spacecraft = Raumfahrzeug → RFZ
SCID	Spacecraft Identifier = Identifikationsnummer für Raumfahrzeuge → RFZ
SCORE	Signal Communications Orbiting Relay Experiment = amerikan. Versuchs-Kommunikationssatellit
Sd.KFZ	Sonder-Kraftfahrzeug = Sonderfahrzeuge für die Wehrmacht
SEP	SNIAS Étage de Perigée = Kickstufe der Europa 2, gebaut von → SNIAS
SEREB	Société d'Étude et de Réalisation d'Engins Balistiques = Forschungs- & Entwicklungsgesellschaft zum Bau experimenteller ballistischer Trägerraketen
SEVA	Stand-up Extra-Vehicular Activity = Außenbordeinsatz, bei dem der Astronaut nur mit dem Oberkörper das → RFZ verlässt → EVA, LEVA
SFC	Space Flight Center = Raumflugzentrum der → NASA
SHLV	Super Heavy-lift Launch Vehicle = Überschwere Trägerrakete mit einer Nutzlastkapazität von über 50 Tonnen → SLV, MLV, HLV, P/L
SIGINT	Signals Intelligence = signalerfassende Aufklärung. Analyse von Signalen des Gegners durch Bodenstationen oder Aufklärungssatelliten (→ Recsat). Unterteilung nach Art der Signale in → COMINT und ELINT
SIS	Space Infrastructure Servicing → OOS
Skylab	Sky laboratory = Himmelslabor = Raumlabor der → USA (1973–1974)
SLBM	Submarine-Launched Ballistic Missile = U-Boot-gestützte ballistische Atomrakete
SLC	Space Launch Complex (sprich: *Slick*) = Raketenstartkomplex → LA, LC
SLM	Skylab manned mission = bemannte Missionen zum → Skylab
SLV	1. Space Launch Vehicle = Weltraumträgerrakete; 2. Satellite Launch Vehicle = Satellitenträgerrakete; 3. Small-lift Launch Vehicle = leichte Trägerrakete (PLC < 2 t) → HLV, MSLV, SHLV, SLV, MLV

SM	Service Module = Versorgungsmodul des Apollo-Raumschiffes
SNECMA	Société Nationale d'Études et de Constructions de Moteurs d'Aviation = Nationale Gesellschaft zur Entwicklung und zum Bau von Flugmotoren
SNIAS	Société Nationale Industrielle Aérospatiale = staatlicher französischer Luft- & Raumfahrtkonzern (gegr. 1970) → SEP
s. o.	siehe oben
SOC	Space Operations Centre = Raumfahrtkontrollzentrum → ESOC, LCC, MCC
SOI	Sphere of Influence = Einflusssphäre eines Himmelskörpers, beinhaltet u. a. das Gravitationsfeld und Magnetfeld
sowjet.	sowjetisch
Spacelab	Space laboratory = Weltraumlabor = Raumfährenlabor für das → STS
SPS	Service Propulsion System = Hauptantrieb des Apollo-Raumschiffs für Bahnänderungen → RCS
SRBM	Short Range Ballistic Missile = ballistische Kurzstreckenrakete (Reichweite: 250–1000 km)
SRM	Sample Return Mission = Bodenproben-Rückkehrmission → LSRM, RSRM
SS	Surface-to-Surface = NATO-Code für die strategischen sowjetischen Boden-Boden-Raketen
S/S	Space Segment = Raumsegment eines Raumfahrtsystems → G/S
SSM	Surface-to-Surface Missile = Boden-Boden-Rakete, Einteilung in ballistische Raketen und Marschflugkörper.
SSR	Sowjetskich Sozialistitscheskich Republik = Sozialistische Sowjetrepublik = Gliedstaat der → UdSSR
SSSR	Sojus Sowjetskich Sozialistitscheskich Respublik → UdSSR
SETM	Science, Technology, Engineering & Mathematics = naturwissenschaftlich-technische Fachgebiete → MINT
STS	Space Transportation System, kurz: Space Shuttle = US-Raumfähre
SU	Sowjetunion, Kurzbezeichnung für die → UdSSR
s. u.	siehe unten
SUPT	Specialized Undergraduate Pilot Training = fliegerische Grundausbildung für Astronauten
S/W	Software = Computerprogramm → H/W
Syncom	Synchronized Communication = 1. Serie geostationärer Kommunikationssatelliten
t	ton(s) = Tonne(n)

T−	Time minus = Zeit vor dem Start (Countdown)
T0	Time zero = Startzeit → m_0, v_0
T+	Time plus = Zeit nach dem Start (Flugzeit, abgelaufene Missionszeit) → MET
Tab.	Tabelle
TASS	Telegrafnoje Agenstwo Sowjetskogo Sojusa, kyrill. Телеграфное Агентство Советского Союза (ТАСС) = Telegrafische (Nachrichten-) Agentur der Sowjetunion
TBM	Tactical Ballistic Missile = taktische ballistische Kurzstreckenrakete für die Schlachtfeldreichweite (bis 250 km), auch → BRBM genannt. Sie gehören zur Raketenartillerie → RakArt
TCBM	Transcontinental Ballistic Missile = Transkontinentale Ballistische Rakete → IRBM
TCS	Thermal Control System = Temperaturkontrollsystem für Raumfahrzeuge
TEI	Trans-Earth Injection = 2. Start des Haupttriebwerkes des Apollo-Raumschiffes zum Beschleunigen beim Verlassen des Mondorbits zwecks Übergang zur Transferbahn zurück zur Erde
TH	Technische Hochschule
TIROS	Television Infrared Observation Satellite = erstes Wettersatelliten-Netz der USA
TLI	Trans-Lunar Ignition = 2. Zündung der 3. Saturn-Stufe zur Erreichung der Fluchtgeschwindigkeit des Apollo-Raumschiffes (Übergang vom Erdorbit in eine Transferbahn zum Mond)
TL-Triebwerk	Turbinen-Luftstrahltriebwerk
TNT	Trinitrotoluol = Sprengstoff
TOS	TIROS Operational System → TIROS
TRBM	Theatre Range Ballistic Missile = Kurzstreckenrakete mit Schlachtfeldreichweite
T-Stoff	Treibstoff = Codewort für Wasserstoffperoxid (→ HYPER) als Treibstoff für die Treibstoffpumpen der → V2
u. a.	und andere/unter anderem
UdSSR	Union der Sozialistischen Sowjetrepubliken, kurz Sowjetunion (SU), russ. Sojus Sowjetskich Sozialistitscheskich Respublik (SSSR), kyrill. Союз Советских Социалистических Республик (СССР)
UDMH	unsymmetrisches Dimethylhydrazin ($C_2H_8N_2$) = Raketentreibstoff → Dimazin
UNO	United Nations Organization = Organisation der Vereinten Nationen (gegr. 1945)

UNSC	United Nations Security Council = Weltsicherheitsrat der → UNO
UFA	Universum Film AG
UFO	Unidentified Flying Object= nicht identifizierbares Flugobjekt
UNESCO	United Nations Educational, Scientific and Cultural Organization = Organisation für Erziehung, Wissenschaft und Kultur der → UNO
UNO	United Nations Organization = Organisation der Vereinten Nationen
USA	United States of America = Vereinigte Staaten von Amerika
USAAF	United States Army Air Force (1941–1947) = Luftstreitkräfte der US-Armee im Zweiten Weltkrieg, Nachf. → USAF
USAF	United States Air Force (gegr. 1947) = Luftwaffe der USA, Vorg. → USAAF
USAFM	United States Air Force Museum = Museum der US-Luftwaffe in Dayton, Ohio
USAF TPS	United States Air Force Test Pilot School = Testpilotenschule der → USAF
USMC	United States Marine Corps = Marineinfanterie der USA
USN	United States Navy = Marine der USA
USS	United States Ship = Kriegsschiff der → USN
usw.	und so weiter → etc.
v.	von
v	Velocitas = physikalisches Zeichen für die Geschwindigkeit
v_0	Velocitas nulla = Grundgeschwindigkeit (Rotationsgeschwindigkeit der Erde) beim Raketenstart. An den Polen 0 m/s, am Äquator 465 m/s
V1	Vergeltungswaffe Eins = vom Deutschen Reich im II. Weltkrieg eingesetzte Marschflugkörper (Flügelbombe) mit Düsenantrieb
V2	Vergeltungswaffe Zwei = vom Deutschen Reich im II. Weltkrieg eingesetzte Raketen → A4
v. a.	vor allem
VAB	Vertical Vehicle Assembly Building = Montagehalle für die Saturn 5 und das Space Shuttle in Cape Canaveral
VAdm	Vice Admiral = Vizeadmiral (milit. Dienstgrad)
VBG AFB	Vandenberg Air Force Base = Luftwaffenbasis der → USAF an der Pazifikküste bei Santa Barbara, Kalifornien → WTR
VE	Véhicule Expérimental = experimentelle Trägerrakete = Serie franz. Versuchsraketen
VEB	Volkseigener Betrieb = kollektiviertes, verstaatlichtes Unternehmen der → DDR

VfR	Verein für Raumschiffahrt e. V. (gegr. 1927)
VFW	Vereinigte Flugtechnische Werke = Fusion von Focke-Wulf und Weserflug in Bremen (1961–1981), Teil des $\rightarrow$ ERNO
v_g	velocitas gasum (lat.) = Ausströmgeschwindigkeit der Abgase
vgl.	vergleiche
v_{max}	velocitas maxima (lat.) = Höchstgeschwindigkeit
Vol-%	Volumenprozent
Vorg.	Vorgänger/in
vs.	versus = gegen
W	Watt = Maßeinheit für die elektrische Leistung $\rightarrow$ kW
WAC	Women's Army Corps = US-Armeekorps der Frauen
WBG	Wissenschaftliche Buchgesellschaft (Verlag)
WDD	Western Development Division = Raketenforschungs-zentrum der Air Force in Los Angeles
WFC	Wallops Flight Center = Raketenstartzentrum der NASA auf Wallops Island, Virginia
WGLR	Wissenschaftliche Gesellschaft für Luft- und Raumfahrt e. V. (gegr. 1962)
Wika	Wissenschaftliche Kapsel = 2. dt. Satellit $\rightarrow$ Dial
WMD	Weapons of Mass Destruction = Massenvernichtungswaffen
WPA	Woomera Prohibited Area = militärisches Sperrgebiet in Südaustralien für brit. Atombomben- und Raketentests
WSPG	White Sands Proving Ground = Versuchsgelände der US-Armee im Tularosa Basin in der Chihuaua-Wüste in New Mexico, seit 1958 $\rightarrow$ WSMR
WSMR	White Sands Missile Range = Raketentestgelände der US-Armee im Tularosa Basin in der Chihuaua-Wüste in New Mexico, bis 1958 $\rightarrow$ WSPG
WTR	Western Test Range = Westliches Raketentestgelände der USA auf der $\rightarrow$ VBG AFB in Kalifornien
X(S)	X-perimental (Supersonic) = Raketen-Experimentalflugzeug-reihe der USAF bzw. NASA
XB	X-perimental Bomber = Experimentalbombenflugzeug der $\rightarrow$ USAF
XLR	Experimental Liquid-propellant Rocket engine = experimentelles Flüssigtreibstoff-Raketentriebwerk
Y	Year = Jahr $\rightarrow$ M, d, h, s
yd	yard = Schritt = angloamerikan. Längenmaß = 3 ft. bzw. 91 cm $\rightarrow$ ft
0g	zero gravity = Schwerelosigkeit $\rightarrow$ g, μg
z. B.	zum Beispiel
zit.	zitiert

ZK	Zentralkomitee der → KPdSU, russ. Zentralnij Komitet, kyrill. Центральный Комитет (ЦК) КПСС
ZPK	Zentr Podgotowki Kosmonawtow Gagarina = kyrill. Центр Подготовки Космонавтов (ЦПК) Гагарина = Kosmonautenausbildungszentrum Gagarin in Swjosdny Gorodok (dt. Sternenstädtchen, engl. Star City) bei Moskau
Z-Stoff	Zersetzungsstoff = Codewort für Natriumpermanganat ($NaMnO_4$) als katalytischer Zersetzungsstoff des Treibstoffes → T-Stoff in der → V2
ZUP	Zentr Uprawlenija Poljotam = kyrill. Центр Управления Полётами (ЦУП) = Raumflugkontrollzentrum in Kaliningrad (später Koroljow) bei Moskau

Abbildungsverzeichnis

Das Werk enthält insgesamt 34 Abbildungen. Die erste Abbildung ist über 150 Jahre alt und somit gemeinfrei, das heißt allfällige Urheberrechte sind mittlerweile erloschen. Die übrigen Abbildungen stammen von digitalen Bildarchiven zweier Institutionen, die hierfür ihre freundliche Genehmigung erteilt haben:

- National Aeronautics and Space Administration (NASA) in Washington, D.C. NASA Image and Video Library:https://images.nasa.gov (Zugriff: 10.01.2019).
- Deutsche Presse-Agentur (DPA) in Frankfurt am Main. DPA Picture Alliance: www.picture-alliance.com (Zugriff: 10.01.2019).

1

Die Grundlegung der Raumfahrt in der ersten Hälfte des 20. Jahrhunderts

Inhaltsverzeichnis

Kap. 1 beschreibt die Grundlegung der Raumfahrt in der ersten Hälfte des 20. Jahrhunderts. Ausgehend von theoretischen Ideen und Fiktionen wird die theoretische Begründung der Kosmonautik beschrieben, in welcher die grundlegenden physikalischen Fragen der Raumfahrt beantwortet werden. Hierbei waren vor allem russische und deutsche Theoretiker federführend. Im Folgenden wird die Raketenentwicklung in den USA und der Sowjetunion in der Zwischenkriegszeit beschrieben. Es folgt die Entwicklung der ersten Großrakete im Zweiten Weltkrieg. Hier war neben den bereits genannten Großmächten vor allem Deutschland federführend tätig. Dementsprechend bildet der Wettlauf der beiden Hauptsiegermächte USA und Sowjetunion um die deutsche Technologie den Abschluss des ersten Hauptkapitels.

© Springer-Verlag GmbH Deutschland, ein Teil von Springer Nature 2023
A. T. Hensel, *Geschichte der Raumfahrt bis 1975*,
https://doi.org/10.1007/978-3-662-64573-4_1

1.1 Eichhörnchen im All und Frau im Mond: Von der Raumfahrtutopie zur Kosmonautik

Dieser Abschnitt widmet sich der theoretischen Begründung der Kosmonautik. Jules Verne schrieb mit seinem Science-Fiction-Roman „Von der Erde zum Mond" die erste Raumfahrtutopie. Nach der Entdeckung der Marskanäle durch den italienischen Astronomen Giovanni Schiaparelli schrieb H. G. Wells seine Raumfahrtdystopie „Krieg der Welten", in der die Menschheit gegen eine Invasion der Marsianer kämpft. Es folgt die Beschreibung der theoretischen Durchdringung der grundlegenden physikalischen Fragen von Raumfahrtpionieren wie den Russen Konstantin Ziolkowski und Nikolai Kibaltschitsch bis hin zu den Deutschen Hermann Ganswindt, Hermann Oberth und Walter Hohmann. Den Abschluss bildet der deutsche Science-Fiction-Film „Frau im Mond" von Fritz Lang.

Bereits 100 Jahre, bevor erstmals ein Raumschiff den Mond umkreiste, beschrieb Jules Verne (1828–1905), der Begründer der Science-Fiction-Literatur, eine solche Mission in seinem 1865 erschienenen utopischen Zukunftsroman *Von der Erde zum Mond* (franz. Originaltitel: *De la Terre à la Lune*). Verne beschrieb in prophetischer Manier erstaunlich viele Einzelheiten, die dann 100 Jahre später tatsächlich auch eingetroffen sind. Genauso wie bei den späteren Apollo-Missionen starten auch bei Verne 3 Astronauten von Florida aus zum Mond. Der französische Autor hatte schon damals den Amerikanern die Kompetenz und die Ressourcen für eine derart aufwendige und komplexe Mission zugetraut. Er schrieb seinen Roman in der Zeit des Amerikanischen Bürgerkrieges (1861–1865), dem ersten modernen Krieg, in welchem technische Innovationen und der militärisch-industrielle Komplex der Nordstaaten kriegsentscheidend waren. Unter anderem wurde eine besonders schwere Kanone entwickelt, die sogenannte Kolumbiade (engl. *columbiad*). Kolumbiaden wurden als stationäre Geschütze zur Verteidigung von Festungen vor allem an der Küste eingesetzt (Abb. 1.1). Die von Thomas J. Rodman weiterentwickelte Version, die sogenannte Rodman-Kanone (engl. *Rodman gun*), erreichte eine Gesamtmasse von über 60 t und konnte Projektile vom Kaliber 20 Zoll (ca. 50 cm) und einem Gewicht von 500 kg bis zu 8 km weit schießen, um angreifende Kriegsschiffe abzuwehren. Die Zerstörung von Fort Sumter durch eine konföderierte Flotte in der Bucht von Charleston, mit welcher der Amerikanische Bürgerkrieg im April 1861 begonnen hatte, sollte sich nicht wiederholen. Bei Verne konstruierten die nach dem Krieg

Abb. 1.1 Einsatz einer Kolumbiade während des Amerikanischen Bürgerkrieges (1861–1865). (Quelle: US Army [gemeinfrei])

zunächst arbeitslos gewordenen Artilleristen der Union eine 900 Fuß (ca. 275 m) lange Riesenkanone mit einem Kaliber von 9 Fuß (rund 2,7 m). Mit einer gewaltigen Treibladung von 800 Patronen zu jeweils 500 Pfund Schießbaumwolle sollte das Projektil auf Fluchtgeschwindigkeit beschleunigt werden, also jene kosmische Geschwindigkeit, die ein Fluggerät benötigt, um das Gravitationsfeld der Erde zu verlassen.[1]

Verne definierte diese Geschwindigkeit ziemlich exakt mit 12.000 yd/s, was etwa 11.000 m/s entspricht. Allerdings irrte sich Verne bei der Vorstellung, man könnte eine solche gewaltige Geschwindigkeit mit einem Kanonenschuss erzielen. Eine derartige Beschleunigung in so kurzer Zeit auf einer so kurzen Distanz würde einen so gewaltigen Druck erzeugen, dass sowohl die Kanone als auch das Projektil förmlich pulverisiert werden würden.

Einen anderen wichtigen Faktor erkannte Verne jedenfalls richtig: Um die Erdgravitation zu überwinden, muss das Gesamtgewicht des Raumfahrzeuges so gering wie möglich gehalten werden. Mitte des 19. Jahr-

---

[1] Büdeler, Werner. 1992. *Raumfahrt*, S. 41.

hunderts gelang es durch einen chemischen Umwandlungsprozess, reines Aluminium zu gewinnen. Bei Verne wird das Projektil daher aus Aluminium gefertigt und tatsächlich wurde später bei der Konstruktion von Raumfahrzeugen bevorzugt auf Aluminiumlegierungen zurückgegriffen. Verne beschrieb das neu entdeckte Leichtmetall mit den folgenden Worten: *„Dieses köstliche Metall ist weiß wie Silber, unveränderlich wie Gold, zäh wie Eisen, schmelzbar wie Kupfer und leicht wie Glas.“*[2]

Eine andere Voraussetzung erkannte Verne ebenfalls richtig: Wenn die Amerikaner mit einem Geschoss die Erdgravitation überwinden und den Mond direkt treffen wollten, müssten sie das von ihrem südlichsten Bundesstaat aus tun, denn in der Nähe des Äquators kann man die Erdrotation zum Abstoßen von der Erdoberfläche besser nutzen und die Kanone zudem senkrecht nach oben abschießen, wenn der Vollmond im Zenit steht. Daher wählte Verne Florida aus, von wo aus dann 100 Jahre später auch tatsächlich die Mondraketen starteten.

Verne beschrieb auch einen Testflug mit Tieren, genauso wie es später dann auch die Sowjets und die Amerikaner gemacht haben, bevor sie Menschen in den Weltraum geschossen haben. Während die Sowjets vor allem Hunde und die Amerikaner Affen eingesetzt haben, wurde bei Verne eine Katze zusammen mit einem Eichhörnchen in die obere Atmosphäre geschossen, um die Auswirkungen des Rückstoßes beim Abschuss auf den Organismus zu testen. Nach einem ballistischen Parabelflug landete das Projektil planmäßig im Meer und wurde von Tauchern geborgen. Beim Öffnen des Projektils sprang die Katze heraus, aber vom Eichhörnchen fehlte jede Spur. Die Experten kamen zu der Schlussfolgerung, dass der Kater das Eichhörnchen während des Fluges mit Haut und Haaren gefressen haben muss.

Beim anschließenden Mondflug starteten drei Raumfahrer mit einem Hundepaar sowie diversem Saatgut und Baumsetzlingen. Offensichtlich war man der Meinung, auf dem Mond eine Art außerirdische Kolonie gründen zu können, nachdem die Erde bereits vollständig kolonialisiert worden war. Eine weitere erstaunliche Vorhersage von Jules Verne war die ziemlich exakt vorausberechnete Reiseflugzeit von 3 Tagen bis zum Mond.

Im Fortsetzungsroman *Reise um den Mond* (franz. Originaltitel: *Autour de la Lune,* erschienen 1870) beschrieb Verne die Mondumrundung, wobei die Gravitation des Mondes dafür sorgt, dass das irdische Geschoss umgelenkt wird und zur Erde zurückfliegt. Damit hatte Verne erstmals

---

[2] Verne, Jules. 2010. *Von der Erde zum Mond,* S. 58.

ein Raumfahrtmanöver beschrieben, welches als Gravity Assist, Slingshot oder Swing-by bezeichnet wird. Verne beschrieb auch das Phänomen der Schwerelosigkeit. Seiner Meinung nach würden die Körper mit zunehmender Flughöhe nur allmählich leichter und die totale Schwerelosigkeit herrsche nur an jenem Punkt, wo sich die Anziehungskräfte von Erde und Mond gegenseitig aufheben. Die Wasserlandung mit Bergung durch ein Schiff der US-Marine entspricht ebenfalls dem späteren Landungs- und Bergungsprozedere der US-Astronauten.

Der französische Filmpionier Georges Méliès (1861–1938) schuf basierend auf den Mondromanen von Verne 1902 den ersten Science-Fiction-Film der Geschichte unter dem Titel *Le Voyage dans la Lune* (Die Reise zum Mond). Im Film werden 6 französische Raumfahrer mit einer riesigen Kanone von Frankreich aus zum Mond geschossen. Nach der Landung begegnen sie dort den Mondbewohnern, den sogenannten Seleniten, eine Spezies mit Vogelschnabel, Schuppenpanzer, Krebsscheren als Hände und amphibische Schwimmhäute zwischen den Zehen. Sie ernähren sich von riesigen Pilzen, die auf der Mondoberfläche wachsen. Die irdischen Mondfahrer werden von den Seleniten gefangen genommen, können sich jedoch befreien und zur Erde zurückfliegen.

Am Beginn der konkret-wissenschaftlichen Beschäftigung mit den Möglichkeiten der Raumfahrt stand ein Planet, der seit der Jahrtausendwende wieder im Mittelpunkt des Raumfahrtinteresses steht, der Mars.

Im Rahmen einer Jahrhundert-Perihelopposition näherte sich dieser äußere Nachbarplanet im Jahre 1877 bis auf rund 56 Mio. km an unsere Erde. Eine ähnliche Annäherung erfolgte erst wieder 1971.

Selbstverständlich waren anlässlich dieses seltenen Naturschauspiels viele Teleskope auf diesen einzigen Planeten des Sonnensystems gerichtet, welcher außer der Erde eine durchsichtige Atmosphäre besitzt. So entdeckte der amerikanische Astronom Asaph Hall (1829–1907), dass der Mars von zwei Monden begleitet wird, die später die Namen Phobos und Deimos erhielten.[3]

Eine wesentlich aufsehenerregendere und folgenschwerere Entdeckung gelang jedoch dem Direktor der Sternwarte von Mailand, Giovanni V. Schiaparelli (1835–1910), der als Begründer der Marstopografie gilt.

Er entdeckte zwischen den dunklen Flecken, die er in Anlehnung an die erstarrten Lavaflächen auf dem Mond Meere (ital. *mari*) nannte, ein feines

---

[3] Cieslik, Jürgen. 1970. *So kam der Mensch ins Weltall*, S. 35. In der Mythologie der griechisch-römischen Antike waren Phobos und Deimos die Söhne des Kriegsgottes Ares bzw. Mars.

Netzwerk geometrischer Linien, welches die hellen Marsregionen, die er Wüsten (ital. *deserti*) nannte, durchzieht. Diese Linien nannte er schließlich Kanäle (ital. *canali*). Aufgrund einer einseitigen Übersetzungsinterpretation ins Englische wurden diese natürlichen Rinnen und Schluchten nicht mit channel oder canyon sondern mit canal übersetzt. Letzteres bezeichnet künstlich angelegte Wasserstraßen.[4]

Die Entdeckung der Marskanäle führte zu wilden Spekulationen über deren Entstehung. Bis heute ist ungeklärt, ob diese Schluchten nun Produkte von urzeitlichen Wasser- oder Lavaströmen oder tektonischen Verwerfungen sind.

Damals glaubte jedoch ein Teil der Astronomen und der Öffentlichkeit, dass es sich um künstlich angelegte Wasserstraßen handeln müsse, wodurch ein indirekter Beweis für die Existenz von intelligenten, außerirdischen Lebewesen erbracht worden sei. Dies war die Geburtsstunde der Legende von den Marsbewohnern.

1897 wurden zwei populäre Science-Fiction-Romane veröffentlicht, die sich mit einer Invasion von Marsbewohnern auf der Erde befassten.

Der englische Schriftsteller Herbert George Wells (1866–1946) nahm den Faden auf und veröffentlichte 1897 den Science-Fiction-Roman *Der Krieg der Welten* (engl. Originaltitel: *The War of the Worlds*). Im Gegensatz zur Raumfahrtutopie von Verne beschrieb Wells eine Raumfahrtdystopie: Nicht die Menschen fliegen zu anderen Himmelskörpern, um dort neue Kolonien zu gründen, die Außerirdischen greifen die Erde an, um die Menschheit zu vernichten und den Planeten neu zu besiedeln. Bei Wells landen Marsianer mit ihrem Raumschiff südlich von London und errichten dort einen Brückenkopf zur Eroberung der Welt. Die Urangst der Briten vor einer Invasion von Süden her wurde hier bedient. Die Marsianer bestehen hauptsächlich aus überdimensionalen Gehirnen, die den menschlichen weit überlegen sind. Darüber hinaus verfügen Sie über ein Kreislaufsystem zur Versorgung desselben. Sie ernähren sich vom Blut anderer Lebewesen, sind also eine Art Alien-Vampire. Für die Fortbewegung auf Erden und den Kampf gegen die Menschheit benutzen sie riesige Kampfmaschinen, die mechanische Ersatzkörper darstellen. Mit ihren überlegenen Waffen und dem Einsatz von Giftgas entvölkern sie ganze Landstriche. Die Bevölkerung Londons flieht die Themse hinab zum Meer. Die Menschheit scheint dem Untergang geweiht, da sterben die Marsianer plötzlich wie die Fliegen. Nachträgliche Untersuchungen ergeben, dass ihr Immunsystem

---

[4] Spillmann, Kurt. 1988. Geschichte der Raumfahrt. In: *Der Weltraum seit 1945,* S. 16.

gegen menschliche Krankheitserreger nicht ausgelegt ist. Wells wollte vor dem ungehemmten Fortschrittsoptimismus der Jahrhundertwende warnen. Darüber hinaus wollte er den Kolonialisten des Britischen Weltreiches den Spiegel vorhalten. Die eingeborene Bevölkerung zahlreicher Kolonien wurde durch Eroberungskrieg, Ausbeutung und eingeschleppte Krankheiten stark dezimiert. H. G. Wells bezog sich dabei explizit auf das Schicksal der Ureinwohner Tasmaniens, die im 19. Jahrhundert komplett ausgerottet wurden.[5]

Der Regisseur G. Orson Welles (1915–1985) ließ zu Halloween 1938 eine Hörspielfassung über das Radio senden und erzeugte damit eine Massenpanik, weil viele Amerikaner glaubten, dass ihr Land tatsächlich von Außerirdischen angegriffen worden sei. Hollywood verfilmte den Stoff mehrmals, erstmalig 1953. Bekannt ist vor allem die Verfilmung von Regisseur Steven Spielberg (*1946) von 2005 mit Schauspieler Tom Cruise (*1962) in der Hauptrolle.

Der deutsche Schriftsteller Dr. Kurd Laßwitz (1848–1910) veröffentlichte im selben Jahr wie H. G. Wells seinen Sci-Fi-Roman mit dem Titel *„Auf zwei Planeten"*. Die Marsianer haben am Nordpol eine Erdbasis in Form einer künstlichen Insel errichtet, die von einer Raumstation im Erdorbit aus versorgt wird. Die Marsianer wollen die auf die Erde treffende Solarenergie nutzen, die auf dem Mars aufgrund des größeren Abstandes zur Sonne viel geringer ist. Als die rivalisierenden europäischen Kolonialmächte einander den Krieg erklären, übernehmen die technisch und moralisch überlegenen Marsianer die Herrschaft über die Erde. Die rivalisierenden irdischen Großmächte verbünden sich daraufhin gegen den gemeinsamen außerirdischen Feind und beginnen einen Abwehrkampf. Dieser mündet schließlich in einen interplanetaren Friedens- und Freundschaftsvertrag zwischen Erde und Mars. Der Roman war in den ersten drei Jahrzehnten des 20. Jahrhunderts sehr populär und inspirierte Raumfahrtpioniere wie Eugen Sänger oder Wernher von Braun.

Im Zusammenhang mit der Entdeckung der Marskanäle erlangte auch die Frage nach der technischen Durchführbarkeit von bemannten, interplanetaren Raumflügen zu einem Zeitpunkt Aktualität, als noch nicht einmal Auto und Flugzeug erfunden worden waren.

Die älteste überlieferte Konstruktionszeichnung für ein bemanntes Raumschiff mit Raketenantrieb stammt von dem Russen Nikolai I. Kibaltschitsch (1853–1881).

---

[5] Jeschke, Wolfgang.1995. The War of the Worlds. In: *Kindlers Neues Literaturlexikon. Hauptwerke der englischen Literatur*. Bd. 2: Das 20. Jahrhundert, S. 212.

Der Sprengstoffexperte war wegen seiner angeblichen Beteiligung am Bombenattentat auf Zar Alexander II. (1818–1881, reg. seit 1855) zum Tode verurteilt worden und verfasste seinen Entwurf 1881 in einer St. Petersburger Todeszelle.

Das Konzept einer bemannten Pulverrakete landete in einem Archiv der Geheimpolizei und wurde erst nach der Oktoberrevolution 1918 wiederentdeckt und publiziert.[6]

Es blieb daher einem Deutschen vorbehalten, erstmals ein konkretes technisches Konzept für ein bemanntes Raumschiff zu veröffentlichen, nämlich Hermann Ganswindt (1856–1934). Dieser stellte sein sogenanntes Weltenfahrzeug erstmals 1891 im Rahmen eines wissenschaftlichen Vortrages in Berlin vor.[7]

Ganswindt hatte erkannt, dass der theoretische Schlüssel zur Raumfahrt in den drei Axiomen der Mechanik liegt, welche der Engländer Sir Isaac Newton (1643–1727) in seinem epochalen Hauptwerk über die mathematischen Grundlagen der Naturwissenschaft 1687 veröffentlicht und damit die moderne Physik begründet hatte.[8]

Es sind dies das Trägheitsgesetz, das Beschleunigungsgesetz (welches auf dem ebenfalls von ihm entdeckten Gravitationsgesetz basiert) sowie das Reaktionsgesetz.

Das Trägheitsgesetz besagt, dass jeder Körper das Bestreben hat, in dem Zustand der Ruhe oder Bewegung, in dem er sich gerade befindet, zu verharren. Eine Bewegungsänderung erfolgt immer durch eine einwirkende Kraft, welche proportional zur Masse des Körpers ist, dessen Bewegungszustand verändert wird. Eine dieser auf uns einwirkenden Beschleunigungskräfte ist die Erdgravitation.

Ihre Überwindung stellt den ersten Schritt in den Weltraum dar. Die damals gerade hundertjährige Entwicklung der aerostatischen Luftfahrt mit Ballonen hatte gezeigt, dass die Überwindung der Schwerkraft zunächst nur innerhalb der dichteren Atmosphärenschichten möglich war.

Der Schlüssel zum Vorstoß über die Erdatmosphäre hinaus lag nun im dritten Newton'schen Axiom, nach dem die Wirkung der

---

[6] Hofstätter, Rudolf. 1989. *Sowjet-Raumfahrt*, S. 14.

[7] Metzler, Rudolf. 1985. *Der große Augenblick in der Weltraumfahrt*, S. 9. Dagegen behauptet Büdeler, dass Ganswindt bereits zehn Jahre zuvor, also parallel zu Kibaltschitsch, einen ähnlichen Vortrag gehalten habe, dessen Text jedoch nicht überliefert sei (vgl. hierzu Büdeler. 1982. *Geschichte der Raumfahrt*, S. 120).

[8] Lat. Originaltitel: *Philosophiae naturalis principia mathematica* = Die mathematischen Grundlagen der Naturphilosophie.

Beschleunigungskraft, welche auf einen Körper ausgeübt wird, bei diesem eine gleich große Gegenwirkung erzeugt (lat. *actio = reactio*).

Ganswindt hatte in der Auseinandersetzung mit Vernes Raumfahrtroman erkannt, dass die gewaltige Beschleunigung auf Fluchtgeschwindigkeit im Bruchteil einer Sekunde auf derart kurzer Distanz im Kanonenrohr einen derartigen Gegendruck bzw. Rückstoß erzeugen würde, dass sowohl das Projektil als auch die Kanone selbst pulverisiert werden würden. Verne beschrieb demgegenüber lediglich gewisse Zerstörungen rund um die Kanone.

Zur Lösung dieses Problems stellte Ganswindt das Antriebskonzept von Verne einfach auf den Kopf: Wenn nun eine umgedrehte Kanone in kürzesten Abständen ein Projektil nach dem anderen gegen die Erde abfeuern würde, dann würde sich die Kanone durch den andauernden Rückstoß immer weiter von der Erdoberfläche entfernen und schließlich die Erdanziehung vollständig überwinden können.

Ganswindt hatte bei seinen Überlegungen völlig vernachlässigt, dass die Chinesen bereits im Mittelalter die Feststoffrakete auf Schwarzpulver-Basis erfunden hatten. Das Raketenkonzept erschien ihm nicht zielführend, da er die Rückstoßwirkung von ausströmenden Verbrennungsgasen aufgrund mangelnder Masse als zu gering einschätzte.[9] Tatsächlich ist es genau umgekehrt: Die größte Antriebsleistung wird mit Düsen- und Raketentriebwerken erzielt, welche gewaltige Rückstoßstützmassen ausströmen können, von denen man zur Jahrhundertwende noch keine Vorstellung hatte.

Der Übergang vom Utopiegedanken zum technisch durchführbaren Raumfahrtkonzept gelang einem Mann mit denkbar schlechten Voraussetzungen: Konstantin E. Ziolkowski (1857–1935) wurde als Russe tatarischer Abstammung in einem Dorf in der Provinz Kaluga geboren. Aufgrund einer Scharlacherkrankung war er seit seiner Kindheit praktisch gehörlos. Durch seine Begabung brachte er es trotzdem zum Mathematiklehrer einer Kreisschule (Abb. 1.2).

Im Mai 1903 veröffentlichte er einen Aufsatz über „Die Erforschung des Weltraumes mit Reaktionsgeräten" in der St. Petersburger Zeitschrift *Wissenschaftliche Rundschau*.[10]

Damit begründete er die wissenschaftliche Lehre von der Raumfahrt. Diese wird in Russland als Kosmonautik (космонавтика) und in den USA als Astronautik *(astronautics)* bezeichnet. Unabhängig von ideologischen

---

[9] Büdeler, Werner. 1982. *Geschichte der Raumfahrt*, S. 126.

[10] Russischer Originaltitel: Исследование мировых пространств реактивными приборами.

Abb. 1.2 Konstantin E. Ziolkowski (1857–1935), Begründer der Kosmonautik. (© DPA, picture alliance/Leemage)

Konnotationen im Zusammenhang mit dem Systemwettstreit im Kalten Krieg ist der Begriff Kosmonautik zutreffender. Das griechische Wort Kosmos (κόσμος) bedeutet schlicht Weltraum, während das griechische Wort Astron (ἄστρον) Stern bedeutet. Eine Raumfahrt zu den Sternen ist aber selbst im 21. Jahrhundert immer noch eine Utopie.

Ziolkowski war in der russischen Provinz der beginnende Siegeszug des Verbrennungsmotors mit Flüssigtreibstoff in Automobilen und Luftschiffen nicht verborgen geblieben. Flüssige Brennstoffe besitzen eine höhere Energiedichte als feste, und daher haben entsprechende Motoren auch einen höheren Wirkungsgrad. Somit erschien Ziolkowski der Flüssigkeitsantrieb auch für die Rakete zukunftsweisend zu sein. Im Gegensatz zu den motorisierten Luftfahrzeugen, die nur den flüssigen Treibstoff mitführen müssen und den zur Verbrennung notwendigen Sauerstoff einfach aus der Umgebungsluft entnehmen, muss ein Raumfahrzeug im luftleeren Weltraum jedoch beide Komponenten mitführen: den Treibstoff und den Oxidator in getrennten Tanks!

Ziolkowski war klar, dass aufgrund dieses Nachteils nur eine ausgesprochen konzentrierte und energiereiche Komponentenmischung infrage kam. Er erkannte die Knallgasmischung aus flüssigem Wasserstoff und flüssigem Sauerstoff als bestmögliche Variante, da die Verbrennung eine besonders hohe Energiefreisetzung garantiert. Die damit verbundenen enorm hohen Temperatur- und Druckwerte in der Brennkammer erhöhen die Ausströmgeschwindigkeit des Abgasstrahles und damit den Rückstoß der Rakete. In der Physik spricht man von der sogenannten Rückstoßstützmasse.

Tatsächlich erreichen Feststoffraketen eine Ausströmgeschwindigkeit von maximal 2500 m/s, während hochenergetische Flüssigkeitstriebwerke bis zu 4000 m/s erreichen.[11]

Zur Berechnung des Wirkungsgrades einer Rakete entwickelte Ziolkowski die Raketengrundgleichung, mit der sich der Geschwindigskeitszuwachs (griech./lat. *delta velocitas* = Δv) der Rakete in Meter pro Sekunde (m/s) ermitteln lässt. Sie stellt die Grundformel der Kosmonautik dar. Hierbei wird die Ausströmgeschwindigkeit der Abgase (lat. *velocitas gasum* = v_g) multipliziert mit dem Massenverhältnis der Rakete, welches sich aus dem Verhältnis des natürlichen Logarithmus (lat. *logarithmus naturalis* = ln) der Startmasse (lat. *multitudo nullus* = m_0) zur Brennschlussmasse (lat. *multitudo exitus* = m_e) ableiten lässt. Formel:[12]

$$\Delta v = v_g \times \ln \frac{m_0}{m_e} \quad [\text{m/s}] \tag{1.1}$$

Von der Raketengrundgleichung lassen sich weitere grundlegende Formeln zur Berechnung von Raketen ableiten. Sie berücksichtigt beispielsweise nicht die horizontale Grundgeschwindigkeit am Startort (lat. *velocitas nulla* = v_0). Diese ergibt sich aufgrund der Erdrotation. Am Äquator ist sie am höchsten; dort beträgt sie 465 m/s = 1675 km/h. Die größten Raumfahrtzentren befinden sich daher auch im Süden. Das größte Space Flight Center (SFC) der USA befindet sich am Cape Canaveral in Florida bei 28° nördlicher Breite, das größte Kosmodrom der Sowjetunion beziehungsweise Russlands liegt in Kasachstan nahe der Stadt Baikonur bei 45° nördlicher Breite und das größte Raumfahrtzentrum der europäischen Weltraumagentur ESA befindet sich bei der Stadt Kourou in Französisch-Guayana, nur 580 km nördlich des Äquators bei 5° nördlicher Breite.

---

[11] Lassmann, Jens u. a. 2011. Trägersysteme – Gesamtsysteme. In: *Handbuch der Raumfahrttechnik*, S. 135.

[12] Ebd., S. 134 bzw. Messerschmid u. a. 2017. *Raumfahrtsysteme*, S. 42. Δv wird in der Literatur als Geschwindigkeitsänderung, -differenz, -vermögen oder -zuwachs bezeichnet. Die Ausströmgeschwindigkeit wird teilweise auch mit dem Formelzeichen c widergegeben. Die Brennschlussmasse ist die Restmasse der Rakete, wenn die Tanks leer sind und die Triebwerke ausgehen. Bei den Formeln und Berechnungen handelt es sich um eine vereinfachte Darstellung..

Wenn man nun die Raketengrundgleichung um die Grundgeschwindigkeit ergänzt, erhält man die Höchstgeschwindigkeit (lat. velocitas maxima = v_{max}) der Rakete bei Brennschluss:

$$v_{max} = v_0 + \Delta v \quad [m/s] \tag{1.2}$$

Die Schubkraft (lat. *fortitudo* = F) eines Raketentriebwerks in Newton (N) ist das Produkt aus dem Durchsatz der Rückstoßstützmasse (lat. *multitudo* = $\dot{m}$) und der Ausströmgeschwindigkeit der Abgase (lat. *velocitas gasum* = v_g). Formel:

$$F = \dot{m} \times v_g \quad [N] \tag{1.3}$$

Die Beschleunigung (lat. *acceleratio* = a) einer Rakete in Meter pro Sekunde zum Quadrat (m/s^2) ermittelt sich aus dem Verhältnis von Schubkraft (F) und Raketenmasse (m). Formel:[13]

$$a = \frac{F}{m} \quad [m/s^2] \tag{1.4}$$

Parallel dazu ermittelte Ziolkowski auch die drei kosmischen Geschwindigkeiten, die ein Raumflugkörper (RFK) erreichen muss, um die Anziehungskraft (Gravitation) eines Himmelskörpers zu überwinden:

1. kosmische Geschwindigkeit (Orbitalgeschwindigkeit) zur Erreichung einer stabilen Erdumlaufbahn: 7,9 km/s = ca. 28.440 km/h;
2. kosmische Geschwindigkeit (Fluchtgeschwindigkeit) zur Überwindung des Gravitationsbereiches der Erde: 11,2 km/s = ca. 40.320 km/h;
3. kosmische Geschwindigkeit zur Überwindung des Gravitationsfeldes der Sonne: 42,1 km/s = ca. 151.560 km/h.[14]

Bei diesen theoretischen Berechnungen wurde die bereits erwähnte Rotationsgeschwindigkeit der Erde am Startplatz noch nicht berücksichtigt. Bei einem Start am Äquator müssten so z. B. von der 1. kosmischen Geschwindigkeit 1675 km/h abgezogen werden, um einen stabilen Erdorbit zu erreichen. Bei der 3. Kosmischen Geschwindigkeit kommt noch

---

[13] Ebd. Lassmann u. a. verwenden als Formelzeichen für die Beschleunigung die deutsche Abkürzung B.
[14] Messerschmid u. a. 2017. *Raumfahrtsysteme*, S. 88 f. (1.), 90 (2.) u. 120 (3.). Die kosmischen Geschwindigkeiten sind theoretische Werte, die ein Flugkörper beim Start haben sollte und die bei zunehmender Entfernung zum Gravitationsmittelpunkt abnehmen. Außerdem bleibt der Luftwiederstand in der Atmosphäre unberücksichtigt.

die Revolutionsgeschwindigkeit hinzu, d. h. die Umlaufgeschwindigkeit der Erde um die Sonne. Diese beträgt ca. 29,8 km/s bzw. 107.280 km/h. Hinzu kommt noch die Entfernung der Erde, von der Sonne, welche im Durchschnitt 149,6 Mio. km = 1 Astronomische Einheit (AE) beträgt. Die Gravitation nimmt mit zunehmender Entfernung vom Himmelskörper ab, und zwar proportional zum Quadrat des Abstandes. Unter Berücksichtigung dieser Faktoren beträgt die Fluchtgeschwindigkeit aus dem Sonnensystem für einen von der Erde aus gestarteten RFK nur noch 12,3 km/h = 44.280 km/h.[15]

Diesen Effekt könnte man mit dem Kugelstoßen oder Hammer- und Speerwurf vergleichen: Der Werfer rotiert um die eigene Achse und bewegt sich dabei vorwärts, ähnlich wie sich die Erde um sich selbst und die Sonne dreht. Damit sorgt er für die nötige Ausgangsgeschwindigkeit, um eine möglichst hohe Reichweite zu erzielen.

Auf der Basis seiner Formeln errechnete Ziolkowski für die Erreichung kosmischer Geschwindigkeiten ein theoretisch notwendiges Massenverhältnis von 1 zu 90. Dies würde bedeuten, dass die Leer- und Nutzlastmasse der Rakete nicht viel mehr als 1 % der Treibstoffmasse ausmachen dürfte. Da dieser Wert utopisch ist, entwickelte Ziolkowski zwei grundlegende Bauprinzipien, die den Wirkungsgrad von Raketen erhöhen können: Durch das Bündelungsprinzip könnten mehrere Raketentriebwerke aus einer Tankkombination versorgt werden und durch das Stufenprinzip könnten während der Aufstiegsphase leergebrannte Tanks samt Triebwerke abgeworfen werden, um das Eigengewicht der Rakete zu reduzieren und dadurch das Massenverhältnis auf 1 zu 9 zu verbessern, d. h. der Nutzlast- und Strukturmasseanteil der Rakete kann dadurch auf 10 % verzehnfacht werden.[16]

Die Gesamtschubkraft einer Raketenstufe errechnet sich somit aus der Summe der Schubkräfte der einzelnen Triebwerke und die Maximalgeschwindigkeit (v_{max}) einer mehrstufigen Rakete aus der Summe von Grundgeschwindigkeit am Startplatz (v_0) und den Geschwindigkeitszuwächsen (Δv) der einzelnen Raketenstufen. Für eine dreistufige Rakete lautet die Formel:

$$v_{max} = v_0 + \Delta v_1 + \Delta v_2 + \Delta v_3 \quad [\text{m/s}] \qquad (1.5)$$

---

[15] Ebd., S. 121.

[16] Messerschmid u. a. 2017. Raumfahrtsysteme, S.49 f. bzw. Lassmann, Jens u. a. 2011. Trägersysteme – Gesamtsysteme. In: *Handbuch der Raumfahrttechnik*, S. 135.

Auf diesen grundlegenden, theoretischen Überlegungen Ziolkowskis beruht die moderne Raketentechnik bis heute. Dennoch gelang es ihm erst in seinem letzten Lebensjahrzehnt, die Aufmerksamkeit und Würdigung zu erfahren, die ihm gebührte.

Von Ziolkowski stammt schließlich auch der berühmte, visionäre Wiegensatz, der da lautet: *„Die Erde ist die Wiege der Menschheit, aber man kann nicht ewig in der Wiege bleiben. Das Sonnensystem wird unser Kindergarten sein.*"[17]

Im Ersten Weltkrieg entwickelten erstmals unabhängig voneinander zwei Jagdflieger Raketen für den Luftkampf:

Der Deutsche Rudolf Nebel (1894–1978) und der Franzose Yves P. G. Le Prieur (1885–1963) brachten selbst entwickelte Pulverraketen an den Querstreben ihrer Doppeldecker an, die sogenannten Nebelwerfer bzw. Le-Prieur-Raketen (franz. Fusées Le Prieur). Diese Raketen waren nicht sehr effektiv, da sowohl die Reichweite als auch die Zielgenauigkeit noch unzureichend waren. Außerdem gab es Fehlzündungen, die auch das eigene Flugzeug in Brand setzten konnten. Aus diesem Grund wurde Nebel schließlich von seinen Vorgesetzten verboten, selbst gebaute Raketen an den Flugzeugen der Reichswehr anzubringen. Die alliierten Jagdflieger durften dagegen während der Schlacht um Verdun 1916 Le-Prieur-Raketen einsetzen und konnten damit zahlreiche deutsche Aufklärungs- und Sperrballone abschießen.[18] Damit war eine neue Waffengattung begründet worden, die Luft-Luft-Raketen (engl. Air-to-Air Missile, AAM).

Im Jahre 1922 legte der Physikstudent Hermann Oberth (1894–1989) aus Siebenbürgen der Universität Heidelberg seine Dissertation vor, in der er die praktische Durchführbarkeit der Raumfahrt mit Flüssigkeitsraketen in allen Einzelheiten wissenschaftstheoretisch bewies. Allerdings lehnte die Universität Oberths Manuskript mit der schlichten Begründung ab, dass es das Teilgebiet Raumfahrt in der seriösen Wissenschaft gar nicht gebe.[19]

Ein Jahr später gelang es ihm jedoch, den Verlag Oldenbourg in München dazu zu bewegen, sein Manuskript unter dem Titel *Die Rakete zu den Planetenräumen* zu veröffentlichen. In der Einleitung zu seinem Buch fasste Oberth die vier zentralen Thesen seiner Überlegungen zusammen:[20]

---

[17] Zit. nach: Röthlein, Brigitte. 1997. *Mare Tranquillitatis,* S. 55.

[18] Piekalkiewicz, Janusz. 1988. *Der Erste Weltkrieg,* S. 292. Mackowiak, Bernhard u. a. 2018. *Raumfahrt,* S. 32 f.

[19] Büdeler, Werner. 1992. *Raumfahrt,* S. 42.

[20] Oberth, Hermann. 1923. *Die Rakete zu den* Planetenräumen, S. 7.

1. „*Beim heutigem Stande der Wissenschaft und der Technik ist der Bau von Maschinen* [= Raketen] *möglich, die höher steigen können, als die Erdatmosphäre reicht.*
2. *Bei weiterer Vervollkommnung vermögen diese Maschinen derartige Geschwindigkeiten zu erreichen, daß* [sic] *sie – im Ätherraum* [= Weltraum] *sich selbst überlassen – nicht auf die Erdoberfläche zurückfallen müssen* [= Orbitalgeschwindigkeit] *und sogar imstande sind, den Anziehungsbereich der Erde zu verlassen* [= Fluchtgeschwindigkeit].
3. *Derartige Maschinen können so gebaut werden, daß* [sic] *Menschen (wahrscheinlich ohne gesundheitlichen Nachteil) mit emporfahren können.*
4. *Unter gewissen wirtschaftlichen Bedingungen kann sich der Bau solcher Maschinen lohnen. Solche Bedingungen können in einigen Jahrzehnten eintreten.*"

Zu Beginn der 1920er Jahre erschienen diese kühnen Voraussagen zunächst noch utopisch. Tatsächlich konnte Oberth die Realisierung aller seiner Thesen noch miterleben:

1. 1944 flog die erste Rakete in den Weltraum, d. h. über 100 km hoch. Es handelte sich um das in Peenemünde von einem Team um Wernher von Braun entwickelte Aggregat Vier (A4), welches in Abschn. 1.3 genauer beschrieben wird.
2. 1957 startete die Sowjetunion den ersten Satelliten Sputnik 1, der erste Raumflugkörper (RFK), der eine stabile Umlaufbahn (Orbit) um die Erde erreichte (vgl. Abschn. 2.2) und 1959 die erste Raumsonde Lunik 1, der erste RFK, der das Gravitationsfeld der Erde überwand (vgl. Abschn. 4.1).
3. 1961 startete der erste Mensch in den Weltraum der sowjetische Kosmonaut Juri Gagarin mit Wostok 1 (vgl. Abschn. 3.2). 1968 flogen die ersten Menschen um den Mond (Apollo 8) und 1969 wurde er erstmals betreten (Apollo 11, vgl. Abschn. 4.3).
4. 1980 wurde Arianespace gegründet, der erste kommerzielle Anbieter von Satellitenstarts mit der Trägerrakete Ariane. Diese Geschichte wird im 3. Band der Trilogie zur Geschichte der Raumfahrt erzählt.

Der erste Teil des Buches befasste sich mit den physikalischen Grundlagen der Raumfahrt. Im zweiten Teil wurde unter der Bezeichnung Modell B das Konzept für eine zweistufige Flüssigkeitsrakete vorgestellt, die bereits alle wichtigen konstruktionstechnischen Einzelheiten beinhaltete. Der dritte Teil des Buches widmete sich schließlich den Zukunftsaussichten für die

Raumfahrt, in denen Oberth den Bau von Satelliten und Raumstationen sowie einen Flug zum Mond noch für das laufende Jahrhundert voraussagte.

Da Oberths Buch sehr wissenschaftstheoretisch gehalten war und zahlreiche physikalische Formeln und Berechnungen beinhaltete, blieb der Leserkreis zunächst noch sehr beschränkt.

In Fachkreisen bewirkte das Werk jedoch eine Initialzündung und regte eine Reihe weiterer Veröffentlichungen an:

1925 erschien das Buch von Walter Hohmann (1880–1945) über *Die Erreichbarkeit der Himmelskörper*, mit dem er die Bahnmechanik begründete. Er berechnete die Umlaufbahnen von Satelliten sowie die verbrauchsgünstigsten Transferbahnen für Raumsonden zu Mond, Venus und Mars sowie die Parkbahnen, aus denen sich die Umlaufbahnen von Satelliten errechnen lassen.[21]

Ein Jahr später veröffentlichte der Journalist Wilhelm („Willy") Ley (1906–1996) sein populärwissenschaftliches Buch über *Die Fahrt ins Weltall* und erreichte damit einen größeren Leserkreis.[22]

Durch den Erfolg angespornt, gründete eine Gruppe um Willy Ley, Hermann Oberth, Max Valier und Johannes Winkler im Juli 1927 in Breslau den Verein für Raumschiffahrt (VfR). Die Mitgliederliste las sich wie ein Who is Who der großen Raumfahrtpioniere. In anderen Ländern wurden nach VfR-Vorbild weitere Fördervereine gegründet. So entstand beispielsweise in den USA 1930 die American Interplanetary Society. Nur vier Jahre später wurde sie etwas bescheidener in American Rocket Society umbenannt.[23]

Primäres Ziel war die Verbreitung des Raumfahrtgedankens in der Öffentlichkeit. Deshalb gab der VfR als Publikationsorgan die Monatsschrift *Die Rakete* heraus.[24]

Ihren Durchbruch schaffte die Raumfahrtidee schließlich durch das Kino: 1929 startete der bei der Universum Film AG (UFA) in Potsdam-Babelsberg produzierte Film *Frau im Mond* des Regisseurs Fritz Lang (1890–1976) in den Kinos. Es war einer der letzten großen Stummfilme. Die Romanvorlage

---

[21] Hohmann, Walter. 1925. *Die Erreichbarkeit der Himmelskörper. Untersuchungen über das Raumfahrtproblem.* Sekundärliteratur: Messerschmid, Ernst u. a. 2017. *Raumfahrtsysteme*, S. 123–127 bzw. Montenbruck, Oliver. 2011. Bahnmechanik. In: *Handbuch der Raumfahrttechnik*, S. 95 f. Die von Hohmann berechneten Transferbahnen werden in der Literatur auch Hohmann-Transfer, Hohmann-Ellipse oder Hohmann-Übergang genannt.

[22] Ley, Willy. 1926. *Die Fahrt ins Weltall.*

[23] American Interplanetary Society = Amerikanische Interplanetare Gesellschaft. American Rocket Society = Amerikanische Raketengesellschaft.

[24] Büdeler, Werner. 1982. *Geschichte der Raumfahrt*, S. 195–198.

stammte von Thea von Harbou (1888–1954). Zur Steigerung der Dramaturgie führte Lang den Countdown vor dem Start ein, der dann später auch tatsächlich angewendet wurde.[25]

Als technischer Berater wurde Oberth engagiert, der für die Weltpremiere in Berlin eine Flüssigkeitsrakete entwickeln sollte. Hier zeigte sich jedoch die Diskrepanz zwischen Theorie und Wirklichkeit. Den Übergang zur Praxis sollten andere Pioniere der Raumfahrt vollziehen.

1.2 Von Goddard bis Koroljow: Die Raketenentwicklung in den USA und der Sowjetunion

Der zweite Abschnitt widmet sich der Entwicklung von Raketen in den USA und der Sowjetunion in der Zwischenkriegszeit. Es beschreibt den Bau der ersten mit flüssigem Treibstoff betriebenen Raketen durch den Amerikaner Robert Goddard. Es gelang ihm 1935 erstmals, mit einer Rakete die Schallmauer zu durchbrechen. Seine Arbeiten wurden während des Zweiten Weltkrieges von Theodor von Kármán im Labor für Rückstoßantriebe (JPL) in Los Angeles fortgeführt. In der Sowjetunion wurden in Moskau und Leningrad Gruppen zur Erforschung des Rückstoßantriebes (GRID) gegründet. Führende Protagonisten der sowjetischen Raketenentwicklung waren Walentin Gluschko und Sergej Koroljow. Die großen stalinistischen Säuberungen und der anschließende Zweite Weltkrieg brachte die sowjetische Raketenentwicklung weitgehend zum Erliegen.

Der entscheidende Schritt von der Theorie zur Praxis gelang schließlich einem Physikprofessor der Clark-University in Worcester (Massachusetts), Robert H. Goddard (1882–1945; Abb. 1.3). Er hatte als Raketenexperte während des Ersten Weltkrieges für die US-Armee (US Army) ein Schulterrohr mit Feststoffrakete entwickelt, welches zum Prototyp für die im Zweiten Weltkrieg verwendete Panzerfaust „*Bazooka*" wurde.[26]

In der Zwischenkriegszeit war Goddard zur Finanzierung seiner Versuche vor allem auf private bzw. halbstaatliche Förderungsstiftungen angewiesen.

Zu Beginn des Jahres 1920 veröffentlichte die Smithonian Institution Goddards Abhandlung über *Eine Methode zum Erreichen großer Höhen.*[27] Der eher unspektakuläre Titel verrät, dass der Autor wohl nicht zu den

---

[25] Mackowiak, Bernhard u. a. 2018. *Raumfahrt*, S. 41.

[26] Mackowiak, Bernhard u. a. 2018. *Raumfahrt*, S. 53.

[27] Engl. Originaltitel: *A Method of reaching extreme Altitudes.*

Abb. 1.3 Robert H. Goddard (1882–1945), Erfinder der Flüssigkeitsrakete, in seiner Werkstatt in Roswell (New Mexico) 1935. (© NASA)

großen Zukunftsvisionären gehörte, die über interplanetare Raumflüge philosophierten. Dennoch stellte er fest, dass es mit flüssigkeitsbetriebenen Raketen möglich sein sollte, Nutzlasten bis zum Mond zu befördern. In der amerikanischen Presse wurde er dafür zunächst noch verspottet und verlacht. Selbst namhafte Physiker waren der Meinung, dass das Rückstoßprinzip im luftleeren Weltraum schlichtweg nicht funktionieren könne und daher die Himmelskörper außerhalb der menschlichen Reichweite lägen.[28]

Parallel zu seiner Lehrtätigkeit begann der Physikprofessor mit Fördergeldern der Smithonian-Stiftung die Entwicklung des ersten Flüssigkeitsraketentriebwerks, welches schließlich Ende 1923 erstmals auf dem Prüfstand lief.[29]

In der Folgezeit beschäftigte sich Goddard dann vor allem mit der Weiterentwicklung der Brennkammer, des Einspritzsystems sowie mit der idealen

---

[28] Mackowiak, Bernhard u. a. 2018. *Raumfahrt*, S. 35.
  Sagan, Carl. 1999. *Blauer Punkt im All*, S. 384.

[29] Zimmer, Harro. 1997. *Das NASA-Protokoll*, S. 9.

Treibstoffmischung und Leichtmetalllegierung zum Bau einer funktionsfähigen Rakete.

Am 16. März 1926 war es dann endlich soweit: Auf der Farm seiner Tante
in Auburn (Massachusetts) startete er die erste Flüssigkeitsrakete der Welt.
Die 3 m lange und 5 Kg schwere Rakete beschleunigte mit einem Gemisch
aus Benzin und flüssigem Wasserstoff in nur 2,5 s Brenndauer auf 100
km/h.[30]

Bei weiteren Versuchsstarts erkannte Goddard, dass sein ursprüngliches
Konzept einer Zugrakete mit dem Triebwerk in der Raketenspitze nicht die
erwünschte Stabilisierung für einen vertikalen Flug brachte und zudem den
Raketenrumpf beschädigte. Am 17. Juli 1929 ließ er daher erstmals eine
Rakete mit Heckmotor starten, die in ihrer Spitze ein Thermo- und ein
Barometer sowie eine eingebaute Kamera mitführte. Während des knapp 40
Sekunden langen Fluges fotografierte die Kamera die Messinstrumente und
nach Brennschluss kam dann die Apparatur am Fallschirm wieder zur Erde
zurück. Es handelte sich somit um die erste Nutzlast- und Forschungsrakete
der Welt. Allerdings hatte der Flug derartig große audiovisuelle Eindrücke
erzeugt, dass nach Protesten der umliegenden Bevölkerung der Bundesstaat
Massachusetts weitere Flugexperimente mit Raketen untersagte.[31]

Dies erregte die Aufmerksamkeit des Minenbesitzers und Philanthropen
Daniel Guggenheim (1856–1930), der kurz vor seinem Tod für weitere
Experimente 50.000 $ zur Verfügung stellte. Mit diesen Mitteln erwarb
Goddard im Herbst 1930 bei Roswell, mitten in der Wüste von New
Mexico, ein paar Hektar Land, wo er das erste Raketen-Testgelände der USA
gründete.[32]

Nach Guggenheims Tod wurde ein Teil seiner Stiftungsgelder dazu ver-
wendet, am California Institute of Technology (CIT) in Pasadena – einem
Vorort von Los Angeles – das Guggenheim Aeronautical Laboratory
(GALCIT) einzurichten. Unter seinem Leiter, dem gebürtigen Ungar
Theodor von Kármán (1881–1963), entwickelte es sich bald zum führenden
Forschungszentrum für Luft- und Raumfahrt in den USA.[33]

Goddard und sein Team konnten in Roswell bis 1941 über 30 Raketen
starten und dabei spektakuläre Erfolge erzielen:

---

[30] Büdeler, Werner. 1992. *Raumfahrt*, S. 55.

[31] Ebd.

[32] Roswell ist heute vor allem den Ufologen in aller Welt ein Begriff, weil dort angeblich 1947 ein UFO
mit Außerirdischen notgelandet sein soll. Aeronautical Laboratory = Luftfahrtlaboratorium.

[33] Büdeler, Werner. 1992. *Raumfahrt*, S. 108.

Im Frühjahr 1932 startete erstmals eine Rakete mit automatischer Kurs-korrektur durch einen eingebauten Kreiselkompass, der die Strahlruder in der Triebwerksdüse steuerte.

Am 8. März 1935 gelang schließlich erstmals die Durchbrechung der Schallmauer (Mach 1).[34]

Das Militär begann sich erst nach dem Eintritt der USA in den Zweiten Weltkrieg für die neue Technologie zu interessieren:

Goddard sollte für die US-Marine (US Navy) Hilfsraketen für den Start schwerer Bomber von Flugzeugträgern entwickeln, um damit Japan angreifen zu können. Daraus entstand eine enge Beziehung zur Flugzeug-firma Curtiss-Wright, die ihn nach dem Krieg mit der Entwicklung eines schubgeregelten Raketentriebwerkes zum Bau von Raketenflugzeugen beauf-tragen wollte. Goddard starb jedoch drei Wochen vor Kriegsende an Kehl-kopfkrebs.[35]

Kármán benannte das CALCIT 1943 in Jet Propulsion Laboratory (JPL) um und bekam – nachdem bekannt geworden war, dass die Deutschen eine große Fernrakete entwickelten – schließlich von der US Army einen Ent-wicklungsauftrag für den Bau von drei Raketentypen, der mit 3 Mio. $ unterstützt wurde. Im Arroyo Seco, einem ausgetrockneten Flussbett bei Pasadena, entstand daraufhin ein Raketen-Testzentrum, in dem bis Kriegs-ende knapp 300 Menschen arbeiteten.[36]

Im Vergleich zu den Anstrengungen, die das Deutsche Reich in den letzten drei Kriegsjahren für die Entwicklung und den Bau von Raketen unternahm, war dies eine vernachlässigbare Größe.

In der Sowjetunion stand die Raketenentwicklung von Anfang an unter der Führung des Militärs. Ihr bedeutendster Förderer war Michail N. Tuchatschewski (1893–1937), der nach der Entlassung des Verteidigungs-ministers Leo D. Bronstein, genannt Trotzki (1879–1940, reg.1918–1925), ab 1925 in seiner Funktion als Generalstabschef zum größten Reorganisator und Modernisierer der Roten Armee wurde. 1928 ließ er ein Gasdynamisches Forschungslabor (GDL) als einen Ableger der Leningrader Militärakademie gründen.[37]

1931 entstanden unter der Ägide der staatlichen Gesellschaft zur Förderung der Verteidigung, des Flugwesens und der Chemie

---

[34] Ebd., S. 57.

[35] Zimmer, Harro. 1997. *Das NASA-Protokoll,* S. 10 f.

[36] Ebd., S. 13 f. Jet Propulsion Laboratory = Labor für Strahlantriebe.

[37] russ./kyrill. ГазоДинамическая Лаборатория (ГДЛ) = Gasdinamitscheskaja Laboratorija (GDL).

(OSSOAWIACHIM)[38] in Moskau und Leningrad jeweils eine Gruppe zur Erforschung des Rückstoßantriebes (GRID).[39]

Leiter der Moskauer GIRD (MosGRID) wurde der Deutschbalte Friedrich A. Zander (1887–1933), der zwei Jahre zuvor seinen ersten Versuchsraketenmotor ORM-1 erfolgreich testen konnte. Die Leningrader GRID (LenGIRD) wurde von Nikolai A. Rynin (1877–1942) angeführt, der als Professor an der Technischen Hochschule für Verkehrswesen in Leningrad die erste umfassende Enzyklopädie zur Kosmonautik (9 Bände, 1928–1932) veröffentlichte.[40]

Nach dem Tode Zanders übernahm ein junges Gespann die Geschicke der MosGIRD:

Walentin P. Gluschko (1908–1989) kümmerte sich um die Weiterentwicklung des ORM und Sergej P. Koroljow (1906–1966) baute dazu die passende Rakete. Im August 1933 startete dann von dem Militärversuchsgelände Nabachino bei Moskau die erste sowjetische Flüssigkeitsrakete GIRD-9 mit Benzin und LOX. Nach knapp 20 Flugsekunden erreichte die 2,5 m lange und 20 kg schwere Rakete 400 Höhenmeter, bevor das Triebwerk durchbrannte.[41]

Kurz darauf forderte General Tuchatschewski die Konzentration aller Kräfte auf die Entwicklung weiterer Raketen und erreichte im Oktober 1933 die Zusammenfassung von GDL und GIRD zum Wissenschaftlichen Institut für Rückstoßantriebe (PRNII).[42] Die Leitung wurde Iwan T. Kleimenow (1898–1938) übertragen, bis dahin Chef des GDL und Schützling Tuchatschewskis. Eingeteilt wurde das RNII in verschiedene Versuchs-Konstruktionsbüros (OKB).[43] Chef des OKB-1 für Feststoffraketen wurde Georgi E. Langemak (1898–1938), der sich für die Entwicklung der Nahkampfrakete Katjuscha[44] verantwortlich zeichnete, die im Zweiten Weltkrieg

---

[38] Общество Содействия Обороне, Авиационному и Химическому Строительству (ОСОАВИАХИМ) = Obschtschestwo Sodeistwija Oboronje, Awiazionnomu i Chimitscheskomu Stroitelstwu (OSSOAWIACHIM).

[39] russ./kyrill. Группа Изучения Реактивного Движения (ГИРД) = Gruppa Isutschenija Reaktiwnogo Dwischenija (GIRD).

[40] Zimmer, Harro. 1996. *Der rote Orbit*, S. 14–16. ORM = Opitnij Raketnij Motor = Versuchsraketenmotor.

[41] Hofstätter, Rudolf. 1989. *Sowjet-Raumfahrt*, S. 17.

[42] Реактивный Научно-Исследовательский Институт (РНИИ) = Reaktiwnij Nautschno-Issledowatelskij Institut (RNII).

[43] russ./kyrill. Опытно-Конструкторское Бюро (ОКБ) = Opitnoje Konstruktorskoje Bjuro (OKB).

[44] Katjuscha (kyrill. Катюша, dt. Katharinchen) ist ein bekanntes russisches Volkslied, welches von einem gleichnamigen Mädchen und Ihrer Liebe zu einem Soldaten an der Front handelt.

mit dem Raketenwerfer BM-13 zum Einsatz kam und bei der deutschen Wehrmacht als Stalinorgel gefürchtet war. Das OKB-2 unter der Leitung von Gluschko war mit der Weiterentwicklung der Flüssigtriebwerke der ORM-Serie befasst, während Koroljow mit seinen Leuten im OKB-3 die entsprechenden Raketen konstruieren sollte.[45]

1934 erfolgten in Nabachino mehrere erfolgreiche Tests mit der neuentwickelten Rakete GIRD-10 bis in 1,5 km Höhe.[46]

Ein folgenschwerer gesellschaftspolitischer Umbruch führte jedoch in der zweiten Hälfte der 1930er Jahre zum vorläufigen Ende der positiven Anfangsentwicklung:

Der aus den Lenin-Nachfolgekämpfen als Sieger hervorgegangene Sowjetdiktator Josef W. Dschugaschwili, genannt Stalin (1878–1953, reg. 1922–53), wollte im Zuge mehrjähriger, landesweiter Säuberungsaktionen, der sogenannten Großen Säuberung, die alte Garde der Revolutionäre von 1917, vor allem aber die Anhänger Trotzkis (Trotzkisten), durch stalinistische Funktionäre, die sogenannten Apparatschiks, ersetzen und somit seine autokratische Alleinherrschaft absichern.[47]

Mit dem Geheimprozess gegen Tuchatschewski, der es inzwischen bis zum Marschall und stellvertretenden Verteidigungsminister gebracht hatte, begannen Mitte 1937 umfangreiche Säuberungen innerhalb der Roten Armee, denen in den folgenden zwei Jahren fast 20.000 Offiziere zum Opfer fielen.

Da das RNII eines der Lieblingsprojekte Tuchatschewskis war, blieb auch dieses nicht verschont: Kleimenow und Langemak wurden 1938 liquidiert. Im selben Jahr wurden auch Gluschko und Koroljow verhaftet. Die Ingenieure wurden tagelang verhört und unter Druck gesetzt. Schließlich denunzierte Gluschko seinen Konkurrenten Koroljow, nachdem man ihm mit Folter und sibirischem Zwangsarbeitslager gedroht hatte. Koroljow wurde daraufhin zwei Tage lang gefoltert, bis er die gegen ihn erhobenen Vorwürfe gestand. Koroljow wurde daraufhin zu 10 Jahren Zwangsarbeit und Umerziehung verurteilt. Man schaffte ihn in eines der abgelegensten Lager des Gulag-Systems im äußersten Nordosten Sibiriens. Hunger und Kälte hätten ihn beinahe umgebracht. Durch die Vitaminmangelkrankheit Skorbut verlor er fast alle Zähne. Nach dem Ausbruch des Zweiten Weltkrieges kamen sie in ein Sonderlager des Innenministeriums (NKWD) für

---

[45] Zimmer, Harro. 1996. *Der rote Orbit*, S. 17 f.

[46] Hofstätter, Rudolf. 1989. *Sowjet-Raumfahrt*, S. 17.

[47] russ./kyrill. Большая чистка = Bolschaja Tschistka = Große Säuberung.

Ingenieure und Wissenschaftler aus kriegswichtigen Fachbereichen, wo wesentlich humanere Lebens- und Arbeitsbedingungen herrschten. Dort sollten sie gemeinsam mit dem ebenfalls inhaftierten Flugzeugkonstrukteur Andrej N. Tupolew (1888-1972) ein Raketenflugzeug entwickeln.[48]

Tupolew[49]

Die Weiterentwicklung der Flüssigkeitsrakete hatte für die Rote Armee zunächst keine Priorität mehr. Erst als 1944 der Beschuss Londons mit der deutschen V2-Rakete begann, wurde endlich auch bei der Sowjetführung die militärische Bedeutung der Raketentechnologie erkannt und die Konstrukteure wurden auf Bewährung vorzeitig entlassen. Ihre Rehabilitierung erfolgte jedoch erst unter Stalins Nachfolger Chruschtschow im Jahr 1957, nachdem Koroljow mit der Raketa Semjorka (R-7) die erste Interkontinentalrakete gebaut hatte, die von Gluschkos Triebwerken angetrieben wurde.

1.3 Von der Raketen-Ente zur V2: Die Raketenentwicklung in Deutschland

Der dritte Abschnitt widmet sich der Raketenentwicklung in Deutschland bis zum Ende des Zweiten Weltkrieges. Max Valier beschrieb das Grundkonzept für die Entwicklung raketenbetriebener Fortbewegungsmittel: Vom Raketenauto über das Raketenflugzeug zum Raumschiff. Er konstruierte eigene Raketenschlitten (Rak Bob), um sein Konzept zu testen. Fridrich Sander war in der Zwischenkriegszeit der führende Konstrukteur von Feststoffraketen. Mit seinen Raketen stattete Fritz von Opel in den 20er Jahren Segelflugzeuge und selbst konstruierte Autos (Opel Rak) aus und unternahm die ersten raketenbetriebenen Fahrten bzw. Flüge. Anfang der 30er Jahre entwickelte Rudolf Nebel die ersten deutschen flüssigkeitsbetriebenen Raketen, die er Minimumrakete (Mirak) nannte. In der Folgezeit wurde die Raketenentwicklung von der Reichswehr gefördert, da der Versailler Friedensvertrag schwere Artillerie und Flugzeuge verboten hatte. Nach der Machtergreifung der Nationalsozialisten ließ die Wehrmacht in Peenemünde auf Usedom ein Entwicklungs- und Testzentrum für Raketen und Raketenflugzeuge bauen. Unter der Leitung von

---

[48] Zimmer, Harro. 1996. *Der rote Orbit*, S. 20. Главное управление лагерей (ГУЛаг) = Glawnoje Uprawlenije Lagerej (GULag) = Hauptverwaltung der Straflager.

[49] Ebd., S. 22 f. Народный Комиссариат Внутренних Дел (НКВД) = Nardonij Komissariat Wnutrennich Del (NKWD) = Volkskommissariat für Innere Angelegenheiten.

Wernher von Braun wurde während des zweiten Weltkrieges die erste Großrakete Aggregat 4 (A4) entwickelt, die im letzten Kriegsjahr als Vergeltungswaffe Zwei (V2) zur Bombardierung Londons eingesetzt wurde. Parallel dazu wurden auch die ersten Düsen- und Raketenflugzeuge entwickelt und gebaut. Die Heinkel-Flugzeugwerke bauten 1939 mit der He 176 das erste Raketenflugzeug und mit der He 178 das erste Düsenflugzeug. Während des Zweiten Weltkrieges kamen dann von den Messerschmitt-Flugzeugwerken die ersten in Serie produzierten ersten Raketenjäger Me 163 Komet und Düsenjäger Me 262 Sturmvogel zum Einsatz. Kurz vor Kriegsende erfolgte dann noch der erste bemannte Senkrechtstart mit Raketenantrieb mit einer Ba 349 Natter.

Der Erste, der sich konkret mit der Verwendung von Raketen zum Antrieb von Fahrzeugen beschäftigte, war der gebürtige Südtiroler Maximilian („Max") Valier (1895–1930). Sein Konzept für raketengetriebene Fortbewegungsmittel sah eine sukzessive Entwicklung in drei Etappen vor: vom Raketenauto über das Raketenflugzeug zum Raumschiff.[50]

Für die Realisierung der ersten Etappe schloss er sich mit zwei Männern zusammen:

Friedrich W. Sander (1885–1938), dem führenden deutschen Produzenten von Navigations-, Signal- und Rettungsraketen für die Seefahrt, sowie Friedrich („Fritz") A. H. von Opel (1899–1971), dem Juniorchef der gleichnamigen Automobilfirma und Enkel des Firmengründers Adam Opel (1837–1895). Gemeinsam entwickelten sie den Opel Rak 1, das erste Raketenauto der Welt. Im April 1928 wurde das von zwölf Pulverraketen angetriebene Gefährt auf der Opel-Rennbahn südlich von Rüsselsheim erstmals der staunenden Presse vorgeführt, wobei es über 100 km/h erreichte.[51]

In Windeseile ließ Fritz von Opel ein stromlinienförmiges Auto mit verstellbaren Spoilern konstruieren, das er Opel Rak 2 nannte und mit 24 Sander-Raketen bestücken ließ.

Dieses Fahrzeug konnte schon im Mai 1928 in Berlin vor über 3000 geladenen Gästen aus Politik, Wirtschaft und Militär vorgeführt werden; auch die internationale Presse war vertreten und die deutschen Rundfunksender übertrugen das Spektakel in einer Gemeinschaftssendung. Fritz von

---

[50] Büdeler. 1982. *Geschichte der Raumfahrt*, S. 222.
[51] Ebd., S. 224. In Rüsselsheim bei Frankfurt a. M. befindet sich das Opel-Stammwerk.

Abb. 1.4 Fritz von Opel bei seiner Rekordfahrt im selbst konstruierten Raketenauto Opel Rak 2 auf der AVUS in Berlin 1928. (© DPA)

Opel höchstpersönlich steuerte den Wagen über die Automobile Versuchs- und Übungsstrecke (AVUS) im Berliner Grunewald, wobei er eine Spitzengeschwindigkeit von 235 km/h erreichte (Abb. 1.4).[52]

Kurz darauf kam es zwischen Opel und Valier zum Zerwürfnis, da sich letzterer zurückversetzt fühlte. So entstand zwischen beiden ein regelrechter Konkurrenzkampf.

Die bei der Fahrt aufgetretenen Vibrationen veranlassten Opel nun dazu, zusammen mit Sander schubstärkere Schienenfahrzeuge zu entwickeln. Außerdem sollte der Raketenantrieb auch im Fluge getestet werden. Nur einen Monat nach der AVUS-Fahrt flog über der Wasserkuppe in der Rhön erstmals ein Fluggerät mit Raketenantrieb. Das Segelflugzeug vom Typ Ente mit dem Piloten Friedrich („Fritz") Stamer (1897–1969) wurde mit dem üblichen Gummiseil-Katapult gestartet. Anschließend wurden zwei mitgeführte Sander-Raketen gezündet, wobei das Fluggerät Feuer fing. Dennoch ging es als „Raketen-Ente" in die Luftfahrtgeschichte ein.[53]

---

[52] Ebd. Die 1921 eröffnete Automobile Versuchs- und Übungsstrecke (AVUS) stellte ursprünglich eine 10 km lange Gerade mit zwei parallel verlaufenden, getrennten Fahrbahnen dar, welche an den Enden mit Steilkurven verbunden waren. Als ältester Autobahnabschnitt der Welt bildet sie heute einen Teil der Autobahn Berlin – Potsdam (A 115).

[53] Ebd., S. 226.

Zwei Wochen später beschleunigte der Schienenwagen Opel Rak 3 auf einem geraden Abschnitt der Eisenbahnstrecke Hannover – Celle mit 30 Sander-Raketen unbemannt auf über 280 km/h, bevor das Fahrzeug entgleiste. Im August 1928 erfolgte dann noch einmal ein Versuch mit dem beschwerten und mit Spoilern bestückten Opel Rak 4, wobei das Fahrzeug explodierte.[54]

Zur selben Zeit hatte auch Max Valier ebenso erfolglose unbemannte Fahrten mit Schienenwagen unternommen und stieg schließlich auf Schlitten um.

Im Februar 1929 fand dann anlässlich eines Wintersportfestes des Bayerischen Automobilclubs auf dem zugefrorenen Eibsee oberhalb von Garmisch-Partenkirchen die erste öffentliche Raketenschlittenfahrt statt. Valier erreichte in seinem mit zwölf Pulverraketen der Firma Eisfeld bestückten Rak Bob 1 knapp 100 km/h. Wenige Tage später erreichte sein unbemannter Rak Bob 2 auf dem zugefrorenen Starnberger See bei München fast 400 km/h.[55]

Am 30. September 1929 konnte dann Fritz von Opel persönlich auf dem Flugplatz von Frankfurt-Rebstock zum ersten echten Raketenflug starten. Der von Julius Harty (1906–2000) konstruierte Segler hob mit 16 Sander-Feststoffraketen ab und erreichte während des zehnminütigen Fluges eine Höchstgeschwindigkeit von 150 km/h, bevor es zur unvorhergesehenen Bruchlandung kam. Nach diesem Schock gab der Ex-Juniorchef – die Opel-Werke waren inzwischen an die US-Automobilgruppe General Motors (GM) verkauft worden – seine Raketenexperimente endgültig auf. Dennoch ging er als „Raketen-Fritz" in die Geschichte ein.[56]

Max Valier hatte inzwischen einen Vertrag mit der Berliner Gesellschaft für Industriegasverwertung zum Bau eines Raketenautos mit Flüssigkeitsantrieb geschlossen. Im April 1930 konnte Valier dann seinen durch Spiritus und flüssigen Sauerstoff angetriebenen Rak 7 auf dem Berliner Flughafen Tempelhof erstmals der Öffentlichkeit vorführen. Einen Monat später starb er nach einer Explosion bei Brennversuchen mit dem Treibstoff Paraffin.[57]

Nun schien die Zeit reif zu sein, um endlich auch das erste europäische Flüssigkeitsraketentriebwerk zu bauen. Rudolf Nebel, der 1929 an der Entwicklung der UFA-Filmrakete mitgearbeitet hatte, konnte die zu diesem

---

[54] Ebd., S. 227.

[55] Ebd.

[56] Ebd., S. 229. 1970 erreichte Gary Gabelich (1940–1984) in der Großen Salzseewüste (Great Salt Lake Dasert) von Utah mit dem Raketenauto Blue Flame eine Geschwindigkeit von über 1000 km/h.

[57] Ebd., S. 230.

Zwecke von Oberth entworfene Kegeldüse zu einer funktionsfähigen Brennkammer weiterentwickeln. Im Juli 1930 wurde das Gerät auf dem Gelände der staatlichen Chemisch-Technischen Reichsanstalt (CTR) vorgeführt. Dabei handelte es sich um das Prüf- und Versuchsamt der Reichswehr im Berliner Stadtteil Reinickendorf.

In seinem Gutachten bestätigte der Direktor Dr. Ritter die explosionsfreie Verbrennung von Benzin mit flüssigem Sauerstoff und empfahl dem ihm übergeordneten Innenministerium die Unterstützung der weiteren Entwicklung, da er dadurch eine technisch realisierbare Möglichkeit sah, die höheren Atmosphärenschichten zu erforschen.[58]

Nebel forderte nun für seinen Plan zur Entwicklung einer ersten Flüssigkeitsrakete, die er Minimumrakete (Mirak) nennen wollte, umfangreiche finanzielle Zuwendungen, technische Unterstützung sowie ein geeignetes Versuchsgelände. Aufgrund der Weltwirtschaftskrise war jedoch vom Innenministerium keine große Hilfe zu erwarten. Da sprang die Reichswehr ein, die schon seit den spektakulären Aktionen Opels auf das Entwicklungspotenzial der Raketen aufmerksam geworden war.

Eine militärische Verwendung der Raketentechnologie war für das deutsche Militär besonders interessant: Der Versailler Friedensvertrag, den die Westmächte 1919 mit der Weimarer Republik abgeschlossen hatten, sah in den Bestimmungen für die künftigen deutschen Streitkräfte in Teil V, Artikel 160–213 unter anderem das Verbot des Baus und der Verwendung von schwerer Artillerie, Panzern und Panzerzügen, U-Booten und Großkampfschiffen sowie Luftschiffen und Flugzeugen vor.[59]

An die militärstrategische Bedeutung künftiger Raketensysteme hatten die Siegermächte damals noch nicht gedacht. Diese Vertragslücke wollte die Reichswehr nun ausnutzen: Sie stellte Nebel und seinen Leuten für eine symbolische Jahresmiete von 10 Reichsmark (RM) das Gelände des ehemaligen Schießplatzes Reinickendorf in der Nähe der CTR zur Verfügung.[60]

Bald wurde der im September 1930 eingeweihte Raketenflugplatz Berlin zu einem Treffpunkt arbeitsloser Ingenieure und Studenten der Technischen Hochschule (TH).

In den folgenden Monaten wurde dann eine neue Brennkammer entwickelt, die einerseits aufgrund einer Gegenstrom-Einspritzung die Zerstäubung des Treibstoffgemisches und damit eine bessere Verbrennung, und

---

[58] Herrmann, Dieter. 1986. *Eroberer des Himmels*, S. 86.

[59] Rönnefahrt, Helmuth (Begr.) u. a 1975. *Vertrags-Ploetz*. Bd. 4 A: 1914–1959., S. 43 f.

[60] Büdeler, Werner. 1982. *Geschichte der Raumfahrt*, S. 204.

andererseits durch die Verwendung einer Aluminiumlegierung eine bessere Ableitung der Verbrennungshitze von über 3000 °C ermöglichte.[61]

Im Mai 1931 konnte dann Klaus E. Riedel (1907–1944), ein enger Mitarbeiter Nebels, das neue Triebwerk erfolgreich testen. Dabei entwickelte sich ein derartiger Rückstoß, dass der gesamte Prüfstand abhob und bis auf 60 m Höhe stieg, woraufhin Nebel dieser ungeplanten Flugkonstruktion die Bezeichnung Mirak 2 gab.[62]

In der Zwischenzeit hatte jedoch Johannes Winkler (1897–1947) bereits eine freifliegende Flüssigkeitsrakete gestartet. Der Mitbegründer und erste Vorsitzende des VfR arbeitete seit dem Herbst 1929 für die Dessauer Flugzeugfirma von Hugo Junkers (1859–1935), um Starthilferaketen für schwere Flugzeuge zu entwickeln. Mit zusätzlicher finanzieller Unterstützung des Hutfabrikanten Hückel konnte Winkler dann im März 1931 auf dem Exerzierplatz in Groß-Kühnau bei Dessau seine Hückel-Winkler Eins (HW 1) erstmals erfolgreich starten. Die aus drei jeweils 60 Zentimeter langen Aluminiumrohren zur Aufnahme der Treibstoffe Flüssigmethan und Flüssigsauerstoff sowie Stickstoff als Fördergas bestehende, 5 kg schwere Rakete erreichte 60 m Flughöhe, bevor sie aus der Vertikalen ausbrach.[63]

Kurz danach stieß Winkler zu seinen Kollegen in Berlin, wo er bessere Arbeitsbedingungen vorfand und mit Rolf Engel (1912–1993) als Assistenten ein eigenes Entwicklungsteam in Konkurrenz zum Duo Nebel-Riedel bildete.

Eine entscheidende Wende brachte dann Anfang 1932 der Besuch von Oberst Karl E. Becker (1879–1940), dem Chef der Abteilung für Ballistik und Munitionsbeschaffung beim Heereswaffenamt (HWA). Er ließ sich die Entwicklungsfortschritte erläutern und lud die gesamte Mannschaft zu einer Vorführung auf dem Artillerieschießplatz Kummersdorf bei Sperenberg – rund 30 km südlich von Berlin – ein. In einem dicht bewaldeten Teil im Westen des Übungsgeländes hatte die Reichswehr bereits seit Ende 1929 geheime Versuche mit Pulverraketen unternommen.[64]

---

[61] Ebd., S. 206.

[62] Ebd., S. 207.

[63] Ebd., S. 206 bzw. 214. Man hielt dies fünf Jahre lang für den weltweit ersten Flüssigraketenstart. Die Pioniertat des introvertierten Amerikaners Goddard wurde erst 1936 der Weltöffentlichkeit bekannt.

[64] Büdeler, Werner. 1992. *Raumfahrt*, S. 64. In der Nachkriegszeit war der Flugplatz Sperenberg der wichtigste Stützpunkt der sowjetischen Luftwaffe in der DDR. Nach der Wiedervereinigung war Sperenberg dann einige Jahre lang als möglicher Standort für den neuen Berliner Großflughafen im Gespräch.

Die vorgeführte Mirak 3 erreichte jedoch nicht die von Becker gewünschte Gipfelhöhe von 3 km.[65] Ausführliche Gespräche über das weitere Entwicklungspotenzial und noch zu lösende Probleme führten dann jedoch zu jener schicksalshaften Zusammenarbeit zwischen Reichswehr und Raketenwissenschaft, wodurch letztere ihre Unschuld verlor. Im Sommer 1932 wurde ein Großteil des Mitarbeiterstabes von Nebel sowie zahlreiche Mitglieder des VfR als Zivilangestellte der Reichswehr für das Heereswaffenamt (HWA) übernommen. Die weitere Entwicklung der Flüssigkeitsraketen wurde nun vollständig von der Reichswehr finanziert und kontrolliert. Hatte der VfR bis dahin sehr öffentlichkeitswirksam Werbung für die Entwicklung und Finanzierung der Raketentechnik und Raumfahrt gemacht, so mussten alle weiteren Forschungen und Versuche unter strengster Geheimhaltung und militärischer Kontrolle erfolgen.[66]

In der nun gemischten militärisch-zivilen Forschungs- und Entwicklungsgruppe fand sich schnell ein kongeniales Duo:

Einerseits Wernher M. M. Freiherr von Braun (1912–1977), dessen Vater, Baron Magnus von Braun (1878–1972), gerade in der Politik Karriere machte: Als einer der größten Grundbesitzer Schlesiens und Reichstagsmitglied der Deutschnationalen Volkspartei (DNVP) war er von Mitte 1932 bis Anfang 1933 unter den Reichskanzlern Franz J. H. M. von Papen (1879–1969) und Kurt F. F. H. von Schleicher (1882–1934) Minister für Landwirtschaft und Ernährung. Wernher von Braun hatte gerade sein Maschinenbaustudium an der TH Berlin im Stadtbezirk Charlottenburg abgeschlossen und galt mit seinen 20 Jahren als das größte Nachwuchstalent des VfR.[67]

Andererseits Hauptmann Walter R. Dornberger (1895–1979), der bis dahin die Pulverraketenentwicklung beim HWA geleitet und ein Jahr vor Braun sein Maschinenbaustudium an der TH Berlin abgeschlossen hatte. Als ehemalige Kommilitonen verstanden sich Braun und Dornberger auf Anhieb.

Da das nun gestartete gemeinsame Projekt unter strengster Geheimhaltung lief, mussten Decknamen bzw. Tarnbezeichnungen gefunden werden. So durfte beispielsweise der Begriff „Rakete" nicht verwendet

---

[65] Die Angaben schwanken zwischen 60 und 1200 m. Vgl. hierzu Büdeler, Werner. 1982. *Geschichte er Raumfahrt,* S. 211.

[66] Barber, Murray. 2020. *Die V2,* S. 20.

[67] Die Technische Hochschule (TH) Berlin war die Vorgängerin der heutigen Technischen Universität (TU) Berlin.

werden. Braun und Dornberger einigten sich auf die neutrale Bezeichnung „Aggregat". In der Technik bezeichnet dies eine komplexe Maschine, die aus mehreren Apparaten bzw. Geräten besteht. Für die zu entwickelnde Raketenbaureihe sollte eine fortlaufende Nummerierung verwendet werden: A1, A2, A3 usw. Das Raketentriebwerk sollte „Brennofen" genannt werden. Die Treibstoffkombination hätte auch Rückschlüsse auf die Nutzung zugelassen. Daher wurde der als Oxidator vorgesehene flüssige Sauerstoff „A-Stoff" und der als Brennstoff vorgesehene Alkohol als „B-Stoff" genannt. Der Alkohol wurde aus Kartoffeln gebrannt und das Destillat mit Wasser auf eine Stärke von 75 Volumenprozent (Vol-%) verdünnt.

Im Frühjahr 1933 hatte Braun dann sein erstes Triebwerk entwickelt, welches er Aggregat Eins (A1) nannte. Für den Brennofen entwickelte er eine spezielle Legierung aus Aluminium und Magnesium. Bei Brennversuchen traten jedoch Vereisungsprobleme mit dem flüssigen Sauerstoff auf, dessen Siedepunkt bei minus 180 °C liegt. Bei Versuchsstarts mit der 150 kg schweren und 1,4 m langen Rakete traten zudem Stabilisierungsprobleme auf.[68]

Ein Lösungsansatz brachte der österreichisch-deutsche Raumfahrtpionier Eugen Sänger (1905–1964), dessen Erstlingswerk mit dem Titel *Raketen-Flugtechnik* 1933 erschien. Er entwickelte die Idee, die Raketendüse durch den eigenen Treibstoff zu kühlen. Dabei wird die Abwärme der Düse genutzt, um den Treibstoff vorzuwärmen. Ein positiver Nebeneffekt ist, dass der Brennstoff wesentlich effektiver genutzt werden kann, da die Aktivierungsenergie für die Verbrennung entsprechend geringer wird.[69]

Wernher von Braun entschloss sich, ein neues Raketentriebwerk zu entwickeln, welches er Aggregat Zwei (A2) nannte. Zur Flugstabilisierung entwickelte er einen Trägheitskreisel, der durch seinen Drehimpuls die Rakete vor unerwünschten Kursänderungen bewahren sollte. Im Dezember 1934 wurden dann zwei A2, denen Braun die Spitznamen Max und Moritz gegeben hatte, von der ostfriesischen Nordseeinsel Borkum aus gestartet. Sie erreichten knapp 2,5 km Höhe.[70]

Damit war ein entscheidender Entwicklungsfortschritt gelungen. An Wernher von Braun führte nun kein Weg mehr vorbei. Dies hatte man inzwischen auch bei der neugegründeten Luftwaffe erkannt und deshalb nahm Anfang 1935 der damalige Chef der Entwicklungsabteilung des

---

[68] Büdeler, Werner. 1992. *Raumfahrt*, S. 65 f.

[69] Sänger, Eugen. 1933. *Raketen-Flugtechnik*.

[70] Wärter, Alexandra. 1997. *Wernher von Braun*, S. 21.

Reichsluftfahrtministeriums (RLM), Oberstleutnant Wolfram Freiherr von Richthofen (1895–1945), Kontakt zu Braun auf, um ihn vom Heer abzuwerben.[71]

Reichsmarschall und Luftfahrtminister Hermann W. Göring (1893–1946, reg. 1933–1945) konnte sich diesmal jedoch mit seinem Motto: *„Alles was fliegt, gehört mir"* nicht durchsetzen. Die Raketenentwicklung blieb beim Heer, das nun zur Konzentration der Kräfte den Pachtvertrag mit der Nebel-Gruppe in Berlin-Reinickendorf auflöste und sämtliche Einrichtungen dort beschlagnahmte.[72]

1935 ließ der inzwischen zum Generalleutnant und stellvertretenden Leiter des Heereswaffenamtes (HWA) beförderte Karl Becker eine Abteilung für Raketenentwicklung gründen und ernannte den zum Major beförderten Walter Dornberger zum Abteilungsleiter. Becker und Dornberger waren im Ersten Weltkrieg als junge Offiziere bei der schweren Artillerie gewesen. Die größte eingesetzte Kanone war das sogenannte Paris-Geschütz, welches von der Firma Krupp in Essen konstruiert und gebaut worden war. Mit ihm konnte von den deutschen Stellungen an der Westfront aus die französische Hauptstadt beschossen werden. Das Geschütz besaß ein 37 m langes Rohr mit einem Kaliber von 21 cm. Mit ihm konnten Granaten mit einem Gewicht von 110 kg auf eine Mündungsgeschwindigkeit von 1645 m/s = 5922 km/h = Ma 4,8 beschleunigt werden. Das Geschoss flog auf einer ballistischen Flugbahn mit einer Scheitelhöhe von 40 km über eine Distanz von bis zu 125 km mit einer Flugzeit von ca. 3 min. Normalerweise besaß die schwere Artillerie eine Reichweite von max. 40 km.[73]

Beim Flug durch die Stratosphäre ist die Luft jedoch so dünn, dass es nur noch wenig Reibungswiderstand gibt, was die Reichweite entsprechend erhöhte. Der entscheidende Nachteil dieser Konstruktion war ihre Unhandlichkeit und ihr enormes Gewicht von rund 140 t. Es musste in Einzelteilen mit der Eisenbahn transportiert und am Einsatzort auf einem massiven Fundament zusammengebaut werden. Hinzu kam, dass pro Tag nur rund 8 Granaten abgefeuert werden konnten und der Materialverschleiß

---

[71] Herrmann, Dieter. 1986. *Eroberer des Himmels*, S. 96. Wolfram von Richthofen war ein Vetter von Manfred von Richthofen („Roter Baron"), dem legendären Fliegerass aus dem Ersten Weltkrieg. Als Luftmarschall und Oberbefehlshaber der 4. Luftflotte war Wolfram v. Richthofen im Winter 1942/43 für die Versorgung der in Stalingrad eingeschlossenen 6. Armee zuständig.

[72] Ebd., S. 90.

[73] Reinke, Niklas. 2004. *Geschichte der deutschen Raumfahrtpolitik*, S. 26. Barber, Murray. 2021. *Die V2*, S. 11 f.

im sogenannten Kaiser-Wilhelm-Rohr sehr hoch war. Becker und Dornberger zogen aus diesen Erfahrungen den Schluss, dass die konventionelle Artillerie an ihre Grenzen gestoßen war. Schwerere Sprengköpfe über größere Entfernungen ließen sich seiner Meinung nach nur mit Raketen transportieren. Er legte daher folgende Spezifikationen für die künftige Rakete fest: Sie sollte einen 1 t schweren Sprengkopf über eine Distanz von mind. 250 km transportieren können, d. h. doppelt so weit wie das Paris-Geschütz. Damit sollte es beispielsweise möglich sein, von Lothringen aus Paris oder von Flandern aus London bombardieren zu können. Dementsprechend wäre auch die Scheitelhöhe der ballistischen Flugbahn mit 80 km rund doppelt so hoch wie die Paris-Granate. Damit würde das Geschoss bis in die Mesopause vordringen, der Grenzschicht zwischen Mesosphäre und Thermosphäre und damit an den Rand zum Weltraum. Darüber hinaus durfte die Rakete vollbetankt nicht schwerer als 14 t sein, d. h. nur ein Zehntel des Paris-Geschützes. Sie sollte nicht länger als 15 m und im Durchmesser nicht mehr als 3 m inkl. Flossen haben. Diese Größen- und Gewichtsbeschränkungen sollten sicherstellen, dass die Rakete in einem Stück sowohl mit der Eisenbahn als auch mit dem Lastkraftwagen (LKW) durch Tunnels und unter Brücken hindurch transportiert werden könnte.[74]

Schon bald kam es jedoch zwischen Nebel und Becker zu Konflikten: Nebel wollte die Erfolge der deutschen Raketentechnik an die Öffentlichkeit bringen und gewinnbringend vermarkten. Becker war dagegen auf strenge Geheimhaltung bedacht. Die Westmächte sollten keinesfalls etwas von den Fortschritten der deutschen Raketentechnologie erfahren. Schließlich gab sogar das Propagandaministerium eine Verordnung heraus, dass nichts vom deutschen Raketenforschungsprogramm an die Öffentlichkeit gelangen dürfe.[75]

Zudem war Nebel aufgrund seiner Nähe zur SA nach dem Röhm-Putsch in Ungnade gefallen. Er galt als nicht mehr verlässlich und wurde von der weiteren Raketenentwicklung ausgeschlossen. Sein Nachfolger zur Weiter-

---

[74] Keegan, John. 2004. *Der Zweite Weltkrieg*, S. 842 f. Barber, Murray. 2020. *Die V2*, S. 24. Dornberger und Braun entwickelten Anfang der 1950er Jahre für die U.S. Army Ballistic Missile Agency (ABMA) im Redstone Arsenal bei Huntsville, Alabama die Redstone-Rakete, die zunächst als atomare ballistische Kurzstreckenrakete (Short-Range Ballistic Missile, SRBM) fungierte und unter den Bezeichnungen Jupiter und Juno zu einer Mittelstreckenrakete (Medium-Range Ballistic Missile, SRBM) weiterentwickelt wurde. In verschiedenen Derivaten fungierte sie schließlich auch als leichte Weltraumträgerrakete (Small-lift Launch Vehicle, SLV) mit einer Nutzlastkapazität von bis zu 2 t. Dies genügte, um einerseits 1958 den ersten amerikanischen Satelliten Explorer 1 in den Orbit und andererseits 1961 den ersten amerikanischen Astronauten Alan Shepard in der Raumkapsel Mercury in den suborbitalen Weltraum zu befördern. Dies wird in den folgenden beiden Kapiteln ausführlich beschrieben.

[75] Reinke, Niklas. 2004. *Geschichte der deutschen Raumfahrtpolitik*, S. 27.

entwicklung der Nebelwerfer für die Raketenartillerie wurde Rolf Engel (1912–1993), der genauso wie Wernher von Braun Mitglied der SS war.[76]

Braun hatte inzwischen an der Friedrich-Wilhelm-Universität (seit 1949 Humboldt-Universität) einen Forschungsbericht über seine bisherigen Raketenversuche als Dissertation vorgelegt, die jedoch aus Geheimhaltungs-gründen nicht publiziert werden durfte. In den folgenden zwei Jahren ent-wickelte er dann in Kummersdorf das Aggregat Drei (A3). Es sollte der Prototyp einer neuen Fernlenkwaffe sein. Zu diesem Zweck wurde in Zusammenarbeit mit der Firma Siemens ein dreidimensionales Kreisellenk-system entwickelt.[77]

Braun war bald klar, dass das Kummersdorfer Gelände aus Gründen der Sicherheit und Geheimhaltung für die Erprobung größerer Raketen ungeeignet war. Seine Mutter Emmy hatte ihm erzählt, wie ihr Vater Wern-her von Quistorp (1856–1908) im Sommer oft auf die Ostseeinsel Usedom gefahren war. Diese trennt zusammen mit ihrer östlichen Nachbarinsel Wollin das Stettiner Haff von der Pommerschen Bucht. Im Peenemünder Haken, einer Landzunge im äußersten Nordwesten von Usedom, konnte der Großvater zwischen Dünen, Mooren und Kiefernwäldern ungestört der Entenjagd nachgehen.

Auf Veranlassung von Dornberger erwarb nun das Heereswaffenamt gemeinsam mit der Entwicklungsabteilung der Luftwaffe im Frühjahr 1936 das ca. 25 ha große Gelände für 750.000 Reichsmark (RM).[78]

In den folgenden zwei Jahren errichteten nun die beiden Teilstreit-kräfte – die Luftwaffe im westlichen und das Heer im östlichen Teil – mit Millionenaufwand riesige Anlagen, die sich über mehrere km² erstreckten. Der westliche Teil der Landzunge wurde nach dem Fischerdorf Karlshagen benannt und der östliche Teil nach dem Fischerdorf Peenemünde, welches an der Mündung des Peenestromes lag, eines Meeresarmes, welcher die Insel Usedom vom Festland trennt.

---

[76] SA = Sturmabteilung, eine paramilitärische Organisation der NSDAP für den Straßenkampf („Braunhemden") 1920–1934, Reichsführer: Ernst Röhm. SS = Schutzstaffeln, wichtigste Kampf-, Terror- und Unterdrückungsorganisation der NSDAP („Schwarzhemden"), Reichsführer: Heinrich Himmler.

[77] Barber, Murray. 2020. Die V2, S. 24 f. Wärter, Alexandra. 1997. Wernher von Braun, S. 23.

[78] Büdeler, Werner. 1992. Raumfahrt, S. 68 f. bzw. Herrmann, Dieter. 1986. Eroberer des Himmels, S. 96. Der bei Büdeler genannte Kaufpreis von lediglich 75.000 RM ist wohl auf einen Tippfehler zurück-zuführen.

Noch bevor das Team um Wernher von Braun in Peenemünde-Ost mit der Entwicklung der ersten Fernrakete begann, startete am 20. Juni 1939 von dem von der Luftwaffe genutzten westlichen Teil der Usedomer Landzunge (Karlshagen) aus das vom Flugzeugbauer Ernst H. Heinkel (1888–1958) konstruierte erste echte Raketenflugzeug He 176. In dem von Hellmuth Walter (1900–1980) konstruierten Raketentriebwerk HWK R1-203 wurden Wasserstoffperoxid (H_2O_2) als Brennstoff und Kaliumpermanganat ($KMnO_4$) als Oxidator verbrannt. Es erzeugte einen Schub von 5 kN. Das Flugzeug erreichte mit Testpilot Erich Warsitz (1906–1983) am Steuer während des nur einminütigen Fluges über 750 km/h und konnte damit einen neuen Geschwindigkeitsrekord aufstellen. Am 27. August 1939 – nur zwei Monate nach dem ersten Raketenflugzeug und wenige Tage vor dem Ausbruch des Zweiten Weltkrieges – startete derselbe Testpilot dann mit der He 178, dem ersten Düsenflugzeug der Welt, welches durch ein von Hans-Joachim Pabst von Ohain (1911–1998) entwickeltes Turbinenstrahltriebwerk mit einer Schubleistung von 4,5 kN angetrieben wurde.[79]

Die Heeresversuchsanstalt (HVA) Peenemünde stellte das Vorbild für die Infrastruktur der großen Raumfahrtzentren (engl. Space Center, russ. Kosmodrom) der Nachkriegszeit dar. Insgesamt wurden in diesem Zeitraum über 550 Mio. RM in die Peenemünder Infrastruktur investiert. Eine für die damalige Zeit gewaltige Summe.[80]

Der unter der Leitung von Dr. Rudolf Hermann (1904–1991) von der TH Aachen konstruierte Überschall-Windkanal für aerodynamische Versuche war richtungsweisend. 1944 wurde er nach Kochel am See in Oberbayern ausgelagert und fiel schließlich den Amerikanern in die Hände, die ihn in die USA transportierten und analysierten. Er war das Vorbild für weitere Überschall- und Hyperschall-Windkanäle der NACA bzw. NASA am Langley Research Center (LaRC) in Hampton, Virginia. Der Prüfstand I umfasste einen großen Prüfturm für Testläufe der Raketentriebwerke. Er wurde zum Vorbild für die Anfang der 1960er Jahre von der NASA errichtete Mississippi Test Facility (MTF), später in Stennis Space Center (SSC) umbenannt. Der Prüfstand VII war der bedeutendste Startkomplex. Zu ihm gehörte die sogenannte „Arena", ein von einem 12 m hohen Schutzwall umgebenen Oval von 200 m Länge und 150 m Breite, in deren Mitte

---

[79] Kopenhagen, Wilfried u. a. 1982. *Das große Flugzeugtypenbuch*, S. 114 (He 176) u. S. 115 (He 178). Nowak, Karl. Heinkel He 178: Die erste ihrer Art. In: *Take-Off. Ein Sonderheft von Flug Revue*, Nr. 1/2022, S. 32 f.

[80] Barber, Murray. 2020. *Die V2*, S. 28.

sich die Abschussrampe befand. Daneben gehörten auch eine Endmontage-
halle und ein Startkontrollbunker, der sogenannte Leitstand, zu diesem
Prüfstand. Die Anlage wurde zum Vorbild für die großen amerikanischen
Startkomplexe (Launch Complex, LC) mit Startrampen (Launch Pad, LP),
Endmontagehallen (Vehicle Assembly Building, VAB) und Startkontrollzentrum (Launch Control Center, LCC), beispielsweise am Cape Canaveral,
Florida. Die in Stahlbeton-Skelettbauweise errichtete riesige Fertigungshalle
1 (F1) war 250 m lang und 120 m Breit. Mit einer Grundfläche von 30.000
m^2 war sie die damals größte Montagehalle Europas. [81]

Weitere große Bauwerke waren das Kohlekraftwerk zur Stromerzeugung
mit einer Leistung von 30.000 kW und eine Fabrik zur Erzeugung von
flüssigem Sauerstoff (A-Stoff, engl. Liquid Oxygen, LOX), der als Oxidator
für den Raketenantrieb diente. Die Herstellung und Lagerung erwies sich
als technisch-physikalische Herausforderung mit hohem Energiebedarf. Der
Siedepunkt des Sauerstoffs liegt bei −183 °C. Will man ihn bei höherer
Temperatur lagern, muss man den Druck erhöhen, damit sich der Sauerstoff nicht verflüchtigt. Für das Personal wurde eine moderne Retortenstadt
für 20.000 Einwohner errichtet. Sie erhielt den Namen Karlshagen. Ein
Vorbild für das Sternenstädtchen (russ. Swjosdny Gorodok, engl. Star City)
nordöstlich von Moskau. Darüber hinaus wurde der kleine Fischereihafen
von Peenemünde ausgebaut und eine Eisenbahntrasse von Wolgast nach
Peenemünde verlegt. Dadurch konnten einerseits die gewaltigen Mengen
an Baumaterialien herangeschafft und die Anlage in weiterer Folge versorgt
werden. [82]

Das Kraftwerk hat die Bombardierungen überstanden und beherbergt
heute das Historisch-Technische Museum Peenemünde.[83]

Im Dezember 1937 erfolgten die Tests mit dem A3. Weil in Peenemünde
noch gebaut wurde, erfolgten die Starts von der Greifswalder Oie, einer
kleinen vorgelagerten Insel in der Pommerschen Bucht. Nach vier Fehlstarts
wurden die Versuche eingestellt.[84]

Braun ließ sich jedoch nicht entmutigen und begann nun mit den
Projektstudien für die vom Heer geforderte Großrakete: Sie sollte eine
Tonne Sprengstoff mit Hyperschallgeschwindigkeit über eine Entfernung

---

[81] Barber, Murray. 2020. *Die V2*, S. 27–31.

[82] Barber, Murray. 2020. *Die V2*, S. 32 f.

[83] Häring, Beatrice. 2015. Raketen, Rost & Restaurierung. Die ehemalige Heeresversuchsanstalt Peenemünde. In: *Monumente. Magazin für Denkmalkultur in Deutschland*. Nr. 4 (August). Bonn: Deutsche
Stiftung für Denkmalschutz.

[84] Büdeler, Werner. 1992. *Raumfahrt*, S. 69.

von 250 km transportieren können und dabei eine möglichst große Zielgenauigkeit besitzen. Außerdem durfte sie für den Straßen- und Schienentransport nicht länger als 14 m, schwerer als 14 t sowie im Durchmesser nicht größer als 2 m sein.[85]

Dieses von Braun Aggregat Vier (A4) getaufte Geschoss benötigte jedoch wiederum einen Prototyp, der den Namen Aggregat Fünf (A5) erhielt. Es handelte sich um ein weiterentwickeltes A3 mit verbesserter Steuerung und Aerodynamik. Im Sommer 1938 wurden dann von der Greifswalder Oie aus mehrere A5 erfolgreich getestet. Sie erreichten Flughöhen von über 8 km und konnten im Flug um 45 Grad umgelenkt werden. Dies war eine Voraussetzung für die Zielsteuerung.

Dieser Erfolg führte dazu, dass der neue Oberbefehlshaber des Heeres, Generaloberst Walther H. A. H. von Brauchitsch (1881–1948), die Raketenentwicklung im September des Jahres in die höchste Prioritätsstufe einreihte.[86]

Im März 1939 besuchte schließlich NS-Diktator Adolf Hitler (1889–1945, reg. 1933–45) persönlich das Versuchsgelände Kummersdorf, um sich das gesamte Programm von Braun erklären zu lassen.

Der Chefingenieur konnte den Führer jedoch nicht von dem Entwicklungspotenzial und der strategischen Bedeutung der Rakete überzeugen. Nach dem Sieg über Polen ließ Hitler die Zuwendungen um die Hälfte kürzen und während der Vorbereitungsphase für den Westfeldzug im Frühjahr 1940 wurde das Programm sogar völlig aus der Dringlichkeitsliste gestrichen. Bis dahin waren bereits mehr als eine halbe Milliarde Reichsmark (RM) in Forschung und Entwicklung investiert worden. Das Programm, an dem inzwischen schon direkt und indirekt rund 25.000 Menschen arbeiteten, drohte zu scheitern.[87]

Bei der Versuchsstelle der Luftwaffe in Karlshagen begannen im Sommer 1941 die Flugerprobungen für den ersten Raketenjäger Me 163 *Komet* und den ersten Düsenjäger Me 262 *Sturmvogel*. Beide Flugzeugmuster wurden unter der Leitung von Firmengründer Wilhelm („Willy") E. Messerschmitt (1898–1978) und dessen Chefkonstrukteur Alexander M. Lippisch (1894–1976) gebaut. Da die Me 163 im Grenzbereich zur Schallmauer fliegen sollte, wurde sie sehr kurz und kompakt gebaut. Auf ein Höhenleitwerk

---

[85] Ebd., S. 71.
[86] Ebd., S. 74.
[87] Ebd., S. 75.

am Heck wurde verzichtet, da die Erfahrung gezeigt hatte, dass bei Flügen mit über 800 km/h im Sturzflug ein überproportionales Ansteigen des Luftwiderstandes mit starken Vibrationen und gleichzeitiger Abnahme des Auftriebes, der Flugstabilität und der Steuerbarkeit auftraten. Offensichtlich lösten sich große Mengen stark komprimierter Luft von der Rumpfnase bzw. den Vorderkanten der Tragflächen ab und stürzten wie Felsbrocken auf die Ruder bzw. das Heckleitwerk. Die österreichischen Physiker Christian J. Doppler (1803–1953) und Ernst W. Mach (1838–1916) hatten bereits im 19. Jahrhundert herausgefunden, warum eine Gewehrkugel knallt: Sie überholt bei der Überschreitung der Schallgeschwindigkeit ihre eigene Druckwelle, die sich vor ihr aufgebaut hat. Die Luft kann der Kugel nicht mehr rechtzeitig ausweichen und es kommt zu einer kurzfristigen, extrem starken Luftkomprimierung, die sich explosionsartig wieder löst und den Überschallknall hervorruft. Ernst Mach entwickelte dafür eine eigene physikalische Einheit, die nach ihm benannt wurde. Die Machzahl (Ma) wird aus dem Verhältnis der Geschwindigkeit (v) eines Körpers zur Schallgeschwindigkeit (c) des Mediums errechnet:[88]

$$Ma = \frac{v}{c}$$

Je nach Art und Zustand des Mediums kann die Schallgeschwindigkeit allerdings variieren. So breiten sich Schallwellen im Wasser ungefähr 4 Mal schneller aus als in der Luft. Hinzu kommen weitere Faktoren wie Dichte, Druck und Temperatur. Die Schallgeschwindigkeit (Ma 1) ist daher nicht überall gleich schnell. Bei einem Luftdruck von 1 Bar und einer Lufttemperatur von 15 °C beträgt die Schallgeschwindigkeit 340 m/s = 1224 km/h. Im Zuge der Testflüge mit Prototypen der Me 163 erreichte Testpilot Heinrich („Heini") Dittmar (1911–1960) mit einer Me 163 am 2. Oktober 1941 erstmals eine Geschwindigkeit von über 1000 km/h, dies entsprach Ma 0,85.[89] Parallel dazu begann auch die Entwicklung des weltweit ersten Düsenbombers, der Arado Ar 234 *Blitz*. Er sollte nach der gescheiterten Luftschlacht um England eine neue Phase einläuten. Mit ihm sollten Aufklärungsflüge und Bombenangriffe über England geflogen werden. Sowohl die Me 262 , als auch die Ar 234 wurden von jeweils zwei Strahltriebwerken

---

[88] Kutter, Reinhard. 1983. *Flugzeug-Aerodynamik*, S. 64. Teilweise wird in der Literatur als Formelzeichen für die Schallgeschwindigkeit auch c verwendet.
[89] Reinhold, Lars. 2022. Messerschmitt Me 163: Komet ohne Strahlkraft. In: *Take-Off. Ein Sonderheft von Flug Revue*, Nr. 1/2022, S.36 f.

vom Typ Junkers Jumo 004 angetrieben. Die Ar 234 erreichte damit knapp 800 km/h und die Me 262 knapp 900 km/h.[90]

Nachdem die Arbeiten in Peenemünde-Ost fast eineinhalb Jahre auf Sparflamme weiterliefen, genehmigte Hitler endlich im Sommer 1941 die notwendigen Mittel zur Weiterentwicklung des A4 zur Serienreife.

Eine begleitende Maßnahme war die Errichtung des Kriegsgefangenenlagers Trassenmoor beim Osteseebad Trassenheide als Außenlager des Stammlagers Greifenwald. In Trassenheide wurden 4000 polnische und sowjetische Kriegsgefangene für die Erweiterung der Heeresversuchsanstalt (HVA) untergebracht. Aufgrund der katastrophalen Lebens- und Arbeitsbedingungen lag die Sterblichkeitsrate bei rund 40 %.[91]

Das A4 war 14 m lang und besaß einen Durchmesser von 1,65 m. Das Leergewicht (Trockenmasse) betrug 4 t. Die Tanks fassten rund 9 t Treibstoffe. Der Gefechtskopf in der Raketenspitze konnte 1 t Sprengstoff aufnehmen. Das ergab in Summe ein Startgewicht von rund 14 t. Sie war damit die erste Großrakete der Welt.[92]

Das A4 bestand aus vier Baugruppen:

1. Antriebsblock: Dabei handelte es sich um den untersten Teil der Rakete, welcher das Raketentriebwerk mit der Brennkammer, der Düse, den Treibstoffleitungen und der 675 PS starken Turbinenpumpe zur Hochdruckeinspritzung der Treibstoffe beinhaltete. Als Treibstoff (*T-Stoff*) für die Pumpe kam Wasserstoffperoxyd (H_2O_2) in einem 150 l fassenden Tank zur Anwendung. Als katalytischer Zersetzungsstoff (*Z-Stoff*) wurden 16 kg Kaliumpermanganat ($KMnO_4$) genutzt. Das Triebwerk entwickelte einen Startschub von 250 kN (25 t). Der Treibstoffverbrauch betrug 130 kg/sec, d. h. nach ca. 65 sec war der gesamte Treibstoff bereits verbraucht. Zur Steuerung gab es zwei Graphitruder direkt unterhalb der Düse zur Lenkung des Abgasstrahls.[93]

2. Mittelteil: Der Mittelteil umfasste die Treibstofftanks. Der Tank für den Oxidator bzw. das Aerosol (*A-Stoff*) fasste knapp 5000 l flüssigen Sauerstoff (engl. Liquid Oxygen, LOX). Wegen des niedrigen Siedepunktes musste er gut isoliert sein. Der Tank für den Brennstoff (*B-Stoff*) fasste

---

[90] Büttner, Stefan u. a. 2020. *Geheimprojekte der Luftwaffe 1935–1945*, S. 152–168 (Me 262) u. S. 169–172 (Ar 234).

[91] Müfooldorfer-Vogt, Christian. 2014. Zwangsarbeit in den Peenemünder Versuchsanstalten 1936–1945. In: *Raketen und Zwangsarbeit in Peenemünde*, S. 88–90.

[92] Barber, Murray. 2020. *Die V2*, S. 327.

[93] Barber, Murray. 2020. *Die V2*, S. 84–89.

knapp 4000 l Alkohol mit 75 Vol-%. Der Alkoholtank lag über dem Sauerstofftank. Die Betankung erfolgte immer erst kurz vor dem Start, nachdem die Rakete in senkrechter Position aufgerichtet worden war. Wegen der Explosionsgefahr musste das übrige Personal die Startrampe verlassen.[94]

3. Geräteteil: Oberhalb der Treibstofftanks befanden sich vier Geräteräume mit den Geräten und Apparaturen zur Steuerung und Regelung sowie Stromversorgung. Im Geräteraum I befanden sich u. a. die Bordbatterien und der Funkbefehlsempfänger. Im Geräteraum II befanden sich u. a. die Anschlüsse für die Bodenstromversorgung (Stotz-Stecker) und die Steuerkabel zum Feuerleitpanzer sowie der Sicherungskasten mit Hauptverteiler und Zeitschaltwerk. Im Geräteraum III befanden sich u. a. die beiden Lageregelungskreisel (Gyroskope) mit der Bezeichnung *Horizont* und *Vertikant*. Im Geräteraum IV befanden sich u. a. die Pressluftflaschen und das Leitstrahlempfangsgerät Viktoria.[95]

4. Spitze: Die Spitze der Rakete und erhielt die Tarnbezeichnung *Elefant*. Sie konnte 1 t Nutzlast aufnehmen. Für die Testflüge mit dem A4 wurden entweder Messinstrumente oder Sprengkopfattrappen mitgeführt. Für den militärischen Einsatz wurde die Spitze zum Gefechtskopf. Er beinhaltete einen Zünder und den Sprengstoff Amatol (Tarnbezeichnung: Füllstoff). Dabei handelte es sich um eine Mischung von 60 % Trinitrotoluol (TNT) und 40 % Ammoniumnitrat.[96]

Dieser grundlegende Aufbau bildete das Vorbild sowohl für die strategischen ballistischen Raketen (engl. Ballistic Missile) als auch für die Weltraum-Trägerraketen (engl. Space Launch Vehicle, SLV) der Nachkriegszeit. Eine besondere technische Neuerung war das Leitstrahlverfahren zur automatischen Funkfernsteuerung. Es war Anfang der 1930er Jahre von der Firma Lorenz unter der Bezeichnung Lande-Funk-Feuer (LFF) für den Flughafen Berlin-Tempelhof entwickelt worden. Es gilt als Vorläufer des modernen Instrumentenlandesystems (ILS). Das ILS sollte Landeanflüge auch bei schlechter Sicht bzw. Blindflug ermöglichen. Im dicht verbauten Berliner Stadtteil Tempelhof gab es keine großen Auslauf- und Notlandeflächen. Die Landebahn musste daher immer exakt getroffen werden. Wegen des hohen Verkehrsaufkommens konnte man sich bei Schlechtwetter

---

[94] Barber, Murray. 2020. *Die V2*, S. 79–83.
[95] Barber, Murray. 2020. *Die V2*, S. 78–80.
[96] Barber, Murray. 2020. *Die V2*, S. 71 u. 76 f.

auch keine tagelangen Sperren leisten. Beim A4 lief die Kommunikation zwischen den mobilen Funkstationen am Boden und der Rakete über kleine Antennen an den Heckflossen. Das Leitstrahlverfahren ermöglichte Kurskorrekturen während des Fluges.[97]

Nachdem jedoch die ersten beiden Startversuche misslungen waren, stand das gesamte Programm erneut kurz vor dem Ende, als sich endlich am 3. Oktober 1942 der langersehnte Erfolg einstellte:

Der Brennschluss (Burn-out) erfolgte in knapp 30 km Höhe bei einer Geschwindigkeit von rund 1600 m/s bzw. 5760 km/h bzw. Ma 4,8. Danach flog die Rakete in einer ballistischen Flugbahn wie ein Artilleriegeschoss. Die Scheitelhöhe betrug rund 80–85 km. In dieser Höhe befindet sich die Mesopause, die Grenzschicht zwischen Mesosphäre und Thermosphäre, die gleichzeitig auch die Grenze zwischen Neutrosphäre und Ionosphäre darstellt. Beim Wiedereintritt in die tieferen Schichten der Erdatmosphäre sorgte die Reibungshitze der Luft für einen Temperaturanstieg der Außenhaut auf ca. 650 °C. Die Steuerung im Endanflug erfolgte über vier Flossen, die seitlich am Antriebsblock angebracht waren. Der Einschlag erfolgte je nach Zielprogrammierung 250 bis 350 km vom Startort entfernt bei einer Endgeschwindigkeit von ca. 1100 m/s bzw. knapp 4000 km/h. bzw. Ma 3,3.

Nachdem die ersten drei Startversuche misslungen waren, stellte sich beim vierten Start am 3. Oktober 1942 der langersehnte Erfolg ein: Das A4 erreichte die vorgesehene Scheitelhöhe von 80 km und fiel 190 km vom Startplatz entfernt in die Ostsee. Damit war erstmals in der Geschichte eine Großrakete in die Ionosphäre vorgestoßen (Abb. 1.5).[98]

Walter Dornberger kommentierte den historischen Augenblick auf einer Feier am selben Abend mit den Worten:

„Wir haben mit der Rakete in den Weltraum gegriffen und zum ersten Mal den Weltraum als Brücke zwischen zwei Punkten auf der Erde benutzt. Wir haben bewiesen, dass der Raketenantrieb für die Raumfahrt brauchbar ist. Dieser 3. Oktober 1942 ist der erste Tag eines Zeitalters neuer Verkehrstechnik, der Raumschiffahrt!"[99]

---

[97] Barber, Murray. 2020. *Die V2*, S. 244 f.

[98] Büdeler, Werner. 1992. *Raumfahrt*, S. 76 f. Barber, Murray. 2020. *Die V2*, S. 36.

[99] Zit. nach: Mackowiak, Bernhard u. a. 2018. *Raumfahrt*, S. 47. Franz Kurowski behauptet dagegen, dass dieses Zitat von Hermann Oberth stamme. Vgl. Kurowski, Franz. 1980. *Raketen und Satelliten*, S. 16.

Abb. 1.5 Startvorbereitungen mit einem Aggregat Vier (A4) in Peenemünde 1942. Die Wehrmacht setzte das A4 mit Sprengkopf ab 1944 als Vergeltungswaffe Zwei (V2) ein. (© NASA)

In Anlehnung an den berühmten Wiegensatz von Konstantin Ziolkowski, dem Begründer der Kosmonautik (vgl. Abschn. 1.1), wird Peenemünde auch als die *„Wiege der Raumfahrt"* bezeichnet.

Alle Hoffnungen ruhten nun auf Rüstungsminister B. K. H. Albert Speer (1905–1981, reg. 1942–1945), der Mitte Oktober im Führerhauptquartier die neuesten Entwicklungsergebnisse aus Peenemünde vortrug.

Dabei ging es vor allem um die Frage, ob und wie man England mit Fernwaffen beschießen konnte. Zu diesem Zweck hatte die Luftwaffe ein Konkurrenzprodukt zum A 4 entwickelt:

Der Flugzeugkonstrukteur Gerhard Fieseler (1896–1987) hatte eine Flügelbombe mit Düsentriebwerk – die Fi 103 – entwickelt. Ihr Vorteil war die einfachere und schnellere Herstellung. Die Entwicklungszeit betrug lediglich 18 Monate. Der Erstflug des ersten Marschflugkörpers (engl. Cruise Missile) der Welt erfolgte zu Weihnachten 1942, also nur zweieinhalb Monate nach der ersten Weltraumrakete.

Es begann ein Machtkampf zwischen Heer und Luftwaffe um die bessere Waffe zum Einsatz gegen England und die damit verbundenen notwendigen Ressourcen. Hitler ließ Anfang 1943 eine Fernwaffen-Entwicklungskommission unter der Leitung von Rüstungsminister Albert Speer einrichten, die beide Programme im Hinblick auf einen Einsatz gegen England evaluieren sollte. Nach der verlorenen Luftschlacht um England hatte Deutschland allmählich die Lufthoheit über Westeuropa verloren und konnte Großbritannien nicht mehr direkt angreifen, sondern nur noch mit U-Booten die umliegenden Gewässer unsicher machen. Die Evaluierung im Mai 1943 brachte ein ambivalentes Bild mit Vor- und Nachteilen für beide Programme:

Die Fi 103 war vergleichsweise billig in Massen zu produzieren. Vor allem das Pulsstrahltriebwerk – auch Verpuffungstriebwerk genannt – war im Vergleich zu einem Turbinenstrahltriebwerk wesentlich einfacher konstruiert. Dass es eine viel geringere Lebensdauer hatte, war ohne Belang, denn es sollte ohnehin nur einmal fliegen. Entscheidende Nachteile waren einerseits die benötigte, lange Startrampe, die fix montiert sein musste, und andererseits der vergleichsweise langsame und tiefe Zielanflug, welcher der gegnerischen Luftabwehr die Möglichkeit bot, das anfliegende Geschoss frühzeitig zu erkennen und abzuwehren. Das A4 war dagegen nicht mehr aufzuhalten, wenn es einmal gestartet war. Es gab keine Abwehrmöglichkeit und auch keine Vorwarnung. Andererseits war das A4 technisch viel aufwendiger und teurer. Die Herstellungskosten für eine Fi 103 wurden auf rund 5000 RM und die eines A4 auf rund 100.000 RM geschätzt, d. h. zum Preis von einer Rakete konnten 20 Marschflugkörper gebaut werden. Die Kommission empfahl die Serienvorbereitung für beide Programme, was Hitler schließlich auch genehmigte. Für die Nazi-Propaganda waren es die lang ersehnten neuen *„Wunder- und Vergeltungswaffen"*, die dem Krieg nach der verlorenen Schlacht von Stalingrad und den zunehmenden alliierten Flächenbombardements auf deutsche Städte, doch noch eine wundersame Wendung geben sollten.[100]

Somit bestätigte sich auch bei der Raumfahrt wie bei so vielen anderen bahnbrechenden Entwicklungen der Technikgeschichte die alte Weisheit des antiken griechischen Philosophen Heraklit von Ephesos (520–460 v. Chr.), nämlich dass der Krieg der Vater aller Dinge sei. An den deutschen Stammtischen der Nachkriegszeit wurde zumeist die These vertreten, dass es doch eigentlich logisch sei, dass die erste Weltraumrakete von einem

---

[100] Barber, Murray. 2020. *Die V2*, S. 37–40.

Deutschen erfunden wurde, denn schließlich seien es ja auch Deutsche gewesen, die das Motorrad (Gottlieb Daimler 1885), das Automobil (Carl Benz 1886), die Elektrolokomotive (Werner Siemens 1879), das Starrluftschiff (Ferdinand Graf von Zeppelin 1900), das Ganzmetallflugzeug (Hugo Junkers 1915), das Raketenauto (Fritz von Opel 1928) sowie das Strahl- und Raketenflugzeug (Ernst Heinkel 1939) erfunden hätten. Bei dieser Beschwörung der „deutschen Ingenieurskunst" wurden allerdings zwei Aspekte übersehen: Erstens gab es auch in den USA und der Sowjetunion geniale Raketenkonstrukteure, die es jederzeit mit Wernher von Braun hätten aufnehmen können, nämlich Robert Goddard und Sergej Koroljow. Die bekamen nur von staatlicher Seite nicht die notwendige Unterstützung. Goddard wurde von der Scientific Community nicht ernst genommen und ins Abseits abgeschoben und Koroljow landete im sibirischen Strafarbeits- und Umerziehungslager des Gulag. Das führt zum zweiten entscheidenden Aspekt: Die großen bahnbrechenden, technischen Innovationen des Zweiten Weltkrieges wie die Weltraumrakete oder die Atombombe wurden nicht mehr von einzelnen Erfinderpersönlichkeiten in ihrer kleinen Hinterhofwerkstatt erzeugt (Little Science), sondern von großen Forschungs- und Entwicklungsteams, die von den Großmächten massiv gefördert und finanziert wurden. Die strategische und infrastrukturelle Basis bildete der militärisch-industriellen Komplex. Damit begann das Zeitalter der Großforschung (Big Science, Tab. 1.1).

Während des Zweiten Weltkrieges wurde die Großforschung (Big Science) von den Großmächten massiv gefördert und finanziert, um neue bahnbrechende Technologien wie die Weltraumrakete und die Atombombe zu entwickeln. Die strategische und infrastrukturelle Basis bildete dabei der militärisch-industrielle Komplex.

Tab. 1.1 Matrix der Großforschung (Big Science)

So wie Wernher von Braun als „*Vater der Weltraumrakete*" gilt, so gilt der deutschstämmige Physiker J. Robert Oppenheimer (1904–1967), der an der Universität Göttingen promoviert hatte, als „*Vater der Atombombe*". Anstatt des einsamen Erfinders im stillen Kämmerlein wurden tausende von Wissenschaftlern, Technikern und Ingenieuren eingesetzt. Darüber hinaus entstanden große Forschungs- und Entwicklungszentren (F&E, engl. Research and Development, R&D) sowie Test- und Versuchsanlagen. Beim Manhattan Project waren es das Oak Ridge National Laboratory (R&D) in Tennessee, die Hanford Site im Bundesstaat Washington zur Anreicherung von Plutonium sowie der White Sands Proving Ground (WSPG) in New Mexico für die Atombombentests. So wie Oppenheimer ohne die Unterstützung der US-Armee mit Lt. Gen. Leslie R. Groves (1896–1970) niemals eine Atombombe hätte entwickeln und bauen können, so wäre Wernher von Braun ohne die Unterstützung der Wehrmacht mit General Karl Becker und Generalmajor Walter Dornberger keinesfalls der Bau einer Weltraumrakete gelungen.[101]

Wernher von Braun hatte seine Erfolge und seinen Nimbus vor allem dem Umstand zu verdanken, dass er zunächst von der deutschen Wehrmacht, dann von der US-Armee und schließlich von der NASA mit sehr viel Geld, Personal und Infrastruktur unterstützt wurde. Die Kombination beider während des Zweiten Weltkrieges entwickelter Technologien, sollte in der Kombination einer Atomrakete zum beherrschenden Waffensystem des folgenden Kalten Krieges werden.

Die „*Revolution der Raketentechnologie*", die innerhalb von nur 5 Jahren (1936–1941) aus einem Spielzeug für Tüftler eine neue strategische Waffengattung machte, basierte auf ähnlichen Maßnahmen:[102]

Aus dem alten Fischerdorf Peenemünde war innerhalb von 4 Jahren eine moderne Stadt mit rund 20.000 Einwohnern geworden. Davon waren über 6000 Wissenschaftler, Techniker und Ingenieure und rund 13.000 Personen als Verwaltungspersonal, Hilfskräfte sowie Soldaten als Kontroll- und Wachpersonal.[103] Hinzu kamen allerdings noch tausende namenlose Zwangsarbeiter, v. a. polnische und später auch sowjetische Kriegsgefangene sowie

---

[101] General Becker wurde 1940 von der Gestapo (Geheime Staatspolizei) zum Selbstmord gezwungen, nachdem ihm vorgeworfen worden war, im Zusammenhang mit der Invasion in Dänemark und Norwegen (Unternehmen Weserübung), für Munitionsengpässe verantwortlich zu sein.

[102] Reinke, Niklas. 2004. *Geschichte der deutschen Raumfahrtpolitik*, S. 28.

[103] Unter den Peenemünder Hilfskräften befanden sich Anfang der 1940er Jahre auch die Großmutter und die Großtante des Autors, die als junge Frauen in der Kantine Fischer gegenüber der Direktion des Raketenentwicklungswerkes arbeiteten.

KZ-Häftlinge, die unter unmenschlichen Arbeitsbedingungen die Retorten-stadt in kürzester Zeit aufbauen mussten. Das Geheimnis des großen Durchbruchs in der Raketentechnik lag in den Bemühungen von Becker und Dornberger, die einerseits die notwendigen Ressourcen an Finanz-mitteln, hochwertigen Materialien und qualifiziertem Personal bereitstellten und andererseits nach dem Prinzip *„Alles unter einem Dach"* die Kräfte und Kompetenzen vor Ort bündelten und Außenaufträge mit Fremdfirmen ver-mieden. Dadurch wurde einerseits die interne Kommunikation gefördert und andererseits höchste Geheimhaltung garantiert.[104] Die Entwicklung der V2 war das bedeutendste militärische Forschungsprojekt des Dritten Reiches und verschlang nach vorsichtigen Schätzungen rund 2 Mia. RM, eine für die damalige Zeit gewaltige Summe.[105]

Darüber hinaus arbeitete auch die konkurrierende Luftwaffe auf ihrem eigenen Versuchsgelände im westlichen Teil des Peenemünder Hakens an eigenen Raketen und Flügelbomben. Die Luftwaffe hatte u. a. den Auf-trag, eine große Flugabwehrrakete (FlaRak) zu entwickeln. Die alliierten Flächenbombardements (Carpet Bombing) hatten immer verheerendere Auswirkungen und die Fliegenden Festungen (Flying Fortress) wurden immer besser gepanzert. Die Flugabwehrrakete erhielt den Namen *Wasser-fall*. Sie wurde ab April 1944 in Peenemünde erprobt. Sie war 7,85 m lang und besaß einen Durchmesser von 2,50 m. Sie war mit 8 Flossen bestückt, jeweils 4 am Heck und in der Mitte. Dadurch sollte die FlaRak direkt in einen anfliegenden Bomberverband gesteuert werden. Bei einer Startmasse von 3,5 t sollte der 300 kg schwere Sprengkopf aus einer Splitterbombe bestehen, deren Schrapnelle möglichst viele Bomber gleichzeitig beschädigen sollten. Da die FlaRak nicht so wie die V2 erst kurz vor dem Start betankt werden sollte, sondern längere Zeit in einer Flugabwehrstellung auf ihren spontanen Einsatz innerhalb von Minuten oder gar Sekunden verfügbar sein sollte, wurde eine hypergole flüssige Treibstoffkombination ausgewählt. Hypergol bedeutet, dass die Treibstoffkomponenten spontan zünden, sobald sie miteinander in Berührung kommen. Bei der Wasserfall waren das einer-seits eine Mischung aus 90 % Salpetersäure (HNO_3) und 10 % Schwefel-säure (H_2SO_4) sowie eine Kombination aus Isobutylvinylether ($C_6H_{12}O$) und Anilin (C_6H_7N).

Dornberger und Braun war klar, dass eine Massenproduktion ihrer Großrakete nur dann möglich war, wenn das Programm wieder in die höchste Dringlichkeitsstufe aufgenommen wurde. Im Juli 1943 war es dann

---

[104] Reinke, Niklas. 2004. *Geschichte der deutschen Raumfahrtpolitik*, S. 28.

[105] Ebd., S. 34.

endlich soweit: Der administrative und der technische Leiter des Programms wurden ins Führerhauptquartier zum Vortrag eingeladen. Die Kriegslage hatte sich zwischenzeitlich dramatisch verschlechtert. An der Ostfront scheiterte gerade die letzte deutsche Großoffensive in der Panzerschlacht um Kursk und die westalliierten Bomberverbände begannen ihr einwöchiges Flächenbombardement auf Hamburg.

Hitler zeigte sich von den Versuchsergebnissen beeindruckt und genehmigte schließlich die höchste Dringlichkeitsstufe, die alle erforderlichen Mittel garantierte.

Eine begleitende Maßnahme war die Errichtung des Konzentrationslagers (KZ) Karlshagen als Außenlager des KZ Ravensbrück.[106]

Parallel dazu begann NS-Propagandaminister P. Joseph Goebbels (1897–1945, reg. 1933–45) mit der öffentlichen Propaganda für die neuen sogenannten Wunderwaffen, die dem Krieg eine neue Wendung geben sollten.[107]

Mitte 1943 hatten endlich auch die Briten mitbekommen, dass auf der Ostseeinsel Usedom eine neue Fernraketenwaffe entwickelt und getestet wurde. Im Rahmen der Operation *Hydra* sollten die Anlagen in Peenemünde zerstört werden. Es handelte sich um den ersten Präzisions-Nachtangriff der Royal Air Force (RAF) mit Funkanweisung und Zielmarkierung durch einen über Peenemünde kreisenden, sogenannten Master Bomber. Der Angriff sollte in der Nacht vom 17. auf den 18. August 1943 erfolgen, und war mit der United States Army Air Force (USAAF), der Vorgängerin der US-Luftwaffe, abgestimmt. Die USAAF sollte im Rahmen der Operation *Double Strike* am 17.8. den ersten Doppelangriff auf zwei deutsche Industriezentren fliegen. 375 Bomber vom Typ Boeing B-17 Flying Fortress (Fliegende Festung) sollten sich über dem Rhein-Main-Gebiet aufteilen und parallel die Schweinfurter Kugellagerindustrie und die Regensburger Messerschmitt-Flugzeugwerke bombardieren. Dadurch sollten die deutschen Abfangjägerstaffeln aufgesplittet und verwirrt werden. Anschließend sollten die Fliegenden Festungen nicht wie üblich auf demselben Wege wieder nach England zurückfliegen, sondern über das Mittelmeer zu den alliierten Basen nach Nordafrika. Damit sollten die üblichen Verluste durch Abfangjäger und Flak-Beschuss beim Rückflug vermieden werden. Der Nächste Angriff sollte dann in umgekehrter Richtung erfolgen.

---

[106] Mühldorfer-Vogt, Christian. 2014. Zwangsarbeit in den Peenemünder Versuchsanstalten 1936–1945. In: *Raketen und Zwangsarbeit in Peenemünde*, S. 91 f.

[107] Ebd., S. 40 f.

Diese Taktik wurde Shuttle Bombing genannt. Um die nötige Reichweite zu erzielen, wurden die Fliegenden Festungen mit sogenannten Tokyo-Tanks ausgestattet. Es handelte sich dabei um Zusatztanks, die ursprünglich konstruiert wurden, um von den US-Stützpunkten im Pazifik aus japanische Städte bombardieren zu können. Dadurch wurden die Fliegenden Festungen allerdings auch verwundbarer, denn im Gegensatz zu den gepanzerten Rümpfen waren die in den Tragflächen eingebauten Zusatztanks ungeschützt. Der Zufall wollte es, dass auch die Deutschen eine neue Taktik mit neuen Waffen im Köcher hatten: Die vom Heer entwickelten Artillerie-Raketen wurden Nebelwerfer genannt. Es gab verschiedene Größen mit Kalibern von 8 bis 32 cm. Der Luftwaffe war nun die Idee gekommen, ihre zweimotorigen, wendigen Jagdbomber vom Typ Dornier Do 215, Heinkel He 111 und Junkers Ju 88 mit Nebelwerfern zu bewaffnen. Die Wahl war auf den Typ 42 gefallen. Er besaß ein Kaliber von 21 cm, war 1,25 m lang und wog 110 kg, davon 39 kg Sprengstoff. Damit war kein direkter Treffer notwendig. Es genügte die Druckwelle der Explosion, um die Zusatztanks in den Tragflächen zu zerstören. Die Luftschlacht über dem Rhein-Main-Gebiet war die verlustreichste für die USAAF: 60 Fliegende Festungen wurden abgeschossen und 175 weitere zum Teil schwer beschädigt, so dass sie nach ihrer Landung in Nordafrika erst repariert werden mussten und längere Zeit nicht zur Verfügung standen. 600 US-Soldaten kamen ums Leben. Es ist umstritten, wie viele US-Bomber tatsächlich durch den Einsatz der neuartigen Luft-Luft-Raketen (Air-to-Air Missile, AAM) abgeschossen wurden und wie viele durch konventionellen Beschuss mit Bordkanonen der Abfangjäger bzw. Flugabwehrkanonen (Flak) am Boden. Jedenfalls wurde damit ein neues Kapitel des Einsatzes von Raketen im Luftkampf eröffnet.[108]

Der britische Angriff auf Peenemünde begann mit einem Täuschungsmanöver: 20 britische Jagdbomber warfen Leuchtmarkierungen über Berlin ab und täuschten damit einen unmittelbar bevorstehenden Luftangriff auf die Reichshauptstadt vor. Während nun 200 deutsche Abfangjäger über Brandenburg patrouillierten, flogen rund 600 britische Bombenflugzeuge vom Typ Halifax und Lancaster in 3 Wellen zu je 200 Bombern über die Ostsee nach Usedom und warfen insgesamt rund 1600 t Sprengbomben und 300 t Brandbomben über Peenemünde ab. Dabei kam den Briten zugute, dass sich die Hauptangriffsziele, also die Versuchsanlagen (Prüfstände), das Entwicklungswerk, die Produktionsfabrik und die

---

[108] Piekalkiewicz, Janusz. 1985. *Der Zweite Weltkrieg*, S. 821.

Wohnsiedlung des wissenschaftlich-technischen Personals, wie eine Perlenkette entlang des leicht auszumachenden Küstenstreifens aneinanderreihten. Während sich die Deutschen in ihre Luftschutzbunker flüchteten, waren die KZ-Zwangsarbeiter und die sowjetischen Kriegsgefangenen den Angriffen schutzlos ausgeliefert. Es gab 735 Tote, davon waren rund 560 Zwangsarbeiter. Prominenteste Opfer auf deutscher Seite waren Dr. Walter E. O. Thiel (1910–1943), der Entwicklungsleiter für die Brennkammer und Düse des Raketentriebwerkes, sowie der Generalstabschef der Luftwaffe, Generaloberst Hans Jeschonnek (1899–1943). Letzterer starb allerdings nicht beim Bombardement. Nach der Besichtigung der Zerstörungen am nächsten Morgen schoss er sich selber eine Kugel in den Kopf.[109]

„Herausgerissen aus den Träumen der Weltraumfahrt wurde der Krieg nun auch für die Raketenbauer präsent."[110]

Der Erfolg der Operation Hydra führte zum Start der Operation Crossbow (dt. Armbrust) mit dem Ziel, sämtliche Anlagen für die Entwicklung, die Versuche, die Produktion und den Einsatz deutscher Raketen zu zerstören.[111]

Der Bombenangriffe hinterließ nicht nur Zerstörung und Tod, er führte auch zu einer Reorganisation des gesamten Raketenprogramms. Die Wehrmacht wurde ausgebootet und die SS übernahm nun das Kommando. Der neue Innenminister, SS-Reichsführer Heinrich L. Himmler (1900–1945), ernannte den SS-Brigadeführer

Hans F. K. F. Kammler (1901–1945) zum neuen Sonderbevollmächtigten der SS für das A4-Raketenprogramm. Kurz zuvor hatte Rüstungsminister Albert Speer den Maschinenbauingenieur Gerhard Degenkolb (1892–1954) zum Sonderbevollmächtigten des Rüstungsministeriums für die Massenproduktion ernannt. Oberstes Ziel er Beiden war die Vorbereitung der Serienproduktion für die Massenfertigung zum Kriegseinsatz. Das Entwicklungsteam rund um Wernher von Braun wurde angewiesen, am A4 nur noch die notwendigsten Änderungen vorzunehmen, um das System zur Serienreife zu bringen. Mit Beginn des Jahres 1944 sollte die Massenproduktion mit bis zu 900 Raketen pro Monat starten. Es kam zu einem

---

[109] Barber, Murray. 2020. *Die V2*, S. 92–101 bzw. Piekalkiewicz, Janusz. 1985. *Der Zweite Weltkrieg*, S. 823. Der jüngere Bruder von Hans war der spätere Vizeadmiral Gert Jeschonnek (1912–1999), der von 1967 bis 1971 Inspekteur der Bundesmarine war.

[110] Reinke, Niklas. 2004. *Geschichte der deutschen Raumfahrtpolitik*, S. 32.

[111] Kanetzki, Manfred. 2014. *Operation Crossbow. Bomben auf Peenemünde*, S. 64–77. In der grch. Mythologie ist Hydra eine vielköpfige Wasserschlange. Schlägt man ihr einen Kopf ab, wachsen stattdessen zwei neue heran.

Konflikt mit dem Entwicklungsteam. Das A4 sei noch nicht zuverlässig und zielgenau genug und könne nicht innerhalb von einem halben Jahr zur Serienreife gebracht werden. Erst nach dem Ende der Entwicklung könnten finale Baupläne erstellt und die benötigten Werkzeuge und Maschinen angefertigt werden. Parallel dazu sei auch die Ausbildung und Ausrüstung der Bedienmannschaften viel komplizierter und langwieriger als bei den konventionellen Waffensystemen. Man betrete in jeder Hinsicht Neuland. Die Einwände der Wissenschaftler und Ingenieure wurden jedoch von der SS ignoriert. Sie stand den Zivilangestellten skeptisch gegenüber. Generalmajor Walter Dornberger hatte die Wissenschaftler stets respektiert und ihnen weitgehend freie Hand gelassen. Das war jetzt vorbei. Dornberger blieb zwar der militärische Leiter der HVA Peenemünde, doch verlagerte die SS die Produktion und die Ausbildung an andere Orte. Die zerstörten Gebäude in Peenemünde wurden nicht wieder aufgebaut, um der alliierten Luftaufklärung den Eindruck zu vermitteln, dass das Raketenforschungsprogramm zum Erliegen gekommen sei. [112]

Die Versuche sowie die Ausbildung der Lehr- und Versuchsbatterie sollten auf dem SS-Truppenübungsplatz Heidelager bei Blizna südlich von Lublin im Generalgouvernement Polen fortgesetzt werden. Es befand sich über 1400 km von England entfernt und somit außerhalb der Reichweite der alliierten Luftaufklärung und Bomber. Die Massenproduktion sollte unter die Erde verlegt werden, um vor alliierter Luftaufklärung und Bombenangriffen geschützt zu sein. Die SS wählte dafür ein ehemaliges Bergwerk im Kohnstein, einem Berg des Unterharzes bei Nordhausen in Thüringen aus. Ursprünglich waren dort Gips und Anhydrit abgebaut worden und nach der nationalsozialistischen Machtergreifung war es zu einem riesigen unterirdischen Treibstoff- und Chemikalienlager der IG Farben ausgebaut worden.

Zu Tarnzwecken wurde nun die Mittelwerk GmbH gegründet, und in den folgenden Monaten wurde die unterirdische Anlage, die den Decknamen Dora erhielt, zur größten unterirdischen Fabrik der Welt ausgebaut. Die Stollen und Galerien waren insgesamt 11 km lang und besaßen eine Fläche von über 10 ha.[113]

Für den Bau und den Betrieb der Anlage wurde ein Außenlager des KZ Buchenwald eingerichtet. Bis zum Ende des Krieges wurden im Außenlager Mittelbau insgesamt rund 60.000 KZ-Häftlinge als Zwangsarbeiter

---

[112] Barber, Murray. 2020. *Die V2*, S. 42 f. u. 115.

[113] Büdeler, Werner. 1992. *Raumfahrt*, S. 81 f.

eingesetzt. Rund 20.000 von ihnen – also jeder dritte Häftling – überlebten die katastrophalen Lebens- und Arbeitsbedingungen in den Stollen nicht.[114]

Im Frühjahr 1944 konnte endlich die Serienproduktion beginnen. Zwischenzeitlich hatte auch die Luftwaffe mit der Serienproduktion der Fi 103 begonnen, die nun im Sommer 1944 als Vergeltungswaffe Eins (V1) die langersehnte Revanche für die immer verheerenderen Flächenbombardements der Westalliierten bringen sollte.

1944 sollte der eigentlich schon längst verlorene Krieg durch den Einsatz der neuen „Wunderwaffen" noch einmal eine Wendung erfahren. Der im Frühjahr anlaufenden Serienproduktion wurde höchste Priorität eingeräumt. Vom Düsenjäger Me 262 wurden bis zum Kriegsende rund 1430 Stück produziert, vom Raketenjäger Me 163 rund 370 Stück und vom Düsenbomber Ar 234 rund 210. Sie waren somit die ersten in Serie gebauten Flugzeuge ihrer Klasse. Als Bewaffnung erhielten die Jagdflugzeuge jeweils 2 Maschinenkanonen vom Typ MK 108 mit einem Kaliber von 30 mm der Firma Rheinmetall. Die Indienststellung bzw. Einsatzbereitschaft beider Muster gestaltete sich jedoch als äußerst schwierig: Die Systeme waren technisch noch nicht ausgereift und es kam zu zahlreichen Unfällen und Notlandungen. Besonders kritisch waren die Einsätze mit dem Raketenjäger Me 163. Das von Hellmuth Walter in Kiel konstruierte und gebaute HWK 509-109 nutzte ein explosives Treibstoffgemisch aus Methanol und Hydrazinhydrat (C-Stoff) als Brennstoff und Hydroxychinolin mit Wasserstoffperoxid (T-Stoff) als Oxidator. Dies sorgte für zahlreiche Explosionen bereits während der Startphase.[115]

Das Wasserstoffperoxid (H_2O_2) wurde bei den Österreichischen Chemischen Werken in Weißenstein bei Villach erstmals im großen Stile industriell synthetisiert (sog. *Weißensteiner Verfahren*). Ursprünglich wurde es als Bleich- und Desinfektionsmittel eingesetzt. Der Erfinder dieses Verfahrens, Direktor Dr. Gustav Baum, musste als Jude, Freimaurer und Rotarier nach dem Anschluss Österreichs vor den Nazis nach England flieden und gab seine Expertise an die Briten weiter (Hensel, André T. 2022). Die Schubleistung betrug 16 kN, allerdings war der Treibstoff bereits nach rund 5 Min. verbrannt (Burn-out). In dieser kurzen Zeit stieß der Raketenjäger in die Tropopause vor, der Grenzschicht zwischen Troposphäre

---

[114] Eisfeld, Rainer. 1996. *Mondsüchtig*, S. 23. Barber, Murray. 2020. *Die V2*, S. 122 f.

[115] Prinzing, Philipp. 2022. Messerschmitt Me 262: Der erste Strahljäger. In: *Take-Off. Ein Sonderheft von Flug Revue*, Nr. 1/2022, S. 38 f. Reinhold, Lars. 2022. Messerschmitt Me 163: Komet ohne Strahlkraft. In: *Take-Off. Ein Sonderheft von Flug Revue*, Nr. 1/2022, S. 36 f.

und Stratosphäre in ca. 10 bis 15 km Höhe. Dies rief bei vielen Piloten trotz Atemschutz mit Sauerstoffflaschen Barotraumata hervor.[116]

Die Düsen- und Raketenflugzeuge der Nachkriegszeit wurden daher entweder mit Druckkabinen oder mit Druckanzügen für die Piloten ausgestattet. Darüber hinaus war der Einsatz der Me 163 sehr ineffektiv. Es mussten immer alle Treibstoffkomponenten in der richtigen Mischung vorhanden sein. Dabei herrschte im letzten Kriegsjahr akuter Rohstoff- und Treibstoffmangel, die Piloten konnten nur noch unzureichend ausgebildet werden, die Infrastruktur (Werkshallen und Flugplätze) wurde durch alliierte Bombardements zunehmend zerstört. Da die Brenndauer des Raketentriebwerkes nur rund 5 min betrug, konnte bei jedem Einsatz immer nur ein einziger Angriff auf die feindlichen Bomber geflogen werden. Anschließend musste der Raketenjäger im antriebslosen Gleitflug gelandet werden. Da das zweirädrige Rollwerk nach dem Start abgeworfen wurde, erfolgte die Landung auf einer zentralen Kufe, die an der Unterseite des Rumpfes angebracht war. Das glich einer kontrollierten Notlandung. Das Flugzeug musste geborgen und zu seinem Fliegerhorst zurück transportiert werden (Abb. 1.6).[117]

Das erste Raketenjagdgeschwader der Welt war das JG 400 unter dem Kommando von Major Wolfgang Späte (1911–1997). Die 1. Staffel wurde am Fliegerhorst Wittmundhafen in Ostfriesland und die 2. Staffel am Fliegerhorst Venlo an der Maas aufgestellt. Sie sollten die über den Ärmelkanal anfliegenden alliierten Bomberflotten frühzeitig abfangen. Das Geschwaderabzeichen (Maskottchen) war der Baron von Münchhausen auf der Kanonenkugel.[118]

Das passte ganz gut, denn die Einsätze waren wohl tatsächlich so etwas wie ein Höllenritt auf der Kanonenkugel. Das verbündete Kaiserreich Japan litt ebenfalls unter den zunehmenden Flächenbombardements der amerikanischen Langstreckenbomber. Dies umso mehr, als die japanische Holzbauweise in Kombination mit den engen Gassen zu verheerenden Feuerstürmen führte. Somit war auch im Fernen Osten der Bedarf an einem schnellen Abfangjäger groß. Deutschland vergab schließlich eine Lizenz zum

---

[116] Barotrauma = Verletzungen v. a. im Bereich Hals-Nasen-Ohren (HNO) und Lunge, die durch schnelle Änderung des Umgebungsdrucks entstehen.

[117] Reinhold, Lars. 2022. Messerschmitt Me 163: Komet ohne Strahlkraft. In: *Take-Off. Ein Sonderheft von Flug Revue*, Nr. 1/2022, S. 37.

[118] Hieronymus Carl Friedrich Freiherr von Münchhausen (1720–1797) ist durch seine Abenteuererzählungen berühmt geworden, die der deutsche Dichter Gottfried August Bürger (1747–1797) niederschrieb und veröffentlichte.

Nachbau und schickte zwei U-Boote mit der technischen Dokumentation und Muster diverser Bauteile nach Japan. Als die Produktion bei Mitsubishi im Frühjahr 1945 begann, ging der Krieg in Europa bereits zu Ende. Das japanische Lizenzmodell erhielt die Bezeichnung J8M *Shusui* (Scharfes Schwert). Bis zum Sommer wurden lediglich 7 Exemplare fertiggestellt, die jedoch nicht mehr zum Kampfeinsatz kamen.

Im Frühjahr 1944 begann auch die Serienproduktion für die beiden von der Nazi-Propaganda sogenannten „Vergeltungswaffen" (V-Waffen). Mit ihnen sollte London bombardiert und damit Vergeltung für die verheerenden alliierten Flächenbombardements auf deutsche Städte geübt werden. Es gab 3 unterschiedliche Arten von V-Waffen:

Die V1 war der von Fieseler im Auftrage der Luftwaffe entwickelte erste Marschflugkörper Fi 103. In Deutschland wurde sie Flügelbombe und in Großbritannien Flying Bomb genannt.

Die V2 war die von Braun und seinem Team im Auftrage des Heeres entwickelte erste Weltraumrakete A4.

Die V3 war eine 140 m lange Superkanone, die am Ärmelkanal bei Calais auf einer Böschung errichtet wurde und 140 kg schwere Geschosse vom Kaliber 15 cm bis zu 165 km weit verschießen sollte. Intern trug sie die Bezeichnung Langrohrkanone 15 cm (LRK 15). Umgangssprachlich wurde auch *Englandkanone* genannt. Die Stellung wurde im Juli 1944 von britischen Bombern zerstört, noch bevor die Kanone zum Einsatz kam.[119]

Vor diesem historischen Hintergrund sorgte der Tesla- und SpaceX-Gründer Elon Musk im Jahr 2014 für Irritationen, als er die beiden Versionen seiner Raumkapsel Dragon als V1 und V2 ankündigte. Nach internationalen Protesten ließ der die unbemannte Frachtversion V1 kurzerhand in Cargo Dragon und die bemannte Passagierversion V2 in Crew Dragon umbenennen.[120]

Kurz nach dem Beginn der alliierten Invasion in der Normandie (Operation *Overlord*) begann Mitte Juni 1944 mit dem Unternehmen *Rumpelkammer* der Beschuss Londons mit der V1. Die Flügelbombe war mit einem Pulsstrahltriebwerk ausgerüstet, welches nicht gleichmäßig, sondern periodisch zündet und daher auch Verpuffungstriebwerk genannt

---

[119] Büttner, Stefan u. a. 2020. *Geheimprojekte der Luftwaffe 1935-1945*, S. 199–206.

[120] Lorenzen, Dirk. 2021. *Der neue Wettlauf ins All*, S. 42 f.

wird. Es war wesentlich einfacher und billiger zu produzieren als ein Turbinenstrahltriebwerk. Der hohe Verschleiß und die geringe Lebensdauer spielten hierbei keine Rolle, da das Triebwerk immer nur einmal zum Einsatz kam und mit der Bombe abstürzte. Aufgrund des charakteristischen Geräusches wurde die V1 im britischen Volksmund auch *„buzz bomb"* (dröhnende Bombe) oder *„doodle bug"* (brummender Käfer) genannt. Die V1 war 7,75 m lang, die Flügelspannweite betrug 4,90 m und sie wog ca. 2,2 t. Davon entfiel 1 t allein auf den Sprengkopf, während der Treibstoff mit ½ t zu Buche schlug. Die Reichweite betrug rund 250 km, wobei der Marschflugkörper mit rund 600 km/h in ca. 500 bis 1000 m Höhe flog.[121]

Gestartet wurde die V1 von stationären Katapulten entlang der französischen Kanalküste. Die Britische Flugabwehr erkannte bald, dass die Flying Bombs immer dieselben Anflugkorridore benutzten. Daher konnten sie ihre Flugabwehreinheiten (Anti-Aircraft, AA) gezielt entlang der britischen Kanalküste aufstellen. Insgesamt wurden 400 schwere und 1200 leichte Flugabwehrkanonen (Flak) sowie 200 Flugabwehrraketen (FlaRak) in Stellung gebracht. Parallel dazu bildeten 500 mit Stahlseilen verbundene Fesselballone einen Sperrgürtel entlang der Kanalküste. Schließlich erhielt die Royal Air Force ab Juli 1944 ihre ersten Düsenjäger vom Typ Gloster *Meteor*, die gezielt zur Abwehr der Flying Bombs eingesetzt wurden. Der Abschuss war relativ einfach, da die Marschflugkörper ihre fix eingestellte Route flogen und nicht auswichen. Durch diese Abwehrmaßnahmen konnte der überwiegende Teil der anfliegenden V1 abgeschossen werden.[122]

Die 1. Kanadische und die 2. Britische Armee stießen im Laufe des Sommers 1944 von der Normandie aus entlang der Kanalküste in Richtung Flandern vor. Die flämische Hafenstadt Antwerpen sollte zu wichtigsten Umschlagplatz für den Nachschub der Truppen zur Eroberung des Rheinlandes werden. Im Zuge des Vorstoßes wurden auch die stationären Abschussrampen der V1 eingenommen. Bis dahin waren ca. 8500 V1 auf London abgeschossen worden. Davon stürzten rund 2000 aufgrund technischer Defekte von selbst in den Ärmelkanal. Rund 3500 wurden von der britischen Flugabwehr abgeschossen. Knapp 1000 verfehlten London und schlugen in ländlichen Gebieten ein. Nur rund 2500 V1 schlugen tatsächlich in London oder seinen Vororten ein. Schließlich wurden im Laufe

---

[121] Büdeler, Werner. 1992. *Raumfahrt*, S. 84 f. Büttner, Stefan u. a. 2020. *Geheimprojekte der Luftwaffe 1935–1945*, S. 187–198.
[122] Piekalkiewicz, Janusz. 1985. *Der Zweite Weltkrieg*, S. 926.

des Herbst 1944 noch rund 1000 weitere V1 mit Jagdbombern vom Typ Heinkel He 111 im Tiefflug über den Kanal geflogen und kurz vor der englischen Küste ausgeklinkt und gestartet.[123]

Insgesamt wurden durch den Beschuss Londons mit der V1 rund 6000 Menschen getötet, 16.000 weitere verletzt und rund 25.000 Häuser zerstört.[124]

Kurz vor Kriegsende entstand noch eine besonders perfide Sonderanfertigung der Flügelbombe, das sogenannte *Reichenberg-Gerät*. Beim Segelflugzeugwerk in Reichenberg (tschechisch Liberec) wurden kleine Cockpits eingebaut. Dadurch sollte die V1 als V4 zum Kamikaze-Einsatz kommen. Insgesamt 175 Flügelbomben wurden umgebaut und mit dem Abwurf durch He 111 getestet. Das Geheimprojekt hieß *Selbstopfer*.

Parallel dazu gab es auch noch einige Testflüge von Serienmodellen des A4 in Peenemünde. Am 20. Juni 1944 ließ man ein A4 senkrecht in den Weltraum fliegen. Nach den Aufzeichnungen der Heeresversuchsanstalt (HVA) erreichte die Rakete dabei eine Gipfelhöhe von knapp 175 km. Nach der Definition des Internationalen Luftsportverbandes (Fédération Aéronautique Internationale, FAI) liegt die Grenze zum Weltraum bei 100 km, der sogenannten Kármán-Linie. Gemäß dieser Definition handelte es sich somit um den ersten unbemannten Weltraumflug eines Raumflugkörpers (RFK).

Anfang September 1944 begann schließlich der Beschuss Londons mit der V2. Im Gegensatz zur tief und langsam fliegenden V1 gab es gegen die mit mehrfacher Überschallgeschwindigkeit aus dem Weltraum herabstürzende V2 keine Abwehrmöglichkeit und auch keine Vorwarnung. Der Überschallknall war erst nach dem Einschlag bzw. der Detonation zu hören. Allerdings gab es noch keinen zuverlässigen Annäherungszünder, d. h. die Kontaktzünder reagierten mit einem Bruchteil einer Sekunde Verzögerung. Zu diesem Zeitpunkt war die Rakete bereits in die Erde eingedrungen. Für eine optimale Sprengwirkung hätte der Sprengkopf rund 10 bis 15 m über der Erde gezündet werden müssen.

Ein weiterer Unterschied war, dass die V2 im Gegensatz zur V1 nicht von stationären, sondern von mobilen Einheiten gestartet wurde. Die britische Armee konnte daher keine Startrampen erobern und die Luftwaffe tat sich mit der Entdeckung der gut getarnten, mobilen Einheiten schwer. Es gab eine ausgefeilte und aufwändige Logistik:

---

[123] Ebd., S. 928.
[124] Büdeler, Werner. 1992. *Raumfahrt*, S. 85.

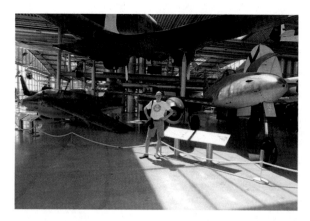

Abb. 1.6 Die Raketen- und Düsenjäger Messerschmitt Me 163 (links)und Me 262 (rechts) in der Flugwerft Schleißheim, einer Außenstelle des Deutschen Museums. In der Mitte der Autor

Das Deutsche Museum beherbergt in der Flugwerft Schleißheim nördlich von München jeweils ein Exemplar des weltweit ersten Raketenjägers und Düsenjägers, beide von der Flugzeugfirma Messerschmitt entwickelt und gebaut. Gleichzeitig handelt es sich bei diesen Modellen um die weltweit ersten in Serie gebauten Raketen- und Strahlflugzeuge. Links der Raketenjäger Me 163 *Komet* und rechts der Düsenjäger Me 262 *Sturmvogel*, dazwischen der Autor André T. Hensel. © Christine Hensel.

Die Raketen wurden mit der Eisenbahn von der unterirdischen Produktionsstätte im Harz in die Nähe der Einsatzorte transportiert. Als Startgebiet für den Einsatz gegen London wurde die holländische Küstenregion rund um die Hauptstadt Den Haag genutzt. An wechselnden Verladestationen außerhalb der Siedlungsgebiete wurden die Raketen auf sogenannte Vidal-Wagen umgeladen. Dabei handelte es sich um zweiachsige Transportanhänger, die vom Hamburger Tempo-Werk Vidal & Sohn speziell für die V2 entwickelt und gebaut worden waren. Bekannt wurde die Firma in den 1930er Jahren durch einen dreirädrigen Lieferwagen, den Tempo Hanseat. Die Raketen wurden beim Transport in Segeltücher gehüllt. Dies diente einerseits als Tarnung und andererseits als Wetterschutz. Der Vidal-Wagen war möglichst einfach, leicht und robust konstruiert. Er bestand aus einem Stahlrohrgerüst und wog 2 t. Die auf dem Wagen liegende Rakete wurde mit einer mittigen Transportklaue fixiert.[125]

---

[125] Barber, Murray. 2020. *Die V2*, S. 195 u. 203.

In den Felddepots wurden die Raketen schließlich auf den Meiller-Wagen umgeladen. Die Münchner Fahrzeug- und Maschinenfabrik von Franz Xaver Meiller hatte sich auf LKW-Aufbauten spezialisiert und war Mitte der 1920er Jahre durch den sogenannten Meiller-Kipper bekannt geworden. Dabei handelte es sich um den weltweit ersten, hydraulischen Dreiseitenkipper. Bis dahin mussten die Ladeflächen mit manuell zu betätigenden Winden gekippt werden. Beim speziell für die V2 entwickelten und gebauten Meiller-Wagen handelte es sich um einen dreiachsigen LKW-Anhänger, der über einen hydraulischen Hebearm verfügte, mit dessen Hilfe die Rakete am Startplatz aufgerichtet werden konnte. Damit die Rakete beim Aufrichten nicht abrutschte oder zur Seite kippte, war sie mit zwei Transportklauen am Hebearm befestigt.[126]

Das Umladen der Raketen von den Eisenbahnwaggons auf die Vidal-Wagen und von dort auf Meiller-Wagen erfolgte mit einem mobilen Portalkran, dem sogenannten *Straßenbock* (Strabo). Er konnte bis zu 16 t heben und war zusammengeklappt ein zweiachsiger LKW-Anhänger.[127] Zur Tarnung wurden die Vidal- und Meiller-Wagen teilweise mit Gerüsten ausgestattet und mit Segeltuch in Tarnfarben umhüllt. Als Zugfahrzeuge dienten in der Regel die Schweren Schlepper mit 100 PS (SS-100) der Hannoverschen Maschinenbau AG (Hanomag). Bei besonders unwegsamem Gelände kam auch eine Halbketten-Zugmaschine zum Einsatz, das sogenannte Sonder-Kraftfahrzeug 6 (Sd. KFZ 6). Entwickelt und gebaut wurde sie bei der Büssing Nutzkraftwagen AG (NAG) in Braunschweig.[128]

Alle explosiven Stoffe wurden von der Rakete getrennt transportiert: Der Sprengkopf wurde *Elefant* genannt und in einem zylindrischen Transportbehälter Transportiert. Die Endmontage auf der Raketenspitze erfolgte erst im Felddepot vor der Fahrt zum Einsatzort. Die Treibstoffe wurden getrennt voneinander in separaten Tankwagen zum Einsatzort transportiert und die Rakete wurde erst nach dem Aufrichten kurz vor dem Start in senkrechter Position betankt. Als Startplätze wurden bevorzugt Wälder mit mindestens 15 m hohen Bäumen ausgewählt. Während der rund zweieinhalb bis dreistündigen Startvorbereitungen wurde ein Metallring mit Ästen auf die Raketenspitze gesetzt. Das verwandelte den Sprengkopf in eine Baumkrone und den Raketenrumpf in einen Baumstamm.[129]

---

[126] Barber, Murray. 2020. *Die V2*, S. 163–165.

[127] Barber, Murray. 2020. *Die V2*, S. 177, 206 f. u. 209–211.

[128] Barber, Murray. 2020. *Die V2*, S. 104 u. 154.

[129] Barber, Murray. 2020. *Die V2*, S. 202 f.

Ein sogenannter Fernraketenzug (FR-Zug) bestand aus rund einem Dutzend Fahrzeugen mit verschiedenen Anhängern, darunter drei Hanomag SS-100 mit Meiller-Wagen, d. h. bei jedem Einsatz wurden 3 V2-Raketen mitgeführt. Der flüssige Sauerstoff (A-Stoff) erforderte spezielle, isolierte Druckbehälter, damit er sich nicht verflüchtigte. Für die übrigen Treibstoffe, genügten herkömmliche Tankwagen. Für den Brennstoff Alkohol (B-Stoff) kamen große Kesselwagen vom Typ Sd. KFZ 385 zum Einsatz, die wiederum zweiachsige Tankanhänger zogen. Für das Wasserstoffperoxid genügte dagegen ein kleiner Tankwagen auf Basis des Opel Blitz.[130]

Hinzu kamen mehrere Mannschaftstransportwagen z. B. vom Typ Steyr 1500 mit unterschiedlicher Ausrüstung und Anhängern, z. B. für die Bodenstromversorgung mit Stromgenerator und Kabeltrommel, mit Kompressoren und Pumpen zum Umfüllen der Treibstoffe oder der Magirus-Leiter. Die Magirus AG in Ulm hatte sich mit Spezialaufbauten für Feuerwehrfahrzeuge, insbesondere Leiterwagen, einen Namen gemacht. Für die Startvorbereitungen an der auf dem Starttisch stehenden Rakete brauchte das Bedienungspersonal eine mindestens 15 m lange Leiter, da es ja keinen Startturm gab. Hinzu kam noch der Feuerleitpanzer. Dabei handelte es sich um ein gepanzertes Halbkettenfahrzeug vom Typ Sd. KFZ 7, der bei Krauss-Maffei in München produziert wurde. Nach der Betankung der Rakete entfernten sich alle Fahrzeuge und Mannschaften vom Startplatz. Nur der Feuerleitpanzer blieb in ca. 60 m, Entfernung stehen. Er war über Kabelverbindungen mit der Rakete verbunden und leitete den Countdown ein. Steuer- und Stromkabel waren über einen sogenannten Stotz-Stecker, der sich an einer Stange befand, mit dem Geräteabteil im Oberen Bereich der Rakete verbunden. Beim Start löste sich der Stecker und die Stange fiel zurück.[131]

Ein weiterer Anhänger war die mobile Startplattform, der sogenannten Abschusstisch, der als Anhänger mitgeführt wurde. Es handelte sich um ein Gestell mit vier Stützen, die einzeln regulierbar waren. Mit Hilfe von Wasserwaagen wurde der Abschusstisch genau ausgerichtet. Unterhalb befand sich ein Metallkegel zur seitlichen Ablenkung des heißen Abgasstrahls. Wegen seiner charakteristischen Form wurde er scherzhaft *Zitronenpresse* genannt.[132]

---

[130] Barber, Murray. 2020. *Die V2*, S. 225 u. 227–229.
[131] Barber, Murray. 2020. *Die V2*, S. 200 f. u. 226 f.
[132] Barber, Murray. 2020. *Die V2*, S. 159–161.

Jeweils 3 FR-Züge wurden zu einer Fernraketenbatterie (FR-Batterie) zusammengefasst. Die FR-Batterie umfasste neben den 3 Zügen noch einen umfangreichen Tross mit weiteren Fahrzeugen, darunter einen Sicherungszug mit Wachmannschaften zur Absperrung der Startzonen, ein Versorgungs- und Verpflegungszug mit Ersatzteilen und Feldküche (Gulaschkanone), einen Feuerlöschzug, Kommandowagen für die Zugführer im VW 82 Kübelwagen usw.

Jeweils 3 FR-Batterien bildeten eine Artillerie-Abteilung (AA). In der kurzen Vorbereitungszeit gelang es den Heer nur noch, zwei Abteilungen entsprechend auszubilden und auszurüsten, die 485 und die 836. Zu diesen 6 FR-Batterien kamen noch die schon zuvor aufgestellte Lehr- und Versuchsbatterie 444 sowie die konkurrierende Werfer-Batterie 500 der Waffen-SS. Wehrmacht und Waffen-SS verfügten somit über insgesamt 8 Batterien mit 24 Zügen. Da jeder Zug über 3 Meiller-Wagen verfügte, konnten pro Einsatz insgesamt 72 V2-Raketen mitgeführt und gestartet werden.[133]

Zwischen der Wehrmacht und der Waffen-SS gab es eine Konkurrenzsituation. Die Angehörigen der Waffen-SS empfanden sich als die Elitesoldaten des Dritten Reiches und reklamierten für sich die bessere Ausrüstung und Verpflegung. Auch zwischen den FR-Batterien war diese Konkurrenz zu spüren. Bei der Wehrmacht gab es das Gerücht, dass es bei der SS-Werfer-Batterie deutlich mehr Versager gebe, als bei den FR-Batterien des Heeres. Außerdem sollen die SS-Leute den Raketenbrennstoff Alkohol (B-Stoff) lieber selber getrunken haben. Tatsächlich gab es auf beiden Seiten Fälle von Alkoholmissbrauch. Der 75 %ige Alkohol wurde mit Wasser auf rund 40 Vol.-% heruntverdünnt und dann entweder selber getrunken oder bei umliegenden Bauern in diverse Nahrungsmittel umgetauscht. Das Problem dabei war, dass es sich nicht um Trinkalkohol handelte, d. h. der Fusel wurde bei der Destillation nicht abgetrennt, so dass der B-Stoff auch giftiges Methanol enthielt. Man versuchte, die Fuselanteile abzutrennen, indem man den B-Stoff entweder durch Gasmaskenfilter laufen ließ oder ihn über der Herdplatte der Gulaschkanone nochmals destillierte.[134]

In seinen Memoiren hob Churchill die Bedeutung der Verzögerung des Einsatzes der V2 durch die Bombardierung Peenemündes hervor: Durch die Bombardierung von Peenemünde und der Verlegung der Serienproduktion in den Kohenstein wurde der Einsatz der V2 von Frühjahr auf Herbst 1944

---

[133] Barber, Murray. 2020. *Die V2*, S. 236 f.
[134] Barber, Murray. 2020. *Die V2*, S. 237–239.

verzögert. In der Zwischenzeit hatten die alliierten Invasionstruppen im Rahmen der Operation Overlord die französische Küste entlang des Ärmelkanals unter ihre Kontrolle gebracht. Daher musste die Wehrmacht ihre V2 von den Niederlanden aus starten. Das war mehr als doppelt so weit von London entfernt. Dementsprechend halbierte sich auch die Treffgenauigkeit.[135]

Bis Kriegsende wurden im Dora-Mittelwerk rund 5900 V2 produziert. Nur rund 3500 davon kamen tatsächlich zum Einsatz. Von den eingesetzten V2 wurden rund 1300 von der holländischen Küste aus über die Nordsee Richtung England abgefeuert und ca. 1700 vom Rheinland aus Richtung Belgien, vor allem Antwerpen. Der Hafen der flämischen Hauptstadt bildete im letzten Kriegshalbjahr den wichtigsten Umschlagplatz für den Nachschub der westalliierten Streitkräfte. Die restlichen rund 500 V2 wurden auf weitere wichtige Verkehrsknotenpunkte der Alliierten abgefeuert, darunter Lüttich und Lille. Von den auf London abgefeuerten Raketen erreichte nur rund die Hälfte ihr Ziel, obwohl das Stadtgebiet sehr groß war. Dies lag einerseits an der Ungenauigkeit der unter enormem Zeitdruck entwickelten Steuerungs- und Lenkungssysteme, andererseits aber auch an den Produktionsbedingungen mit Zwangsarbeitern. Rund 20 % der V2-Raketen aus der unterirdischen Serienproduktion wiesen technische Mängel auf. Dies war einerseits auf Überarbeitung andererseits aber auch auf systematische Sabotage zurückzuführen.[136] Darüber hinaus war das System einfach noch nicht ausgereift. Wie bereits erläutert, musste die Forschung und Entwicklung (F&E) nach dem Bombenangriff auf Peenemünde zurückgefahren werden. Statistisch gesehen detonierte nur ca. die Hälfte aller gestarteten V2 planmäßig beim Aufschlag im Zielgebiet. Der Rest explodierte teilweise bereits beim Start oder verlor kurz danach die Kontrolle und stürzte ab. Darüber hinaus gab es zahlreiche sogenannte Luftsprengungen. Dabei explodierte die Rakete, zumeist aufgrund von Defekten beim Triebwerk, den Treibstoffpumpen oder undichter Leitungen. Beim Wiedereintritt in die tieferen Schichten der Erdatmosphäre kam es auch zu sogenannten Luftzerlegern. Dabei brach die Rakete aufgrund der hohen aerodynamischen Belastungen bzw. struktureller Schwächen auseinander.[137]

---

[135] Churchill, Winston. 2003. *Der Zweite Weltkrieg*, S. 820.

[136] Reinke, Niklas. 2004. *Geschichte der deutschen Raumfahrtpolitik*, S. 32.

[137] Barber, Murray. 2020. *Die V2*, S. 252 f. und 306.

Dennoch sind durch die Einsätze der V2 rund 8000 Menschen ums Leben gekommen, darunter rund 6200 im Großraum London 6450 in Belgien.[138]

Im Vergleich zu den ungeheuren Zerstörungen und Verlusten, welche die alliierten Flächenbombardements im Reichsgebiet anrichteten, haben die sogenannten „Vergeltungs- und Wunderwaffen" ihr Ziel damit klar verfehlt. Allein bei der Bombardierung des mit Flüchtlingen aus den deutschen Ostgebieten überfüllten Dresden sind Mitte Februar 1945 innerhalb von nur drei Tagen dreimal so viele Menschen ums Leben gekommen als durch alle V2 zusammen. Ebenso starben rund dreimal mehr Zwangsarbeiter beim Bau der Anlagen und der Massenproduktion als durch die Einsätze der V2. Auch stand die Sprengstoffmasse, die mit den V2-Raketen verschossen wurde, in keinem Verhältnis zu den Bombenlasten der alliierten Bomberflotten. Allein beim Bombenangriff auf Peenemünde im August 1943 ist in einer einzigen Nacht mehr Sprengstoff abgeworfen worden, als durch alle V2-Raketen zusammen.

Die Rakete spielte daher aus militärstrategischer Sicht im Zweiten Weltkrieg noch keine entscheidende Rolle. Aber das war mit der Luftwaffe im Ersten Weltkrieg genauso. 20 Jahre später spielte die Luftherrschaft plötzlich die entscheidende Rolle, sowohl bei Hitlers Blitzkrieg in den ersten drei Kriegsjahren als auch bei den alliierten Flächenbombardements in den letzten drei Kriegsjahren. Genauso war es auch mit der Fernrakete. Im Zweiten Weltkrieg war es noch ein exotisches Waffensystem ohne entscheidende Wirkung. Aus kriegswirtschaftlicher Sicht waren Entwicklung, Massenproduktion und Einsatz der V2 eine riesige Verschwendung von Ressourcen aller Art, die den Krieg zugunsten der Alliierten verkürzte. Das frühere Kriegsende bewahrte Deutschland vor dem Einsatz der Atombombe, die schließlich gegen Japan zum Einsatz kam. Im nachfolgenden Kalten Krieg entwickelte es sich dann die Kombination aus Atombombe und Trägerrakete zum beherrschenden Waffensystem.

Parallel zum Einsatz der V2 fanden in Peenemünde noch weitere Versuchsstarts statt. Da die alliierte Front immer näher rückte, musste die Reichweite des A4 erhöht werden, um London noch erreichen zu können. Daher wurde eine Version mit größeren Tanks und höherem Druck konstruiert. Zwei Prototypen wurden im Februar 1945 von Peenemünde aus gestartet und erreichten Rekordreichweiten von über 400 km.

---

[138] Wärter, Alexandra. 1997. *Wernher von Braun*, S. 68. Barber, Murray. 2020. *Die V2*, S. 271. Die Zahlenangaben divergieren in der einschlägigen Literatur teilweise beträchtlich.

Obwohl Braun und die Mitglieder seines Teams nach dem Krieg immer wieder beteuert haben, lediglich für die Entwicklung und Erprobung des A4, nicht jedoch für die Massenproduktion und den Kriegseinsatz der V2 verantwortlich zu sein, so ist es doch eine Tatsache, dass das Braun-Team sowohl die Produktion als auch den Einsatz der V2 zumindest technisch überwacht hat. Braun hat nachweislich persönlich die unterirdischen Produktionsanlagen im Kohnstein besichtigt. Er war Mitglied der NSDAP und SS-Sturmbannführer, was bei Heer und Luftwaffe dem Major entsprach. Bei Letzterem handelte es sich allerdings um einen Ehrenrang, zu welchem Braun angeblich gedrängt worden sei. Jedenfalls hat Braun kein SS-Kommando befehligt und seine schwarze SS-Uniform auch nicht getragen. Bernhard Mackowiak spricht in diesem Zusammenhang von einer *„Lebenslüge des unpolitischen Wissenschaftlers"*.[139]

Carl Sagan konstatiert, Braun *„wollte zum Mond und traf dabei London"*.[140]

Im letzten Kriegsjahr stellte sich schließlich die Frage, ob neben England auch Amerika aus dem Weltraum bombardiert werden könnte. Zu diesem Zweck wurden drei unterschiedliche Konzepte entwickelt: Der Amerika-Bomber der Luftwaffe, die Amerika-Rakete des Heeres und der U-Boot-gestützte Einsatz der V2 durch die Marine.

Die Luftwaffe ließ verschiedene Konzepte für den Amerika-Bomber prüfen. Ziel war die direkte Bombardierung der amerikanischen Metropolen an der Nordostküste, darunter Baltimore, Boston, Philadelphia, New York und Washington. Ein Konzept beinhaltete den Bau von konventionellen schweren Langstreckenbombern mit 4 bzw. 6 Propellern. Die Strategie sah vor, einen Flugplatz auf einer Azoreninsel mitten im Atlantik vom neutralen Portugal zu pachten. Von dort aus wären es dann noch ca. 4000 km bis zur Ostküste der USA gewesen. Der Bomber hätte demnach eine Reichweite von mindestens 8000 km haben müssen, um nach dem Bombenabwurf wieder zur Ausgangsbasis zurückkehren zu können. Die größten deutschen Flugzeugwerke reichten ihre Entwürfe ein und ließen Prototypen bauen. Die Messerschmitt-Flugzeugwerke entwickelten die viermotorige Me 264. Um die Reichweite zu erhöhen, ließ Willy Messerschmitt zusätzlich zu den üblichen Tanks im Rumpf auch noch die Hohlräume der Tragflächen mit neuartigen integralen Tanks ausstatten. Dadurch konnte die Treibstoff-kapazität um 30 % gesteigert werden. In der Nachkriegszeit sollten diese

---

[139] Mackowiak, Bernhard u. a. 2011. *Raumfahrt*, S. 50.
[140] Sagan, Carl. 1996. *Blauer Punkt im All*, S. 384.

Integraltanks in den Flügeln zum Standard werden. Der österreichisch-deutsche Luft- und Raumfahrtpionier Dr. Eugen Sänger (1905–1964) legte einen völlig unkonventionellen Entwurf vor. Ende der 1930er Jahre hatte er ein Konzept für einen Raumgleiter entworfen. Dabei handelte es sich um eine Art Überschallflugzeug mit Raketenantrieb, welches die Grenze zum Weltraum kurzfristig überschreiten und in weiterer Folge auf der Stratopause wie auf einem Luftkissen gleiten könne. Da aufgrund der zu erwarteten enormen Reibungshitze auf eine herkömmlich Lackierung verzichtet werden musste, nannte Sänger sein Konzept *Silbervogel* in Anlehnung an die ebenfalls unlackierten Grand-Prix-Rennwagen von Mercedes, die sogenannten Silberpfeile. Mit seinem Luftkissen-Prinzip errechnete Sänger eine theoretische Maximalreichweite von bis zu 24.000 km. Es wäre demnach möglich gewesen, in Kontinentaleuropa zu starten, beim Überflug über Nordamerika jedes beliebige Ziel auf dem Territorium der USA zu bombardieren und nach der Pazifiküberquerung im verbündeten Japan zu landen. Der nächste Einsatz wäre dann in die entgegengesetzte Richtung erfolgt.[141]

Dieser Flug um die halbe Erde wäre notwendig gewesen, da eine Umkehr mit direktem Rückflug nach Europa aus Gründen der Bahnmechanik praktisch gar nicht bzw. nur mit einem Vielfachen des Treibstoffverbrauchs möglich gewesen wäre. Die Alternative zum Amerika-Bomber wäre die Amerika-Rakete gewesen. Das Entwicklungsteam um Wernher von Braun entwarf ein Konzept für eine zweistufige Interkontinentalrakete. Die Oberstufe sollte aus einem weiterentwickelten A4 bestehen und erhielt die Bezeichnung A9. Als Brennstoff war eine Mischung von Benzin und Benzol, das sogenannte Visol vorgesehen und als Oxidator sollte schwefelhaltige Salpetersäure fungieren. Die Unterstufe erhielt die Bezeichnung A10. Sie sollte einen Startschub von 2000 kN erzeugen und damit achtmal so viel wie das A4. Zu diesem Zweck sollten sechs A9-Triebwerke gebündelt werden. Auch wenn diese Rakete nicht über das Projektplanungsstadium hinausging, waren in ihr bereits einige richtungsweisende Konzepte für die Raketenentwicklung der Nachkriegszeit angelegt.[142]

Die Marine unternahm im Herbst 1944 geheime Versuche, die V2 in Tauchbehältern von ihren U-Booten schleppen zu lassen. Die Idee war, die V2 bis ca. 200 km vor die Nordostküste der USA zu schleppen und von dort aus die bereits genannten Metropolen zu bombardieren.[143]

---

[141] Mackowiak, Bernhard u.a. 2018. *Raumfahrt*, S. 176.

[142] Büdeler, Werner. 1992. *Raumfahrt*, S. 88 f.

[143] Reinke, Niklas. 2004. *Geschichte der deutschen Raumfahrtpolitik*, S. 34.

Das Projekt erhielt den Codenamen Prüfstand XII, da die HVA Peenemünde über 11 Prüfstände verfügte. Die Tauchbehälter hatten die Form von überdimensionierten Torpedos, um dem Wasser möglichst wenig Reibungswiderstand zu bieten. Der Riesentorpedo hatte eine Länge von über 37 m. In der vorderen Hälfte wurde die V2 untergebracht und in der hinteren Hälfte befanden sich die Tanks für die beiden Treibstoffe (Brennstoff und Oxidator) sowie ein Ballast- und Trimmtank, der bei Bedarf mit Wasser gefüllt wurde. Dies war Notwendig, um einerseits den Schwimmkörper beim Transport in der Waage zu halten und andererseits zur vertikalen Ausrichtung kurz vor dem Start. Die Betankung der Rakete sollte erst kurz vor dem Start ferngesteuert vom U-Boot aus erfolgen. Die Bugkappe wurde zur Seite geschwenkt und gab die Rakete zum Start frei.[144]

Diese Version der V2 wäre die erste sogenannte Submarine Launched Ballistic Missile (SLBM) gewesen. Im Laufe des Kalten Krieges entwickelten sich die U-Boote mit ballistischen Raketen zu einem wichtigen strategischen Waffensystem, das nur schwer zu bekämpfen war. Während diese Atom-U-Boote ihre Raketen direkt an Bord integriert haben und sie auch Unterwasser starten können, hätten die deutschen U-Boote immer nur einen Tauchbehälter ziehen und damit auch nur kurze Tauchfahrten durchführen können. Vor dem Start ihrer Raketen hätten die deutschen U-Boote jedenfalls auftauchen und die V2 erst startbereit machen müssen. Über Schlepp- und Tauchversuche mit einem Prototyp des Raketenbehälters kam das Projekt jedoch nicht mehr hinaus.

Zwei Monate vor Kriegsende gelang der deutschen Luftwaffe trotz der widrigen Umstände schließlich noch eine letzte Weltpremiere: Der erste bemannte Senkrechtstart mit Raketenantrieb. Aufgrund der Zerstörung der Start- und Landebahnen gab das Reichsluftfahrtministerium (RLM) dem Flugzeugkonstrukteur Erich Bachem (1906–1960) Mitte 1944 den Auftrag, innerhalb von einem halben Jahr ein senkrecht startendes Raketenflugzeug zu entwickeln. Die Landung sollte weitgehend mit Fallschirmen erfolgen. Bachem entwickelte daraufhin eine dreiteilige Konstruktion, welche die Bezeichnung Ba 349 *Natter* erhielt (Tab. 1.2):[145]

---

[144] Büdeler, Werner. 1982. *Geschichte der Raumfahrt*, S. 261 bzw. Ders. 1992. *Raumfahrt*, S. 86 f. Barber, Murray. 2020. *Die V2*, S. 332.
[145] Schwarz, Karl. 2020. Bemannte Rakete:Ba 349 Natter. In: *Flug Revue*, 65. Jg., Nr. 3 (März), S. 84.

Tab. 1.2 Vergleich der deutschen Raketenflugzeuge He 176, Me 163 und Ba 349

Parameter	He 176	Me 163	Ba 349
Konstrukteur / Hersteller	Ernst Heinkel	Wilhelm Messerschmitt	Erich Bachem
Name	X	Komet	Natter
Erstflug	20.06.1939	08.08.1941	01.03.1945
Testpilot	Erich Warsitz	Heinrich Dittmar	Lothar Sieber (†)
Produktionszeit	1939	1941– 1945	1944–1945
Exemplare	1	ca. 350	ca. 30
Länge	5,20 m	7,00 m	6,10 m
Spannweite	5,00 m	9,50 m	3,60 m
Flügelfläche	5,40 m^2	20 m^2	3,6 m^2
Tragflächen- anordnung	Mitteldecker		
Höhe	1,45 m	2,75 m	2,25 m
Leermasse	900 kg	2200 kg	800 kg
max. Startmasse	1620 kg	5100 kg	2200 kg
Triebwerks- hersteller	Hellmuth Walter Kiel (HWK)	Hellmuth Walter Kiel (HWK)	HWK + Wilhelm Schmidding (SG)
Triebwerkstyp	R 1–203	HWK 109–509	HWK 109–509 + 4 x Booster SG 109-533
Brennstoff	Wasserstoffperoxid	Methanol + Hydrazinhydrat	
Oxidator	Kalium- permanganat	Hydroxychinolin + Wasserstoffperoxid	
Schubleistung	5 kN	16 kN	19 + 4 × 12 = 64 kN
Höchstgeschwindig- keit	750 km/h	1000 km/h	ca. 800 km/h
max. Flughöhe	9000 m	16.000 m	14.000 m
Bewaffnung	keine	2 Machinen- kanonen MK 108	24 Luft-Luft- Raketen R4M

1. Die Frontpartie mit dem Cockpit wurde aufgrund des Rohstoffmangels aus Sperrholz gefertigt und sollte nur einmal verwendet werden, d. h. die Piloten sollten nach dem Einsatz mit dem Fallschirm abspringen. Der Pilotensitz erlaubte die sogenannte Embryonalstellung, d. h. der Pilot liegt beim Start auf dem Rücken und hat die Beine angewinkelt und damit hochgelagert. Das sollte eine Ohnmacht durch Unterversorgung des Gehirns (Blackout) während der extremen Beschleunigung beim Start vermeiden. Diese Stellung wurde später auch in den bemannten Raumkapseln angewendet.

2. Die Heckpartie mit dem Raketentriebwerk sollte nach dem Einsatz ebenfalls mit einem Fallschirm landen und wiederverwendet werden. Bei dem Triebwerk handelte es sich um dasselbe, welches auch schon im Raketenjäger Me 163 zum Einsatz gekommen war, das HWK 509–109 von

Hellmuth Walter in Kiel. Obwohl die Schubleistung von 16 auf 19 kN gesteigert worden war, reichte sie für einen Senkrechtstart nicht aus.

3. Daher wurden seitlich noch 4 Feststoff-Starthilferaketen (Booster) vom Typ Schmidding SG 109–533 angebracht. Sie lieferten für wenige Sekunden nochmals jeweils 12 kN Schub. Insgesamt standen somit zusätzlich 48 kN Schubleistung zur Verfügung. Die Booster sollten nach dem Brennschluss (Burn-Out) abgeworfen werden. Auch dieses Konzept wurde später bei vielen Weltraumträgersystemen angewendet.

Es wurden rund 30 Exemplare gebaut. Als Bewaffnung waren 24 Luft-Luft-Raketen vom Typ R4M Orkan vorgesehen. Dafür war in der Flugzeug-nase eine sogenannte Bienenwabe eingebaut. Dabei handelte es sich um 24 Rohre für die Aufnahme der Raketen. Die Natter sollte dank der bis dahin unerreichten Gesamtschubleistung von 67 kN innerhalb von nur zwei bis drei Minuten in die Tropopause vorstoßen, die Grenzschicht zwischen Troposphäre und Stratosphäre in 10 bis 15 km Höhe. In einem Cockpit aus Sperrholz kam dies einem Himmelfahrtskommando gleich. Am 1. März 1945 startete Testpilot Lothar Sieber (1922–1945) erstmals senkrecht vom Truppenübungsplatz Heuberg bei Stetten am kalten Markt im Landkreis Sigmaringen (Abb. 1.7).

Abb. 1.7 Erster bemannter Senkrechtstart mit Raketenantrieb in der Ba 349 Natter. Das Foto zeigt ganz rechts Konstrukteur Erich Bachem beim Vorbereitungsgespräch (Briefing) mit dem Testpiloten Lothar Sieber. Im Hintergrund ist das Raketen-flugzeug Bachem Ba 349 Natter senkrecht am Startturm aufgehängt. Der weltweit erste bemannte Senkrechtstart mit Raketenantrieb kostete Sieber am 01.03.1945 das Leben. (© DPA, picture alliance/Mary Evans Picture Library)

Einer der Booster war jedoch verklemmt und ließ sich nach dem Start nicht abtrennen, wodurch die Natter ins Trudeln geriet und abstürzte. Da auch der Ausstiegsmechanismus nicht richtig funktionierte, kam Sieber dabei ums Leben. Das nahende Kriegsende ließ die Behebung der Konstruktionsmängel sowie weitere Testflüge nicht mehr zu.[146]

Das kurz vor dem Ausbruch des Zweiten Weltkrieges gebaute Experimentalflugzeug He 176 war das erste Raketenflugzeug der Welt. Die Me 163 war das erste in Serie gebaute Raketenflugzeug der Welt. Es wurde als Abfangjäger gegen die alliierten Bomberflotten eingesetzt. Die Ba 349 war das erste senkrecht startende und landende (VTOL) Raketenflugzeug der Welt. Es gab kurz vor Kriegsende nur einen bemannten Senkrechtstart, bei dem der Testpilot ums Leben kam. [147]

1.4   Bumper versus R-2: Die Weiterentwicklung der V2 zur Weltraumrakete

Der vierte Abschnitt widmet sich der Weiterentwicklung des Aggregat Vier (A4) bzw. der Vergeltungswaffe Zwei (V2) zur Weltraumrakete. Am Beginn dieser Entwicklung stand der Wettlauf der beiden Hauptsiegermächte USA und Sowjetunion um die deutsche Raketentechnologie. Hierbei hatten die USA zwei entscheidende Startvorteile:

Erstens wurden die führenden deutschen Raketeningenieure kurz vor Kriegsende nach Südbayern evakuiert, so dass sie in die Hände der Amerikaner fielen (Operation Paperclip). Zweitens rückte die US-Armee bis nach Thüringen vor, wo sie auf die unterirdischen Produktionsanlagen der V2 stießen und die Hardware nach Amerika verschifften, bevor sie das Gebiet vereinbarungsgemäß an die sowjetische Besatzungszone abtreten mussten. Im Rahmen des Projekts Hermes wurde das A4 unter der Leitung Wernher von Brauns bis 1946 zur ersten Weltraumrakete (über 100 km Flughöhe) weiterentwickelt. In Kombination mit der von Frank Malina entwickelten WAC Corporal entstand die erste zweistufige Weltraumrakete Bumper, die 1949 über 400 km erreichte. Parallel dazu wurde in der Sowjetunion unter Helmut Gröttrup und Walentin Gluschko das A4 zur R2, der ersten taktischen Rakete der Sowjetunion, weiterentwickelt. Die NATO gab ihr den Codenamen SS-1.

---

[146] Ebd., S. 85.

[147] Kopenhagen, Wilfried u. a. 1982. *Das große Flugzeugtypenbuch*, S. 576 f. (He 176 u. Me 163). Schwarz, Karl. 2020. Bemannte Rakete: Ba 349 Natter. In: *Flug Revue*, 65. Jg., Nr. 3 (März), S. 84.

Die erste ausländische Macht, die sich für die deutsche V2 interessierte, war naturgemäß Großbritannien, gegen das sich diese Waffe ja auch primär gerichtet hatte.

Mitte Juni 1943 hatte sich ein A4 bei einem Testflug verflogen: Anstatt Richtung Osten parallel zur pommerschen Küste zu fliegen, war die Großrakete nach Norden abgebogen, überquerte die Ostsee und schlug im neutralen Schweden ein Die Trümmer wurden nach Großbritannien ausgeflogen, wo die dort gewonnenen Erkenntnisse einen Monat später zu dem bereits erwähnten Luftangriff auf Peenemünde führten. Ende 1943 wurde dann die Operation Crossbow (dt. Armbrust) ins Leben gerufen, um den genauen Stand der geheimen deutschen Raketenentwicklung zu analysieren und entsprechende Anlagen in Deutschland zu zerstören.[148]

Ende April 1944 kam ein vom SS-Truppenübungsplatz Heidelager bei Blizna im besetzten Polen gestartetes A4 bei den sumpfigen Ufern des Flusses Bug nieder. Polnische Partisanen entdeckten es zuerst und rollten es in den Fluss. Dann warteten sie, bis die Deutschen die Suche aufgegeben hatten, bargen und zerlegten das nur wenig beschädigte Exemplar. Über viele Umwege kamen die Teile schließlich nach Großbritannien, wo erstmals genauere technische Analysen durchgeführt werden konnten.[149]

Allerdings dauerte es lange, bis die Briten in Erfahrung bringen konnten, wo sich die geheimen unterirdischen Produktionsanlagen befanden. Erst Anfang April 1945 startete die Royal Air Force (RAF) ihre Luftangriffe auf das Mittelwerk bei Nordhausen, bei dem fast alle überirdischen Anlagen zerstört wurden. Überstürzt wurden rund 500 führende Spezialisten von der SS mit dem Zug („*Vergeltungs-Express*") nach Oberammergau bei Garmisch-Partenkirchen evakuiert. Die sogenannte „Alpenfestung" sollte das letzte Rückzugsgebiet der Nazis sein. Für den Fall, dass auch diese erobert werden sollte, hatten die Bewacher den Befehl, sie notfalls zu erschießen, da sie keinesfalls in feindliche Hände fallen durften. Aus den umgarnten und verhätschelten Experten waren plötzlich Geiseln der SS geworden. Vor der Evakuierung ließ Braun das technische Dokumentationsarchiv von Peenemünde in einem stillgelegten Bergwerksstollen nahe des Dorfes Dörnten bei Goslar am Nordwestrand des Harzes verstecken. Insgesamt 14 t Papier

---

[148] Kanetzki, Manfred. 2014. *Operation Crossbow. Bomben auf Peenemünde*, S. 64–77.

[149] Büdeler, Werner. 1982. *Geschichte der Raumfahrt*, S. 292. Gemeint ist der Nördliche Bug, der an der genannten Absturzstelle heute die Grenze zwischen Polen und der Ukraine markiert, während der Südliche Bug ins Schwarze Meer fließt.

sollten als Faustpfand gegenüber den Westalliierten fungieren und dem German Rocket Team den Weg in die USA ebnen.[150]

Nach einigen abenteuerlichen Versteckspielen stellten sich Dornberger, Braun und ihre engsten Mitarbeiter schließlich Mitte April den Amerikanern.[151]

In der Zwischenzeit waren diese bis nach Thüringen vorgestoßen und hatten das Mittelwerk entdeckt. Laut Murray Barber kam es den Amerikanern vor wie das märchenhafte Schatzversteck des Ali Baba: Ein „Sesam öffne dich" für Wunderwerke der Technik. Neben V1 und V2 in allen Fertigungsstufen fanden sich auch Flugabwehrraketen (FlaRak) vom Typ Taifun und Wasserfall sowie verschiedene Strahltriebwerke.[152]

Da sie sich jedoch bereits jenseits der mit der Sowjetführung in Jalta ausgehandelten Demarkationslinie befanden, war höchste Eile geboten:

Ein Spezialkommando unter Oberst (Col.) Holger N. Toftoy (1902–1967) brachte innerhalb von zwei Wochen das logistische Kunststück fertig, im Chaos des zusammengebrochenen Großdeutschen Reiches sämtliches vorgefundene Material – darunter rund 100 V2 in verschiedenen Fertigungsstufen sowie die gesamte technische Dokumentation – in Zügen mit insgesamt 340 Güterwaggons nach Antwerpen zu transportieren, von wo aus sie dann mit 16 Freiheits-Frachtern (Liberty Ships) nach New Orleans gebracht wurden. Von dort aus erfolgte der Weitertransport wiederum mit der Eisenbahn zum großen Versuchsgelände der U.S. Army in der Wüste von New Mexico, das wegen des weißen Sandes White Sands Proving Ground (WSPG) genannt wurde. Die WSPG war während des Zweiten Weltkrieges als Testgelände für die Atombombe errichtet worden. Im nördlichen Teil hatte Mitte Juli 1945 an der heute als Trinity Site bekannten Stelle der Urknall des Atomzeitalters stattgefunden.[153] Das Gelände liegt übrigens nur 100 km südwestlich von Roswell, wo Prof. Robert Goddard die ersten amerikanischen Flüssigraketen starten ließ

Da den Beteiligten klar war, dass mit der erbeuteten Hardware ohne die dazugehörige Software wenig anzufangen war, wurde auch die Suche nach

---

[150] Reinke, Niklas. 2004. *Geschichte der deutschen Raumfahrtpolitik*, S. 37. Barber, Murray. 2020. *Die V2*, S. 274.

[151] Wärter, Alexandra. 1997. *Wernher von Braun*, S. 72–79.

[152] Barber, Murray. 2020. *Die V2*, S. 276.

[153] Ebd. Col. = Colonel = Oberst. Die Liberty Ships waren eine tausendfache Serie von einfachen nund billigen Hochseefrachtern, welche die Verluste durch die deutschen U-Boote wettmachen sollten. Das WSPG wurde 1958 in White Sands Missile Range (WSMR) umbenannt. Trinity (dt. Dreifaltigkeit) war der Codename für den ersten Atombombentest im Rahmen des Manhattan-Projekts.

den deutschen Raketenspezialisten im Alpenraum forciert. Schließlich konnten fast alle 500 aus dem „V-Express" in einem Kriegsgefangenenlager bei Garmisch-Partenkirchen zusammengefasst werden. Nach eingehenden Befragungen über Ausbildung und Verwendung wurden von allen Inhaftierten Personalakten angelegt. Toftoy bekam den Auftrag, zunächst rund 100 der wichtigsten Wissenschaftler in einer Geheimaktion in die USA ausfliegen zu lassen. Die Akten der infrage kommenden Personen wurden durch Büroklammern entsprechend gekennzeichnet. Dadurch erhielt das Unternehmen, welches im zweiten Halbjahr 1945 durchgeführt wurde, den Decknamen Operation Paperclip.[154]

In den folgenden Jahren wurden weitere deutsche Raketeningenieure und Raumfahrtwissenschaftler angeworben, so dass Mitte der 1950er Jahre insgesamt 765 deutsche Experten in amerikanischen Diensten standen.[155] Es handelte sich dabei zumeist um Männer in den Dreißigern und Vierzigern mit hervorragender Ausbildung und einmaliger Berufserfahrung. Die gemeinsamen Jahre während des Krieges im von der Außenwelt hermetisch abgeschlossenen Peenemünde hatten eine eingeschworene Gemeinschaft mit bedingungslosem gegenseitigen Vertrauen entstehen lassen, deren unbestrittener Leitwolf Wernher von Braun war. Er galt daher in den USA schon bald als *wichtigster Gefangener des Zweiten Weltkrieges*.[156] Die neue Supermacht USA mit ihren nahezu unbegrenzten Möglichkeiten und Ressourcen übte schließlich auch eine große Sogwirkung aus. Das zerbombte und besetzte Nachkriegsdeutschland bot den aufstrebenden Talenten dagegen keinerlei Möglichkeit zur weiteren Entfaltung. Nicht nur, dass die notwendige finanzielle und industrielle Basis fehlte, die alliierte Hoheitskontrolle hatte zudem auch jegliche militärisch nutzbaren Forschungs- und Wirtschaftsbereiche verboten. Das rund die Hälfte des sogenannten German Rocket Team Parteimitglieder der NSDAP gewesen waren und einige von Ihnen auch SS-Offiziere, spielte keine große Rolle. Die nationale Sicherheit der USA hatte Vorrang und man wollte keinesfalls, dass sie der Sowjetunion in die Hände fallen. Die führenden Köpfe waren neben Wernher von Braun auch sein jüngerer Bruder Magnus

---

[154]Kurowski, Franz. 1982. *Alliierte Jagd auf deutsche Wissenschaftler,* S. 57 f. Der bei Wärter genannte Codename Overcast (dt. Bewölkung) war ursprünglich vorgesehen, ist dann jedoch in Paperclip umbenannt worden. Vgl. hierzu Wärter, Alexandra. 1997. *Wernher von Braun,* S. 84 bzw. Büdeler, Werner. 1982. *Geschichte der Raumfahrt,* S. 294.

[155]Greschner, G. 1987. Zur Geschichte der deutschen Raumfahrtpolitik. In: *Weltraum und internationale Politik.* Hrsg. K. Kaiser u. a., S. 268.

[156]Reinfooe, Niklas. 2004. *Geschichte der deutschen Raumfahrtpolitik,* S. 37.

(1919–2003), der die Fertigung der Lageregelungskreisel (Gyroskope) geleitet hatte, Kurt Debus (1908–1983), der die Versuchsstarts in Peenemünde geleitet hatte, Arthur Rudolph (1906–1996), technischer Direktor des V2-Fertigungswerkes, Konrad Dannenberg (1912–2009), der Nachfolger von Walter Thiel als Leiter der Raketentriebwerksentwicklung, Eberhard Rees (1908–1998), Betriebsdirektor des Entwicklungswerkes in Peenemünde und später Nachfolger Wernher von Brauns als Direktor des Marshall Space Flight Center (MSFC) der NASA, Ernst Stuhlinger (1913–2008), der später das Raumforschungslabor des MSFC leitete und eine Biographie über Wernher von Braun schrieb, sowie Dieter Huzel (1912–1994), Brauns Assistent und Verfasser eines Augenzeugenberichts.[157] Den deutschen Raketenwissenschaftlern wurden zunächst auf 3 Jahre befristete Verträge angeboten. In dieser Zeit sollten sie als Zivilangestellte der U.S. Army in der GroßkaserneFort Bliss in El Paso, Texas ihr gesamtes Wissen und Können den Amerikanern vermitteln und bei der Auswertung der technischen Dokumentation und den Vorbereitungen zu Testflügen der erbeuteten Raketen helfen. Fort Bliss lag rund 65 km östlich von White Sands. Die Gegend im nördlichen Teil der Chihuahua-Wüste bot ideale klimatische Rahmenbedingungen: Kein Regen und kein Frost. Das ganze Jahr über wolkenloser Himmel. Darüber hinaus war die Region äußerst dünn besiedelt, d. h. man konnte ohne Gefährdung von Zivilpersonen und auch unbeobachtet von der Öffentlichkeit geheime Raketenversuche durchführen. Die Infrastruktur war zunächst allerdings sehr spärlich. Man hauste in primitiven Wellblechbaracken. Kein Vergleich zu der modernen Musterstadt in Peenemünde. Auch die Lagerungs-, Montage- und Starteinrichtungen für die Raketen mussten erst errichtet werden. Viele Bauteile mussten zunächst unter freiem Himmel gelagert werden.[158]

Bereits im Juni 1945 hatten die Amerikaner das kurz zuvor eroberte Thüringen wieder räumen müssen, weil es in der Sowjetischen Besatzungszone lag. Kurz nach dem Einmarsch der Roten Armee entdeckte Oberstleutnant Wladimir Schabinskij bei Bleicherode – 15 km südwestlich von Nordhausen – ein unterirdisches, bis an die Decke gefülltes Ersatzteillager, welches Toftoys Leute offensichtlich übersehen hatten. Kurz darauf begann nun in der Sowjetzone eine hektische Suche nach den übrig gebliebenen Mitarbeitern des Mittelwerks, um die von den führenden

---

[157] Stuhlinger, Ernst u. a. 1992. *Wernher von Braun. Aufbruch in den Weltraum*. Huzel, Dieter. 1994. *Von Peenemünde nach Canaveral. Ein Augenzeugenbericht.*

[158] Barber, Murray. 2020. *Die V2*, S. 303.

Technikern in den Westen mitgenommenen Konstruktionspläne zu rekonstruieren. Neben einer großen Anzahl von Arbeitern und Technikern aus dem Produktionsbereich gingen den Sowjets auch eine Handvoll führender Spezialisten ins Netz. Darunter befand sich auch Helmut Gröttrup (1916–1981), der bei der Entwicklung des A4 in Peenemünde für die Steuerung und Elektronik zuständig gewesen war.[159]

Im Juli 1945 gründete die Rote Armee in Bleicherode schließlich ein Institut für Raketenbau und Entwicklung (RABE). Das Ziel war die Wiederaufnahme der A4-Produktion und parallel dazu die Einarbeitung der führenden sowjetischen Raketenexperten in die deutsche Technik. Parallel zur amerikanischen Operation Paperclip reisten nun im zweiten Halbjahr 1945 fast 300 sowjetische Fachleute nach Deutschland, um sich vor Ort über den Entwicklungsstand zu informieren.[160]

Die ersten Nachkriegsversuche mit dem A4 wurden jedoch von den Briten unternommen. Sie waren bei ihrem Vormarsch durch die Niederlande in Westfriesland auf fluchtartig verlassene Abschussstellungen mit startbereiten V2-Raketen gestoßen.[161]

Drei dieser Raketen wurden im Oktober 1945 im Rahmen der Operation Backfire (dt. Gegenschlag) von Altenwalde bei Cuxhaven an der Elbmündung aus auf einen 240 km entfernten imaginären Zielpunkt in der Nordsee verschossen. Die erste Rakete verfehlte ihr Ziel nur um 1,5 km. Beim dritten Start waren dann führende Raketenexperten aus Ost und West anwesend, darunter aus den USA der JPL-Direktor Kármán und aus der Sowjetunion der führende Triebwerksspezialist Gluschko.[162]

Zur selben Zeit startete auch die erste amerikanische Fernrakete in eine Höhe von 70 km. Während des Krieges hatte ein Team des Jet Propulsion Laboratory (JPL) des California Institute of Technology (Caltech) unter der Führung von Frank J. Malina (1912–1981) in Pasadena bei Los Angeles für die U.S. Army die ballistische Flüssigkeitsrakete WAC Corporal entwickelt. Sie war knapp 5 m lang, hatte ein Leergewicht von 300 kg und wurde mit Salpetersäure und Anilin angetrieben.[163] Das Gelände des Arroyo Seco bei Pasadena war jedoch für Startversuche mit größeren Raketen ungeeignet.

---

[159] Hoose, Hubertus u. a. 1988. *Sowjetische Raumfahrt*, S. 14 f.

[160] Zimmer, Harro. 1996. *Der rote Orbit*, S. 27 f.

[161] Büdeler, Werner. 1982. *Geschichte der Raumfahrt*, S. 292.

[162] Ebd., S. 293.

[163] Die Abkürzung WAC steht für das Women's Army Corps, das 1943 gegründete Armeekorps für Frauen. Malina wollte damit den ersten weiblichen Armeeangehörigen ein Denkmal setzen. Corporal ist ein militärischer Dienstgrad, der in Deutschland dem Unteroffizier und in Österreich bzw. der Schweiz dem Korporal entspricht.

In der zweiten Hälfte des Jahres 1945 begann das Hermes-Projekt. Ziel dieses Programmes war die Aus- und Verwertung der deutschen Raketentechnologie, insbesondere der Weltraumrakete A4 und der Flugabwehrrakete (FlaRak, engl. Surface-to-Air Missile, SAM) Wasserfall, die von den Amerikanern Waterfall genannt wurde (Abb. 1.8).

Braun und seine Leute bauten im ersten Halbjahr 1946 aus dem erbeuteten Material in Fort Blissinsgesamt 75 A4 zusammen. Parallel dazu begann auch schon die praktische Flugerprobung: Im März fanden erste statische Brennversuche statt und am 10. Mai 1946 erfolgte schließlich der erste erfolgreiche Start von White Sands, bei dem die Rakete auf 114 km Höhe stieg. Es war das erste Mal, dass eine von amerikanischem Boden gestartete Rakete die Grenze zum Weltraum – die sogenannte Karman-Linie in 100 km Höhe – überflog. In weiterer Folge wurden in die Raketenspitze anstatt eines Sprengkopfes verschiedene Messinstrumente zur Erforschung der Hochatmosphäre

Abb. 1.8 Start einer modifizierten Wasserfall bzw. Waterfall 1946 in White Sands, New Mexico. Sie war ursprünglich von der deutschen Luftwaffe als schwere Flugabwehrrakete (FlaRak/SAM) gegen die alliierten Bomberflotten entwickelt worden. (© NASA)

eingebaut, die nach dem Wiedereintritt in die Erdatmosphäre abgekoppelt und an Fallschirmen weich landeten. Am 24. Oktober wurde ein A4 mit einer von der Johns Hopkins Universität in Baltimore entwickelten Spezialkamera gestartet. In 105 km Höhe entstanden die Ersten Bilder der Erde aus dem Weltraum. Ihre Veröffentlichung in der naturwissenschaftlichen Zeitschrift *National Geographic* war eine Sensation. Die Erdkrümmung war deutlich zu erkennen; ebenso, wie eine nur dünne Erdatmosphäre den irdischen Lebensraum vom lebensfeindlichen, pechschwarzen Weltraum abgrenzte. Bis zu diesem Zeitpunkt kannte man nur Luftbilder aus Gasballons in knapp über 20 km Höhe. Im Dezember wurde schließlich mit knapp 190 km ein neuer Höhenrekord aufgestellt.

Am 6. September 1947 wurde ein A4 erfolgreich vom Flugzeugträger USS Midway (CV-41) aus gestartet. Es war das erste Mal, dass eine Weltraumrakete auf Hoher See gestartet wurde. Kurz nach dem Start wurde die Flugbahn instabil und die Rakete drohte auf das Schiff zu stürzen. Per Funkbefehl wurde sie gesprengt. Danach entschied die Marine, aus Sicherheitsgründen künftig nur noch Feststoffraketen von ihren Schiffen startet zu lassen.

1947 begannen erste Versuche mit Tieren und Pflanzen in der Raketenspitze. Die ersten irdischen Lebewesen im All waren Fruchtfliegen, die am 20. Februar 1947 eine Scheitelhöhe von 110 km erreichten. Die im zoologischen Sprachgebrauch Drosophila melanogaster genannte Art diente seit der Jahrhundertwende als Modellorganismus für Laborversuche. Am 11. Juni 1948 startete der erste Primat mit einer Rakete. Rhesusaffe Albert erreichte jedoch nur knapp über 60 km Höhe und kam bei der Landung ums Leben, weil sich der Fallschirm nicht öffnete. Am 14. Juni 1949 erreichte Rhesusaffe Albert II eine Scheitelhöhe von rund 130 km und war damit der erste Primat im Weltraum. Allerdings starb auch er bei der Landung. Albert III war ein Makake. Er starb im September 1949 bei einer Explosion 4 sec nach dem Start. Albert IV war wieder ein Rhesusaffe. Sein Flug verlief bis zur Landung problemlos, allerdings wurde seine Kapsel erst sehr spät gefunden. In der sengenden Wüstenhitze heizte sich die enge Kapsel so sehr auf, dass der Affe starb.[164]

In der Zwischenzeit hatten die Sowjets in Bleicherode das RABE aufgelöst. Im Oktober 1946 wurden die führenden 200 deutschen Mitarbeiter um Gröttrup und das gesamte Material in 100 Eisenbahnzügen in die Sowjetunion gebracht. Dort hatte Rüstungsminister Dimitrij F. Ustinow

---

[164] Ebd., S. 305.

(1908–1984) in Kalinin, 150 km nördlich von Moskau, ein neues Raketen-
forschungszentrum unter der Leitung Koroljows einrichten lassen. Die
Deutschen wurden – von der Außenwelt streng abgeschirmt – auf die Insel
Gorodomlja im Seligersee gebracht.[165]

Als Rüstungsminister hatte Ustinow bereits während des Zweiten
Weltkrieges entscheidenden Anteil am Sieg der Sowjetunion über das
Großdeutsche Reich, indem er die sowjetische Rüstungsproduktion hinter
den Ural und damit außerhalb der Reichweite der deutschen Luftwaffe ver-
legen ließ.

Im Sommer 1947 entstand schließlich bei Kaputsin Jar, 100 km öst-
lich von Stalingrad, ein großes Raketenversuchsgelände. Dort wurden im
Oktober und November des Jahres insgesamt elf in Bleicherode hergestellte
A4 gestartet.[166]

Nachdem nun im ersten Halbjahr 1947 die Ost-West-Spannungen durch
die Verkündung der Truman-Doktrin und die Ablehnung des Marshall-
Planes durch die Sowjetunion merklich zunahmen, erfolgte im Juli 1947
durch den National Security Act (dt. Nationales Sicherheitsgesetz) eine
grundlegende Reform des gesamten Sicherheits- und Militärwesens der
USA:

Aus dem Kriegsministerium (Department of War, DoW) wurde das
Verteidigungsministerium (Department of Defense, DoD). Neben den
traditionellen Teilstreitkräften Army und Navy wurde nun auch eine eigenständige Luftwaffe (United States Air Force, USAF) gegründet. Darüber
hinaus wurde der Geheimdienst CIA (Central Intelligence Agency) und der
den Präsidenten in allen Sicherheitsfragen beratende Nationale Sicherheits-
rat (National Security Council, NSC) gegründet. Dies war für die weitere
Raketenforschung in den USA insofern wichtig, als dass die Army – für die
Braun und seine Mitarbeiter weiterhin tätig waren – mit der Entwicklung
taktischer Kurzstreckenraketen als Ergänzung zur Artillerie beauftragt
wurde, während die Air Force mit der Entwicklung strategischer Langstreckenraketen als Ergänzung zu ihren Bomberflotten beauftragt wurde.

Diese Dezentralisierung der Raketenentwicklung sollte einer der Gründe
sein, weshalb die Sowjetunion in den 1950er-Jahren einen Entwicklungsvorsprung in der Raumfahrt erringen konnte.[167]

---

[165] Zimmer, Harro. 1996. *Der rote Orbit*, S. 32 f. Die von Zimmer irrtümlich verwendete Bezeichnung
Kaliningrad ist der Name der ehemaligen ostpreußischen Hauptstadt Königsberg. Kalinin selbst
heißt heute wieder Twer und die genannte Insel liegt 150 km westlich davon im Seliger-See in der
Waldaihöhe, wo die Wolga entspringt.

[166] Ebd., S. 35 f.

[167] Zimmer, Harro. 1997. *Das NASA-Protokoll*, S. 23 f.

In White Sands liefen indes die Testprogramme mit dem A 4 und der Corporal weiter. Schließlich kamen Braun und Malina auf die Idee, ihre beiden Raketen einfach übereinanderzusetzen und daraus die erste zweistufige Weltraumrakete zu machen. Wie bereits im vorhergehenden Abschnitt beschrieben, hatte Braun bereits gegen Ende des Zweiten Weltkrieges eine sogenannte Amerika-Rakete konzipiert, um damit die US-Metropolen an der Ostküste bombardieren zu können. Die Kombination aus den Aggregaten A9 und A 10 wäre die erste zweistufige Interkontinentalrakete der Welt geworden. Die neue Kombination aus A4 und Corporal wurde Bumper (dt. Riesending) getauft. Nachdem im Jahr 1948 vier Startversuche missglückt waren, wurde der fünfte Start am 24. Februar 1949 ein voller Erfolg:

Das A4 beschleunigte auf Mach 4, bevor die auf der Spitze montierte Corporal in 35 Kilometer Höhe abgetrennt wurde und aus eigenem Antrieb die Geschwindigkeit noch einmal verdoppelte, um schließlich in knapp 400 km Höhe vorzustoßen (Abb. 1.9).

Abb. 1.9 Start einer Bumper, der ersten zweistufigen Weltraumrakete 1949. Die erste Raketenstufe bildete ein modifiziertes deutsches Aggregat 4 (A4). Die amerikanische WAC Corporal wurde einfach auf das A4 aufgesetzt und bildete somit die zweite Raketenstufe. Der Größenunterschied zwischen A 4 und WAC Corporal macht den Entwicklungsvorsprung der deutschen Raketentechnik deutlich. (© NASA)

Damit gelangte erstmals ein Flugkörper in die Thermopause. Physikalisch gesehen handelt es sich dabei um die Grenzschicht zwischen Thermo- und Exosphäre, also die Grenze zwischen der äußersten Schicht der Erd-atmosphäre und dem freien Weltraum. Dies entspricht der Höhe, in der heute die Internationale Raumstation (ISS) unsere Erde umkreist.[168]

Am 24. Juli 1950 startete eine Bumper von der Cape Canaveral Air Force Station (CCAFS) in Florida. Es war der erste Raketenstart in den Weltraum von einem Startplatz, der sich im folgenden Jahrzehnt zum wichtigsten Raketenstartgelände der USA entwickeln sollte. Die Land-zunge zwischen der Atlantikküste und Banana River war von den spanischen Konquistadoren nach den dort vorherrschenden Schilfpflanzen Cabo Cañaveral genannt worden. Die britischen Kolonialisten machten später daraus Cape Canaveral. Der neue Standort bot gegenüber White Sands bahnmechanische Vorteile. Der nächste Schritt zur Eroberung des Welt-raumes war die Erreichung einer stabilen Umlaufbahn um die Erde. Dazu konnte die natürliche Erdrotation genutzt werden. An den Polen dreht man sich in 24 Stunden nur einmal um die eigene Achse. Am Äquator legt man dagegen in derselben Zeit unbemerkt rund 40.000 km zurück. Das ent-spricht einer Ausgangsgeschwindigkeit von ca. 1660 km/h. Wenn man nun eine Rakete in Drehrichtung der Erde nach Osten starten lässt, so kann sie dieses Drehmoment mitnehmen. Während White Sands auf rund 32° nördlicher Breite lag, so befand sich Cape Canaveral mit 28° weiter südlich Richtung Äquator. Außerdem bot der Atlantische Ozean einen gigantischen, unbesiedelten Startkorridor.

Im selben Jahr wurde das German Rocket Team rund um Wernher von Braun von Fort Bliss in Texas ins Redstone Arsenal bei Huntsville, Alabama umgesiedelt. Die U.S. Army hatte im Zweiten Weltkrieg auf dem nach dem charakteristischen roten Sandstein benannten Gelände eine Munitionsfabrik samt Waffenarsenal errichtet. Nun sollte hier das neue Forschungs- und Entwicklungszentrum der US-Armee für gesteuerte Raketen entstehen, das sogenannte Ordnance Guided Missile Center (OGMC).[169] 10 Jahre später entstand daraus das Marshall Space Flight Center (MSFC) der NASA mit Wernher von Braun als dessen erstem Direktor.

---

[168] Büdeler, Werner. 1982. *Geschichte der Raumfahrt*, S. 310. ISS = International Space Station.
[169] Barber, Murray. 2020. *Die V2*, S. 315.

In der Sowjetunion war in der Zwischenzeit die Serienproduktion der sowjetischen Version des A4 unter der Bezeichnung R-1 (=P-1) angelaufen.[170] Sie wies gegenüber der deutschen Version einige Veränderungen auf: So war sie technisch zwar einfacher, aber dafür robuster und zuverlässiger. Das A4-Triebwerk hatte das Gluschko-Team zum RD-100 (=PД – 100) weiterentwickelt.[171]

Die erste Versuchsstartserie erfolgte mit zehn R-1 im zweiten Halbjahr 1948. Dabei wurden Reichweiten bis 300 km erreicht.[172]

Am 29. August 1949 wurde die erste sowjetische Atombombe erfolgreich getestet. Wissenschaftlicher Leiter war Prof. Igor W. Kurtschatow (1903–1960), der in der Folge auch das Projekt zur Entwicklung der Wasserstoffbombe leitete. Damit stieg die Sowjetunion zur zweiten Atommacht nach den USA auf.

Im Herbst 1949 begannen dann die Versuche mit der größeren R-2 (=P-2). Sie war knapp 20 m lang und besaß eine Startmasse von 20 Tonnen. Das RD-101 (=PД-101) lieferte durch eine leistungsfähigere Treibstoffpumpe 35 t Schub und konnte die Rakete über 600 km weit tragen.[173]

Um die Reichweite nochmals zu erhöhen, wurde die R-2 mit einer abtrennbaren Spitze aus einer Aluminiumlegierung versehen, in der die Sprengladung nach Brennschluss alleine weiterfliegen konnte. Durch diese Verbesserung des Massenverhältnisses konnte schließlich eine Reichweite von 800 km erreicht werden.

In den folgenden zwölf Monaten wurde die R-2 zur ersten taktischen Trägerrakete der Roten Armee weiterentwickelt. Die NATO gab dieser Rakete den Codenamen SS-1 (Tab. 1.3).[174]

---

[170] Das kyrillische R sieht aus wie ein lateinisches P und ist die Abkürzung für Ракета (= *Raketa*). Dementsprechend lauten die offiziellen Bezeichnungen der sowjetischen Raketenbaureihe P-1, P-2 usw.

[171] Die Abkürzung RD steht für *Raketnilji Dwigatel* = Raketentriebwerk. Kyrill.: Ракетный Двигатель (PД).

[172] Zimmer, Harro. 1996. *Der rote Orbit*, S. 36.

[173] Vgl. dazu die technischen Daten des A4 bzw. der P-1: 14 m lang, 14 t schwer und 300 km Reichweite.

[174] Die Abkürzung NATO steht für North Atlantic Treaty Organization, das im April 1949 gegründete Nordatlantische Verteidigungsbündnis. Das Kürzel SS steht für Surface to Surface und bezeichnet landgestützte strategische Atomraketen der Sowjetunion, die in einer ballistischen Flugbahn von Boden zu Boden fliegen.

Tab. 1.3 Entwicklung des Raketenantriebes und der Raumfahrt in der 1. Hälfte des 20. Jahrhunderts. DR = Deutsches Reich, USA = United States of America

Jahr	Monat	Bezeichnung	Land	Beschreibung
1926	März	keine	USA	1. Flüssigkeitsangetriebene Rakete in Auburn, Massachusetts, Robert Goddard
1928	April	Opel-Sander Rak 1	DR	1. Raketenauto in Rüsselsheim, Fritz v. Opel („Raketen-Fritz") mit Sander-Pulverraketen
	Juni	Lippisch Ente „Raketen-Ente"	DR	1. bemannter Raketenflug, Wasserkuppe (Röhn), Fritz Stamer (Katapultstart) mit Sander-Raketen
1929	Febr.	Rak Bob 1	DR	1. bemannte Raketenschlittenfahrt auf dem Eibsee bei Garmisch-Partenkirchen, Max Valier
	Juli	keine	USA	1. Nutzlastrakete (Kamera, Baro- & Thermometer) in Auburn, Massachusetts, Robert Goddard
	Sept.	Opel-Harty-Sander RAK.1	DR	1. bemannter Raketenflug in Frankfurt, Pilot Fritz v. Opel („Raketen-Fritz") inkl. Raketenstart
1935	März	keine	USA	1. Schallmauerdurchbruch mit Rakete in Roswell, New Mexico, Robert Goddard
1939	Juni	Heinkel He 176	DR	1. Raketenflugzeug mit Flüssigkeitsantrieb in Peenemünde, Pilot Erich Warsitz, Walter-Triebw
1941	Okt.	Me 163 „Komet"	DR	Geschwindigkeitsrekord mit über 1000 km/h, Pilot Heini Dittmar, 1. Serien-Raketenflugzeug
1942	Okt.	Aggregat Vier (A4)	DR	1. Großrakete in die Ionosphäre (85 km Höhe), Peenemünde, Wernher v. Braun
1944	Juni	A4 MW Nr. 18.014	DR	1. Weltraumrakete (über 100 km Höhe), 175 km Höhenrekord, Peenemünde, Wernher v. Braun

(Fortsetzung)

Tab. 1.3 (Fortsetzung)

Jahr	Monat	Bezeichnung	Land	Beschreibung
1945	Febr.	A4 MW Nr. 21.400	DR	Flugweitenrekord über 400 km, Peenemünde, Werner v. Braun
	März	Bachem Ba 349 „Natter"	DR	1. bemannter Senkrechtstart mit Raketenantrieb, Sigmaringen, Pilot Lothar Sieber (†)
1946	Okt.	Hermes A4	USA	1. Fotografie aus dem Weltraum, White Sands, New Mexico, Wernher v. Braun
1947	Okt.	Bell X-1	USA	1. bemannter Überschallflug (Mach 1) mit Raketenflugzeug, Mojave, Calif., Chuck Yeager
1949	Febr.	Bumper	USA	1. Mehrstufenrakete (A4 + WAC Corporal) in die Exosphäre (400 km Höhe), White Sands, NM
	Juni	Hermes A4	USA	1. Primat im Weltraum (113 km Höhe), Rhesusaffe Albert II. (†), White Sands, NM

Literatur

Barber, Murray R. 2021. Die V2. Entwicklung – Technik – Einsatz. Stuttgart: Motorbuch.

Büttner, Stefan; Kaule, Martin. 2020. Geheimprojekte der Luftwaffe 1935-1945. Stuttgart: Motorbuch.

Büdeler, Werner. 1982. *Geschichte der Raumfahrt*. Würzburg: Stürtz, 2. Aufl.

Büdeler, Werner. 1992. *Raumfahrt*. (= Naturwissenschaft und Technik. Vergangenheit – Gegenwart – Zukunft). Weinheim: Zweiburgen.

Churchill, Winston. 2003. *Der Zweite Weltkrieg*. Frankfurt a. M.: Fischer.

Cieslik, Jürgen. 1970. *So kam der Mensch ins Weltall. Dokumentation zur Weltraumfahrt*. Hannover: Fackelträger.

Eisfeld, Rainer. 1996. *Mondsüchtig. Wernher von Braun und die Geburt der Raumfahrt aus dem Geist der Barbarei*. Reinbek bei Hamburg: Rowohlt.

Hallmann, Willi. 2011. Historischer Überblick. In: *Handbuch der Raumfahrttechnik*. Hrsg. W. Ley, K. Wittmann, W. Hallmann. München: Hanser, 4. Aufl., S. 32–42.

Häring, Beatrice. 2015. Raketen, Rost & Restaurierung. Die ehemalige Heeresversuchsanstalt Peenemünde. In: *Monumente. Magazin für Denkmalkultur in Deutschland*. Nr. 4 (August). Bonn: Deutsche Stiftung für Denkmalschutz.

Hensel, André T. 2022. 90 Jahre Rotary Club Villach: Der „südlichste deutsche Grenzklub" in den 1930er Jahren. In: *CarinthiaI. Zeitschrift für geschichtliche Landeskunde von Kärnten.* Hrsg. Geschichtsverein für Kärnten, Schriftleitung Wilhelm Wadl.212. Jg. 2022, S. 567 f.

Herrmann, Dieter B. 1986. *Eroberer des Himmels. Meilensteine der Raumfahrt.* Leipzig, Jena, Berlin (Ost): Urania.

Hofstätter, Rudolf. 1989. *Sowjet-Raumfahrt.* Basel, Berlin: Birkhäuser, Springer.

Hohmann, Walter. 1925. *Die Erreichbarkeit der Himmelskörper. Untersuchungen über das Raumfahrtproblem.* München: Oldenbourg.

Hoose, Hubertus M.; Burczik, Klaus. 1988. *Sowjetische Raumfahrt. Militärische und Kommerzielle Weltraumsysteme der UdSSR.* Frankfurt a. M.: Umschau.

Huzel, Dieter K. 1994. Von Peenemünde nach Canaveral. Ein Augenzeugenbericht. Berlin: Vision.

Jeschke, Wolfgang. 1995. The War of the Worlds. In: *Kindlers Neues Literaturlexikon. Hauptwerke der englischen Literatur.* Bd. 2: Das 20. Jahrhundert. München: Kindler, S. 212.

Kanetzki, Manfred. 2014. *Operation Crossbow. Bomben auf Peenemünde.* Hrsg. vom Historisch-Technischen Museum Peenemünde. Berlin: Links Verlag.

Kaiser, Karl; Welck, Stephan Frhr. von (Hrsg.). 1987. Weltraum und internationale Politik. (=Schriften des Forschungsinstituts der Deutschen Gesellschaft für Auswärtige Politik [DGAP], Bd. 54). München: Oldenbourg

Keegan, John. 2004. Der Zweite Weltkrieg. Reinbek bei Hamburg: Rowohlt

Kopenhagen, Wilfried; Neustädt, Rolf. 1982. Das große Flugzeugtypenbuch. Berlin (Ost): Transpress, 2. Aufl.

Kutter, Reinhard. 1983. Flugzeug-Aerodynamik. Stuttgart: Motorbuch.

Kurowski, Franz. 1980. *Raketen und Satelliten. Augen, Ohren, Stimmen im All.* (=Triumphe der Technik). Düsseldorf: Hoch.

Kurowski, Franz. 1982. *Alliierte Jagd auf deutsche Wissenschaftler. Das Unternehmen Paperclip.* München: Langen-Müller.

Lassmann, Jens; Obersteiner, Michael H.: Trägersysteme – Gesamtsysteme. In: *Handbuch der Raumfahrttechnik.* Hrsg. W. Ley, K. Wittmann, W. Hallmann. München: Hanser. 4. Aufl., S. 132–149.

Ley, Wilfried; Wittmann, Klaus; Hallmann, Willi (Hrsg.). 2011. *Handbuch der Raumfahrttechnik.* München: Hanser, 4. Aufl.

Ley, Willy. 1926. *Die Fahrt ins Weltall.* Leipzig: Hachmeister & Thal.

Lorenzen, Dirk H. 2021. Der neue Wettlauf ins All. Die Zukunft der Raumfahrt. Stuttgart: Franckh-Kosmos.

Mackowiak, Bernhard; Schughart, Anna. 2018. *Raumfahrt. Der Mensch im All.* Köln: Edition Fackelträger, Naumann & Göbel.

Messerschmid, Ernst; Fasoulas, Stefanos. 2017. *Raumfahrtsysteme. Eine Einführung mit Übungen und Lösungen.* Berlin: Springer Vieweg, 5. Aufl.

Metzler, Rudolf. 1985. *Der große Augenblick in der Weltraumfahrt.* Bindlach: Loewe, 2. Aufl.

Montenbruck, Oliver. 2011. Bahnmechanik. In: *Handbuch der Raumfahrttechnik.* Hrsg. W. Ley, K. Wittmann, W. Hallmann. München: Hanser. 4. Aufl., S. 74–101.

Mühldorfer-Vogt, Christian. 2014. Zwangsarbeit in den Peenemünder Versuchsanstalten 1936–1945. In: *Raketen und Zwangsarbeit in Peenemünde. Die Verantwortung der Erinnerung.* Hrsg. G. Jikeli, F. Werner. Schwerin: Friedrich-Ebert-Stiftung, S. 82–101.

Oberth, Hermann. 1923. *Die Rakete zu den Planetenräumen.* München: Oldenbourg.

Oberth, Hermann. 1923. Die Rakete zu den Planetenräumen. München: Oldenbourg. Nachdruck 2013. Berlin: De Gruyter.

Osterhage, Wolfgang W. 2021. Die Geschichte der Raumfahrt. Berlin, Heidelberg: Springer.

Piekalkiewicz, Janusz. 1985. Der Zweite Weltkrieg. Düsseldorf, Econ. Lizenzausgabe 1992. Augsburg: Weltbild

Piekalkiewicz, Janusz. 1988. Der Erste Weltkrieg. Düsseldorf, Econ. Lizenzausgabe 1993. Augsburg: Weltbild.

Reinke, Niklas. 2004. Geschichte der deutschen Raumfahrtpolitik. Konzepte, Einflußfaktoren und Interdependenzen. München: Oldenbourg.

Reinhold, Lars. 2022. Messerschmitt Me 163: Komet ohne Strahlkraft. In: Take-Off. Ein Sonderheft von Flug Revue, Nr. 1/2022, S.36 f.

Rönnefahrt, Helmuth K. G. (Begr.); Euler, Heinrich (Bearb.). 1975. *Vertrags-Ploetz. Konferenzen und Verträge. Ein Handbuch geschichtlich bedeutsamer Zusammenkünfte und Vereinbarungen.* Bd. 4 A: 1914–1959. Würzburg: Ploetz, 2. Aufl.

Röthlein, Brigitte. 1997. *Mare Tranquillitatis, 20. Juli 1969. Die wissenschaftlich-technische Revolution.* (= 20 Tage im 20. Jahrhundert. Hrsg. N. Frei, K.-D. Henke, H. Wollner, Bd. 13). München: DTV.

Sänger, Eugen. 1933. *Raketen-Flugtechnik.* München: Oldenbourg.

Sagan, Carl. 1996. Blauer Punkt im All. Unsere Heimat Universum. München: Droemer Knaur. Lizenzausgabe 1999. Augsburg: Bechtermünz, Weltbild.

Schwarz, Karl. 2020. Bemannte Rakete: Ba 349 Natter. In: Flug Revue, 65. Jg., Nr. 3 (März), S. 82–85.

Stuhlinger, Ernst; Ordway, Frederick I. 1992. Wernher von Braun. Aufbruch in den Weltraum. Esslingen, München: Bechtle.

Spillmann, Kurt R. (Hrsg.). 1988. *Der Weltraum seit 1945.* Basel, Berlin: Birkhäuser, Springer.

Verne, Jules. 2010. *Von der Erde zum Mond.* Hamburg: Impian.

Wärter, Alexandra. 1997. *Wernher von Braun und sein Beitrag zur Entwicklung der Raketentechnik.* Klagenfurt: Universität, Diplomarbeit.

Zimmer, Harro. 1996. *Der rote Orbit. Glanz und Elend der russischen Raumfahrt.* (=Kosmos-Report). Stuttgart: Franckh-Kosmos.

Zimmer, Harro. 1997. *Das NASA-Protokoll. Erfolge und Niederlagen.* (=Kosmos-Report). Stuttgart: Franckh-Kosmos.

2

Die Eroberung des Orbits mit Satelliten

Inhaltsverzeichnis

Im zweiten Kapitel wird die erste große Phase des Wettlaufs zur Eroberung des Weltraumes behandelt. Es geht dabei um den Einsatz von Satelliten im Erdorbit. Voraussetzung war die Entwicklung entsprechender Trägersysteme, der Orbitalraketen, die in Abschn. 2.1 beschrieben werden. Abschn. 2.2 widmet sich den ersten Satellitenstarts im Rahmen des Internationalen Geophysikalischen Jahres 1957/1958. Abschn. 2.3 beschreibt in weiterer Folge die wichtigsten Satellitenprogramme der 1960er-Jahre in Ost und West.

2.1 Semjorka versus Jupiter: Die Entwicklung der Orbitalrakete

Das erste Unterkapitel widmet sich der Entwicklung der ersten Orbitalraketen. Dabei handelt es sich um Raketen, die in der Lage sind, Nutzlast in eine Erdumlaufbahn (Orbit) zu befördern. Weil die Sowjetunion ihre diesbezüglichen

© Springer-Verlag GmbH Deutschland, ein Teil von Springer Nature 2023
A. T. Hensel, *Geschichte der Raumfahrt bis 1975*,
https://doi.org/10.1007/978-3-662-64573-4_2

Anstrengungen unter der Leitung von Generalkonstrukteur Sergej Koroljow bündelte, erlangte sie Mitte der 1950er-Jahre einen Vorsprung und baute mit der Raketa Semjorka (R-7) die erste Orbitalrakete. In den USA dagegen lieferten sich die drei Teilstreitkräfte einen Konkurrenzkampf. Dies führte zu drei parallelen Raketenprogrammen: Redstone (Armee), Viking (Marine) und Atlas (Luftwaffe). Das deutsche Entwicklungsteam unter Wernher von Braun war der Armee zugeteilt, die lediglich ballistische Mittelstreckenraketen entwickeln sollte, während bei der Luftwaffe die Modernisierung ihrer strategischen Bomberflotten Priorität hatte. Der sowjetische Vorsprung in der Raketentechnik wird als „Raketenlücke"(Missile Gap) bezeichnet.

Anfang der 1950er-Jahre trat durch den Koreakrieg nicht nur der Kalte Krieg in eine neue heiße Phase, sondern auch die Raketenprogramme der beiden Supermächte.

Die deutsche Raketentechnologie des Zweiten Weltkrieges war ausgewertet und bildete nun die Basis für eigene Entwicklungen, wobei die Weltmächte unterschiedliche Strategien verfolgten:

In der Sowjetunion blieb die Raketenentwicklung zentralisiert. In Zusammenarbeit zwischen den deutschen Ingenieuren auf Gorodomlja unter Gröttrup und dem OKB 1 unter Koroljow wurde die R-2 bis 1953 zur R-5 weiterentwickelt. Gluschko lieferte mit dem RD-103 ein leistungsstarkes Triebwerk, welches die 21 m lange Rakete mit einem Startgewicht von 28,5 t im April des Jahres erstmals über die volle Distanz von 1200 km brachte.[1]

Damit war die auf dem A4 basierende Technologie endgültig ausgereizt und die Deutschen wurden bis zum Ende des Jahres in die DDR geschickt. In den USA konnte bzw. wollte man auf das German Rocket-Team unter Wernher von Braun jedoch nicht verzichten (Abb. 2.1).

1950 wurde das Team von White Sands in New Mexico in das neu erbaute Raketenforschungs- und Versuchszentrum der Army im Redstone Arsenal zwischen dem Tennessee River und der Stadt Huntsville im Bundesstaat Alabama umgesiedelt. Hier fanden sie eine wesentlich bessere Infrastruktur vor. Einerseits wurden durch den Ausbruch des Koreakrieges und die Tatsache, dass nun auch die Sowjetunion über Atomwaffen verfügte, die finanziellen Mittel für die Forschung und Entwicklung neuer Waffensysteme deutlich erhöht. Dadurch wurde das Redstone Arsenal zum *„wiedererstandenen Peenemünde"*.[2] Den Mitgliedern des German Rocket Team

---

[1] Hoose, Hubertus u. a. 1988. *Sowjetische Raumfahrt*, S. 19.
[2] Reinke, Niklas. 2004. *Geschichte der deutschen Raumfahrtpolitik*, S. 41.

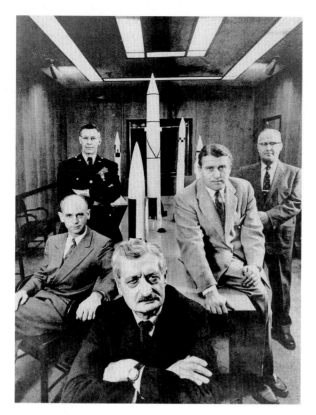

Abb. 2.1 Vier Protagonisten des legendären „German Rocket-Team" Mitte der 1950er-Jahre. Von links nach rechts: Ernst Stuhlinger (ab 1960 Direktor des Raumforschungszentrums der NASA), Hermann Oberth (Theoretiker der Kosmonautik), Wernher von Braun (Chefentwickler von Weltraumraketen) und Robert Lusser (Entwickler von Düsen- und Raketenflugzeugen). Im Hintergrund in Uniform der militärische Leiter der Raketenentwicklung der U.S. Army in Redstone (Alabama), Col. Holger Toftoy. (© NASA)

wurden zunächst reguläre Arbeitsverträge als Zivilangestellte der US-Armee und später sogar die amerikanische Staatsbürgerschaft angeboten, um sie dauerhaft im Land zu halten. Damit wurden sie endgültig und amtlich rehabilitiert und der Mythos von den unpolitischen und unbelasteten Raumfahrtenthusiasten behördlich sanktioniert. Andererseits lief die weitere Raketenentwicklung in den USA im Gegensatz zur Sowjetunion dezentral ab und führte zu einem unproduktiven Konkurrenzkampf zwischen den Teilstreitkräften.

Braun und sein Team hatten nun das Pech, bei der bereits erwähnten Aufgabenteilung zwischen taktischen und strategischen Raketenprogrammen bei der falschen Waffengattung zu sein. Das German Rocket-Team bekam den Auftrag, das A4 zu einer taktischen Kurzstreckenrakete weiterzuentwickeln. So wurde in den folgenden zwei Jahren die nach dem Forschungsgelände Redstone benannte Rakete entwickelt. Sie besaß zwar keine höhere Reichweite als das A4, jedoch konnte sie die dreieinhalbfache Nutzlast (3,6 t) in einer abtrennbaren Spitze transportieren.[3]

Die PGM-11 *Redstone* wurde als präzisionsgelenkte Rakete (Precision-Guided Missile, PGM) bzw. ballistische Kurzstreckenrakete (Short-Range Ballistic Missile, SRBM) für die Raketenartillerie aus dem A4 entwickelt. Sie war die weltweit erste Rakete, die ergänzend zu Gefechtsköpfen mit konventionellem Sprengstoff auch mit einem Atomsprengkopf ausgerüstet werden konnte. Ab 1958 wurde die PGM-11 Redstone auch in Westdeutschland stationiert. Es ist eine Ironie der Geschichte, dass die Anfang der 1940er Jahre in Deutschland zum Einsatz gegen die Westalliierten entwickelte V2 nur 8 Jahre nach dem Ende des Zweiten Weltkrieges in weiterentwickelter Form nach Deutschland zurückkehrte, um dieselben Mächte nun vor der Sowjetunion zu schützen.[4]

Das Jahr 1953 brachte wichtige Vorentscheidungen für die weitere Entwicklung:

Im Januar wurde der ehemalige Weltkriegsstratege und NATO-Oberbefehlshaber Dwight D. Eisenhower (1890–1969, reg. 1953–1961) als erster republikanischer US-Präsident seit 20 Jahren vereidigt.

Im März starb Stalin und wurde von Nikita S. Chruschtschow (1894–1971, reg. 1953–64) als Parteichef beerbt.

Davor und danach testeten beide Supermächte erstmals erfolgreich ihre Wasserstoffbomben: Die USA im November 1952 und die Sowjetunion im August 1953. Dadurch trat das atomare Wettrüsten in eine neue Dimension, und es wurde die Frage aufgeworfen, welche Rolle die Raketen hierbei spielen könnten.

Man besaß nun zwar die größte Massenvernichtungswaffe aller Zeiten, aber die konventionellen Bomberflotten konnten im Anflug rechtzeitig entdeckt und bekämpft werden. Gegen eine automatisch gesteuerte Trägerrakete, das hatte bereits der Einsatz der V2 im Zweiten Weltkrieg gezeigt, gab es jedoch keine Abwehrmöglichkeit, wenn sie mit Hyperschallgeschwindigkeit aus dem Weltraum auf die Erde stürzen sollte.

---

[3] Büdeler, Werner. 1982. *Geschichte der Raumfahrt*, S. 300.
[4] Barber, Murray. 2020. *Die V2*, S. 315.

Deshalb begannen im Jahre 1953 in beiden Ländern streng geheime Voruntersuchungen bzw. Projektstudien zur Entwicklung einer ballistischen Interkontinentalrakete.[5] Mit ihr sollte es möglich sein, eine Atombombe in den Weltraum zu schießen und den Sprengkopf dann über jedem beliebigen Zielgebiet auf der Erde kontrolliert, unaufhaltsam und ohne Vorwarnung zum Absturz zu bringen.[6]

Bei der Fokussierung auf die Entwicklung der Interkontinentalrakete gab es allerdings einen entscheidenden Unterschied. Die Sowjetunion war umringt von alliierten Verbündeten der USA: Von der Bundesrepublik Deutschland (BRD) im Westen über die Türkei im Süden bis zu Japan im Osten. Von dort aus konnten jederzeit Bombenflugzeuge oder Kurz- und Mittelstreckenraketen mit atomaren Sprengköpfen sowjetisches Territorium erreichen. Umgekehrt waren die USA durch den Pazifik im Westen und den Atlantik im Osten geschützt. Die Sowjetunion stand daher unter dem Zugzwang, der unmittelbaren atomaren Bedrohung entlang ihrer Außengrenzen ein adäquates Bedrohungspotenzial gegenüber der feindlichen Supermacht USA aufzubauen. Daher stellte der militärisch-industrielle Komplex der Sowjetunion schon Anfang der 1950er Jahre deutlich mehr Ressourcen für die Entwicklung einer Interkontinentalrakete zur Verfügung als das amerikanische Verteidigungsministerium (Department of Defense, DoD).

1954 fiel dann der offizielle Startschuss Wettlauf ins All (Race to Space):

Der Internationale Rat wissenschaftlicher Vereinigungen (ICSU) und die Organisation für Erziehung, Wissenschaft und Kultur der Vereinten Nationen (UNESCO) hatten zur Abhaltung eines Internationalen Geophysikalischen Jahres (IGY = МГГ) aufgerufen.[7]

In einem Zeitraum von 18 Monaten (von Mitte 1957 bis Ende 1958) sollten weltweit koordiniert geophysikalische Messungen durchgeführt werden, um mehr über unseren Heimatplaneten zu erfahren. Bei der zweiten vorbereitenden Arbeitstagung im Oktober 1954 in Rom wurden die teilnehmenden Länder aufgefordert, *„die technischen Möglichkeiten für Bau und Abschuss eines künstlichen, mit wissenschaftlichen Messinstrumenten ausgerüsteten Erdsatelliten zu untersuchen“.*[8]

---

[5] Intercontinental Ballistic Missile (ICBM) = Межконтинентальная Баллистическая Ракета (МБР).

[6] Büdeler, Werner. 1982. *Geschichte der Raumfahrt*, S. 302.

[7] ICSU = International Council of Scientific Unions, UNESCO = United Nations Educational, Scientific and Cultural Organization, IGY = International Geophysical Year, МГГ = Международный Геофизический Год.

[8] Zit. nach: Büdeler, Werner. 1982. *Geschichte der Raumfahrt*, S. 333 f. Diese Resolution erfolgte am 4. Oktober, also genau drei Jahre vor dem Start des ersten Satelliten.

Nun hatten die Supermächte einen zivil-wissenschaftlichen Vorwand, um ihre geheimen militärischen Raketenpläne zu forcieren und schließlich publik zu machen.

In den USA ging es zunächst darum, wem der Auftrag zum Bau des Satelliten und der zugehörigen orbitalen Trägerrakete zukommen sollte. Die drei Teilstreitkräfte entwickelten nun hektische Aktivitäten und gründeten eigene Planungsbüros, die innerhalb eines halben Jahres dem Verteidigungsministerium folgende konkrete Vorschläge unterbreiteten:[9]

1. Armee (U.S. Army): Die Army Ballistic Missile Agency (ABMA) unter dem Kommandeur General John B. Medaris (1902–1990) und dem Chefkonstrukteur Wernher von Braun schlug das Satellitenprojekt Explorer (dt. Erforscher) vor, welches mit einer weiterentwickelten Redstone-Rakete namens Jupiter in den Orbit befördert werden sollte.[10]
2. Marine (U.S. Navy, USN): Das Naval Research Laboratory (NRL) unter der administrativen Leitung des Kapitäns George W. Hoover und der technischen Leitung von John P. Hagen schlug das Projekt Vanguard (dt. Vorhut) mit einer bereits Anfang der 1950er-Jahre entwickelten und getesteten Raketenserie namens Viking (dt. Wikinger) vor.
3. Luftwaffe (U.S. Air Force, USAF): Die Western Development Division (WDD) der Air Force unter General Bernard A. Shriever bzw. Carel J. Bossart legte ihr Discoverer (dt. Entdecker) genanntes Projekt vor, das mit der geplanten Interkontinentalrakete, die auf den Namen Atlas getauft wurde, in die Umlaufbahn geschossen werden sollte.[11]

Zur Entscheidungsfindung stellte Verteidigungsminister Charles E. Wilson (1890–1961, reg. 1953–1957) eine neunköpfige Beraterkommission unter dem Vorsitz des Physikers Homer J. Stewart (Stewart-Committee) zusammen. Sie sollte eine Empfehlung abgeben, wem das nun Orbiter genannte US-Satellitenprogramm übertragen werden sollte.[12]

Das Discoverer-Projekt schied bereits frühzeitig aus dem Rennen. Es war unausgereift und der Erstflug der Atlas-Rakete war nicht absehbar. Die Air Force hatte den Auftrag zur Entwicklung einer Interkontinentalrakete nur halbherzig übernommen. Mitte der 1950er-Jahre lag ihr Hauptaugenmerk

---

[9] Reichl, Eugen. 2011. *Trägerraketen seit 1957,* S. 67.

[10] Jupiter (lat. Iuppiter) war der römische Hauptgott und entsprach dem griechischen Zeus.

[11] In der griechischen Mythologie war Atlas der riesenhafte Sohn des Titanenpaares Iapetos und Klymene. Atlas erhielt von Zeus den Befehl, das Himmelsgewölbe zu tragen.

[12] Büdeler, Werner. 1982. *Geschichte der Raumfahrt,* S. 335.

auf der Modernisierung ihrer strategischen Bomberflotten, die im Zweiten Weltkrieg noch eine kriegsentscheidende Bedeutung hatten. Mit den Bombern der Firma Boeing vom Typ B-17 Flying Fortress (dt. Fliegende Festung) wurde Deutschland und mit der B-29 Superfortress (dt. Superfestung) wurde Japan kapitulationsreif bombardiert.[13]

Die beiden Atombomben auf Hiroshima und Nagasaki wurden ebenfalls von Bombern vom Typ B-29 abgeworfen.

Im Koreakrieg (1950–1953) erwiesen sich diese Flugzeugtypen jedoch bereits als veraltet. Für die von Nordkorea und China eingesetzten Düsenjäger vom sowjetischen Typ MIG-15 waren die behäbigen Propellerflugzeuge mit ihren Sternkolbenmotoren eine leichte Beute. Die Air Force ließ ihre Bomberflotten daher im Laufe der 1950er-Jahre auf sechsstrahlige (B-47 Stratojet, dt. Stratosphärenjet) bzw. achtstrahlige (B-52 Stratofortress, dt. Stratosphärenfestung) Düsenflugzeuge umrüsten. Dass jedoch im Kalten Krieg die Kombination aus Atombombe und Weltraumrakete (= Atomrakete) zum entscheidenden und beherrschenden Waffensystem werden sollte, erkannte die Air Force erst nach dem Sputnik-Schock.

Sechs Mitglieder des Stewart-Committees entschieden sich jedenfalls für das Vanguard-Projekt der Navy, obwohl Stewart selbst und zwei weitere Mitglieder das Explorer-Programm der Army favorisierten. Begründet wurde dies mit der Tatsache, dass die Viking-Prototypen als Einzige bereits erfolgreich getestet worden waren und das größte Entwicklungspotenzial besäßen. Damit war die Army mit dem German Rocket-Team zumindest offiziell aus dem Rennen.[14]

Der offizielle Startschuss zum Race to Space erfolgte schließlich Anfang August 1955 auf dem 6. Jahreskongress der Internationalen Raumfahrtvereinigung (IAF) in Kopenhagen.[15]

Die Mitglieder der amerikanischen Delegation kamen mit der Nachricht, dass Präsident Eisenhower als wichtigsten Beitrag der USA zum Internationalen Geophysikalischen Jahr das Satellitenprogramm Orbiter angekündigt hatte. Am zweiten Kongresstag verkündete daraufhin der sowjetische Delegationsleiter Prof. Leonid I. Sedow (1907–1999), dass die Sowjetunion ebenfalls ein Satellitenprogramm für das Internationale

---

[13] Die Boeing Flugzeugwerke wurden von dem deutschen Einwanderersohn Wilhelm E. Böing, anglisiert William E. Boeing (1881–1956) gegründet.

[14] Zimmer, Harro. 1997. *Das NASA-Protokoll,* S. 30.

[15] Die IAF (International Astronautical Federation) war 1951 von dem österreichisch-deutschen Raumfahrtvisionär Eugen Sänger mitbegründet worden.

Abb. 2.2 Sergej P. Koroljow, der führende sowjetische Raketenkonstrukteur. (© Tass/ DPA/picture alliance)

Geophysikalische Jahr plane, welches die Bezeichnung Kosmos (Космос) erhalten hätte.[16]

Damit war der Weltöffentlichkeit klar, dass der Wettlauf zur Eroberung des Weltraumes zwischen den Supermächten begonnen hatte.

In der Sowjetunion wurden im Gegensatz zu den USA alle verfügbaren Kräfte und Ressourcen zusammengezogen. Unter dem Vorsitz von Koroljow als Generalkonstrukteur (Abb. 2.2) wurde ein Rat der großen sechs Chefkonstrukteure mit Walentin P. Gluschko (Triebwerke), Viktor I. Kusnetzow (Steuerung), Nikolai A. Piljugin (Flugführung), Wladimir P. Barmin (Startanlagen und Versorgungssysteme) und Michail S. Rjasanski (Funkübertragungs- und Überwachungssysteme) gebildet.

Die Sowjetführung hatte bereits 1954 den Auftrag zum Bau einer Interkontinentalrakete (ICBM = MBR) gegeben, die 5 t Nutzlast über 10.000 km befördern sollte.[17] Diese Vorgabe war einer der Hauptgründe für den anfänglichen Vorsprung der sowjetischen Raumfahrt gegenüber den USA,

---

[16] Büdeler, Werner. 1982. *Geschichte der Raumfahrt,* S. 337.

[17] Engl. Intercontinental Ballistic Missile (ICBM), russ. Meskontinentalnija Ballistitscheskaja Raketa (MBR), kyrill. Межконтинентальная Баллистическая Ракета (МБР)

die lediglich 1,5 t Nutzlastkapazität benötigte. Die sowjetischen Atom-bzw. Wasserstoffbomben waren wesentlich größer und schwerer als die amerikanischen. Daher musste die erste sowjetische Interkontinentalrakete auch wesentlich schubstärker sein.[18]

Darüber hinaus musste sie von Anfang an auch deutlich weiter fliegen können, da die Sowjetunion keine Verbündeten auf dem amerikanischen Kontinent hatte, wo sie Bombenflugzeuge oder Raketen hätte stationieren können. Erst 1959 brachte die Kubanische Revolution mit Fidel A. Castro Ruz (1926–2016, reg. 1959–2006) den ersten sowjetischen Verbündeten in Amerika. Die USA hatten dagegen zahlreiche Verbündete in Europa und Asien und somit in relativer Nähe zur Sowjetunion, unter anderem die Bundesrepublik Deutschland, Norwegen, Dänemark mit Grönland, die Türkei, Japan und Südkorea.

Der interne Wettstreit der amerikanischen Teilstreitkräfte, der Fokus der US-Luftwaffe auf die Modernisierung ihrer Bomberflotten sowie die sowjetische Notwendigkeit, größere Raketen mit höherer Nutzlastkapazität und Reichweite zu bauen, um ein militärstrategisches Bedrohungspotenzial gegenüber den USA aufbauen zu können, waren die Hauptgründe dafür, dass in der 1950er Jahren eine Raketenlücke (Missile Gap) zugunsten der Sowjetunion entstand.

Das Gluschko-Team sollte das schubstärkste Triebwerk bauen, das ihm möglich war. Zunächst wurde das bisher als Brennstoff verwendete Äthanol, welches schon Brauns A4 angetrieben hatte, durch Kerosin ersetzt. Der bewährte Oxidator Flüssigsauerstoff wurde beibehalten. Statt einer besaß das neue Triebwerk nun vier große Brennkammern, die je 25 t Schub lieferten. Das Treibstoffgemisch wurde mit einem Druck von 60 Atmosphären durch hunderte kleiner Einspritzdüsen in die Brennkammern gepresst. Daneben gab es zur Steuerung noch kleine, schwenkbare Zusatzdüsen, die jeweils eine Tonne Schub lieferten. In der Version RD-107 waren es zwei und in der Version RD-108 vier Steuerdüsen.[19]

Die von Koroljow entwickelte zugehörige Rakete erhielt die Nr. 7. Die R-7 (Raketa Semjorka) wurde zur Standardträgerrakete der Sowjetunion.[20] In verschiedenen Bündelungsvarianten bildete sie das Rückgrat der sowjetischen Raumfahrt von Sputnik bis Sojus.

---

[18] Ebd., S. 295.
[19] Ebd., S. 296.
[20] Raketa Semjorka (R-7) = kyrill. Ракета Семёрка (Р-7).

Parallel zur Entwicklung der Semjorka musste auch ein neues Start-gelände gefunden werden. Dieses sollte im Inneren der Sowjetunion außerhalb des Aufklärungsbereiches der NATO in einem unbesiedelten Gebiet liegen. Auch die gesamte Flugstrecke von annähernd 10.000 km sollte über möglichst unbesiedeltes sowjetisches Territorium führen.

Fündig wurde das Team um Barmin schließlich in der Nähe der ein-samen und abgelegenen Eisenbahnendstation Tjura Tam mitten in der Hungersteppe von Kasachstan. Hier wurde in den folgenden zwei Jahren das Kosmodrom Baikonur aus dem Erdboden gestampft. Als Testzielgebiet wurde die Halbinsel Kamtschatka im äußersten Nordosten des sowjetischen Riesenreiches auserkoren. Somit verlief die vorgesehene Flugroute also quer durch Sibirien. Entlang dieser Route wurde eine Kette von Bodenstationen errichtet, um die Rakete in jeder Flugphase lückenlos überwachen zu können.[21]

Unterdessen war die Vorgängerrakete der Semjorka unter der Bezeichnung R-5M, zur ersten serienreifen strategischen Mittelstrecken-rakete der Roten Armee entwickelt worden. Mit ihr wurde am 9. Februar 1956 erstmals ein Atomsprengkopf in die Thermosphäre katapultiert und zur Explosion gebracht. Damit begann das Zeitalter der Atomraketen.[22]

Die R-5M wurde im November 1957 während der Militärparade anläss-lich des 40. Jahrestages der Oktoberrevolution auf dem Roten Platz in Moskau unter der Bezeichnung Pobeda (Победа, dt. Sieg) erstmals der Weltöffentlichkeit vorgestellt. Die NATO gab ihr den Namen *Shyster* (dt. Gauner) und den Code SS-3.

Während nun die Semjorka-Prototypen im Sommerhalbjahr 1956 getestet wurden, lief die Raketenentwicklung in den USA weiterhin drei-gleisig. Nachdem der Auftrag zum Bau einer Interkontinentalrakete an die Air Force und das Satellitenprogramm Orbiter an die Navy vergeben war, blieb dem der Army zugeordneten German Rocket-Team in Huntsville nichts anderes übrig, als die Redstone zu einer ballistischen Mittelstrecken-rakete weiterzuentwickeln, die den Namen Jupiter erhielt. Zu diesem Zweck ersetzte Braun den bis dahin favorisierten Brennstoff Äthanol durch das energiereichere Dimethylhydrazin (Abk. Dimazin), während er den bewährten Oxidator Flüssigsauerstoff beibehielt. Außerdem wurden die

---

[21] Zimmer, Harro. 1996. *Der rote Orbit*, S. 42 f. Космодром Байконур = Kosmodrom Baikonur.

[22] Tschertok, Boris. 1997. Per aspera ad astra. In: *Flieger Revue*. 45. Jg., Nr. 10, S. 71.

Tanks und damit die Rakete um 2,5 m verlängert. Diese Konstruktion erhielt den Namen Jupiter A.[23]

Wernher von Braun kommentierte die Kompetenzstreitigkeiten zwischen den Teilstreitkräften und die Dreigleisigkeit in der Raketenentwicklung mit den folgenden Worten: *„Bei der Eroberung des Weltraums sind zwei Probleme zu lösen: Die Schwerkraft und der Papierkrieg. Mit der Schwerkraft wären wir fertig geworden."*[24]

2.2 Sputnik versus Orbiter: Der Vorstoß in den Orbit im Internationalen Geophysikalischen Jahr

Das Kapitel befasst sich mit den ersten Satellitenstarts im Rahmen des Internationalen Geophysikalischen Jahres, welches von Mitte 1957 bis Ende 1958 dauerte. Aufgrund der im vorhergehenden Kapitel beschriebenen Raketenlücke gelang es der Sowjetunion im Oktober 1957 mit Sputnik 1 den ersten Satelliten zu starten und nur einen Monat später mit Sputnik 2 das erste Lebewesen in den Orbit zu befördern. Die Erkenntnis, dass die USA nun direkt angreifbar waren, löste den Sputnik-Schock aus. Im Januar 1958 startete schließlich der erste US-Satellit Explorer 1 mit einer unter der Ägide der US-Armee vom deutschen Raketenteam entwickelten Rakete vom Typ Juno. Im März folgte Vanguard 1 mit einer weiterentwickelten Viking-Rakete von der US-Marine und im Februar 1958 schließlich Discoverer 1 mit einer Atlas-Trägerrakete von der US-Luftwaffe. Als Reaktion auf den Sputnik-Schock wurde ein nationales Weltraumgesetz beschlossen, welches zur Gründung der nationalen Luft- und Raumfahrtbehörde NASA für alle zivilen Raumfahrtprogramme sowie der Militärbehörde für fortschrittliche Forschungsprojekte ARPA für alle militärischen Raumfahrtprogramme der USA führte.

Das Sommerhalbjahr 1957 war geprägt von hektischen Vorbereitungstests für den Beginn des Internationalen Geophysikalischen Jahres.[25]

Anfang Mai trat das Vanguard-Satellitenprogramm der US Navy in die entscheidende Phase. Der Chefingenieur des Naval Research Laboratory (NRL), Milton Rosen, hatte eine Viking-Rakete mit der bereits Ende der

---

[23] Büdeler, Werner. 1982. *Geschichte der Raumfahrt*, S. 339. Ballistische Mittelstreckenrakete = Intermediate Range Ballistic Missile (IRBM).

[24] Zit. nach: Mackowiak, Bernhard u. a. 2011. *Raumfahrt*, S. 70.

[25] engl. International Geophysical Year (IGY), russ. Международный Геофизический Год (МГГ).

1940er-Jahre von der Johns-Hopkins-University in Baltimore entwickelten Höhenforschungsrakete Aerobee (dt. Luftbiene) zu einer Zweistufenrakete gekoppelt und als Test-Vehicle 1 gestartet. In der Zwischenzeit war aber auch die Army Ballistic Missile Agency (ABMA) mit dem German Rocket-Team nicht untätig geblieben. Die Jupiter A wurde mit einer vom Jet Propulsion Laboratory (JPL) entwickelten Feststoffrakete vom Typ Sergeant gekoppelt und so zur zweistufigen Jupiter B.[26] Ende Mai erfolgte der erste erfolgreiche Test, wobei die für die Mittelstreckenrakete veranschlagte Reichweite von 2500 km erreicht wurde.[27]

Damit hatte die Army ihren Raketen-Entwicklungsauftrag erfüllt, während sich die Programme von Air Force und Navy immer noch im Entwicklungsstadium befanden. Braun hatte jedoch seinen militärischen Vorgesetzten, den ABMA-Kommandeur General Medaris, von der Entwicklungsfähigkeit der Jupiter überzeugen können. Deshalb wurde unter dem Vorwand der Serienvorbereitung die Weiterentwicklung heimlich vorangetrieben.

In der Sowjetunion war den Teams der großen sechs Chefkonstrukteure um Koroljow inzwischen der große geniale Entwurf gelungen: Durch die Bündelung von fünf Semjorkas entstand eine Rakete mit bis dahin unvorstellbaren Ausmaßen und Leistungsdaten: Sie war 33 m hoch und besaß ein Leergewicht von 23 t. Die zehn Tanks – pro Triebwerk je einen für den Brennstoff Kerosin und den Oxidator Flüssigsauerstoff – fassten insgesamt 250 t Treibstoff. Das RD-108 Triebwerk des Mittelblocks sowie die vier seitwärts angehängten Außenblocks (Booster) mit ihren RD-107 Triebwerken lieferten zusammen über 500 t Schub. Dieses Prinzip wird Parallelstufung genannt. Die Außenblocks bildeten die erste Raketenstufe und wurden nach dem Ausbrennen abgeworfen. Der Zentralblock wurde gemeinsam mit den Boostern beim Start gezündet, hatte jedoch doppelt so große Tanks und brannte daher auch doppelt so lange. Er bildete somit beim Start einen Teil der ersten und danach die alleinige zweite Stufe. Die Semjorka stellte daher streng genommen keine vollwertige zweistufige, sondern eine eineinhalbstufige Rakete dar.[28] Koroljows Begründung zu diesem Konzept lautete:

---

[26] Sergeant ist ein militärischer Dienstgrad, der in Deutschland dem Feldwebel und in Österreich bzw. der Schweiz dem Wachtmeister entspricht.

[27] Büdeler, Werner. 1982. *Geschichte der Raumfahrt*, S. 339.

[28] Hoose, Hubertus u. a. 1988. *Sowjetische Raumfahrt*, S. 21. Bzw. Reichl, Eugen. 2011. *Trägerraketen seit 1957*, S. 52 f. Ders. u. a. 2020. *Raketen*, S. 192.

„Die Genialität einer Konstruktion liegt in ihrer Einfachheit. Kompliziert bauen kann jeder." [29]
Es folgten jedoch in den Monaten Mai bis Juli drei Fehlstarts, sodass Koroljow in arge Bedrängnis kam, da inzwischen das IGY begonnen hatte.
Der vierte Testflug am 21. August 1957 brachte dann endlich den erhofften Erfolg und die Bestätigung für Koroljows Bündelungskonzept: Die Fünffach-Semjorka katapultierte eine fünf Tonnen schwere Sprengkopf-Attrappe über die volle Distanz von Baikonur nach Kamtschatka. Eine Woche später verkündete die staatliche sowjetische Nachrichtenagentur TASS, dass die Sowjetunion ihre erste Interkontinentalrakete erfolgreich getestet habe. Die Semjorka bekam daraufhin den NATO-Code SS-6 und den Namen Sapwood (dt. Splintholz). Was der Weltöffentlichkeit freilich nicht mitgeteilt wurde, war die Tatsache, dass das Problem der enormen Reibungshitze beim Wiedereintauchen in die tieferen Schichten der Erdatmosphäre unterschätzt worden war. Die Sprengkopf-Attrappe war in der Tropopause (10 bis 15 km Höhe) verglüht. [30]
In der westlichen Welt konnte bzw. wollte man kaum glauben, dass die sowjetische Raketentechnologie bereits so weit fortgeschritten war. Stimmten die Angaben der TASS, so müsste ein sowjetischer Satellitenstart unmittelbar bevorstehen. Die US-Teilstreitkräfte mussten nun einen Offenbarungseid leisten:
Die Navy musste ihr ehrgeiziges Satellitenprojekt Vanguard relativieren. NRL-Direktor Hagen kündigte an, bis zum Jahresende einen winzigen kugelförmigen Testsatelliten, mit einer Masse von maximal 1,5 kg *(three-pounds-ball)* in den Orbit schießen zu können.
Der erste Prototyp der Atlas hatte Mitte Juni einen Fehlstart erlitten, sodass die Air Force die Verfügbarkeit der ersten amerikanischen Interkontinentalrakete (ICBM) auf das Jahr 1958 verschieben musste.
Als leistungsfähigste Rakete hatte man zu Beginn des IGY lediglich eine Mittelstreckenrakete (IRBM) vom Typ Thor vorzuweisen, die leistungsmäßig mit Brauns Jupiter B vergleichbar war. [31]
Andererseits hatte sich die Air Force die beste Infrastruktur für den Start großer Raketen zugelegt. An den beiden Küsten war jeweils ein riesiges Versuchsgelände für Flugzeuge und Raketen entstanden:

---

[29] Mackowiak u. a. 2018. *Raumfahrt*, S. 64.
[30] Zimmer, Harro. 1996. *Der rote Orbit,* S. 48. Телеграфное Агентство Советского Союза (ТАСС) = *Telegrafnoje Agenstwo Sowjetskogo Sojusa (TASS)* = Telegraphische (Nachrichten-)Agentur der Sowjetunion.
[31] Büdeler, Werner. 1992. *Raumfahrt*, S. 120. Thor bzw. Donar war der altgermanische Donnergott.

Die Eastern Test Range (ETR) befand sich auf der Cape Canaveral Air Force Station (CCAFS) an der Ostküste Floridas zwischen dem Banana River und dem Atlantik auf einer Landzunge vor der Atlantikküste Floridas, deren Spitze das Cape Canaveral bildet.[32]

Die Western Test Range (WTR) war aus der Luftwaffenbasis Camp Crooke an der kalifornischen Pazifikküste bei Lompoc, 250 km nordwestlich von Los Angeles, hervorgegangen. 1958 wurde sie nach dem ehemaligen Generalstabschef der Luftwaffe, Gen. Hoyt. S. Vandenberg (1899–1954), in Vandenberg Air Force Base (VBG AFB) umbenannt.[33]

Der Vorteil der Küstenlage lag auf der Hand: Die beiden größten Weltmeere Pazifik und Atlantik konnten als unbewohnte Flugrouten und Zielgebiete genutzt werden.[34]

Ende September mietete die ABMA von der Air Force die beiden Raketenstartplätze (Launch Complex) LC-5 und LC-6 auf der CCAFS, offiziell um die zur Serienreife weiterentwickelte Mittelstreckenrakete (engl. Medium Range Ballistic Missile, MRBM) zu testen. Tatsächlich hatte das German Rocket-Team mit stillschweigender Billigung von General Medaris durch die Bündelung mehrerer Sergeants eine dreistufige Jupiter C entwickelt. Die erste Stufe bildete die weiterentwickelte Redstone-Rakete Jupiter A. Die nächsten beiden Stufen waren in einer gemeinsamen Sektion kombiniert, die Tub (dt. Tonne) genannt wurde. Die zweite Stufe wurde von elf ringförmig angeordneten Sergeants entlang der Außenhülle gebildet und die dritte Stufe bestand aus drei weiteren Sergeants in der Mitte. Dieses Bündelungsprinzip wurde Composite genannt, wodurch sich auch das C im Namen Jupiter C entsprechend auflösen lässt.[35]

---

[32] Der Name der Landspitze leitet sich von der span. Bezeichnung Cabo Cañaveral ab, und verweist auf die vorherrschende Vegetation aus Röhricht bzw. Schilf.

[33] Gen. Vandenberg war im Zweiten Weltkrieg Oberbefehlshaber der US-Luftstreitkräfte in Europa. Er gilt als Gründervater des US-Geheimdienstes CIA und der U.S. Air Force als eigenständige Teilstreitkraft, deren Generalstabschef (Chief of Staff of the Air Force, CSAF) er von 1948 bis 1953 war. Nachdem im Jahr 2019 schließlich die Weltraumwaffe (U. S. Space Force, USSF) als eigene Streitkraft begründet wurde, wurden die Raketenstartplätze der Air Force entsprechend umbenannt: 2020 die Cape Canaveral Space Force Station (CCSFS) und 2021 die Vandenberg Space Force Base (VBG SFB).

[34] General Vandenberg war im Zweiten Weltkrieg Oberbefehlshaber der US-Luftstreitkräfte in Europa. Er gilt als Gründervater des US-Geheimdienstes CIA und betrieb die Etablierung der Air Force als eigenständige Teilstreitkraft, deren Generalstabschef (Chief of Staff of the Air Force) er von 1948 bis 1953 war.

[35] Reichl, Eugen. 2011. *Trägerraketen*, S. 37. Jupiter war der Name des antiken römischen Hauptgottes. Er wurde mit dem griechischen Zeus gleichgesetzt.

Diese flog nun zum großen Erstaunen der anderen beiden Waffengattungen Air Force und Navy 5000 km weit über den Atlantik hinaus, wobei eine Scheitelhöhe von 1000 km erreicht wurde.[36]

Damit hatte die ABMA weit über ihr Auftragsziel hinaus eine neue Raketengattung entwickelt, die Intermediate Range Ballistic Missile (IRBM) genannt wird. Es handelt sich dabei um eine Reichweite von 2500 bis 5500 km. Diese liegt zwischen der maximalen Reichweite von Mittelstreckenraketen (MRBM) und der minimalen Reichweite von Interkontinentalraketen (ICBM). Teilweise wird dieser Reichweitentyp auch als Transkontinentalrekete (Transcontinental Ballistic Missile, TCBM) bezeichnet. Das Problem der enormen Reibungshitze beim Wiedereintritt in die Erdatmosphäre hatte das Braun-Team gelöst: Eine Schutzschicht aus glasfaserverstärktem Kunstharz schmolz nach dem Prinzip der Ablationskühlung langsam weg und bewahrte damit den eigentlichen Raketenkopf vor dem Verglühen.[37]

Die Eifersüchteleien von Air Force und Navy hätten beinahe zum Abbruch der Weiterentwicklung geführt, wenn nicht der große Sputnik-Schock die Situation grundlegend verändert hätte.

Am 4. Oktober 1957 gegen 13:30 Uhr Central Time (USA) – in Baikonur schrieb man bereits seit einer halben Stunde den 5. Oktober – erhob sich der erste Satellit Sputnik in den Himmel (Abb. 2.3).[38] Erstmals erreichte eine Rakete Orbitalgeschwindigkeit, also jene erste kosmische Geschwindigkeit, welche ein halbes Jahrhundert zuvor von Ziolkowski auf rund 28.400 km/h berechnet worden war. Der Startzeitpunkt war wohl überlegt: An diesem Tag begann der 8. International Astronautical Congress (IAC) der IAF in Barcelona, auf dem über die geplanten Satellitenprogramme des Internationalen Geophysikalischen Jahres gesprochen werden sollte. Seit dem Beginn des Race to Space mit der Resolution von Rom waren auf den Tag genau drei Jahre vergangen und der Beginn des Zeitalters der Raumschifffahrt (vgl. das Zitat Walter Dornbergers anlässlich des ersten erfolgreichen Testfluges des A4) lag genau 15 Jahre zurück. Mit dem Start des ersten Satelliten begann nun das Zeitalter der Raumfahrt im engeren Sinne.

---

[36] Büdeler, Werner. 1982. *Geschichte der Raumfahrt*, S. 339.

[37] Büdeler, Werner. 1992. *Raumfahrt*, S. 119.

[38] russ./kyrill. Искусственный Спутник Земли = *Iskustwenij Sputnik Semli,* dt. künstlicher Begleiter der Erde.

Abb. 2.3 Sputnik 1, der erste künstliche Satellit im Weltraum. In der Kugel befand sich ein Sender. Über die vier Antennen wurde ein „Piep"-Signal abgestrahlt, welches auf der ganzen Welt empfangen werden konnte. (© DPA, RIA Nowosti/picture alliance)

Sputnik 1 war eine 83,6 kg schwere Aluminiumkugel mit einem Durchmesser von 58 cm. Sie enthielt einen Transponder zur Bestimmung der Bahndaten und einen kleinen Radiosender, der mit einer Leistung von einem Watt alternierend 0,4-Sekunden-Impulse auf den Kurzwellenfrequenzen 20 und 40 Megahertz (MHz) abstrahlte. So konnte jeder Amateurfunker auf der Welt 21 Tage lang das „Piep-Piep" empfangen, bevor die Batterien leer waren.[39]

Das Piepen aus dem All war wie das *„akustische Hissen einer Flagge"*. Die atheistische Sowjetunion war nun dorthin gelangt, *„wo einstmals nur die Götter Zutritt hatten"*.[40]

Sputnik 1 hatte eine anfängliche elliptische Flugbahn mit einem Perigäum (erdnächster Punkt) von 215 km und einem Apogäum (erdfernster Punkt) von knapp 940 km. Der Satellit bewegte sich somit zwischen Thermo- und Exosphäre. Durch den geringen Reibungswiderstand wurde er allmählich immer langsamer und verglühte schließlich nach drei Monaten durch das Eintreten in die tieferen Atmosphärenschichten.[41]

---

[39] Zimmer, Harro. 1996. *Der rote Orbit*, S. 51.

[40] Wolek, Ulrich. 2007. Der Sputnik-Schock. In: *GEO*. 31. Jg., Nr. 9 (Sept.), S. 121

[41] Reichl, Eugen. 2013. *Satelliten seit 1957*, S. 8.

Dieses Schicksal müssen im Laufe der Zeit übrigens alle Satelliten teilen, die in ihrer Umlaufbahn der Erde näher als 2500 km (Obergrenze der Exopause bzw. Ionosphäre) kommen.

In den USA wurde die Nachricht vom ersten erfolgreichen Satellitenstart mit ungläubiger Verwunderung aufgenommen. Bei der Massenangabe glaubte man zunächst an einen Tippfehler bei der Kommastelle: Nach Meinung der amerikanischen Wissenschaftler konnte und nach Meinung der US-Militärs durfte Sputnik 1 höchstens 8,36 jedoch niemals 83,6 kg schwer sein. Es sollte jedoch noch viel, viel schlimmer kommen:

Nur knapp einen Monat später, am 3. November 1957, startete Sputnik 2. Der über eine halbe Tonne schwere, kegelförmige Satellit mit einer Höhe von 4 m und einem Basisdurchmesser von 1,7 m bildete die Raketenspitze. Da Koroljow in diesem Fall auf den Abtrennmechanismus verzichtet hatte, blieb der Satellit mit der 3 t schweren Zentraleinheit seiner Rakete verbunden. In dem Kegel befand sich neben Instrumenten zur Messung der Dichte und Temperatur der Hochatmosphäre sowie der Sonnenstrahlung auch ein zylindrischer Behälter von einem Meter Länge und 80 cm Durchmesser, in dem sich die Polarhündin Laika (dt. Kläffer) befand (Abb. 2.4).

Mithilfe einer Kamera und dem Telemetriesystem Tral konnte das Befinden des ersten irdischen Lebewesens im Orbit erforscht werden. Um die Batterien zu schonen und die Daten nicht allgemein zugänglich zu machen, wurden sie nur alle 90 min beim Überflug über die Sowjetunion für knapp

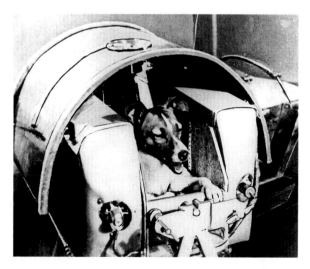

Abb. 2.4 Polarhündin Laika war das erste Lebewesen im Orbit. Sie flog im November 1957 in Sputnik 2, dem zweiten Satelliten überhaupt. (© DPA, Photoshot/picture alliance)

15 min übertragen. Die Umlaufbahn hatte ein Perigäum von 225 km und ein Apogäum von rund 1660 km mit einer Umlaufzeit von 103 min.[42]

Es war nicht vorgesehen, Laika lebend wieder zur Erde zurückzubringen. Nach offiziellen Angaben wurde sie eine Woche lang mit Sauerstoff und Nahrung versorgt, bevor sie eingeschläfert wurde. Erst 35 Jahre später wurde bekannt, dass die Hündin bereits nach wenigen Erdumrundungen an Überhitzung und Stress starb, weil die Klimatisierung der engen Kabine versagte.[43]

Unabhängig davon konnte die Sowjetunion zum 40. Jahrestag der Oktoberrevolution einen großen Propagandaerfolg feiern. Die DDR-Automobilfirma VEB Sachsenring taufte ihr neues Modell Trabant, was ebenso wie das Wort Sputnik Begleiter bzw. Satellit bedeutet.[44]

Der sowjetische Spielfilm *Die Straße zu den Sternen* war 1957 in Osteuropa ein großer Erfolg.[45]

In der Raumfahrtliteratur wird Laika oftmals fälschlicherweise als erstes Lebewesen im Weltraum beschrieben. Tatsächlich war Laika das erste Lebewesen in einer Erdumlaufbahn (Orbit). Die ersten irdischen Lebewesen im All waren Fruchtfliegen, die bereits im Februar 1947 eine Flughöhe von über 100 km erreichten. (vgl. Abschn. 1.4). Als das Nobelpreiskomitee an die Sowjetunion eine Anfrage richtete, welche Person hinter dem ersten Satellitenstart stehe, soll Chruschtschow geantwortet haben, dass diese Ehre dem gesamten sowjetischen Kollektiv gebühre. Der geniale Chefkonstrukteur Koroljow wurde offiziell verleugnet und soll auch sehr unter der aufgezwungenen Anonymität und dem allgegenwärtigen Spitzelunwesen des KGB gelitten haben.

In den USA stellte der Sputnik-Schock (engl. Sputnik Crisis) jedoch ein Desaster, eine nationale Schmach und ein technologisches Pearl Harbor dar. Die Größe und Masse von Sputnik 2 hatte deutlich gemacht, dass die Sowjetunion nunmehr in der Lage war, eine Atombombe in den Orbit zu schießen und über jedem beliebigen Ort auf der Welt explodieren zu lassen. Damit hatte Amerika seinen Nimbus der Unangreifbarkeit endgültig verloren. Atlantik und Pazifik bildeten keine unüberwindbaren Barrieren mehr.

Wenn es der sowjetischen Raumfahrt außerdem möglich war, ein Säugetier im Orbit am Leben zu erhalten, so müsste dies in absehbarer Zeit auch mit einem Menschen möglich sein.

---

[42] Zimmer, Harro. 1996. *Der rote Orbit*, S. 55 f.

[43] Ebd., S. 57.

[44] Трабант = *Trabant,* dt. Begleiter bzw. Leibwächter (vgl. Trabantengarde). VEB = Volkseigener Betrieb.

[45] Mackowiak, Bernhard u. a. 2018. *Raumfahrt*, S. 75.

Die Medien schürten noch die öffentliche Panik, welche an die anti-kommunistische Massenhysterie erinnerte, die der republikanische Senator Joseph R. McCarthy (1908–1957) während des Koreakrieges angeheizt hatte. Außerdem erinnerte man sich noch gut an die gerade einmal ein Jahr zurückliegende Suezkrise, in der Chruschtschow erstmals mit dem Einsatz der Atombombe gedroht hatte.

Diesmal waren es die demokratischen Mehrheitsführer im Kongress, die auf die Eisenhower-Administration öffentlichen Druck ausübten. Es waren dies der Senator Lynden B. Johnson (unter seiner Präsidentschaft wurde später das Apollo-Programm vorangetrieben) sowie dessen texanischer Landsmann Samuel („Sam") T. Rayburn (1882–1961), der Sprecher des Repräsentantenhauses. Eisenhower entließ seinen Verteidigungsminister Charles Wilson und ersetzte ihn durch Neil H. McElroy (1904–1972, reg. 1957–1959). Dieser erkundigte sich sofort bei der ABMA in Huntsville über die schnellste Möglichkeit für einen amerikanischen Satellitenstart. Von Medaris und Braun erhielt er die Auskunft, dass die Jupiter C innerhalb von drei Monaten zu einer Satellitenträgerrakete weiterentwickelt werden könnte. Damit waren die Army und ihr German Rocket-Team wieder offiziell im nationalen Rennen um den ersten US-Satelliten.[46]

Parallel dazu ließ der Pressesprecher des Weißen Hauses verlautbaren, dass die USA noch vor Jahresende einen eigenen Satelliten in den Orbit schießen werde.[47]

Die Navy stand nun mit ihrem Vanguard-Satellitenprogramm doppelt unter Druck. Das NRL mietete daher für Anfang Dezember die ETR Cape Canaveral und kündigte einen Satellitenstart zum Nikolausfest an, obwohl die auf der Viking basierende Dreistufenrakete noch nicht ausgereift war.

Der Starttermin am 6. Dezember wurde dann von den Medien zu einem nationalen Ereignis, dem Tag der Abrechnung *(day of revenge)* hochstilisiert. Millionen amerikanischer Fernsehzuschauer und Radiohörer konnten als Höhepunkt der Bescherung live miterleben, wie die Rakete unmittelbar nach dem Abheben explodierte, wobei sich der kugelförmige Minisatellit selbstständig machte und vom Startgelände in Richtung Strand rollte, während er schon fleißig sein kosmisches Erkennungssignal abstrahlte.[48]

---

[46] Büdeler, Werner. 1982. *Geschichte der Raumfahrt*, S. 345.
[47] Reichl, Eugen. 2013. *Satelliten seit 1957*, S. 18.
[48] Ebd., S. 346.

Die Medien überschlugen sich mit bitter-ironischen Kommentaren. In Anlehnung an den sowjetischen Sputnik war von einem „Kaputnik" bzw. „Flopnik" die Rede.[49]

Hier wurde der grundlegende Unterschied zwischen dem staatlichen Informationsmonopol der Sowjetdiktatur und der demokratischen Pressefreiheit in den USA besonders deutlich: Die US-Regierung musste über ihre Programme gegenüber dem Kongress und der Wählerschaft öffentlich Rechenschaft ablegen. Ein größerer Misserfolg konnte kaum geheim gehalten werden.

Aus der Sowjetunion gab es dagegen nur Erfolgsmeldungen. Raketenstarts wurden nicht im Einzelnen dezidiert angekündigt; es wurden höchstens vage Ankündigungen gemacht. Fehlschläge wurden grundsätzlich nicht öffentlich bekannt gegeben. Das Kosmodrom Baikonur und die zugehörige Retortenstadt blieben von der Außenwelt streng abgeschirmt. Erst nach dem Zusammenbruch der Sowjetunion sickerten im Laufe der 1990er-Jahre nach und nach gesicherte Informationen über Fehlschläge durch, über die vorher nur Gerüchte kursierten.

Zum Jahreswechsel 1957/1958 nahm in den USA schließlich das Explorer-Programm der Army konkrete Formen an. Dabei kam es zu einer effizienten Aufgabenteilung zwischen zivilen und militärischen Institutionen.

Die ABMA mit dem German Rocket-Team entwickelte in Huntsville die Jupiter C zu einer vierstufigen Rakete weiter, indem ihr einfach eine weitere Sergeant-Feststoffrakete auf die Spitze gesetzt wurde. Wernher von Braun nannte diese Version, bestehend aus einer Redstone und insgesamt 15 Sergeants „Jupiter Composite No. 1", abgekürzt Juno 1.[50] Das Wortspiel erinnerte an die antike römische Göttin Juno, die Schwestergemahlin des Jupiter. Das JPL in Los Angeles, das ja bereits die Sergeants für die Raketenstufen 2 bis 4 zur Verfügung gestellt hatte, konstruierte unter der Leitung des gebürtigen Neuseeländers William H. Pickering (1910–2004) auch den Satelliten. Ein Team von Physikern der University of Iowa unter der Leitung von Prof. James A. Van Allen (1914–2006) war für dessen Instrumentierung zuständig. Es war eine eigenartige, aber fruchtbare Zusammenarbeit zwischen der militärisch-straff und preußisch-gründlich durchorganisierten ABMA einerseits sowie den zivilen Stellen mit ihrer

---

[49] Reichl, Eugen. 2011. *Trägerraketen seit 1957*, S. 67. Mackowiak u. a. 2018. *Raumfahrt*, S. 68.
[50] Ebd., S. 37.

Abb. 2.5 Während einer Pressekonferenz Ende Januar 1958 wird der erste US-Welt-raumsatellit Explorer 1 präsentiert. Von links nach rechts: William Pickering (Direktor des JPL), James Van Allen (Chefentwickler des Satelliten bzw. der Messinstrumente) und Wernher von Braun (Chefentwickler der Trägerrakete Juno). (© NASA)

intellektuellen Unabhängigkeit andererseits. Jeder konzentrierte sich auf das, was er am besten konnte (Abb. 2.5).[51]

Am 31. Januar 1958 um 22:48 Uhr Ortszeit – in Europa schrieb man bereits den 1. Februar – startete der erste amerikanische Satellit in den Orbit. Explorer 1 war mit der vierten Juno-Stufe (einer verkürzten Sergeant) fest verbunden und bildete einen knapp zwei Meter langen, rohrförmigen Raumflugkörper mit 15 cm Durchmesser und einer Masse von rund 8 kg. Sputnik 1 war zehnmal schwerer. Alle 115 min flog Explorer 1 mit einem Perigäum von 350 km und einem Apogäum von 2500 km um die Erde. Er flog damit deutlich höher, als die sowjetischen Sputniks, weshalb er auch mehr als 12 Jahre im Orbit blieb, bevor er in der Atmosphäre verglühte.[52]

Drei Monate lang sendete Explorer 1 Messdaten zur Erde, bevor die Batterien versagten. Die Auswertung der Daten über die ionisierende kosmische Teilchenstrahlung lieferte Prof. Van Allen erste Hinweise auf einen (später nach ihm benannten) Strahlungsgürtel, welcher mit dem Magnetfeld der Erde zusammenhängt.[53]

---

[51] Zimmer, Harro. 1997. *Das NASA-Protokoll*, S. 35.

[52] Ebd., S. 37.

[53] Dech, Stefan u. a. 2011. Erdbeobachtung. In: *Handbuch der Raumfahrttechnik*, S. 506 f.

Am 17. März startete dann endlich der erste Navy-Satellit Vanguard 1 mit einer weiterentwickelten Viking-Rakete. Der kleine *„three pounds ball"* wurde von Chruschtschow verächtlich *„grapefruit"* genannt. Allerdings erreichte er eine sehr hohe Umlaufbahn mit einem Perigäum von 650 km und einem Apogäum von 3700 km. Vanguard 1 wird daher erst in rund 200 Jahren abstürzen und stellt somit den ältesten Satelliten der Welt dar.[54]

Zur Energieversorgung kamen erstmals Solarzellen zum Einsatz, weshalb man bis 1965 Daten empfangen konnte. Diese gaben wertvolle Aufschlüsse über die langfristigen Einwirkungen der Gravitation von Mond und Sonne sowie des Sonnenwindes auf die Satellitenflugbahn. Außerdem konnte festgestellt werden, dass die südliche Hemisphäre etwas korpulenter ist als die nördliche, weshalb man übertrieben von einer Birnengestalt der Erde sprach.[55]

Am 26. März folgte dann bereits Explorer 3, denn Nummer 2 hatte einen Fehlstart. Dieser Satellit war mit einem Aufnahmegerät ausgestattet, welches die ermittelten Daten speicherte, wenn sich keine Bodenstation im Empfangsbereich befand.[56]

Mitte Mai war dann wieder die Sowjetunion am Zuge: Sputnik 3 brachte über 1,3 t auf die Waage. Die äußeren Abmessungen entsprachen denen seines Vorgängers, allerdings war er mit Messinstrumenten geradezu vollgestopft und bildete eine Art fliegende Beobachtungs- und Messstation im Orbit. Auch hier kamen Solarzellen zum Einsatz, wodurch bis zum Absturz nach knapp zwei Jahren wertvolle Daten über die kosmische Strahlung, das Magnetfeld der Erde und die Mikrometeoriten gewonnen werden konnten.[57]

Inzwischen war auch Halbzeit für das Internationale Geophysikalische Jahr, und US-Präsident Eisenhower berief eine Beratungskommission unter dem Vorsitz des MIT-Präsidenten James R. Killian (1904–1988) ein, um eine Zwischenbilanz zu ziehen und einen Ausblick auf künftige US-Raumfahrtprojekte zu geben.

Das Zwischenergebnis sah sehr ernüchternd aus: Zwar hatten beide Supermächte im vergangenen Dreivierteljahr jeweils drei Satelliten erfolgreich in den Orbit gebracht, jedoch hatten die US-Satelliten nur ein Gesamtgewicht von rund 20 kg, während die Sputniks zusammen rund

---

[54] Reichl, Eugen. 2013. *Satelliten seit 1957*, S. 19.

[55] Büdeler, Werner. 1982. *Geschichte der Raumfahrt*, S. 350.

[56] Ebd.

[57] Ebd., S. 351.

2000 kg wogen. Demnach hatten die sowjetischen Trägerraketen bei der gleichen Anzahl von Starts hundertmal (!) mehr Gewicht in den Orbit verfrachtet als die amerikanischen.

Das Killian-Komitee deutete diesen Umstand als Hinweis auf eine große Raketenlücke (engl. *Missile Gap*) zwischen den USA und der Sowjetunion, die im Sinne der nationalen Sicherheit schleunigst geschlossen werden müsse.

Außerdem kam man zu dem Schluss, dass die Raumfahrt ein ungeheures wissenschaftliches und technologisches Entwicklungspotenzial biete. Dementsprechend seien die Anstrengungen und Investitionen auf diesem Gebiet zu vervielfachen. Dabei wurden zwei wesentliche Ziele formuliert:

1. Einerseits diene die Raumfahrt der wissenschaftlichen Erforschung der Erde und ihrer kosmischen Umgebung. Den bis dahin rein erdgebundenen Naturwissenschaften würden völlig neue Dimensionen eröffnet.
2. Andererseits diene die Raumfahrt der Landesverteidigung, die in Ergänzung zu den drei konventionellen Waffengattungen eine neue, vierte Dimension erschließen könne.

Analog dazu forderte das Killian-Komitee einerseits die Beendigung des sinnlosen Konkurrenzkampfes zwischen den Teilstreitkräften und andererseits eine klare Trennung von zivilen und militärischen Raumfahrtunternehmungen.[58]

Ende Juli 1958 unterschrieb Eisenhower den National Aeronautics and Space Act, der zur Gründung von zwei Raumfahrtorganisationen führte:

1. Sämtliche militärischen Raumfahrtprogramme wurden unter der Ägide der neuen Militärbehörde für fortschrittliche Forschungsprojekte Advanced Research Projects Agency (ARPA) zusammengefasst.
2. Alle zivilen Raumfahrtprojekte wurden unter der neuen nationalen Luft- und Raumfahrtbehörde National Aeronautics and Space Administration (NASA) zusammengefasst.

Während nun die ARPA direkt dem Verteidigungsministerium unterstand, also über den einzelnen Waffengattungen stand, war die NASA direkt der

---

[58] Zimmer, Harro. 1997. *Das NASA-Protokoll*, S. 38. Wärter gibt dem Vorsitzenden der Beraterkommission fälschlicherweise den Vornamen Julius.

Regierung bzw. dem Präsidenten unterstellt. Darin liegt auch der Haupt-unterschied zur 1915 gegründeten Vorgängerorganisation, dem National Advisory Committee for Aeronautics (NACA), die eng mit der Luftwaffe (USAF) zusammenarbeitete noch weitgehend frei von politischen Einflüssen war.[59]

Zum ersten Chef-Administrator der NASA wurde T. Keith Glennan (1905–1995) berufen, während der bisherige NACA-Direktor Hugh L. Dryden (1898–1965) dessen Stellvertreter wurde.

Die primäre Aufgabe bis Ende der 1950er-Jahre war der Aufbau einer Infrastruktur mit der Übernahme bestehender Forschungs-, Entwicklungs- und Testzentren. Während die Integration der NACA-Forschungszentren, des Ames Research Center (ARC) in Kalifornien und des Langley Research Center (LRC) in Virginia schnell und problemlos erfolgte, leisteten die Streitkräfte anfangs noch Widerstand.

1. Die U.S. Air Force (USAF) musste ihre Raketenstartplätze an der Cape Canaveral Air Force Station (CCAFS) fortan der NASA zur Verfügung stellen. Erst im Zuge des Apollo-Projektes errichtete sie nördlich davon ihr eigenes Raumfahrtzentrum, welches den Namen Kennedy Space Center (KSC). erhielt.
2. Die U.S. Navy (USN) musste ihr Team vom Naval Research Laboratory (NRL) abtreten, welches in Greenbelt, Maryland bei Washington im Goddard Space Flight Center (GSFC) ein neues Zuhause fand und für die Satellitenentwicklung verantwortlich war.
3. Die U.S. Army musste schließlich im Frühjahr 1960 nach langem Widerstand ihr Redstone Arsenal in Huntsville, Alabama mitsamt dem German Rocket-Team der NASA übergeben, die daraus ihr Marshall Space Flight Center (MSFC) machte, in welchem die Trägerraketen entwickelt werden sollten. Wernher von Braun wurde zum ersten Direktor des MSFC ernannt und bekleidete diese Funktion 10 Jahre lang bis 1970.

Als oberstes Gremium für strategische Grundsatzentscheidungen wurde zudem ein nationaler Luft- und Raumfahrtrat, der National Aeronautics and Space Council (NASC) eingerichtet. Den Vorsitz hatte der US-Präsident persönlich inne. Ihm gehörten neben diversen Ministern auch der NASA-Administrator an.

---

[59] Ebd., S. 39 bzw. Koser, Wolfgang u. a. 2019. *Die Geschichte der NASA,* S. 26.

Die neue vierte Dimension des Wettrüstens spiegelte sich auch in der Weltgemeinschaft wieder: 1958 beschloss die Generalversammlung der Vereinten Nationen (UNO) die Gründung eines Ad-Hoc-Komitees zur friedlichen Nutzung des Weltraumes, welches ein Jahr später in einen ständigen Ausschuss umgewandelt wurde, das Committee on the Peaceful Uses of Outer Space (COPUOS). Aus den ursprünglich 18 teilnehmenden Staaten (u. a. Großbritannien, Frankreich, Sowjetunion und USA) wurden bis zum Ende des 20. Jahrhunderts 61. Das Sekretariat (Office for Outer Space Affairs, OOSA) wurde in Wien eingerichtet. Der Ausschuss tagt jährlich im Juni in der UNO-City Vienna.

Schließlich wurde zur lückenlosen Satellitenüberwachung ein weltweites Netz von Bodenstationen errichtet.

Da die Sowjetunion im Gegensatz zu den USA über kein weltweites Stützpunktnetz verfügte, stellte sie Anfang der 1960er-Jahre eine sogenannte Sternenflottille in Dienst. Ihre Heimatbasis wurde Petropawlowsk-Kamtschatski, die östlichste Hafenstadt der Sowjetunion auf der Halbinsel Kamtschatka, wo auch die pazifische U-Boot-Flotte der Sowjetunion stationiert war. Anfangs musste man sich noch mit umgebauten Frachtern behelfen, bevor in der zweiten Hälfte der 1960er-Jahre eigens konstruierte Spezialschiffe mit riesigen Antennen und Radarkuppeln gebaut wurden.[60]

Koroljows Vorstoß zur Gründung einer sowjetischen Luft- und Raumfahrtbehörde nach NASA-Vorbild fand im Kreml jedoch kein Echo. Der Einfluss der Streitkräfte war zu groß. Damit blieben alle staatlichen Aktivitäten auf diesem Gebiet unter der Ägide des Militärs. Eine klare Trennung zwischen ziviler und militärischer Raumfahrt gab es daher in der Sowjetunion nicht.[61]

Die ARPA forcierte im zweiten Halbjahr 1958 die Weiterentwicklung der Atlas-Prototypen. Ende November erfolgte erstmals ein erfolgreicher Testflug über die volle Distanz von über 10.000 km. Drei Wochen später startete von der ETR erstmals eine Atlas-Rakete in den Orbit. An Bord befand sich der 68 kg schwere Versuchskommunikationssatellit SCORE, der über ein Empfangs- und ein Sendegerät sowie ein Tonbandgerät verfügte.

Der Satellit konnte also Signale bzw. Texte aufnehmen und auf Befehl immer wieder abstrahlen. Auf diese Weise konnte Präsident Eisenhower seine Weihnachtsbotschaft aller Welt verkünden, bevor SCORE nach einem Monat verglühte (sein Perigäum betrug nur 185 km). Damit war es erstmals

---

[60] Gründer, Matthias. 2000. *SOS im All*, S. 60 f.
[61] Zimmer, Harro. 1996. *Der rote Orbit*, S. 63.

möglich, mithilfe der Satellitentechnik eine Nachricht innerhalb kürzester Zeit auf der ganzen Welt zu verbreiten. Somit nahm das IGY für die USA doch noch ein versöhnliches Ende.[62]

Im April 1959 konnte die Luftwaffe dann auch mit Discoverer 2 den ersten rein militärischen Satelliten in den Orbit schießen (Discoverer 1 erreichte im Januar nicht die Orbitalhöhe). Discoverer 2 war der weltweit erste Satellit, der in einer polaren Umlaufbahn flog. Damit konnte Sibirien besser beobachtet werden. Es war auch der erste Aufklärungs- bzw. Spionagesatellit. Er besaß eine Rückkehrkapsel mit Fallschirm für den belichteten Film. Diese wurde noch in der Luft von einem Transportflugzeug vom Typ Fairchild C-119 mit einer speziellen Vorrichtung abgefangen. Bei der Air Force wurde Discoverer intern Corona genannt, nach dem Sonnenkranz, der nur bei einer Sonnenfinsternis mit bloßem Auge sichtbar ist.[63]

Als Trägerrakete fungierte diesmal eine weiterentwickelte Mittelstrecken- rakete (IRBM) vom Typ Thor, die mit einer bei dem Flugzeugproduzenten Lockheed entwickelten Oberstufe vom Typ Agena kombiniert worden war.[64]

Nach Army und Navy hatte damit endlich auch die Air Force mit deutlicher Verspätung ihren Teil des amerikanischen Orbiter-Satelliten- programmes für das IGY erfüllt (Tab. 2.1).

2.3   Kommunikation, Navigation, Wettervorhersage und Spionage: Satellitenprogramme in Ost und West

Zunächst werden die verschiedenen Erdumlaufbahnen und die unterschiedlichen Satellitengenerationen und Satellitentypen definiert. Es folgt eine Darstellung der wichtigsten Satellitenprogramme bis 1975. Da beide Supermächte in diesem Zeitraum jeweils rund 1000 Satelliten starteten, kann die Darstellung nur exemplarisch sein. Zunächst wird eine Reihe von US-Beobachtungssatelliten für die Erde (OGO), die Sonne (OSO) und die Sterne (OAO) beschrieben. Beim Aufbau globaler Netze von Kommunikationssatelliten (Nachrichtensatelliten) kam es zur Gründung erster privater Satellitenunternehmen (COMSAT),

---

[62] Büdeler, Werner. 1982. *Geschichte der Raumfahrt*, S. 353. SCORE = Signal Communications Orbiting Relay Experiment.

[63] Reichl, Eugen. 2013. *Satelliten seit 1957*, S. 22–24.

[64] Zimmer, Harro. 1997. *Das NASA-Protokoll*, S. 88.

Tab. 2.1 Meilensteine der Raumfahrt in der 2. Hälfte der 50er Jahre. SLV = Space Launch Vehicle = Weltraumträgerrakete, MRBM = Medium Range Ballistic Missile, ICBM = Intercontinental Ballistic Missile

Jahr	Monat	Bezeichnung	Staat	Beschreibung
1965	Febr.	R-5M Pobeda SS-3 Shyster	SU	1. ballistische Mittelstreckenrakete (MRBM) mit Nuklearsprengkopf
	Juli	Redstone	USA	1. MRBM der USA
1957	Aug.	R-7 Semjorka SS-6 Sapwood	SU	1. ballistische Interkontinentalrakete (ICBM) mit Nuklearsprengkopf
	Sept.	Jupiter C	USA	1. Intermediate Range Ballistic Missile (IRBM)
	Okt.	Sputnik 1	SU	1. Satellit im Weltraum, 1. Funksignal
	Nov.	Sputnik 2	SU	1. Lebewesen im Erdorbit (Polarhündin Laika)
	Dez.	Atlas A	USA	1. Interkontinentalrakete (ICBM) der USA
1958	Jan.	Explorer 1	USA	1. US-Satellit im Weltraum, Entdeckung des Van-Allen-Strahlungsgürtels (SLV: Jupiter C)
	März	Vanguard 1	USA	1. Satellit mit Solarzellen-Stromversorgung, ältester existierender Satellit (SLV: Viking Vanguard)
	Mai	Sputnik 3	SU	1. schwerer Satellit mit über 1 t Masse
	Dez.	SCORE	USA	1. Telekommunikationssatellit (SLV: Atlas)
1959	Jan.	Lunik 1	SU	1. Raumsonde (Fly-by-Mondsonde)
	März	Pioneer 4	USA	1. US-Raumsonde (Fly-by-Mondsonde, SLV: Juno)
	April	Discoverer 2	USA	1. Satellit in einer polaren Umlaufbahn (PEO)
	Sept.	Lunik 2	SU	1. Aufschlag auf dem Mond (Impaktor-Mondsonde)
	Okt.	Lunik 3	SU	1. Aufnahmen von der Rückseite des Mondes

erster öffentlich-privater Partnerschaften sowie zur internationalen Zusammenarbeit. Im Westen die INTELSAT und im Osten Intersputnik mit dem Molnija-Satellitennetz. Bei den Navigationssatelliten werden die amerikanischen Netze Transit und NAVSTAR beschrieben. Auf letzterem basiert das weltweite Positionsbestimmungssystem GPS. Das sowjetische Netz hieß Parus.

Bei den Wettersatelliten werden das amerikanische Netz TIROS und das sowjetische Netz Meteor vorgestellt. Die Aufklärungssatelliten (Spionagesatelliten) gewannen nach dem Abschuss eines amerikanischen Spionageflugzeuges vom Typ U-2 über der Sowjetunion an Bedeutung. Die Amerikaner nannten ihr erstes Netz MIDAS. Das erste sowjetische nannten sie FOBS. Im Zuge der Entspannungspolitik der 1970er-Jahre erlangten die Aufklärungssatelliten eine wichtige Funktion für die gegenseitige Rüstungskontrolle.

In den 1960er-Jahren wurden Satellitenprogramme zur Routine. Seit 1964 bewegten sich die jährlichen Satellitenstarts im dreistelligen Bereich. Bis 1975 starteten die beiden Supermächte jeweils rund 1000 Satelliten. Der Internationale Wissenschaftsrat (International Council for Science, ICSU) gründete 1958 nach dem Start der ersten Satelliten einen ständigen Ausschuss für Weltraumforschung, das Committee on Space Research (COSPAR). Ziel ist der Austausch wissenschaftlicher Daten und Erkenntnisse aus der Raumfahrt. Das COSPAR registriert alle Raumflugkörper (RFK) mit ihren Funktionen und Bahndaten.

Zur eindeutigen Identifikation und Unterscheidung erhalten alle Raumflugkörper einen alphanumerischen Registrierungscode (engl. International Designator, ID). Die Datenverwaltung wird vom National Space Science Data Center (NSSDC) der NASA durchgeführt. Sie betreibt ein digitales wissenschaftliches Datenarchiv, das sogenannte NASA Space Science Data Coordinated Archive (NSSDCA) und ist über das Internet öffentlich zugänglich (Open Access). Dort sind für die Jahre 1957 bis 1975 (Betrachtungszeitraum dieses Bandes) insgesamt 2033 Starts von unbemannten Raumfahrzeugen (RFZ, engl. Spacecraft, S/C) registriert. Der Höhepunkt war 1967 mit 171. Der Space Launch Report (SLR) listet in demselben Zeitraum insgesamt 1460 Starts von Weltraumträgerraketen (Space Launch Vehicle, SLV) auf. Setzt man beide Zahlen in Relation, so wurden im Durchschnitte 1,39 RFZ pro SLV in den Weltraum befördert (Tab. 2.2).

Es würde den Rahmen dieses Buches sprengen, wenn man auf jedes Satellitenprogramm einginge. Im Folgenden wird daher nur auf richtungsweisende Meilensteine eingegangen.

Da sich die in diesem Kapitel beschriebenen Satelliten allesamt im Erdorbit bewegen, sind zunächst einmal die unterschiedlichen Erdumlaufbahnen zu erläutern:[65]

1. Parking Orbit/Early Orbit: Die Parkbahn ist ein sehr niedriger Zwischenorbit in 150 bis 200 km Höhe. Dort finden erste Systemtests statt, und es wird das Drehmoment der Erde genutzt, um mittels einer erneuten Zündung der letzten Raketenstufe in eine Transferbahn überzugehen, z. B. einen Geostationären Transferorbit (Geostationary Transfer Orbit, GTO) oder eine Transferbahn zum Mond (Lunar Transfer Orbit, LTO).

---

[65] Messerschmid, Ernst u. a. 2017. *Raumfahrtsysteme,* S. 105–108 bzw. Wittmann, Klaus u. a. 2011. Raumfahrtmissionen. In: *Handbuch der Raumfahrttechnik,* S. 44.

Tab. 2.2 Anzahl der erfolgreichen Starts von unbemannten Raumfahrzeugen (RFZ) aller Art von 1957 bis 1970. (Quelle: NSSDCA, Spacecraft Query, Discipline: Any abzüglich Human Crew)

Startjahr	Weltraumträgerraketen (SLV)	unbemannte Raumfahrzeuge (S/C)
1957	2	4
1958	6	18
1959	12	25
1960	19	41
1961	25	54
1962	60	75
1963	50	76
1964	83	114
1965	103	156
1966	112	150
1967	121	171
1968	114	154
1969	97	137
1970	110	137
1971	115	159
1972	104	129
1973	104	136
1974	102	131
1975	121	166
Summe	1460	2033

2. Low Earth Orbit (LEO): Die niedrige Erdumlaufbahn befindet sich zwischen 200 und 2000 km Höhe. Hier werden vor allem Satelliten zur Erdbeobachtung eingesetzt, zum Beispiel Aufklärungs- und Wettersatelliten. In diesem Bereich spielt sich auch die bemannte Raumfahrt ab. Die Umlaufzeit beträgt im Durchschnitt rund 1,5–3 Stunden und das Empfangszeitfenster für eine überflogene Bodenstation rund 10–15 Minuten. Die Internationale Raumstation ISS umkreist die Erde in rund 400 km Höhe mit einer Umlaufgeschwindigkeit von ca. 8 km/s = 28.000 km/h und einer Umlaufzeit von rund 90 min = 1,5 h. Die maximale Nutzlastkapazität für den LEO ist die Berechnungsgrundlage für die Einteilung von Trägerraketen in Größenklassen.

3. Medium Earth Orbit (MEO): Die mittlere Erdumlaufbahn liegt zwischen 2000 und 30.000 km Höhe. Hier werden vor allem Navigationssatelliten eingesetzt. Die NAVSTAR-Satelliten des GPS-Systems umkreisen die Erde in rund 20.200 km Höhe und die europäischen Galileo-Satelliten in ca. 23.200 km. Die Umlaufzeit beträgt im Durchschnitt rund 12 h und die Umlaufgeschwindigkeit ca. 4 km/s = 14.000 km/h.

4. Geosynchronous Orbit (GSO): Bei der geosynchronen Umlaufbahn entspricht die Umlaufzeit exakt der Erdrotation, d. h. genau einem siderischen Tag (= 23 h, 56 min).

5. Geostationary Earth Orbit (GEO): Die geostationäre Umlaufbahn stellt einen Sonderfall des GSO dar. Es handelt sich dabei um eine geosynchrone Umlaufbahn mit einer Bahnneigung (Inklinationswinkel) von 0°, d. h. der Satellit bewegt sich über dem Äquator. Daher wird die Abkürzung GEO teilweise auch mit Geosynchronous Equatorial Orbit aufgelöst. Bei einer Höhe von exakt 35.786 km und einer Umlaufgeschwindigkeit von 3 km/s (= 11.000 km/h) heben sich Gravitations- und Zentrifugalkraft gegenseitig auf, was zu einer sehr stabilen, kreisförmigen Umlaufbahn führt. Der Satellit scheint über einem bestimmten Punkt der Erde scheinbar zu stehen. Dies wird vor allem von Kommunikationssatelliten genutzt. Es genügt ein einmaliges Anpeilen des Satelliten, um eine dauerhafte Verbindung herzustellen. Eine komplizierte Bahnverfolgung und das Verschwinden des Satelliten hinter dem Horizont entfallen.

6. Polar Earth Orbit (PEO): Die polare Erdumlaufbahn ist eine spezielle Umlaufbahn mit einem Inklinationswinkel (Bahnneigung) von 90° bzw. 270° zum Äquator. Sie führt über die Pole und ist für Satelliten relevant, die alle Breitengrade abdecken sollen. Das gilt vor allem für Aufklärungssatelliten, sowie für einige Forschungs-, Navigations- und Wettersatelliten.

7. Retrograde Orbit: Eine Rückläufige bzw. gegenläufige Umlaufbahn hat ein Satellit mit einer Bahnneigung (Inklination) von über 90° bzw. unter 270°, d. h. der Satellit fliegt entgegen der Erdrotation. Die Trägerrakete muss in diesem Fall Richtung Westen starten. Die Herausforderung dabei ist der deutlich höhere Energie- bzw. Treibstoffaufwand, weil die Rakete den Schwung der Erdumdrehung beim Start nicht mitnehmen kann, sondern ihn im Gegenteil erst überwinden muss.

8. Sun-Synchronous Orbit (SSO): In einem Sonnensynchronen Orbit hat der der die Erde umkreisende Satellit relativ zur Sonne immer dieselbe Bahnebene. Diese Orbitalebene dreht sich in einem Jahr genau einmal um die Erde (360° pro Jahr). Dadurch überfliegt der Satellit dieselben Orte immer zur selben Ortszeit. Dies ist für bestimmte Erdbeobachtungs- und Wettersatelliten relevant. Darüber hinaus kann die Bahnebene so gewählt werden, dass der Satellit niemals in den Erdschatten tritt. Dies ist nicht nur für Sonnenbeobachtungssatelliten wichtig, sondern auch für Satelliten, deren Subsysteme und Instrumente besonders viel Energie benötigen. Die Solarzellen werden ununterbrochen von der Sonne bestrahlt und es sind keine schweren

und platzraubenden Akkumulatoren zur Stromspeicherung nötig. Der stabilste SSO befindet sich ein einer Höhe von etwa 800 km bei einer Inklination von ca. 99°.

9. Highly Elliptical Orbit (HEO): Die hochelliptische Umlaufbahn ist eine Umlaufbahn mit sehr hoher Exzentrizität, d. h. einem sehr großen Unterschied zwischen Perigäum und Apogäum. Diese eignet zum Beispiel für Forschungssatelliten, die den Van-Allen-Strahlungsgürtel oder die Magnetosphäre der Erde vermessen, zum Beispiel der europäische Forschungssatellit HEOS. Das sowjetische Kommunikationssatellitennetz Molnija fliegt ebenfalls im HEO.

10. Transferorbits sind extrem elliptische Sonderformen des HEO für den spritsparenden Übergang von einer erdnahen Parkbahn im LEO zu einer weiter entfernten Umlaufbahn. Der geosynchrone Transferorbit (Geosynchronous Transfer Orbit, GTO) ist eine Übergangsbahn zum GSO bzw. GEO und der Lunare Transferorbit (Lunar Transfer Orbit, LTO) als die effizienteste Flugbahn zum Mond.

11. Super-synchronous Orbit: Der supersynchrone Orbit ist eine Umlaufbahn oberhalb des GEO, d. h. oberhalb von ca. 36.000 km. Hierher werden v. a. ausrangierte geostationäre Satelliten manövriert und stillgelegt. Diese Orbithöhe wird daher auch umgangssprachlich als Friedhofsorbit (engl. Graveyard Orbit) bezeichnet. Satelliten in niedrigeren Umlaufbahnen werden nach dem Ende ihrer Lebensdauer bevorzugt abgebremst, damit sie in der Erdatmosphäre verglühen.

Bis auf die geostationäre Umlaufbahn sind alle anderen Umlaufbahnen elliptisch, genauso wie auch die Umlaufbahn des Mondes um die Erde oder der Planeten um die Sonne. Der erdnächste Punkt wird Perigäum und der erdfernste Punkt wird Apogäum genannt.

Wenn man sich mit den Satelliten beschäftigt, muss man sich darüber im Klaren sein, dass ein vollständiges Raumfahrtsystem über eine komplexe Infrastruktur sowohl am Boden als auch im Weltraum verfügt. Die meisten Anwendungssatelliten sind zudem Teil eines globalen Satellitennetzwerkes. Die gesamte Infrastruktur, welche für den Aufbau und Betrieb von Satellitennetzen notwendig ist, wird im Wesentlichen in 4 Teilsysteme bzw. Segmente eingeteilt:

1. Bodensegment (Ground Segment, G/S): Es umfasst die gesamte terrestrische Infrastruktur am Boden und kann in die folgenden 2 Subsegmente unterteilt werden: Das Startsegment (Launch Segment), an welchem die Endmontage und der Start der Trägersysteme durchgeführt

werden. Dies findet i. d. R. in → Raumfahrtzentren (Space Flight Center, SFC) statt. Das Kontrollsegment (Control Segment, C/S) besteht aus dem Raumflugkontrollzentrum, in den USA das Mission Control Center (MCC) in Houston und in der Sowjetunion das *Zentr Uprawlenija Paljotam* (ZUP). Daneben gibt es andererseits noch diverse Bodenstationen (Ground Stations) mit Parabolantennen zur Bahnverfolgung und zum Empfang der Telemetriedaten.[66]

2. Transfersegment (Transfer Segment, T/S): Dabei handelt es sich um das Trägersystem (Space Launch Vehicle, SLV), welches die Nutzlast in den Weltraum befördert. Üblicherweiseist dies eine Trägerrakete, zwischen 1981 und 2011 auch das Raumtransportsystem STS mit dem Space Shuttle.

3. Raumsegment (Space Segment, S/S): Dabei handelt es sich um die Nutzlast (Payload, P/L) bzw. das Raumfahrzeug (Spacecraft, S/C). Es dient der Durchführung der eigentlichen Mission im Weltraum. In diesem Abschnitt sind dies die Satelliten.

4. Das Anwendungs- bzw. Nutzersegment (User Segment, U/S) umfasst die Auswertung und Aufbereitung der empfangenen Daten für die praktische Anwendung durch die Endnutzer bzw. Konsumenten. Dazu zählen z. B. die meteorologischen Anstalten bzw. Wetterdienste, wo die Satellitenbilder für die Wettervorhersage ausgewertet werden. Eine andere, weit verbreitete Anwendungsinfrastruktur sind die Satellitennavigationssysteme, z. B. GPS-Empfänger.

Die Teilsysteme bzw. Segmente können wiederum in mehrere Subsysteme (Betriebssysteme) untergliedert werden. Zu den Subsystemen eines Satelliten, gehören u. a.:

- Bahn- und Lageregelungssystem (Attitude & Orbit Control, AOC) mit automatischen Steuerdüsen (Reaction Control System, RCS),
- Bordcomputersystem (Command & Data Handling, CDH),
- Energieversorgungssystem (Electrical Power System, EPS) mit Akkus und Solarzellen,
- Kommunikations- und Telemetriesystem (Communication & Telemetry System, CTS).
- Steuerungs-, Ortungs- und Kontrollsystem (Guidance, Navigation & Control, GNC),
- Temperaturkontrollsystem (Thermal Control System, TCS).

---

[66] Zentr Uprawlenija Poljotam = kyrill. Центр Управления Полётами (ЦУП).

Mit der zunehmenden Serienfertigung von Satelliten wurde das Bussystem als zentrale Baugruppe und Plattform für die verschiedenen Subsysteme entwickelt. Durch die Serienproduktion von Standartbussen können Entwicklungs- und Produktionskosten gesenkt werden. Der Satellitenbus wird mit einem Nutzlastmodul gekoppelt, welches je nach Aufgabenspektrum z. B. mit Antennen, Sensoren oder Kameras bestückt ist.

Sowohl die Trägerraketen als auch die Satelliten werden in Größenklassen eingeteilt.

Bei den Trägerraketen ist die maximale Nutzlastkapazität (Payload Capability, PLC) für die Beförderung in eine niedrige Erdumlaufbahn (LEO) ausschlaggebend:

1. Small-lift Launch Vehicle (SLV): Leichte Trägerrakete mit einer PLC bis 2 t. Beispiele: Jupiter/Juno, Redstone, Scout, Thor, Viking/Vanguard (USA), Raketa Semjorka R-7, Sputnik (SU), Black Arrow (GB), Diamant (F).
2. Medium-lift Launch Vehicle (MLV): Mittelschwere Trägerrakete mit einer PLC von 2 bis 20 t. Beispiele: Atlas, Delta, Titan (USA), Molnija, Sojus, Wostok, Woschod (SU).
3. Heavy-lift Launch Vehicle (HLV): Schwere Trägerrakete (Schwerlastrakete) mit einer PLC von 20 bis 50 t. Beispiele: Saturn 1B (USA), Proton (SU).
4. Super Heavy-lift Launch Vehicle (SHLV): Superschwere Trägerrakete (Superschwerlastrakete) mit einer PLC von über 50 t. Beispiele: Saturn 5 (USA), Nositel N-1 (SU).

Bei den Satelliten ist die Gesamtmasse in vollbetanktem Zustand (wet mass) ausschlaggebend: 1. Small Satellite: Kleinsatellit bis 500 kg, 2. Medium Satellite: Mittlerer Satellit von 500 bis 1.000 kg, 3. Large Satellite: Großer Satellit über 1.000 kg.

Die Kleinsatelliten können wiederum in Minisatelliten (100–500 kg) und Mikrosatelliten (unter 100 kg) unterteilt werden. Dementsprechend gibt es auch bei den leichten Trägerraketen die weitere Unterteilungsmöglichkeit in Mini- & Microsatellite Launch Vehicle (MSLV) bzw. in der Kurzform Mini- & Microlauncher.

In der Entwicklungsgeschichte unterscheidet man im Wesentlichen drei Satellitengenerationen:

1. Die Versuchs- bzw. Testsatelliten der ersten Generation. Sie dienten der Erprobung neuer Systeme und sind technisch noch nicht ausgereift.

2. Die technisch ausgereiften Satelliten der zweiten Generation, die oft schon in Serie produziert wurden.

3. Die hochkomplexen Satelliten der dritten Generation, die mithilfe sogenannter Housekeeping-Systeme ihre Funktionsweise selbst überprüfen und regulieren können.

Die enormen technischen Anforderungen an die Satellitenentwicklung sind teilweise widersprüchlich: Einerseits sollen Satelliten robust und belastbar sein, um die brutale Beschleunigung beim Raketenstart unbeschadet zu überstehen; andererseits sollen sie möglichst klein und leicht sein, um die Transportkosten in Grenzen zu halten. Einerseits sollen sie der kosmischen Höhenstrahlung und den Mikrometeoriten gegenüber unempfindlich sein, andererseits sollen sie die empfindlichsten Instrumente beherbergen.

Darüber hinaus stellt die Energieversorgung und eine möglichst lange Lebensdauer hohe Anforderungen an die Entwickler.

Diese Vorgaben haben dazu geführt, dass beim Satellitenbau erstmals Technologien zum Einsatz kamen, die für uns heute selbstverständlich sind. Dazu gehört die Mikroelektronik genauso wie moderne Fertigungstechniken bei der Leichtmetall- und Kunststoffverarbeitung.

Auch die staubfreie Herstellung im Reinraum wurde erstmals beim Bau von Satellitenkomponenten angewendet. Der erstmalige Einsatz von Solarzellen zur Energieversorgung wurde bereits angesprochen.

Die Satelliten werden je nach Einsatzart in verschiedene Typkategorien eingeteilt. Man unterscheidet grundsätzlich zwischen Forschungs- und Anwendungssatelliten.

Forschungssatelliten haben vor allem 5 Betätigungsfelder:

1. dienen sie der Erforschung der Erdoberfläche. Erst durch Satelliten konnte sie weltweit metergenau vermessen werden. Die Entdeckung ihrer Birnengestalt durch Vanguard 1 wurde bereits erwähnt. Wärmebildkameras bzw. Infrarotsensoren können lokale Erwärmungen der Meere oder Waldbrände feststellen.

2. dienen Forschungssatelliten der Erforschung der Erdatmosphäre. Ihre Zusammensetzung, Dichte und Temperatur führte zu einer zweifachen Einteilung: Einerseits nach dem Ionisierungszustand in eine Neutro-, Iono- und Protonosphäre; sowie andererseits nach der Temperaturverteilung in eine Tropo-, Strato-, Meso-, Thermo-, und Exosphäre. Darüber hinaus wurde auch der Einfluss kosmischer Strahlung sowie des irdischen Schadstoffausstoßes erforscht. Phänomene wie der Treibhauseffekt oder

das Ozonloch konnten erst mit Satelliten analysiert werden und geben Aufschluss über die Verletzlichkeit der Erdatmosphäre.

3. dienen sie der Erforschung des erdnahen Weltraumes (engl. Geospace). Wichtigste Entdeckungen sind das irdische Magnetfeld, welches durch den Sonnenwind stark deformiert wird, sowie das Vorkommen von kosmischem Staub und Mikrometeoriten. Die Entdeckung des Van-Allen-Strahlungsgürtels durch Explorer 1 wurde bereits erwähnt.

4. dienen astronomische Forschungssatelliten der Entdeckung und Erforschung anderer Himmelskörper. Die Erdatmosphäre lässt nur bestimmte Radiofrequenzen ungehindert durch. Andere Frequenzbereiche werden gefiltert bzw. absorbiert. Damit sind der terrestrischen Astronomie trotz großen technischen Aufwandes enge Grenzen gesetzt, während die orbitale Astronomie unverschleiert in den Weltraum blicken kann.

5. dienen biologische Forschungssatelliten der Erforschung des Verhaltens irdischer Organismen im Weltraum. Dass ein Überleben im Weltraum möglich ist, zeigte ansatzweise bereits Sputnik 2. Im übernächsten Kapitel wird auf die Tierversuche näher eingegangen.

Als Weltraumträgerraketen (engl. Space Launch Vehicle, SLV) für die Satellitenstarts nutzte man aus Kostengründen Mittel- und Langstreckenraketen, die ursprünglich als Atomraketen für das Militär entwickelt wurden. Die meisten US-Satelliten der 1960er und 1970er Jahre starteten entweder mit einer Mittelstreckenrakete (engl. Intermediate Range Ballistic Missile, IRBM) vom Typ Thor oder eine Langstreckenrakete (engl. Intercontinental Ballistic Missile, ICBM) vom Typ Atlas. Die *Thor* wurde ab 1959 in Westeuropa (vor allem in Großbritannien) stationiert und bereits ab 1963 durch Nachfolgemuster ersetzt. Die *Atlas* wurde ebenfalls ab 1959 beim strategischen Luftkommando (engl. Strategic Air Command, SAC) der US-Luftwaffe (Air Force) eingesetzt und ab 1965 durch Nachfolgemuster vom Typ *Minuteman* und Titan ersetzt. Die kostengünstigste Variante für die Raumfahrt war die Adaptierung ausgemusterter Atomraketen. Die teurere Variante war die Entwicklung ziviler Derivate. Dies betraf insbesondere die Kombination mit verschiedenen Oberstufen, welche die zivile Nutzlast (engl. Payload, P/L) in den Erdorbit befördern sollte. Die Thor wurde in Kombination mit der Viking-Rakete zur Thor Able und in einer weiterentwickelten Version zur Thor Able Star. Als dritte Version wurde eine mehrfach zündbare Oberstufe namens Agena entwickelt, die dann als Thor Agena zum Einsatz kam. Die erfolgreichste Version war jedoch die vierte, die nach dem vierten Buchstaben des griechischen Alphabets *Delta* genannt wurde. Sie wurde in verschiedenen Ausführungen bis in die 1980er Jahre als Trägerrakete genutzt.[67]

Die Atlas hat insgesamt 6 Entwicklungsstufen (A bis F) durchgemacht und wurde in den 1960er-Jahren ebenfalls mit der Agena-Oberstufe kombiniert (Atlas Agena). Parallel dazu wurde noch eine leistungsfähigere Oberstufe mit flüssigem Sauerstoff und Wasserstoff (LOX+LH$_2$) entwickelt, die *Centaur* genannt wurde. Die Atlas Centaur war wie die Thor Delta bis in die 1980er Jahre als Trägerrakete im Einsatz.[68]

Die Standard-Satellitenträgerrakete der Sowjetunion wurde wie die meisten sowjetischen Satelliten einfach Kosmos genannt. Die Versionen Kosmos 1 und 2 basierten auf der Mittelstreckenrakete (IRBM) R-12 und die Version Kosmos 3 auf der schwereren IRBM R-14. Alle Kosmos-Versionen ware zweistufig. Der Erstflug der Kosmos fand 1961 und der letzte Start einer Kosmos 3 fand 2010 statt.[69] Für schwere Satelliten, hochelliptische Umlaufbahnen (HEO), Raumsonden und bemannte Raumfahrzeuge wurden Derivate der Interkontinentalrakete (ICBM) R-7 (Raketa Semjorka) eingesetzt. Gemäß dem russischen Brauch, die Rakete nach ihrer ersten Nutzlast zu benennen, wurde die früheste, zweistufige Version *Sputnik* genannt. Sie wurde von 1957 bis 1961 eingesetzt.[70] Die nächste, dreistufige Version hieß *Wostok* und in einer weiterentwickelten Variante mit stärkerer Oberstufe *Woschod*. Der Erstflug der Wostok-Rakete erfolgte Ende 1960 und der letzte Flug einer Woschod erfolgte erst 2007.[71] Die stärkste Version war die vierstufige *Molnija*. Ihr Erstflug war 1964 und sie wurde bis 2010 eingesetzt.[72] Zusammenfassend kann festgestellt werden, dass die sowjetischen Trägerraketen der zweiten und dritten Generation sehr robust und langlebig waren und weit über das Ende der Sowjetunion hinaus eingesetzt worden sind.

---

[67] Reichl, Eugen. 2013. *Trägerraketen seit 1957,* S. 27 und 55. Thor ist der Name des altgermanischen Donnergottes, der auch Donar genannt wird.

[68] Ebd., S. 16–21. In der griechischen Mythologie ist Atlas einer der Titanen, der das Himmelsgewölbe trägt. Ein Centaur (alternative Schreibweisen mit K und Z) ist in der griechischen Mythologie ein Mischwesen mit dem Oberkörper eines Menschen und mit dem Rumpf und den Beinen eines Pferdes.

[69] Ebd., S. 40 f. Kosmos (kyrill. Космос) = Weltall.

[70] Ebd., S. 52 f. Sputnik (kyrill. Спутник) = Begleiter, Trabant.

[71] Ebd., S. 62 f. Wostok (kyrill. Восток) = Osten, Woschod (kyrill. Восход, sprich: Woschod) = Sonnenaufgang.

[72] Ebd., S. 42 f. Molnija (kyrill. Молния) = Blitz.

Wichtige Meilensteine der Forschungsgeschichte stellen die amerikanischen Orbiting Observatories (dt. erdumlaufende Beobachtungssatelliten) dar.[73]

Es begann im März 1962 mit der OSO-Reihe zur Sonnenbeobachtung (das S steht demnach für Solar). In den folgenden elf Jahren wurde mit insgesamt sieben OSO-Satelliten erstmals ein voller Sonnenfleckenzyklus lückenlos erforscht. Wichtige Erkenntnisse über die Vorgänge auf der Sonnenoberfläche und in der Korona konnten gewonnen werden. Nebenbei wurde auch die kosmische Röntgenstrahlung entdeckt.[74]

Im September 1964 startete die OGO-Reihe zur Erdbeobachtung (das G steht für Geophysical). Sie lieferte wichtige Erkenntnisse über verschiedene Vorgänge in der Atmosphäre und Magnetosphäre.

Im April 1966 startete schließlich die OAO-Reihe zur Sternenbeobachtung (das A steht für Astronomical). Es waren dies die ersten Weltraumteleskope. Sie lieferten Hinweise auf die Entstehung und den Untergang von Fixsternen.

Die Sowjetunion konnte Anfang des Jahres 1964 mit Elektron (Электрон) 1 und 2 erstmals einen Satellitendoppelstart verbuchen. Dieses Programm ermöglichte gleichzeitig Messungen am inneren und äußeren Van-Allen-Strahlungsgürtel.[75]

Forschungssatellitenprogramme führten auch erstmals zu internationaler Zusammenarbeit in der Raumfahrt.

So starteten die USA im Jahre 1962 zwei im Ausland entwickelte Satelliten zur Erforschung der Ionosphäre: Im April den britischen *Ariel 1* und im September die kanadische *Alouette* (dt. Lerche). Ariel wurde in den USA im Auftrage Großbritanniens gebaut. Dennoch gilt er als erster Satellit eines Drittstaates, das heißt nicht der USA oder der Sowjetunion. Alouette wurde in Kanada gebaut und gilt somit als erster Satellit, der in einem Drittstaat gebaut wurde. Ende 1964 ließ dann Italien seinen ersten Satelliten *San Marco* in den USA starten. Er gilt als der erste Satellit, der in Westeuropa gebaut wurde. 1965 startete schließlich auch Frankreich seinen ersten Satelliten namens *Astérix*. Er gilt als der erste gänzlich ohne Beteiligung der Supermächte entwickelte, gebaute und gestartete Satellit. Die Franzosen

---

[73] Büdeler, Werner. 1982. *Geschichte der Raumfahrt*, S. 360–363.

[74] Ulamec, Stephan u. a. 2011. Kommunikation. In: *Handbuch der Raumfahrttechnik*, S. 554.

[75] Ebd., S. 365.

starteten ihn mit einer selbst entwickelten Rakete vom Typ *Diamant* von ihrem Startgelände Hammaguir in Algerien.[76]

Die 1962 gegründete westeuropäische Weltraumorganisation ESRO ließ ihre Satelliten Aurora und HEOS zur Erforschung des Polarlichtes bzw. der Magnetosphäre im Herbst 1968 ebenfalls durch die NASA starten.[77] HEOS erreichte ein Apogäum von fast 225.000 km, kam also der Orbitalgravopause schon sehr nahe. Ein Jahr später konnte auch die Bundesrepublik Deutschland (BRD) ihren ersten Satelliten mit dem Namen Azur (dt. Himmelblau) durch die NASA in den Orbit bringen lassen. Über die Raumfahrtaktivitäten der westeuropäischen Staaten wird im letzten Kapitel ausführlich berichtet.

Zur selben Zeit begann auch die Sowjetunion im Rahmen des Projektes Interkosmos (Интеркосмос) die Zusammenarbeit mit befreundeten Nationen auf dem Gebiet der Raumfahrt. Interkosmos 1 startete im Oktober 1969 zur Erforschung der Ultraviolett- und Röntgenstrahlung der Sonne, wobei die Messinstrumente aus der Deutschen Demokratischen Republik (DDR) und der Tschechoslowakei kamen.[78]

Bei den Anwendungssatelliten unterscheidet man grundsätzlich zwischen ziviler und militärischer Anwendung, wobei besonders in der sowjetischen Raumfahrt fließende Übergänge festzustellen sind, die eine klare Trennung schwierig bis unmöglich machen.

Hinzu kam der Umstand, dass die überwiegende Anzahl der sowjetischen Satellitenstarts unter der Standardbezeichnung Kosmos (Космос) mit einer fortlaufenden Durchnummerierung bekannt gegeben wurde. Außer dieser Bezeichnung und dem Startdatum wurden aus Geheimhaltungsgründen keine weiteren Angaben gemacht, was im Westen zu zahlreichen Spekulationen führte. Die NSSDCA verzeichnet für den Zeitraum 1962 bis 1970 insgesamt 389 Satellitenstarts unter der Bezeichnung *Kosmos*. Dies entspricht durchschnittlich einem Satellitenstart pro Woche. Es handelte sich dabei hauptsächlich um Testsatelliten bzw. Prototypen sowie

---

[76] Der britische Satellit Ariel ist nach dem Luftgeist in William Shakespeares Theaterstück *The Tempest* (dt. *Der Sturm*) benannt. Der italienische Satellit San Marco ist nach dem Heiligen Apostel und Evangelisten Markus benannt, dessen Reliquien im Markusdom von Venedig liegen. Asterix ist eine Comicfigur des Autors René Goscinny und des Zeichners Albert Uderzo. Er wohnt in einem imaginären gallischen Dorf, welches um 50 v. Chr. den römischen Invasoren Widerstand leistet.

[77] Reichl, Eugen. 2013. *Satelliten seit 1957*, S. 60 f. Die European Space Research Organization (ESRO) ist eine Vorgängerorganisation der European Space Agency (ESA). Aurora ist die röm. Göttin der Morgenröte (griech. Eos). HEOS = Highly Eccentric Orbit Satellite = Satellit mit stark exzentrischer Umlaufbahn.

[78] Ulamec, Stephan u. a. 2011. Kommunikation. In: *Handbuch der Raumfahrttechnik*, S. 479.

um Militärsatelliten. Darüber hinaus wurden auch alle gescheiterten unbemannten Raumfahrtprogramme, die ihr Missionsziel nicht erreicht haben, mit der Tarnbezeichnung Kosmos versehen, denn es durften in der Sowjetpropaganda nur Erfolge kommuniziert werden.[79]

Kommunikationssatelliten (*communications satellite*, Abk. Comsat) – auch Nachrichtensatelliten, Fernmeldesatelliten oder Telekommunikationssatelliten genannt – sind aus unserem globalisierten Informationszeitalter gar nicht mehr wegzudenken. Bereits 1945 hatte der amerikanische Physiker und Science-Fiction-Schriftsteller Arthur C. Clarke (1917-2008) in der Zeitschrift *Wireless World* einen zukunftsweisenden Aufsatz unter dem Titel *Extraterrestrial Relais* veröffentlicht. Darin schlug er die Stationierung von Datenübertragungssatelliten im Geostationären Orbit (GEO) vor. Mit lediglich drei solcher Satelliten könne die gesamte Erdoberfläche mit Ausnahme der Polargebiete abgedeckt werden. Alle Empfangsanlagen müssten nur einmal auf die geostationären Satelliten ausgerichtet werden.[80]

Die Ausstrahlung der Weihnachtsbotschaft des US-Präsidenten zum Ende des IGY mithilfe des ersten Testnachrichtensatelliten SCORE wurde bereits erwähnt. Im August 1960 startete die NASA den ersten passiven Kommunikationssatelliten Echo 1. Dabei handelte es sich um einen Ballon aus einer aluminiumbeschichteten Folie, welcher die Funkwellen der Sendestation reflektierte und als Echo zur Erde zurückstrahlte.

Der Orbitalballon war 75 kg schwer und hatte einen Durchmesser von 30 m. Die reflektierende Oberfläche machte diesen Satelliten zum ersten von Menschenhand geschaffenen Objekt im Weltraum, das von der Erde aus mit bloßem Auge zu sehen war. Mit Echo 1 wurden erstmals Satellitenfunkverbindungen zwischen der amerikanischen Ost- und Westküste sowie zwischen Amerika und Europa hergestellt. Allerdings reagierte der Ballon auf Temperatur- und Dichteschwankungen sowie auf Mikrometeoritentreffer empfindlich. Nach einem Jahr hatte er seine Kugelgestalt verloren und der Durchmesser betrug nur noch 18 m.[81]

Bereits zwei Monate später startete der erste aktive Test-Kommunikationssatellit Courier (dt. Kurier) 1B, der jedoch bereits nach 17 Tagen ausfiel.

---

[79] Hofstätter, Rudolf. 1989. *Sowjet-Raumfahrt*, S. 55.

[80] Koudelka, Otto. 2000. Satellitenkommunikationssysteme und ihre Anwendung. In: *Elektrotechnik und Informationstechnik* (E&I), 117. Jg., Nr. 9 (Sept.), S. 560 bzw. Ders. 2007. Technische Aspekte der Kommunikation via Weltraum. In: *Raumfahrt und Recht*. Hrsg. C. Brünner u. a., S. 121.

[81] Reichl, Eugen. 2013. *Satelliten seit 1957*, S. 36 f. Harro Zimmer behauptet dagegen, dass Echo bereits nach nur 1 Monat unbrauchbar geworden sei (vgl. Zimmer, Harro. 1997. *Das NASA-Protokoll*, S. 85).

Im Dezember 1961 wurde der erste Satellit gestartet, der auf eine private Initiative zurückging. Gebaut wurde er von kalifornischen Amateurfunkern in ehrenamtlicher Arbeit. Er hatte die Größe eines Schuhkartons, wog nur 4,5 kg, beinhaltete einen Ameteurfunksender und erhielt den Namen OSCAR (Orbital Satellite Carrying Amateur Radio). Aus Kostengründen wurde er gemeinsam mit Discoverer 36 gestartet. [82] Im Juli 1962 ließ die American Telephone and Telegraph Co. (AT&T) den ersten kommerziellen Fernsehübertragungssatelliten Telstar 1 in den Orbit schießen, mit dem im Rahmen einer großen Ringschaltung erstmals Fernsehbilder live von Amerika nach Europa und umgekehrt gesendet wurden. Der spektakuläre Publikumserfolg führte 1963 zur Gründung der Communication Satellite Corporation (COMSAT), des ersten kommerziellen Satellitenunternehmens der Welt. Ziele waren der Aufbau eines lückenlosen Netzes von Kommunikationssatelliten über den USA sowie Übertragungsbrücken nach Westeuropa, Japan und Südamerika. Die US-Regierung sah dies als ein Projekt von nationaler Bedeutung an und stattete COMSAT mit einem Startkapital von 300 Mio. US-Dollar aus. Es war dies die erste öffentlich-private Partnerschaft, engl. Public Private Partnership (PPP) in der Raumfahrt. Kurt Spillmann stellte Ende der 1980er Jahre fest, dass die Nutzung des Weltraumes für die internationale Kommunikation die bis dahin einzige wirklich rentable wirtschaftliche Ausbeute der Weltraumtechnik sei.[83]

Ein neues Kapitel des Satellitenzeitalters wurde schließlich im Frühjahr 1963 mit dem Start der Syncom-Serie aufgeschlagen. Es handelte sich dabei um die ersten Satelliten, welche die geostationäre Umlaufbahn (GEO) in exakt 35.786 km über dem Äquator erreichten. Der Kommunikationssatellit bewegte sich synchron mit der Erde, daher die Bezeichnung Syncom als Abkürzung für Synchronous Communication.

Syncom 3 übertrug im Oktober 1964 die XVIII. Olympischen Sommerspiele aus Tokio in die USA. Dieser Publikumserfolg führte noch im selben Jahr zur Gründung des International Telecommunications Satellite Consortium (INTELSAT), an dem anfangs 14 Staaten beteiligt waren, wobei die amerikanische COMSAT mit 25 % beteiligt war. Vorrangiges Ziel war der Aufbau eines globalen Netzes von Telekommunikationssatelliten sowie den zugehörigen Bodenstationen. Bis Anfang der 1970er-Jahre waren über

---

[82] Ebd., S. 38.

[83] Dodel, Hans. 2011. Kommunikation. In: *Handbuch der Raumfahrttechnik*, S. 521 bzw. Spillmann, Kurt. 1988. Geschichte der Raumfahrt. In: *Der Weltraum seit 1945*, S. 28.

100 Staaten an der INTELSAT-Kooperation beteiligt und die ersten vier Satelliten im Einsatz, die „Early Bird" (Frühaufsteher) genannt wurden.[84]

Die Sowjetunion startete ihren ersten zivilen Kommunikationssatelliten Molnija (Молния, dt. Blitz) 1965. Wegen des riesigen, elf Zeitzonen umfassenden Territoriums wählten die Sowjets für ihre Molnija-Satellitenserie die hochelliptische Umlaufbahn (HEO) mit einem Apogäum von 40.000 km. Die internationale Zusammenarbeit auf diesem Gebiet begann 1971 mit der Gründung der Organisation Intersputnik (Интерспутник) für die Staaten des Ostblocks.[85]

Ein Jahr später befasste sich auch die UNO-Vollversammlung mit dem Thema und verabschiedete eine Resolution, in welcher der Satellitenkommunikation eine wichtige Rolle im weltweiten Informations- und Kulturaustausch zwischen den Nationen zukomme. Dies diene der Verständigung zwischen den Völkern.[86]

Natürlich hatte dieser Anwendungsbereich auch eine militärische Seite. Die USA startete 1966 eine Reihe militärischer Kommunikationssatelliten zur globalen Kommunikation der Streitkräfte, das sogenannte Defense Satellite Communications System (DSCS). Bis Mitte der 1970er Jahre wurden 12 Satelliten in den Orbit befördert. Dies geschah mit Trägerraketen vom Typ Titan 3. Von den kleinen Satelliten der ersten Serie konnten bis zu 8 gleichzeitig gestartet werden. Betrieben wurde es von der bereits 1960 gegründeten Defence Information Systems Agency (DISA).

Ende 1969 wurde die Skynet-Serie gestartet, die der amerikanisch-britischen Zusammenarbeit entsprang und im Frühjahr 1970 startete die NATO-Serie in Zusammenarbeit mit allen NATO-Partnern.[87]

Navigationssatelliten (engl. Navigational Satellite, Navsat) sind im Zeitalter des weltumspannenden Verkehrs ein wichtiges Hilfsmittel. Egal ob zu Lande, zu Wasser oder in der Luft: Mit einem Navigationssatellitennetz kann man überall auf der Welt seinen Standort metergenau bestimmen.

In den 1960er Jahren war die Satellitennavigation noch hauptsächlich dem Militär vorbehalten. Die US-Marine (US Navy) baute in dieser Dekade ihr Navigationssatelliten-Netz Transit auf, das 1964 in Betrieb ging. Primäre Aufgabe war die Zielführung für Lenkwaffenzerstörer und Atom-U-Boote mit Raketen (SLBM) vom Typ Polaris. Das Transit-Netz wurde 1967 auch

---

[84] Reichl, Eugen. 2013. *Satelliten seit 1957*, S. 55 f.

[85] Ebd., S. 522 f.

[86] Wolf, Dieter u. a. 1983. *Die Militarisierung des Weltraumes*, S. 155. Fälschlicherweise wird hier das Gründungsjahr 1971 auch für INTELSAT angegeben.

[87] Büdeler, Werner. 1982. *Geschichte der Raumfahrt*, S. 481.

für die zivile Nutzung freigegeben. Der Betrieb wurde erst Ende 1996 eingestellt.[88]

Das in den 1970er Jahren entwickelte Nachfolgesystem NAVSTAR (Navigational Satellite Timing and Ranging) bildet bis heute die Infrastruktur für das weltweite Positionsbestimmungssystem Global Positioning System (GPS).[89] In der Sowjetunion wurde parallel dazu das Navigationssatelliten-Netz Parus (Парус, dt. Segel) entwickelt und aufgebaut.[90]

Wettersatelliten werden auch als meteorologische Satelliten (engl. Meteorological Satellite, Abk. Metsat) bezeichnet. Sie sind für die moderne, großräumige Wettervorhersage unverzichtbar.

In den 1960er Jahren errichteten die USA ihre ersten Wettersatelliten-Netze. Das zivile Netz wurde TIROS (Television and Infrared Observation Satellite) genannt. 1960 bis 1965 wurden insgesamt 10 Versuchswettersatelliten der ersten TIROS-Generation gestartet. 1966 bis 1969 folgten 9 weitere Wettersatelliten der zweiten Generation unter der Bezeichnung TIROS Operational System (TOS). Diese wurden bereits für die tägliche Wettervorhersage genutzt. Betrieben wurde das Wettersatelliten-Netz von der nationalen Umweltbehörde Environmental Science Services Administration (ESSA).[91] 1970 ging die ESSA in die neu gegründete National Oceanic & Atmospheric Administration (NOAA) auf. Die NOAA startete bis 1976 insgesamt 8 Satelliten der dritten Generation. Sie waren deutlich leistungsfähiger und besaßen Solarzellenausleger für einen langfristigen Betrieb.

1962 startete das Verteidigungsministerium (DoD) ihr Defense Meteorological Satellite Program (DMSP). Bis Mitte der 1970er Jahre wurden über 30 Satelliten in 8 Baureihen (Blocks) produziert und mit Trägerraketen vom Typ Thor Agena gestartet.

Die Sowjetunion begann Ende der 1960er-Jahre mit dem Aufbau ihres Wettersatellitennetzes Meteor (Метеор).

Aufklärungssatelliten (Reconnaissance satellite, Abk. Recsat) – auch Spionagesatelliten genannt – waren wohl die wichtigsten militärischen Anwendungssatelliten des Kalten Krieges. Im Gegensatz zu den aktiven Killersatelliten (s. u.) werden sie zu den passiven Militärsatelliten gezählt.

---

[88] Sassen, Stefan. 2011. Raumfahrtnutzung: Navigation. In: *Handbuch der Raumfahrttechnik*, S. 535 bzw. Reichl, Eugen. 2013. *Satelliten seit 1957*, S. 31 f. SLBM = Submarine-Launched Ballistic Missile.

[89] Reichl, Eugen. 2013. *Satelliten seit 1957*, S. 93 f.

[90] Kowalski, Gerhard. 1998. Rußlands Militärsatelliten. In: *Flug Revue*. 43. Jg., Nr. 1, S. 46.

[91] Dech, Stefan u. a. 2011. Erdbeobachtung. In: *Handbuch der Raumfahrttechnik*, S. 505 bzw. Reichl, Eugen. 2013. *Satelliten seit 1957*, S. 27.

Das Zeitalter der Satellitenaufklärung begann mit einem spektakulären Flugzeugabschuss. Die Sowjetunion hatte den USA in der zweiten Hälfte der 1950er-Jahre immer wieder die Verletzung ihres Luftraumes durch Spionageflugzeuge vorgeworfen. Ebenso oft wurde dies von US-Seite bestritten, ja man leugnete sogar die Existenz solcher Flugzeuge. Tatsächlich hatte die Flugzeugfirma Lockheed Mitte der 1950er-Jahre im Auftrag der Air Force den Höhen-Fernaufklärer U-2 entwickelt. Lockheed-Chefkonstrukteur Clarence („Kelly") L. Johnson (1910–1990) hatte zuvor schon den berühmten F-104 Starfighter (dt. Sternenkämpfer) entwickelt, der ein viertel Jahrhundert lang das Standard-Jagdflugzeug der NATO-Luftstreitkräfte war, u. a. auch bei der bundesdeutschen Luftwaffe. Während der Starfighter nur über kurze Stummelflügel für Geschwindigkeiten bis Mach 2 verfügte, besaß U-2 überlange Tragflächen wie ein Segelflugzeug. Wegen der schlanken Silhouette und den ausladenden Tragflächen wurde die U-2 auch *„Dragon Lady"* (dt. Drachendame) genannt. Zusammen mit einem Spezialtriebwerk mit extrem hoher Verdichtung ermöglichte dies ein Fliegen in der Stratosphäre, wo die Luft schon sehr dünn ist. Normalerweise bildet die Tropopause in rund 10 bis 15 km Höhe die Obergrenze für die Luftfahrt. U-2 konnte jedoch in 20 bis 25 km Höhe operieren und lag damit nach Meinung der US-Strategen außerhalb der Reichweite der sowjetischen Flugabwehr.[92]

Am 1. Mai 1960 gelang es den Sowjets jedoch, eine U-2 über Swerdlowsk am Ural (heute heißt die Stadt wieder Jekaterinburg) mit einer bis dahin im Westen unbekannten Flugabwehrrakete (FlaRak, engl. Surface-to-Air Missile, SAM) vom Typ S-75 abzuschießen und den Piloten F. Gary Powers (1929–1977) gefangen zu nehmen. Zusammen mit Trümmerteilen der Maschine wurde der US-Pilot wie eine Trophäe im Fernsehen präsentiert. Der U-2-Zwischenfall sorgte für weltweites Aufsehen und bescherte den USA eine blamable diplomatische Niederlage. Die Spionageflüge über dem Gebiet der Ostblockstaaten wurden eingestellt und ein Militärnachrichtendienst für den Einsatz von Aufklärungssatelliten gegründet, das National Reconnaissance Office (NRO).

Zweieinhalb Jahre später bescherte die U-2 den USA dann doch noch einen großen Erfolg: Im Oktober 1962 wurde bei Aufklärungsflügen über Kuba die geheime Stationierung von sowjetischen Mittelstreckenraketen aufgedeckt. Dies führte zur Kubakrise, die zu einer schweren diplomatischen

---

[92] Facon, Patrick. 1994. *Illustrierte Geschichte der Luftfahrt*, S. 198.

Niederlage für die Sowjetunion und letztlich auch zum Anfang vom Ende der Herrschaft Chruschtschows wurde.

Beide Zwischenfälle verdeutlichten die überragende Bedeutung der Fernaufklärung im Kalten Krieg. Das Spionageflugzeug schien jedoch langfristig ungeeignet zu sein.

Deshalb begannen die Supermächte Anfang der 1960er-Jahre mit dem Aufbau von weltweiten Aufklärungssatellitennetzen. Die Aufklärungs- und Frühwarnsatelliten operieren bevorzugt im Polaren Erdorbit (PEO), d. h. sie bewegen sich über die Pole hinweg, während sich die Erde unter ihnen um ihre eigene Polachse dreht. Dadurch kann innerhalb eines Tages die gesamte Erdoberfläche lückenlos abgescannt werden. Bevorzugte Startplätze waren in den USA die Vandenberg Air Force Base (VBG AFB) an der kalifornischen Pazifikküste zwischen Los Angeles und San Francisco und in der Sowjetunion das Kosmodrom Plessezk im Verwaltungsbezirk (Oblast) von Archangelsk, rund 800 km nördlich von Moskau.

Die Aufklärungssatelliten der ersten Generation waren nur kurzfristig einsetzbar. Ihre eingebauten Fotokameras besaßen noch keine allzu hohe Auflösung und die Filme waren nach einigen hundert Fotos voll. Nach dem Abwurf der Filme waren die Aufklärungssatelliten bis zu ihrem Verglühen inaktiv. Um eine möglichst hohe Auflösung der Aufklärungsfotos zu erreichen, operierten die frühen Spionagesatelliten zudem in sehr niedrigen Höhen von ca. 200 bis 400 km, wo der Reibungswiderstand der Restatmosphäre noch spürbar ist. Die Aufklärungssatelliten der ersten Generationen verloren dadurch relativ schnell an Höhe und verglühten. Zudem waren die Filmrollen relativ schnell voll und mussten zur Auswertung abgeworfen werden, bevor der Satellit abstürzte. Diese Umstände verkürzten die Lebensdauer (Life Cycle) solcher Satelliten.

Da es in der Sowjetunion keine zivile Raumfahrtagentur gab, gaben die Militärs den Ton an. Sie drängten Ende der 1950er Jahre darauf, der Entwicklung eines Spionagesatelliten die höchste Priorität vor allen weiteren Raumfahrtprojekten einzuräumen. Chefkonstrukteur Koroljow favorisierte dagegen ein bemanntes Raumfahrtprogramm. Er wollte unbedingt nach dem ersten Satelliten auch den ersten Menschen in den Weltraum bringen. Dabei kam ihm zugute, dass nicht nur die künftigen Kosmonauten, sondern auch die Spionagefotos unbeschadet zur Erde zurückgebracht werden mussten. Hierzu musste eine Raumkapsel mit Hitzeschutzschild und Fallschirmen konstruiert werden, damit diese die ungeheure Reibungshitze beim Wiedereintritt in die Erdatmosphäre unbeschadet übersteht und anschließend in der kasachischen Steppe weich landet. Das Motto von

Koroljow lautete auch diesmal: *„Die Genialität einer Konstruktion liegt in ihrer Einfachheit. Kompliziert bauen kann jeder."*[93]

Der Chefkonstrukteur überzeugte die Parteikader von dem propagandistischen Potenzial der bemannten Raumfahrt. Wenn schon eine kleine Metallkugel, die nur *„Piep"* macht, im Westen einen Sputnik-Schock verursacht, was würde dann wohl ein sowjetischer Kosmonaut im Orbit auslösen? So konnte Koroljow sein persönliches Prestigeprojekt mit den Anforderungen des Militärs verknüpfen. Der geheime Regierungsbeschluss wurde im Mai 1959 gefällt, einen Monat, nachdem die USA ihre ersten Astronauten-Kandidaten, die sogenannten „Mercury Seven" der Weltöffentlichkeit vorgestellt hatten. Das Konstruktionsbüro OKB-1 entwarf eine kugelförmige Raumkapsel mit einem Durchmesser von 2,3 m, einem Innenvolumen von 1,6 m^3 und einer Masse von rund 2,5 t. Dies war die Basis sowohl der ersten Aufklärungssatelliten vom Typ Zenit als auch der ersten bemannten Raumkapseln vom Typ *Wostok* (dt. Ostern).[94]

In der Raumfahrttechnik spricht man in diesem Zusammenhang auch von einem Satellitenbus bzw. einer Satellitenplattform. Sie bildet das flexible, in Serie produzierte Grundgerüst verschiedener Satelliten, welches je nach Aufgabenbereich und Missionsziel individuell bestückt werden kann.[95] Die doppelte Verwendungsfähigkeit eines Systems sowohl für die zivile als auch für militärische Nutzung wird Dual-Use genannt.

Das Grundprinzip der kugelförmigen Druckkapsel für den Aufenthalt in extremen Höhen hatte bereits 30 Jahre zuvor der schweizerische Erfinder und Experimentalphysiker Prof. Dr. Auguste Piccard (1884-1962) für seine Stratosphärenballons entwickelt. Er war 1931 als erster Mensch mit einem Gasballon in die Stratosphäre (>15 km) vorgestoßen. Die innenbelüftete Aluminiumkugel besaß einen Durchmesser von etwas über 2 m. Über diesen Rekordflug wurde bereits in Abschn. 1.3 ausführlich berichtet.

Koroljow benötigte für seine Raumkapsel noch einen Hitzeschutzschild, damit sie beim Wiedereintritt in die Erdatmosphäre mit 28.000 km/h durch die enorme Reibungshitze nicht verglühte. Als Material wählte er das billige und reichlich verfügbare Asbest. Voll ausgerüstet und gemeinsam mit der Versorgungssektion waren die ersten Aufklärungssatelliten vom Typ Zenit (kyrill. Зенит) 5 m lang und rund 4,6 t schwer. Das übertraf alle bisherigen

---

[93] Mackowiak, Bernhard u. a. 2018. *Raumfahrt*, S. 64.

[94] Göring, Olaf. 2021. Mutige Pioniere im Weltall: 60 Jahre bemannte Raumfahrt. In: *Flug Revue*, 66. Jg., Nr. 5 (Mai), S. 73 f.

[95] Wittmann, Klaus u. a. 2011. Raumfahrtmissionen. In: *Handbuch der Raumfahrttechnik*. Hrsg. W. Ley u. a., S. 43.

Satelliten. Um diese Masse in einen stabilen Orbit befördern zu können, musste die Semjorka-Trägerrakete weiterentwickelt werden. Auch hier setzte Koroljow auf eine einfache und unkomplizierte Lösung: Die R-7, auf der nahezu alle sowjetischen Weltraumträgerraketen der 1960er Jahre basierten, wurde um eine Oberstufe erweitert. Ursprünglich wurde sie entwickelt, um die ersten Raumsonden zum Mond zu schicken. Als sogenannte Kickstufe sorgte die Oberstufe dafür, dass die in einer vorläufigen Parkbahn um die Erde kreisende Raumsonden vom Typ Lunik bzw. Luna den entscheidenden Kick bekam, um in eine Transferbahn zum Mond überzugehen. Aus dieser Mondrakete entwickelte das Team um Koroljow nun die Wostok-Rakete, wobei die Prototypen der neuen Raumkapsel zu Tarnzwecken Korabl-Sputnik genannt wurden. Der Erstflug erfolgte im Dezember 1960.[96]

Die Missionsdauer der Zenit-Satelliten betrug lediglich ein bis zwei Wochen. Danach kehrte die Raumkapsel an Fallschirmen zur Erde zurück, wo die Filme aus den Kameras entnommen wurden. Von Anfang der 1960er bis zum Zusammenbruch der Sowjetunion Anfang der 1990er Jahre wurden über einen Zeitraum von drei Jahrzehnten über 500 Spionagesatelliten diverser Zenit-Serien gestartet.[97]

Eine neue Generation sowjetischer Spionagesatelliten war ab Mitte der 1970er Jahre die Serie *Jantar* (Bernstein), deren Nachfolgeserien *Feniks* (Phönix), Oktan und Kobalt hießen. Es kam nicht mehr der gesamte Satellit zur Erde zurück, sondern nur noch kleine Rückkehrkapseln mit den Film-rollen sowie am Ende die Kamerasektion. Von der Jantar-Serie wurden 20 Satelliten gestartet und von der Feniks-Serie ca. 30 Exemplare. Die Ein-satzzeit betrug rund einen Monat. Das Nachfolgemodell *Oktan* konnte bereits 45 Tage aktiv bleiben. und Alle Spionagesatelliten wurden dem inter-nationalen Committee on Space Research (COSPAR) unter der nichts-sagenden Tarnbezeichnung Kosmos mit fortlaufender Nummerierung gemeldet. Sie besaßen außerdem einen automatischen Selbstzerstörungs-mechanismus, der im Falle einer Fehlfunktion oder beim Erreichen der Lebenszyklusdauer aktiviert wurde.[98]

Die Amerikaner entwickelten dagegen komplizierte Aufklärungssatelliten mit kleinen, abtrennbaren Rückkehrkapseln für die Filme und parallel dazu ebenso komplizierte bemannte Raumkapseln mit Bahn- und Lageregelungs-system (AOCS) zur Steuerung durch den Piloten sowie ein Hitzeschutz-

---

[96] Reichl, Eugen u. a. 2020. *Raketen*, S. 199-201.

[97] Ebd., S. 41 f.

[98] Ebd., S. 80-82.

schild, bestehend aus einer Aluminiumlegierung in Bienenwabenstruktur und darüber mehrere Schichten aus glasfaserverstärktem Kunststoff (Fiberglas). Aufgrund der damals noch leistungsschwächeren Trägerraketen mussten diese Raumfahrzeuge zudem auch wesentlich kompakter und leichter gebaut werden als die sowjetischen. Das amerikanische Aufklärungssatellitennetz wurde *Keyhole* (Schlüsselloch) genannt. Die Filmrollen fielen in einer Rückkehrkapsel am Fallschirm zur Erde und wurden in ca. 5 km Höhe von speziell umgerüsteten Transportflugzeugen vom Typ Fairchild C-119 im Flug eingefangen.[99]

Bis Mitte der 1970er Jahre wurden 5 Keyhole-Serien mit zunehmend besserer Auflösung und längerem Life Cycle gestartet. Die Serien trugen die Bezeichnungen *Corona* (KH 1-4), *Argon* (KH 5), *Lanyard* (KH 6), *Gambit* (KH 7-8) und *Hexagon* (KH 9). Während Corona und Argon noch unter 1 t wogen und mit SLV-Trägerraketen vom Typ Thor Agena gestartet werden konnten, wogen die Gambits über 2 t und mussten mit MLV-Raketen vom Typ Atlas gestartet werden.[100] Hexagon war 15 m lang, besaß einen Durchmesser von 3 m und wog rund 12 t. Daher wurde er auch *Big Bird* genannt. Wegen der großen Masse musste er mit Trägerraketen vom Typ Titan in den Orbit befördert werden. Zu diesem Zweck wurde sogar eine eigene Version entwickelt, die Titan III D.[101] Das Auflösungsvermögen der Kameras betrug 60 cm. Er besaß 4 Rückkehrkapseln für die Filmrollen und zwei Solarpaneele. Dadurch konnte er mehrere Monate im Einsatz bleiben. Der erste Big Bird wurde Mitte Juni 1971 gestartet. Bei einer der 4 Kapseln öffnete sich der Fallschirm nicht, so dass sie im Pazifik versank. Die Kapsel konnte zwar mit einem Spezial-U-Boot aus 3.800 m Tiefe geborgen werden, allerdings war die Kapsel beim Aufprall auf die Wasseroberfläche beschädigt worden, so dass Salzwasser eingedrungen war und den Film aufgelöst hatte.[102]

Die amerikanischen Aufklärungs- und Frühwarnsatelliten waren es auch, die Ende April 1986 die ersten Bilder vom Supergau im sowjetischen Atomkraftwerk Tschernobyl lieferten. Parallel zu den Keyhole-Aufklärungssatelliten wurde im Rahmen des Defense Support Program (DSP) auch ein Netz von amerikanischen Frühwarnsatelliten aufgebaut. Die Infrarotsensoren konnten die Abgasstrahlen startender Raketen und die

---

[99] Frischauf, Norbert u. a. 2007. Erdbeobachtung im Spannungsfeld zwischen ziviler und militärischer Nutzung. In: *Raumfahrt und Recht*. Hrsg. C. Brünner u. a., S. 154.

[100] Reichl, Eugen. 2013. *Satelliten seit 1957*, S. 22-24 (Corona) bzw. S.46 f. (Gambit).

[101] Reichl, Eugen u. a. 2020. *Trägerraketen*, S. 380 f.

[102] Reichl, Eugen. 2013. *Satelliten seit 1957*, S. 71 f.

Gammastrahlendetektoren konnten nukleare Explosionen, z. B. bei Atomwaffentests, aufspüren. Zwischen 1970 und 1977 wurden 7 DSP-Satelliten gestartet.[103]

Das früheste Beispiel ist der im vorhergehenden Abschn. 2.2 beschriebene Typ Discoverer bzw. Corona. Die ab Mitte 1963 gestartete Gambit-Serie besaß bessere Kameras für detailliertere Fotos. Sie flogen auf einer extrem niedrigen Umlaufbahn und konnten vorübergehend auf bis zu 135 km Höhe abgesenkt werden, um anschließend wieder zu beschleunigen. Er war somit der erste Satellit, der mit seinem Antriebssystem (Attitude & Orbit Control System, AOCS) mehrfache Bahnänderungen vornehmen konnte.[104], [105]

Das sowjetische Gegenstück trug die Bezeichnung *Oko* (dt. Auge). Im Laufe der 1970er Jahre wurden 13 Satelliten dieser Reihe gestartet, die allerdings nur eine relativ kurze Lebensdauer hatten. Sie wurden von Plessezk aus mit Trägerraketen vom Typ *Molnija* (dt. Blitz) in einen hochelliptischen, sogenannten Molnija-Orbit gebracht. [106]

Erst die seit dem Ende der 1960er-Jahre eingesetzten Aufklärungssatelliten der zweiten Generation konnten ihre Bilder direkt zur Erde funken und waren daher langfristig einsetzbar.[107]

Im Zuge der Entspannungspolitik der 1970er Jahre erlangten die Aufklärungssatelliten eine wichtige Funktion für die gegenseitige Rüstungskontrolle. Bei der Satellitenaufklärung werden grundsätzlich 2 Arten unterschieden: Bei der abbildenden Aufklärung (imagery intelligence, IMINT) werden durch optische oder Infrarotkameras sowie durch Radar Bilder erzeugt und übertragen. Bei der signalerfassenden Aufklärung (signals intelligence, SIGINT) werden ausgesendete Signale des Gegners aufgefangen und ausgewertet. Dies können sowohl Fernmelde- bzw. Kommunikationssignale (communication intelligence, COMINT) als auch sonstige elektronische Signale sein (electronic intelligence, ELINT), z. B. von Leit-, Lenk- Ortungs- und Navigationssystemen des Gegners.

Im Frühjahr 1960 startete die Air Force den ersten Frühwarnsatelliten MIDAS (Missile Defense Alarm System). Er war mit Infrarotsensoren ausgerüstet und konnte damit den heißen Abgasstrahl aufsteigender Raketen

---

[103] Ebd., S. 68 f.

[104] Reichl, Eugen. 2013. *Satelliten seit 1957,* S 46 f. Gambit ist eine taktische Variante beim Schachspiel, die im Deutschen auch als Bauernopfer bezeichnet wird.

[105] Reichl, Eugen u. a. 2020. *Trägerraketen,* S. 380 f.

[106] Ebd., S. 74.

[107] Kowalski, Gerhard. 1998. Rußlands Militärsatelliten. In: *Flug Revue.* 43. Jg., Nr. 1, S. 45.

erkennen. Zwischen 1960 und 1966 wurden insgesamt zwölf MIDAS-Satelliten gestartet, von denen drei nicht die gewünschte Umlaufbahn erreichten.[108]

Die Gewährleistung einer möglichst langen Vorwarnzeit war die Voraussetzung für das rechtzeitige Einleiten eines Gegenschlages. Dieser Umstand bildete im Zeitalter des Kalten Krieges die Grundlage der gegenseitigen Abschreckung nach dem Motto: *„Wer angreift, stirbt als zweiter."*

Die Sowjetunion reagierte auf den Aufbau des MIDAS-Netzes mit der Entwicklung eines neuen Systems von Atomsprengköpfen mit eingebauten Bremsraketen, welches von den Amerikanern FOBS (Fractional Orbit Bombardment System) genannt wurde. Die neuen Interkontinentalraketen vom Typ R-36, die den NATO-Code SS-9 erhielten, sollten die Atomsprengköpfe in eine sehr niedrige Umlaufbahn (LEO) über den Südpol bringen, um die Kette von Frühwarn-Radarstationen, die sich von Alaska über Kanada und Grönland bis nach Norwegen zog, zu umgehen. Mit Hilfe von kleinen Retro-Raketen sollte der Gefechtskopf dann über dem Zielgebiet abgebremst werden. Es handelte sich hierbei um ein Mittelding zwischen ballistischer und orbitaler Flugbahn, welche die Vorwarnzeit von 30 auf fünf Minuten reduzieren sollte. In der Praxis erwiesen sich die Retro-Raketen jedoch als wenig zuverlässig. Außerdem waren Nutzlastkapazität und Zielgenauigkeit deutlich geringer als bei herkömmlichen Interkontinentalraketen.[109]

Die USA starteten Ende 1964 den Satelliten *Quill* (dt. Federkiel), die erste fliegende Radarstation im Orbit. Das Hauptproblem dieser Art von Aufklärungssatelliten ist jedoch, dass die Radarerfassung auf der Gegenseite nicht unbemerkt bleibt.[110]

Ein weiterer sowjetischer Versuch, die amerikanischen Aufklärungs- und Frühwarnsysteme unwirksam zu machen, war die Entwicklung von Killersatelliten. Im Gegensatz zu den passiven Aufklärungssatelliten (s. o.) handelt es sich bei den Killersatelliten um aktive Militärsatelliten, die zu den Antisatellitenwaffen (engl. Anti-Satellite Weapons, ASAT) gehören. Ihr Operationsziel ist es, im Kriegsfall die gegnerischen Aufklärungs-, Kommunikations- und Navigationssatelliten zu zerstören.

Ende 1963 startete die Sowjetunion die Satellitenserie Poljot (Полёт, dt. Flug). Es handelte sich dabei um die ersten manövrierbaren Satelliten.

---

[108] Reichl, Eugen. 2013. *Satelliten seit 1957*, S. 33–35.
[109] Zimmer, Harro. 1996. *Der rote Orbit*, S. 106.
[110] Reichl, Eugen. 2013. *Satelliten seit 1957*, S. 49.

Ziel dieser Versuche war die gesteuerte Kollision mit anderen Satelliten. Allerdings war auch hier die Zielgenauigkeit sehr gering. Während die USA von einer Trefferwahrscheinlichkeit von 75 % ausgingen, betrug sie tatsächlich nur rund 25 %.[111]

Die Sowjets entwickelten daher eine neue Generation von Killersatelliten, die mit Sprengstoff beladen waren. In diesem Fall genügte eine Annäherung an den Zielsatelliten. Im Oktober 1968 gelang ein entsprechender Versuch unter der Tarnbezeichnung Kosmos 249. Es folgten weitere, streng geheime Versuche, die allerdings nur zum Teil erfolgreich waren.[112]

Im Rahmen der Operation *Fishbowl* (dt. Fischglas) führten die USA im Laufe des Jahres 1962 eine Reihe von Nuklearwaffentests in der Erdatmosphäre durch, wobei die Atombomben mit Raketen vom Typ Thor abgefeuert wurden. Der Höhepunkt dieser Testserie erfolgte am 9. Juli 1962 unter der Bezeichnung *Starfish* (dt. Seestern): Eine auf dem Johnston-Atoll im Pazifik gestartete Thor-Rakete brachte eine Wasserstoffbombe mit einem Sprengkraftäquivalent von 1,5 Mio. t Trinitrotoluol (TNT) in 400 km Höhe, bevor sie explodierte. Um die Explosion besser beobachten zu können, fand der Test in einer sternklaren Nacht statt. Die Folgen waren dramatisch: Es entstand eine künstliche Aurora (Polarlicht) über dem Pazifik. Der gewaltige elektromagnetische Impuls führte auf den 1500 km entfernten Hawaii-Inseln zu Stromausfällen. Elektrogeräte gingen kaputt, Telefonverbindungen wurden unterbrochen und Alarmanlagen aktiviert. Da viele Messgeräte ausfielen, konnte das Ausmaß des atomaren Niederschlags (Fallout) nicht hinreichend ermittelt werden. Durch die Aufladung der Magnetosphäre fielen zahlreiche Satelliten aus. Sieben von ihnen blieben dauerhaft funktionsuntüchtig, darunter der erste kommerzielle Nachrichtensatellit Telstar 1 und der erste britische Satellit Ariel 1.

Auch bei den Nukleartests in den höheren Schichten der Erdatmosphäre gingen die Auswirkungen weit über die Grenzen des Testgebietes hinaus. Diese Erfahrungen führten im August 1963 zum Moskauer Atomteststoppabkommen. Die USA, die Sowjetunion und Großbritannien kamen überein, keine Kernwaffenversuche mehr unter Wasser, in der Atmosphäre und im Weltraum durchzuführen. Demnach waren nur noch unterirdische Kernwaffenversuche erlaubt. Bis zu diesem Zeitpunkt hatten die USA ca. 200 und die Sowjetunion rund 175 Atombombentests innerhalb der Erd-

---

[111] Ebd., S. 105.
[112] Siefarth, Günter. 2001. *Geschichte der Raumfahrt*. München: Beck, S. 42.

atmosphäre durchgeführt. Die anderen Atommächte Frankreich und China sind diesem Atomteststoppabkommen bis heute nicht beigetreten.

Zur Überwachung der Einhaltung starteten die USA noch im Oktober 1963 zwei Überwachungssatelliten vom Typ *Vela* (dt. Segel). Sie waren mit Detektoren für Gamma-, Neutronen- und Röntgenstrahlen ausgestattet. Damit jeder der beiden Satelliten eine komplette Hemisphäre abdecken konnte, wurden sie mit Raketen vom Typ Atlas Agena in extrem hohe Umlaufbahnen von über 100.000 km gebracht. In den folgenden zwei Jahren wurden noch jeweils ein Paar (Vela 3 bis 6) gestartet. Dadurch wurde es möglich, den Ort der Strahlungsquelle zu ermitteln. Der Verursacher für den sogenannten Vela-Zwischenfall, bei dem im September 1979 im Südatlantik eine nukleare Explosion registriert wurde, konnte bis heute nicht aufgeklärt werden.

Als im Mai 1972 Nixon und Breschnew in Moskau den ersten Vertrag zur strategischen Rüstungsbegrenzung (SALT 1) unterzeichneten, wurde die wichtige Funktion von Aufklärungssatelliten zur Rüstungskontrolle ausdrücklich betont.[113]

Harro Zimmer ortet bei dem Vergleich der Satellitenprogramme in Ost und West deutliche Unterschiede: Einerseits bestand Ende der 1950er-Jahre die bereits erwähnte Raketenlücke (engl. Missile Gap) zugunsten der Sowjetunion, die jedoch im Laufe der 1960er-Jahre von den USA geschlossen wurde. Andererseits bestand jedoch auch eine Technologielücke (engl. *technology gap*) zugunsten der USA, die diese im Laufe der 1960er-Jahre noch ausbauen konnten. Mit anderen Worten: Die Sowjetunion setzte auf quantitative Masse, die USA jedoch auf qualitative Klasse. Das Tendieren der Sowjets zu einfachen, robusten und improvisierten Lösungen brachte zwar kurzfristige Erfolge; langfristig war jedoch die ausgereifte Spitzentechnologie der Amerikaner erfolgreicher.

Hier zeigte sich, dass der anfängliche Raketenvorsprung der Sowjetunion letztlich zu ihrem Nachteil wurde. Die größere Nutzlastkapazität ihrer Trägerraketen hemmte die technologische Innovation, denn es bestand weniger Notwendigkeit, Größe und Gewicht zu begrenzen, das heißt komplexere und kompaktere Systeme zu entwickeln, die gleichzeitig leistungsfähiger sind (Tab. 2.3).[114]

---

[113] Zimmer, Harro. 1996. *Der rote Orbit*, S. 103. SALT = Strategic Arms Limitation Talks = Verhandlungsrunde zur Begrenzung strategischer Waffen.
[114] Ebd., S. 102 f.

Tab. 2.3 Meilensteine der unbemannten Raumfahrt (Satelliten und Sonden) in der 1. Hälfte der 1960er Jahre. SLV = Space Launch Vehicle = Weltraumträgerrakete, ESSA = Environmental Science Services Administration, GEO = geostationärer Orbit, HEO = hochelliptischer Orbit

Jahr	Monat	Bezeichnung	Staat	SLV	Beschreibung
1960	April	TIROS 1	USA	Thor	1. Wettersatellit (ESSA)
		Transit 1B	USA	Thor	1. Navigationssatellit (US Navy)
		MIDAS	USA	Atlas	1. Frühwarnsatellit (Infrarot)
	Aug.	Echo 1	USA	Delta	1. passiver Tele-kommunikationssatellit
	Okt.	Courier 1B	USA	Thor	1. aktiver Tele-kommunikationssatellit
1961	Dez.	OSCAR 1	USA	Thor	1. privater Amateurfunk-Satellit
1962	März	OSO 1	USA	Delta	1. Sonnenforschungssatellit
	April	Zenit (Kosmos 4)	SU	Wostok	1. sowjetischer Aufklärungs-satellit
		Ariel 1	GB	Delta	1. Satellit eines Drittstaates (in den USA gebaut und gestartet)
	Juli	Telstar 1	USA	Delta	1. kommerzieller Nach-richtensatellit
		Starfish Prime	USA	Thor	1. Atombombentest im Welt-raum
	Aug.	Mariner 2	USA	Atlas	1. Venussonde (Fly-by)
	Sept.	Alouette 1	CDN	Thor	1. kanadischer Satellit (in Kanada gebaut, in den USA gestartet)
1963	Juli	Gambit „Keyhole" (KH)	USA	Atlas	1. Satellit mit Antrieb für wiederholte Bahnänderungen
	Nov.	Poljot 1	SU	Poljot	1. Killersatellit (manövrier-bar)
1964	Aug.	Syncom 3	USA	Delta	1. Satellit im GEO (Kommunikation)
	Nov.	Mariner 4	USA	Atlas	1. Marssonde (Fly-by)
	Dez.	Quill	USA	Thor	1. Aufklärungssatellit mit Radar
		San Marco 1	I	Scout	1. italienischer Satellit (i. d. USA gestartet) 1. in Westeuropa gebauter Satellit
1965	April	Molnija 1	SU	Molnija	1. ziviler Kommunikations-satellit im HEO
	Nov.	Astérix (A-1)	F	Diamant	1. französischer Satellit, 1. ohne Beteiligung der Supermächte gestarteter Satellit

Literatur

Balogh, Werner. 2007. Rechtliche Aspekte von Raketenstarts. In: Raumfahrt und Recht. Hrsg. C. Brünner u. a. (= StPV, Bd. 89). Wien u. a.: Böhlau, S. 56–77.

Brünner, Christian; Soucek, Alexander; Walter, Edith (Hrsg.). 2007. Raumfahrt und Recht. Faszination Weltraum. Regeln zwischen Himmel und Erde. (= Studien zu Politik und Verwaltung (StPV), Bd. 89). Wien, Köln, Graz: Böhlau.

Büdeler, Werner. 1982. *Geschichte der Raumfahrt.* Würzburg: Stürtz, 2. Aufl.

Büdeler, Werner. 1992. *Raumfahrt.* (= Naturwissenschaft und Technik. Vergangenheit – Gegenwart – Zukunft). Weinheim: Zweiburgen.

Dech, Stefan; Reininger, Klaus-Dieter; Schreier, Gunter. 2011. Erdbeobachtung. In: *Handbuch der Raumfahrttechnik.* Hrsg. W. Ley, K. Wittmann, W. Hallmann. München: Hanser, 4. Aufl., S. 505–520.

Dodel, Hans. Kommunikation. 2011. In: *Handbuch der Raumfahrttechnik.* Hrsg. W. Ley, K. Wittmann, W. Hallmann. München: Hanser, 4. Aufl., S. 521–534.

Facon, Patrick. 1994. *Illustrierte Geschichte der Luftfahrt. Die Flugpioniere und ihre Maschinen vom 18. Jahrhundert bis heute.* Eltville am Rhein: Bechtermünz.

Frischauf, Norbert; Karner, Gerald. 2007. Erdbeobachtung im Spannungsfeld zwischen ziviler und militärischer Nutzung. In: Raumfahrt und Recht. Hrsg. C. Brünner u. a. (= StPV, Bd. 89). Wien u. a.: Böhlau, S. 151–159.

Göring, Olaf. 2021. Mutige Pioniere im Weltall: 60 Jahre bemannte Raumfahrt. In: Flug Revue, 66. Jg., Nr. 5 (Mai), S. 72–77.

Gründer, Michael. 2000. *SOS im All. Pannen, Probleme und Katastrophen der bemannten Raumfahrt.* Berlin: Schwarzkopf & Schwarzkopf.

Hofstätter, Rudolf. 1989. *Sowjet-Raumfahrt.* Basel, Berlin: Birkhäuser, Springer.

Hoose, Hubertus M.; Burczik, Klaus. 1988. *Sowjetische Raumfahrt. Militärische und Kommerzielle Weltraumsysteme der UdSSR.* Frankfurt a. M.: Umschau.

Koser, Wolfgang (Chefred.); Matting, Matthias; Baruschka, Simone; Grieser, Franz; Hiess, Peter; Mantel-Rehbach, Claudia; Stöger, Marcus (Mitarb.). 2019. *Die Geschichte der NASA. Die faszinierende Chronik der legendären US-Weltraum-Agentur.* (= Space Spezial, Nr. 1). München, Hannover: eMedia.

Koudelka, Otto. 2000. Satellitenkommunikationssysteme und ihre Anwendung. In: Elektrotechnik und Informationstechnik (E&I), 117. Jg., Nr. 9 (Sept.), S. 560–566.

Koudelka, Otto. 2007. Technische Aspekte der Kommunikation via Weltraum. In: Raumfahrt und Recht. Hrsg. C. Brünner u. a. (= StPV, Bd. 89). Wien u. a.: Böhlau, S. 120–129.

Kowalski, Gerhard. 1998. Rußlands Militärsatelliten. Geheimnis gelüftet. In: *Flug Revue. Flugwelt international.* 43. Jg., Nr. 1 (Jan.), S. 44–46.

Ley, Wilfried; Wittmann, Klaus; Hallmann, Willi (Hrsg.). 2011. *Handbuch der Raumfahrttechnik.* München: Hanser, 4. Aufl.

Mackowiak, Bernhard; Schughart, Anna. 2018. *Raumfahrt. Der Mensch im All.* Köln: Edition Fackelträger, Naumann & Göbel.

Messerschmid, Ernst; Fasoulas, Stefanos. 2017. *Raumfahrtsysteme. Eine Einführung mit Übungen und Lösungen.* Berlin: Springer Vieweg, 5. Aufl.

NASA Space Science Data Coordinated Archive (NSSDCA) des National Space Science Data Center (NSSDC): https://nssdc.gsfc.nasa.gov/nmc/SpacecraftQuery.jsp (Zugriff: 10.02.2019)

Reichl, Eugen. 2011. *Trägerraketen seit 1957.* (= Typenkompass). Stuttgart: Motorbuch.

Reichl, Eugen. 2013. *Satelliten seit 1957.* (= Typenkompass). Stuttgart: Motorbuch.

Reichl, Eugen; Röttler, Dietmar. 2020. Raketen. Die internationale Enzyklopädie. Stuttgart: Motorbuch.

Reinke, Niklas. 2004. Geschichte der deutschen Raumfahrtpolitik. Konzepte, Einflußfaktoren und Interdependenzen. München: Oldenbourg.

Sassen, Stefan. 2011. Raumfahrtnutzung: Navigation. In: *Handbuch der Raumfahrttechnik.* Hrsg. W. Ley, K. Wittmann, W. Hallmann. München: Hanser, 4. Aufl., S. 535–553.

Siefarth, Günter. 2001. *Geschichte der Raumfahrt.* (= Beck'sche Reihe Wissen, Bd. 2153). München: Beck.

Spillmann, Kurt R. (Hrsg.). 1988. *Der Weltraum seit 1945.* Basel, Berlin: Birkhäuser, Springer.

Tschertok, Boris J. 1997. Per aspera ad astra. Vor 40 Jahren eröffnete Sputnik 1 das Zeitalter der Raumfahrt. In: *Flieger Revue. Magazin für Luft- und Raumfahrt.* 45. Jg., Nr. 10 (Okt.), S. 70–74.

Ulamec, Stephan; Hanowski, Nicolaus. 2011. Weltraumastronomie und Planetenmissionen. In: *Handbuch der Raumfahrttechnik.* Hrsg. W. Ley, K. Wittmann, W. Hallmann. München: Hanser, 4. Aufl., S. 553–570.

Wittmann, Klaus; Hanowski, Nicolaus. 2011. Raumfahrtmissionen. In: *Handbuch der Raumfahrttechnik.* Hrsg. W. Ley, K. Wittmann, W. Hallmann. München: Hanser, 4. Aufl., S. 42–55.

Wolek, Ulrich. 2007. Der Sputnik-Schock. Vor 50 Jahren sandte der erste künstliche Satellit sein Funksignal zur Erde. In: GEO. Das Bild der Erde. 32. Jg., Nr. 9 (Sept.), S. 120–123.

Wolf, Dieter O. A.; Hoose, Hubertus M.; Dauses, Manfred A. 1983. *Die Militarisierung des Weltraums. Rüstungswettlauf in der vierten Dimension.* (= B & G aktuell. Hrsg. Arbeitskreis für Wehrforschung, Bd. 36). Koblenz: Bernard & Graefe.

Zimmer, Harro. 1996. *Der rote Orbit. Glanz und Elend der russischen Raumfahrt.* (= Kosmos-Report). Stuttgart: Franckh-Kosmos.

Zimmer, Harro. 1997. *Das NASA-Protokoll. Erfolge und Niederlagen.* (= Kosmos-Report). Stuttgart: Franckh-Kosmos

3

Der Vorstoß des Menschen in den Orbit

Inhaltsverzeichnis

Das dritte Hauptkapitel widmet sich der zweiten Runde des Wettlaufs in All. Nachdem der Orbit ab 1957 von unbemannten Satelliten bevölkert wurde, drangen ab 1961 Astronauten und Kosmonauten in den Orbit vor. Der Übergang von der bemannten Luft-zur Raumfahrt wurde in den USA mit Raketenflugzeugen durchgeführt, die während des Zweiten Weltkrieges in Deutschland erfunden wurden. Die USA ließen in den 1950er-Jahren eine Reihe von Experimental-Raketenflugzeugen bauen, mit denen zunächst die Schallmauer und später auch die Grenze zum Weltraum durchstoßen wurde. Dennoch waren die Sowjets die ersten, die mit Wostok das erste bemannte Raumfahrtprogramm starten konnten. Die sogenannte Raketenlücke, also der Vorsprung der Sowjetunion beim Bau von Trägersystemen für den Orbit, machte sich Anfang der 1960er-Jahre immer noch bemerkbar. Die USA konnte mit ihrem Mercury-Programm zunächst nur nachziehen. Die große Wende im Wettlauf im All kam Mitte der 60er-Jahre mit dem amerikanischen Gemini-Programm, dem die Sowjetunion mit ihrem Woschod-Programm nichts Gleichwertiges mehr entgegensetzen konnte. Für die Sowjetunion entstand eine Technologielücke.

© Springer-Verlag GmbH Deutschland, ein Teil von Springer Nature 2023
A. T. Hensel, *Geschichte der Raumfahrt bis 1975*,
https://doi.org/10.1007/978-3-662-64573-4_3

3.1   Mit Raketenflugzeugen von der Luft- zur Raumfahrt

Unmittelbar nach dem Zweiten Weltkrieg startete die NACA, die Vorgänger-organisation er NASA, ein Programm zum Bau von Experimental-Raketen-flugzeugen (X-Reihe). Mit der X-1 durchbrach Chuck Yeager 1947 erstmals die Schallmauer (Mach 1). 1956 erreichte Iven Kincheloe mit der X-2 Mach 3 und 38,5 km Höhe. Im März 1961 – zwei Wochen vor dem ersten Weltraumflug von Gagarin – erreichte Joe Walker in einer X-15 eine Flughöhe von über 50 km. Im Sommer 1963 flog er sogar über 100 km und damit in den Weltraum.

Der Startschuss zur bemannten Raumfahrt erfolgte bereits gegen Ende des Internationalen geophysikalischen Jahres: Nur vier Tage nachdem die NASA am 1. Oktober 1958 ihre Tätigkeit aufgenommen hatte, gab Chef-Administrator Keith Glennan als wichtigstes Ziel für die nächsten Jahre das Programm „Man in space soonest" (Miss) bekannt. Dies sollte in 6 Etappen geschehen:

1. Im Rahmen der Projekte Manhigh und Excelsior sollten zunächst Ballon-flüge bis in 30 km Höhe und in weiterer Folge auch Fallschirmabsprünge aus diesen Höhen durchgeführt werden.
2. Mit Hilfe von Experimental-Raketenflugzeugen sollten bis dahin für die Luftfahrt unvorstellbare Geschwindigkeiten im hypersonischen Bereich und Flughöhen bis an die Grenze zum Weltraum (100 km) erreicht werden.
3. Parallel dazu sollte mit Versuchstieren der suborbitale, ballistische Welt-raumflug in 100 bis 200 km Höhe erprobt werden.
4. Als nächster Schritt in den Weltraum stünden dann suborbitale, ballistische Flüge mit Astronauten an.
5. Danach sollte mit Versuchstieren der Orbitalflug erprobt werden.
6. Schließlich sollte dann als letzter Schritt der bemannte Orbitalflug folgen.

Mensch und Material sollten also schrittweise für den Raumflug getestet werden. Von einer schnellstmöglichen Realisierung des bemannten Raum-fluges gemäß der Miss-Vorgabe konnte demnach eigentlich keine Rede sein.

Zur selben Zeit standen auch in der Sowjetunion richtungsweisende Entscheidungen an. Es gab eine Auseinandersetzung zwischen dem Militär und dem Rat der Großen Sechs Chefkonstrukteure über das wichtigste Raumfahrtprogramm nach dem Internationalen Geophysikalischen Jahr

(IGY = MГГ). Der Rat wollte analog zur NASA die Realisierung der bemannten Raumfahrt als vorrangiges Ziel vorantreiben. Das Militär wollte die vorhandenen Ressourcen lieber für die Weiterentwicklung von Atomraketen und militärischen Anwendungssatelliten verwenden.

Man einigte sich schließlich auf einen Kompromiss, welcher typisch für die sowjetische Raumfahrtentwicklung war: Analog zur Standardträgerrakete Semjorka sollte eine kugelförmige Standardraumkapsel entstehen, die sowohl als unbemannter Satellit, als auch für den bemannten Raumflug geeignet sei. Auf die Entwicklung von Raketenflugzeugen und suborbitale Testflüge wurde von Anfang an verzichtet.[1]

Dieser Synergieeffekt war einer der Hauptgründe dafür, dass die Sowjetunion ihren Vorsprung in der Raumfahrt auch noch in der ersten Hälfte der 1960er-Jahre halten konnte.

Was nun die erste Etappe des amerikanischen Miss-Programmes betrifft, so führen ihre Ursprünge wieder zurück nach Deutschland im Zweiten Weltkrieg. Wie bereits in Abschn. 1.3 ausführlich beschrieben, war Deutschland in der Raketentechnologie von Mitte der 1930er bis Mitte der 1940er Jahre weltweit führend: Vom ersten Raketenauto über das erste Raketenflugzeug bis zur ersten Weltraumrakete und kurz vor Kriegsende sogar der erste bemannte Senkrechtstart mit Raketenantrieb. Dass die Anfänge sowohl der amerikanischen, als auch der sowjetischen Raumfahrt auf der deutschen Raketentechnologie basieren, wurde ebenfalls dargestellt.

Im Frühjahr 1945 hob das nationale amerikanische Beratungskomitee für Luftfahrt (engl. National Advisory Committee for Aeronautics, NACA = Vorgängerorganisation der NASA) das XS-Programm aus der Taufe. Es ging dabei um die Entwicklung und Erprobung von experimentellen Versuchsflugzeugen für Überschallgeschwindigkeiten (XS = X-perimental Supersonic). In Zusammenarbeit mit der Luftwaffe (US Air Force) wurde die Flugzeugfirma Bell beauftragt, ein Raketenflugzeug für den Überschall zu bauen. Als Testgelände sollte das 150 km nördlich von Los Angeles in der Mojave-Wüste liegende Muroc Airfield dienen. Benannt war dieses Gelände nach dem Muroc Dry Lake, einem ausgetrockneten Salzsee, der eine 170 km^2 große spiegelglatte und betonharte Fläche bildet, quasi das größte natürliche Rollfeld der Erde. Weitere Vorteile sind das trockene und beständige Wüstenklima sowie die äußerst dünne Besiedlung der Gegend. Heute trägt der Salzsee den Namen Rogers und das Fluggelände

---

[1] Zimmer, Harro. 1996. *Der rote Orbit*, S. 73.

ist die legendäre Edwards Air Force Base (EDW AFB), wo die Luftwaffe bis heute ihre streng geheimen Neuentwicklungen testet.[2]

Wie bereits in Abschn. 1.3 ausführlich beschrieben, bildete die Schallmauer ein großes Hindernis für die Luftfahrt und man war sich am Ende des Zweiten Weltkrieges immer noch nicht sicher, ob ein bemanntes Luftfahrzeug diese unsichtbare Mauer überhaupt unbeschadet durchbrechen könne. Es ist daher wichtig, dass ein Überschallflugzeug extrem stabil gebaut ist, dazu extrem windschnittig, um der Luft möglichst wenig Widerstand entgegenzusetzen und schließlich stark motorisiert ist, damit es den gefährlichen Übergangsbereich zwischen 1000 und 1200 km/h möglichst schnell überwinden kann. In diesem Bereich variiert die Schallgeschwindigkeit je nach Dichte und Temperatur der Luft. Die Luft verhält sich in diesem Bereich teils als komprimierbares, teils als starres Medium. Erst über diesem Geschwindigkeitsbereich baut sich der sogenannte Mach-Kegel auf, und das Flugzeug durchschneidet die Luft wieder gleichmäßig.

Im März 1945 erteilten die United States Army Air Force (USAAF) und das National Advisory Committee for Aeronautics (NACA) der Firma Bell Aircraft Corp. den Auftrag zur Entwicklung eines experimentellen Raketenflugzeuges zur Durchbrechung der Schallmauer. Das Projekt erhielt die interne Bezeichnung Experimental Supersonic Aircraft No. 1 (XS-1). Aus Geheimhaltungsgründen und um das eigentliche Ziel des Projektes zu verschleiern, wurde in der offiziellen Bezeichnung der Buchstabe S (Supersonic = Überschall) gestrichen. Aus XS-1 wurde X-1. Die 1935 von dem Flugzeugkonstrukteur Lawrence („Larry") D. Bell (1894–1956) gegründete Firma hatte bereits ab 1943 für die USAAF mit der P-59 Airacomet den ersten in Serie produzierten amerikanischen Düsenjäger hergestellt. Von der X-1 sollten zunächst nur 3 Exemplare gebaut werden, je eines für Bell, das NACA und die USAAF.[3]

Die X-1 war 9,45 m lang und am Seitenleitwerk 3,30 m hoch. Der Mitteldecker besaß eine Spannweite von 8,50 m bei einer Flügelfläche von 12 m^2. Das Raketentriebwerk vom Typ XLR-11 der Firma Reaction Motors besaß vier Brennkammern und benutzte als Treibstoffe die schon von Braun favorisierte Kombination aus Ethanol (C_2H_6O) und Flüssigsauer-

---

[2] Ebd., S. 136 f. Benannt wurde die AFB nach dem Testpiloten Glen W. Edwards, der 1948 mit dem Prototyp eines strategischen Nurflügel-Bombers vom Typ Northrop YB-49 über Muroc abgestürzt ist.

[3] Kens, Karlheinz. 1994. Geschoß durch die Schallbarriere. In: *Flug Revue,* 39. Jg., Nr. 10 (Okt.), S. 56. Die von Kens genannte Auflösung des Kürzels XS = *„Experiment Subsonic"* ist falsch, denn Subsonic bedeutet Unterschall.

stoff (LOX), die in zwei je 1300 l fassenden Tanks mitgeführt wurden.[4] Das Triebwerk erzeugte einen Schub von 26,7 kN. Wegen der kurzenBrenndauer von nur 2,5 min sollte die X-1 unter ein großes Trägerflugzeug (Mothership) aufgehängt und später in der Luft ausgeklinkt werden. Als Trägerflugzeug kam zudiesem Zeitpunkt nur der mit vier Kolbenpropellermotoren ausgerüstete Bomberder Firma Boeing vom Typ B-29 Superfortress (dt. Superfestung) in Frage. Mitdiesem Typ hatten die Amerikaner im 2. Weltkrieg ihre Bombenangriffe auf Japandurchgeführt und auch die beiden Atombomben auf Hiroschima und Nagasakiabgeworfen. Die Luke des Bombenschachtes wurde abmontiert und die X-1 direktunter dem Rumpf aufgehängt. In knapp 10 km Höhe wurde sie ausgeklinkt undstartete ihr Triebwerk. Nach dem Ausbrennen der Tanks erfolgte der Gleitflugzur Landung.[5]

Bei der Flugerprobung kamen zunächst nur zivile Testpiloten des Herstellers Bell zum Einsatz, zunächst Cheftestpilot Jack V. Woolams (1917–1946) und nach dessen tödlichem Absturz mit einer P-39 Airacobra dessen Nachfolger Chalmers H. Goodlin (1923–2005). Bei diesen ersten Testflügen erreichten sie Höchstgeschwindigkeiten von bis zu 1000 km/h bzw. Ma 0,85. Für die Durchbrechung der Schallmauer forderte Goodlin allerdings eine Sonderprämie von 150.000 $. Für die damalige Zeit war das ein Vermögen, weshalb Bell die X-1 kurzerhand für einsatzbereit erklärte und das weitere Projekt mitsamt der Werksmaschine an die Mitte 1947 aus der USAAF hervorgegangene U.S. Air Force (USAF) übergab. Deren Testpiloten im Range eines Hauptmannes (Captain) verdienten weniger als $ 300 pro Monat.

Der Kommandant der USAF Test Pilot School (USAF TPS), Col. Albert G. Boyd (1906–1976), wählte aus seinen 125 Testpiloten schließlich Cpt. Charles („Chuck") E. Yeager (1923–2020). Yeager war im Zweiten Weltkrieg ein Fliegeras mit 13 Abschüssen gewesen. Einmal war er von einem deutschen Jagdflugzeug über Frankreich abgeschossen worden, konnte sich jedoch mit dem Fallschirm retten und bis ins neutrale Spanien durchschlagen.[6]

Für Boyd war es daher genau der richtige Mann für den geplanten Höllenritt durch die Schallmauer. Tatsächlich zeigten sich bei Geschwindigkeiten von über Ma 0,9 starke Vibrationen. Die Querruder an den Trag-

---

[4] Laumanns, Horst. 2018. *Die schnellsten Flugzeuge der Welt seit 1945*, S. 138–145. XLR = Experimental Liquid-propellant Rocket Engine = experimentelles Flüssigtreibstoff-Raketentriebwerk.

[5] Facon, Patrick. 1994. *Illustrierte Geschichte der Luftfahrt*, S. 152 f.

[6] Rascher, Tilman. 1993. Der Tag, an dem die Schallmauer fiel. In: *Chuck Yeager durchbricht die Schallmauer.* (= P.M. Das historische Ereignis, Nr. 1), S. 18 f.

flächen begannen zu zittern und die Höhenruder am Heckleitwerk flatterten so stark, dass sie nicht mehr zu steuern waren. Es wurden daraufhin Servomotoren zur Stabilisierung eingebaut. Einen Tag vor dem entscheidenden Testflug stürzte Yeager vom Pferd und brach sich dabei zwei Rippen. Um nicht fluguntauglich geschrieben zu werden, verheimlichte er dies vor seinem Vorgesetzten und behalf sich mit einem Besenstiel, um die Luke von innen schließen zu können. Am Bug hatte er die Aufschrift „*Glamorous Glennis*" angebracht, so wie bei seinem Jagdflugzeug vom Typ North American P-51 Mustang während des Zweiten Weltkrieges. Er hatte es nach seiner Frau benannt. Am 14. Oktober 1947 war es dann soweit: Chuck Yeager erreichte in 12 km Höhe 1125 km/h bzw. Ma 1,06.[7]

Der Überschallknall war der Urknall eines neuen Zeitalters der Fortbewegung: Erstmals bewegte sich ein Mensch schneller als der Schall. Über den Rekordflug wurde zunächst strikte Geheimhaltung verhängt. Erst im Sommer 1948 wurde er offiziell bestätigt. 1953 war Yeager der erste westliche Pilot, der während des Koreakrieges einen erbeuteten sowjetischen Düsenjäger vom Typ MiG-15 flog (Operation Moolah). In der ersten Hälfte der 1960er Jahre war der inzwischen zum Colonel beförderte Chuck Yeager Kommandant der USAF TPS. Ende der 1960er Jahre wurde er schließlich zum Brigadier General (BrigGen) befördert. 1985 wurde er von US-Präsident Ronald W. Reagan mit der Freiheitsmedaille (Presidential Medal of Freedom) geehrt.

(Abb. 3.1). Das nächste Ziel des X-1-Projektes war die doppelte Schallgeschwindigkeit (Ma 2). Zu diesem Zweck wurden im April 1948 bei Bell 3 weitere Maschinen mit einem um 1,40 m verlängerten Rumpf für eine höhere Treibstoffkapazität bzw. längere Brenndauer bestellt. Auch das Cockpit wurde teilweise umkonstruiert und mit einer Vollsicht-Klapphaube versehen, die den Einstieg von oben ermöglichte. In der Ursprungsversion mussten die Piloten noch seitlich ins Cockpit einsteigen und lagen mehr als dass sie saßen bei entsprechend schlechter Sicht nach vorne. Darüber hinaus war noch ein weiteres Exemplar mit Bewaffnung geplant, welches für Schießübungen eingesetzt werden sollte. Nachdem jedoch im September 1948 mit dem in Serie produzierten Düsenjäger North American F-86 *Sabre* (dt. Säbel) der Schallmauerdurchbruch gelang, verlor die USAF das Interesse an Waffentests mit der X-1.[8] Sie fokussierte sich stattdessen gemeinsam mit North American Aviation (NAA) auf die Weiterentwicklung der F-86 Sabre

---

[7] Ebd., S. 27.

[8] Kens, Karlheinz. 1994. Geschoß durch die Schallbarriere. In: *Flug Revue*, 39. Jg., Nr. 10 (Okt.), S. 59.

Abb. 3.1 Testpilot Charles „Chuck" Yeager neben seinem Experimental-Raketen-flugzeug Bell X-1 „Glamorous Glennis". Mit ihr durchbrach er am 14.10.1947 als erster Mensch die Schallmauer (Mach 1). Die Glamorous Glennis befindet sich heute im National Air & Space Museum (NASM) der Smithsonian Institution in Washington, DC. (© US Air Force Flight Test Center/DPA/picture alliance)

zur F-100 *Super Sabre*, dem ab 1953 produziertenÜberschallkampfflugzeug der ersten Generation.[9]

Der Schallmauerdurchbruch erfolgte bis zum Ende der Dekade mit der X-1 noch über 100 Mal, wobei im Januar 1949 ein Eigenstart vom Boden aus erfolgte, um den Geschwindigkeitsweltrekord auch offiziell von der Internationalen Luftsportvereinigung FAI (Fédération Aéronautique Internationale) anerkannt zu bekommen.

Im Dezember 1953, zum goldenen Jubiläum des ersten Motorfluges der Brüder Wright, erreichte der inzwischen zum Major aufgestiegene Chuck Yeager Mach 2,4. Nach dem Brennschluss geriet die X-1 jedoch ins Trudeln und stürzte unkontrolliert ab, wobei Yeager bei einer Erdbeschleunigung von über 12 g einen Blackout erlitt und erst kurz vor dem Aufschlag wieder zur Besinnung kam und das Flugzeug gerade noch abfangen konnte. Die Zelle der X-1 war offensichtlich überfordert. Zu den Verdichtungserscheinungen kam nun auch die Reibungshitze. Trotz Außentemperaturen von unter −50

---

[9] Laumanns, Horst. 2018. *Die schnellsten Flugzeuge der Welt seit 1945,* S. 66–75.

°C heizte sich die Außenhaut bei Mach 2,5 auf über +200 °C auf. Zu der Schallmauer kam nun noch die Hitzemauer.[10]

Im Mai 1954 stellte Testpilot Arthur W. („Kit") Murray (1918–2011) in einer X-1 mit über 90.000 ft bzw. 27 km einen neuen Höhenflugrekord auf.

Es wurden insgesamt 6 Exemplare der X-1 hergestellt, mit denen bis 1958 insgesamt 236 Testflüge absolviert wurden. 3 Maschinen stürzten ab, die übrigen 3 kamen ins Museum. Die *Glamorous Glennis* von Chuck Yeager ist im National Air & Space Museum (NASM) der Smithsonian Institution in Washington, D.C. ausgestellt.

Das Ergebnis dieser und anderer Grenzerfahrungen, die nicht immer glimpflich endeten, war die X-2. Sie wurde so wie die X-1 bei Bell konstruiert und gebaut. Sie erhielt den Namen *Starbuster* (dt. Sternenbrecher). Der Tiefdecker besaß eine Flügelfläche, die mit 24 m² doppelt so groß wie der Vorgänger war. Mit einer Leermasse von rund 5600 kg und einer max. Startmasse von ca. 11.300 kg war die X-2 auch rund doppelt so schwer wie die X-1. Das Raketentriebwerk vom Typ XLR-25 wurde von Curtiss-Wright entwickelt und gebaut und lieferte mit 67 kN rund 2 ½ Mal so viel Schub wie das Vorgängermodell. Die Ziele des X-2-Programms waren mehr als dreifache Schallgeschwindigkeit (Ma 3) und Flughöhen von über 120.000 ft (ca. 36,5 km). Da bei Ma 3 zusätzlich zur Schallmauer auch noch die sogenannte Hitzemauer hinzukommt, wurde der Rumpf aus dickwandigem Nickelstahl gefertigt. Um Barotraumata der Piloten zu vermeiden, bestand das Cockpit aus einer vollklimatisierten, innenbelüfteten Druckkammer, die im Notfall abgesprengt werden konnte und dann an Fallschirmen zu Boden ging. Hier wurden bereits grundlegende Baukomponenten für die spätere bemannte Raumkapsel entwickelt.[11]

Auch beim Trägerflugzeug (Mothership) gab es ein Nachfolgemuster, die B-50, welche die X-2 auf 12 km Höhe bringen konnte. Der Erstflug fand 1952 statt. Es wurden lediglich zwei Exemplare der X-2 gebaut, mit denen bis 1957 nur 20 Testflüge absolviert wurden. Bereits im Mai 1953 explodierte eines der beiden Flugzeuge, wobei der Bell-Testpilot Lt. Jean L. „Skip" Ziegler (1920–1953) ums Leben kam. Im September 1956 kam es zu zwei spektakulären Rekorden:

Cpt. Iven C. „Kinch" Kincheloe (1928–1958) erreichte als erster Mensch eine Höhe von über 125.000 ft bzw. 38 km und stieß damit in die obere

---

[10] Rascher, Tilman (1993). Als die Schallmauer fiel. In: *Chuck Yeager durchbricht die Schallmauer.* (= P.M. Das historische Ereignis, Nr. 1), S. 28.

[11] Peter, Ernst. 1988. *Der Weg ins All,* S. 150.

Stratosphäre vor. In der Air Force wurde er daraufhin als „*First Spaceman*" bezeichnet.[12]

Cpt. Milburn „Mel" G. Apt (1924–1956) flog als erster Mensch dreifache Schallgeschwindigkeit, genau Ma 3,2 (= 3.370 km/h). Dabei verlor er jedoch die Kontrolle über sein Flugzeug, stürzte ab und starb. Mit dem Verlust der zweiten Maschine war das X-2-Programm beendet. Kinch überlebte seinen Kollegen Mel trotzdem nur um 10 Monate: Er starb im Juli 1958 bei einem Absturz mit einem Düsenjäger vom Typ Lockheed F-104 Starfighter.

Parallel zum X-2-Programm wurden auch zwei bemannte Projekte mit Heliumballons in die Stratosphäre durchgeführt:

Im Rahmen des Projektes *Manhigh* wurden von 1957 bis 1958 mehrere Ballonfahrten bis in 30 km Höhe, d. h. mitten in die Stratosphäre, durchgeführt. Als Fluggerät fungierte ein spezieller, mit Helium gefüllter Ballon aus Polyethylen. Der Ballon blähte sich mit zunehmender Höhe aufgrund des geringer werdenden Luftdrucks auf einen Durchmesser von bis zu 60 m auf. Unter ihm hing eine innenbelüftete Druckkabine. Ziel war die Messung des Einflusses der kosmischen Höhenstrahlung und anderer Faktoren auf den Menschen. Zunächst wurden Affen eingesetzt und später Testpiloten der U.S. Air Force (USAF), die „*Pre-Astronauts*" genannt wurden.[13]

Im August 1957 hielt sich Maj. David G. Simons (1922–2010) länger als einen Tag in der Stratosphäre auf und lieferte damit den Beweis, dass sich ein Mensch unbeschadet längere Zeit in diesen Höhen aufhalten kann. Beim Nachfolgeprojekt *Excelsior* ging es um die Frage, ob ein Mensch im Notfall aus dieser Höhe auch unbeschadet mit dem Fallschirm abspringen kann. Es begann mit der Entwicklung eines neuartigen Fallschirmsystems, welches aus einem Stabilisierungs-, Brems-, Not- und Hauptfallschirm bestand. Damit ein Überleben in derartigen Höhen möglich ist, musste zudem ein aus dem Taucheranzug (Skaphander) weiterentwickelter Druckanzug mit integriertem Helm entworfen werden. Der Skaphander sollte den Piloten vor den enormen Druck- und Temperaturunterschieden sowie vor der kosmischen Strahlung schützen. Er diente als Prototyp für die späteren Astronautenanzüge.

Der Air Force-Pilot Joseph („Joe") W. Kittinger (*1928) unternahm im Rahmen dieses Programmes zwischen November 1959 und August 1960 insgesamt drei Fallschirmabsprünge aus der offenen Gondel eines Gasballons. Der letzte Sprung erfolgte aus über 31 km Höhe. Dabei wurden vier

---

[12] Ebner, Ulrike. 2021. Schneller als Mach 3. In: *Flug Revue*, 66. Jg., Nr. 10 (Okt.), S. 30.

[13] Craig, Ryan. 1995. *The Pre-Astronauts : Manned Ballooning on the Threshold of Space*. Annapolis, Md. : Naval Institute Press.

Weltrekorde aufgestellt: Höchster Ballonflug, höchster Fallschirmabsprung, höchste Fallgeschwindigkeit (Mach 0,9) und längster freier Fall (4 min und 36 s). Die ersten drei Weltrekorde konnten erst mehr als ein halbes Jahrhundert später im Rahmen des Projektes *Red Bull Stratos* überboten werden, als der Österreicher Felix Baumgartner (*1969) im Oktober 2012 zum 65. Jahrestag des ersten Überschallfluges aus 39 km Höhe absprang und im freien Fall die Schallmauer durchbrach.

1956 erhielt die Flugzeugfirma North American Aviation (NAA) von der NACA den Auftrag zum Bau eines Fluggerätes, welches die Grenze von der Luft- zur Raumfahrt überwinden sollte: die X-15. Das veranschlagte Gesamtbudget dieses Programmes betrug mit 120 Mio. $ bereits das Zwölffache des X-1-Programmes.

Die X-15 war kein Flugzeug im engeren Sinne mehr, sondern der erste Raumgleiter. Ihre Zelle und Außenhaut mussten extremsten Belastungen standhalten. Darunter fielen Beschleunigungskräfte bis 15 g und ein Temperaturbereich zwischen −175 °C Außentemperatur und +650 °C Reibungshitze. Die verwendeten Materialien (Nickel-Stahl-Legierung und Titan) kamen dann später auch bei der Entwicklung der ersten Raumkapsel für den bemannten Orbitalflug zum Einsatz. Die gesamte Avionik (= Flugelektronik) musste neu entwickelt werden und setzte richtungsweisende Maßstäbe für den Bau von Raumfahrzeugen. So wurde eine Art Autopilot konstruiert, der eine automatische Dämpfung, Steuerung und Regelung aller Systeme ermöglichte.[14]

Darüber hinaus war die X-15 mit zwei grundverschiedenen Steuerungssystemen ausgestattet: Einmal mit einer konventionellen Rudersteuerung für den aerodynamischen Flug in den unteren Atmosphärenschichten und zum anderen mit mehreren Steuerdüsen für den Flug im luftleeren Raum, die mit einem kurzen Joystick bedient werden konnten.[15]

Außerdem war die X-15 mit einer Vielzahl an hochwertigen Messinstrumenten ausgestattet, die wertvolle Daten für spätere Entwicklungen lieferten.

Besonderes Augenmerk wurde auf die Auswahl, Ausbildung und Ausrüstung der Testpiloten gelegt, die man durchaus schon zu den ersten Raumfahrern zählen kann. Die Teilstreitkräfte nominierten ihre besten Piloten, die gleichzeitig ein naturwissenschaftliches Studium absolviert haben mussten.

---

[14] Laumanns, Horst. 2018. *Die schnellsten Flugzeuge der Welt seit 1945*, S. 146–153.

[15] Facon, Patrick. 1994. *Illustrierte Geschichte der Luftfahrt*, S. 156 bzw. Mackowiak u. a. 2018. *Raumfahrt*, S. 177.

Einer der Auserwählten war der junge Marineflieger Lt. Neil A. Armstrong (1930–2012), der später als erster Mensch den Mond betreten sollte. Die aus der Luftwaffen-Testpilotenschule (United States Air Force Test Pilot School, USAF TPS) hervorgegangene Pilotenschule für Luft- & Raumfahrtforschung (Aerospace Research Pilot School) sollte sich mit den Grundproblemen des bemannten Raumfluges beschäftigen. Der Skaphander wurde mit Sensoren zur Überwachung der Körperfunktionen (Blutdruck, Körpertemperatur, Herzschlag) ausgerüstet.

Das neue Raketentriebwerk wurde von Thiokol Reaction entwickelt und gebaut. Es trug die Bezeichnung XLR-99 und lieferte eine Schubleistung von 254 kN. Das war annähernd 4 Mal so viel wie das Triebwerk der X-2. Bei Vollschub wurden pro Minute 5 t Treibstoff verbrannt, d. h. die internen Tanks waren nach nur 2 min leer. Mit externen Zusatztanks unter den Tragflächen konnte noch 1 min länger Vollschub gegeben werden.

Als Trägerflugzeug (Mothership) diente diesmal eine achtstrahlige B-52 *Stratofortress* (dt. Stratosphärenfestung), welche die X-15 unter der rechten Tragfläche hängend bis auf 15 km Höhe brachte.[16] (Tab. 3.1).

Bei der X-1 sind die Längen und Massen für beide Versionen angeführt. Die Massenangaben bei der X-15 entsprechen der Version mit Zusatztanks.[17]

Am 30. März 1961 erreichte Testpilot Joseph („Joe") A. Walker (1921–1966) mit der X-15 eine Brennschlussgeschwindigkeit von Mach 4 und flog eine ballistische Flugbahn mit einer Scheitelhöhe von fast 52 km! Damit drang zwei Wochen vor dem ersten Orbitalflug durch den Russen Juri Gagarin ein Amerikaner in die Stratopause vor, d. h. die Grenzschicht zwischen Stratosphäre und Mesosphäre. In dieser Höhe liegen über 99 % der Luftmasse der Atmosphäre unter dem Piloten. Zwei Minuten befand sich Walker in der Schwerelosigkeit.[18]

Mit dieser Pioniertat wurde die Grenze zwischen Luft- und Raumfahrt erreicht. Dies wirft die grundsätzliche Frage auf, wer denn nun als erster Mensch in den Weltraum vorgedrungen ist?

Nach der Definition der für die Registrierung offizieller Flugsportrekorde zuständigen Fédération Aéronautique Internationale (FAI) liegt die Grenze zwischen Luft- und Raumfahrt bei 100 km Höhe. Diese Höhe wird

---

[16] Facon, Patrick. 1994. *Illustrierte Geschichte der Luftfahrt*, S. 156.

[17] Kopenhagen, Wilfried u. a. 1982. *Das große Flugzeugtypenbuch*, S. 600 f. (X-1) bzw. S. 604 f. (X-15). Kens, Karlheinz. 1994. Geschoß durch die Schallbarriere. In: *Flug Revue*, 39. Jg., Nr. 10 (Okt.), S. 58 (X-1). Reichl, Eugen. 2010. *Bemannte Raumfahrzeuge seit 1960*, S. 24 (X-15).

[18] Peter, Ernst. 1988. *Der Weg ins All*, S. 177.

Tab. 3.1 Vergleich der amerikanischen Experimental-Raketenflugzeuge X-1, X-2 und X-15.

Parameter	X-1	X-2	X-15
Hersteller	Bell Aircraft Corp.	Bell Aircraft Corp.	North American Aviation (NAA)
Trägerflugzeug	Boeing B-29 Superfortress	Boeing B-50 Superfortress	Boeing B-52 Stratofortress
Ausklink-/Starthöhe	9 km	11 km	15 km
Erstflug	25.01.1946	27.06.1952	08.06.1959
Außerdienststellung	November 1958	September 1957	Oktober 1968
Exemplare	6	2	3
Anzahl Flüge	236	20	199
Länge	9,45/10,85 m	11,50 m	15,50 m
Spannweite	8,50m	9,80 m	6,80 m
Flügelfläche	12 m^2	24 m^2	19 m^2
Tragflächen-anordnung	Mitteldecker	Tiefdecker	Mitteldecker
Höhe	3,30 m	3,60 m	4,10 m
Leermasse	2200/3000 kg	5600 kg	8300 kg
max. Startmasse	6100/7500 kg	11.300 kg	25.450 kg
Triebwerkshersteller	Reaction Motors	Curtiss-Wright	Thiokol Reaction
Triebwerkstyp	XLR-11	XLR-25	XLR-99
Schubleistung	26,7 kN	67 kN	254 kN
Höchstgeschwindig-keit	2590 km/h = Ma 2,4	3370 km/h = Ma 3,2	7274 km/h = Ma 6,7
Rekordpilot	Charles Yeager	Milburn Apt (†)	Joseph Walker
max. Flughöhe	27,4 km	38,4 km	108 km
Rekordpilot	Arthur Murray	Iven Kincheloe	William Knight

auch als Kármán-Linie bezeichnet. Diese ist nach dem Raumfahrtpionier Theodore von Kármán benannt, welcher als Erster die Grenze zwischen Luft- und Raumfahrt definiert hat. Kármán hat damit argumentiert, dass ab dieser Höhe rein physikalisch gesehen keinerlei aerodynamischer oder aerostatischer Auftrieb mehr möglich ist. Die Sowjetunion hat sich dem angeschlossen und wollte 1979 diese Grenze bei der UNO offiziell festlegen lassen. Die USA haben ihre Zustimmung jedoch verweigert.[19]

Die U. S. Air Force legte die Grenze bei 50 Meilen (mi, entspricht ca. 80 km) fest. Die USAF hatte die Definition der NACA, der Vorgänger-organisation der NASA, übernommen. Ihre Begründung war, dass ab dieser Höhe die Ruder eines Flugzeuges keinen ausreichenden Luftstaudruck mehr ausüben können, um das Flugzeug zu steuern. Zwischen Juli 1962 und August 1968 wurde diese Höhe von 8 Testpiloten insgesamt 13 Mal mit

---

[19] Wolf, Dieter et al. 1983. *Die Militarisierung des Weltraums*, S. 157.

der X-15 überschritten. Daraufhin verlieh die Air Force diesen Piloten die Astronautenschwingen (Astronaut Badge) als Abzeichen für Astronauten. Es waren dies die folgenden 7 Piloten (in alphabetischer Reihenfolge):

1. Michael J. Adams (1930–1967), der insgesamt 7 Testflüge absolvierte und Mitte November 1967 bei seinem ersten Flug über 50 mi die Kontrolle über seine X-15 verlor und beim Absturz tödlich verunglückte. Ihm wurden die Astronautenschwingen posthum verliehen. Er gilt Astronaut nach Wladimir Komarow, der ½ Jahr zuvor mit dem Raumschiff Sojus 1 abgestürzt war, als der zweite Raumfahrer weltweit, der während eines Raumfluges ums Leben gekommen ist.
2. William („Bill") H. Dana (1930–2014), der insgesamt 16 Testflüge absolvierte und dabei zweimal die 50 mi überflog.
3. Joe H. Engle (*1932), der ebenfalls 16 Testflüge absolvierte und dabei dreimal die 50 mi überflog. In der 1. Hälfte der 1980er Jahre flog er dann noch zweimal mit dem Space Shuttle über 100 km in den Weltraum. Darüber wird im 2. Band der Trilogie zur Geschichte der Raumfahrt ausführlich berichtet. Bei der Air Force brachte er es bis zum Major General (Maj. Gen.) und stellvertretenden Leiter des Weltraumkommandos (Air Force Space Command, AFSC).
4. William („Pete") J. Knight (1929–2004), der ebenfalls 16 Testflüge absolvierte und dabei einmal die 50 mi überschritt. Im Oktober 1967 stellte mit 7274 km/h (= Ma 6,4) einen neuen Geschwindigkeitsweltrekord für die Luftfahrt auf, der bis heute nicht überboten wurde.
5. John B. McKay (1922–1975), der insgesamt 29 Testflüge absolvierte und dabei einmal die 50 mi einmal überschritt. Bei einer Bruchlandung mit einer X-15 im November 1962 wurde er so schwer verletzt wurde, dass er 1975 an den Spätfolgen starb.
6. Robert („Bob") A. Rushworth (1924–1993), der 34 Testflüge absolvierte und dabei einmal die 50 mi überflog.
7. Joseph („Joe") A. Walker (1921–1966), der insgesamt 25 Testflüge absolviert und dabei dreimal die 50 mi überschritt. Bei zweien dieser Flüge im Juli und August 1963 überschritt er als einziger X-15-Testpilot sogar die 100-km-Grenze und gilt somit auch nach der Definition der FIA als Astronaut (Abb. 3.2).
8. Robert („Bob") M. White (1924–2010), der insgesamt 16 Testflüge absolvierte, war im Juli 1962 der erste, der die 50 mi überflog (Abb. 3.2).

Abb. 3.2 NASA-Testpilot Joseph A. Walker vor dem Raketenflugzeug NAA X-15. Joe Walker erreichte mit der X-15 im März 1961 als erster Mensch eine Flughöhe von über 50 km. Im Juli 1963 flog er damit sogar in den Weltraum (über 100 km) und gilt somit als Astronaut. (© NASA)

Walker mussten die Astronautenschwingen jedoch posthum verliehen werden, denn er starb bereits 1966 bei einer spektakulären Flugzeugkollision: Walker nahm am Steuer eines F-104 Starfighter an einem Formationsflug mit dem Prototypen eines neuartigen strategischen Überschallbombers teil, welcher vom Design her der Concorde ähnelte. Der Prototyp trug die Bezeichnung XB (= Experimental Bomber) Valkyrie (dt. Walküre). Während des Formationsfluges wurde der Starfighter von den Wirbelschleppen der XB Valkyrie erfasst und kollidierte mit ihr. Beide Flugzeuge stürzten ab. Die Weiterentwicklung des Überschallbombers wurde daraufhin aufgegeben. [20]

---

[20] Laumanns, Horst. 2018. *Die schnellsten Flugzeuge der Welt seit 1945*, S. 120–127.

Die Bundesluftfahrtbehörde Federal Aviation Administration (FAA) folgte später der Definition der USAF und verleiht heute allen Berufspiloten, die höher als 50 mi geflogen sind, die Commercial Space Transportation Wings.

Insgesamt wurden drei X-15 gebaut und zwischen 1959 und 1961 von zwölf Piloten in 199 Einsätzen geflogen. Zwei Maschinen wurden bei Unfällen zerstört. Ein Pilot überlebte schwer verletzt, der andere wurde getötet.[21]

Erst 40 Jahre später wurde wieder ein Raumgleiter gebaut. Es handelte sich dabei um das erste privatebemannte Raumfahrzeug. Finanziert wurde es von Microsoft-Mitbegründer Paul G. Allen (1953–2018). 2004 startete Michael W. Melvill (*1940) vom Mojave Air and Space Port (Kalifornien) mit dem Space Ship One zum ersten privaten Weltraumflug, bei dem die 100-km-Weltraumgrenze knapp überschritten wurde.

3.2 Wostok versus Mercury: Affen und Menschen im Orbit

Von 1961 bis 1963 führten beide Supermächte ihre ersten bemannten Raumfahrtprogramme durch. Das amerikanische Mercury-Programm lief in zwei Phasen ab: Die erste Phase war 1961 Mercury-Redstone (MR). Mit der Redstone-Rakete wurden suborbitale, ballistische Flüge absolviert. Zunächst mit dem Schimpansen Ham, danach mit den Astronauten Shepard und Grissom. Die zweite Phase war Mercury-Atlas (MA). Mit der Altas-Trägerrakete wurden zunächst der Schimpanse Enos (1961) und in weiterer Folge (1962–1963) die Astronauten Glenn, Carpenter, Shirra und Cooper in den Orbit (Erdumlaufbahn) befördert. Das sowjetische Programm Wostok zielte dagegen auf den möglichst schnellen Start eines Kosmonauten in den Orbit ab, um im Wettlauf ins All weiter vorne zu bleiben. So gelangte im April 1961 Gagarin mit Wostok 1 als erster Mensch in den Weltraum. Im selben Jahr konnte Titow in Wostok 2 den ersten ganztägigen Raumflug verbuchen. Es folgten 1962 und 1963 zwei Gruppenflüge mit jeweils zwei Kosmonauten, wobei mit Tereschkowa in Wostok 6 die erste Frau in den Weltraum vorstieß. Die sechs sowjetischen Kosmonauten kamen auf insgesamt 259 Erdumläufe in 385 Flugstunden, während die sechs amerikanischen Astronauten auf lediglich 34 Umläufe in 55 Flugstunden kamen.

Im Jahre 1959 traten die bemannten Raumfahrtprogramme der beiden Supermächte in die heiße Phase. Das amerikanische Programm wurde

---

[21] Reichl, Eugen. 2010. *Bemannte Raumfahrzeuge seit 1960.* Stuttgart: Motorbuch, 2. Aufl., S. 24 f.

nach dem antiken Götterboten Merkur (engl. Mercury) getauft, und das sowjetische Konkurrenzprogramm erhielt den schlichten Namen Wostok (kyrill. Восток, dt. Osten, engl. Transkription: Vostok).

Wie bereits erwähnt, gestaltete sich die Entwicklung der ersten Raumkapseln in Ost und West recht unterschiedlich. Während die sowjetische Seite die einfache Kugelform bevorzugte, führten in den USA umfangreiche Windkanaltests zu einer Kegelform, wobei die konvexe Unterseite den Hitzeschild für den Wiedereintritt in die Atmosphäre bildete. Der Luftfahrtkonzern McDonnell Aircraft Corp. erhielt schließlich von der NASA den Auftrag zum Bau von 20 Raumkapseln zum Stückpreis von 1 Mio $.[22]

Bei der Entwicklung der Trägerraketen stützten sich beide Seiten auf bewährte Muster:

Die sowjetische Seite übernahm die bereits im Sputnik-Programm bewährte Fünffach-Semjorka mit 5 t Nutzlast, die jedoch mit einer dritten Stufe versehen wurde und dadurch eine Gesamtlänge von über 38 m erreichte.

Die amerikanische Seite griff für die suborbitalen, ballistischen Flüge auf die vom German Rocket-Team um Wernher von Braun bereits Anfang der 1950er-Jahre für die Armee entwickelte *Redstone* zurück (Mercury-Redstone = MR). Für den Orbitalflug sollte die Interkontinentalrakete (ICBM) vom Typ *Atlas* der Air Force *man rated* (dt. menschentauglich) gemacht werden (Mercury-Atlas = MA). Verantwortlicher Chefingenieur war Bernhard A. Hohmann, der im Zweiten Weltkrieg an der Entwicklung des Raketenflugzeuges Messerschmitt Me 163 *Komet* beteiligt gewesen war. Sein Team überarbeitete die Atlas-Version D, von welcher 16 Exemplare für die NASA gefertigt wurden.[23]

Bei der Auswahl der ersten Raumfahrer beschritten die Supermächte wieder unterschiedliche Wege: Die Sowjetunion setzte auf junge Leutnante in den Zwanzigern, die vor allem Mut und Enthusiasmus mitbringen mussten. Darüber hinaus war natürlich auch eine einwandfreie proletarische Biographie mit unverbrüchlicher Treue zur kommunistischen Partei eine Grundvoraussetzung. Die USA setzte dagegen auf erfahrene Hauptleute in den Dreißigern, die mindestens 1500 h Flugerfahrung auf Düsenjägern und ein abgeschlossenes naturwissenschaftliches Studium mitbringen mussten.

---

[22] Zimmer, Harro. 1997. *Das NASA-Protokoll*, S. 51.

[23] Messerschmid u. a. 2017. *Raumfahrtsysteme*, S. 66 f. bzw. Reichl, Eugen. 2011. *Trägerraketen seit 1960*. Stuttgart: Motorbuch, S. 18 f. und S. 62 f.

In den USA gab es bei den Teilstreitkräften Luftwaffe (Air Force, USAF), Marine (Navy, USN) und Marineinfanterie (Marine Corps, USMC) insgesamt rund 500 Testpiloten. Die NASA sichtete alle Personalakten und wählte schließlich 110 geeignete Kandidaten aus. Nach mehreren Testphasen wurden schließlich im April 1959 sieben Astronauten nominiert und der Weltöffentlichkeit als die „Mercury Seven" (M7) präsentiert (in der Reihenfolge ihres ersten Raumfluges):

1. Lt. Cdr. Alan B. Shepard (1923–1998) von der Navy. Er war im Mai 1961 mit Mercury-Redstone (MR) 3 der 1. Amerikaner im Weltraum (>100 km Höhe). 1971 flog er mit Apollo 14 zum Mond und ist der einzige der M7, der den Mond betreten hat. Shepard erreichte später mit dem Dienstgrad eines Rear Admiral (RAdm., dt. Konteradmiral) den höchsten militärischen Rang der M7.
2. Cpt. Virgil I. („Gus") Grissom (1926–1967) von der Air Force. Er war im Juli 1961 mit MR 4 der 2. Amerikaner im Weltraum. Im März 1965 startete er mit der Raumkapsel Gemini 3 und flog damit als 1. Amerikaner zum 2. Mal im Weltraum. Im Januar 1967 kam er zusammen mit 2 Kollegen bei einem Brand während eines Bodentests mit dem neuen Raumschiff Apollo ums Leben.
3. Lt. Col. John H. Glenn, jr. (1921–2016) von den Marines. Er war im Februar 1962 mit Mercury-Atlas (MA) 6 der 1. Amerikaner in einer Erdumlaufbahn (Orbit). 1974 zog er als 1. Astronaut in den Kongress ein (Senator von Ohio). 1998 flog er im Alter von 77 Jahren als ältester Raumfahrer des 20. Jahrhunderts mit dem Space Shuttle in den Weltraum.
4. Lt. M. Scott Carpenter (1925–2013) von der Navy. Er flog im Mai 1962 mit MA 7 als 2. Amerikaner in den Orbit.
5. Lt. Cdr. Walter („Wally") M. Schirra, Jr. (1923–2007) von der Navy. Er war der Einzige der M7, der aktiv an den ersten 3 bemannten Raumfahrtprogrammen der USA teilgenommen hat. Er flog sowohl mit Mercury (MA) 7, als auch mit Gemini 6 und Apollo 7.
6. Cpt. L. Gordon („Gordo") Cooper (1927–2004) von der Air Force. Er flog mit Mercury (MA 9) und Gemini (5).
7. Cpt. Donald („Deke") K. Slayton (1924–1993) von der Air Force. Er musste am längsten auf seinen Einsatz warten. Wegen Herzrhythmusstörungen wurde er zwischenzeitlich von der Flugliste gestrichen und von der NASA zum Direktor der Flight Crew Operations ernannt, d. h. er teilte die Astronauten für ihre Missionen ein. Erst 16 Jahre nach seiner Nominierung durfte er 1975 beim letzten Flug eines Apollo-Raumschiffes mitfliegen, um im Rahmen des Apollo-Sojus-Test-Projekt (ASTP)

Abb. 3.3 Die „Mercury Seven" waren die ersten sieben amerikanischen Astronauten. Zwischen Mai 1961 und Mai 1963 flogen sechs von ihnen in der einsitzigen Raumkapsel vom Typ Mercury. Als Trägerraketen fungierten einerseits die Redstone (MR) für ballistische, suborbitale Flüge und andererseits die Atlas (MA) für Orbitalflüge in der Erdumlaufbahn. Hintere Reihe von links nach rechts: Alan Shepard (MR 3, 1. Astronaut im Weltraum), Virgil Grissom (MR 4), Gordon Cooper (MA 9). Vordere Reihe von links nach rechts: Walter Schirra (MA 8), Donald Slayton (kam erst bei Apollo zum Einsatz), John Glenn (MA 6, 1. Astronaut im Orbit), Scott Carpenter (MA 7). (© NASA)

mit dem sowjetischen Raumschiff Sojus 19 zu koppeln. Mit dessen Kommandanten Alexei Leonow entstand eine lebenslange Freundschaft. (Abb. 3.3).[24]

---

[24] Zimmer, Harro. 1997. *Das NASA-Protokoll*, S. 57. Büdeler behauptet fälschlicherweise, dass alle Astronauten von der Air Force nominiert worden seien. Tatsächlich stammten drei von der Navy und einer, nämlich Neil Armstrong, von den Marines (vgl. Büdeler, Werner. 1982. *Geschichte der Raumfahrt*, S. 412).

Die sowjetische Geheimniskrämerei ließ dagegen ein öffentliches Auswahlverfahren nicht zu. Die 400 Kandidaten wussten selber zunächst gar nicht, worum es eigentlich ging. Man hatte ihnen nur gesagt, dass es um die Erprobung eines neuartigen Flugzeuges ginge. Von den 20 auserwählten Kandidaten kamen schließlich 12 zum Einsatz. Sie wurden erst nach erfolgreich absolviertem Raumflug der Öffentlichkeit vorgestellt und waren ausnahmslos Kampfpiloten der Luftwaffe. Wegen der beengten Verhältnisse in der Raumkapsel durften sie nicht größer als 175 cm sein. Im Folgenden werden die 8 Kosmonauten aufgelistet, die an den ersten beiden Programmen Wostok und Woschod teilgenommen haben (in der Reihenfolge ihres ersten Raumfluges):[25]

1. Juri A. Gagarin (1934–1968) flog am 12. April 1961 mit Wostok 1 als erster Mensch in den Weltraum. Er starb im März 1968 beim Absturz während eines Trainingsfluges mit einem Düsenjäger vom Typ MiG-15.
2. German S. Titow (1935–2000) war Anfang August 1961 mit Wostok 2 der zweite Mensch im Weltraum. Mit nur 25 Jahren war er der jüngste Raumfahrer des 20. Jahrhunderts.
3. Andrijan G. Nikolajew (1929–2004) und Pawel R. Popowitsch (1930–2009) führten im August 1962 mit Wostok 3 und 4 den ersten Doppelflug zweier bemannter Raumkapseln durch. Nikolajew flog 1970 mit Sojus 9 und heiratete später seine Kollegin Walentina Tereschkowa und bildete mit ihr das erste Raumfahrerehepaar. Popowitsch flog 1974 mit Sojus 14.
4. Waleri F. Bykowski (1934–2019) und Walentina W. Tereschkowa (*1937) führten im Juni 1963 mit Wostok 5 und 6 einen weiteren Doppelflug durch. Mit einer Flugdauer von knapp 5 Tagen stellte Bykowsky einen Langzeitrekord für Soloflüge auf, der bis heute ungebrochen ist. Er flog noch zweimal in den Weltraum, beim letzten Mal 1978 gemeinsam mit dem ersten deutschen Raumfahrer Sigmund Jähn zur ersten Raumstation Saljut 6. Tereschkowa war die erste Frau im Weltraum. Als Quereinsteigerin hatte sie nur einen kurzen Vorbereitungskurs ohne reguläre Kosmonautenausbildung absolviert. Nach ihrem Flug machte sie Karriere in der Politik und wurde Mitglied des Obersten Sowjets und des Zentralkomitees der Kommunistischen Partei der Sowjetunion.

---

[25] Zimmer, Harro. 1996. *Der rote Orbit,* S. 71.

5. Wladimir M. Komarow (1927–1967) wurde im Oktober 1964 Kommandant des ersten mehrsitzigen Raumfahrzeuges Woschod 1. Er stürzte im April 1967 mit Sojus 1 ab und war somit der erste Raumfahrer, der bei einer Raumfahrtmission starb.
6. Pawel I. Beljajew (1925–1970) und Alexei A. Leonow (1934–2019) bildeten im März 1965 die Besatung von Woschod 2. Leonow stieg als erster Mensch in den Weltraum aus vollzog damit den ersten Außenbordeinsatz (Extra-Vehicular Activity, EVA) der Raumfahrtgeschichte. 1975 nahm er als Kommandant von Sojus 19 am Apollo-Sojus-Test-Projekt (ASTP) teil, wo er sich mit Deke Slayton von den Mercury Seven anfreundete.

Die Heerscharen von militärischen und wissenschaftlichen Mitarbeitern blieben dagegen von der Außenwelt abgeschirmt. Sie wohnten mit ihren Familien in streng überwachten Retortenstädten in der Nähe der jeweiligen Konstruktionsbüros (OKB) Versuchsanlagen bzw. Startgelände.

Technische und organisatorische Einzelheiten unterlagen strengster Geheimhaltung. Jeder sollte nur so viel wissen, wie er zur Mitarbeit wissen musste. Dasselbe galt im Prinzip auch für die Kosmonauten. Sie wurden im Gegensatz zu ihren amerikanischen Kollegen kaum in die laufende Forschung und Entwicklung eingebunden. Als Wohnort und Ausbildungszentrum diente eine 50 km nordöstlich von Moskau errichtete Retortenstadt mit der vielversprechenden Bezeichnung Sternenstädtchen (russ. Swjostny Gorodok, engl. Star City) unter der Leitung von General Nikolai P. Kamanin (1909–1982). Zentrum des Sternenstädtchens wurde das neue Kosmonautenausbildungszentrum, russ. Zentr Podgotowki Kosmonawtow (ZPK). 1968 wurde es nach dem ersten Kosmonauten Gagarin benannt.[26,27]

Die sowjetische Geheimniskrämerei führte im Westen zu den abenteuerlichsten Spekulationen über angebliche Raumfahrtkatastrophen. So erregten Mitte der 1960er Jahre die sogenannten Penkowski-Papers großes Aufsehen. Es handelte sich dabei um Verhörprotokolle eines übergelaufenen KGB-Offiziers namens Oleg W. Penkowski (1919–1963), der von mehreren fehlgeschlagenen bemannten Raumfahrtmissionen zu Beginn der Dekade berichtet haben soll. Entweder sei die Rakete beim Start explodiert, oder die

---

[26] Swjostny Gorodok = kyrill. Звёздный Городок. Zentr Podgotowki Kosmonawtow (ZPK) = kyrill. Центр Подготовки Космонавтов (ЦПК).
[27] Gründer, Matthias. 2000. *SOS im All*, S. 45.

Kosmonauten seien auf Nimmerwiedersehen in den unendlichen Weiten des Weltalls verschwunden (Lost in Space).[28]

Obwohl diese Behauptungen jeder quellenkundlichen Grundlage entbehren, gab es doch auch Katastrophen, die erst Jahrzehnte später ans Licht kamen:

Am 24. Oktober 1960 herrschte in Baikonur hektisches Treiben. An diesem Jahrestag der Oktoberrevolution sollte die neue sowjetische Interkontinentalrakete vom Typ R-16 (Nato-Code: SS-7) getestet werden. Sie war vom OKB-586 unter Chefkonstrukteur Michail K. Jangel (1911–1971) im ukrainischen Dnjepopetrowsk entwickelt worden. Am besagten Tag drängten sich rund 250 Menschen, darunter zahlreiche Repräsentanten der staatlichen und militärischen Führungselite, um die Startrampe, während die Rakete zum Start vorbereitet wurde. Ein Kurzschluss löste eine halbe Stunde vor dem geplanten Starttermin die vorzeitige Zündung der zweiten Raketenstufe aus. Innerhalb von Sekundenbruchteilen explodierte die mit rund 125 t Treibstoffen vollgetankte Rakete in einem riesigen Feuerball. Augenzeugen schilderten in den 1990er-Jahren grauenvolle Szenen von Menschen, die als lebendige Fackeln umherirrten, qualvoll an den Treibstoffdämpfen erstickten oder kilometerweit in die Steppe hinausgeschleudert wurden. Prominentestes Opfer war Marschall Mitrofan I. Nedjelin (1902–1960), stellvertretender Verteidigungsminister und Chef der strategischen Raketentruppen. Nach ihm ist die Nedjelin-Katastrophe benannt.[29]

Am nächsten Morgen traf eine staatliche Untersuchungskommission aus Moskau ein. An ihrer Spitze befand sich kein geringerer als Leonid I. Breschnew (1906–1982), der zu dieser Zeit Vorsitzender des Präsidiums des Obersten Sowjets und damit formales Staatsoberhaupt der Sowjetunion war. Die Bilanz war katastrophal: Über 120 Tote und zahlreiche Schwerverletzte wurden gezählt. Die Startrampe war vollkommen zerstört. Zunächst wurden alle Überlebenden unter Sabotageverdacht verhaftet. Schließlich stellte sich ein Konstruktionsfehler als Unglücksursache heraus. Um die Sache zu vertuschen, wurde kurzerhand ein Flugzeugabsturz erfunden, bei dem Nedjelin und andere Prominente ums Leben gekommen sein sollten. Eine Konsequenz aus dem streng geheimen Untersuchungsbericht war das Verbot von Massenansammlungen neben einer vollgetankten Rakete. In

---

[28] Ebd., S. 55.
[29] Ebd., S. 29 f.

den USA war es längst Standard, dass die Umgebung der Startrampe vor der Betankung geräumt werden musste ("*Clear Launch Pad*").

Entsprechende Gerüchte im Westen konnten damals nicht verifiziert werden, da der U-2-Zwischenfall erst ein halbes Jahr zurücklag und die USA noch nicht über ein weltweites Netz von Spionagesatelliten verfügten.[30]

Was nun die Sicherheitsvorkehrungen für die Raumfahrer betraf, so gab es eklatante Unterschiede zwischen den Systemen in West und Ost.

Die Mercury-Kapsel besaß einen aufgesetzten Gitterturm mit einer Rettungsrakete, welche die Raumkapsel jederzeit von der Trägerrakete wegschießen konnte, falls diese explodierte oder außer Kontrolle geriet. Die Wostok-Kapsel besaß nur einen Schleudersitz, der in sehr niedrigen und sehr großen Höhen den sicheren Tod bedeutet hätte. Ein eher dilettantischer Versuch war das Aufspannen eines großen Auffangnetzes neben der Startrampe, in dem der herauskatapultierte Kosmonaut bei einer Startexplosion günstigstenfalls landen sollte.[31]

Auch bei der technischen Ausstattung gab es große Unterschiede.

Wie bereits in Abschn. 2.3 beschrieben, wurde die erste bemannte Raumkapsel der Sowjetunion vom Satellitenbus eines Spionagesatelliten abgeleitet. Man hatte sich also nicht einmal die Mühe gemacht, eine eigene Trägerkonstruktion für bemannte Raumfahrzeuge zu entwickeln. Die kugelförmige Wostok-Kapsel wog knapp 2,5 t und hatte einen Durchmesser von knapp 2,5 m bei einem Rauminhalt von 1,6 m³. Die angeschlossene Gerätesektion brachte noch einmal knapp 2,3 t auf die Waage. Dort befanden sich unter anderem die Antennen für den Funkverkehr und die Fernsteuerung sowie das Bremstriebwerk für den Wiedereintritt in die Erdatmosphäre. Der Orbitalflug wurde von der Erde aus ferngesteuert. Die Kosmonauten sollten die Steuerung nur im Notfall übernehmen. Daher gab es auch nur vier Schalter und einen Steuerhebel. Ein Teil der Gerätesektion bildete das Versorgungsmodul mit den Lebenserhaltungssystemen. Besonders charakteristisch war der Kranz von 14 kugelförmigen Druckgasbehältern für Sauerstoff und Stickstoff, der sich außen am Kabelring zwischen Raumkapsel und Gerätesektion befand. Die Kosmonauten landeten nicht in der Kapsel, sondern wurden vor dem Aufschlag mit Schleudersitzen aus der Kapsel herauskatapultiert.[32]

---

[30] Ebd., S. 31.
[31] Ebd., S. 41–43.
[32] Reichl, Eugen. 2010. *Bemannte Raumfahrzeuge seit 1960*, S. 12–17.

Die Bergung der Kapsel in der kasachischen Steppe erfolgte mit Transporthubschraubern vom Typ Mil Mi-6. Das von Michail L. Mil (1909–1970) geleitete Konstruktionsbüro OKB-329 hatte sich auf die Entwicklung und den Bau schwerer Kampf- und Transporthubschrauber spezialisiert. Die Mi-6 war mit einer Länge von 33,20 m und einem max. Startmasse von 42,5 t der damals größte Hubschrauber der Welt. Der fünfblättrige Hauptrotor besaß einen Durchmesser von 35 m und am Haken konnten bis zu 9 t schwere Lasten angehängt werden. In der NATO erhielt die Mi-6 daher die Bezeichnung „Hook". [33]

Matthias Gründer beschreibt die sowjetische Raumkapsel mit der Bemerkung, dass deren *„Instrumententafel weniger Geräte als die eines durchschnittlichen Sportflugzeuges aufwies".* [34]

Bernhard Machowiak bezeichnet die Ausstattung der Wostok-Raumkapsel als *„sowjetischer Minimalismus"* (Abb. 3.4). [35]

Zunächst wurden die Lebenserhaltungssysteme der Raumkapseln mit Tieren getestet. Auch hier wurden unterschiedliche Wege beschritten: Die Sowjets setzten auf robuste Mischlingshunde, wobei es letztlich nur ums temporäre Überleben im Orbit ging. Die Amerikaner verwendeten dagegen speziell dressierte Primaten.

Es ging ihnen nicht nur um die Frage des Überlebens, sondern auch um die Auswirkungen des Raumfluges auf die Arbeitsfähigkeit eines menschenähnlichen Organismus. In Alamogordo, das ja bereits als Ort bekannt war, an dem sowohl die erste Atombombe als auch die erste zweistufige Weltraumrakete entwickelt worden waren, wurden die Primaten ebenso wie die Astronauten jahrelang auf ihre Missionen vorbereitet. Leiter der sogenannten Ape-University (dt. Affen-Universität) war der deutschstämmige Physiologe Harald J. von Beckh. Die ersten Mercury-Kapseln wurden mit einer Anzeigetafel und einer Reihe von funktionslosen Knöpfen und Hebeln versehen. Die Affen wurden darauf trainiert, bei einem bestimmten, aufleuchtenden Symbol den entsprechenden Knopf bzw. Hebel zu betätigen. Im Orbit sollten sie diese Prozedur mehrfach wiederholen, um die Motorik und Konzentrationsfähigkeit im schwerelosen Zustand zu testen.

Zum Jahreswechsel 1959/1960 erfolgten vom Wallops Flight Center (WFC), einem Raketenstartzentrum der NASA auf Wallops Island in

---

[33] Laumanns, Horst. 2017. *Die stärksten Flugzeuge der Welt*, S. 148 u. 157.

[34] Gründer, Matthias. 2000. *SOS im All*, S. 51.

[35] Mackowiak, Bernhard et al. 2018. *Raumfahrt*, S. 78.

Abb. 3.4 Stolz präsentierte die Sowjetunion bei der Weltausstellung 1967 im kanadischen Montreal ein originalgetreues Modell der Wostok-Raumkapsel, mit dem die ersten Menschen in den Weltraum geflogen sind. In der kugelförmigen Raumkapsel hatte ein Kosmonaut Platz. Dahinter befand sich die Gerätesektion mit dem charakteristischen Kranz von kugelförmigen Druckgasbehältern für Sauerstoff und Stickstoff. Vor dem Wiedereintritt in die Erdatmosphäre werde die Gerätesektion abgetrennt und verglühte in derselben. (© Rauchwetter/DPA/picture alliance)

Virginia aus zwei Testflüge mit Mercury-Prototypen. Zu diesem Zweck kamen eigene Versuchsraketen vom Typ Little Joe (dt. kleiner Hans) zum Einsatz. Für die Testflüge wurden zwei Rhesusaffen eingesetzt, die von der Schule für Flugmedizin (School of Aviation Medicine, SAM) der Luftwaffe betreut und überwacht wurden. Die Raumfahrtmedizin als eigene Disziplin war zu diesem Zeitpunkt noch nicht begründet worden. Die beiden Affen, ein Männchen und ein Weibchen, erhielten als Namen die Initialen der Schule: Sam und Miss Sam. Sie mussten die Funktionsfähigkeit des Rettungssystems testen. Dabei wurden sie sehr starken Beschleunigungskräften ausgesetzt, während denen sie ihre Aufgaben jedoch einwandfrei ausführten und schließlich sicher landeten.[36]

Die Sowjets starteten bereits im Jahre 1960 ihre Wostok-Prototypen mit Mischlingshunden in den Orbit. Im August flogen die Hündinnen Belka (dt. Weißchen) und Strelka (dt. Pfeilchen) zusammen mit Mäusen und Fliegen 17 Mal um die Erde. Die Landung erfolgte in einem Spezialbehälter, der in 7 km Höhe aus der Raumkapsel herauskatapultiert wurde und am Fallschirm niederging.

Damit waren Belka und Strelka die ersten höheren Lebewesen, die lebend aus dem Orbit zurückkamen. Der Flug verlief jedoch nicht problemlos: Belka zeigte ab der vierten Erdumkreisung Verhaltensstörungen und musste sich übergeben; außerdem ging die Landeeinheit mehr als 200 km vom Zielort entfernt nieder und konnte erst nach längerer Suche gefunden werden.[37]

Es folgten im Dezember des Jahres zwei weitere Testflüge mit je einem Hundepaar sowie einer Reihe von Mäusen. Die Landungen verliefen jedoch ebenfalls nicht planmäßig: Beim ersten Mal geriet die Kapsel beim Wiedereintritt in die Erdatmosphäre außer Kontrolle und verglühte.[38]

Beim zweiten Mal versagte die Oberstufe der Trägerrakete, sodass lediglich eine ballistische Flugbahn erreicht wurde und die Landekapsel im unwegsamen mittelsibirischen Bergland niederging.

Die Suchaktion geriet zu einem Wettlauf mit der Zeit. Einerseits herrschten zu dieser Jahreszeit in Mittelsibirien Temperaturen von unter −40 °C; andererseits war die Landekapsel mit einem Selbstzerstörungsmechanismus versehen (für den Fall, dass sie außerhalb der Sowjetunion landete bzw. nicht innerhalb von 60 h gefunden wurde). Diese Technik hatte man ursprünglich für die aus der gleichen Grundkonstruktion entwickelten Aufklärungssatelliten der ersten Generation entworfen und sie auch für die bemannte Version der Standartraumkapsel beibehalten.[39]

---

[36] Zimmer, Harro. 1996. *Das NASA-Protokoll*, S. 58.

[37] Zimmer, Harro. 1996. *Der rote Orbit*, S. 72. Gründer spricht in diesem Zusammenhang sogar von 18 Erdumkreisungen. Vgl. Gründer, Matthias. 2000. *SOS im All*, S. 33.

[38] Ebd., S. 73. Dagegen spricht Gründer lediglich davon, dass die Landekapsel nicht am vorgesehenen Ort landete. Vgl. Gründer, Matthias. 2000. *SOS im All*, S. 33.

[39] Ebd.

Nach 24 h konnten die Landekapsel schließlich gefunden werden. Die Hunde konnten stark unterkühlt, aber lebend geborgen werden, während die Mäuse steifgefroren waren.[40]

Im ersten Quartal 1961 traten die Vorbereitungstests für die ersten bemannten Raumfahrtmissionen in ihre Endphasen.

Ende Januar startete Schimpanse Ham (1956–1983) mit der Kombination aus Mercury-Kapsel und einer modifizierten Redstone-Rakete (= MR) zu einem ballistischen Flug mit einer Scheitelhöhe von 250 km. Er war damit der erste Hominide im Weltraum. Während des Fluges führte Ham rund 50 Kommandos einwandfrei aus, wobei seine Reaktionsfähigkeit nicht spürbar von den Bodentests abwich. Später erhielt Ham als erster amerikanischer „Astronaut" im Washingtoner Zoo einen Ehrenkäfig, wo er auch zwanzig Jahre später noch eine vielbestaunte Attraktion war (Abb. 3.5).[41]

Die Sowjets starteten im März ihre inzwischen ausgereifte Wostok-Raumkapsel zweimal zu Testflügen in den Orbit. Als Passagiere fungierte nun neben jeweils einer Hündin auch ein Dummy namens Iwan Iwanowitsch. Es handelte sich dabei um eine Puppe in Menschengestalt, mit welcher der Skaphander und der Schleudersitz des Kosmonauten getestet wurden.[42]

Während also die Amerikaner im ersten Quartal 1961 den bemannten suborbitalen Raumflug öffentlich ankündigten und vorbereiteten, bereiteten die Sowjets zur selben Zeit streng geheim und ohne suborbitale Zwischenstufe bereits den ersten bemannten Orbitalflug vor. In den USA war man der Überzeugung, dass die Sowjets auch erst suborbitale Testflüge vorbereiten würden.

Am 12. April 1961 gegen 9:30 Uhr Moskauer Zeit meldete die sowjetische Nachrichtenagentur TASS, dass Kosmonaut Juri Gagarin in der Raumkapsel Wostok 1 (Rufzeichen: Кедр = *Kedr,* dt. Zeder) als erster

---

[40] Ebd., S. 74. Gründer bemerkt, dass dieser fehlgeschlagene Testflug gegen den Willen Koroljows nicht in die sowjetische Raumfahrtstatistik aufgenommen wurde und damit 30 Jahre lang offiziell gar nicht stattgefunden hat. Vgl. Gründer, Matthias. 2000. *SOS im All,* S. 33.

[41] Büdeler, Werner. 1982. *Geschichte der Raumfahrt,* S. 414. Ham war die Abkürzung für Holloman Aerospace Medicine, einem medizinischen Forschungslabor auf dem Gelände der Holloman AFB bei Alamogordo, New Mexico. Wie in Abschn. 1.4 dargelegt, war der Rhesusaffe Albert II bereits 1949 als erster Primat mit einer Hermes-Rakete in den Weltraum (>100 km Höhe) befördert worden. Ham war nun 12 Jahre später der erste Hominide (Menschenaffe) im Weltall.

[42] Zimmer, Harro. 1996. *Der rote Orbit,* S. 77 f. Während Zimmer beim letzten Wostok-Testflug von einer Erdumkreisung spricht, geht Gründer von einem Zweitagesflug aus (vgl. Gründer, Matthias. 2000. *SOS im All,* S. 33). Die offizielle sowjetische Lesart bestätigt dagegen die Aussage von Zimmer. Vgl. Gilberg, Lew et al. 1985. *Faszination Weltraumflug,* S. 197.

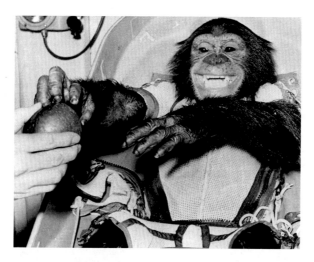

Abb. 3.5 Schimpanse Ham (1956–1983) flog im Januar 1961 mit Mercury-Redstone 2 (MR 2) als erster Hominide in den Weltraum. Das Foto zeigt ihn nach der Landung in der Raumkapsel nach seiner Belohnung greifen. (© NASA)

Mensch die Erde umkreise (Abb. 3.6). Gleichzeitig wurden auch die Bahndaten mitgeteilt, sodass westliche Beobachter das Ereignis selbst verfolgen bzw. verifizieren konnten.[43]

So reibungslos, wie offiziell verlautbart, verlief der erste bemannte Raumflug jedoch nicht. Bis zur Abschaltung des Bremstriebwerkes zum Wiedereintritt in die Erdatmosphäre verlief der vollautomatische Flug planmäßig. Danach sollte das Versorgungsmodul von der Landekapsel abgetrennt werden. Dieses blieb jedoch hängen, da sich nicht alle Verbindungskabel gelöst hatten. Dies führte zu einem unkontrollierten Trudeln in der kritischen Phase des Wiedereintrittes. Mehrfach schlugen Modul und Kapsel hart aneinander, bis die Verbindungsstränge durchgeschmolzen waren und das Modul verglühte. Schließlich erfolgte die Landung durch die veränderte Landeflugbahn zwar nicht am vorgesehenen Ort, aber dennoch glimpflich.[44]

Was der Öffentlichkeit ebenfalls verschwiegen wurde, war die Tatsache, dass drei Wochen vor dem Flug Gagarins dessen Kollege Walentin W. Bondarenko (1937–1961) bei einem mehrtägigen Isolationstest in einer Sauerstoffkammer des Moskauer Instituts für Biomedizintödlich verunglückt war. Bondarenko war das jüngste Mitglied der ersten

---

[43] Zimmer, Harro. 1996. *Der rote Orbit.*, S. 81.
[44] Gründer, Matthias. 2000. *SOS im All*, S. 36.

Abb. 3.6 Start von Wostok 1 mit Juri Gagarin am 12.04.1961. Die Wostok-Trägerrakete basierte auf der von Sergej Koroljow entwickelten Raketa Semjorka (R7). Das Bild zeigt das sowjetische Bündelungsprinzip, welches aus einem Zentralblock und vier außen angehängten Außenblocks (Boostern) besteht. Die Booster bildeten die erste Raketenstufe und wurden nach dem Ausbrennen abgeworfen. Der Zentralblock wurde gemeinsam mit den Boostern beim Start gezündet, hatte jedoch doppelt so große Tanks und brannte daher auch doppelt so lange. Er bildete somit beim Start einen Teil der ersten und danach die zweite Stufe. Darüber erkennt man die Verbindungsstreben zur dritten Stufe. Unterhalb der Spitze sieht man ein Loch, in welchem die Wostok-Kapsel steckte. (© DPA)

Kosmonautengruppe der Sowjetunion. Mit nur 23 Jahren gilt er als jüngster Raumfahrer-Anwärter des 20. Jahrhunderts. Ein mit Alkohol getränkter Wattebausch hatte sich an einem Heizkörper entzündet. Die Funken entzündeten wiederum den Trainingsanzug des Kosmonauten, der binnen Sekunden in Flammen stand. Bis die Bedienungsmannschaft den Druckausgleich herbeigeführt hatte, waren die Brandverletzungen bereits so schwer, dass Bondarenko Stunden später verstarb.[45] Darin ähnelte der Tod Bondarenkos denjenigen der 3 Astronauten von Apollo 1 im Januar 1967.

Die Sowjetpropaganda lief auf Hochtouren und dichtete Gagarin einen Funkspruch an, der in den Protokollen gar nicht aufscheint: *„Ich sehe hier oben keinen Gott"*, soll er gesagt haben. Damit sollte ein weiterer Beweis

---

[45] Ebd., S. 55.

dafür erbracht werden, dass der atheistische Kommunismus die einzig wahre Ideologie sei.[46]

Der Antrag bei der FAI auf offizielle Anerkennung des Gagarin-Fluges als erster bemannter Orbitalflug erwies sich schließlich als propagandistisches Eigentor: In Paris wollte man genauere Informationen über die Einzelheiten des Fluges. Die Sowjetunion wollte den genauen Startort nicht angeben, da die Existenz des Kosmodroms Baikonur streng geheim war. Außerdem wurde nach den Steuerungsmechanismen gefragt, denn der Rekordflieger hätte sein Fluggerät zumindest teilweise selber steuern müssen. Tatsächlich lief der Flug jedoch vollautomatisch ab. Gagarin durfte nur das Funkgerät bedienen, um über sein Befinden zu berichten. Die manuelle Steuerung war blockiert und wäre nur mit einem Zahlencode zu aktivieren gewesen, wenn die automatische Steuerung versagt hätte. Darüber hinaus hätte Gagarin eine vollständige Erdumkreisung durchführen müssen. Stattdessen wurde das Bremstriebwerk nach 90 min noch vor der Vollendung des Umlaufes gezündet und damit der ballistische Wiedereintrittsflug eingeleitet. Eine weitere Vorgabe war schließlich die Bedingung, dass Gagarin mit demselben Fluggerät starten und landen musste.

An dieser Bedingung waren bereits die Rekordflüge mit den amerikanischen Raketenflugzeugen der X-Serie gescheitert, da diese mit Trägerflugzeugen gestartet wurden. Bei den Wostok-Flügen war es umgekehrt. Die Trägerrakete wurde zwar als legitime Starthilfe für den Raumflug akzeptiert, aber die Landung hätte in der Raumkapsel erfolgen müssen. Stattdessen wurden die Wostok-Kosmonauten jedoch in 7 km Höhe aus der Kapsel katapultiert und landeten getrennt von ihr am Fallschirm.[47]

Auch ohne offizielle Anerkennung als Rekordflieger durch die FAI gilt Gagarin als der erste Mensch im Weltraum. Er wurde zu einem National- und Volkshelden der Sowjetunion hochstilisiert und mit den höchsten Orden dekoriert. Dieser Status sollte sich jedoch letztlich als Fluch erweisen: Gagarin wurde die Fluglizenz entzogen. Als ein lebendes Denkmal durfte er sich keinen Gefahren mehr aussetzen und wurde dazu verdammt, als ewig lächelndes Aushängeschild für die Leistungsfähigkeit des kommunistischen Systems herumgereicht zu werden. Erst sieben Jahre später erhielt Gagarin wieder die Erlaubnis, seine Fluglizenz zu erneuern. Im März 1968 bestieg er mit seinem Fluglehrer Wladimir Serjogin einen Düsenjäger vom Typ MIG-

---

[46] Wolek, Ulrich. 2007. Der Sputnik-Schock. In: *GEO*. 32. Jg., Nr. 9, S. 122.

[47] Zimmer, Harro. 1996. *Der rote Orbit*, S. 83.

15. Der Übungsflug endete mit einem tödlichen Absturz, der zur Legenden-bildung um die Person Gagarins beitrug.[48]

Mit Wostok 1 wiederholte sich 1961 für Amerika der Sputnik-Schock von 1957. Die NASA wurde in den Medien scharf kritisiert, weil sie im Januar mit MR 2 anstatt eines Menschen nur einen Affen in den Welt-raum startet ließ, obwohl das Mercury-Redstone-System zu jenem Zeit-punkt bereits voll Einsatzbereit (Full Operational Capability, FOC) gewesen sei. Zu allem Überfluss erfuhr die US-Öffentlichkeit wenige Tage später vom Scheitern der von der CIA dilettantisch geplanten Geheimoperation *Mongoose* (dt. Mungo), der Landung von Exilkubanern in der Schweine-bucht mit dem Ziel, das Regime des mit der Sowjetunion verbündeten kommunistischen Revolutionsführers Fidel A. Castro (1926–2016) zu stürzen.

Ende des Monats sollte die Mercury-Kapsel mit einem Dummy und der modifizierten Atlas-Interkontinentalrakete (= MA) erstmals zu einem orbitalen Testflug mit zwei Erdumkreisungen starten. Die Rakete geriet jedoch kurz nach dem Start außer Kontrolle und musste in 5 km Höhe gesprengt werden.

Dieser mehrfache Prestigeverlust war ein denkbar schlechter Beginn für den neuen US-Präsidenten John F. Kennedy (1917–1963, reg. 1961–1963). Die Euphorie und allgemeine Aufbruchsstimmung, die Kennedy im Wahl-kampf und bei seiner Inauguration erzeugt hatte, drohte nun umzukippen. Daher musste der folgende Monat die psychologische Wende bringen. Der öffentliche und politische Druck auf die Verantwortlichen bei der NASA war enorm.

Am 5. Mai 1961 startete der erste amerikanische Astronaut Alan Shepard mit der Kombination Mercury-Redstone (MR 3) zum ersten sub-orbital-ballistischen Weltraumflug (Abb. 3.7). Die Kapsel erhielt das Ruf-zeichen *Freedom* (dt. Freiheit). Mit der Redstone-Trägerrakete war für die Astronauten lediglich ein ballistischer Flug mit einer Scheitelhöhe von rund 185 km möglich. Die Maximalgeschwindigkeit der Kapsel betrug nur rund 8500 km/h kurz nach der Abtrennung von der Trägerrakete. Für eine stabile Umlaufbahn hätte die Raumkapsel auf die dreieinhalbfache Geschwindigkeit beschleunigt werden müssen. Die Reichweite betrug nur rund 500 km, d. h. nach dem Start vom Launch Complex (LC) 6 der Cape Canaveral Air Force Station (CCAFS) in Florida erfolgte die Wasserlandung (Splashdown) bereits rund 15 min später im Atlantik nördlich der Bahamas.

---

[48] Hoffmann, Horst. 2001. Kolumbus des Kosmos. In: *Flug Revue*. 46. Jg., Nr. 4, S. 93.

Abb. 3.7 Start einer Kombination Mercury-Redstone (MR). Die Redstone-Trägerrakete (weiß) war lediglich für 15-minütige, ballistisch-suborbitale Flüge brauchbar. Sie beförderte die einsitzige Mercury-Raumkapsel (schwarz) in maximal 200 km Höhe. Mit ihr gelangte Alan Shepard im Mai 1961 (einen Monat nach Juri Gagarin) als erster Amerikaner in den Weltraum. An der Spitze befand sich eine Rettungsrakete (rot). Sie wäre bei einer Explosion bzw. einem Versagen der Trägerrakete zum Einsatz gekommen. (© NASA)

Die Zeit in der Schwerelosigkeit betrug nur rund 5 min. Im Vergleich zum 90-minütigen Orbitalflug Gagarins mit einem Apogäum von 320 km war dies nur ein kleiner Weltraumhüpfer. Dennoch war die Reaktion in der amerikanischen Öffentlichkeit überwältigend. Shepard wurde als nationaler Heros mit einer Konfettiparade in New York gefeiert. In der Presse begannen wilde Spekulationen darüber, was in der bemannten Raumfahrt in nächster Zeit wohl alles möglich sei.

Um die erneute Schmach vergessen zu machen und der Sowjetunion in der Raumfahrt endlich Paroli zu bieten, entbrannte im Nationalen Weltraumrat (National Space Council, NSC) unter dem Vorsitz von Vizepräsident Johnson eine strategische Grundsatzdiskussion darüber, mit welchem bemannten Raumfahrtprogramm man die Sowjets übertrumpfen könnte: Mit einem ständig bemannten Raumlabor im Erdorbit oder mit einer bemannten Mondlandung? Im Falle einer Mondlandung war schnell klar, dass diese zunächst nicht nachhaltig sein könne, wenn sie in absehbarer Zeit erfolgen sollte. Wernher von Braun sah nun endlich die Möglichkeit, seine Jugendvision vom bemannten Mondflug Wirklichkeit werden zu lassen und empfahl dem NSC daher das Mondprogramm. Die Kennedy-Administration erkannte zudem die einmalige propagandistische Gelegenheit. Der Mond galt seit jeher als ein „Sehnsuchtsziel der Menschheit" und die Bilder von den ersten Menschen auf dem Mond würden um die Welt gehen und alle bisherigen Erfolge der Sowjetunion verblassen lassen.[49]

Da berief Kennedy für den 25. Mai 1961 den Kongress zu einer Sondersitzung ein und hielt seine berühmte Rede zur Lage der Nation, in der er ausführte, dass es an der Zeit sei, sich neue größere Ziele zu setzen, welche die Überlegenheit der USA auf wirtschaftlichem und technologischem Gebiet verdeutliche. In diesem Zusammenhang nannte er die bemannte Mondlandung noch vor dem Ende der laufenden Dekade als vorrangiges nationales Ziel.

Die treibende Kraft hinter Kennedy und der eigentliche große Förderer der amerikanischen Raumfahrt war Vizepräsident Lyndon B. Johnson (1908–1973), der bereits als Mehrheitsführer im Senat gegen die zögerliche Weltraumpolitik Eisenhowers Stellung bezogen und den Raumfahrtausschuss gegründet hatte. Nach der Inauguration hatte Johnson seinen Mitstreiter James E. Webb (1906–1992) zum neuen NASA-Chef gemacht. Dessen breitbandige Karriere schloss sowohl politische als auch industriell-wirtschaftliche Erfahrungen mit ein. Johnson konnte Kennedy für das bemannte Mondprogramm mit dem Hinweis begeistern, dass die Meisterung der größten wirtschaftlichen, technologischen und organisatorischen Herausforderung die Überlegenheit des amerikanischen Systems der ganzen Welt am eindrucksvollsten unter Beweis stelle.[50]

Johnson war es auch, der die Gründung einer zentralen Bodenkontrollstation für die bemannte Raumfahrt samt Astronauten-Ausbildungszentrum in seinem Heimatstaat Texas zwischen der Stadt Houston und der Galveston Bay am Golf von Mexiko initiierte. Das Raumfahrtzentrum erhielt zunächst die Bezeichnung Manned Spacecraft Center (MSC) und wurde später in Johnson Space Center (JSC) umgetauft.

---

[49] Göring, Olaf. 2021. Mutige Pioniere im Weltall: 60 Jahre bemannte Raumfahrt. In: *Flug Revue,* 66. Jg., Nr. 5 (Mai), S. 72.

[50] Spillmann, Kurt. 1988. Geschichte der Raumfahrt. In: *Der Weltraum seit 1945,* S. 26.

Im Juli 1961 wiederholte Virgil („Gus") Grissom den ballistischen Flug von Shepard mit MR 4. Die Bergung der Kapsel mit dem Rufzeichen *Liberty Bell* (dt. Freiheitsglocke) misslang jedoch und führte beinahe zu einer Katastrophe.[51]

Kurz nach der Wasserung wurde plötzlich ohne jede Vorwarnung die Notausstiegsluke abgesprengt, wodurch die Kapsel mit Wasser volllief und zu sinken begann. Gus Grissom musste daher vorzeitig aussteigen. Während nun der Bergungshelikopter vergeblich versuchte, die immer schwerer werdende Kapsel zu retten, drohte auch Gus Grissom unterzugehen, da sein Skaphander plötzlich undicht wurde und ebenfalls volllief. Die verzweifelten Handzeichen des Ertrinkenden wurden von der Helikopterbesatzung, die zunächst nur mit der Kapsel beschäftigt war, falsch gedeutet. Erst als eine Warnleuchte die Überbeanspruchung des Triebwerks signalisierte, wurde die Kapsel ausgeklinkt und der Astronaut in letzter Sekunde gerettet. Liberty Bell versank fast 5 km tief im Atlantischen Ozean. Gus Grissom selbst wurde im Schockzustand auf den Flugzeugträger USS Lake Champlain gebracht, wo er einen Nervenzusammenbruch erlitt. Spätere Tests zeigten, dass die Luke nur durch den Astronauten selbst abgesprengt werden konnte, und man warf Gus Grissom vor, dass er dies in Panik getan hätte. Dieser bestritt jedoch vehement diese Vorwürfe. Da die Kapsel gesunken war, konnte man den Vorfall nie wirklich aufklären. Selbst als die Kapsel schließlich im Juli 1999 durch eine Privatinitiative wiederentdeckt und gehoben werden konnte, fehlte von der Luke jede Spur.[52] Das Problem mit der Luke sollte Gus Grissom 1967 bei Apollo 1 erneut zum Verhängnis werden und schließlich das Leben kosten.

Trotz akribischer Vorbereitungen mit einer Fülle von Tests und Übungen für alle möglichen Eventualitäten ist es auch bei den folgenden bemannten Raumfahrt-Missionen immer wieder zu unvorhergesehenen und unerklärlichen Zwischenfällen gekommen. Dies hängt mit der hohen Komplexität und den extremen Bedingungen zusammen. Das German Rocket-Team prägte für solche Phänomene den Begriff „Glitch".[53]

Etymologisch leitet sich der Begriff vom deutschen Wort *Glitsche* ab, welches eine Gleitrutschbahn auf festgetretenem Schnee oder Eis bezeichnet.

---

[51] Die echte Liberty Bell läutete 1776 in Philadelphia die amerikanische Unabhängigkeit ein.

[52] Gründer, Matthias. 2000. *SOS im All*, S. 18 f. Grissom wurde die Luke schließlich doch noch zum Verhängnis: Er starb 1967 zusammen mit zwei Kollegen beim Brand von Apollo 1, nachdem sich die Luke nicht schnell genug öffnen ließ (vgl. Abschn. 4.2).

[53] Ebd., S. 58.

Ein Glitch ist demnach eine Art Ausrutscher. Später fand der Begriff auch in der Elektronik Verwendung für eine Fehlfunktion bei logischen bzw. digitalen Schaltungen.

Im August startete dann German Titow in Wostok 2 mit dem Rufzeichen Orjol (Opёл, dt. Adler) in den Orbit. In einem Tag umkreiste er die Erde 17 Mal. Später wurde bekannt, dass Titow mit zunehmender Flugdauer unter Symptomen wie Übelkeit und Gleichgewichtsstörungen litt. Diese Symptome in der Schwerelosigkeit wurden später als „Raumkrankheit" bezeichnet. Das Gehirn muss mehrere widersprüchliche Informationen verarbeiten: Obwohl die Muskeln nicht bewegt werden, meldet das Gleichgewichtsorgan trotzdem eine Bewegung des Körpers. Mehr noch: Im Gegensatz zur Reise- bzw. Seekrankheit fehlt in der Schwerelosigkeit auch das Gefühl für oben und unten. Der Organismus wurde im Laufe von Jahrmillionen der Evolution auf die irdische Schwerkraft hin konditioniert. Wenn diese plötzlich wegfällt, reagiert der Körper mit Schwindel, Übelkeit und vor allem bei geschlossenen Augen auch Orientierungslosigkeit. Es dauert in der Regel rund 1 bis 2 Tage, bis sich das Gehirn auf die neue Situation eingestellt hat. Die Raumkrankheit wird daher in der Raumfahrtmedizin auch Weltraumanpassungssyndrom (engl. Space Adaptation Syndrome, SAS) genannt. Rund 70 % aller Raumfahrer sind davon betroffen.[54]

Titow war mit 25 Jahren der jüngste Raumfahrer des 20. Jahrhunderts.

Die NASA verkündete nach dem Titow-Flug die vorzeitige Einstellung des MR-Programmes nach nur vier Einsätzen.[55] Ursprünglich waren noch zwei weitere suborbitale Flüge für das zweite Halbjahr vorgesehen gewesen. Angesichts der sowjetischen Erfolge in der bemannten Raumfahrt war nun jedoch die oberste Devise, den bemannten Orbitalflug vorzubereiten. Die Starts der Mercury-Raumkapseln mit der Atlas-Trägerrakete (Mercury-Atlas = MA) erfolgten vom Launch Complex (LC) 14 der Cape Canaveral Air Force Station (CCAFS) in Florida.

Im September 1961 flog mit MA 2 diese Kombination erstmals erfolgreich mit einem Dummy an Bord zu einer Erdumkreisung. Ende November absolvierte dann der Schimpanse Enos (†1962) mit der gleichen Kombination (MA 5) zwei Erdumkreisungen.[56] Damit hatten endlich auch

---

[54] Walter, Ulrich. 2019. *Höllenritt durch Raum und Zeit*, S. 13. Zimmer, Harro. 1996. *Der rote Orbit*, S. 84.

[55] MR 1: unbemannter Testflug, MR 2: Schimpanse Ham, MR 3: Shepard, MR 4: Grissom.

[56] Enos wurde im Dschungel von Kamerun geboren. Sein Geburtsjahr ist nicht bekannt.

die USA ganze vier Jahre nach dem Flug von Laika in Sputnik 2 erstmals eine höhere Lebensform in den Orbit gebracht. Allerdings verlief auch dieser Flug nicht ganz unproblematisch: Zwei technische Fehlfunktionen machten dem Primaten zu schaffen. Enos hatte wie seine Vorgänger ein umfangreiches Testprogramm mit dem Bedienen von Hebeln und Knöpfen beim Aufleuchten bestimmter Symbole zu absolvieren. Bei richtiger Reaktion gab es zur Belohnung eine Bananenscheibe, im anderen Fall wurde er mit einem kleinen Stromstoß bestraft. Nun hatte man aus Versehen einen Hebel falsch gepolt, sodass Enos jedes Mal einen elektrischen Schlag bekam, obwohl er richtig reagiert hatte. Daher kommt das bekannte amerikanische Sprichwort: *„Nice try but no banana!".*

Da man ihm beigebracht hatte, den betreffenden Vorgang so oft zu wiederholen, bis es richtig war, bediente Enos den Hebel 43 Mal hintereinander und bekam ebenso oft einen Stromstoß verpasst. Erst danach ließ er von dem betreffenden Hebel ab. Zu allem Überfluss fiel auch noch die Klimaanlage aus, sodass die Körpertemperatur des Primaten auf fiebrige 100 °F (ca. 38 °C) anstieg. Schließlich konnte das geschockte und frustrierte Tier doch noch in halbwegs guter Verfassung geborgen werden.[57]

Am 20. Februar 1962 – zehn Monate nach dem Flug von Gagarin in Wostok 1 – war es dann endlich so weit: In Mercury-Atlas (MA) 6 flog mit dem Astronauten John Glenn erstmals auch ein Amerikaner im Orbit (Abb. 3.8).

Ursprünglich war auch hier ein vollautomatischer Flug geplant, Glenn musste jedoch kurz nach dem Erreichen der Umlaufbahn auf Handsteuerung umstellen, da die automatische Lageregelung der Raumkapsel (Rufzeichen: *Friendship*, dt. Freundschaft) ausfiel.

Unmittelbar vor dem Wiedereintritt in die Erdatmosphäre nach drei Umläufen zeigten die der Bodenkontrollstation in Houston übermittelten Telemetriedaten den Abwurf des Hitzeschutzschildes und das Ausklinken des Landefallschirmes an. Dies hätte erst unmittelbar vor der Wasserung geschehen dürfen. Vor dem Wiedereintritt bedeutete es jedoch das sichere Todesurteil für den Astronauten. Bange Minuten verstrichen, da der Funkkontakt beim Eintauchen in die Atmosphäre unterbrochen war. Tatsächlich hatten sich Teile des Hitzeschildes gelöst, und die Innentemperatur der Kapsel stieg während der Wiedereintrittsphase auf 42 °C.[58]

---

[57] Zimmer, Harro. 1997. *Das NASA-Protokoll*, S. 60 f.

[58] Ebd., S. 73 f.

Abb. 3.8 Start einer Kombination Mercury-Atlas (MA). Die Atlas-Trägerrakete (weiß) konnte die Mercury-Raumkapsel (schwarz) in eine Erdumlaufbahn (Orbit) befördern. Mit ihr gelangte John Glen im Februar 1962 (10 Monate nach Juri Gagarin) als erster Amerikaner in den Orbit. An der Spitze befand sich wie üblich eine Rettungsrakete (rot). (© NASA)

Trotzdem wurde der Flug als voller Erfolg gewertet und die amerikanische Öffentlichkeit durfte einen neuen Nationalhelden mit einer Konfetti-parade in New York ehren. Lange Zeit schien Glenn das Schicksal seines sowjetischen Kollegen Gagarin teilen zu müssen. Als lebendes Denkmal durfte auch er nicht wieder in den Orbit fliegen. Erst 36 (!) Jahre später gelang es ihm als langgedientem Senator für Ohio und einflussreichem Mit-glied des US-Seniorenbundes seinen Traum von einem zweiten Ausflug ins All Wirklichkeit werden zu lassen. War Glenn bereits Anfang der 60er-Jahre mit 40 Jahren der Senior Astronaut der Mercury Seven, so startete er Ende Oktober 1998 als 77-Jähriger zusammen mit sechs Kollegen, die seine Kinder und Enkelkinder hätten sein können, in dem Space Shuttle (dt. Raumfähre) *Discovery* (dt. Entdeckung) zu neuntägigen geriatrischen Experi-menten. Er war damit der älteste Raumfahrer des 20. Jahrhunderts. Sein

Altersrekord wurde erst 2021 von William Shatner (*1931) überboten, der im Alter von 90 Jahren mit dem Raumfahrtsystem *New Shepard* von Blue Origin in einem suborbitalen Flug die 100-km-Grenze zum Weltraum für kurzzeitig überschritt.[59] Der Schauspieler, der durch seine Rolle als Captain James T. Kirk von Raumschiff *Enterprise* weltberühmt geworden ist, war allerdings nur ein Weltraumtourist. Glenn ist somit bis heute der älteste ausgebildete Astronaut im Weltraum.

Im Mai 1962 wiederholte Scott Carpenter den drei Monate zuvor von Glenn absolvierten Flug mit drei Erdumkreisungen (MA 7).

Bei seinen manuellen Flugmanövern verbrauchte er jedoch so viel Treibstoff, dass nicht mehr genug für den vollständigen Einsatz der Bremsraketen zum Wiedereintritt zur Verfügung stand.

Dies führte zu einem flacheren Eintrittswinkel als geplant, sodass Carpenter mehr als 400 km über das Zielgebiet hinausflog. Zu allem Überfluss fiel auch noch das Funkgerät aus, und es begann eine groß angelegte Suchaktion über dem Atlantik.

Erst drei Stunden nach der Wasserung wurde die Kapsel mit dem Rufzeichen *Aurora* (dt. Morgenröte) von einem Suchflugzeug entdeckt. Eine halbe Stunde später konnten zwei Froschmänner mit einem Rettungsboot abgesetzt werden. Glücklicherweise hatte Carpenter während dieser langen Wartezeit seine Nerven behalten und war bei geschlossener Luke in der engen Sardinenbüchse geblieben. Eine weitere Stunde dauerte es, bis Astronaut und Kapsel an Bord des Flugzeugträgers USS Intrepid gebracht werden konnten. Zur Strafe für seinen fahrlässig hohen Treibstoffverbrauch durfte Carpenter im Gegensatz zu seinen Kollegen nie mehr in den Weltraum fliegen.[60]

Im August 1962 sorgten dann wieder die Sowjets für Furore. Innerhalb von 24 h starteten die beiden Raumkapseln Wostok 3 (Rufzeichen: Сокол = *Sokol*, dt. Falke) mit Andrijan Nikolajew und Wostok 4 (Rufzeichen: Беркут = *Berkut*, dt. Königsadler) mit Pawel Popowitsch in den Orbit. Wostok 4 wurde so abgestimmt gestartet, dass sich beide Kapseln kurzfristig bis auf 6,5 km einander annäherten. Ob es sich dabei um das erste „Rendezvous" im Weltraum handelte, ist umstritten. Für ein aktives Annäherungsmanöver fehlten den Wostok-Kapseln die Steuerdüsen zur Bahnkorrektur. Dies führte dazu, dass sich die beiden Raumkapseln im

---

[59] Blue Origin ist das private Raumfahrtunternehmen von Amazon-Gründer Jeff Bezos. Darüber wird im 3. Band der Trilogie zur Geschichte der Raumfahrt ausführlich berichtet.

[60] Ebd., S. 77. Die USS Intrepid (dt. unerschrocken bzw. furchtlos) liegt heute als Museumsschiff im Hafen von New York City.

Orbit nicht weiter annäherten, sondern sich immer weiter voneinander entfernten, sodass sich der Abstand schließlich auf 3000 km vergrößerte.[61]

Ursprünglich sollte der später gestartete Popowitsch auch entsprechend länger im Orbit bleiben, bis heute ungeklärte Probleme führten jedoch zu einer gleichzeitigen Landung. Später wurde bekannt, dass ein Defekt im Lebenserhaltungs- und Temperaturkontrollsystem dazu geführt hatte, dass die Innenraumtemperatur auf 10 °C gesunken war. Das alleine wäre jedoch noch kein Grund für einen Missionsabbruch gewesen. Harro Zimmer führt in diesem Zusammenhang eine inoffizielle Version an, nach der es sich um ein verbales Missverständnis gehandelt haben soll. Für den Fall des Auftretens größerer Probleme war als Codewort für den Abbruch der Mission der Ausruf „Beobachte Gewitter!" vereinbart worden. Als nun Popowitsch über dem Golf von Mexiko tatsächlich einen Hurrikan beobachtete und der Bodenstation davon berichtete, soll diese umgehend den vorzeitigen Wiedereintritt in die Erdatmosphäre eingeleitet haben. Popowitsch war übrigens der erste Kosmonaut, der kein Russe war. Er gilt als erster ukrainischer Raumfahrer.[62]

Anfang Oktober waren dann wieder die Amerikaner an der Reihe: Walter („Wally") Schirra flog in der Kapsel mit dem Rufzeichen Sigma sechsmal um die Erde, bevor er nach neun Stunden programmgemäß landete (MA 8).[63]

Nikolajew hatte bei seinem Flug sechs Wochen zuvor mehr als zehnmal so viel Erdumrundungen geschafft. Der große Unterschied lag in der unterschiedlichen Auslegung bzw. Dimensionierung der Raumkapseln in Ost und West. Die unterschiedliche Nutzlastkapazität der Trägerraketen, die sich bereits auf die Satellitenproduktion ausgewirkt hatte, machte sich nun auch bei der bemannten Raumfahrt bemerkbar. Die 4,75 t schwere Wostok-Kapsel besaß eine eigene Versorgungssektion, mit der theoretisch Missionen von bis zu einer Woche Dauer möglich waren. Die 1,4 t leichte Mercury-Kapsel hatte dagegen alle Energie- und Lebenshaltungssysteme integriert und war daher nur für eine Einsatzdauer von maximal eineinhalb Tagen ausgelegt.[64]

Diese Maximalflugdauer wurde dann Mitte Mai 1963 von Gordon („Gordo") Cooper beim letzten Flug des Mercury-Programms (MA 9)

---

[61] Hofstätter, Rudolf. 1989. *Sowjet-Raumfahrt*, S. 47.

[62] Zimmer, Harro. 1996. *Der rote Orbit*, S. 88 f.

[63] Wally Shirra war der einzige Astronaut, der an allen drei US-Raumfahrtprogrammen Mercury, Gemini und Apollo aktiv teilgenommen hat.

[64] Reichl, Eugen. 2010. *Bemannte Raumfahrzeuge seit 1960*. 2. Aufl., S. 18–23.

erreicht. Kurz vor dem Ende der Mission fiel jedoch ein System nach dem anderen aus. Es begann beim viertletzten Umlauf mit einem Glitch: Das System zeigte plötzlich eine Schwerkraft an, obwohl sich die Kapsel noch in der Schwerelosigkeit befand. Während des folgenden 20. Umlaufes wurde vom Autopiloten der Wiedereintritt eingeleitet, obwohl noch zwei Runden zu fliegen waren.

Cooper musste seine Kapsel mit dem Rufzeichen *Faith* (dt. Glaube) nun manuell steuern. Bei der nächsten Runde fielen nacheinander sämtliche Instrumente aus, bis es schließlich zu einem dramatischen Spannungsabfall kam. So musste Cooper seine Kapsel schließlich nach Augenmaß steuern. Zu allem Überfluss versagte auch das Sauerstoffsystem und der Kohlendioxidanteil begann zu steigen.[65]

Die dramatische Landung erinnert an die Beinahe-Katastrophe von Apollo 13 (vgl. Abschn. 4.3). Glücklicherweise ist auch hierbei alles gut gegangen. Der Flug zeigte jedoch, dass das Mercury-System eindeutig an seine Grenzen gestoßen war.

Das Ende dieser ersten Phase des bemannten Vorstoßes ins All wurde wiederum von der Sowjetunion gestaltet. Mitte Juni 1963 wurde ein weiterer Doppelflug durchgeführt. Zuerst startete Waleri Bykowski mit Wostok 5 und dem Rufzeichen *Jastreb* (Ястреб, dt. Habicht). Er erreichte jedoch nicht die vorgesehene Umlaufhöhe, sodass die geplante Missionsdauer von einer Woche nicht erreicht werden konnte.

Dennoch stellte er mit einer Flugzeit von knapp fünf Tagen beziehungsweise 81 Erdumläufen einen Rekord für den längsten Einzelflug der Raumfahrtgeschichte auf, welcher bis heute nicht überboten wurde. Die NASA brach den Langzeitrekord zwei Jahre später mit einer Zweimannbesatzung in einer Gemini-Raumkapsel.

Zwei Tage nach Bykowski startete Walentina Tereschkowa als erste Frau in Wostok 6 mit dem Rufzeichen *Tschaika* (Чайка, dt. Möwe) in den Orbit (Abb. 3.9). Dieser propagandistische Schachzug war von Chruschtschow angeordnet worden, und er war es auch, der persönlich Tereschkowa aus fünf Kandidatinnen ausgewählt hatte.

Dabei spielte die fliegerische Qualifikation keine Rolle, denn keine der Kandidatinnen hatte Flugerfahrung als Pilotin von Düsenjets.

Im Gegenteil: Durch den Raumflug einer einfachen Frau aus dem Volk sollte die Überlegenheit und Fortschrittlichkeit des sowjetischen Gesellschaftssystems demonstriert werden. Tereschkowa arbeitete bis zu ihrer

---

[65] Gründer, Matthias. 2000. *SOS im All*, S. 22.

Abb. 3.9 Das Bild zeigt drei Wostok-Kosmonauten. Von rechts nach links: Juri Gagarin (W 1), erster Mensch im Weltraum (1961), Walentina Tereschkowa (W 6), erste Frau im Weltraum (1963), und Waleri Bykowski (W 5), der bis heute den Rekord für den längsten Einzelflug hält. (© Ria Nowosti/DPA/picture alliance)

Nominierung in einer Spinnerei und ihre Qualifikation bestand in einem Diplom als Technikerin und ihrem Hobby, dem Fallschirmspringen. Die Auswahl erfolgte im Frühjahr 1962. Nur ein Jahr später flog sie bereits in den Weltraum. Dass sie nicht ausreichend ausgebildet und vorbereitet worden war, zeigte ihr Verhalten während des knapp dreitägigen Raumfluges. Sie litt extrem unter der Raumkrankheit und war zeitweise kaum ansprechbar. Sie war nicht in der Lage, irgendwelche Aktionen an Bord durchzuführen. Glücklicherweise funktionierte die Flugautomatik problemlos. Ihr Zustand wurde zuletzt so schlecht, dass man sogar auf die separate Fallschirmlandung verzichtete, sodass Tereschkowa als Einzige in der Kapsel landete. Damit war ihre Flugkarriere auch schon beendet. Sie heiratete ein halbes Jahr nach ihrem Raumflug ihren Kollegen Andrijan Nikolajew (Wostok 3). Als Traumpaar und Helden der Sowjetunion wurden sie im gesamten Ostblock herumgereicht. Ein wichtiges Qualifikationskriterium war natürlich auch die Linientreue zur herrschenden Partei. Tereschkowa wurde 1966 Mitglied des Obersten Sowjet der UdSSR und 1971 Mitglied des Zentralkomitees der Kommunistischen Partei der Sowjetunion (KPdSU). Dass Tereschkowa nur die Quotenfrau der sowjetischen

Propaganda war, zeigt sich an dem Umstand, dass die Sowjetunion erst 1982 – also 19 Jahre später – wieder eine Frau in den Weltraum starten ließ, und das auch vor allem deshalb, weil die NASA angekündigt hatte, im darauffolgenden Jahr mit Sally Ride die erste US-Astronautin mit einem Space Shuttle in den Weltraum fliegen zu lassen.[66]

Auch wenn die bemannte Raumfahrt in ihrer Pionierzeit eine Männerdomäne war und Frauen erst sehr spät als Raumfahrerinnen eingesetzt wurden, arbeiteten bei der NASA und ihrer Vorgängerorganisation NACA bereits in den 1950er- und 60er-Jahren Frauen an verantwortungsvollen Positionen: Man vertraute den frühen Großrechnern noch nicht so ganz und ließ die komplizierten Berechnungen für die Raumflugbahnen vorsichtshalber von Frauen noch einmal nachrechnen und überprüfen. Die Rechenexpertinnen wurden im NASA-Jargon „*Computers*" genannt. Hollywood setzte den unbekannten Frauen im Hintergrund 2017 mit dem Film „*Hidden Figures – Unerkannte Heldinnen*" ein Denkmal.[67] Besonders hervorzuheben sind in diesem Zusammenhang 3 afroamerikanische Frauen: Katherine G. Johnson (1918–2020), die u. a. die Rückflugbahn des havarierten Raumschiffes Apollo 13 berechnete und 2015 mit der höchsten zivilen Auszeichnung, der Freiheitsmedaille des Präsidenten (Presidential Medal of Freedom), geehrt wurde. Dorothy J. Vaughan (1910–2008) wurde zur leitenden Programmiererin (Head Computer) ernannt und entwickelte die Programmiersprache Fortran weiter bzw. adaptierte sie für die Bahnberechnungen. Mary W. Jackson (1921–2005) wurde die erste afroamerikanische leitende Ingenieurin bei der NASA. 2020 wurde das NASA-Hauptquartier (NASA Headquarters) in Washington, D.C. nach ihr benannt.

Wenig bekannt ist auch ein inoffizielles Trainingsprogramm, welches 1960 vom Special Advisory Committee on Life Science der NASA unter dem Vorsitz von William R. Lovelace (1907–1965) durchgeführt wurde. Zwei Dutzend Frauen absolvierten dieselben Tests wie die Mercury Seven. Intern wurden sie First Lady Astronaut Trainees (FLAT) genannt. 13 von ihnen bestanden zwar die Tests, allerdings fehlte ihnen eine entscheidende und damals für Frauen nicht überwindbare Qualifikationshürde: Ihnen fehlten die notwendigen Flugstunden mit Düsenjägern, da die Air Force damals noch keine Frauen als Kampfpilotinnen zuließ. Erst Jahrzehnte

---

[66] Zimmer, Harro. 1996. *Der rote Orbit*, S. 91.

[67] Schughart, Anna. 2018. Hidden Figures. Die weiblichen Computer der NASA. In: *Raumfahrt. Der Mensch im All*. Bernhard Mackowiak u. a., S. 108 f.

später wurden sie öffentlich gewürdigt und als die „Mercury Thirteen"
bekannt.[68]   Unter ihnen befanden sich auch die deutschstämmigen
Zwillingsschwestern Janet und Marion Dietrich. Janet war 1960 die erste
Amerikanerin, die eine Verkehrspilotenlizenz (Airline Transport Pilot
License, ATPL) erwarb.

Für die USA war es umso peinlicher, dass eine unqualifizierte beziehungsweise unvorbereitete Spinnerin mehr Zeit im Orbit verbracht hatte als alle
hoch qualifizierten und als Nationalhelden gefeierten Mercury-Astronauten
zusammengenommen.

Dementsprechend sah die Gesamtbilanz von Wostok versus Mercury für
die Amerikaner sehr ernüchternd aus: Bei jeweils sechs bemannten Starts
kamen die sowjetischen Kosmonauten zusammen auf 385 Flugstunden bzw.
259 Erdumläufe. Die amerikanischen Astronauten hatten in derselben Zeit
lediglich 55 h bzw. 34 Umläufe angesammelt. Zu allem Überfluss erfolgte
am 22. November 1963 das tödliche Attentat auf Präsident Kennedy,
welches die amerikanische Nation in einen schweren Schockzustand ver-
setzte.

Was der amerikanischen und internationalen Öffentlichkeit damals
jedoch noch nicht klar war, war der Umstand, dass in dieser Niederlage für
die USA der Grund für die späteren Erfolge lag. Da die amerikanischen
Trägerraketen aufgrund der bereits erwähnten Raketenlücke deutlich
leistungsschwächer waren, mussten die Mercury-Kapseln auch deutlich
leichter und kompakter als das Wostok-System sein. Anstatt knapp 5 t wog
das Mercury-System nur 1,4 t. Aus diesem Grund wurden neue Leicht-
metalllegierungen, Kunststoffe und Verbundwerkstoffe (Komposite) entwickelt und erstmals eingesetzt. Damit die filigrane Raumkapsel die enorme
Reibungshitze beim Wiedereintritt in die Erdatmosphäre unbeschadet über-
stand, wurde ein spezieller Hitzeschild aus Kunstharz entwickelt. Da die US-
Astronauten ihre Kapsel selber steuern sollten, musste auf engstem Raum
viel mehr Elektronik verbaut werden. Anstatt nur vier Schalter wie bei
Wostok gab es bei Mercury 55. Die Mikroelektronik nahm hier ihren Ausgang. Viele Komponenten, die heutzutage im Automobilbau und anderen
Bereichen Standard sind, wurden damals für die Raumfahrt entwickelt.
Somit erwies sich die Raketenlücke für die USA letztlich gar nicht nachteilig. Im Gegenteil: Durch das erworbene Know-how mit der Entwicklung
der Mercury-Kapseln erlangten die Amerikaner einen entscheidenden
technologischen Vorsprung: Aus der Raketenlücke (Missile Gap) zugunsten

---

[68] Koser, Wolfgang et al. 2019. *Die Geschichte der NASA*, S. 42.

der Sowjetunion wurde eine Techniklücke (Technology Gap) zugunsten der USA. Ein Komitee führender amerikanischer Wissenschaftler unter der Leitung des Atomphysikers Alvin M. Weinberg (1905–2006) sollte im Auftrag der US-Regierung eine Analyse des in amerikanischen Universitäten, Forschungseinrichtungen und High-Tech-Firmen vorhandenen Know-hows machen und Vorschläge unterbreiten, wie man dieses zusammenführen und effektiv nutzen kann. Das Ergebnis dieser Untersuchung war der 1963 vorgelegte sogenannte Weinberg-Report unter dem Titel „*Wissenschaft, Regierung und Information. Die Verantwortlichkeit der Technikgesellschaft und der Regierung in der Informationsvermittlung*".[69]

Darin wurde eine engmaschige Vernetzung zwischen Forschungs- und Bildungseinrichtungen einerseits und staatlichen und privaten Auftraggebern andererseits gefordert. Der Weinberg-Report gilt als ein Gründungsdokument der modernen Informations- und Wissensgesellschaft. In der Folgezeit entstand eine Wissenkluft (Knowledge Gap) zugunsten der USA (Tab. 3.2).

Die in diesem Kapitel beschriebene erste Phase des bemannten Wettlaufs in den Orbit zwischen Anfang 1961 und Mitte 1963 wird in Tab. 3.2 veranschaulicht (Tab. 3.3).

3.3 Woschod versus Gemini: Die Wende im Wettlauf ins All

Die 1964 bis 1966 eingesetzten Raumkapseln der zweiten Generation brachten die entscheidende Wende im Wettlauf ins All. Dank der bereits erwähnten Raketenlücke konnte die sowjetische Raumfahrt bis Mitte der 1960er-Jahre ihren Vorsprung halten. Die letzten Erfolge waren die erste Dreimannbesatzung in Woschod 1 im Oktober 1964 sowie der erste Weltraumausstieg mit Woschod 2 im März 1965. Dann machte sich jedoch die Technologielücke zugunsten der USA bemerkbar. Während Woschod nur eine Modifikation der Wostok-Raumkapsel war, stellte Gemini bereits den Übergang zum Raumschiff dar. Mit Gemini wurden bereits die wichtigsten Manöver eines Mondfluges durchgeführt. Innerhalb von nur eineinhalb Jahren, zwischen März 1965 und November 1966, starteten die USA 10 Gemini-Raumkapseln mit jeweils zwei Mann

---

[69] Herget, Josef. 2005. IuD-Programm. In: *Informationspolitik ist machbar!?*, S. 64. Englischer Originaltitel: „*Science, Government and Information. The responsibilities of the technical community and the government in the transfer of information.*".

Tab. 3.2 Parametervergleich zwischen den Trägerraketen Atlas D (USA) und Wostok (SU).
Die Atlas D wurde als Trägerrakete für das orbitale Mercury-Programm entwickelt. In
der Sowjetunion war es üblich, dass die Trägerrakete nach ihrer berühmtesten Nutzlast
benannt wurde. Im vorliegenden Fall bezeichnet Wostok daher sowohl die Trägerrakete
als auch die bemannte Raumkapsel. Gemäß der maximalen Nutzlast in den niedrigen Erdorbit (LEO) handelte es sich bei der Atlas D um eine leichte (SLV) und bei der Wostok um
eine mittelschwere Trägerrakete (MLV). Bei beiden Trägerraketen war die Startstufe nach
dem Prinzip der Parallelstufung aufgebaut: Um einen Zentralblock bzw. Sustainer reihten
sich die Booster (1,5 Stufen). Die Wostok besaß darüber hinaus noch eine Oberstufe.[70]
Convair = Consolidated Vultee Aircraft Corp., LEO = Low Earth Orbit, LOX = Liquid
Oxygen (Flüssigwasserstoff), MLV = Medium-lift Launch Vehicle, MSL = Mean Sea
Level (mittlerer Meeresspiegel), NAA = North American Aviation, OKB = Opytno
Konstruktorskoje Bjuro (experimentelles Konstruktionsbüro), RD = Reaktiwny Dwigatel
(Reaktionsantrieb), RP-1 = Rocket Propellant No. 1, SLV = Small-lift Launch Vehicle, ZQ =
Zuverlässigkeitsquote.

Parameter	Atlas D (USA)	8K72 Wostok (SU)
Entwickler/Hersteller der Rakete	Convair	OKB-1 Koroljow
Gesamtlänge	28,30 m	38,60 m
Basisdurchmesser	4,90 m	10,30 m
Gesamtmasse	117 t	281 t
max. Nutzlast in den LEO = Größenklasse	1400 kg = SLV	4750 kg = MLV
Startschub	1590 kN	4000 kN
Anzahl Raketenstufen/Stufungskonzept	1,5 = Parallel	2,5 = Parallel/Tandem
Gesamtzahl der Triebwerke	3	6
Entwickler/Hersteller der Triebwerke	NAA Rocketdyne	OKB-456 Gluschko
Treibstoffe = Brennstoff + Oxidator	RP-1 + LOX	Kerosin + LOX
Anzahl x Typ Triebwerke 1. Stufe (Booster)	2 x XLR-89-5	4 x RD-107
Schubleistung 1. Stufe (MSL)	2 x 665 = 1330 kN	4 x 815 = 3260 kN
Spezifischer Impuls (I_{SP}) 1. Stufe (MSL)	248 s	250 s
Brenndauer 1. Stufe (Booster)	135 s = 2,25 min	120 s = 2 min
Anzahl x Typ Triebwerke 2. Stufe (Zentral)	1 x XLR-105-5	1 x RD-108
Schubleistung 2. Stufe (MSL)	260 kN	740 kN
Spezifischer Impuls (I_{SP}) 2. Stufe (MSL)	215 s	250 s
Brenndauer 2. Stufe (Zentral/Sustainer)	240 s = 4 min	300 s = 5 min
Anzahl x Typ Triebwerke 3. Stufe	Keine	1 x RD-109
Schubleistung 3. Stufe	Keine	55 kN
Spezifischer Impuls (I_{SP}) 3. Stufe (Vakuum)	Keine	325 s
Brenndauer 3. Stufe (Oberstufe)	Keine	420 s = 7 min
Erster Start	29.07.1960	22.12.1960
Letzter Start	15.05.1963	10.07.1964
Anzahl der Starts/davon erfolgreich = ZQ	9/7 = 78 %	13/11 = 85 %
bemannte Orbitalflüge/Raumfahrer	5/5	4/4

---

[70] Reichl, Eugen. 2011. *Trägerraketen seit 1957*, S. 18 (Atlas) u. 62 (Wostok). Ders. u. a. 2020. *Raketen. Die internationale Enzyklopädie*, S. 201 (Wostok) u. 260 (Atlas). Messerschmid, Ernst u. a. 2017. *Raumfahrtsysteme*, S. 66 (Wostok) u. 67 (bezieht sich auf die 2,5-stufige Atlas-Agena D, die erst beim Gemini-Programm zum Einsatz kam).

Tab. 3.3 Gegenüberstellung der ersten bemannten Raumfahrtprogramme Mercury (USA) und Wostok (Sowjetunion) 1961–1963

Jahr	Monat	U S A	Sowjetunion
1961	Jan.	**Mercury 2 (MR 2)** 1. Hominide im Weltraum Schimpanse Ham	- X -
	März	**X-15** (Raketenflugzeug) 1. bemannter Flug >50 km Höhe Joseph Walker	- X -
	April	- X -	**Wostok 1** (Rufzeichen: Zeder) 1. Mensch im Weltraum bzw. Orbit Juri Gagarin
	Mai	**Mercury 3 (MR 3, Freedom)** 1. US-Astronaut im Weltraum Alan Shepard	- X -
	Juli	**Mercury 4 (MR 4, Liberty Bell)** Virgil Grissom	- X -
	Aug.	- X -	**Wostok 2** (Rufzeichen: Adler) 1. ganztägiger Raumflug German Titow
	Nov.	**Mercury 5 (MA 5)** Schimpanse Enos im Orbit	- X -
1962	Febr.	**Mercury 6 (MA 6, Friendship)** 1. US-Astronaut im Orbit John Glenn	- X -
	Mai	**Mercury 7 (MA 7, Aurora)** Scott Carpenter	- X -
	Aug.	- X -	**Wostok 3** (Falke) & **4** (Stein- adler) 1. Doppelflug, 1. mehrtägige Raumflüge Andrijan Nikolajew (W 3), Pawel Popowitsch (W 4)
	Okt.	**Mercury 8 (MA 8, Sigma)** Walter Shirra	- X -
1963	Mai	**Mercury 9 (MA 9, Faith)** Gordon Cooper	- X -
	Juni	- X -	**Wostok 5** (Habicht) & **6** (Möwe) 1. Frau im Weltraum Walentina Tereschkowa (W 6), Waleri Bykowski (W 5) Molnija
	Juli	**X-15** 1. Raumflug mit Raketenflugzeug (>100 km Höhe) Joseph Walker	- X -

Besatzung. Mit zwei Wochen wurde ein neuer Langzeitflugrekord aufgestellt. Mit Gemini 6 und 7 waren im Dezember 1965 erstmals vier Raumfahrer gleichzeitig im Weltraum. Sie brachten allein mehr Flugstunden zusammen als alle Kosmonauten vor ihnen. Darüber hinaus wurden erstmals Kopplungsmanöver (Dockings) im Orbit durchgeführt.

Das Gemini-Programm war ein Apollo-Vorbereitungsprogramm. Im Rahmen der Gemini-Missionen sollten die wichtigsten Manöver der geplanten Mondmissionen im Orbit erprobt und getestet werden. Die 4 wichtigsten Ziele des Gemini-Programms waren:

1. Durchführung von bemannten Raumflügen von bis zu 2 Wochen Dauer. Die entsprach der maximalen Dauer einer Apollo-Mondmission: Rund 1 Woche für Hin- und Rückflug und max. 1 Woche Aufenthalt im Mondorbit bzw. 4 Tage auf der Mondoberfläche.
2. Durchführung von Annäherungs- und Kopplungsmanövern (Rendezvous & Docking, RVD) mit Atlas-Agena-Oberstufen als Zielsatelliten. Das Apollo-System sollte aus zwei bemannten Raumfahrzeugen bestehen: Dem Raumschiff und der Mondfähre. Im Laufe einer Mondmission waren zwei Kopplungsmanöver zwischen Mutterschiff und Mondfähre vorgesehen. Gelänge dies nicht, wären die Raumfähre und ihre Insassen verloren.
3. Durchführung einer erneuten Zündung mit der angekoppelten Agena-Oberstufe, um eine sogenannte Trans-Lunar Ignition (TLI) zu simulieren. Dabei sollte der Übergang vom niedrigen Parkorbit in eine Transferbahn zum Mond (Lunar Transfer Orbit, LTO) im Ansatz getestet werden.
4. Durchführung von mehrstündigen Außenbordeinsätzen (Extra-Vehicular Activity, EVA) mit komplexen Tätigkeiten. Die Apollo-Astronauten sollten bei ihren Ausflügen auf der Mondoberfläche (Lunar Extra-Vehicular Activity, LEVA) jeweils mehrere Stunden lang diverse Apparaturen und Messgeräte aufstellen und bedienen sowie Bodenproben einsammeln.

Um diese Aufgaben erfüllen zu können, war das Gemini-System eine entwicklungstechnische Zwischenstufe zwischen der einsitzigen Mercury-Raumkapsel und dem dreisitzigen Apollo-Raumschiff. Gemini war als Übergangsmodell ein Doppelsitzer und wurde daher auch nach dem Sternbild Zwillinge benannt. Den Fertigungsauftrag hatte so wie auch schon bei Mercury wieder die McDonnell Aircraft Corp. erhalten. Im Gegensatz zum Vorgängermodell wurde die Gemini-Kapsel doppelt so groß und schwer. Der wesentliche Unterschied lag jedoch nicht nur in der Größe, sondern vor allem im konstruktionstechnischen Aufbau. Während in der Mercury-

Kapsel sämtliche Systeme integriert waren, war das neue Raumfahrzeug in drei abtrennbare Baugruppen unterteilt:[71]

1. Das Wiedereintrittsmodul (engl. Re-entry Module) beinhaltete die eigentliche, kegelförmige Raumkapsel, mit der die Astronauten nach dem abgeschlossenen Orbitalflug landeten. In der zylindrischen Spitze befanden sich das Radar und der Adapter für die Kopplungsmanöver (Docking).
2. An den Hitzeschild der Kapselunterseite war das Bremsmodul (engl. Retrograde Module) angekoppelt. Es beinhaltete die Bremsraketen, mit denen der Wiedereintritt in die Erdatmosphäre eingeleitet wurde. Nach dem Abbremsen der Kapsel sollte dieses Modul beim Wiedereintritt ausgeklinkt werden.
3. Hinter dem Bremsmodul war als dritte Sektion schließlich das Ausrüstungsmodul (engl. Equipment Module) angeschlossen. Es enthielt Steuerungstriebwerke (Thruster) für die Orbitalmanöver, die Funk- und Instrumentenausrüstung, die Klimaanlage sowie die Tanks für sämtliche Betriebsstoffe, wie z. B. die Treibstoffe für die Triebwerke.

Während das Antriebssystem der Mercury-Kapseln nur Lageänderungen innerhalb der vom Start vorgegebenen Flugbahn ermöglichte, besaß das Gemini-System ein vollwertiges Lage- und Bahnregelungssystem (Attitude & Orbit Control System, AOCS), mit welchem auch Bahnänderungen möglich wurden. Damit stellte das Gemini-System bereits einen Übergang von der reinen Orbitalkapsel zum Raumschiff dar. Das Ausrüstungsmodul wartete zudem mit einer revolutionären Neuerung auf: Erstmals wurde Brennstoffzellentechnologie in einem Fahrzeug eingesetzt. Die eingebaute Brennstoffzelle verfügte über eine Polyelektrolytmembran (engl. Polymer Electrolyte Membran Fuel Cell, PEMFC). Diese wandelte flüssigen Wasserstoff (H_2) und Sauerstoff (O_2) in Strom und Wasser (H_2O) um. Die Reaktionsgleichung lautet:

$$2H_2 + O_2 \rightarrow 2H_2O \qquad (3.1)$$

Auf diese Weise konnte die klassische Raketentreibstoffkombination (LH_2 + LOX) gleichzeitig auch zur Stromerzeugung und Wassergewinnung eingesetzt werden. Das war eine wichtige Grundvoraussetzung für den Bau

---

[71] Reichl, Eugen. 2010. *Bemannte Raumfahrzeuge seit 1960*, S. 3437 bzw. Mackowiak, Bernhard u. a. 2018. *Raumfahrt*, S. 118 f. Cieslik, Jürgen. 1970. *So kam der Mensch ins Weltall*, S. 202. Die Gemini-Zwillinge der griech. Mythologie hießen Kastor und Polydeukes, lat. Castor und Pollux.

kompakter Raumschiffe ohne Solarzellenausleger für bis zu zweiwöchige Mondmissionen.

Vor der Aktivierung des Bremsmoduls sollte das Ausrüstungsmodul abgekoppelt werden und in der Erdatmosphäre verglühen.

Das Gemini-System besaß eine Gesamtlänge von 5,60 m und einen Durchmesser von maximal 3 m. Das Gesamtgewicht beim Start betrug 3,6 t, das Dreifache der Startmasse der Mercury-Raumkapsel. Die schwarze Außenhaut bestand aus einer Titan-Magnesium-Legierung. Da die Astronauten mit dem Gemini-System erstmals auch Bahnänderungen vornehmen konnten, wurde für die Berechnung derselben erstmals ein Bordcomputer eingebaut. Anfang April 1964 erfolgte mit Gemini 1 der erste unbemannte Systemtest der neuen Raumkapsel. Als Trägerrakete fungierte diesmal eine modifizierte Interkontinentalrakete (ICBM) der zweiten Generation, die Titan. Sie wurde von Martin Marietta gebaut und Anfang 1959 erstmals erfolgreich gestestet. Sie besaß 2 übereinander liegende Stufen mit je 1 Triebwerk (Tandemstufung). Anfang 1962 erlebte die überarbeitete Version Titan II ihren ersten Testflug. Die neuen Raketentriebwerke von Aerojet verbrannten eine neuartige Treibstoffkombination: Als Brennstoff fungierte eine Mischung aus je 50 % unsymmetrischem Dimethylhydrazin (UDMH) und Hydrazin (N_2H_4). Diese Mischung wurde Aerozin 50 genannt. Als Oxidator wurde Distickstofftetroxid (N_2O_4) verwendet. Die Titan II wurde nun für das Gemini-Programm modifiziert. Diese Trägerrakete erhielt die Bezeichnung Titan II GLV (Gemini Launch Vehicle). Ihre Nutzlastkapazität für den niedrigen Erdorbit (LEO) betrug 3,6 t. Damit konnte sie 2½ Mal so viel Nutzlast in den Orbit befördern wie ihr Vorgängermodell Atlas und gehörte sie wie das sowjetische Konkurrenzprodukt Woschod in die Größenklasse der mittelschweren Trägerraketen (Medium-lift Launch Vehicle, MLV) (Tab. 3.3).[72] Die Atlas wurde im Gemini-Programm zum Träger des Zielsatelliten für die Annäherungs- und Kopplungsmanöver (RVD) degradiert. Als Kopplungsziel (Target) sollte dabei die speziell umgebaute Atlas-Oberstufe Agena D fungieren. Sie erhielt einen passiven bzw. weiblichen Kopplungtrichter und erhielt die Bezeichnung Gemini Agena Target Vehicle (GATV). Die Spitze der Gemini-Raumkapsel sollte als aktiver bzw. männlicher Kopplungsstutzen fungieren. Das RVD gehört zu den schwierigsten Manövern in der Raumfahrt und

---

[72]Reichl, Eugen u. a. 2020. *Raketen*, S. 376 f. Benannt wurde die Titan-Rakete nach dem antiken griechischen Göttergeschlecht der Titanen, welches aus 6 Geschwisterpaaren bestand (vgl. Titanic) (Abb. 3.10).

Abb. 3.10 Start einer Gemini-Raumkapsel mit Titan-Trägerrakete. Man erkennt sehr gut die unterschiedlichen Baugruppen. Die erste Raketenstufe trägt den Schriftzug „United States". Darüber befinden sich die Verbindungsstreben zur zweiten Raketenstufe. Sobald die Tanks der ersten Stufe leer sind wird die Verbindung getrennt und die zweite Stufe gezündet. An der Spitze befindet sich die schwarze Gemini-Raumkapsel, darunter das weiße Versorgungsmodul, welches über einen goldenen Verbindungsring mit der Trägerrakete verbunden ist. (© NASA)

sollte eines der wichtigsten Manöver der künftigen Mondmissionen werden, weil das Raumschiff zweimal mit der Mondfähre koppeln musste. Das RVD besteht aus 2 Teilen, die wiederum aus 2 Phasen bestehen:[73]

A. Rendezvous = Annäherung: 1. Phasing = Synchronisation der Flugbahnen, 2. Approach = Umstellung von absoluter (ground control) auf relative Navigation (onboard control), wobei die Gemini-Raumkapsel die

---

[73] Sommer, Josef. 2011. Rendezvous and Docking. In: *Handbuch der Raumfahrttechnik*. Hrsg. W. Ley u. a., S. 430 f.

Tab. 3.4 Parametervergleich zwischen den Trägerraketen Titan II GLV (USA) und Woschod (SU) Aerozin 50 = je 50 % unsymmetrisches Dimethylhydrazin (UDMH) und Hydrazin (N2H4), GLV = Gemini Launch Vehicle, LEO = Low Earth Orbit, LOX = Liquid Oxygen (Flüssigwasserstoff), MLV = Medium-lift Launch Vehicle, N2O4 = Distickstofftetroxid, OKB = Opytno Konstruktorskoje Bjuro (experimentelles Konstruktionsbüro), RD = Reaktiwny Dwigatel (Reaktionsantrieb), ZQ = Zuverlässigkeitsquote.

Parameter	Titan II GLV (USA)	11A57 Woschod (SU)
Entwickler/Hersteller der Rakete	Martin Marietta	OKB-1 Koroljow
Gesamtlänge	32,50 m	44,00 m
Basisdurchmesser	3,05 m	10,30 m
Gesamtmasse	150 t	305 t
max. Nutzlast in den LEO = Größenklasse	3600 kg = MLV	5900 kg = MLV
Gesamtschub aller Stufen	2360 kN	4360 kN
Startschub	1900 kN	4060 kN
Anzahl Raketenstufen/Stufungskonzept	2 = Tandem	2,5 = Parallel/Tandem
Gesamtzahl der Triebwerke	3	6
Entwickler/Hersteller der Triebwerke	Aerojet (AJ)	OKB-456 Gluschko
Treibstoffe = Brennstoff + Oxidator	Aerozin 50 + N_2O_4	Kerosin + LOX
Anzahl x Typ Triebwerke 1. Stufe	1 x LR 87-7	4 x RD-107 (Booster)
Schubleistung 1. Stufe	1900 kN	4 x 820 = 3280 kN
Spezifischer Impuls (I_{SP}) 1. Stufe	258 sec	257 sec
Anzahl x Typ Triebwerke 2. Stufe	1 x LR 91-7	1 x RD-108 (Zentralblock)
Schubleistung 2. Stufe	460 kN	780 kN
Spezifischer Impuls (I_{SP}) 2. Stufe	316 sec	257 sec
Anzahl x Typ Triebwerke 3. Stufe	Keine	1 x RD-0110 (Oberstufe)
Schubleistung 3. Stufe	Keine	300 kN
Spezifischer Impuls (I_{SP}) 3. Stufe	Keine	325 sec
Erster Start	06.04.1964	16.11.1963
Letzter Start	11.11.1966	29.06.1975
Anzahl der Starts/davon erfolgreich = ZQ	12/12 = 100 %	300/287 = 96 %
bemannte Orbitalflüge/Raumfahrer	10/20	2/5

aktive Rolle übernahm (Interceptor), während das GATV den passiven Teil (Target) darstellte.

B. Docking = Kopplung: 1. Soft Capture = lose Verbindung, 2. Hard Capture = feste, luftdichte Verbindung inkl. Leitungen und Kabel.

Alle im Rahmen des Gemini-Programms eingesetzten Trägerraketen starteten von der Cape Canaveral Air Force Station (CCAFS) in Florida. Die Gemini-Titan-Systeme vom Launch Complex (LC) 19 und die Atlas-Agena-Systeme von LC 12 und LC 13. Tab. 3.4

Die Titan II GLV wurde als Trägerrakete für das Gemini-Programm ent-wickelt. In der Sowjetunion war es üblich, dass die Trägerrakete nach ihrer berühmtesten Nutzlast benannt wurde. Im vorliegenden Fall bezeichnet Woschod daher sowohl die Trägerrakete als auch die bemannte Raumkapsel. Gemäß der maximalen Nutzlast in den niedrigen Erdorbit (LEO) handelte es sich bei beiden um mittelschwere Trägerraketen (MLV). Die Titan war nach dem Prinzip der Tandemstufung aufgebaut, d. h. die übereinander angeordnete Stufen wurden nacheinander gezündet. Die Woschod besaß ein gemischtes Stufungsprinzip: An der Basis eine Parallelstufung mit gleich-zeitig gezündeter Zentralstufe (Block A) und Booster (Block B), sowie eine darüber befindliche Oberstufe[74].

Die Sowjets hatten dem technologisch fortschrittlichen und komplexen System Gemini-Titan (GT) nichts Ebenbürtiges entgegenzusetzen. Dennoch kam von den Kremlherren der Befehl, der Welt auch diesmal wieder die Überlegenheit der Sowjetunion vor Augen zu führen. Wenn die USA eine Zwei-Mann-Kapsel bauten, so sollte die Sowjetunion gleich drei Kosmonauten auf einmal in den Orbit verfrachten. So erhielten die sowjetischen Chefkonstrukteure den Befehl, innerhalb von einem halben Jahr eine Drei-Mann-Besatzung in den Orbit zu bringen. Das Ad-hoc-Programm erhielt den Namen Woschod (sprich: *Wos-chod*, kyrill. Восход, dt. Sonnenaufgang, engl. Transkription: Voskhod).

Dem Team um Koroljow war sofort klar, dass in so kurzer Zeit weder eine neue Rakete noch eine neue Raumkapsel entwickelt werden konnte. Demnach besann man sich wieder auf die beste sozialistische Tugend, das Improvisieren mit dem vorhandenen Material. Koroljow beauftragte den Ingenieur Konstantin P. Feoktistow (1926–2009), die Wostok-Kapsel für einen Drei-Mann-Flug zu adaptieren. Dabei durfte das modifizierte Raum-fluggerät nur maximal eine halbe Tonne schwerer sein als das Vorgänger-modell, das ja bereits knapp 5 t auf die Waage brachte.[75]

Sollte Feoktistow dieses Kunststück innerhalb der vorgegebenen Zeit gelingen, so wurde ihm zur Belohnung der Mitflug in Aussicht gestellt. Dies war jedoch eine höchst zweifelhafte Ehre angesichts der radikalen Aus-schlachtung des Systems. Drei Kosmonauten brauchen nicht nur den drei-fachen Platz, sondern auch alle Lebenserhaltungssysteme müssen dreimal so leistungsstark sein. Um dies zu schaffen und das Gewichtslimit nicht zu

---

[74] Reichl, Eugen u. a. 2020. Raketen. Die internationale Enzyklopädie, S. 201 (Woschod) u. S. 377 (Titan II).

[75] Reichl, Eugen. 2010. *Bemannte Raumfahrzeuge seit 1960*. Stuttgart: Motorbuch, 2. Aufl., S. 30–32. Zum Vergleich: Die Mercury-Raumkapsel wog 1,5 t und die Gemini-Kapsel 3,3 t.

überschreiten, wurde die Kapsel gnadenlos ausgeweidet. Der Verzicht auf jegliche Redundanz hätte beim Ausfall eines Subsystems unweigerlich zur Katastrophe geführt. Die Sitzanordnung war so eng, dass man sowohl auf die Schleudersitze als auch auf die Skaphander verzichten musste.[76]

Bei einem Startzwischenfall oder einem plötzlichen Druckabfall im Orbit gab es also keinerlei Überlebensmöglichkeit. Der bewusste Verzicht auf irgendein Rettungssystem muss als grobe Fahrlässigkeit angesehen werden und machte die Woschod-Missionen zu wahren Himmelfahrtskommandos. Feoktistow sprach selbst später in seinen Memoiren von *„Effekthascherei"*, bei der Masse statt Klasse bzw. Quantität vor Qualität ging.[77]

Am 12. Oktober 1964 startete Woschod 1 mit dem Rufzeichen Rubin (Рубин) nur eine Woche nach dem ersten erfolgreichen unbemannten Systemtest.

An Bord befanden sich neben dem Kommandanten und einzigem echten Kosmonauten Wladimir M. Komarow (1927–1967) noch der Konstrukteur Feoktistow und der Raumfahrtmediziner Dr. Boris B. Jegorow (1937–1994), die beide lediglich einen Schnellkurs absolviert hatten. Damit befanden sich erstmals drei Menschen gleichzeitig im Orbit, darunter die zwei ersten Raumfahrer, die keine Ausbildung als Militärpiloten absolviert hatten. Die Kapazitätsbeschränkungen erlaubten nur einen eintägigen Flug und die beengten Platzverhältnisse erlaubten kein umfangreiches Arbeitsprogramm.

Als die Raumfahrer in Kasachstan landeten, ereignete sich im Kreml ein folgenschwerer Machtwechsel: Mit dem Sturz Chruschtschows endete die Ära der Entstalinisierung. Sein Nachfolger Breschnew wollte den sowjetischen Vorsprung in der Raumfahrt natürlich aufrechterhalten, und daher sollte als nächste spektakuläre Aktion ein erster Weltraumausstieg erfolgen. Die USA hatten dies für ihr Gemini-Programm bereits angekündigt, und die Sowjetunion wollte wieder einmal einen Schritt schneller sein.

Da hierfür innenbelüftete Skaphander unabdingbar waren, musste Feoktistow seine Raumkapsel für zwei Mann auslegen. Darüber hinaus wurde eine aufblasbare Luftdruckschleuse entwickelt, über die der Weltraumausstieg erfolgen sollte.

Ein unbemannter Systemtest unter der Satellitentarnbezeichnung Kosmos 57 gipfelte Ende Februar 1965 in einer Explosion im Orbit. Dennoch

---

[76] Gründer, Matthias. 2000. *SOS im All*, S. 68.
[77] Zimmer, Harro. 1996. *Der rote Orbit*, S. 94.

erfolgte nur drei Wochen später, am 18. März 1965, der Start von Woschod 2. An Bord der Kapsel mit dem Rufzeichen Almas (Алмаз, dt. Diamant) befanden sich die Kosmonauten Pawel I. Beljajew (1925–1970) und Alexej A. Leonow (1934-2019). Bereits während der zweiten Erdumkreisung wagte Leonow den ersten Weltraumausstieg. Von der Sowjetpropaganda wurde diese Aktion euphemistisch als Weltraumspaziergang dargestellt. Dabei handelte es sich in Wirklichkeit um einen verzweifelten Überlebenskampf. Koroljow hatte Leonow im Vorfeld schon gewarnt, keine überflüssigen Aktionen zu machen, sondern nur raus und wieder rein zu gehen.[78]

Etwa 10 min schwebte Leonow an einem 5 m langen Kabel im freien Weltraum. Da er keine Stabilisierungsmöglichkeit besaß, begann er zu rotieren.

Viel schlimmer war jedoch die Tatsache, dass sich der innenbelüftete Skaphander im Vakuum aufblähte. Man hatte diesen Ballon-Effekt bei der Konstruktion der Luftdruckschleuse einfach nicht berücksichtigt. Als „Michelin-Männchen" versuchte Leonow nun mehrmals vergeblich, sich in die Raumkapsel zurückzuzwängen. Schließlich blieb ihm nichts anderes übrig, als seinen ohnehin zur Neige gehenden Atemsauerstoff abzulassen, um den Innendruck seines Skaphanders zu verringern. Wie ein Holzwurm musste sich Leonow kopfüber mehrere Minuten durch Schleuse und Luke drehen, ohne richtig Luft zu bekommen, und ständig mit der Gefahr, die Schleuse oder den Skaphander zu beschädigen. Nach insgesamt 20 min saß der völlig erschöpfte Weltraumspaziergänger endlich wieder neben seinem Kollegen in der Kapsel. Nach der Schließung der Luke und dem Abwurf der Schleuse mussten sie jedoch feststellen, dass der Innendruck in der Kapsel zu sinken begann. Offensichtlich hatte Leonow die Dichtung der Luke beschädigt. Zu allem Überfluss fiel dann auch noch die Landeautomatik aus.

Beljajew musste daher den Wiedereintritt manuell und nach Gefühl durchführen. Ist der Eintrittswinkel zu steil, so verglüht die Kapsel in der Atmosphäre; ist er zu flach, so prallt die Kapsel von der Atmosphäre ab und geht in eine unkontrollierte Umlaufbahn über.

Mit dem spitzesten je geflogenen Eintrittswinkel stürzte die Kapsel mitsamt der nicht abgetrennten Versorgungseinheit als rotglühender Feuerball zur Erde. Die dramatische Landung endete schließlich im Uralgebirge, 180 km nordöstlich der Stadt Perm, über 3000 km vom geplanten Zielgebiet entfernt. Es dauerte noch einmal einen Tag, bis der Horrortrip ein Ende

---

[78] Ebd., S. 98.

fand und die Kapsel entdeckt und die Kosmonauten aus Schnee und Kälte befreit werden konnten.[79]

Natürlich wurden all diese Probleme von der Sowjetpropaganda mit keinem Wort erwähnt. Dennoch machte diese Beinahe-Katastrophe den Verantwortlichen klar, dass das Wostok/Woschod-System die Grenzen seiner Leistungsfähigkeit überschritten hatte. Jetzt rächte sich die Vernachlässigung von Forschung und Entwicklung. Die Sowjetunion musste ihre bemannten Raumfahrtaktivitäten für über zwei Jahre einstellen, um ein neues Raumfahrzeug vom Typ Sojus zu entwickeln.

In dieser Zeit konnten die USA mit ihrem Gemini-Programm eine furiose Aufholjagd durchführen. Die Raketenlücke (engl. Missile Gap) zugunsten der Sowjetunion wurde langsam geschlossen und die Technologielücke (engl. Technology Gap) zugunsten der USA machte sich endlich bemerkbar. Wie bereits erwähnt, mussten die amerikanischen Raumkapseln aufgrund der geringeren Nutzlastkapazitäten der Trägerraketen wesentlich leichter und kompakter konstruiert werden. Außerdem sollten die Astronauten im Gegensatz zu den Kosmonauten ihre Raumkapsel selber steuern können. Zu diesem Zweck entstanden in den USA neue Forschungsfelder und ein neuer Industriezweig, die Raumfahrtindustrie. Die bemannten US-Raumfahrtprogramme in der zweiten Hälfte der 1960er-Jahre – Gemini und Apollo – waren das bis dahin größte staatliche Forschungs- und Entwicklungsprogramm für innovative Spitzentechnologie (engl. High Tech). Insgesamt waren 150 Universitäten und Forschungseinrichtungen sowie 20.000 Firmen mit rund 400.000 Mitarbeitern an diesen Programmen beteiligt. Um diese Einrichtungen zu vernetzen, wurde das Internet erfunden, welches die moderne Informations- und Wissensgesellschaft seitdem prägt. Während in der Sowjetunion gegenseitige Bespitzelung und Kontrolle vorherrschte und jeder gerade nur so viel wissen sollte, wie er zur Erfüllung seiner individuellen Aufgaben brauchte, entwickelte sich in den USA ein reger, landesweiter Informations- und Wissensaustausch. Um die ungeheuren Datenmengen zu sammeln und zu verarbeiten, wurde viel in die Entwicklung von Großrechnern investiert. Parallel dazu mussten für die Raumfahrzeuge sehr kompakte, aber dennoch leistungsfähige Computer zur Kontrolle und Steuerung der komplexen Systeme entwickelt werden.

Nur vier Tage nach der Notlandung und dem abrupten Ende des Woschod-Programmes begann die erste bemannte Gemini-Mission. Ihr waren im April und Dezember 1964 zwei unbemannte Systemtests voraus-

---

[79] Ebd., S. 99 f.

gegangen, weshalb diese Mission die Bezeichnung Gemini 3 erhielt. Kommandant war Gus Grissom, der damit als erster Mensch zum zweiten Mal ins All flog.

Sein Kopilot war John W. Young (1930–2018), für den dieser Flug nur der Auftakt zu einer einzigartigen Raumfahrerkarriere wurde: Er sollte als einziger Raumfahrer die Gelegenheit bekommen, eine Raumkapsel (Gemini), ein Raumschiff (Apollo), eine Mondfähre (Orion) und eine Raumfähre (Space Shuttle) zu steuern. Bei diesem ersten Gemini-Flug begnügte man sich mit einigen Systemtests, wie zum Beispiel dem manuellen Manövrieren im Orbit. Nur knapp 5 Stunden nach dem Start erfolgte bereits die Landung im Atlantik.[80] Als Ergänzung zur geschmacklosen Astronautennahrung hatte Young ein Roastbeef-Sandwich in die Raumkapsel eingeschmuggelt und verspeiste es mit seinem Kollegen. Beim Abbeißen hatten sich jedoch unbemerkt Brösel gelöst und flogen in der Schwerelosigkeit herum. Nach der Landung wurde die Kapsel planmäßig untersucht und die Brösel entdeckt. Daraufhin wurde Young von der NASA verwarnt.

Gemini 3 war die erste und einzige Gemini-Raumkapsel, die von Ihren Astronauten auf einen Namen getauft wurde. Sie nannten sie *Molly Brown*, nach der berühmten amerikanischen Frauenrechtlerin und Titanic-Überlebenden. Da die NASA ihre bemannten Raumflüge nicht mit dem Untergang der Titanic in Verbindung bringen wollte, verbat sie künftige Namensnennungen durch die Besatzung. Im Rahmen des Apollo-Programmes vergab die NASA dann selber die Rufzeichen.

Anfang Juni 1965 erfolgte der Start von Gemini 4 mit James A. McDivitt (1929-2022) und Edward („Ed") H. White (1930–1967) an Bord. Höhepunkt des viertägigen Orbitalfluges war der erste Weltraumausstieg eines Amerikaners. Ed White führte diese Extra-Vehicular Activity (EVA) genannte Aktion durch.

Im Gegensatz zu den Sowjets verzichtete man dabei auf eine Luftdruckschleuse. Durch die Öffnung der Luke entwich also die Atmosphäre in der Raumkapsel. Beide Astronauten besaßen jedoch einen innenbelüfteten Skaphander und Ed White hing während seiner 20-minütigen EVA an einer sogenannten Nabelschnur (engl. Navel String) genannten, knapp 8 m

---

[80] Block, Torsten. 1992. *Bemannte Raumfahrt*, S. 21.

langen Verbindungsleine, bestehend aus Sauerstoffschlauch, Sicherheitsleine und Sprechfunkleitung.[81]

Darüber hinaus hatte White auch noch eine Gasdruckpistole in der Hand. Mit dem Rückstoß versuchte er in der Schwerelosigkeit zu manövrieren. Im NASA-Jargon wurde dieses Gerät Hand-Held Maneuvering Unit (HHMU) genannt.

In der letzten Augustwoche 1965 erfolgte dann mit Gemini 5 der erste Langzeitflug, der länger als eine Woche dauerte. Kommandant Gordon Cooper war bereits aus dem Mercury-Programm bekannt. Cooper führte erstmals ein Missionsabzeichen (engl. Mission Patch) ein: Vorbild war das kreisrunde Logo der NASA, welches auf jeden Overall und Raumanzug aufgenäht war und von den Astronauten scherzhaft „*Meatball*" (Fleischkloß) genannt wurde. Cooper wählte als Symbol und Maskottchen für diese Mission einen Planwagen, welcher den Pioniergeist des Wilden Westens auf den Weltraum übertragen sollte. Die Umschrift beinhaltete die Namen der beiden Astronauten. Seitdem erhält jede bemannte Raumfahrtmission ihr eigenes Missionsabzeichen und für die vorhergehenden Missionen wurden nachträglich Abzeichen entworfen.

Zusammen mit seinem Kopiloten Charles Conrad (1930–1999) verbrachte Cooper diesmal fast acht Tage im Orbit und umrundete die Erde dabei insgesamt 120 Mal. Mit diesem ersten Langzeitaufenthalt im All wurde die geplante Mindestmissionsdauer für den bemannten Mondflug erreicht. Es war also genügend Zeit für zahlreiche Experimente.

So startete die Air Force am dritten und vierten Flugtag von der Vandenberg AFB jeweils eine Interkontinentalrakete vom Typ Minuteman. Die Astronauten sollten mit dem Bugradar der Raumkapsel die Raketen erfassen und ihre Flugbahnen verfolgen. Am fünften Tag setzten sie selber einen mitgeführten kleinen Zielsatelliten mit integriertem Radargerät aus, um Annäherungsmanöver (Rendezvous) im Orbit zu simulieren. Beide Experimente waren jedoch nur teilweise erfolgreich.[82]

Im Dezember 1965 erfolgte dann ein Doppelflug, der alles bisher dagewesene in den Schatten stellte und die neue Überlegenheit der amerikanischen Raumfahrt der Weltöffentlichkeit vorführte.

Dabei begann die ungeplante Doppelmission mit zwei Fehlstarts. Gemini 6 hätte erstmals bereits Ende Oktober starten sollen. Ziel dieser Mission

---

[81] Ebd., S. 24.

[82] Ebd., S. 26. Der Minuteman war im amerikanischen Unabhängigkeitskrieg ein Milizionär, der notfalls in Minutenschnelle einberufen werden konnte. Die Interkontinentalraketen der Firma Boeing vom Typ Minuteman bildeten im Kalten Krieg das Rückgrat der US-Atomstreitmacht.

wäre ein Kopplungsmanöver mit einem zuvor gestarteten Zielsatelliten gewesen. Hierbei wollte man auf die bereits im Mercury-Programm bewährte Atlas-Rakete zurückgreifen. Nach einem ersten Fehlstart beschloss man kurzfristig einen Doppelstart mit der für Anfang Dezember geplanten Gemini-7-Mission auf Basis der Titan-Rakete. Der zweite Start-versuch endete jedoch in einer Beinahe-Katastrophe: Zwei Sekunden nach der Zündung setzten plötzlich die Triebwerke der Titan-Trägerrakete aus. Glücklicherweise hatte sie noch nicht von der Startplattform abgehoben. Später stellte sich heraus, dass die Bedienungsmannschaft vergessen hatte, eine Schutzabdeckung zu entfernen. Eine ungeheuerliche Schlamperei.[83]

So kam es, dass Anfang Dezember zunächst einmal Gemini 7 mit Frank F. Borman (*1928) und James („Jim") A. Lovell (*1928) in den Orbit abhob (Abb. 3.11). Sie umkreisten fast zwei Wochen lang über 200 Mal die Erde

Abb. 3.11 Die zweisitzige Gemini-Raumkapsel beförderte von März 1965 bis November 1966 insgesamt 20 Astronauten in den Orbit, darunter Gordon Cooper (G 5, hinten rechts), James Lovell (G 7, vorne rechts), Eugene Cernan (G 9, hinten links) und Edwin Aldrin (G 12, vorne links). Der vordere, schwarze Teil ist die eigentliche Raumkapsel. In der Nase befanden sich die Antennen und die Fallschirme für die Landung. Der hintere, weiße Teil ist das Ausrüstungsmodul mit Treibstoff, Strom-aggregat, Klimaanlage sowie Sauerstoff, Wasser und Lebensmittel für bis zu zwei-wöchige Flüge. (© NASA)

---

[83] Gründer, Matthias. 2000. *SOS im All*, S. 72.

Abb. 3.12 Rendezvous zwischen Gemini 6 und Gemini 7 im Dezember 1965. Folgende Rekorde wurden aufgestellt: Erstmals vier Raumfahrer gleichzeitig im Orbit, größte Annäherung zweier bemannter Raumfahrzeuge, längster Raumflug. Dieser Doppelflug war der entscheidende Wendepunkt im Race to Space. Die schwarze Raumkapsel (rechts) kehrte mit den Astronauten zur Erde zurück. Das weiße Versorgungsmodul (links) wurde vor dem Wiedereintritt in die Erdatmosphäre abgekoppelt und verglühte in derselben. (© NASA)

und erreichten damit die maximale Missionsdauer für den Mondflug. Dieser Rekord konnte von den Sowjets erst im Jahre 1970 überboten werden. Zwar wurden nach der Landung bei den Astronauten Muskel- und Knochenschwund festgestellt, grundsätzlich schien der menschliche Organismus für den begrenzten Langzeitaufenthalt in der Schwerelosigkeit jedoch geeignet. Mitte Dezember erfolgte dann endlich der erfolgreiche Start von Gemini 6. An Bord befand sich neben Thomas („Tom") P. Stafford (*1930) auch Wally Schirra. Er war damit nach Grissom und Cooper der Dritte der Mercury Seven, der zum zweiten Mal in den Weltraum flog. Im Orbit kam es dann zu einem fast achtstündigen Rendezvousmanöver, bei dem sich die beiden Raumkapseln bis auf 30 cm annäherten (Abb. 3.12). Erstmals flogen vier Menschen gleichzeitig im Weltraum. Ein Rekord, den die Sowjets erst vier Jahre später einstellen konnten.[84]

Das Wendejahr 1965 erbrachte für die amerikanische Raumfahrt eine überragende Abschlussbilanz: Verfügten die sowjetischen Kosmonauten

---

[84] Block, Torsten. 1992. *Bemannte Raumfahrt*, S. 28.

nach dem ersten Quartal mit mehr als 500 Flugstunden noch über zehnmal mehr Weltraumerfahrung als die amerikanischen Astronauten, so
konnten diese den Spieß innerhalb eines dreiviertel Jahres umdrehen. Allein
der Rekordflug von Gemini 7 brachte der NASA mehr Flugstunden, als
alle sowjetischen Missionen zusammen. Dabei war das Gemini-Programm
gerade erst zur Hälfte absolviert.

Mitte März 1966 startete Gemini 8 mit dem bereits aus dem Raketen-
flugzeug-Programm der NASA bekannten Kommandanten Neil Armstrong
sowie David R. Scott (*1932) als Kopiloten. Nach vier Stunden gelang
ihnen das erste Annäherungs- und Kopplungsmanöver (engl. Rendezvous &
Docking, RVD) im Orbit. Als Zielsatellit (engl. Docking Target) fungierte
die Agena-Oberstufe der zwei Stunden vor Gemini 8 gestarteten Atlas. Kurz
nach dem Docking begann die Gemini-Agena-Kombination zu rotieren.
Ein Glitch hatte dazu geführt, dass sich eines der Steuerungstriebwerke der
Gemini-Kapsel einschaltete und nicht mehr abzustellen war. Verzweifelt ver-
suchten die Astronauten, den einseitigen Steuerdruck auszugleichen, doch
die Gegendüse ließ sich nicht einschalten. Daraufhin koppelte Armstrong
die Agena ab, was allerdings dazu führte, dass sich die Gemini-Kapsel noch
schneller drehte und in eine völlig instabile Flugbahn überging. Armstrong
zog die Notbremse: Er sprengte das Equipment Module ab und aktivierte
das Retrograde Module. Dessen Brems- und Steuerraketen konnten die
Kapsel wieder einigermaßen stabilisieren. Allerdings war damit auch schon
der vorzeitige Wiedereintritt eingeleitet worden. Normalerweise stehen dem
Retrograde Module für dieses Manöver 36 kg Treibstoff zur Verfügung. Das
Abfangen der Trudelbewegung hatte jedoch bereits 26 kg verbraucht. Trotz-
dem gelang Armstrong eine präzise Landung im vorgesehenen Zielgebiet.
Dieses fliegerische Kunststück qualifizierte ihn dann später für die erste
Mondlandung, wo er eine ähnlich brenzlige Situation zu meistern hatte.[85]

Anfang Juni 1966 startete dann Gemini 9 . Als Crew waren ursprüng-
lich Cdr. Elliot M. See (1927-1966) und Maj. Charles A. Bassett (1931-
1966) vorgesehen gewesen. Sie starben jedoch Ende Februar bei einem
Absturz mit ihrem Trainingsjet vom Typ Northrop T-38 Talon (dt.
Kralle). Dabei handelte es sich um den in über 1.000 Exemplaren gebaute
Standart-Strahltrainer der Air Force. Es war das erste Trainingsflugzeug mit
Überschallgeschwindigkeit. Bereits Ende Oktober 1964 war ein anderer
Astronaut, Cpt. Theodore C. Freeman (1930-1964) mit dem gleichen Flug-
zeugtyp abgestürzt. Für Gemini 9 musste die Ersatzmannschaft (Backup

---

[85] Ebd., S. 30.

Crew) einspringen: Tom Stafford, der bereits bei Gemini 6 mitgeflogen war, wurde nun Kommandant und durfte als Erster zum zweiten Mal mit einer Gemini-Kapsel fliegen. Als Pilot fungierte der Newcomer Eugene („Gene") A. Cernan (1934-2017).

Stafford selbst schien zunächst das Startpech für sich gepachtet zu haben: Musste schon der Start von Gemini 6 zweimal verschoben werden, so ereilte ihn das gleiche Schicksal diesmal wieder. Zunächst vereitelte wiederum ein Fehlstart des Atlas-Agena-Systems den ersten Starttermin. Eiligst wurde ein provisorischer Ersatz-Zielsatellit gestartet, dann führte jedoch ein Computerfehler in der Raumkapsel zum Startabbruch. Als der Start dann beim dritten Versuch endlich klappte, mussten die beiden Astronauten bei ihrer Annäherung an das provisorische Docking-Target ernüchternd fest-stellen, dass dessen Nutzlastverkleidung nicht vollständig abgetrennt war. Die halb aufgeklappten Hälften sahen aus wie das Maul eines Krokodils, weshalb die Astronauten in ihrem eigenen Humor von einem *„angry alligator"* sprachen. Stafford musste auf das geplante Docking verzichten.[86]

Seinem Kopiloten Cernan erging es bei dessen Außenbordeinsatz (engl. Extra-Vehicular Activity, EVA) auch nicht besser. Er hangelte sich nach dem Ausstieg zum Heck der Kapsel, wo sich hinter einer Abdeckung ein neu-artiger Tornister mit integriertem Lebenserhaltungssystem und zwölf kleinen Steuerdüsen befand. Das Anlegen und Aktivieren dieses sogenannten Astronaut Maneuvering Unit (AMU) war jedoch im Orbit um ein vielfaches schwieriger und kraftraubender als beim Training auf der Erde. Pulsschlag und Transpiration von Cernan schnellten in die Höhe. Das Helmvisier fing an zu beschlagen. Als die Kapsel dann in den Erdschatten eintauchte, führte der plötzliche Temperaturabfall zum Gefrieren des Beschlages. Zu allem Überfluss fiel schließlich auch noch die Sprechfunkverbindung aus. Cernan warf daraufhin sein AMU weg und begab sich wieder in die Kabine zurück, ohne das neuentwickelte Steuerungsgerät für den Außenbordeinsatz getestet zu haben.[87] Immerhin stellte Cernan einen neuen Rekord auf: Als erster Mensch hielt er sich länger als 2 Stunden im freien Weltraum auf. Damit wurde ein wesentliches Ziel des Gemini-Programms als Test für künftige Aufenthalte auf der Mondoberfläche (Lunar Extra-Vehicular Activity, LEVA) erreicht.

Mitte Juli 1966 erfolgte bereits der nächste Start mit Gemini 10. Für Kommandant John Young war es bereits der zweite Gemini-Flug. Nach dem

---

[86] Ebd., S. 33.
[87] Gründer, Matthias. 2000. *SOS im All*, S. 76 f.

erfolgreichen Docking mit der Agena-Oberstufe wurde diese noch einmal gezündet und brachte die Raumkapsel auf eine Rekordhöhe von 760 km. Nach dem erneuten Absenken der Umlaufbahn begann Kopilot Michael Collins (1930-2021) seinen ersten Ausstieg. Bei dieser sogenannten Stand-up Extra-Vehicular Activity (SEVA) stand Collins auf seinem Sitz mit dem Oberkörper außerhalb der geöffneten Luke und fotografierte Erde und Himmel. Plötzlich platzte jedoch eine Filterkassette und die chemischen Substanzen zur Bindung des Kohlendioxyds gelangten in den Sauerstoff-kreislauf. Beide Astronauten klagten über beißende Dämpfe unter ihren Helmen und mussten die Aktion vorzeitig abbrechen. Am darauffolgenden Tag näherte sich Gemini 10 dem Docking-Target von Gemini 8. Collins wagte einen zweiten Weltraumausstieg, bei der es ihm gelang, einen Mikro-meteoritendetektor von dem Zielsatelliten abzumontieren und in die Kapsel zu bringen. Auf der anderen Seite verlor Collins bei dieser Aktion seine Handkamera und Young war der Flugplan entglitten und durch die offene Luke davongeschwebt. Dennoch konnte dieser erste konkrete Arbeits- bzw. Montageeinsatz im freien Weltraum als erfolgreich bewertet werden.[88]

Mitte September 1966 erfolgte dann der Start von Gemini 11. Für den Kommandanten Charles Conrad war es ebenfalls schon der zweite Gemini-Einsatz. Zusammen mit seinem Kopiloten Richard („Dick") F. Gordon (1929–2017) wiederholte er die Manöver der Vorgängermission. Nach der Zündung der Agena-Oberstufe erreichte die Raumkapsel die für bemannte Orbitalflüge seither unerreichte Rekordhöhe von 1370 km.[89]

Mitte November des gleichen Jahres startete schließlich Gemini 12 in den Orbit. Kommandant Jim Lovell war bereits der vierte Astronaut, der einen zweiten Gemini-Einsatz flog. Zusammen mit seinem Kopiloten Dr. Edwin („Buzz") E. Aldrin (*1930) wurden die Manöver der beiden Vor-gängermissionen noch einmal wiederholt. Die geplante Anhebung der Flug-bahn musste jedoch wegen des Ausfalls des Agena-Triebwerkes entfallen. Andererseits hielt sich Buzz Aldrin bei drei EVAs insgesamt $5^1/_2$ Stunden im freien Weltraum auf, während denen er zwei Steuerungsdüsen reparierte und wie ein Jockey auf der Kapsel ritt.[90] Buzz Aldrin war übrigens der erste promovierte US-Astronaut im All. Er hatte am renommierten Massachusetts Institute of Technology (MIT) eine Dissertation über Steuerungs- und

---

[88] Ebd., S. 78 f.

[89] Zimmer, Harro. 1997. *Das NASA-Protokoll*, S. 115. Gründer verwechselt Kopilot Richard Gordon mit dessen Kollegen Gordon Cooper von Gemini 5 (Vgl. Gründer, Matthias. 2000. *SOS im All*, S. 85).

[90] Block, Torsten. 1992. *Bemannte Raumfahrt.*, S. 38.

Navigationstechniken bei RVD-Manövern verfasst. Als begeisterter Hobby-taucher entwickelte er zudem auch spezielle EVA-Trainingstechniken im Schwimmbecken. Er war der erste Raumfahrer, der sich auf diese Weise auf seine Außenbordmanöver vorbereitete. Heute gehört es zum Standard-programm der Astronautenausbildung und das Tauchbecken zur Standard-ausstattung eines Astronautenausbildungszentrums.

Die Gesamtbilanz des Gemini-Programmes konnte sich wahrlich sehen lassen: Innerhalb von nur 21 Monaten (zwischen März 1965 und November 1966) waren zehn bemannte Raumflüge mit jeweils zwei Astronauten durchgeführt worden, also im Schnitt alle zwei Monate ein Flug. Die Programmziele wurden alle erreicht: Die Durchführung von Kopplungs-manövern, der Ausstieg in den freien Weltraum und der Langzeitaufenthalt im All bildeten die technischen Voraussetzungen für die Durchführung des Mondflugprogrammes.

Vor dem Programmbeginn lagen die Sowjets noch eindeutig in Führung, nun führten die Amerikaner mit insgesamt 1940 Raumflugstunden. Diesen Vorsprung konnten die Sowjets erst Ende der 1980er-Jahre mit ihrer Raum-station Mir wieder aufholen. 19 Astronauten hatten an den Programmen Mercury und Gemini aktiv teilgenommen, sieben davon hatten sogar zwei Einsätze zu verbuchen. Dagegen waren erst elf Kosmonauten im All und keiner davon mehr als einmal. Somit hatten die USA die Sowjetunion Mitte der 1960er-Jahre in der Raumfahrt überholt. Als der entscheidende Wende-punkt kann der Doppelflug von Gemini 6 und Gemini 7 im Dezember 1965 angesehen werden, als vier Astronauten mehr Flugstunden zusammen-brachten als alle Kosmonauten bis dahin zusammengerechnet (Tab. 1).

Der Höhepunkt des Wettlaufes ins All war nicht nur ein bedeutender Teil der Technik- und Wissenschaftsgeschichte, sondern auch der Kunst- und Kulturgeschichte. Die Raumfahrt hatte in den 1960er und 1970er Jahren große Auswirkungen auf die Popkultur des Westens. So erlebte ein neues Subgenre des Science-Fiction (Sci-Fi) seinen Durchbruch, die sogenannte Space Opera (dt. Weltraumoper).

1960 bis 1970 erschien im Life Magazine eine Reportage-Reihe über den Mondflug von Apollo 11 unter dem Titel „*Of a Fire on the Moon*". Autor war der Pulitzer-Preisträger Norman Mailer (1923-2007). Zum 50. Jahres-tag der Mondlandung wurde das Werk 2019 unter dem Titel „*Moonfire*" neu aufgelegt.[91]

---

[91] Mailer, Norman. 2019. *Moonfire. Die legendäre Reise der Apollo 11.* Köln: Taschen.

1965 startete in den USA die Fernsehserie *„I dream of Jeannie"*, die ab 1967 in Deutschland unter dem Titel „Bezaubernde Jeannie" ausgestrahlt wurde. Der Schauspieler Larry M. Hagman (1931-2012) spielte darin den Astronauten Cpt. (später Maj.) Anthony („Tony") Nelson von der Air Force, der beim Wiedereintritt in die Erdatmosphäre mit seiner einsitzigen Raumkapsel Stardust One vom Kurs abkommt und auf einer einsamen Pazifikinsel landet, wo er den weiblichen Flaschengeist Jeannie (gespielt von Barbara Eden) findet, die ihm bis nach Hause in Cocoa Beach am Cape Canaveral folgt, wo sie fortan versucht, sein Herz zu gewinnen, indem sie ihm jeden Wunsch erfüllt.

1966 startete in den USA die Fernsehserie *„Star Treck"* mit William Shatner (*1931) als Capt. James T. Kirk in der Hauptrolle, die ab 1972 auch in Deutschland unter dem Titel *„Raumschiff Enterprise"* ausgestrahlt wurde. Tatsächlich musste Shatner 55 Jahre auf seinen ersten Raumflug warten. Im Oktober 2021 flog er mit einer New Shepard von Blue Origin in einer suborbitalen, ballistischen Flugbahn mit einer Scheitelhöhe von über 100 km in den Weltraum. Mit 90 Jahren war er der älteste Mensch im All.

Parallel dazu gab es in Deutschland eine eigene Fernsehstaffel unter dem Titel *„Raumpatrouille Orion"* mit Dietmar Schönherr (1926–2014) als Maj. Cliff Allister McLane in der Hauptrolle.

1968 sorgten drei Space-Opera-Kinofilme für Aufsehen.:

„2001 – A Space Odyssey" (dt. Odyssee im Weltraum) von Produzent und Regisseur Stanley Kubrick (1928–1999), der dafür einen Oscar erhielt. An Bord des Raumschiffes Discovery steuert der Computer HAL alle Systeme, während sich die Astronauten und Wissenschaftler auf dem langen Weg zum Jupiter in einem künstlichen Tiefschlaf befinden. Als HAL Fehler macht, versuchen zwei Besatzungsmitglieder verzweifelt ihn abzuschalten, was einen Kampf zwischen Mensch und Maschine heraufbeschwört.[92]

Der Film *„Barbarella"* ist ein Weltraum-Erotikabenteuer, in welchem der Sex durch sterile Orgasmuspillen und Lustmaschinen ersetzt werden soll. Hauptdarstellerin Jane Fonda (*1937) wurde zu einem Sexsymbol und die vom spanischen Modedesigner Paco Rabanne (1934-2023) entworfenen Kostüme waren stilbildend für die Pop-Art.

Im Film *„Planet of the Apes"* (dt. Planet der Affen) landet der Astronaut George Taylor, gespielt von Charlton Heston (1923–2008) nach einer Irrfahrt auf einem Planeten, der von Affen beherrscht wird, die Menschen als

---

[92] Kiefer, Bernd. 2006. Odyssee im Weltraum. In: *Filmklassiker. Beschreibungen und Kommentare*. Bd. 3: 1963–1977. Hrsg. T. Koebner. Stuttgart: Reclam, 5. Aufl., S. 193–199.

Haustiere und Sklaven halten. Am Ende stellt sich heraus, dass es sich um die Erde handelt, die von den Menschen in einem Atomkrieg verwüstet worden ist. Der Film erhielt einen Oscar für die besten Masken. Aufgrund des großen Erfolges wurden in der ersten Hälfte der 1970er Jahre insgesamt vier Fortsetzungen gedreht.[93]

1969 erschien der Song „*Space Oddity*" von David Bowie (1947–2016), der die Geschichte von Major Tom erzählt, der den Kontakt zur Erde abbricht und sich ziellos durch das All treiben lässt.

Der amerikanische Schriftsteller Ray Bradbury (1920–2012) wurde bereits 1950 durch seinen Debütroman „*The Martian Chronicles*" (dt. *Die Mars-Chroniken*) berühmt. Darin beschrieb er die Kolonisierung des Mars durch den Menschen in den Jahren 1999 bis 2026 in mehreren Wellen. Der Roman bietet zahlreiche Parallelen zur Eroberung des Wilden Westens im 19. Jahrhundert, z. B. was das Schicksal einzelner Auswanderergruppen und die Konfrontation mit den Ureinwohnern betrifft. Die Marsianer werden zu den Indianern des 21. Jahrhunderts. Es kommt sowohl zu kriegerischen Auseinandersetzungen als auch zur Ausbreitung von Seuchen durch eingeschleppte Infektionskrankheiten. Am Ende bildet der Mars die letzte Zufluchtsstätte der Menschheit, nachdem sie ihren Heimatplaneten durch einen Atomkrieg verwüstet und unbewohnbar gemacht hat. Bradbury fasste seine Weltraumabenteuer-Kurzgeschichten in den Sammlungen „*R is for Rocket*" (erschienen 1962) und „*S is for Space*" (erschienen 1966) zusammen.

1965 veröffentlichte der Schriftsteller Frank P. Herbert (1920–1986) den ersten einer Reihe von Science-Fiction-Romanen über die Bewohner des Wüstenplaneten „*Dune*". Der aus ursprünglich 6 Romanen bestehende Zyklus beschreibt die Geschichte der rivalisierenden Dynastien Atreides und Harkonnen um die Herrschaft über den Wüstenplaneten Arrakis, von den einheimischen Femen Dune (dt. Düne) genannt. Die überragende Bedeutung des Planeten liegt in dem Vorkommen von Spice, einer bewusstseinserweiternden Droge, welche für die Steuerung von Raumschiffen mit Überlichtgeschwindigkeit im Hyperraum notwendig ist, eine Voraussetzung für die interstellare Raumfahrt. Obwohl der komplexe Stoffzyklus als schwer verfilmbar gilt, hat es bereits mehrere Drehbuchadaptionen für Kino und Fernsehen gegeben. Zuletzt der erfolgreiche Kinofilm *Dune* des kanadischen Regisseurs Denis Villeneuve (*1967).

---

[93] Giesen, Rolf. 2006. Planet der Affen. In: *Filmklassiker. Beschreibungen und Kommentare.* Bd. 3: 1963–1977. Hrsg. T. Koebner. Stuttgart: Reclam, 5. Aufl., S. 186–188.

Der australische Schriftsteller A. Bertram Chandler (1912–1984) begann 1961 mit der Veröffentlichung eines Romanzyklus über eine Welt am Rande der Michstraße, die *„Rim World"*, an der er bis zu seinem Tod schrieb. Hauptfigur ist John Grimes, den es als Kapitän der interstellaren Handelsmarine ins Outer Rim verschlägt und der nach zahlreichen Abenteuern zum Kommodore der Randwelten aufsteigt. Bereits 1961 startete der deutsche Verlag Moewig die größte und längste Sci-Fi-Fortsetzungsromanserie der Literaturgeschichte unter dem Titel *„Perry Rhodan"*. Die namensgebende Hauptfigur ist Major der fiktiven US Space Force. Bis 2019 wurden 3000 Heftromane veröffentlicht. 1967 gab es auch einen Kinofilm unter dem Titel *„Perry Rhodan – SOS aus dem Weltall"* (engl. *Mission Stardust*).

1964 arrangierten Count Basie (1904-1984) und Quincy Jones (*1933) den aus dem Jahr 1954 stammenden Song *„Fly me to the Moon"* in ein Jazz-Lied um, welches interpretiert von Frank Sinatra (1915-1998) zu einem Welterfolg wurde. Diese Version wurde bei den Mondflügen von Apollo 10 und 11 gespielt, wobei eine Musikkassette im Prototyp eines Walkmans als *„On-Board-Entertainment"* fungierte.[94]

1972 eroberte der Popsong *„Rocket Man"* von Elton H. John (*1947) die internationalen Charts. In dem Lied geht es um einen Astronauten, der mit gemischten Gefühlen seine Familie verlässt, um an einer gefährlichen und langen Raumfahrtmission teilzunehmen.

1977 kam der der Film *Star Wars* (dt. Krieg der Sterne) in die Kinos. Drehbuchautor, Produzent und Regisseur George W. Lucas (*1944) entwickelte den Plot in den folgenden vier Jahrzehnten mit insgesamt 3 Trilogien zur erfolgreichsten Kinofilmreihe der Geschichte. Im Zentrum der Handlung stehen drei Generationen der Familie Skywalker und ihrem Kampf zwischen der guten und der bösen Seite der Macht. Lucas verwendete Elemente der Artus-Sage und verknüpfte sie mit Elementen fernöstlicher Weisheitslehren und Kampfkünste, eingebettet in eine postmoderne Science-Fiction-Welt. Die Jedi erscheinen als Komposition aus mittelalterlichem Ritterideal, japanischer Samurai-Tradition und dem chinesischen Mönchsorden der Shaolin. Die Lucasfilm-Trickstudios Industrial Light & Magic setzten erstmals großflächig computeranimierte Welten im Kino um.[95]

---

[94] Grissemann, Stefan. 2022. Dark Side of the Moon. In: *Profil*. 53. Jg. 2022, Nr. 34 (21.08.2022), S. 56.

[95] Grob, Norbert. 2006. Krieg der Sterne – Star Wars. In: *Filmklassiker. Beschreibungen und Kommentare*. Hrsg. Thomas Koebner. Bd. 3: 1963-1977, S. 550.

1979 erschien der Reportage-Roman „*The Right Stuff*" des amerikanischen Journalisten und Schriftstellern Tom Wolfe (1930-2018). Darin wird die Geschichte der ersten amerikanischen Astronauten auf dramaturgische Weise erzählt. Neben den Militärpiloten- und Raumfahrerkarrieren wird auch das Privat- und Familienleben der Protagonisten beleuchtet. Der Kinofilm von 1983 wurde mit 4 Oscars ausgezeichnet. Deutsche Titel sind „*Die Helden der Nation*" und „*Der Stoff aus dem die Helden sind*".

Auch das Automobildesign wurde in dieser Zeit von den Raketen beeinflusst. Die Marke Ford brachte 1959 den Typ Galaxie mit den Modellvarianten Skyliner, Sunliner und Starliner heraus. Die hinteren Kotflügel wurden von runden Heckflossen gekrönt, die wie aufgesetzte Raketen wirkten und die Rückleuchten erinnerten an die Düsen von Raketentriebwerken.

Die Raumfahrt hatte schließlich auch Einfluss auf die Architektur. Anlässlich der Weltausstellung 1962 erhielt Seattle ein neues Wahrzeichen: Die Space Needle (dt. Weltraumnadel) ist ein futuristischer, 184 m hoher Aussichtsturm auf drei Beinen mit drehbarem Restaurant.

Literatur

Block, Torsten. 1992. *Bemannte Raumfahrt. 30 Jahre Menschen im All.* (= Raumfahrt-Archiv, Bd. 1). Goslar: Eigenverlag.

Büdeler, Werner. 1982. *Geschichte der Raumfahrt*. Würzburg: Stürtz, 2. Aufl.

Büdeler, Werner. 1992. *Raumfahrt.* (= Naturwissenschaft und Technik. Vergangenheit – Gegenwart – Zukunft). Weinheim: Zweiburgen.

Cieslik, Jürgen. 1970. *So kam der Mensch ins Weltall. Dokumentation zur Weltraumfahrt.* Hannover: Fackelträger.

Ders. 2011. *Trägerraketen seit 1957.* (= Typenkompass). Stuttgart: Motorbuch.

Ebner, Ulrike. 2021. Schneller als Mach 3. In: Flug Revue, 66. Jg., Nr. 10 (Okt.), S. 30 f.

Facon, Patrick. 1994. *Illustrierte Geschichte der Luftfahrt. Die Flugpioniere und ihre Maschinen vom 18. Jahrhundert bis heute.* Eltville am Rhein: Bechtermünz.

Giesen, Rolf. 2006. Planet der Affen. In: *Filmklassiker. Beschreibungen und Kommentare.* Hrsg. Thomas Koebner. Stuttgart: Reclam, 5. Aufl. Bd. 3: 1963–1977, S. 186–188.

Gilberg, Lew A.; Marquart, Klaus. 1985. *Faszination Weltraumflug. Interessantes über die bemannte Raumfahrt.* Leipzig: Fachbuch.

Grissemann, Stefan. 2022. Dark Side of the Moon. In: Profil. 53. Jg. 2022, Nr. 34 (21.08.2022), S. 56 f.

Grob, Norbert. 2006. Krieg der Sterne – Star Wars. In: Filmklassiker. Beschreibungen und Kommentare. Hrsg. Thomas Koebner. Stuttgart: Reclam, 3. Aufl. Bd. 3: 1963-1977, S. 549-553.

Gründer, Matthias. 2000. *SOS im All. Pannen, Probleme und Katastrophen der bemannten Raumfahrt.* Berlin: Schwarzkopf & Schwarzkopf.

Göring, Olaf. 2021. Mutige Pioniere im Weltall: 60 Jahre bemannte Raumfahrt. In: Flug Revue, 66. Jg., Nr. 5 (Mai), S. 72-77.

Herget, Josef. 2005. IuD-Programm. In: *Informationspolitik ist machbar!?* Hrsg. J. Herget, S. Hierl, T. Seeger. (= Reihe Informationswissenschaft der DGI, Bd. 6, S. 64). Frankfurt am Main: DGI.

Hoffmann, Horst. 2001. Kolumbus des Kosmos. Vor 40 Jahren startete der erste Mensch ins All. In: *Flug Revue. Flugwelt international.* 46. Jg., Nr. 4 (April), S. 92–95.

Hofstätter, Rudolf. 1989. Sowjet-Raumfahrt. Basel, Berlin: Birkhäuser, Springer.

Kens, Karlheinz. 1994. Geschoß durch die Schallbarriere. Die zwei Generationen der Bell X-1. In: Flug Revue, 39. Jg., Nr. 10 (Okt.), S. 56-59.

Kiefer, Bernd. 2006. Odyssee im Weltraum. In: *Filmklassiker. Beschreibungen und Kommentare.* Hrsg. Thomas Koebner. Stuttgart: Reclam, 5. Aufl., Bd. 3: 1963–1977, S. 193–199.

Koebner, Thomas (Hrsg.). 2006. *Filmklassiker. Beschreibungen und Kommentare.* 5 Bände. Stuttgart: Reclam, 5. Aufl.

Kopenhagen, Wilfried; Neustädt, Rolf. 1982. Das große Flugzeugtypenbuch. Berlin (Ost): Transpress, 2. Aufl.

Koser, Wolfgang (Chefred.); Matting, Matthias; Baruschka, Simone; Grieser, Franz; Hiess, Peter; Mantel-Rehbach, Claudia; Stöger, Marcus (Mitarb.). 2019. *Die Geschichte der NASA. Die faszinierende Chronik der legendären US-Weltraum-Agentur.* (= Space Spezial, Nr. 1). München, Hannover: eMedia.

Laumanns, Horst W. 2017. Die stärksten Flugzeuge der Welt. Stuttgart: Motorbuch.

Laumanns, Horst W. 2018. Die schnellsten Flugzeuge der Welt seit 1945. Stuttgart: Motorbuch.

Mackowiak, Bernhard; Schughart, Anna. 2018. *Raumfahrt. Der Mensch im All.* Köln: Edition Fackelträger, Naumann & Göbel.

Mailer, Norman. 2019. Moonfire. Die legendäre Reise der Apollo 11. Köln: Taschen.

Messerschmid, Ernst; Fasoulas, Stefanos. 2017. *Raumfahrtsysteme. Eine Einführung mit Übungen und Lösungen.* Berlin: Springer Vieweg, 5. Aufl.

Peter, Ernst. 1988. *Der Weg ins All. Meilensteine zur bemannten Raumfahrt.* Stuttgart: Motorbuch.

Pletschacher, Peter. 1993. Mit Düsenantrieb und Pfeilflügel durch die Schallmauer. In: *Chuck Yeager durchbricht die Schallmauer.* (= P.M. Das historische Ereignis, Nr. 1). München: G + J, S. 13.

Rascher, Tilman. 1993. Der Tag, an dem die Schallmauer fiel. In: Chuck Yeager durchbricht die Schallmauer. Hrsg. P. Moosleitner. (= P.M. Das historische Ereignis, Nr. 1). München: G+J, S. 16-29.

Rascher, Tilman. 1993. *Chuck Yeager durchbricht die Schallmauer.* (= P.M. Das historische Ereignis. Nr. 1), S. 16–29.

Reichl, Eugen. 2010. *Bemannte Raumfahrzeuge seit 1960.* (= Typenkompass). Stuttgart: Motorbuch, 2. Aufl.

Reichl, Eugen; Röttler, Dietmar. 2020. Raketen. Die internationale Enzyklopädie. Stuttgart: Motorbuch.

Schughart, Anna. 2018. Hidden Figures. Die weiblichen Computer der NASA. In: *Raumfahrt. Der Mensch im All.* Bernhard Mackowiak u. a. Köln: Fackelträger, S. 108 f.

Sommer, Josef. 2011. Rendezvous and Docking. In: Handbuch der Raumfahrttechnik. Hrsg. W. Ley u. a. München: Hanser, S. 430-443.

Spillmann, Kurt R. (Hrsg.). 1988. *Der Weltraum seit 1945.* Basel, Berlin: Birkhäuser, Springer.

Walter, Ulrich. 2019. Höllenritt durch Raum und Zeit. Ein Astronaut erklärt, wie es sich anfühlt, ins All zu reisen. München: Penguin.

Wolek, Ulrich. 2007. Der Sputnik-Schock. Vor 50 Jahren sandte der erste künstliche Satellit ein Funksignal zur Erde. In: *GEO. Das Bild der Erde.* 32. Jg., Nr. 9 (Sept.), S. 120–123.

Wolf, Dieter O. A.; Hoose, Hubertus M.; Dauses, Manfred A. 1983. *Die Militarisierung des Weltraums. Rüstungswettlauf in der vierten Dimension.* (= B & G aktuell. Hrsg. Arbeitskreis für Wehrforschung, Bd. 36). Koblenz: Bernard & Graefe.

Zimmer, Harro. 1996. *Der rote Orbit. Glanz und Elend der russischen Raumfahrt.* (= Kosmos-Report). Stuttgart: Franckh-Kosmos.

Zimmer, Harro. 1997. *Das NASA-Protokoll. Erfolge und Niederlagen.* (= Kosmos-Report). Stuttgart: Franckh-Kosmos.

4

Der Wettlauf zum Mond

Inhaltsverzeichnis

Der Wettlauf zum Mond stellt den Höhepunkt des Wettlaufs ins All dar. Es war die große Entscheidungsschlacht am größten Kriegsschauplatz des Kalten Krieges. Die NASA verfügte in der zweiten Hälfte der 1960er-Jahre zur Durchführung ihres Apollo-Mondprogrammes über nahezu unbegrenzte Ressourcen. Der sogenannte Apollo-Rush ließ einen ganz neuen Industriezweig entstehen. In einer ersten Phase wurde der Mond Mitte der 1960er-Jahre mit unbemannten Sonden erforscht. Parallel dazu wurden Prototypen für eine Mondrakete und ein Mondraumschiff entwickelt und unbemannt getestet. Auch wenn die Sowjetunion beteuerte, sich am Wettlauf zum Mond nicht beteiligt zu haben, tat sie dies sehr wohl. Die streng geheimen Pläne und Versuche wurden erst nach dem Zusammenbruch des kommunistischen Systems 1990 publik. Die Entscheidung im Wettlauf zum Mond brachte schließlich das Jahr 1969 mit der ersten Mondlandung von Apollo 11. Nach der Beinahe-Katastrophe von Apollo 13 wurde das Apollo-Programm 1970 gekürzt und bis 1972 auslaufen gelassen. Die

© Springer-Verlag GmbH Deutschland, ein Teil von Springer Nature 2023   **205**
A. T. Hensel, *Geschichte der Raumfahrt bis 1975,*
https://doi.org/10.1007/978-3-662-64573-4_4

Sowjetunion feierte noch bis 1976 Erfolge mit unbemannten Mondsonden, die einerseits ferngesteuerte Mondrover absetzten und andererseits Bodenproben zur Erde zurückbrachten. Diese Erfolge verblassten jedoch hinter den Bildern der Astronauten auf dem Mond.

4.1   Lunik versus Surveyor: Die Erforschung des Mondes mit Sonden

Die erste Etappe im Wettlauf zum Mond begann bereits 1959 mit den ersten sowjetischen Mondsonden vom Typ Lunik, mit denen auch die ersten Bilder von der erdabgewandten Rückseite des Mondes gemacht werden konnten. Die USA konnte erst 1964 ihre ersten Mondsonden vom Typ Ranger erfolgreich einsetzen. Auch bei der ersten unbemannten Mondlandungen 1966 waren die Sowjets mit Luna 9 den Amerikanern mit Surveyor voraus, wenn auch nur vier Monate. Die Analyse der Beschaffenheit der Mondoberfläche war eine wichtige Voraussetzung für die bemannte Mondlandung. Ebenso die genaue Kartierung, die mit den Sonden vom Typ Lunar Orbiter, die 1966/1967 erfolgte.

Die erste Etappe im Wettlauf zum Mond erfolgte mit unbemannten Sonden. Dabei ergaben sich zwei Hauptschwierigkeiten: Zunächst einmal musste die Erdgravitation überwunden werden. Dies erforderte eine Beschleunigung der Sonde auf Fluchtgeschwindigkeit (zweite kosmische Geschwindigkeit), die Ziolkowski bereits zu Beginn des Jahrhunderts auf rund 40.000 km/h berechnet hatte.[1]

Zweitens musste der Mond auch getroffen werden. Dass dies trotz der Nähe und Größe des Erdtrabanten gar nicht so einfach ist, zeigten die ersten Versuche. Walter Hohmann hatte bereits 1925 die wichtigsten Raumflugbahnen, darunter auch die Flugbahn zum Mond, berechnet; aber wie so oft gestaltete sich die Umsetzung der Theorie in die Praxis schwieriger als gedacht.

Bereits 1958 hatte die U. S. Air Force dreimal vergeblich versucht, eine Sonde zum Mond zu schießen. Die Starts erfolgten mit Trägerraketen vom Typ Thor-Able von der Cape Canaveral Air Force Station (CCAFS). Bei der Thor handelte es sich eigentlich nur um eine Mittelstreckenrakete (Intermediate Range Ballistic Missile, IRBM). Die Able-Oberstufe sollte als Kickstufe fungieren und die Sonden in eine Transferbahn zum Mond

---

[1] Vgl. Abschn. 1.1. Noch einmal zum Vergleich: Die Orbitalgeschwindigkeit (erste kosmische Geschwindigkeit) für Satelliten beträgt etwas mehr als 28.000 km/h.

schießen. Die Raumsonden erhielten die Bezeichnung Pioneer (dt. Pionier) und sollten von der Gravitation des Mondes eingefangen werden und in eine Umlaufbahn einschwenken und erste Bilder von der Rückseite des Mondes zur Erde funken. Die Masse der Sonden betrug knapp 40 kg. Der erste Startversuch im August 1958 endete nach nur 77 s mit der Explosion der Trägerrakete. Die Sonde erhielt daraufhin die Nummerierung Pioneer 0 (= „zero").

Mitte Oktober erfolgte dann der zweite Startversuch der Air Force. Diesmal schaltete die Able-Oberstufe vorzeitig ab, sodass keine Fluchtgeschwindigkeit erreicht wurde. Dennoch legte Pioneer 1 mit knapp 114.000 km ein Drittel der Strecke zum Mond zurück, bevor die Sonde wieder zur Erde zurückfiel und in der Atmosphäre verglühte. Zumindest konnten wertvolle Daten über die kosmische Strahlung und die Mikrometeoritenhäufigkeit empfangen werden.[2]

Nachdem beim Start von Pioneer 2 einen Monat später ebenfalls die Oberstufe versagte, kam endlich die Army zum Zuge. Das Braun-Team setzte auf die bereits im Explorer-Satellitenprogramm bewährte Juno-Trägerrakete. Doch auch hier versagte die Sergeant-Oberstufe, sodass Pioneer 3 nach rund 100.000 km zur Erde zurückfiel. Erst viel später wurde bekannt, dass die Sowjetunion im selben Zeitraum ebenfalls mehrere Fehlstarts zu verzeichnen hatte.[3]

Am 2. Januar 1959 verkündete die Sowjetunion den erfolgreichen Start der ersten Raumsonde Lunik 1. Tatsächlich war es dem Koroljow-Team erstmals gelungen, mit einer dreistufigen Semjorka-Version namens Molnija (Молния, dt. Blitz) die Fluchtgeschwindigkeit zu erreichen.

Nach 130.000 km stieß die Sonde eine Natriumwolke aus, damit sie in aller Welt als künstlicher Komet mit Teleskopen beobachtet werden konnte. Ursprünglich sollte sie danach hart auf dem Mond aufschlagen. Allerdings verfehlte die Sonde den Erdtrabanten knapp um 6000 km und schwenkte schließlich in eine Umlaufbahn um die Sonne ein. Damit wurde sie zum ersten künstlichen Planetoiden des Sonnensystems. Die Sowjetpropaganda stellte dieses Missgeschick im Nachhinein als geplantes Flugmanöver dar.[4]

Einen Monat später startete die Army ihren zweiten Versuch, der gleichzeitig der letzte im Pioneer-Programm war. Diesmal funktionierte die

---

[2] Ebd.
[3] Ebd., S. 44.
[4] Zimmer, Harro. 1996. *Der rote Orbit*, S. 62.

Rakete, jedoch verfehlte Pioneer 4 ebenfalls den Mond, allerdings mit 60.000 km zehnmal ungenauer als das sowjetische Pendant. Die erste US-Sonde schwenkte daraufhin ebenfalls in eine Sonnenumlaufbahn ein. Völlig nutzlos waren diese ersten fehlgeleiteten Sondenstarts jedoch nicht. Die auf dem Flug zum Mond und darüber hinaus übermittelten Daten zeigten, dass der interplanetare Weltraum grundsätzlich „clean", also für weitere unbemannte und bemannte Raumflüge geeignet ist.[5]

Am 13. September 1959 (in Moskau schrieb man bereits den 14. kurz nach Mitternacht) schlug mit Lunik 2 der erste künstliche Raumflugkörper auf der Mondoberfläche ein. An Bord befand sich eine kleine, stoßfeste Metallkugel mit dem sowjetischen Emblem, dem roten Stern mit Hammer und Sichel. Lunik 2 war damit die erste Einschlagsonde (Impaktor). Wieder einmal war die Sowjetunion den USA zuvorgekommen, und dieser Vorsprung wurde sogar noch ausgebaut.

Am 4. Oktober 1959, dem zweiten Jahrestag des Sputnik-Starts, wurde mit Lunik 3 eine weitere sowjetische Mondsonde gestartet. Es handelte sich dabei genau genommen um einen Sondellit, das heißt ein Mittelding zwischen Sonde und Satellit. Er wurde nämlich in eine extrem elliptische Erdumlaufbahn mit einem Perigäum von 40.000 km und einem Apogäum von 470.000 km gebracht. Bei seinem Flug kreuzte Lunik 3 die Umlaufbahn des Mondes, welcher sich wiederum mit einem Perigäum von 363.000 km und einem Apogäum von 405.000 km um die Erde bewegt. Dabei machten die Kameras erstmals Aufnahmen von der Rückseite des Mondes. Als sich der Sondellit wieder der Erde näherte, wurden die Bilddaten von der Bodenstation abgerufen. Auf 29 auswertbaren Bildern waren rund 70 % der erdabgewandten Mondhalbkugel zu erkennen. Auch wenn die Bildqualität sehr zu wünschen übrig ließ und daher nur wenig Details erkennbar waren, galten sie doch als eine Sensation. Es zeigte sich, dass die Rückseite des Erdtrabanten wesentlich weniger bzw. kleinere Tiefebenen (sogenannte Mare) besaß, dafür jedoch deutlich mehr Krater, also insgesamt viel zerklüfteter war. Dies verwundert nicht, wenn man bedenkt, dass die Erde für die erdzugewandte Hemisphäre des Mondes eine Art Schutzwall gegen Meteoriteneinschläge bildet. Während die Formationen der Mondvorderseite traditionell griechische bzw. lateinische Namen haben, führte die Sowjetunion für die wesentlichen Formationen der Rückseite eigene Namen

---

[5] Zimmer, Harro. 1997. *Das NASA-Protokoll*, S. 45.

ein. So heißen die beiden Mare der Rückseite Moskwa (= Moskau-Fluss) und Mendelejew, und die beiden größten Krater Ziolkowski und Gagarin.[6]

Die ersten sowjetischen Mondsonden wurden intern Meschta (kyrill. Мечта, dt. Traum) und offiziell nur als kosmische Raketen bezeichnet. Im Westen wurde die Bezeichnung Lunik (kyrill. Луник) geprägt.

Es handelt sich dabei um ein Kunstwort, welches aus den russischen Wörtern Luna (kyrill. Луна, dt. Mond) und Sputnik (kyrill. Спутник, dt. Begleiter/Satellit) zusammensetzt wurde.

Inzwischen hatte man sich auch bei der neugegründeten NASA Gedanken über ein Nachfolgeprogramm für das fehlgeschlagene Pioneer-Programm gemacht. Ziel dieses neuen Programmes namens Ranger (dt. Jäger bzw. Förster) sollte eine abgebremste harte Landung sein, bei der vor dem Aufschlag Bilder von der Mondoberfläche übermittelt werden sollten. Insgesamt war eine Reihe von mindestens zehn Rangers in drei verschiedenen Entwicklungsstufen (Blocks) vorgesehen. Die Projektabwicklung wurde dem Jet Propulsion Laboratory (JPL) übertragen, und als Trägerrakete wurde die auch für das Mercury-Programm vorgesehene Atlas-Agena-Kombination auserkoren. Dabei sollten die Ranger-Sonden zunächst auf Orbitalgeschwindigkeit, also in eine erdnahe Umlaufbahn gebracht werden und anschließend durch eine erneute Zündung der Agena-Oberstufe auf Fluchtgeschwindigkeit und damit auf den Weg zum Mond gebracht werden.

In der ersten Phase sollte mit zwei Block-1-Testversionen das Zusammenspiel der Systeme getestet werden. Im zweiten Halbjahr 1961 scheiterten jedoch die beiden ersten Ranger-Sonden durch das Versagen der Agena bei der Zweitzündung. So wurden aus Ranger 1 und Ranger 2 ganz gewöhnliche Satelliten. Trotzdem ging man im folgenden Jahr direkt zur zweiten Phase über. Die Block-2-Versionen wurden mit einer Kamera, einem Strahlendetektor und einem Triebwerk für die Kurskorrektur und das Abbremsen der Sonde vor dem Aufschlag versehen. Die Block-2-Missionen des Jahres 1962 scheiterten jedoch ebenfalls: Die Ende Januar gestartete Ranger 3 flog in 36.600 km Entfernung am Mond vorbei und schwenkte anschließend wie Pioneer 4 in eine Sonnenumlaufbahn ein. Die drei Monate später gestartete Ranger 4 konnte aufgrund eines technischen

---

[6] Dambek, Thorsten. 2010. Warum hat die Rückseite kein Gesicht? In: *Bild der Wissenschaft*. 74. Jg., Nr. 6, S. 48. Der russische Chemiker Dimitrij I. Mendelejew (1834–1907) hatte 1869 gleichzeitig und unabhängig von dem deutschen Chemiker J. Lothar Meyer (1830–1895) das Periodensystem der Elemente entwickelt.

Defektes nicht aktiviert werden und schlug ohne jede Datenübermittlung stumm und unsichtbar auf der Rückseite des Mondes auf. Nicht viel besser erging es Ranger 5, die Mitte Oktober schweigend und in 735 km Entfernung ganz knapp am Erdtrabanten vorbeiflog, dem bekannten Schicksal entgegen.[7]

Im Jahre 1963 waren dann wieder die Sowjets am Zuge. Sie planten bereits die erste weiche Mondlandung und nannten ihre Sonden seitdem Luna (Луна, dt. Mond), wobei die sowjetische Zählung rückwirkend bei den drei Lunik-Sonden begonnen wurde. Luna 3 entspricht somit Lunik 3.

Dies half jedoch zunächst nicht viel, denn auf drei Fehlstarts folgte nur ein Orbitalflug (später offiziell als Satellit deklariert) und schließlich ein ungeplanter Vorbeiflug in 8600 km Abstand (Luna 4). Offiziell war auch dieser Vorbeiflug natürlich geplant.[8]

In diesem Jahr wurde auch ein aberwitziges Geheimprojekt der sowjetischen Militärs zu Grabe getragen. Boris J. Tschertok (1912–2011), ein enger Mitarbeiter Koroljows, berichtete Mitte der 1990er Jahre in seinen Memoiren davon, dass Anfang der 60er Jahre ein Atombombentest auf dem Mond geplant worden sei. Der Explosionsblitz der Wasserstoffbombe sollte auf der Erde mit bloßem Auge erkennbar sein und aller Welt die Überlegenheit der sowjetischen Nuklearstreitmacht vor Augen führen. Allerdings wollte niemand von den Chefkonstrukteuren eine Garantie dafür abgeben, dass die Bombe auch hundertprozentig die vorgesehene Fluchtbahn erreicht. Im Falle des Versagens einer Raketenstufe bestand die Gefahr, dass die gefährliche Nutzlast auf die Erde zurückstürzt und beim Verglühen in der der Atmosphäre unkontrolliert explodiert.[9]

Die Auseinandersetzung zwischen den Militärs und Konstrukteuren wurde durch ein weitreichendes Abkommen beendet: Anfang August 1963 unterzeichneten die Außenminister der beiden Supermächte und Großbritanniens in Moskau das Atomteststoppabkommen. Es beinhaltete das Verbot jeglicher Kernwaffenversuche in der Atmosphäre, unter Wasser und im Weltraum. Nach den Ratifikationen trat dieser Vertrag am 10. Oktober 1963 in Kraft. Danach waren nur noch unterirdische Atomwaffentests möglich.[10]

---

[7] Zimmer, Harro. 1997. *Das NASA-Protokoll*, S. 92.

[8] Zimmer, Harro. 1996. *Der rote Orbit*, S. 91 f.

[9] Tschertok, Boris. 1997. Per aspera ad astra. Vor 40 Jahren eröffnete Sputnik 1 das Zeitalter der Raumfahrt. In: *Flieger Revue*. 45. Jg., Nr. 10 (Okt.), S. 73.

[10] Rönnefahrt, Hellmuth u. a. 1975. *Vertrags-Ploetz*. Bd. 4 B: 1959–1963, S. 602.

Allerdings sind die beiden Atommächte Frankreich und China diesem Abkommen nicht beigetreten. Ende Januar 1964 startete dann Ranger 6. Es handelte sich dabei um das erste Exemplar der modifizierten Block-3-Version mit zwei Kameras. Als Zielgebiet wurde das Mare Tranquillitatis (dt. stilles Meer) auserkoren, wo später auch die ersten Menschen landen sollten. Dieses Flugmanöver gelang zwar, jedoch fiel auch diesmal die Übertragung aus. Damit war bei der NASA der Geduldsfaden endgültig gerissen. Das eigenwillige und relativ unabhängige JPL wurde einer strengeren Kontrolle durch die Raumfahrtbehörde unterzogen und JPL-Direktor Pickering bekam den Ex-General und Administrator der US-Atomenergiebehörde Alvin R. Luedecke (1910–1998) als unbequemen Stellvertreter zugewiesen. Damit war der Bann endlich gebrochen. Ende Juli startete Ranger 7 und lieferte bis zum Einschlag im Mare Nubium (dt. Wolkenmeer) über 4300 Bilder in bester Qualität.[11]

Es folgten im Februar und März 1965 zwei weitere erfolgreiche Missionen. Ranger 8 lieferte vor dem Aufschlag im Mare Tranquillitatis rund 7000 Fotos und Ranger 9 dasselbe vor dem Sturz in den Krater Alphonsus. Damit fand das insgesamt rund 250 Mio. $ teure Ranger-Programm doch noch einen versöhnlichen Abschluss.[12]

Im Jahre 1966, als die Vorbereitungen für die bemannten Mondflugprogramme in ihre heißen Endphasen gingen, begann schließlich die konkrete Erkundung der Mondoberfläche mit Sonden. Auch diesmal hatte die Sowjetunion zunächst die Nase vorn.

Mit der Ende Januar gestarteten Sonde Luna 9 gelang am 3. Februar 1966 die erste weiche Mondlandung in der größten Tiefebene, dem Oceanus Procellarum (dt. stürmischer Ozean). Damit hatten die Sowjets die weltweit erste Landesonde (Lander) erfolgreich eingesetzt. In den folgenden drei Tagen wurden zahlreiche Bildsignale übermittelt, die auch von einem britischen Radioteleskop empfangen wurden. Zum Ärger der Sowjets veröffentlichten die Briten diese Bilder noch bevor Moskau dies tat.[13]

Die Ende März gestartete Luna 10 schwenkte drei Tage später erfolgreich in den Mondorbit ein und wurde damit zur ersten Umlaufsonde (Orbiter). Im August und September desselben Jahres wurden noch zwei weitere Mondsatelliten (Luna 11 und 12) erfolgreich gestartet, und so konnten die

---

[11] Zimmer, Harro. 1997. *Das NASA-Protokoll*, S. 103.

[12] Büdeler, Werner. 1982. *Geschichte der Raumfahrt*, S. 386.

[13] Zimmer, Harro. 1997. *Das NASA-Protokoll*, S. 105.

ersten umfassenden Mondkarten entstehen. Schließlich landete zu Weihnachten noch Luna 13 und lieferte fast eine Woche lang Bilder und Daten über die Beschaffenheit des Mondbodens.[14]

Die USA betrieben parallel dazu ihre beiden Monderkundungsprogramme, wobei man jedoch den Sowjets wieder einmal hinterherlief.

Das Programm für die weiche Mondlandung wurde auf den bezeichnenden Namen Surveyor (dt. Landvermesser) getauft. Der Herstellungsauftrag für die Sonde erging an die Firma des Flugzeugkonstrukteurs Howard R. Hughes Jr. (1905–1976). Als Trägerrakete fungierte eine Atlas-Centaur-Kombination.[15]

Anfang Juni 1966 gelang schließlich mit Surveyor 1 vier Monate nach Luna 9 die erste weiche Mondlandung einer US-Sonde. Sie lieferte über 11.000 Bilder und dazu zahlreiche Messdaten über die Beschaffenheit des Mondbodens. Es folgten bis Januar 1968 noch sechs weitere Surveyor-Missionen, die bis auf zwei harte Aufschläge erfolgreich waren und die Voraussetzungen für die bemannte Mondlandung lieferten. So wurde der Mondstaub als ungefährlich klassifiziert. Weder kam es zu einem Einsinken der Sonden noch zu einer Messung gefährlicher Substanzen.[16]

Das zweite US-Monderkundungsprogramm wurde Lunar Orbiter genannt und beinhaltete fünf Mondsatelliten zur genauen Vermessung und Kartographierung der Oberflächenformationen des Erdtrabanten.

Die Projektleitung oblag diesmal nicht dem JPL, sondern dem Langley Research Center (LRC) in Hampton, Virginia. Den Herstellungsauftrag für die Sonden erhielt Boeing und als Trägerrakete diente die Atlas-Agena-Kombination. Alle fünf amerikanischen Mondsatelliten wurden vom August 1966 an innerhalb eines Jahres erfolgreich gestartet und erreichten ihre vorgesehenen Umlaufbahnen. Sie lieferten zehntausende von Bildern aus 40 bis 2000 km Höhe und ermöglichten damit die Erstellung eines genauen Mondatlas, der bis heute die Basis für die moderne Selenografie darstellt.[17]

Mit der praktischen Durchführung unbemannter Mondflüge, der genauen Kartografie des Mondes und der Analyse des Mondbodens waren 1967 die wichtigsten Grundvoraussetzungen für bemannte Mondmissionen gegeben.

---

[14] Zimmer, Harro. 1996. *Der rote Orbit*, S. 118 f.

[15] In der griechischen Mythologie waren die Kentauren bzw. Zentauren Mischwesen aus Mensch und Pferd.

[16] Büdeler, Werner. 1982. *Geschichte der Raumfahrt*, S. 388 f.

[17] Ebd., S. 387. Selenographie ist analog zu Geographie die Beschreibung des Mondes.

4.2 Die Vorbereitungen zum bemannten Mondflug

Nach der Proklamation Kennedys, innerhalb einer Dekade ein bemanntes Mondlandeunternehmen durchzuführen, wurden bei der NASA verschiedene Flugvarianten mit unterschiedlichen Raumschiffkonzepten diskutiert. Das ausgewählte Apollo-System bestand aus drei Modulen: der Kommandokapsel, dem Servicemodul und der Mondfähre. Die Flugvariante wurde nach dem Kopplungsmanöver zwischen dem Apollo-Mutterschiff und der Mondfähre Lunar Orbit Rendezvous (LOR) genannt. Mit der Mondrakete Saturn wurde die größte und Leistungsfähigste Trägerrakete des 20. Jahrhunderts entwickelt. 1967 wurden die Prototypen unbemannt im Orbit getestet. Parallel dazu entstand eine gewaltige Bodeninfrastruktur, insbesondere das Kennedy Space Center am Cape Canaveral in Florida.

In der Sowjetunion gab es streng geheime Pläne zur Entwicklung eines „Mondorbitalschiffs" (LOK). Parallel dazu wurde eine Mondrakete mit der Bezeichnung Nositel entwickelt, die mehrere Fehlstarts hatte. Mit Sojus 1 wurde im April 1967 ein neues Raumschiff im Orbit getestet, bei der der Kosmonaut ums Leben kam.

Der offizielle Startschuss zum Wettlauf um den Mond erfolgte, wie schon erwähnt, mit der berühmten Kongressrede Kennedys am 25. Mai 1961. Der immer wieder zitierte, zentrale Satz lautete: *„Ich bin der Meinung, dass sich diese Nation zum Ziel setzen sollte, noch vor Ablauf dieses Jahrzehnts einen Menschen zum Mond zu bringen und diesen wieder sicher zur Erde zurückzuholen."* [18]
Diese visionäre Rede war einerseits ein verbaler Befreiungsschlag nach den demütigenden Erfahrungen des Gagarin-Fluges und dem Scheitern der Kuba-Invasion. Für die NASA begann eine Dekade, in der sie aus dem Vollen schöpfen konnte. Die Gelder flossen nun nahezu unbegrenzt, und es entstand im Rahmen des sogenannten „Apollo-Rush" eine eigene Raumfahrtindustrie mit unzähligen Forschungsstätten und Zulieferfirmen. Das Budget der NASA vervielfachte sich von 140 Mio. $ (= 0,2 % des Staatshaushaltes) im Jahr 1959 auf knapp 6 Mia. $ (= 4,5 % des Staatshaushaltes) im Jahr 1966. Wenn man das auf den Geldwert des Jahres 2020 umrechnet, so muss man ungefähr den Faktor 8 anwenden, d. h. das NASA-Budget von

---

[18] Zit. nach: Büdeler, Werner. 1982. *Geschichte der Raumfahrt*, S. 425. Engl. Originalzitat: *„I believe that this nation should commit itself to achieving the goal, before this decade is out, of landing a man on the Moon and returning him safely to Earth.".*

1966 betrug umgerechnet rund 48 Mia. $. Zum Vergleich: In den 2010er Jahren betrug das Budget der NASA durchschnittlich 18 bis 20 Mia. $ pro Jahr, was lediglich rund 0,5 % des gesamten Staatshaushaltes ausmachte. Der Personalstand der NASA stieg parallel dazu von 8000 auf 34.000. Indirekt arbeiteten weitere 370.000 Mitarbeiterinnen und Mitarbeiter von rund 20.000 Firmen, Universitäten und Forschungseinrichtungen aus allen US-Bundesstaaten als Lieferanten sowie Forschungs- und Entwicklungspartner am Apollo-Programm mit. Es war das größte staatliche Förderprogramm für Hochtechnologie und Wissenschaft, insbesondere auch für die Luft- und Raumfahrtindustrie (Aerospace Industry) mit ihren zahlreichen Zulieferbetrieben und unzähligen hochqualifizierten Arbeitsplätzen.

Andererseits wurde die NASA damit aber auch einem sehr großen öffentlichen Erwartungsdruck ausgesetzt. Mit großartigen und teilweise auch unrealistischen Visionen hatte sie für immer mehr Gelder geworben. Nun wurde eine dieser Visionen nicht nur von allerhöchster Stelle öffentlich sanktioniert, sondern es wurde auch ein verhältnismäßig enger Zeitrahmen vorgegeben und die Verantwortlichen damit unter einen enormen Zugzwang bzw. Zeitdruck gesetzt. Bis zu diesem Zeitpunkt war es der NASA im Gegensatz zur sowjetischen Konkurrenz noch nicht einmal gelungen, einen Astronauten in den Orbit und eine Sonde auf den Mond zu bringen. Kennedy ernannte seinen Vizepräsidenten zum Lynden B. Johnson zum Vorsitzenden des Nationalen Luft- und Raumfahrtrates (National Aeronautics & Space Council, NASC).

Dass die USA sich für ein Land der unbegrenzten Möglichkeiten hielten, hatte einhundert Jahre vor Kennedy auch schon der französische Science-Fiction-Autor Jules Verne erkannt. In seinem Science-Fiction-Roman *Von der Erde zum Mond* beschrieb er es folgendermaßen: *„Die Yankees hatten keinen anderen Ehrgeiz mehr, als den, von diesem neuen Kontinent der Lüfte Besitz zu ergreifen und das Sternenbanner auf seinem höchsten Gipfel aufzupflanzen.".*[19]

Werner Büdeler bezeichnet das amerikanische Mondlandeprogramm als *„das größte technisch-wissenschaftliche Unternehmen der Menschheit".*[20]

Tim Furniss relativiert diesen Superlativ mit der einschränkenden Bemerkung, dass Kennedy *„den USA die Annahme der größten technischen*

---

[19] Verne, Jules. 2018. *Von der Erde zum Mond,* S. 49.
[20] Büdeler, Werner. 1982. *Geschichte der Raumfahrt,* S. 425.

Herausforderung seit der Fertigstellung des Panamakanals im Jahre 1914" ver-
ordnet habe.[21]

Man könnte sicher auch das amerikanische Atombombenprogramm im
Zweiten Weltkrieg, das sogenannte Manhattan-Projekt, in diese Kategorie
einordnen.

Die Besatzung von Apollo 11 kommentierte in ihren gemeinsamen
Memoiren die Aufbruchsstimmung folgendermaßen: *„Im Vergleich zu der
industriellen und technischen Mobilmachung, die Kennedy für friedliche Zwecke
proklamierte, erschien jede vorher von irgendeiner Nation unternommene
militärische Mobilmachung nichtig – jedenfalls im qualitativen Sinne."*.[22]

Zunächst einmal ging es jedoch um die grundsätzliche Frage nach dem
besten Weg zum Mond. Die naheliegende Variante, für die sich das Manned
Spacecraft Centre (MSC) in Huston, Texas unter ihrem Leiter Robert
(„Bob") R. Gilruth (1913–2000) einsetzte, basierte auf einer riesigen, fünf-
stufigen Monsterrakete, deren erste drei Stufen das Raumschiff mitsamt
den beiden Oberstufen direkt auf Mondkurs bringen sollten. Die vierte
Stufe sollte als Bremstriebwerk für die Mondlandung fungieren und die
fünfte Stufe schließlich den Rückflug zur Erde ermöglichen, wobei die aus-
gebrannte vierte Stufe als Startrampe dienen sollte.[23]

Dieser Vorschlag wurde vom Marshall Space Flight Center (SFC) unter
der Leitung Wernher von Brauns als unrealistisch abgelehnt. Die erforderliche Riesenrakete könne unmöglich im vorgegebenen Kosten- und Zeitrahmen realisiert werden. Man zweifelte daran, ob eine solche Rakete
überhaupt realisierbar sei, denn die Leistungssteigerung mehrstufiger
Raketen hat Grenzen.

Um diese Grenzen nicht zu sprengen, machte das Jet Propulsion
Laboratory (JPL) in Pasadena unter William Pickering einen Gegenvor-
schlag: Anstatt ein großes Raumschiff mit einer Riesenrakete zum Mond
zu schießen, sollten zwei normal große Raketen zwei kleinere Raumschiffe
zum Mond befördern. Das erste Raumschiff war für den Rückflug gedacht.
Es sollte die Landekapsel für den Wiedereintritt in die Erdatmosphäre
beinhalten und wäre zunächst unbemannt auf dem Mond gelandet. Erst
danach sollten die Astronauten mit einem zweiten Raumschiff starten,
welches nur für den einfachen Hinflug und die Mondlandung ausgelegt

---

[21] Furniss, Tim. 1998. *Die Mondlandung*, S. 21.

[22] Armstrong, Neil u. a. 1970. *Wir waren die Ersten*, S. 26.

[23] Zimmer, Harro. 1997. *Das NASA-Protokoll*, S. 96.

wäre. Auf dem Mond sollte schließlich der Fahrzeugwechsel (engl. Lunar Surface Rendezvous, LSR) erfolgen.[24]

Die parallele Entwicklung von zwei Raumschiffen hätte den vorgegebenen Zeit- und Kostenrahmen jedoch ebenfalls gesprengt und wurde daher auch abgelehnt.

Eine zweite LSR-Variante sah den Vorausflug eines unbemannten Versorgungsmoduls (engl. Tender) vor, welches nur den Treibstoff für den Rückflug beinhalten sollte. Das bemannte Raumschiff müsste unmittelbar daneben landen und aufgetankt werden. Dies wurde als zu riskant abgelehnt. Eine zu nahe Landung hätte eine mögliche Beschädigung des Treibstoffmoduls durch aufgewirbeltes Mondgestein bedeutet und für eine zu weit entfernte Landung hätte der Tankschlauch nicht ausgereicht.

Der Vorschlag des deutschen Teams um Wernher von Braun schien der sinnvollste zu sein: Er sah ein aus zwei Modulen bestehendes Raumschiff vor, eines für die Astronauten und eines für den Antrieb. Beide Module sollten getrennt voneinander mit eigenen Raketen in den Erdorbit befördert und dort durch ein Kopplungsmanöver (engl. Earth Orbit Rendezvous, EOR) verbunden werden. Anschließend sollte durch die Zündung der Triebwerke des Antriebsmoduls das Raumschiff aus der Erdumlaufbahn in eine Transferbahn zum Mond übergehen (engl. Trans-Lunar Ignition, TLI) und somit der eigentliche Mondflug starten. Für den Übergang in die Transferbahn zum Mond sollte die Masse und das Drehmoment der Erde genutzt werden, um Treibstoff einzusparen. Man kennt dieses physikalische Prinzip vom Hammerwurf: Der Werfer dreht sich einige Male schnell um die eigene Achse und beschleunigt dadurch die an einem Draht hängende Kugel, bevor er sie loslässt.[25]

Eine zusätzliche Variante des EOR bestand darin, Raumschiff und Antriebsmodul gleichzeitig mit leeren Tanks in den Orbit zu befördern und ein eigenes Treibstoffmodul in einer separaten Rakete in den Weltraum zu schießen. Das Raumschiff sollte dann im Erdorbit aufgetankt werden, bevor es in die Triebwerke zündete um in die Transferbahn zum Mond überzugehen.[26]

Schließlich langte noch ein abenteuerlicher und unkonventioneller Vorschlag von einem bis dahin eher unbekannten Mitarbeiter des Langley Research Center (LRC) namens John C. Houbolt (1919–2014) bei der

---

[24] Ebd., S. 99.

[25] Ebd., S. 98.

[26] Bührke, Thomas. 2019. Der Schuss zum Mond. In: *Bild der Wissenschaft*. Nr. 1, S. 15.

NASA ein: Eine einzelne Rakete sollte ein sehr komplexes, aus drei Modulen bestehendes Raumschiffsystem starten. Neben dem Astronauten- und dem Antriebsmodul sollte noch eine kleine Mondfähre mitgeführt werden. Nur diese sollte auf dem Mond landen, während das Mutterschiff im Mondorbit seine Runden dreht. Dadurch würden sowohl für die Mondlandung als auch für den Start zum Rückflug viel weniger Schubkraft und Treibstoff benötigt, als wenn das ganze Raumschiff auf der Mondoberfläche landen und wieder starten müsste. Das Mutterschiff könnte das bestehende Drehmoment des Mondorbits nutzen und mit relativ wenig Schubkraft in die Transferbahn zurück zur Erde übergehen. Da die Landefähre im Mondorbit mit dem Raumschiff koppeln musste, wurde dieses Verfahren Lunar Orbit Rendezvous (LOR) genannt. Diese Idee hatte Ende der 1920er-Jahre bereits der große deutsche Raumfahrttheoretiker Hermann Oberth entwickelt. Ein weiteres Einsparungspotenzial ergab sich aus der Tatsache, dass im Gegensatz zum EOR-Verfahren kein Zusammenbau des Raumschiffes im Erdorbit nötig sei. Im Parkorbit würde lediglich ein Funktionstest aller Subsysteme stattfinden, ein sogenannter In-Orbit Test (IOT) als Abschluss der Launch & Early Orbit Phase (LEOP). Dadurch könne man das Raumschiff zunächst mit der Oberstufe der Trägerrakete verbunden lassen und diese ein zweites Mal zünden, um den Übergang in die Transferbahn zum Mond (engl. Trans-Lunar Ignition, TLI) einzuleiten. Somit könnte man weiteren Treibstoff einsparen. Die Treibstofftanks des Servicemoduls und der Mondfähre sollten mit sogenannten hypergolen Treibstoffen befüllt werden. Beide Treibstoffkomponenten würden in das Triebwerk eingespritzt (engl. Injection) und würden bei Kontakt selbstständig zünden. Dadurch entfiel die eigentliche Zündung (engl. Ignition), deren Versagen den sicheren Tod der Astronauten bedeutet hätte. Das Haupttriebwerk des Antriebsmoduls des Raumschiffes hätte während des gesamten Unternehmens nur zwei größere Einsätze: Zum Abbremsen beim Übergang von der Transferbahn in den Mondorbit (engl. Lunar Orbit Injection bzw. Insertion [= Einschwenken], LOI) sowie zum Beschleunigen beim Verlassen des Mondorbits zwecks Übergang zur Transferbahn zurück zur Erde (engl. Trans-Earth Injection, TEI). Bei entsprechenden Bahnkorrekturen während des Rückfluges könnte das Einschwenken in den Erdorbit (engl. Earth Orbit Isertion, EOI) ohne aktive Abbremsung durch eine erneute Triebwerkszündung erfolgen. Die Landung würde dann so wie bei den Raumkapseln vom Vorgängertyp Gemini erfolgen: Nach der Trennung vom Antriebs- bzw. Servicemodul zünden die

Bremsraketen für den Wiedereintritt in die Erdatmosphäre und die Landung erfolgt mit Fallschirmen im Pazifik (Splashdown).[27]

In diesem Zusammenhang zeigt sich übrigens auch die Absurdität von Science-Fiction-Filmen wie Star Trek oder Star Wars, in denen die Triebwerke der Raumfahrzeuge während des Raumfluges ständig in Betrieb sind. In Wirklichkeit ist genau das Gegenteil der Fall.

Der entscheidende Vorteil gegenüber den vorhergehenden Vorschlägen lag in der Tatsache, dass sich das LOR-Verfahren mit nur einer machbaren Großrakete durchführen ließ und das Raumschiff keine allzu große Antriebseinheit mit entsprechenden Triebwerken und Treibstoffen benötigt. Dieses Argument gab dann auch den Ausschlag für die Zustimmung der NASA-Administration zum LOR-Verfahren im Juli 1962. Vier Monate später verkündete Chef-Administrator Webb den offiziellen Start des nach dem griechischen Sonnengott Apollo benannten Mondlandeprogrammes (Abb. 4.1).

Gleichzeitig erging der Auftrag zur Entwicklung der nach dem Titanen und Jupiter-Vater Saturn getauften Trägerrakete an das Marshall SFC in Huntsville. Das Raumschiff sollte unter der Ägide des MSC in Houston entwickelt werden.[28]

Diese NASA-Teilorganisationen vergaben wiederum zahlreiche Einzelaufträge für Forschung, Entwicklung, Tests und Fertigung an insgesamt über 20.000 Firmen und Forschungsstätten. So wurden die Steuer- und Navigationssysteme am renommierten Massachusets Institute of Technology (MIT) entwickelt. Die Triebwerke kamen von Rocketdyne, das Raumschiff und die zweite Saturn-Stufe von North American-Rockwell, die erste Saturn-Stufe von Boeing und die dritte Stufe von McDonnell-Douglas. Die neuentwickelten Bordcomputer kamen aus dem Hause IBM (International Business Machines Corp.). Damit die wichtigsten Forschungszentren ihre Forschungsdaten schnell und unkompliziert untereinander austauschen konnten, mussten die Zentralcomputer der einzelnen Forschungseinrichtungen miteinander vernetzt werden. Zu diesem Zweck entwickelte die Advanced Research Projects Agency (ARPA), das Netzwerk ARPANet.[29] Das ARPANet wurde zur Keimzelle des Internet, ohne welches unsere heutige

---

[27] Zimmer, Harro. 1997. *Das NASA-Protokoll*, S. 98.

[28] Ebd., S. 101.

[29] Die ARPA war 1958 als Antwort auf den Sputnik-Schock als Forschungsamt des Verteidigungsministeriums gegründet worden (vgl. Abschn. 2.2).

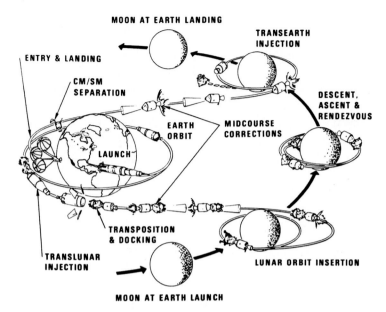

MOON AT EARTH LANDING

TRANSEARTH
INJECTION

ENTRY & LANDING

CM/SM
SEPARATION

DESCENT,
ASCENT &
RENDEZVOUS

EARTH
ORBIT

MIDCOURSE
CORRECTIONS

LAUNCH

TRANSPOSITION
& DOCKING

TRANSLUNAR
INJECTION

LUNAR ORBIT INSERTION

MOON AT EARTH LAUNCH

APOLLO LUNAR MISSION

Abb. 4.1 Missionsprofil einer Apollo-Mondmission. Schematische Darstellung des Verlaufes einer Apollo-Mondmission (Apollo Lunar Mission). Es beginnt mit dem Start (Launch) von Florida aus in den Erdorbit (Earth Orbit). Die erneute Zündung der 3. Saturn-Stufe leitet den Übergang zur Transferbahn zum Mond ein (Trans-Lunar Ignition [nicht Injection!], TLI). Anschließend trennt sich das CSM-Raumschiff von der 3. Saturn-Stufe, dreht sich um 180 Grad, dockt an die Mondfähre an und zieht sie aus der Stufe heraus (Transposition & Docking). Es folgt ein dreitägiger, antriebsloser Flug, bei dem lediglich kleinere Bahnkorrekturen (Midcourse Corrections) durchgeführt werden. Beim Erreichen des Mondes schwenkt das Apollo-Raumschiff in den Mondorbit ein (Lunar Orbit Insertion, LOI). Zwei der drei Astronauten steigen in die Mondfähre um und sinken auf die Mondoberfläche (Descent). Nach dem Wiederaufstieg (Ascent) dockt die Mondfähre wieder an das CSM-Mutterschiff an (Lunar Orbit Rendezvous, LOR). Nach dem Umstieg der beiden Mondgänger in das Kommandomodul erfolgt die Trennung von der Landefähre und der Start des Haupttriebwerkes zum Verlassen des Mondorbits und des Überganges zur Transferbahn zur Erde (Trans-Earth Injection, TEI). Es folgt der dreitägige, antriebslose Rückflug, bei dem wiederum lediglich kleinere Bahnkorrekturen (Midcourse Corrections) durchgeführt werden. Nach dem Einschwenken in den Erdorbit (Earth Orbit Insertion, EOI) trennt sich das Kommandomodul vom Servicemodul (CM/SM Separation) und tritt in die Erdatmosphäre ein (Entry). Die Wasserlandung (Splashdown) erfolgt mit drei Fallschirmen im Pazifik (Landing). (© NASA)

globale Informations- und Wissensgesellschaft nicht vorstellbar wäre. Es entstand eine Wissenskluft (Knowledge Gap) zulasten der Sowjetunion.

In der zweiten Hälfte der 1960er Jahre arbeiteten nahezu eine halbe Million Menschen direkt oder indirekt für das Apollo-Programm. Es war eine Gründerzeit, ein Goldenes Zeitalter der Raumfahrt, in der ein eigener Industriezweig entstand.

Die NASA verfügte in dieser Zeit über einen Jahresetat von 5 bis 6 Mrd. $. Logistik, Koordination und Infrastruktur mussten den neuen Dimensionen angepasst werden. Raumschiff und Rakete bestanden aus insgesamt 5 Mio. Einzelteilen, die von den unterschiedlichsten Stellen entwickelt und gefertigt wurden. Jedes dieser Teile musste *„space proof"* gemacht werden, wurde also auf Herz und Nieren geprüft und immer wieder getestet. Schließlich mussten zu guter Letzt auch alle Teile zusammenpassen und eine möglichst fehlerfreie Funktion gewährleisten.[30] Unter diesen strengen Kriterien wurde sogar die Entwicklung von Astronauten-Uhren und -Kugelschreibern zum Millionenauftrag. Bekannte Beispiele sind die *Omega Speedmaster Professional* oder der *Space Pen* von Fisher.

Zur Koordinierung aller Einzelaktivitäten wurde eine eigene übergeordnete Organisationsdirektion unter der wissenschaftlichen Leitung des deutschstämmigen Dr. Georg E. Müller (anglisiert George Mueller, 1918–2015) und der militärischen Leitung des Generals Samuel C. Phillips (1921–1990) eingerichtet.

Wenn man sich mit dem Apollo-Raumfahrtprogramm beschäftigt, muss man sich darüber im Klaren sein, dass ein vollständiges Raumfahrtsystem über eine komplexe Logistik und Infrastruktur sowohl am Boden als auch im Weltraum verfügt und aus mehreren Segmenten besteht:

1. Bodensegment (Ground Segment, G/S): Dieses umfasst die gesamte terrestrische Infrastruktur, die u. a. folgende 2 Subsegmente enthält: Das Startsegment (Launch Segment, L/S), an welchem die Endmontage und der Start der Trägersysteme durchgeführt werden, sowie dem Kontrollsegment (Control Segment, C/S), von welchem aus die Raumfahrtmissionen überwacht und gesteuert werden.
2. Transfersegment (Transfer Segment, T/S): Dabei handelt es sich um die Trägerrakete (Space Launch Vehicle, SLV), welche die Nutzlast in den Weltraum befördert, im vorliegenden Fall die Saturn.

---

[30] Büdeler, Werner. 1982. *Geschichte er Raumfahrt*, S. 433.

3. Raumsegment (Space Segment, S/S): Dabei handelt es sich um das Raumfahrzeug (Spacecraft, S/C). Bei Apollo waren es sogar 2 Raumfahrzeuge: Das Mondraumschiff für den Flug zwischen Erde und Mondorbit, bestehend aus Kommando- und Servicemodul (CSM) sowie die Mondfähre (Lunar Modul) für den Transfer zwischen Mondorbit und Mondoberfläche.

4. Das Anwendungs- bzw. Nutzersegment (User Segment, U/S) umfasst die Auswertung und Aufbereitung der empfangenen Daten, Fotos und Bodenproben.

Als Startsegment für ihre bemannten Missionen nutzte die NASA bis dahin die Cape Canaveral Ais Force Station (CCAFS). Die schmale Landzunge zwischen Banana River und der Atlantikküste war mit ihren 38 Startkomplexen (Launch Complex, LC) bereits weitgehend verbaut. Keines der bestehenden Startkomplexe war für die riesige Mondrakete vom Typ Saturn 5 ausgelegt. Es musste daher ein neuer, viel größerer Startkomplex (LC 39) an anderer Stelle errichtet werden. Die NASA wollte auch nicht länger nur Mieter der Luftwaffe sein, sondern ihr eigenes Raumfahrtzentrum errichten und damit Unabhängig vom Militär werden. Die NASA besaß zwar bereits ein eigenes Raketenstartzentrum, nämlich das Wallops Flight Center (WFC) auf einer Insel vor der Küste Virginias, aber das hatte 2 entscheidende Nachteile: Erstens war Wallpos Island mit 15 km^2 Fläche viel zu klein und ebenfalls schon weitgehend verbaut und zweitens lag das WFC auf ca. 38° nördlicher Breite und damit rund 10° nördlicher als Cape Canaveral. Das bedeutete wesentlich ungünstigere Startbedingungen. Wie bereits in Abschn. 1.1 beschrieben, kann der Drehimpuls der Erde in der Nähe des Äquators wesentlich besser genutzt werden als weiter nördlich. Vom WFC wurden daher in der Regel nur kleinere Satelliten für höhere Bahnneigungen (Inklination) gestartet. Darüber hinaus hatten dort 1959 auch die ersten, suborbitalen Testflüge mit Affen in Prototypen der Mercury-Raumkapsel stattgefunden.

Die NASA erwarb schließlich große Teile von Merritt Island, einer Insel nordwestlich von Cape Canaveral zwischen Banana River und Indian River. Mitte der 1960er Jahre errichtete sie darauf das Kennedy Space Center (KSC), NASA-intern einfach nur „*The Cape*" genannt. Auf einer Gesamtfläche von mehr als 500 km^2 entstand unter anderem der riesige Startkomplex (Launch Complex, LC) LC-39 mit einer gigantischen Endmontagehalle (Vertical Vehicle Assembly Building, VAB), einem

Startkontrollzentrum (Launch Control Center, LCC) und zwei großen Startrampen (Launch Pad, LP) LP-39A und LP-39B.[31]

Zum ersten Direktor des KSC wurde Kurt H. Debus (1908–1983) vom German Rocket Team ernannt. Er war bereits während des Zweiten Weltkrieges in Peenemünde für die Startanlagen der ersten Weltraumrakete A4 verantwortlich gewesen. Mitte der 1960er Jahre arbeiteten rund 12.000 Menschen am KSC.

Für die senkrechte Montage der riesigen Mondraketen vom Typ Saturn wurde die größte Montagehalle der Welt errichtet: Das Vertical Vehicle Assembly Building (VAB) mit einer Grundfläche von über 34.000 m², einer Höhe von über 160 m und einem Rauminhalt von über 3,6 Mio. m³. Es ist in 4 hohe Montagebuchten (High Bay) gegliedert. So konnte am Zusammenbau und Test von 4 Apollo-Saturn-Systemen gleichzeitig gearbeitet werden. Die Endmontage erfolgte vertikal auf einer mobilen Startplattform (Mobile Launcher Platform, MLP). Für den Transport vom VAB zu den beiden ca. 6 km entfernten Startrampen wurden zwei gigantische Raupenschlepper gebaut, die sogenannten Crawler Transporter. Sie besaßen jeweils 8 riesige Gleisketten und waren mit einem Gewicht von über 2700 t damals die größten Landfahrzeuge der Welt. Die beiden Dieselmotoren mit jeweils 16 Zylindern für den Hauptantrieb wurden ursprünglich für Lokomotiven bzw. Schiffe entwickelt und erzeugten zusammen ca. 4100 kW bzw. 5500 PS. Der Spritverbrauch lag bei ca. 300 l/km. Die beiden Dieselmotoren trieben 4 Stromgeneratoren mit jeweils 1000 kW elektrischer Leistung an, jede von Ihnen trieb wiederum 4 Elektromotoren an, 2 in den Naben jeder Gleiskette. Das German Rocket Team hatte den beiden Crawlern die Spitznamen *Hans* und *Franz* gegeben. Die Transportgeschwindigkeit betrug nur 2 km/h, d. h. man konnte gemütlich nebenher gehen.

Der Größenrekord wurde 1978 durch den deutschen Braunkohlebagger 288 übertrumpft. Ab den 1980er Jahren diente das VAB zur vertikalen Endmontage des Space Transportation System (STS), d. h. das Space Shuttle und die Feststoffbooster wurden an den externen Haupttank montiert.[32]

Doch nicht nur am Cape entstand eine gewaltige Bodeninfrastruktur für das Apollo-Programm, auch an anderen Standorten wurden Großbaustellen errichtet. Es entstand eine gewaltige Logistikkette, welche das ganze Land

---

[31] Reichl, Eugen u. a. 2020. *Raketen*, S. 246 f. Die Nr. 39 ergab sich aus der Tatsache, dass die benachbarte CCAFS bereits 38 Startkomplexe besaß.

[32] Mackowiak, Bernhard u. a. 2018. *Raumfahrt*, S. 114 f.

von West nach Ost durchzog. Die Hauptauftragnehmer und Entwicklungs-
partner der NASA waren die großen Firmen der amerikanischen Luft- und
Raumfahrtindustrie (Aerospace Industry): Boeing lieferte die 1. Stufe der
Saturn 5, North American Rockwell die 2. Stufe und das Apollo-Raum-
schiff, während McDonnell Douglas die 3. Stufe der Saturn 5 bzw. die 2.
Stufe der Saturn 1 lieferte. Die 1. Stufe der Saturn 1 kam von Chrysler. Die
Saturn-Triebwerke kamen von North American Rocketdyne und der Haupt-
antrieb des Apollo-Raumschiffes von Aerojet. Die Mondfähre wurde bei
Grumman produziert. Diese 7 Hauptauftragnehmer hatten hunderte Sub-
auftragnehmer, die als Zulieferer fungierten.

Wernher von Braun und sein Team erhielten den Auftrag, mit der Saturn
die bis dahin mit Abstand größte Weltraum-Trägerrakete zu entwickeln. Ihm
unterstanden im Marshall Space Flight Center in Huntsville, Alabama zu
dieser Zeit rund 7500 Mitarbeiter, darunter über 100 gebürtige Deutsche, die
ihm nach dem Zweiten Weltkrieg in die USA gefolgt waren. Erwähnenswert
sind unter anderen sein Stellvertreter und späterer Nachfolger Eberhard F. M.
Rees (1908–1998) sowie sein Biograph Ernst Stuhlinger (1913–2008).[33]

Von der Trägerfamilie Saturn wurden 3 Versionen produziert:

1. Die Saturn 1 bzw. I (Block 2) war der zweistufige Prototyp. Sie war 55
   m lang, hatte einen Basisdurchmesser von 6,50 m, eine Startmasse von
   510 t und konnte 10 t Nutzlast in den LEO befördern. Damit gehörte
   sie zur Kategorie der mittelschweren Trägerraketen (Medium-lift Launch
   Vehicle, MLV). Mit ihr wurden zwischen Januar 1964 und Juli 1965 insgesamt 6 Teststarts absolviert, die letzten 5 mit einer Attrappe (Dummy)
   des Apollo-Raumschiffes.[34]
2. Die Saturn 1B bzw. IB diente der Erprobung des Apollo-Raumschiffes
   im Erdorbit. Darüber hinaus diente sie bei den Apollo-Nachfolge-
   programmen Skylab und ASTP als Trägerrakete. Sie war 68 m lang,
   hatte einen Basisdurchmesser von 6,60 m, eine Startmasse von 590 t
   und konnte 22 t Nutzlast in den LEO befördern. Damit gehörte sie zur
   Kategorie der schweren Trägerraketen (Heavy-lift Launch Vehicle, HLV).
   Zwischen Februar 1966 und Juli 1975 wurden insgesamt 9 Saturn 1B
   erfolgreich gestartet, die letzten 5 bemannt. Im Rahmen des Mondprogrammes kam sie allerdings nur ein einziges Mal bemannt zum Ein-

---

[33] Büdeler, Werner. 1982. *Geschichte er Raumfahrt*, S. 428. Saturn (griech. Kronos) war der Anführer
der Titanen und Vater von Jupiter (griech. Zeus).
[34] Reichl, Eugen u. a. 2020. *Raketen*, S. 342–344.

satz, nämlich bei Apollo 7. Nach dem Ende des Apollo-Programmes wurden die restlichen 4 Exemplare für die drei Skylab-Missionen und das Apollo-Sojus-Test-Projekt (ASTP) verwendet.[35]

3. Die Saturn 5 bzw. V war die eigentliche Mondrakete. Sie besaß 3 Stufen, war insgesamt 111 m lang. Senkrecht aufgestellt übertraf sie damit die Freiheitsstatue in New York mitsamt Sockel. Sie hatte einen Basisdurchmesser von über 10 m, eine Gesamtstartmasse von knapp 3000 t und entwickelte einen Startschub von gewaltigen 35.000 kN. Mit ihr konnten bis zu 140 t in den LEO transportiert werden, damit war sie das erste Superschwerlastrakete (Super Heavy-lift Launch Vehicle, SHLV). Die Nutzlast für den Lunar Transfer Orbit (LTO) betrug immerhin noch 45 t, d. h. mit ihr konnten das Apollo-Raumschiff mitsamt Mondfähre in eine Transferbahn zum Mond gebracht werden. Zwischen November 1967 und Mai 1973 wurden insgesamt 13 Saturn 5 erfolgreich gestartet, zuletzt mit dem Raumlabor Skylab.[36]

Die Raketenstufe mit der Bezeichnung S-I bzw. S-IB (sprich: *es-won-bi*) bildete die 1. Stufe der Saturn 1 bzw. 1B und wurde von Chrysler gebaut. Da sie bereits 1961 für erste Teststarts zur Verfügung stehen sollte, wurden Komponenten bereits verfügbarer Trägerraketen gebündelt (Clustering): Das zentrale Segment bildete die Grundstruktur der Jupiter-Rakete. Um sie herum wurden insgesamt 8 Redstone-Raketen gruppiert. Beide Raketentypen waren seit den 1950er Jahren von Chrysler als atomare, ballistische Kurz- und Mittelstreckenraketen für das Militär gebaut worden.

Die Raketenstufe mit der Bezeichnung S-IVB (sprich: *es-for-bi*) bildete die 2. Stufe der Saturn 1 bzw. 1B und die 3. Stufe der Saturn 5. Sie wurde von McDonnell Douglas in Huntington Beach bei Los Angeles gefertigt. Mit einer Länge von annähernd 18 m, einem Durchmesser von 6,60 m und einer Leermasse von rund 13 t war sie für den Transport auf Straße oder Schiene zu unhandlich. Für den Transport quer durch die USA von der West- zur Ostküste wurde ein Transportflugzeug der Air Force vom Typ Boeing C-97 *Stratofreighter* (dt. Stratosphärenfrachter) umgebaut. Der Rumpf wurde verlängert und der Teil oberhalb der Tragflächen bekam eine große Auswölbung. Der Spezialtransporter erhielt die Bezeichnung *Super Guppy* nach einem lebendgebärenden Fisch, der während seiner Trächtigkeit

---

[35] Ebd., S. 344–347.Skylab und ASTP werden in den Abschn. 5.3 und 5.4 ausführlich behandelt.
[36] Ebd., S. 348-350.

einen aufgeblähten Bauch hat. Der Rumpf konnte geteilt werden, so dass die Saturn-Stufe mit einer Hebebühne hineingeschoben werden konnte. North American Rockwell produzierte in Seal Beach bei Los Angeles die 2. Saturn-Stufe mit der Bezeichnung S-II (sprich: es-tu) sowie das Apollo-Raumschiff (Command & Service Module, CSM). Mit einer Länge von knapp 25 m, einem Durchmesser von rund 10 m und einem Leergewicht von ca. 36 t war die Saturn-Stufe selbst für den Lufttransport zu groß und zu schwer. Daher musste sie mit Frachtschiffen von der kalifornischen Pazifikküste durch den Panama-Kanal und die Karibik nach Florida transportiert werden.

Die 1. Saturn-Stufe mit der Bezeichnung S-IC (sprich: *es-won-si*) wurde von Boeing produziert. Der Seeweg von den Boeing-Werken in Seattle im Bundesstaat Washington nach Florida hätte eine wochenlange Reise rund um Nord- und Mittelamerika bedeutet. Darüber hinaus hätte auch die Hallenkapazität nicht ausgereicht, um die gewaltige Raketenstufe mit einer Länge von über 42 m, einem Durchmesser von über 10 m und einer Leermasse von ca. 135 t zusammenzubauen und zu bewegen. Die NASA übernahm daher eine riesige Produktionsanlage der Streitkräfte in Michoud bei New Orleans, Louisiana. An der Mündung des Mississippi war während des Zweiten Weltkrieges ein riesiger Hallenkomplex mit einer Grundfläche von 512 × 340 m bzw. 174.000 m² entstanden. In ihm waren Transportflugzeuge und Frachtschiffe für den Transport von Rüstungsgütern nach Europa gebaut worden. Die NASA ließ nun in der Michoud Assembly Facility (MAF) von Boeing-Mitarbeitern die 1. Saturn-Stufe zusammenbauen. Der Transport zum Cape erfolgte über den Intracoastal Waterway (ICW), einem Kanalsystem entlang der Golf- und Atlantikküste. Für den rund 1500 km langen Wasserweg von der Mündung des Mississippi bis zum Cape wurden rund 5 Tage benötigt.

Die Triebwerke der Saturn-Rakete wurden von Rocketdyne, einem Tochterunternehmen von North American Aviation (NAA) mit Sitz in Canoga Park bei Los Angeles, gebaut. Für die Saturn-Stufe S-IB kamen 8 Triebwerke vom Typ H-1 mit jeweils 836 kN Schub zum Einsatz. Es verwendete Raketenkerosin (Rocket Propellant No. 1, RP-1) als Brennstoff und flüssigen Sauerstoff (LOX) als Oxidator. Das Standard-Triebwerk war das J-2 mit einer Schubkraft von 1033 kN, von welchem 5 Stück in die Stufe S-II und ein Exemplar in die Stufe S-IVB eingebaut wurden. Als einziges Saturn-Triebwerk verbrannte das J-2 die Treibstoffkombination aus flüssigem Sauerstoff und Wasserstoff (LOX+LH$_2$). Für die S-IC, die erste Stufe der Saturn 5, wurden dagegen die größten und leistungsstärksten Flüssigraketentriebwerke des 20. Jahrhunderts entwickelt: Die F-1. Die Masse jedes einzelnen Triebwerkes betrug rund 9 t und die Düse hatte einen Durchmesser von

Abb. 4.2 Wernher von Braun vor der 1. Saturn-Stufe
Wernher von Braun vor den von ihm und seinem German Rocket Team konstruierten
und von Rocketdyne gebauten F-1 Triebwerken der ersten Stufe der Mondrakete
Saturn 5. Jedes dieser Triebwerke wog 9 t und die Düse hatte einen Durchmesser
von 3,7 m. Der Größenvergleich zwischen Mensch und Maschine lässt die gewaltigen
Dimensionen der größten Flüssigraketentriebwerke des 20. Jahrhunderts erahnen.
(© NASA)

3,70 m. Der Durchsatz war gewaltig: In jeder Sekunde wurden über 2,5 t
RP-1 und LOX verbrannt. Ebenso gewaltig war die Schubleistung mit 6900
kN. Die S-IC wurde mit 5 Triebwerken bestückt, die zusammen einen
gewaltigen Startschub von 34.500 kN erzeugten. Das entspricht ungefähr
150 Mio. Pferdestärken (PS) (Abb. 4.2).[37]

---

[37] Die Umrechnung von Schubkraft (kN) in Motorleistung (PS oder kW) ist eigentlich nicht ganz
korrekt, da es sich um zwei unterschiedliche physikalische Größenordnungen handelt. Sie wird hier nur
zum besseren Verständnis und zur Veranschaulichung angewendet.

Diese abstrakten Kennzahlen kann man mit Vergleichen veranschaulichen: Der ab 1973 produzierte Porsche 911 der G-Serie wurde von einen 150 PS starken Motor angetrieben. Die Saturn 5 war demnach so antriebsstark wie eine Mio. Porsche 911. Ein weiterer Vergleich kann mit dem seit 1969 produzierten Großraumflugzeug Boeing B 747 Jumbo Jet angestellt werden. Die Triebwerke der ersten Serie B 747-100 besaßen eine Schubkraft von zusammen 825 kN. Es hätte demnach 42 Jumbo Jets bedurft, um denselben Startschub wie die Saturn zu erzeugen.

Abb. 4.2 Wernher von Braun vor den Raketentriebwerken der 1. Saturn-Stufe S-IC

Theoretisch hätte diese gewaltige Schubkraft das Apollo-Raumschiff auch in nur einem Tag von der Erde zum Mond schießen können. In diesem Fall wäre das Raumschiff jedoch entweder am Mond vorbeigeflogen oder auf dessen Oberfläche eingeschlagen. Bei den komplizierten Bahnberechnungen für den Flug zum Mond ging es darum, das Raumschiff möglichst treibstoffsparend mit einer bestimmten Geschwindigkeit in einem bestimmten Winkel so an den Mond heranzuführen, dass dessen Gravitationskraft das Raumschiff einfängt und es mit möglichst geringem Treibstoffverbrauch bei der Bremszündung in einen Mondorbit einschwenken lässt (Lunar Orbit Insertion, LOI). Hierfür musste ein Kompromiss gefunden werden: Einerseits durfte der Mondflug nicht zu lange dauern, da dies mehr Sauerstoff, Wasser, Nahrung und Energie für die Astronauten bedeutet hätte. Andererseits sollten der Hauptantrieb und die Treibstofftanks im Apollo-Servicemodul nicht zu groß und zu schwer werden. Eine kürzere Flugzeit zum Mond hätte demnach ein deutlich größeres und schwereres Raumschiff erfordert, was wiederum eine größere und schubstärkere Trägerrakete notwendig gemacht hätte. Ein Teufelskreis.

Die Saturn 5 war die größte funktionsfähige Weltraum-Trägerrakete des 20. Jahrhunderts (Tab. 4.1 und Abb. 4.3). Mit einer Gesamthöhe von über 110 m (inklusive Raumschiff und Rettungsrakete) übertraf sie sogar die Freiheitsstatue in New York deutlich und brachte ein unglaubliches Gesamtstartgewicht von annähernd 3000 t auf die Waage, davon allein über 2500 t Treibstoffe. Allein die erste Stufe erreichte ein Gesamtgewicht von 2200 t, davon 2000 t Treibstoffe (Kerosin und Flüssigsauerstoff). Die fünf riesigen Triebwerke erzeugten zusammen 34.500 kN (3450 t) Schub und verbrannten dabei knapp 13 t Treibstoff pro Sekunde. Innerhalb von zweieinhalb Minuten konnte die Riesenrakete damit auf eine Höhe von 65 km und neunfache Schallgeschwindigkeit (Mach 9) katapultiert werden. Danach übernahm die 25 m lange und 480 t schwere zweite Stufe mit 5100 kN (510 t) Schub den Vortrieb, wobei die Kombination von flüssigem Sauer-

Tab. 4.1 Parameter der Mondrakete Saturn 5

Parameter Saturn 5	1. Stufe	2. Stufe	3. Stufe
Bezeichnung	S-IC	S-II	S-IVB
Hersteller der Stufe	Boeing	North American Rockwell	McDonnell Douglas
Länge	42,10 m	24,85 m	17,80 m
Durchmesser	10,10 m	10,10 m	6,60 m
Leermasse	135 t	36 t	13 t
Startmasse (betankt)	2280 t	480 t	120 t
Hersteller der Triebwerke	North American Rocketdyne		
Triebwerkstyp	F-1	J-2	J-2
Anzahl der Triebwerke	5	5	1
Schubleistung Einzeltriebwerk	6900 kN (MSL)	1030 kN	1030 kN
Gesamtschub aller Triebwerke	34.500 kN	5150 kN	1030 kN
Brennstoff	RP-1	LH_2	LH_2
Größe Brennstofftank	810 m³	330 m³	92 m³
Oxidator	LOX	LOX	LOX
Größe Oxidatortank	1300 m³	1000 m³	253 m³
Spezifischer Impuls (I_{SP})	265 s (MSL)	420 s	420 s
Brenndauer	150 s = 2,5 min	390 s = 6,5 min	480 s = 8 min
Brennschlusshöhe	65 km	185 km	LTO
Brennschlussgeschwindigkeit	2390 m/s = 8600 km/h	6830 m/s = 24.600 km/h	10.800 m/s =38.900 km/h

stoff und Wasserstoff (LOX+LH$_2$) zum Tragen kam. Wie die erste Stufe hatte auch sie einen Durchmesser von 10 m. In sechseinhalb Minuten brachte sie die Rakete auf 190 km Höhe bzw. 25.000 km/h Geschwindigkeit. Danach zündete die dritte Stufe, welche mit der zweiten Stufe des Vorgängermusters Saturn 1 B identisch war. Sie wurde zunächst nur für zweieinhalb Minuten gezündet, um die Rakete auf Orbitalgeschwindigkeit zu beschleunigen und in eine Parkbahn um die Erde zu bringen. Erst eine erneute Zündung der dritten Stufe brachte die Beschleunigung auf Fluchtgeschwindigkeit (37.500 km/h) und den Übergang in die Transferbahn zum Mond (TLI). In dieser Konfiguration konnte eine Nutzlast von knapp 50 t auf Mondkurs gebracht werden. Im Falle einer reinen Orbitalmission, zum Beispiel um eine Raumstation in eine niedrige Erdumlaufbahn (LEO) zu befördern, waren sogar 130 t möglich. Damit war die Saturn 5 das erste sogenannte Super Heavy-lift Launch Vehicle (SHLV).[38]

---

[38] Reichl, Eugen. 2011. *Trägerraketen seit 1957*, S. 48 f. bzw. Mackowiak, Bernhard u. a. 2011. *Raumfahrt*, S. 140 f. LHY = Liquid Hydrogen, LOX = Liquid Oxygen.

Abb. 4.3 Mondrakete Saturn 5. Die 110 m hohe Mondrakete Saturn 5 bei der Aus-
fahrt (Rollout) aus der Montagehalle, dem sogenannten Vertical Vehicle Assembly
Building (VAB). Die erste Stufe trägt die Aufschrift USA und die Flagge. Die zweite
Stufe trägt die Aufschrift „United States". Darüber befindet sich die dritte Stufe.
Darüber die schwarzen Verbindungsstreben zum Apollo-Raumschiff. Im unteren,
weißen Teil befand sich die Mondlandefähre sowie (ab Apollo 15) das Mondauto.
Der obere, silberne Teil ist das Servicemodul und die silberne Spitze das Kommandomodul mit den drei Astronauten. Darüber befindet sich die Rettungsrakete. Die
Saturn wurde auf einer eigens konstruierten mobilen Plattform mit Raupenketten,
dem sogenannten Crawler Transporter, vom VAB zur Startrampe (Launch Pad) transportiert. (© NASA)

In der Literatur wird der Antrieb des Apollo-Raumschiffes teilweise als 4.
Raketenstufe mitgezählt.[39]

RP = Rocket Propellant (Raketenkerosin), LOX = Liquid Oxygen
(flüssiger Sauerstoff), LH_2 = Liquid Hydrogen (flüssiger Wasserstoff), LTO

---

[39] Reichl, Eugen. 2011. Trägerraketen seit 1957, S. 48 bzw. Ders. u. a. 2020. Raketen. Die internationale Enzyklopädie, S. 348 sowie Messerschmid, Ernst u. a. 2017. Raumfahrtsysteme, S. 56.

= Lunar Transfer Orbit, MSL = Mean Sea Level (mittlerer Meeresspiegel), RP-1 = Rocket Propellant No. 1 (Spezialkerosin für Raketentriebwerke).

Da die Saturn-Rakete alle bisherigen Dimensionen sprengte, musste die NASA zwei große Testzentren errichten:

Die Mississippi Test Facility (MTF) wurde am Pearl River, dem Grenzfluss zwischen den Staaten Louisiana und Mississippi, errichtet. Auf dem Gelände wurden jeweils 2 große Prüfstände für die Saturn-Triebwerke errichtet. Sie ermöglichten statische Tests mit vollem Schub in vertikaler Position, d. h. unter realistischen Bedingungen. Seit 1988 trägt die MTF den Namen Stennis Space Center (SSC).

Auf dem Gelände des Marshall Space Flight Center (MSFC) in Huntsville, Alabama wurde die Dynamic Structural Test Facility (DSTF) errichtet. Dabei handelte es sich um eine Testanlage für strukturdynamische Belastungstests. Die Halle besaß einen Grundriss von 30 x 30 m und eine Höhe von 111 m. In ihr hatte die komplette Saturn-Rakete Platz und konnte in vertikaler Position unter realistischen Bedingungen getestet werden. Anfang der 1980er Jahre fanden an der DSTF strukturdynamische Tests mit dem Space Shuttle statt. Darüber wird im 2. Band der Trilogie zur Geschichte der Raumfahrt berichtet.

Darüber hinaus wurde das Manned Spacecraft Center (MSC) in Houston ausgebaut. Es entstand ein neues Mission Control Center (MCC), um die Unmenge an Telemetriedaten von dem Apollo-Raumschiff und der Mondfähre verarbeiten und überwachen zu können. Parallel dazu wurde ein weltweites Netz von Bodenstationen (Ground Stations) mit Parabolantennen zur Bahnverfolgung und zum Empfang der Telemetriedaten errichtet. Das bereits für die bemannten Orbitalprogramme Mercury und Gemini errichtete Mannded Space Flight Network (MSFN) wurde ausgebaut und mit dem Deep Space Network (DSN) verbunden, welches ursprünglich für die Telemetrie mit den Raumsonden errichtet worden war. Zentrale Bodenstationen befanden sich u. a. in Goldstone in der kalifornischen Mojave-Wüste, in Green Bank, West Virginia, in Robelo de Chavela bei Madrid (Spanien), in Hartebeetshoek bei Johannesburg (Südafrika) und in der Woomera Prohibited Area (WPA), South Australia (Australien).

Beeindruckend erschient das Massenverhältnis der gesamten Mondmission: Während die Gesamtmasse des Saturn-Apollo-Systems beim Start knapp 3000 t betrug, kehrte nur das rund 6 t schwere Kommandomodul (CM) zur Erde zurück. Dies entspricht einem Fünfhundertstel der Startmasse![40]

---

[40] Bührke, Thomas. 2019. Der Schuss zum Mond. In: *Bild der Wissenschaft*. Nr. 1, S. 18.

In ähnlich neue Dimensionen stieß die NASA mit dem Apollo-Raumschiff vor. In der facheinschlägigen Literatur wird der Begriff Raumschiff oftmals synonym für alle Arten bemannter Raumfahrzeuge verwendet. In diesem Zusammenhang lohnt sich eine vergleichende Betrachtung anderer Fahrzeugarten: Nicht jedes Wasserfahrzeug ist ein Schiff und nicht jedes Luftfahrzeug ist ein Luftschiff. Daher erscheint es dem Autor auch nicht sinnvoll, jedes bemannte Raumfahrzeug pauschal als Raumschiff zu bezeichnen. Bei den in den vorhergehenden Kapiteln erwähnten Raumfahrzeugen (Mercury und Gemini in den USA sowie Wostok und Woschod in der Sowjetunion) handelte es sich um ausschließlich für den Erdorbit konzipierte Raumkapseln mit einer Flugdauer von maximal zwei Wochen. Das Apollo-Raumschiff wurde dagegen für den Flug zwischen zwei Himmelskörpern entwickelt.

Das Apollo-System bestand aus zwei Raumfahrzeugen: Dem Raumschiff für den Flug zwischen Erde und Mondorbit und der Mondlandefähre für den Transfer zwischen Mondorbit und Mondoberfläche. Das Raumschiff wurde von North American Rockwell gefertigt und bestand wie das Gemini-System aus zwei Modulen (Abb. 4.4): [41]

1 Herzstück des Raumschiffes war das 6 t schwere Kommandomodul (Command Module, CM). Mit einem Rauminhalt von 6 m^3 war es Kommandozentrale, Wohnraum und Landekapsel in einem und bot drei Astronauten genügend Platz. Es beinhaltete außerdem die Avionik, alkalische Brennstoffzellen (Alkaline Fuel Cell, AFC) und die Lebenserhaltungssysteme. Zur Steuerung und Regelung besaß es 24 Überwachungsinstrumente, 40 Zeiger, 71 Kontrolllampen und 566 Schalter. Es war der einzige Teil des Raumschiffes, der wieder zur Erde zurückkehrte. Die Hülle bestand aus einer inneren Schale, die aus einer Aluminiumlegierung gefertigt war und einer äußeren Schale aus einer Titan-Stahllegierung. Dazwischen befand sich eine Glasfaserschicht. An der Unterseite befand sich noch ein spezieller Hitzeschutzschild aus glasfaserverstärktem Epoxidharz. Da die Kommandokapsel bei der Landung mit annähernd 40.000 km/h in die Erdatmosphäre eintrat, entstand eine extreme Reibungshitze von über 2500 °C.

2 An das Kommandomodul war das 25 t schwere Servicemodul (Service Module, SM) angeschlossen. Es beinhaltete die Energieversorgung, die

[41] Reichl, Eugen. 2010. *Bemannte Raumfahrzeuge seit 1960*, S. 60–62 bzw. Mackowiak, Bernhard u. a. 2018. *Raumfahrt*, S. 134 f. bzw. Cieslik, Jürgen. 1970. *So kam der Mensch ins Weltall.*, S. 209–216.

Abb. 4.4 Das Foto zeigt zwei Baustufen des Apollo-Raumschiffes. Im Vordergrund das Kommandomodul (CM), welches drei Astronauten Platz bot. Direkt dahinter das Servicemodul (SM), welches u. a. die Energieversorgung, Klimatisierung und den Antrieb sowie ausreichend Treibstoff, Sauerstoff und Wasser für den zwei-wöchigen Mondflug beinhaltet. Im Hintergrund am Kran hängend sieht man ein CSM-Mutterschiff nach dem Zusammenbau. Das Haupttriebwerk fehlt noch. Nur das Kommandomodul kehrte zur Erde zurück. (© NASA)

Klimatisierung sowie Tanks für flüssigen Sauerstoff (LOX), flüssigen Wasser-stoff (LH$_2$), Trinkwasser, Treibstoff und Oxidator für das Haupttriebwerk (Service Propulsion System, SPS), welches für die Übergänge von der Trans-ferbahn in den Orbit und umgekehrt gebraucht wurde. Neben dem Haupt-triebwerk besaß das Servicemodul auch ein Lageregelungssystem, mit jeweils vier kleinen Steuerdüsen, welches Reaction Control System (RCS) genannt wurde. Während des gesamten Raumfluges bildeten das Kommando- und das Servicemodul eine Einheit, das sogenannte CSM-Mutterschiff. Vor dem Wiedereintritt in die Erdatmosphäre wurde das Servicemodul abgetrennt und verglühte in derselben Abb. 4.4 (© NASA)

3 Für den Transfer zwischen dem im Mondorbit kreisenden Raumschiff und der Mondoberfläche gab es noch die 15 t schwere Mondfähre. Als 3. Modul des Apollo-Systems erhielt sie die Bezeichnung Lunar Module (LM, sprich: *Lem*). Hauptauftragnehmer war die Firma Grumman.

Sie war beim Start von der Erde direkt auf der 3. Stufe bzw. hinter dem Servicemodul platziert. Nach dem Erreichen der Transferbahn zum Mond zog das CSM-Mutterschiff die Mondfähre aus der 3. Stufe heraus. Nach dem Erreichen des Mondorbits folgte der Umstieg von zwei Astronauten vom Kommandomodul in die Mondfähre, welches nach der Abkopplung auf dem Mond landete. Die Mondfähre bestand aus zwei Stufen: Die Landestufe (Descent Stage) bestand aus einem Landegestell mit Stauraum für die Ausrüstung, u. a. einer kleinen Station für Langzeitexperimente (Apollo Lunar Surface Experiments Package, ALSEP) und dem Mondauto (Lunar Roving Vehicle, LRV, ab Apollo 15). Die Astronauten landeten und starteten stehend mit Haltegurten. Beim Rückstart wurde die Landestufe als Startplattform benutzt und auf der Mondoberfläche zurückgelassen. Nur die obere Aufstiegsstufe (Ascent Stage) flog mit den beiden Astronauten sowie den Bodenproben zurück in den Mondorbit. All dies half, Gewicht einzusparen. Nach einem erneuten Docking (LOR) mit dem CSM-Mutterschiff und dem anschließenden Umstieg der beiden Mondgänger in das Kommandomodul wurde die Mondfähre wieder abgekoppelt und stürzte nach einigen Mondumrundungen schließlich ab.[42]

Während die Außenhaut des Kommandomoduls aus einer schweren Titanlegierung bestand, genügte für die Mondfähre Aufgrund der fehlenden Atmosphäre (kein Druck und keine Reibung) eine dünne Folie. Für die Landestufe wurde Goldfolie verwendet, die ihr das charakteristische Aussehen verlieh. Für die Aufstiegsstufe, wurde eine graue Alufolie verwendet. Da man auf Aerodynamik keine Rücksicht nehmen musste, war sie sehr klobig verwinkelt. Aufgrund der viel geringeren Gravitationskräfte des Mondes konnte auch auf die Pilotensitze verzichtet werden. Die Astronauten mussten sich stattdessen mit Armlehnen und Schultergurten an der Rückwand begnügen.[43]

Das Apollo-Raumschiff erhielt ein vollautomatisches Steuerungs- und Navigationssystem, das sogenannte Primary Guidance, Navigation & Control System (PGNCS, sprich: *Pings*). Dabei handelte es sich um den ersten Autopiloten. Beim Flug im Mondorbit geriet das Raumschiff regelmäßig in den Funkschatten (Loss of Signal, LOS) und war von der

---

[42] Mackowiak, Bernhard u. a. 2018. *Raumfahrt*, S. 146 f. bzw. Reichl, Eugen. 2010. *Bemannte Raumfahrzeuge seit 1960*, S. 68–75.

[43] Bührke, Thomas. 2019. Der Schuss zum Mond. In: *Bild der Wissenschaft*. 56. Jg., Nr. 1, S. 21.

Verbindung mit den Bodenkontrollstationen abgeschnitten. Das Raumschiff musste daher zumindest zeitweise völlig autonom fliegen. Herzstück des PGNCS war der Apollo Guidance Computer (AGC), das erste eingebettete Computersystem (engl. embedded system). Entwickelt wurden die Komponenten am Massachusetts Institute of Technology (MIT).

Wertvolle praktische Erkenntnisse während der Entwicklungsphase des Raumschiffes erbrachte das Gemini-Programm. Hier wurden um die Mitte der 1960er-Jahre alle wichtigen Manöver im Orbit getestet: Annäherungs- und Kopplungsmanöver, (Rendezvous & Docking, RVD), Außenbordmanöver (Extra-Vehicular Activity, EVA), die Zweitzündung für den Übergang vom niedrigen Parkorbit in eine Transferbahn zum Mond sowie der zweiwöchige Langzeitflug. Dies wurde bereits in Abschn. 3.3 ausführlich beschrieben.

Für jede Apollo-Mission wurden jeweils 3 Mannschaften (Crews) zusammengestellt:

1. Die Prime Crew war die Hauptbesatzung. Sie bestand aus dem Kommandanten, engl. Commander (CDR, sprich: *Sidiar*), dem Piloten des Kommandomoduls, engl. Command Module Pilot (CMP, sprich: *Siempi*) und dem Piloten der Mondfähre, engl. Lunar Module Pilot (LMP, sprich: *Lempi*). Nur der CDR und der LMP landeten mit der Mondfähre auf dem Mond, während der CMP im Raumschiff den Mond umkreiste. Der CDR stieg immer zuerst aus und betrat vor dem LMP den Mond.
2. Die Backup Crew war die Ersatzmannschaft. Für jede Funktion aus der Hauptbesatzung gab es einen Ersatzmann. In der Regel wurden die Mitglieder der Backup Crew bei einer der Folgemissionen selber zur Prime Crew.
3. Die Support Crew war die Unterstützungsmannschaft. Sie sollte alle Flugphasen und Manöver im Manned Spacecraft Center (MSC) in Houston in den Trainings- und Simulationsmodellen (Mock-up) nachvollziehen und der Prime Crew Tipps und Hilfestellung für die nächsten Schritte geben.

Die Mitglieder aller drei Crews absolvierten dasselbe Missionstraining an denselben Geräten, so dass sie die gleichen Qualifikationen und denselben Wissensstand hatten. Die Mitglieder der Backup und Support Crew wechselten sich im Mission Control Center (MCC) in Houston in der Funktion des Verbindungssprechers (Capsule Communicator, CAPCOM) ab. Der sogenannte Mission Operations Control Room (MOCR, sprich:

Moker) war während der Apollo-Missionen rund um die Uhr besetzt. Es wurde im 4-Schicht-Betrieb gearbeitet (4 × 6 h). Jede Schicht wurde von einem Flugdirektor (Flight Director) geleitet. Beim Schichtwechsel gab es umfangreiche Besprechungen (Briefings), damit die neue Schicht über die aktuelle Lage informiert war. Jeder Flugdirektor hatte sein eigenes Team mit Farbcode. Die bekanntesten Apollo Flight Control Teams waren:

1. Das White Team unter der Leitung von White Flight Eugene („Gene") F. Kranz (*1933). Es kam bei den Apollo-Missionen 7, 9, 11, 13, 15, 16 und 17, sowie den Skylab-Missionen 2, 3 und 4 zum Einsatz.
2. Das Black Team unter der Leitung von Black Flight Glynn S. Lunney (1936–2021). Es kam bei den Apollo-Missionen 7, 8, 10, 11, 13, 14 und 15 zum Einsatz.
3. Das Gold Team unter der Leitung von Gold Flight Gerald D. Griffin (*1934). Es kam bei den Apollo-Missionen 7, 9, 11, 12, 13, 14, 15, 16 und 17 zum Einsatz.
4. Das Maroon Team unter der Leitung von Maroon Flight Milton („Milt") Windler (*1932). Es kam bei den Apollo-Missionen 8, 10, 11, 14 und 15 sowie den Skylab-Missionen 2, 3 und 4 zum Einsatz.
5. Das Orange Team unter der Leitung von Orange Flight Peter („Pete") Frank (1930–2005). Es kam bei den Apollo-Missionen 9, 10, 12, 14, 16 und 17, sowie beim Apollo-Sojus-Test-Projekt (ASTP) zum Einsatz.

Direktor des Manned Spacecraft Center war Robert („Bob") R. Gilruth (1913–2000) und sein Stellvertreter Christopher („Chris") C. Kraft (1924–2019). Kraft hatte als erster Flight Director der NASA im Mercury-Programm das System der Flight Control Teams etabliert. Er folgte Gilruth 1972 als Direktor des MSC, welches nach dem Tod von Ex-Präsident Lynden B. Johnson 1973 in Johnson Space Center (JSC) umbenannt wurde.

Während also in den USA seit Anfang der 60er Jahre unter Bündelung aller Kräfte zielstrebig das Mondlandeprogramm vorbereitet wurde, war in der Sowjetunion lange unklar, welcher bemannte Weg zum Mond eingeschlagen werden sollte. Hier gab es vor allem zwei konkurrierende Konzepte:

Das OKB-52 unter Wladimir N. Tschelomei (1914–1984) favorisierte das Konzept einer einfachen Mondumrundung ohne Landung. Dafür sollte ein kleines Einmann-Raumschiff unter der Bezeichnung „Mond-orbitalschiff" (Lunnij Orbitalnij Korabl, LOK-1) entwickelt werden. Das LOK sollte dabei auf eine hochelliptische Erdumlaufbahn (HEO) gebracht werden, die um den Mond herumführte, ohne in einen Mondorbit einzuschwenken.[44]

Als Trägerrakete war die von demselben Konstruktionsbüro für das Militär entwickelte Interkontinentalrakete UR-500 vorgesehen. Sie startete in ihrer zweistufigen Version erstmals Mitte Juli 1965 und beförderte den mit über 12 t bis dahin schwersten sowjetischen Satelliten in die Umlaufbahn. Rakete und Satellit erhielten daraufhin offiziell den Namen Proton (Протон). In modifizierten drei- und vierstufigen Versionen spielte diese Rakete bis zum Ende des Jahrhunderts eine wichtige Rolle beim Start von schweren Satelliten, Raumsonden, freifliegenden Raumlaboren und Raumstationsmodulen.[45]

Das konkurrierende OKB-1 unter Sergej Koroljow wollte da natürlich nicht ins Hintertreffen geraten und machte gleich einen Vorschlag für die bemannte Mondlandung. Sein Raumschiff LOK-2 sollte auf der gerade im Entwicklungsstadium befindlichen Dreimann-Raumkapsel Sojus basieren und für den Mondflug für zwei Kosmonauten adaptiert werden, von denen einer schließlich mit einer kleinen Mondfähre (Lunnij Korabl, LK) auf dem Erdtrabanten landen sollte.[46]

Als Trägerrakete wurde eine völlige Neuentwicklung mit der Bezeichnung Nositel (Носитель, dt. Träger) vorgeschlagen, die es mit der amerikanischen Saturn aufnehmen sollte. Koroljow gab das mit der Semjorka praktizierte Bündelungsprinzip auf und favorisierte nun das Stufenprinzip. Über die Frage der Treibstoffkombination geriet Koroljow jedoch mit dem Triebwerksspezialisten Gluschko in Konflikt. Während der Generalkonstrukteur an dem bewährten Brennstoff Kerosin festhielt, forderte Gluschko die von Ziolkowski propagierte Kombination von flüssigem Sauerstoff und Wasserstoff (LOX+LH$_2$). Koroljow erteilte daraufhin den Entwicklungsauftrag für die Triebwerke an das Konstruktionsbüro von Nikolai D. Kusnezow (1911–1995), der bis dahin nur Düsentriebwerke für Flugzeuge konstruiert hatte.[47]

Das, was die USA in den 1950er-Jahren in der Raumfahrt ins Hintertreffen geraten ließ, nämlich der Konkurrenzkampf der drei Teilstreitkräfte, passierte nun in der Sowjetunion im Widerstreit der Konstruktionsbüros.

[44] Reichl, Eugen. 2010. *Bemannte Raumfahrzeuge seit 1960,* S. 56 f.

[45] Reichl, Eugen. 2011. *Trägerraketen seit 1957,* S. 106 f. bzw. Zimmer, Harro. 1996. *Der rote Orbit,* S. 116. Mondorbitalschiff. Kyrillisch: Лунный Орбитальный Корабль (ЛОК) = Lunnij Orbitalnij Korabl (LOK).

[46] Reichl, Eugen. 2010. *Bemannte Raumfahrzeuge seit 1960,* S. 50–53 bzw. 58 f.

[47] Zimmer, Harro. 1996. *Der rote Orbit,* S. 117.

Die parallele Entwicklung konkurrierender Konzepte bildete einen der Hauptgründe für das Scheitern im Wettlauf zum Mond.

Ein weiterer, damit zusammenhängender Grund war das im Vergleich zu seinem Vorgänger eher geringe Interesse Breschnews an der Raumfahrt. Chruschtschow hatte die Raumfahrt noch zur Chefsache erklärt und sich dieses Thema höchstpersönlich angenommen und auch selbst viele Entscheidungen gefällt. Sein Nachfolger überließ die Koordination der sowjetischen Raumfahrtaktivitäten den undurchsichtigen administrativ-ministeriellen Ebenen und ihren sogenannten Apparatschiks. Hier gab es keine klaren Zuständigkeiten und Kompetenzen. So konkurrierten mehrere Institutionen um den Einfluss auf die Geschicke der sowjetischen Raumfahrt.

Da konkurrierten zum Beispiel die Ministerien für Rüstungsindustrie und Maschinenbau unter L. V. Smirnow und Sergej A. Afanasjew. Bestimmenden Einfluss besaß auch der Sekretär des Zentralkomitees der KPdSU Dimitri F. Ustinow (1908–1984). Als Rüstungsminister hatte Ustinow bereits unmittelbar nach dem Zweiten Weltkrieg die Entwicklung der Raketenwaffe forciert (vgl. Abschn. 1.4). 1976 wurde er schließlich Politbüromitglied, Marschall und Verteidigungsminister.[48]

Mitten in dieser Phase des Umbruchs, der Neuorientierung und der Konkurrenzkämpfe starb Koroljow zu Beginn des Jahres 1966 während einer Operation zur Entfernung eines bösartigen Darmtumors. Damit hatte die Sowjetunion ihren führenden Konstrukteur in Sachen Raumfahrt verloren. Kurz vor seinem Tod konnte Koroljow allerdings noch die Weltraumträgerrakete der neuen Sojus-Generation entwickeln. Sie bildet bis heute das Rückgrat der russischen Raumfahrt (Abb. 4.5).

Nachfolger als Chef des OKB-1 wurde sein Stellvertreter Wassili P. Mischin (1917–2001), der jedoch nicht den Titel eines Generalkonstrukteurs und den damit verbundenen Vorsitz im Rat der Chefkonstrukteure erhielt. Die Uneinigkeit unter den Konstruktionsbüros führte zu einer Vakanz dieser Führungsposition.

Bevor nun der Wettlauf zum Mond in die entscheidende Phase ging, wurde am 27. Januar 1967 der Weltraumvertrag (engl. Outer Space Treaty, OST) unterzeichnet. Bereits 1958 hatte die UNO einen ständigen Sonderausschuss zur friedlichen Nutzung des Weltraumes (Committee on the Peaceful Uses of Outer Space, COPUOS) eingerichtet. Nach jahrelangen Konsultationen

---

[48] Gründer, Matthias. 2000. *SOS im All*, S. 165.

Abb. 4.5 Start einer Sojus-Rakete. Es war die letzte Weltraumträgerrakete, die unter der Leitung Sergei Koroljows entwickelt wurde. Sie bildet bis heute das Rückgrat der russischen Raumfahrt.Das Bild zeigt das sowjetische Bündelungsprinzip, welches aus einem Zentralblock und vier außen angehängten Boostern besteht. Die Booster bilden die erste Raketenstufe und werden nach dem Ausbrennen abgeworfen. Der Zentralblock wird gemeinsam mit den Boostern beim Start gezündet, hat jedoch doppelt so große Tanks und brennt daher auch doppelt so lange. Er bildet somit beim Start einen Teil der ersten und danach die zweite Stufe. Darüber sieht man die Verbindungsstreben zur dritten Stufe, deren Triebwerke sich im roten Ring befinden. Die Spitze bildet das Sojus-Raumschiff. (© NASA)

verabschiedete die UNO-Vollversammlung 1963 eine Erklärung über die Rechtsgrundsätze zur Regelung staatlicher Aktivitäten zur Erforschung und Nutzung des Weltraumes. Auf Basis dieser Erklärung wurde schließlich kurz vor Weihnachten 1966 der endgültige Entwurf von der UNO-Vollversammlung als Resolution offiziell genehmigt. Die Unterzeichnung erfolgte bei den Depositarmächten USA, Sowjetunion und Großbritannien. Der OST gilt seither als die *„Magna Charta des Weltraumrechts"*.[49]

Mit dem OST wurde der Weltraum völkerrechtlich mit den internationalen Gewässern auf der Erde gleichgesetzt und der Mond mit der Ant-

---

[49] Brünner, Christian u. a. 2007. *Raumfahrt und Recht*, S. 16.

arktis. Das Antarktis-Vertragssystem (Arctic Treaty System, ATS) von 1959 kann als ein Vorbild für den Weltraumvertrag angesehen werden. Gilt die Antarktis als 6. Kontinent, der bis heute praktisch unbesiedelt ist und auf dem lediglich einige Forschungsstationen betrieben werden, so kann der Mond analog dazu als 7. Kontinent angesehen werden. Der Weltraumvertrag basiert auf 4 Grundprinzipien:[50]

1. Die Forschungs- und Nutzungsfreiheit gem. Art. I OST, d. h. jedem Vertragsstaat ist es erlaubt, den Weltraum zu erforschen und zu nutzen.
2. Die Hoheitsfreiheit gem. Art. II OST, d. h. der Mond und andere Himmelskörper sind staatsfreie Gebiete, auf denen kein Staat irgendwelche Hoheitsrechte ausüben darf. Dies ist ein Unterschied zum Antarktisvertrag, der die Gebietsansprüche der Anrainerstaaten zum Zeitpunkt des Vertragsabschlusses anerkennt.
3. Das Kooperationsgebot gem. Art. III OST, d. h. die Raumfahrtnationen sind aufgefordert, bei der Erforschung und Nutzung des Weltraumes international zusammenzuarbeiten.
4. Das Stationierungsverbot für Massenvernichtungswaffen (Weapons of Mass Destruction, WMD), d. h. es dürfen keine atomaren, chemischen oder biologischen Waffen (ABC-Waffen) im Weltraum bzw. auf Himmelskörpern stationiert oder gar eingesetzt werden. Darüber hinaus ist auch die Errichtung militärischer Stützpunkte sowie die Durchführung von militärischen Manövern verboten.

Der entscheidende Haken bei dieser Formulierung liegt nun darin, dass sowohl der Einsatz von ballistischen Atomraketen als auch militärische Raumflugmissionen grundsätzlich erlaubt bleiben. Es handelt sich also keineswegs um eine Entmilitarisierung des Weltraumes, sondern eher um *„lückenhafte Formelkompromisse".*[51]
Der Zufall wollte es, dass an genau demselben Tag, an dem der Weltraumvertrag unterzeichnet wurde, im KSC am Cape Canaveral eine Brandkatastrophe den für das Frühjahr 1967 geplanten ersten Teststart des Apollo-Raumschiffes verzögerte. Während einer Startsimulation brach in der

---

[50] Hobe, Stephan. 2019. Wem gehört der Weltraum? In: *Zeitschrift für Politikwissenschaft*, 29. Jg., S. 494 f. Für den deutschen Vertragswortlaut, siehe Rönnefahrt, Helmuth u. a. 1975. *Vertrags-Ploetz.* Bd. 5: 1963–1970, S. 139 ff., für den engl. Originaltext siehe Soucek, Alexander. 2010. *Space Law Essentials.* Vol. 1: Textbook, S. 18-28.
[51] Zit. nach: Wolf, Dieter u. a. 1983. *Die Militarisierung des Weltraums*, S. 143.

Kapsel von Apollo 1 durch einen Kurzschluss ein Brand aus, bei dem die Besatzung qualvoll ums Leben kam. Es handelte sich dabei um Gus Grissom von den Mercury Seven, welcher schon zweimal in den Weltraum geflogen war; der aus dem Gemini-Programm bekannte Ed White sowie Roger B. Chaffee (1936–1967), der seinem ersten Raumflug entgegensah.

Die staatliche Untersuchungskommission brachte haarsträubende Mängel und Fahrlässigkeiten zutage: Im ständigen Kampf um Termine und Kosten stand die NASA zwischen dem Kongress einerseits und dem Haupthersteller North American-Rockwell andererseits. Die Kommission ortete an der Raumkapsel über 100 technische Details, die noch unklar beziehungsweise fehlerhaft waren, darunter die mangelnde Isolierung der elektrischen Kabel sowie die Konstruktion der Ausstiegsluke, die keine rasche Öffnung ermöglichte. An der Durchführung der Testreihe wurde vor allem bemängelt, dass man aus Zeit- und Kostengründen einfach die Startsimulation mit einem Kabinendrucktest unter reiner Sauerstoffatmosphäre kombiniert hatte.

Dadurch konnte sich der Schwelbrand explosionsartig ausbreiten, wodurch Temperatur und Druck derart angestiegen, dass die Außenhaut der Kabine aufplatzte. Erst fünfeinhalb Minuten nach dem Ausbruch des Brandes war es den Rettungsmannschaften gelungen, die Luke zu öffnen. Zu Ehren der Toten wurde nachträglich die offizielle Bezeichnung Apollo 1 vergeben.[52]

Die Brandkatastrophe von Apollo 1 ähnelte dem Tod des sowjetischen Kosmonauten Walentin Bondarenko, der im März 1961 in einer in Brand geratenen Druckkammer des Instituts für Luft- und Raumfahrtmedizin in Moskau starb. In den USA sollte das Jahr 1967 zum schwärzesten in der amerikanischen Raumfahrtgeschichte werden, da im laufe des Jahres noch 5 weitere Astronauten bei Unfällen starben:

Maj. Edward G. Givens kam im Juni während einer Dienstreise mit seinem VW Käfer (Beetle) von der Straße ab und starb. Lt. Col. Russell L. Rogers stürzte im September mit seinem Kampfflugzeug vom Typ Republic F-105 *Thunderchief* ab. Maj. Clifton C. Williams starb bei einem Trainingsflug in einer Northrop T-38 *Talon*. Wie bereits in Abschn. 3.1 beschrieben, kam Maj. Michael J. Adams im November bei einem Testflug mit dem Raketenflugzeug North American X-15 ums Leben. Im Dezember erwischte

---

[52] Zimmer, Harro. 1997. *Das NASA-Protokoll*, S. 118 f. Gründer behauptet im Gegensatz zur übrigen Literatur, dass es vier Stunden (!) gedauert hätte, um die Luke zu öffnen (vgl. Gründer, Matthias. 2000. *SOS im All*, S. 92). Grissom hatte bereits 1961 nach der Landung mit der Mercury-Kapsel Probleme mit der Luke gehabt (vgl. Abschn. 3.2).

es schließlich auch noch Maj. Robert H. Lawrence, der mit einem Lockheed F-104 *Starfighter* abstürzte. Lawrence war der erste Afroamerikaner, der zur Astronautenausbildung zugelassen worden war und hätte somit der erste Afroamerikaner im All und vielleicht sogar auf dem Mond gewesen sein können. Mit insgesamt 8 verunglückten Astronauten forderte das Jahr 1967 mehr Menschenleben als die Challenger-Katastrophe von 1986.

Die Folge dieser Katastrophe war eine Verzögerung des Apollo-Starts um ein dreiviertel Jahr. In dieser Zeit bot sich der Sowjetunion die Gelegenheit zu zeigen, was sie in den zwei Jahren seit dem Ende des Woschod-Programmes zustande gebracht hatte.

Ende April 1967 sollte mit einem spektakulären Doppelstart von zwei Raumschiffen des neuen Typs Sojus (Союз, dt. Union, engl. Transkription: Soyuz) der Weltöffentlichkeit demonstriert werden, dass die Sowjetunion trotz der Erfolge des amerikanischen Gemini-Programmes auch weiterhin die Führungsrolle in der bemannten Raumfahrt innehatte. Nachdem die Woschod-Kapsel nur eine umgebaute Wostok-Kapsel war, sollte nun eine völlige Neuentwicklung für drei Mann Besatzung zum Einsatz kommen, die es mit dem Kommandomodul des Apollo-Raumschiffes aufnehmen sollte. Ebenso wie das Apollo-Raumschiff bestand auch das Sojus-System aus drei Sektionen bzw. Modulen (Abb. 4.6):[53]

1. Die Landesektion, auch Kommandosektion oder Kommandomodul genannt, bildete das Herzstück und den Mittelteil des Sojus-Raumfahrzeuges. Die offizielle russ. Bezeichnung lautete Spuskaiemij Apparat (SA), kyrill. Спускаемый Аппарат (СА), was wörtlich übersetzt *„Landeapparat"* bedeutet Es handelte sich dabei um eine kegelförmige Raumkapsel für zwei bis drei Kosmonauten mit einem Innenvolumen von rund 4 m^3 und einer Masse von knapp 3 t. Sie wurde beim Start und bei der Landung sowie bei Korrekturen der Flugbahn benutzt. Dementsprechend beinhaltete es die gesamte Flugsteuerung (Avionik). Die Flache Unterseite trug den schweren Hitzeschutzschild für den Wiedereintritt in die Erdatmosphäre. Die eigenwillige Form erinnert an einen *„Altglascontainer".*[54]
2. Die Orbitalsektion (Orbitalmodul), russ. Bitowoj Otsek (BO), kyrill. Бытовой Отсек (БО), bildete den vorderen, kugelförmigen Teil des Sojus-Systems. In ihm hielten sich die Kosmonauten während des Raum-

---

[53] Reichl, Eugen. 2010. *Bemannte Raumfahrzeuge seit 1960,* S. 42–48 bzw. Hoose, Hubertus u. a. 1988. *Sowjetische Raumfahrt,* S. 50–53 bzw. Mackowiak, Bernhard u. a. 2018. *Raumfahrt,* S. 220 f.

[54] Lorenzen, Dirk. 2021. *Der neue Wettlauf ins All,* S. 32.

Abb. 4.6 Montage eines Sojus-Raumschiffes. Der kugelförmige Teil oben mit der kyrill. Aufschrift CCCP (sprich: *SSSR*) ist die Orbitalsektion, in welcher sich die Kosmonauten während des Orbitalfluges aufhalten. Den mittleren, kegelförmigen Teil bildet die Kommandokapsel, in der die Kosmonauten bei Start und Landung sitzen. Der untere, zylindrische Teil ist die Gerätesektion mit dem Energieversorgungssystem inklusive Solarzellenausleger (im Vordergrund), Treibstofftank, Klimaanlage sowie Sauerstoff, Wasser und Lebensmittel für bis zu dreiwöchige Flüge. (© NASA)

fluges auf. Es wurde als Arbeitsraum, Labor und Schlafkabine genutzt und besaß mit rund 5 m³ das größte Innenvolumen. Mit einer Masse von nur rund 1,1 t war es gleichzeitig die leichteste Sektion des Sojus-Systems. Kommando- und Orbitalsektion gemeinsam boten der Besatzung insgesamt rund 9 m³ Innenraum.

3. Die Gerätesektion, auch Servicemodul genannt, trug die offizielle russ. Bezeichnung Priborno-Agregatnij Otsek (PAO), kyrill. Приборно-Агрегатный Отсек (ПАО), was wörtlich mit *„Geräte- und Aggregats-Sektion"* zu übersetzten ist. Das PAO bildete den zylinderförmigen, hinteren Teil des Sojus-Systems. Es beinhaltete das Antriebssystem mit dem Haupttriebwerk und den Treibstofftanks, das Energieversorgungssystem mit zwei Solarpaneelen, die Klimatisierung sowie Tanks für Sauerstoff und Wasser für einen bis zu zweiwöchigen Flug. Die Masse des PAO betrug in vollbetanktem Zustand rund 2,7 t.

In diesem Zusammenhang ergibt sich die Frage, ob das Sojus-System als Raumschiff im engeren Sinne betrachtet werden kann. Wenn die Voraussetzung für die Einordnung in diese Raumfahrzeugkategorie die Fähigkeit zum Raumflug zwischen zwei Himmelskörpern wäre, dann wäre dies zu verneinen. Dafür fehlte dem Servicemodul ein leistungsfähiger Antrieb für den Übergang von der Erdumlaufbahn in eine Transferbahn beispielsweise zum Mond, wie das beim Apollo-Raumschiff der Fall war. Andererseits war das Sojus-System nicht einfach nur eine Raumkapsel wie zum Beispiel Mercury, Wostok oder Woschod. Die Raumkapseln konnten keine Bahnänderungen vornehmen. Sie umkreisten die Erde in der Umlaufbahn, in die sie von der Trägerrakete nach dem Brennschluss transportiert worden waren. Die kleinen Steuerdüsen dienten lediglich der Lageregelung. Das Antriebssystem von Sojus war jedoch so wie das von Gemini darauf ausgelegt, eigenständige Änderungen der Umlaufbahn durchzuführen. Darüber hinaus bestand es wie das Apollo-System aus 3 Sektionen bzw. Modulen, die es für Langzeitflüge nutzbar machte. Anstatt einer Mondfähre besaß es eine Orbitalsektion. Man würde den Sowjets bzw. Russen sicher Unrecht tun, wenn man keines ihrer Raumfahrzeuge als Raumschiff bezeichnen würde. In diesem Zusammenhang ist zu bedenken, dass der Begriff Raumschiff in der Sekundärliteratur der 1950er und 1960er Jahre inflationär verwendet und teilweise sogar auf Satelliten ausgedehnt wurde. Darüber hinaus darf auch nicht unerwähnt bleiben, dass sich das Sojus-System als das zuverlässigste und langlebigste Raumfahrzeug der Raumfahrtgeschichte erwiesen hat. Seit über einem halben Jahrhundert bildet es in verschiedenen Versionen das Rückgrat der sowjetischen bzw. russischen Raumfahrt. In den 2010er Jahren waren sogar die amerikanischen Astronauten darauf angewiesen, um zur Internationalen Raumstation ISS zu gelangen. Die überragende Bedeutung des Sojus-Systems für die bemannte Raumfahrt hatte bereits der Chefkonstrukteur Sergej Koroljow erkannt, als er seine letzte große Entwicklung mit den folgenden Worten kommentierte: *„Sojus ist nicht nur der Name* *eines Raumschiffes, sondern ein Programm für Jahrzehnte.*"[55] Zunächst war das Sojus-System jedoch noch keineswegs ausgereift. Trotzdem wollte man unbedingt vor dem ersten bemannten Apollo-Testflug das neue Raumschiff ausprobieren. Am 23. April 1967 startete Wladimir Komarow mit Sojus 1 (Rufzeichen: Rubin 2 = Рубин 2) als erster Kosmonaut zum zweiten Mal in den Weltraum.[56] Komarow war bereits 3 Jahre zuvor Kommandant von Woschod 1. Es war demnach sein zweiter Jungfernflug mit einem neuen Raumfahrzeug.

Innerhalb von 24 h hätte Sojus 2 mit drei Kosmonauten starten sollen. Dazu kam es jedoch aufgrund der zunehmenden technischen Probleme mit Sojus 1 nicht mehr. Bereits unmittelbar nach dem Einschwenken in die Umlaufbahn begannen die Schwierigkeiten, da sich das linke Sonnensegel nicht wie geplant entfaltete und damit von Anfang an nur der halbe Strom zur Verfügung stand. Dann versagte das automatische Steuerungs- und Navigationssystem, woraufhin die Kapsel anfing zu taumeln und in einen unkontrollierbaren Flugzustand überging.

Komarow leitete daraufhin nach nur wenigen Umläufen manuell das vorzeitige Landemanöver ein. Zu allem Überfluss versagte auch noch kurz vor der Landung der Fallschirm, sodass die Kapsel ungebremst aufschlug und der Kosmonaut ums Leben kam. Er war somit der erste Raumfahrer, der während einer Weltraummission starb.[57]

Dummerweise konnte diese Katastrophe auch nicht mehr vertuscht werden, da der Westen den Start und den Funkverkehr schon mitbekommen hatte. Trotzdem wurde offiziell behauptet, dass der Flug bis zur Landung problemlos verlaufen wäre und sich die Leinen des Fallschirmes nur unglücklich verwickelt hätten. Von dem geplanten Zweitstart wurde natürlich kein Sterbenswort verkündet. Erst in den 1990er Jahren kam der streng geheime Untersuchungsbericht ans Tageslicht. Dieser ähnelt auffallend demjenigen von Apollo 1. Wiederum wurden zahlreiche technische Mängel und Unzulänglichkeiten festgestellt. So hatte sich das Fallschirmsystem überhaupt nicht geöffnet, weil der Hilfsfallschirm zu klein war, um den in einen viel zu engen Container gepressten Hauptfallschirm herauszuziehen. Außerdem hatte schlampig aufgetragenes Epoxidharz zur Wärme-

---

[55] Zit. nach: Hofstätter, Rudolf. 1989. *Sowjet-Raumfahrt*, S. 77.

[56] Gründer bezeichnet Komarow in unzulässiger Verallgemeinerung als ersten Raumfahrer, der zum zweiten Mal ins All aufbrach (vgl. Gründer, Matthias. 2000. *SOS im All*, S. 167). Diese Ehre gebührt jedoch dem Astronauten Gus Grissom, der bereits 1965 zum zweiten Mal in den Weltraum flog.

[57] Gründer, Matthias. 2000. *SOS im All*, S. 168 f.

isolierung den Fallschirmcontainer verklebt. Dies war jedoch nur die Spitze des Eisberges.

Boris Tschertok räumte Mitte der 1990er Jahre in seinen Memoiren ein, dass die staatliche Planwirtschaft, die unklaren Kompetenzregelungen, der mangelnde Arbeitsanreiz, die paranoide Geheimniskrämerei mit Isolation von der Außenwelt und ständiger gegenseitiger Bespitzelung sowie der Zeit- und Kostendruck Qualitätsmängel geradezu heraufbeschworen hätten.[58]

Das Space Race war nicht nur in eine neue Phase getreten, es hatte auf beiden Seiten auch zu einem immer größeren Erwartungsdruck vonseiten der Regierung und der Öffentlichkeit geführt. Man erwartete in immer kürzeren Abständen immer größere Sensationen mit neuen Rekorden. Kurzfristige, propagandistisch ausgeschlachtete Erfolge hatten zu einem Glauben an Unbesiegbarkeit und Unfehlbarkeit der Technik geführt. Der Leichtsinn musste mit dem Tod von vier Raumfahrern innerhalb von drei Monaten bezahlt werden. Nun war in Ost und West eine Nachdenkpause angesagt. Die komplexen Systeme mussten eingehender getestet werden. Seriöse Forschung und Entwicklung sind nun einmal zeit- und kostenaufwendig und erbringen meist keine schnellen, spektakulären Erfolge.

Die folgenden zwölf Monate waren daher von der Nachholung zahlreicher Testreihen und unbemannter Starts geprägt.

Mitte März 1967 starteten die Prototypen der Proton-Rakete und des LOK-1 Raumschiffes erstmals als Kombination unter der Tarnbezeichnung Kosmos 146 in den Orbit. Nach drei Fehlstarts folgten Ende Oktober zwei unbemannte Sojus-Kapseln ebenfalls unter Satelliten-Tarnbezeichnungen, mit denen eine automatische Kopplung im Orbit gelang. Anfang März 1968 stand dann die Generalprobe für die bemannte Mondumrundung an. Die vierstufige Proton brachte das unbemannte LK-1 auf eine ähnlich ausgedehnte elliptische Bahn wie Lunik 3, mit der die ersten Bilder von der Mondrückseite aufgenommen worden waren. Der Raumschiffprototyp erhielt die Tarnbezeichnung Zond (Зонд, dt. Sonde). Beim Wiedereintauchen in die Erdatmosphäre geriet die Landekapsel jedoch außer Kontrolle und musste über dem Golf von Guinea gesprengt werden.[59]

Parallel dazu liefen bei der NASA die unbemannten Teststarts der Saturn-Apollo-Kombination. Mit Apollo 4 (Nr. 2 und 3 wurden nur zum Astronautentraining am Boden verwendet) startete Anfang November 1967 erstmals die mächtige Saturn 5. Gleichzeitig war es auch die Inbetrieb-

---

[58] Ebd., S. 170.
[59] Zimmer, Harro. 1996. *Der rote Orbit*, S. 127.

nahme des neuen Launch Complex 39 am Kennedy Space Center (KSC), von dem nun erstmals eine Trägerrakete abhob. Start und Landung verliefen programmgemäß. Ende Januar 1968 erfolgte mit Apollo 5 der erstmalige Test der Mondfähre im Orbit, wobei eine Saturn 1 B als Trägerrakete genügte. Anfang April erfolgte mit Apollo 6 ein Teststart der Saturn 5 mit dem kompletten Raumschiff, wobei das Zusammenspiel aller Systeme im Orbit getestet werden sollte. Diesmal spielte die Trägerrakete jedoch nicht mit. Nachdem zwei der fünf Triebwerke der zweiten Stufe vorzeitig aussetzten, versagte auch noch die Oberstufe bei der geplanten Zweitzündung im Orbit. Immerhin konnte die Landekapsel unbeschädigt geborgen werden.[60]

Während am Kennedy Space Center (KSC) der gewaltige Startkomplex (Launch Complex) LC-39 mit den beiden Startrampen (Launch Pad) A und B fertiggestellt wurde, entdeckten amerikanische Aufklärungssatelliten der Corona-Serie am Gelände des sowjetischen Kosmodroms Baikonur ähnliche Bauaktivitäten. Tatsächlich hatten auch die Sowjets ein bemanntes Mondprogramm initiiert, allerdings streng geheim. Der neue Startkomplex Baikonur (Ba) 110 beinhaltete die beiden Startrampen L und R. Im Mai 1968 war dann die sprichwörtliche Katze aus dem Sack: Die Aufklärungsfotos zeigten eine neue sowjetische Riesenrakete, deren Abmessungen denen der Saturn 5 glichen. Eine Trägerrakete dieser Größenordnung konnte nur für zwei Einsatzvarianten gebaut worden sein: Entweder um eine 90 t schwere Raumstation in den Erdorbit zu befördern oder ein 30 t schweres Raumschiff zum Mond!

Tatsächlich hatte Sergej Koroljow mit seinem Konstruktionsbüro Mitte der 1960er Jahre den Auftrag erhalten, ein Konkurrenzmodell zur Saturn 5 zu entwickeln. Es erhielt die Tarnbezeichnung Nositel (kyrill. Носитель), was übersetzt einfach nur „Träger" bedeutet. Das Kürzel lautete N-1 (kyrill. H-1). Koroljow war zu diesem Zeitpunkt jedoch bereits todkrank. Er litt an Herzrhythmusstörungen und Darmblutungen. Als man ihm im Januar 1966 einen Darmtumor entfernen wollte, erlitt er während der Operation einen Herzinfarkt und starb. Damit hatte die Sowjetunion ihren bedeutendsten Raketenkonstrukteur verloren. Koroljows Nachfolger Wassili P. Mischin (1917–2001) führte als Generalkonstrukteur des Zentralen Konstruktionsbüros für Experimentellen Maschinenbau (ZKBEM) Koroljows Prinzip der Bündelung mehrerer Antriebsblöcke zu

---

[60]Zimmer, Harro. 1997. *Das NASA-Protokoll*, S. 121 f.

einer größeren Rakete fort. Bei der Konstruktion der Nositel wurde das Bündelungsprinzip jedoch überstrapaziert. Es entstand ein 105 m langes und 2800 t schweres Ungetüm mit insgesamt 4 Stufen und nicht weniger als 44 Triebwerken. Allein die Startstufe besaß 30 Triebwerke, die in zwei konzentrischen Kreisen angeordnet waren, wobei der innere Kreis aus 6 und der äußere Kreis aus 24 Triebwerken bestand. Steuerungs- und regeltechnisch war das mit den damaligen Möglichkeiten kaum zu bewältigen. Das Hauptproblem war die relativ geringe Schubkraft der vom Versuchskonstruktionsbüro OKB-276 unter der Leitung von Nikolai D. Kusnezow (1911–1995) konstruierten NK-15 Triebwerke mit nur 1400 Kilonewton (kN) pro Triebwerk. Das German Rocket Team unter Wernher von Braun hatte dagegen mit dem F-1 die größten und schubstärksten Einkammer-Raketentriebwerke aller Zeiten entwickelt: Mit 6900 kN lieferte ein einzelnes F-1 so viel Schub wie 5 NK-15! Zur Koordination des komplexen Zusammenspiels dieser Antriebskomponenten hatte Kusnetzow ein Kontrollsystem namens *Kord* entwickelt, welches im Falle einer Störung nicht nur das betroffene Triebwerk, sondern zur Stabilisierung der Fluglage auch das gegenüberliegende Triebwerk automatisch abschaltete. Bei den ersten Funktionsprüfungstests am Prototypen wurden jedoch eine Reihe von Systemfehlern bzw. Konstruktionsmängeln festgestellt, sodass dieser bereits im Juni wieder von der Startrampe genommen wurde und in der Montagehalle verschwand (Tab. 4.2).[61]

Zwischen der amerikanischen Saturn 5 und der sowjetischen Nositel 1 gab es neben dem quantitativen auch einen qualitativen Unterschied: Das J-2 Triebwerk der dritten Stufe der Saturn 5 ließ sich erneut zünden. Die erste Zündung diente dem Erreichen einer niedrigen Erdumlaufbahn (engl. Low Earth Orbit, LEO). Hier fanden letzte Systemtests statt, bevor durch eine erneute Zündung des J-2 der Einschuss in die Transferbahn zum Mond (engl. Trans-Lunar Injection, TLI) erfolgte. Man kann sich das wie beim Hammerwurf vorstellen: Der Werfer rotiert um die eigene Achse und beschleunigt damit die an einem Draht befestigte Kugel, bevor er sie loslässt. Die sowjetischen Raketentriebwerke konnten dagegen nicht erneut gezündet werden. Sie liefen so lange, bis die Tanks leer waren. Daher musste eine zusätzliche, vierte Stufe eingebaut werden, eine sogenannte Kickstufe. Dadurch wurde die gesamte Konstruktion noch größer, schwerer und

---

[61] Eyermann, Karl-Heinz. 1993. Historie. Teil 1. In: *Flug Revue*. 38. Jg., Nr. 12, S. 41. bzw. Reichl, Eugen. 2011. *Trägerraketen seit 1957*, S. 44 f. Reichl zählt die Antriebssektion des LOK-Raumschiffes als 5. Stufe bzw. 44. Tiebwerk der N-1.

Tab. 4.2 Parametervergleich zwischen den Mondraketen Saturn 5 (USA) und Nositel N-1 (SU)

Parameter Mondrakete	Saturn 5 (USA)	Nositel N-1 (SU)
Gesamtlänge	110,60 m	105,30 m
Basisdurchmesser	18 m (inkl. Flossen)	22,40 m
Gesamtmasse	2950 t	2800 t
Gesamtschub	40.690 kN (= 4069 t)	56.760 kN (= 5676 t)
Max. Nutzlast LEO = Größenklasse	125 t= SHLV	95 t= SHLV
Max. Nutzlast TLI (Raumschifftyp)	45 t(Apollo)	25 t(LOK)
Anzahl der Raketenstufen	3	4
Gesamtzahl der Triebwerke	11	43
Hersteller der Triebwerke	NAA Rocketdyne	Nikolai Kusnezow (NK)
Anzahl × Typ Triebwerke 1. Stufe	5 × F-1	30 × NK-15
Treibstoffkombination 1. Stufe	RP-1 + LOX	Kerosin + LOX
Schubleistung der 1. Stufe	6900 × 5 = 34.500 kN	1400 × 30 = 42.000 kN
Anzahl × Typ Triebwerke 2. Stufe	5 × J-2	8 x NK-15V
Treibstoffkombination 2. Stufe	LH_2 + LOX	Kerosin + LOX
Schubleistung der 2. Stufe	1030 × 5 = 5150 kN	1650 × 8 = 13.200 kN
Anzahl × Typ Triebwerke 3. Stufe	1 × J-2	4 × NK-21
Treibstoffkombination 3. Stufe	LH_2 + LOX	Kerosin + LOX
Schubleistung der 3. Stufe	1030 kN	445 × 4 = 1780 kN
Anzahl × Typ Triebwerke 4. Stufe	0	1 × NK-19
Treibstoffkombination 4. Stufe	X	Kerosin + LOX
Schubleistung der 4. Stufe (Kickstufe)	0	395 kN
Erster Start	November 1967	Februar 1969
Letzter Start	Mai 1973	November 1972
Anzahl der Starts / davon erfolgreich	13 / 12 + 1 Teilerfolg	4 / 0

komplexer. Die sowjetischen Ingenieure stießen mit ihren Mottos „Masse statt Klasse" beziehungsweise „Quantität vor Qualität" an ihre Grenzen. Ein entscheidendes Problem waren die eingeschränkten Testmöglichkeiten. Die NASA hatte für die Saturn-Tests auf dem Gelände des Marshall Space Flight Center (MSFC) in Huntsville, Alabama die sogenannte Dynamic Structural Test Facility (DSTF) errichtet, in der später auch die Prototypen des Space Shuttle getestet wurden. Die Sowjetunion besaß dagegen keine Teststände, die groß genug waren, um das komplexe Gesamtsystem Nositel unter Realbedingungen zu testen.[62]

Neben den technischen Problemen mit der N-1 gab es auch noch eine interne sowjetische Konkurrenz: Das Zentrale Konstruktionsbüro für

---

[62] Reichl, Eugen u. a. 2020. *Raketen*, S. 176 f.

Maschinenbau (ZKBM) unter Wladimir N. Tschelomei (1914–1984) hatte eine Machbarkeitsstudie für eine Superschwerlastrakete auf Basis der Proton vorgelegt. Unter der internen Bezeichnung UR-700 sollte sie eine der Saturn 5 vergleichbare Nutzlastkapazität befördern. Der Konkurrenzkampf zwischen den beiden großen Konstruktionsbüros verhinderte eine notwendige Bündelung der Ressourcen.[63]

Gemäß der maximalen Nutzlast in den niedrigen Erdorbit (engl. Low Earth Orbit, LEO) gehören beide Raketen in die größte Kategorie, der sogenannten Super Heavy-lift Launch Vehicle (SHLV). Die Nutzlast für den Einschuss in die Transferbahn zum Mond (engl. Trans-Lunar Injection, TLI) beträgt rund ein Viertel davon. In der Literatur wird der Antrieb des Raumschiffes teilweise als weitere Raketenstufe mitgezählt. Nach dieser Zählung hätte die Saturn 4 und die Nositel 5 Stufen.[64]

Treibstoffkombination = Brennstoff + Oxidator. RP = Rocket Propellant (Raketenkerosin), LOX = Liquid Oxygen (flüssiger Sauerstoff), LH_2 = Liquid Hydrogen (flüssiger Wasserstoff).

4.3 Die Entscheidung im Wettlauf zum Mond

Weihnachten 1968 umkreisten erstmals Astronauten in einem Raumschiff (Apollo 8) den Mond. Das Jahr 1969 brachte schließlich die Entscheidung im Wettlauf zum Mond: Während im Januar die Sowjets mit Sojus 4 und 5 erstmals einen Umstieg zwischen zwei Raumfahrzeugen durchführten, gelang es den Amerikanern mit Apollo 11 im Juli erstmals, mit Neil Armstrong und Buzz Aldrin die ersten Menschen auf den Mond zu bringen. Die Sowjetunion ließ daraufhin im Oktober sieben Kosmonauten in drei Sojus-Raumkapseln gleichzeitig im Orbit fliegen. Nach der Beinahe-Katastrophe von Apollo 13 wurden 1970 die Budgetmittel für die NASA und damit auch das Apollo-Programm gekürzt. Der Apollo-Rush ebbte ab und das Goldene Zeitalter der Raumfahrt ging zu Ende.

Nach der Auswertung der Satellitenfotos mit der neuen sowjetischen Riesenrakete war die US-Administration nun überzeugt, einen Beweis für

---

[63] Terweij, Jakob. 1991. Mondrakete explodierte beim Start. In: *Flug Revue*. 36. Jg., Nr. 3 (März), S. 63. UR = russ. Universalnija Raketa = kyrill. Универсáльная Ракéта (УР) = dt. Universelle Rakete.

[64] Reichl, Eugen. 2020. *Raketen*, S. 178 (N-1) und 348 (Saturn 5) sowie Messerschmid, Ernst u. a. 2017. *Raumfahrtsysteme*, S. 56 (Saturn 5).

den Wettlauf zum Mond gefunden zu haben und die NASA verstärkte ihre Anstrengungen, trotz der eigenen Systemprobleme bis zum Ende des Jahres den ersten bemannten Mondflug durchzuführen. Eigentlich hätte zunächst eine unbemannte Mondumrundung durch ein Apollo-Raumschiff stattfinden sollen, dieser Testflug wurde nun einfach gestrichen. Zunächst musste das Raumschiff jedoch erst einmal bemannt im Orbit getestet werden. Inzwischen hatten sich auch die Sowjets mit der Behebung der zahlreichen Mängel an der Sojus-Kapsel befasst, sodass schließlich im Herbst 1968 die nächste Runde im Race to Space eingeläutet werden konnte.

Im September umflog ein unbemannter Prototyp des sowjetischen Mondorbitalschiffes LOK-1 in einer Entfernung von rund 2000 km den Mond. Zur Tarnung wurde er als unbemannte Mondsonde Zond ausgewiesen. Beim Wiedereintritt in die Erdatmosphäre traten dann Verzögerungskräfte von 20 g auf, was die Besatzung nicht überlebt hätte.[65]

Am 11. Oktober 1968 startete mit Apollo 7 auf einer Saturn 1 B erstmals ein bemanntes Apollo-Raumschiff in den Orbit. Es war gleichzeitig der letzte bemannte Start, der von der Cape Canaveral Air Force Station (CCAFC) aus erfolgte. Alle weiteren bemannten Starts erfolgten vom nördlich angrenzenden Kennedy Space Center (KSC) der NASA. Seit dem letzten Gemini-Flug waren fast zwei Jahre vergangen. Kommandant Wally Shirra war der erste Mensch, der zum dritten Mal in den Weltraum flog. Seine Kollegen Donn F. Eisele (1930–1987) und R. Walter („Walt") Cunningham (1932–2023) waren dagegen Newcomer. Während des knapp elftägigen Fluges wurden die Systeme auf Herz und Nieren überprüft und dabei rund 50 verschiedene kleinere und größere Funktionsfehler in fast allen wichtigen Systemen festgestellt.[66]

Ende des Monats starteten dann innerhalb von 24 Stunden vom Kosmodrom Baikonur zunächst unbemannt Sojus 2 und danach Sojus 3 mit Georgi T. Beregowoi (1921–1995) an Bord.[67]

Geplant war ein Docking zwischen den beiden Raumkapseln. Bei drei automatischen bzw. manuellen Versuchen kamen sie sich jedoch nicht näher als 50 m. Schließlich musste der Kosmonaut nach vier Tagen unverrichteter Dinge wieder zur Erde zurückkehren. Über die Gründe des Scheiterns gibt es widersprüchliche Aussagen. Einerseits wird die unterentwickelte und störanfällige sowjetische Mikroelektronik als Hauptgrund angeführt,

---

[65] Reichl, Eugen. 2010. *Bemannte Raumfahrzeuge seit 1960*, S. 57.

[66] Gründer, Matthias. 2000. *SOS im All*, S. 98 f.

[67] Rufzeichen: Апрон = Argon, benannt nach dem sagenhaft schnellen Schiff der Argonauten.

andererseits soll ein Fehlverhalten des Kosmonauten die Ursache für das Scheitern der Mission gewesen sein. Beregowoi wurde der Flugstatus jedenfalls entzogen. Offiziell war die Mission mit Systemtests und drei Rendezvousmanövern natürlich wieder ein voller Erfolg. Dies war sie jedoch nur insofern, als dass die Fallschirmlandung diesmal funktionierte.[68]

Bei der NASA wurde trotz der zahlreichen Mängel an Apollo 7 am engen Zeitplan für den ersten bemannten Mondflug festgehalten, denn die USA brauchte dringend wieder einen spektakulären Erfolg. Der Vietnamkrieg weitete sich aus und wurde dabei immer unkontrollierbarer. Er war nicht nur finanziell ein Fass ohne Boden; die steigenden Opferzahlen führten zu Massenprotesten der studentischen Jugend, die als Flower-Power-Movement unter dem Motto „*Make love, not war!*" nicht nur gegen den Krieg, sondern das gesamte Establishment revoltierte und damit das amerikanische Wirtschafts- und Gesellschaftssystem generell infrage stellte. Zu allem Überfluss hatte die Ermordung des schwarzen Bürgerrechtlers Martin Luther King (1929–1968) die Rassenunruhen wieder aufflammen lassen. Präsident Johnson verkündete resignierend, für eine Wiederwahl nicht mehr zur Verfügung zu stehen. Dies veranlasste auch NASA-Chef James Webb zu Rücktrittsabsichten. Damit verlor die Weltraumorganisation ihre beiden bedeutendsten Förderer.

Das „Goldene Zeitalter" der amerikanischen Raumfahrt näherte sich langsam ihrem Ende. Johnsons aussichtsreichster Nachfolgekandidat Robert F. Kennedy (1925–1968), in den auch viele Leute bei der NASA ihre Zukunftshoffnungen setzten, wurde schließlich ebenfalls ermordet. Viele Amerikaner sehnten sich daher nach einem versöhnlichen Abschluss dieses turbulenten Jahres.

Dafür sollte die NASA sorgen. Es war eine riskante Mission, denn die Trägerrakete Saturn 5 war erst zweimal geflogen, wobei der zweite Flug (Apollo 6) nur ein Teilerfolg war. Immerhin saßen die Astronauten beim Start in über 100 m Höhe auf rund 4 Mio. l hochexplosiven Treibstoffen. Die Trägerrakete und das Raumschiff bestanden insgesamt aus rund 5 Mio. Einzelteilen. Selbst bei der von der NASA geforderten Zuverlässigkeitsquote von 999,99 Promille mussten die Astronauten daher während des Fluges immer noch mit durchschnittlich 50 Fehlfunktionen rechnen. Dieser Wert wurde ja während des Apollo-7-Fluges auch erreicht. Der große Unterschied lag jedoch darin, dass man aus dem Orbit jederzeit eine Notlandung

---

[68] Block, Torsten. 1992. *Bemannte Raumfahrt*, S. 45 bzw. Zimmer, Harro. 1996. *Der rote Orbit*, S. 130.

einleiten konnte, während sich die Mondfahrer bis zu 4 Tagesreisen vom rettenden Heimatplaneten entfernten. Beim Ausfall lebenswichtiger Hauptsysteme (s. Apollo 13) bedeutete dies automatisch höchste Lebensgefahr.

Eigentlich sollte Apollo 8 dem Test der Mondfähre (LM) im Erdorbit dienen. Das LM war Ende 1968 jedoch immer noch nicht einsatzbereit. Die sogenannte Initial Operating Capability (IOC) wurde für das Frühjahr 1969 angekündigt. So lange wollte man mit dem nächsten Testflug des Apollo-Saturn-Systems jedoch nicht warten. Daher wurde kurzfristig ein spektakulärer Alternativplan ausgeheckt: Ein bemannter Flug um den Mond herum, so wie ihn Jules Verne 100 Jahre zuvor in seinen Science-Fiction-Romanen *Von der Erde zum Mond* und *Reise um den Mond* beschrieben hatte. Anstatt der Mondfähre wurde eine Attrappe (Mockup) mitgeführt, das sogenannte Lunar Test Article (LTA).

Am 21. Dezember 1968 startete Apollo 8 zum ersten bemannten Mondflug, allerdings noch ohne Landefähre. Eine halbe Stunde nach dem Start vom Cape erfolgte die zweite Zündung der Saturn-Oberstufe zum Einschuss in die Transferbahn zum Mond (Trans Lunar Ignition, TLI). Der berühmte, epochale Funkspruch lautete: *„You are Go for TLI".*[69] Dabei wurde das Apollo-Raumschiff auf 10.800 m/s bzw. 38.900 km/h beschleunigt. Das war mindestens 10.000 km/h schneller als alle bisherigen bemannten Raumfahrzeuge im Erdorbit. Nie zuvor hatten sich Menschen schneller bewegt. Es war ein Meilenstein in der Geschichte der bemannten Raumfahrt, denn erstmals verließen Menschen die Erdumlaufbahn, um zu einem anderen Himmelskörper zu fliegen. Es waren dies Kommandant Frank Borman (2. Raumflug), Jim Lovell (3. Raumflug) und der Newcomer William („Bill") A. Anders (*1933). Wider Erwarten verlief der gesamte Flug ohne größere technische Probleme. Allerdings wurden die Astronauten von der Raumkrankheit (Space Adaption Syndrome, SAS) geplagt. Das kannte man zuvor nur von den sowjetischen Kosmonauten. Dies hing damit zusammen, dass die Mercury- und Gemini-Kapseln zu eng waren, so dass sich die Astronauten kaum von ihren Sitzen erheben konnten. Im viel geräumigeren Apollo-Kommandomodul konnten sie jedoch frei herumschweben, was die auf die Erdgravitation hin ausgerichteten Gleichgewichtsorgane durcheinanderbrachte. Zu allem Überfluss bekam Frank Borman auch noch Erbrechen und Durchfall im All, was für alle Beteiligten im Kommandomodul sicher keine angenehme Situation war.

---

[69] Jack, Uwe. 2019. Apollo 8: „You are Go for TLI". In: *Flieger Revue*. Nr. 1, S. 51.

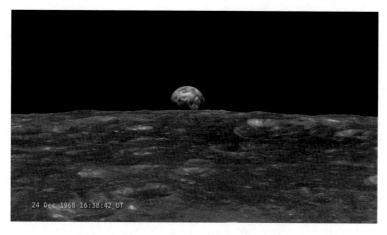

24 Dec 1968 16:38:42 UT

Abb. 4.7 Erdaufgang (Earthrise). Der Erdaufgang (Earthrise) nach der Mond-umrundung von Apollo 8 am 24.12.1968 ist als neuer Blickwinkel auf unseren Heimat-planeten in die Geschichte eingegangen. (© NASA)

Zu Weihnachten umrundete Apollo 8 den Erdtrabanten in einer elliptischen Umlaufbahn mit einem mondnächsten Punkt (Periselenum) von 110 km und einem mondfernsten Punkt (Aposelenum) von 310 km innerhalb von 20 h 10 Mal. Erstmals kreisten Menschen um einen anderen Himmelskörper. Während jeder Mondumrundung gab es für ca. ½ Stunde keine Funkverbindung zur Erde (Loss of Signal, LOS). Während dieser Flug-phase sahen erstmals Menschen mit eigenen Augen die sagenumwobene Dark Side, die dunkle Rückseite des Mondes.[70] Bill Anders gelang schließlich ein Foto, welches in die Geschichte eingegangen ist: „Earthrise", der Erdaufgang hinter dem Mondhorizont zeigt die Erde als fragilen blauen Himmelskörper, eine Insel des Lebens Inmitten einer lebensfeindlichen Umgebung. Dieses Foto ermöglichte einen neuen Blickwinkel auf unseren Heimatplaneten, es relativierte alle irdischen Konflikte wie zum Beispiel den Kalten Krieg und gilt als ein Symbol für die damals entstehende Friedens- und Umweltschutz-bewegung (Abb. 4.7). Zum propagandistischen Höhepunkt der Mission wurde eine besinnliche Weihnachtsfeier mit Bibellesung, die live via TV-Satellit aus dem Mondorbit übertragen wurde. Damit hatte die geschundene amerikanische Volksseele ihren versöhnlichen Jahresabschluss erhalten. Als

---

[70]Tatsächlich ist die Rückseite des Mondes genauso dunkel oder hell wie die Vorderseite, näm-lich jeweils 2 Wochen lang. Nur bei Vollmond ist die Rückseite komplett dunkel und bei Neumond dagegen komplett erleuchtet.

passende Textstelle wurde die Schöpfungsgeschichte aus der Genesis, dem ersten Buch Mose, ausgewählt. Dies stand im Kontrast zum berühmten Kommentar des sowjetischen Kosmonauten Juri Gagarin, der bei seinem Flug ins All 1961 zur Erde funkte, dass es da oben keinen Gott gebe.[71]

Das Kommandomodul (CM) des Apollo-Raumschiffes wurde nach der Wasserlandung (Splashdown) im Südpazifik vom Flugzeugträger USS Yorktown (CV-10) geborgen und kam anschließend ins Museum of Science & Industry nach Chicago, Illinois. Das Bergungsschiff selber befindet sich seit 1975 im Patriots Point Naval & Maritime Museum im Hafen von Charleston, South Carolina. Die *„Fighting Lady"*, wie sie in einem oscar-prämierten Dokumentarfilm genannt wurde, hatte an 3 Kriegen aktiv teilgenommen: Am Zweiten Weltkrieg, am Koreakrieg und am Vietnamkrieg. Als Bergungshubschrauber fungierte ein umgebauter Sikorsky SH-3D Sea King mit der Kennung 66. Es handelte sich um einen Amphibienhubschrauber, der auf dem Wasser landen und knapp 3 t an den Haken hängen konnte. Der „Helicopter 66" (sprich: *Sixty-Six*) kam auch bei der Bergung der Apollo-Kapseln 10 bis 13 zum Einsatz und wurde dadurch weltberühmt. Er stürzte 1975 ab. In mehreren amerikanischen Luft- und Raumfahrtmuseen findet man andere Exemplare des Sea King mit der originalgetreuen Sixty-Six-Bemalung.

Es war gleichzeitig der krönende Abschluss der Johnson- bzw. Webb-Administration. Eine wichtige strategische Entscheidung fassten die beiden Raumfahrtförderer noch: Webb sollte vor der Inauguration des neugewählten republikanischen Präsidenten Richard M. Nixon (1913–1994, reg. 1969–1974) sein Amt an den erfolgreichen Industriemanager und Ingenieur Thomas O. Paine (1921–92) übergeben, der erst wenige Monate zuvor zu Webbs neuem Stellvertreter ernannt worden war. Der neue Präsident wäre schlecht beraten, in dieser entscheidenden Phase des Apollo-Programmes erneut einen Wechsel an der Spitze vorzunehmen. Diese Rechnung ging auf. Allerdings musste sich der neue NASA-Chef damit abfinden, dass der Präsident nicht mehr sein direkter Ansprechpartner war. Nixon überließ die Raumfahrtangelegenheiten seinem Vize Spiro T. Agnew (1918–1996, reg. 1969–1973).[72]

Das Frühjahr 1969 stand ganz im Zeichen der entscheidenden Systemtests im Orbit.

---

[71] Zimmer, Harro. 1997. *Das NASA-Protokoll*, S. 126 f.

[72] Ebd., S. 128.

Mitte Januar starteten die sowjetischen Raumkapseln Sojus 4 (Rufzeichen: Амур = Amur) mit Wladimir A. Schatalow (1927–2021) und Sojus 5 (Rufzeichen: Байкал = Baikal) mit einer Dreierbesatzung, bestehend aus Boris W. Wolynow (*1934), Alexej S. Jelissejew (*1934) und Jewgeni W. Chrunow (1933–2000). Alle Kosmonauten waren Neulinge. Im Orbit wurde dann eine merkwürdige Umsteigeaktion vollführt. Nach dem erfolgreichen Docking verließen Jelissejew und Chrunow Sojus 5 und hangelten sich an Haltegriffen zu Sojus 4 hinüber, um dort einzusteigen. Dies war erst der zweite sowjetische Weltraumausstieg nach Leonows lebensgefährlicher Aktion vier Jahre zuvor. Nach der Trennung landete Wolynow mit Sojus 5 alleine, während Schatalow in Sojus 4 mit seinen beiden neuen Mitfahrern die Mission beendete.

Im Westen rätselte man lange über die Hintergründe dieser Aktion. Offensichtlich besaßen die sowjetischen Kopplungsadapter noch keine Durchsteigemöglichkeit, sodass ein Fahrzeugwechsel über einen Weltraumausstieg (EVA) erfolgen musste.

Es gab nur zwei zwingende Gründe für eine solche Aktion: Entweder wurde hier der Umstieg von einer Kapsel in eine Raumstation oder von einem Raumschiff in eine Mondlandefähre geprobt. Tatsächlich waren beide Szenarien geplant, denn es befanden sich sowohl eine Orbitalstation als auch ein Raumschiff mit Mondlandefähre in der Entwicklung. Die beiden Umsteiger trugen erstmals völlig neu entwickelte Raumanzüge (Skaphander) mit einem Tornister für ein autonomes Lebenserhaltungssystem auf dem Bauch. Dieser sollte in erster Linie bei der geplanten Mondlandung zum Einsatz kommen.[73]

Anfang März erfolgte mit Apollo 9 der letzte Check aller Systeme im Orbit. Der ursprünglich für Apollo 8 geplante Test aller Systeme und Manöver mit der Mondfähre konnte nun durchgeführt werden, nachdem die Mondfähre nun endlich für den Raumflug einsatzbereit war (Initial Operating Capability, IOC).[74] In 10 Tagen wurde eine komplette Mondmission durchgespielt. Im Mittelpunkt standen dabei die Rendezvous- und Dockingmanöver (RVD) zwischen dem Kommandomodul (Rufzeichen: *Gumdrop* = Gummibonbon) und der Mondfähre (Rufzeichen: *Spider* = Spinne). Kommandant (CDR) James McDivitt (2. Raumflug) testete zusammen mit Newcomer Russel („Rusty") L. Schweickart (*1935)

---

[73] Gründer, Matthias. 2000. *SOS im All*, S. 177.

[74] Die IOC bedeutete noch nicht die volle Einsatzbereitschaft für die Mondlandung (Full Operating Capability, FOC). Diese wurde erst 4 Monate später erreicht.

als Pilot der Mondfähre (LMP) die Funktionsweise der Mondfähre, während David Scott (2. Raumflug) als Pilot des Kommandomoduls (CMP) im CSM-Mutterschiff verblieb.

Nach dem erneuten Andocken der Fähre am Mutterschiff unternahm Schweickart einen Weltraumausstieg (EVA) und testete dabei den neuen halbstarren Skaphander mit dem autonomen Lebenserhaltungssystem in einem Rückentornister für die geplanten Aktivitäten auf dem Mond. Alle Manöver verliefen erfolgreich und das Apollo-System war für die Mondlandung bereit.[75]

Das Kommandomodul (CM) *Gumdrop* wurde von dem amphibischen Angriffsschiff und Hubschrauberträger USS Guadalcanal geborgen und kam zunächst ins Michigan Space & Science Center und wechselte später ins San Diego Air & Space Museum.

Mitte Mai startete dann Apollo 10 zur ultimativen Generalprobe. Seit dem Start der ersten Mondsonde Lunik 1 waren 10 Jahre vergangen. Der Start geriet zum Medienspektakel mit tausenden Schaulustigen. Auf der VIP-Tribüne waren u. a. auch die Könige von Belgien und Jordanien zugegen. Um nichts dem Zufall zu überlassen, verfügten alle drei Astronauten bereits über mehrfache Raumflugerfahrung. Es war das erste Mal, dass eine gesamte Crew ausschließlich aus erfahrenen Veteranen bestand, die auch schon am vorhergehenden Gemini-Programm aktiv teilgenommen hatten. Kommandant (CDR) des Apollo-Raumschiffes war Tom Stafford. Es war sein insgesamt dritter Raumflug. John Young – der ebenfalls seinen dritten Raumflug absolvierte – sollte als Pilot des Kommandomoduls (CMP) mit dem Rufzeichen *Charly Brown* im Mondorbit verbleiben. Gene Cernan absolvierte als Pilot der Mondfähre (LMP) mit den Rufzeichen *Snoopy* seinen zweiten Raumflug. Nach der Trennung vom CSM-Mutterschiff näherten sich Stafford und Cernan im Rahmen einer simulierten Mondlandung der Mondoberfläche auf bis zu 14 km an. Das war die niedrigste Höhe, in welcher ein direkter Wiederaufstieg mit der Abstiegsstufe (Descent Stage, DS) der Mondfähre (LM) noch möglich war. Nachdem die DS in ca. 300 km Höhe abgesprengt worden war, kam das LM ins Trudeln. Die automatische Lageregelung funktionierte nicht richtig, so dass LMP Gene Cernan die manuelle Steuerung übernehmen musste, um die Fähre abzufangen. Dabei stieß er einige laute Flüche mit Schimpfwörtern aus, die aufgrund der Live-Übertragung direkt an die Medien

---

[75] Block, Torsten. 1992. *Bemannte Raumfahrt*, S. 49.

gingen. Cernan wurde nach der Rückkehr von der NASA verwarnt und musste sich öffentlich entschuldigen.[76]

In den Medien wurde zudem darüber spekuliert, ob die Astronauten nicht vielleicht einfach über das Missionsziel hinausschießen und auf eigene Faust eine Mondlandung versuchen würden. Technisch wäre diese auch möglich gewesen, denn das LM hatte mittlerweile seine volle Einsatzreife (Full Operating Capability, FOC) erreicht. Allerdings hatte die NASA die Aufstiegsstufe (Ascent Stage, AS) der Mondfähre bewusst nicht vollgetankt, um die Astronauten gar nicht erst in Versuchung zu führen. Sie hätten demnach zwar tatsächlich auf dem Mond landen können, wären danach allerdings nicht mehr bis zum Apollo-Mutterschiff zurückgekommen. Nach der Wiederankopplung des LM an das CSM-Mutterschiff wurde die AS abgetrennt und deren Triebwerk gezündet. Die restliche Treibstoffmenge und das geringe Gewicht reichten aus, um die AS aus dem Gravitationsfeld von Mond und Erde herauszukatapultieren. Seitdem kreist sie in einer eigenen Bahn um die Sonne.

Das Kommandomodul (CM) *Charly Brown* erreichte beim Wiedereintritt in die Erdatmosphäre (Reentry) eine Geschwindigkeit von 39.900 km/h. Das war der Geschwindigkeitsweltrekord des Jahrhunderts. Nach dem Splashdown im Südpazifik wurde es von dem Flugzeugträger USS Princeton geborgen. Um auch Westeuropa am Erfolg des Apollo-Programmes teilhaben zu lassen, wurde das CM durch den Panamakanal über den Atlantik verschifft und an das Science Museum in London übergeben. Dort kann man das schnellste bemannte Fahrzeug des 20. Jahrhunderts heute noch bewundern.

John Young und Gene Cernan durften schließlich mit Apollo 16 bzw. 17 im Jahr 1972 doch noch den Mond betreten, während Stafford an der letzten Apollo-Mission, dem Apollo-Sojus-Test-Projekt (ASTP) im Jahr 1975 teilnehmen durfte. Young wurde übrigens der Astronaut mit der abwechslungsreichsten Raumfahrerkarriere: Er flog jeweils zwei Mal in einer Raumkapsel (Gemini 3 und 10), einem Raumschiff (Apollo 10 und 16) und einer Raumfähre (Space Shuttle Columbia mit Raumlabor Spacelab) sowie einmal mit einer Mondfähre (Orion).

Die entscheidende Mondlandung wurde für Mitte Juli angesetzt, aber noch war man sich bei der NASA nicht ganz sicher, ob die Sowjets nicht doch noch einen überraschenden Coup landen und den Amerikanern

---

[76] Koser, Wolfgang u. a. 2019. *Die Geschichte der NASA*, S. 67.

zuvorkommen würden, denn während des Fluges von Apollo 10 hatten die amerikanischen Aufklärungssatelliten plötzlich sogar zwei dieser neuartigen sowjetischen Riesenraketen auf nebeneinanderliegenden Startrampen in Baikonur entdeckt. Zwei Wochen vor dem Starttermin von Apollo 11 zeigten die Satellitenfotos jedoch einen riesigen Krater an der Stelle, wo sich kurz zuvor noch eine der beiden Startrampen befunden hatte. Offensichtlich war eine der beiden Raketen bei einem Startversuch explodiert. Der Wettlauf zum Mond schien endgültig entschieden, und das war er auch.

Die zweite Rakete auf der Nachbarrampe war nämlich nur eine Attrappe für Bodentests. Was die Amerikaner außerdem nicht wussten, war die Tatsache, dass es sich bereits um den zweiten Fehlstart dieses Systems gehandelt hatte. Ende Februar hatte erstmals eine Nositel abgehoben. Die erste Flugminute war noch normal verlaufen. In 10 km Höhe streikte plötzlich das Triebwerk Nr. 12, woraufhin das Kord-System auch das gegenüberliegende Triebwerk Nr. 24 abschaltete. Innerhalb der darauffolgenden 10 s meldeten immer mehr Triebwerke eine Überlastung, woraufhin das Kord-System einfach ein Triebwerk nach dem anderen abschaltete und die Rakete dadurch zum Absturz brachte.[77]

In den folgenden drei Monaten wurden im Eiltempo überhastet Änderungen vorgenommen, ohne diese ausreichend zu testen. Teilweise wurden nicht einmal exakte Konstruktionszeichnungen angefertigt, sondern einfach die Handskizzen der Konstrukteure verwendet.

Da man fahrlässigerweise auf den Einbau von Filtern in den Treibstoffleitungen verzichtet hatte, zerstörte ein Metallteilchen unmittelbar nach der Zündung die Treibstoffpumpe von Triebwerk Nr. 8, woraufhin es in Brand geriet und das Kord-System dieses und das gegenüberliegende Triebwerk sofort abschaltete. Es folgte dasselbe Szenario wie beim ersten Fehlstart, nur dass die Rakete diesmal zum Zeitpunkt des Abschaltens aller Triebwerke erst 100 m über der Startrampe war und folglich direkt auf diese zurückfiel. Eine gewaltige Explosion zerstörte die Startrampe Ba 110 R und hinterließ einen riesigen Krater. Das sowjetische Improvisationstalent machte auch hier aus der Not eine Tugend und man ließ den Krater einfach mit Beton ausgießen und verwendete ihn fortan als Abgasbecken für Brennversuche.[78]

Zehn Tage nach dem zweiten Nositel-Fehlstart und drei Tage vor dem geplanten Start von Apollo 11 startete von Baikonur eine Proton-Rakete mit der 5,7 t schweren Mondsonde Luna 15, die vier Tage später in eine

---

[77] Eyermann, Karl-Heinz. 1993. Historie. Teil 1. In: *Flug Revue.* Nr. 12, S. 42.
[78] Ebd., S. 43 f.

Abb. 4.8 Die Crew von Apollo 11. Die Besatzung der ersten bemannten Mondlandemission Apollo 11. Von links nach rechts: Neil Armstrong (CDR, er betrat am 21.07.1969 als erster Mensch den Mond), Michael Collins (CMP, als Pilot der Kommandokapsel verblieb er im Mondorbit) und Buzz Aldrin (LMP, er betrat kurz nach Armstrong als zweiter Mensch den Mond). Der vollverglaste Innenhelm von Collins, intern Fishbowl genannt, war nicht für Außenbordaktivitäten (EVA) geeignet. (© NASA)

Mondumlaufbahn einschwenkte. Zu dieser Zeit war auch Apollo 11 bereits auf dem Weg zum Mond. An Bord befanden sich neben Kommandant Neil Armstrong auch Buzz Aldrin und Michael Collins (Abb. 4.8). Alle drei hatten schon einmal in Gemini-Kapseln die Erde umkreist.

Nach drei Flugtagen erreichte nun auch Apollo 11 den Mondorbit. Während der Landevorbereitungen wurden bei der Luna-Sonde Korrekturmanöver zur Absenkung der Umlaufhöhe beobachtet. Inzwischen war der 20. Juli 1969 angebrochen und der Wettlauf zum Mond ging ins Finale. Armstrong und Aldrin stiegen in der Mondfähre (Rufzeichen: *Eagle*, dt. Adler) zur Mondoberfläche hinab, während Collins im Apollo-Mutterschiff (Rufzeichen: *Columbia*) verblieb und besorgt das weitere Absinken der Flugbahn der sowjetischen Sonde bis auf 16 km beobachtete. Bei der NASA befürchtete man ein Störmanöver, zumal den Sowjets keine genaueren Angaben über das Missionsziel von Luna 15 zu entlocken waren.

Es folgte die dramatische Landung der ersten Menschen auf dem Mond. Zunächst fiel vorübergehend die Funkverbindung zwischen Landefähre und Mutterschiff aus. Danach begann der Bordcomputer verrückt zu spielen. Er zeigte eine größere Flughöhe an als das Landeradar und meldete eine Abweichung vom vorgesehenen Landeplatz von 25 km. Kurz darauf meldete er eine Überlastung seiner Rechenkapazität, und Armstrong übernahm kurzerhand die manuelle Steuerung. Während *Eagle* ein für die Landung ungeeignetes Geröllfeld überflog, meldete ein Warnsignal, dass der Treibstoffvorrat für das Landtriebwerk nur noch für 60 s reicht. Damit stand das gesamte Mondlandeunternehmen kurz vor dem Scheitern. Sollte nicht innerhalb der nächsten Sekunden ein geeigneter Landeplatz ausgemacht werden, so müsste Aldrin den Mechanismus zum Absprengen des Landegestells und zum Start des Aufstiegstriebwerkes betätigen. Die Landefähre befand sich zu diesem Zeitpunkt nur noch etwa 20 m über der Mondoberfläche und der durch den Abgasstrahl aufgewirbelte Mondstaub beeinträchtigte die Sicht nach unten. Armstrong, der ja schon bei der manuellen Landung der außer Kontrolle geratenen Kapsel Gemini 8 eiserne Nerven bewiesen hatte, war auch diesmal der richtige Mann am richtigen Platz. Er behielt die Ruhe und landete buchstäblich mit dem letzten Tropfen Sprit am Südrand des Mare Tranquillitatis (dt. Meer der Ruhe = Stiller Ozean) nahe dem Krater Moltke. Es folgte die erlösende Durchsage: *„Huston, hier ist die Ruhebasis. Der Adler ist gelandet."*[79]

Erstmals waren Menschen auf einem anderen Himmelskörper gelandet. Das gesamte Schauspiel wurde im Rahmen der größten Fernseh- und Rundfunk-Liveübertragung des 20. Jahrhunderts auf der gesamten Erde verfolgt. Knapp sechs Stunden später (in Europa war bereits der 21. Juli angebrochen) betrat Neil Armstrong als erster Mensch den Mond und sprach den berühmten Satz: *„Dies ist ein kleiner Schritt für einen Menschen, aber ein riesiger Sprung für die Menschheit."*[80]

Dieser Spruch war freilich keine spontane Eingebung, sondern war von dem renommierten Schriftsteller und Pulitzer-Preisträger Norman K. Mailer (1923–2007) im Auftrage der NASA formuliert worden.

Insgesamt hielten sich Armstrong und Aldrin 2 $^{1}/_{2}$ Stunden auf der Mondoberfläche auf. Es war dies die erste sogenannte Lunar Extra-Vehicular Activity (LEVA). Alle bisherigen Außenbordeinsätze (EVA) waren im Erd-

---

[79] Zit. nach: Armstrong, Neil u. a. 1970. *Wir waren die Ersten*, S. 290. Engl. Originalzitat: *„Houston, Tranquility Base here. The Eagle has landed."*

[80] Zit. nach: Ebd., S. 293. Engl. Originalzitat: *„That's one small step for a man, but one giant leap for mankind."*

orbit erfolgt, wobei die Raumfahrer frei im Weltraum schwebten. Die LEVA wurde umgangssprachlich auch Moonwalk genannt und mit Mondspaziergang übersetzt. Dabei war es alles andere als ein Spaziergang. Der speziell für das Apollo-Programm entwickelte Raumanzug A7L war sehr unhandlich. Im Gegensatz zu den bisherigen Raumanzügen, die über einen Versorgungsschlauch (genannt Navel String = Nabelschnur) mit dem Raumfahrzeug verbunden waren, trugen die Apollo-Astronauten das sogenannte Portable Life Support System (PLSS) auf dem Rücken. Damit konnten sie sich von der Mondfähre entfernen. An die Tatsache, dass die Mondgravitation nur rund $^1/_6$ der Erdgravitation beträgt, mussten sich die Astronauten erst gewöhnen. Beim Bücken kamen sie leicht aus dem Gleichgewicht. Bei ihrer LEVA hissten die beiden Astronauten eine amerikanische Flagge, sammelten 22 kg Mondgestein ein und stellten eine kleine automatische Forschungsstation mit Messinstrumenten auf. Das sogenannte Early Apollo Scientific Experiments Package (EASEP) besaß einen aus Solarzellen versorgten Seismometer und einen Laserreflektor sowie eine Sonnenwindfolie.

Beim Rückstart gab es dann noch einmal ein heikles Problem: Einer der beiden Astronauten hatte in der engen Kabine des Aufstiegsmoduls den Sicherungsschalter für das Aufstiegstriebwerk abgebrochen. Aldrin steckte kurzerhand einen Stift in die Öffnung und deaktivierte damit die Sicherung, sodass das Triebwerk gestartet werden konnte (Abb. 4.9).[81]

In der Zwischenzeit war die sowjetische Mondsonde Luna 15 mit knapp 500 km/h im benachbarten Mare Crisium (dt. Meer der Gefahren) eingeschlagen. Erst zwei Jahrzehnte später sickerte durch, dass dies der letzte fehlgeschlagene Versuch der Sowjetunion war, den USA im letzten Moment doch noch die Show zu stehlen. Luna 15 hätte in der Nähe von Eagle weich landen sollen. Ausgerüstet war sie mit einem automatischen Bohrsystem und einer Rückkehrkapsel mit eigenem Triebwerk. Luna 15 sollte noch vor der Rückkehr von Apollo 11 erstmals Mondgestein zur Erde zurückbringen. Die sowjetische Propaganda hätte dies als Beweis angeführt, dass es auch ohne allzu großen Aufwand möglich sei, die gleichen Forschungsergebnisse zu erhalten, für welche die Amerikaner ein umständliches, kostspieliges und gefährliches bemanntes Unternehmen gebraucht haben.[82]

Somit war Apollo 11 die erste sogenannte Sample Return Mission (dt. Proben-Rückhol-Mission), bei der extraterrestrische Bodenproben zur Erde gebracht wurden, konkret 22 kg Mondstaub und Mondgestein. Um

---

[81] Koser, Wolfgang u. a. 2019. *Die Geschichte der NASA*, S. 75.
[82] Zimmer, Harro. 1996. *Der rote Orbit*, S. 136.

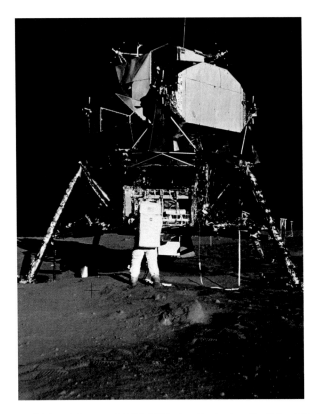

Abb. 4.9 Buzz Aldrin zieht am 20.07.1969 das Early Apollo Scientific Experiments Package (EASEP) aus dem Landegestell (Descent Stage) der Mondfähre (Lunar Module, LM) „Eagle". Aufgrund der fehlenden Atmosphäre genügte als Verkleidung eine Goldfolie und die Pilotenkabine (Ascent Stage) musste such nicht aerodynamisch geformt sein. All das gab der Mondfähre ihr äußerst ungewöhnliches und unförmiges Aussehen. (© NASA)

eine sogenannte Rückwärtskontamination auszuschließen, mussten die drei neuen Nationalhelden mit ihren Bodenproben unmittelbar nach der Bergung auf dem Flugzeugträger USS Hornet in die sogenannte Mobile Quarantine Facility (MQF), einem innenbelüfteten Container. Mit dabei war auch ein Arzt, der die drei Mondfahrer gründlich durchcheckte. Schließlich musste auch noch der Techniker mit in den Container, der die Kommandokapsel stillgelegt und begutachtet hatte. Diese Vorsichtsmaßnahme trug die Bezeichnung Backward Planetary Protection. Damit sollte verhindert werden, dass außerirdische Keime bzw. Mikroorganismen auf der Erde eingeschleppt werden. Bei den Untersuchungen wurden keine gefährlichen außerirdischen Mikroorganismen gefunden, dafür aber im Mondgestein ein bisher unbekanntes Mineral, welches nach den Anfangssilben der Nachnamen der drei Astronauten benannt wurde: Arm(stong) + Al(drin) + Col(lins) = Armalcolit.

Erst danach durften sie sich mit einer Konfettiparade in New York feiern lassen. Damit war der Wettlauf zum Mond also endgültig entschieden. Die USA hatten ihren überragenden propagandistischen Erfolg, der Präsident Nixon freilich in den Schoß fiel. Das Kommandomodul (CM) *Columbia* wurde der Smithsonian Institution übergeben, die es im National Air & Space Museum (NASM) in Washington, D.C öffentlich ausstellt.

Mit der ersten bemannten Mondlandung war die technologische und organisatorische Überlegenheit der USA offensichtlich geworden. Dass die Sowjetunion da nicht mehr mithalten konnte, musste Mitte der 1990er-Jahre sogar Koroljow-Nachfolger Wassili Mischin zugeben: *„Zu jenem Zeitpunkt war unser Land nicht in der Lage, derartige Aufwendungen zur Schaffung einer Experimentier- und Produktionsbasis wie der amerikanischen zu erbringen."* [83]

In den Geschichtsbüchern und im Gedächtnis der Menschen stellt die Mission von Apollo 11 einen Höhepunkt der Menschheitsgeschichte dar und symbolisiert wie kein anderes Ereignis die Bemühungen der Menschheit zur Erkundung und Eroberung neuer Welten sowie auch den technologischen Fortschritt des 20. Jahrhunderts. Für die USA war damit die Schmach von Sputnik und Wostok endgültig getilgt. Hollywood brachte 2018 anlässlich des bevorstehenden 50. Jahrestages der ersten Mondlandung eine Filmbiografie (Biopic) über Neil Armstrong in die Kinos. Armstrong wurde dabei von Schauspieler Ryan Gosling verkörpert. Der Titel lautete im Original *First Man* und in der deutschen Version *Aufbruch zum Mond*.

Die Antwort der geschlagenen Sowjetunion erfolgte nach dem bewährten Motto: Masse statt Klasse. Mitte Oktober 1969 starteten innerhalb von drei Tagen drei Sojus-Kapseln in den Orbit. An Bord von Sojus 6 (Rufzeichen: Anteja = Антея) befanden sich Georgi S. Schonin (1935–1997) und Waleri N. Kubassow (1935–2014), es folgte Sojus 7 (Rufzeichen: Buran = Буран) mit Anatoli W. Filiptschenko (1928–2022), Wladislaw N. Wolkow (1935–1971) und Viktor W. Gorbatko (1934–2017) sowie Sojus 8 (Rufzeichen: Granit = Гранит) mit Wladimir Schatalow und Alexej Jelissejew (diese beiden waren bereits in Sojus 4 gemeinsam im Orbit gewesen).[84]

---

[83] Zit. nach: Gründer, Matthias. 2000. *SOS im All*, S. 129.

[84] Anteja ist der russ. Name von Antaios, einem Riesen der griechischen Mythologie. Buran ist ein kasachischer Steppenwind, der regelmäßig über das Kosmodrom Baikonur weht.

Damit befanden sich erstmals sieben Menschen gleichzeitig im Weltraum. Dieser Rekordwert wurde erst Mitte 1975 wieder erreicht, als Apollo (18), Sojus 19 und die Raumstation Saljut gleichzeitig im Orbit waren. Die Mission sollte ein erster Vorbereitungstest zum Zusammenbau einer Raumstation im Orbit werden. Dazu waren die Kapseln mit neuen Kopplungsaggregaten versehen worden, bei denen mittels Schleusen eine Durchstiegsmöglichkeit bestand. Die unausgereifte und unzuverlässige Steuerungselektronik machte den Kosmonauten jedoch einen Strich durch die Rechnung. Mehr als ein Rendezvous-Gruppenflug war nicht möglich. Kubassow führte während eines Außenbordeinsatzes Schweißversuche mit unterschiedlichen Metallen durch. Die Ergebnisse waren jedoch nicht befriedigend. So blieb als einziger zu vermeldender Erfolg die Fähigkeit zur Durchführung von drei bemannten Raumflügen gleichzeitig.[85]

Einen Monat später folgte mit Apollo 12 bereits das zweite bemannte Mondlandeunternehmen der USA. Kommandant (CDR) Charles Conrad (3. Raumflug) und Newcomer Alan L. Bean (1932–2018, LMP) landeten mit der Mondfähre (Rufzeichen: *Intrepid*, dt. unerschrocken/furchtlos) im Oceanus Procellarum (dt. Ozean der Stürme), während Richard Gordon (2. Raumflug) als Pilot des Kommandomoduls (CMP, Rufzeuchen: *Yankee Clipper*, dt. Nordstaaten-Segler) im Mondorbit verblieb. Conrad betrat als dritter und Bean als vierter Mensch den Mond. Während des siebeneinhalbstündigen Mondaufenthaltes sammelten die Astronauten 35 kg Mondgestein ein und stellten eine weiterentwickelte automatische Forschungsstation auf, das sogenannte Apollo Lunar Surface Experiments Package (ALSEP). Es besaß unter anderem ein Magneto-, Thermo-, Spektro- und Seismo- und Magnetometer sowie Detektoren für Ionen und Mondstaub. Dank der eingebauten Radionuklidbatterien konnten jahrelang Messungen durchgeführt und die Ergebnisse automatisch zur Erde gefunkt werden.[86]

Außerdem besuchten sie auch die im April 1967 dort gelandete Mondsonde Surveyor 3. Teile der Sonde wurden demontiert und zur Analyse wieder zur Erde zurückgebracht. Später wurde in der Schaumstoffisolierung ein irdisches Bakterium entdeckt, welches erstaunlicherweise die zweieinhalb Jahre auf dem Mond überlebt hatte. Es handelte sich dabei um eine sogenannte Vorwärtskontamination, also eine Einschleppung irdischer Organismen auf einen anderen Himmelskörper. (Abb. 4.8, 4.10).

---

[85] Block, Torsten. 1992. *Bemannte Raumfahrt*, S. 59.

[86] Ulamec, Stephan u. a. 2011. Planetenmissionen. In: *Handbuch der Raumfahrttechnik*, S. 559.

Abb. 4.10 Charles Conrad von Apollo 12 untersucht im November 1969 die imApril 1967 gelandete Mondsonde Surveyor 3 im Ozean der Stürme (lat. Oceanus Procellarum). Im Hintergrund die Mondfähre Intrepid (dt. unerschrocken/furchtlos) (© NASA)

Die geplante TV-Liveübertragung von der Mondoberfläche musste entfallen, da die neuentwickelte Farbfernsehkamera der schwedischen Firma Hasselblad nicht funktionierte.[87]

Die Bergung erfolgte so wie bei Apollo 11 mit dem Flugzeugträger USS Hornet (CV-12). Das wegen seinem charakteristischen Tarnanstrich auch „*Blue Ghost*" genannte Kriegsschiff hatte am Zweiten Weltkrieg, Koreakrieg und Vietnamkrieg aktiv teilgenommen. Sie wurde 1970 stillgelegt und in Almeda an der San Francisco Bay als Museumsschiff eingerichtet. Im Hangar-Deck kann man die Mobile Quarantine Facility (MQF) besichtigen. Neben zahlreichen Trägerflugzeugen ist auch die Kommandokapsel eines unbemannten, suborbitalen Apollo-Testfluges vom August 1966 ausgestellt. Die Kommandokapsel von Apollo 12 mit der Bezeichnung *Yankee Clipper* ist im Virginia Air & Space Center in Hampton, Virginia ausgestellt. Das Museum gehört zum Langley Research Center (LaRC) der NASA.

Bei der Nachkontrolle der Unterlagen fanden die NASA-Kontrolleure zwischen den Checklisten der Astronauten auch Hefte der Comic-Serie Peanuts sowie Pin-up-Girls. Bei der internen Untersuchung bestritten die

---

[87] Moosleitner, Peter u. a. 1996. *Mondlandung*, S. 32.

drei Mondfahrer jedoch, dass sie die unerlaubten Hefte und Bilder mit an Bord geschmuggelt hatten. Immerhin drohte im Zuge disziplinärer Maßnahmen auch der temporäre Entzug der Flugerlaubnis. Für die NASA wäre eine Liveübertragung mit erotischen Bildern und Comic-Heften im Hintergrund ein PR-Desaster gewesen. Nationalhelden durften keine Kindsköpfe sein. Schließlich übernahm die Unterstützungsmannschaft (Support Crew) die Verantwortung. Ihre Mitglieder kamen dann auch erst beim Skylab-Programm zu ihrem ersten Einsatz.

Als Mitte April 1970 Apollo 13 startete, schienen die bemannten Mondflüge bereits Routine geworden zu sein. Kein amerikanischer Fernsehsender erklärte sich für die Liveübertragung des Starts mehr bereit.

Zwei Tage nach dem Start ereignete sich jedoch im Sauerstofftank des SM eine folgenschwere Explosion. Die berühmte Meldung *„Houston, wir haben hier ein Problem!"*[88] rückte die von den Medien bis dahin weitgehend ignorierte Mondmission ins Rampenlicht. Innerhalb von wenigen Sekunden fielen zwei der drei alkalischen Brennstoffzellen (Alkaline Fuel Cell, AFC) und die entsprechenden Hauptstromkreise aus. Außerdem wurde die Sauerstoffversorgung schwächer und der aus dem geborstenen Tank ausströmende Sauerstoff brachte das gesamte Raumschiff zum Schlingern. Der zunehmende Spannungsabfall im Kommandomodul mit dem bezeichnenden Rufzeichen *Odyssey* (dt. Odyssee) führte schließlich zum allmählichen Zusammenbruch aller Systeme. Innerhalb von Minuten musste daher die Mondfähre *Aquarius* (dt. Wassermann) aktiviert werden, um die wichtigsten Lebens- und Steuerungsfunktionen zu übernehmen. Zu diesem Zeitpunkt hatte das Raumschiff bereits drei Viertel der Monddistanz zurückgelegt.

Eine sofortige Umkehr war unmöglich, da das Haupttriebwerk des Raumschiffes Bestandteil des zerstörten Servicemoduls war. Es blieb also nur der Weg um den Mond herum, wobei die Gravitation des Erdtrabanten das Umkehrmanöver auf natürliche Weise einleitete. Dieses Verfahren wird auch Gravity Assist, Slingshot oder Swing-by genannt. Da man nicht in den Mondorbit einschwenkte, wurde eine große Runde geflogen, bei der sich das Apollo-Raumschiff über 400.000 km von der Erde entfernte. Dies ergab einen unfreiwilligen Rekord, nämlich die größte Entfernung von Menschen

---

[88] Zit. nach: Rademacher, Cay. 1995. Odyssee im All. In: *GEO*. 20. Jg., Nr. 2, S. 112. Engl. Originalzitat: *„Okay Houston, we've had a problem here!"* Die engl. Zeitform Present Perfect bezeichnet ein Ereignis, welches in der jüngsten Vergangenheit begonnen hat und noch andauert. Es kann daher im Deutschen mit der Gegenwartsform Präsens übersetzt werden.

zur Erde. In der Zwischenzeit musste die Transferbahn zurück zur Erde neu berechnet und für die korrekte Ausrichtung musste das Landetriebwerk der Mondfähre zweckentfremdet werden. Das zweite Hauptproblem war, dass die Reise noch mindestens drei Tage dauern würde und die Mondfähre nur für eine Betriebsdauer von maximal zwei Tagen bzw. für zwei Mondbesucher ausgelegt war. An Bord befanden sich jedoch wie üblich drei Astronauten, nämlich Kommandant (CDR) Jim Lovell, der als erster Mensch zum vierten Mal an einer Weltraummission bzw. zum zweiten Mal an einem Mondflug teilnahm, sowie die Newcomer John L. Swigert (1931–1982, CMP) und Frederick („Fred") W. Haise (*1933, LMP). Eigentlich war T. Kenneth („Ken") Mattingly (*1936) als Kommandant vorgesehen gewesen. Nachdem der Ersatzpilot für die Mondfähre, Charles („Charly") M. Duke (*1935), wenige Tage vor dem Start an Röteln erkrankt war, wurden alle anderen Mitglieder des Teams auf Antikörper getestet, und es stellte sich heraus, dass Ken Mattingly nicht immun war. Er wurde daraufhin von der Einsatzliste gestrichen, obwohl er selbst nicht erkrankte. Nun erwies sich dieser Umstand für alle Beteiligten als glücklicher Umstand, denn Ken Mattingly konnte als Capcom (Capsule Communicator, dt. Verbindungssprecher) seinen Kollegen im All während der nun folgenden größten, längsten und schwierigsten Rettungsaktion in der Geschichte der bemannten Raumfahrt wertvolle Tipps und Hilfestellung geben. Eine weitere wichtige Stütze im Raumflugkontrollzentrum (Mission Control Center, MCC) der NASA in Houston war der legendäre Flugdirektor (Flight Director) Eugene („Gene") F. Kranz (*1933). Gene Kranz leitete zahlreiche Missionen von Gemini, Apollo, Skylab und dem Space Shuttle bis zu seiner Pensionierung 1994. Von ihm ist im Zusammenhang mit Apollo 13 folgender berühmte Leitspruch überliefert: *„Scheitern ist keine Option".*[89]

Es würde den Rahmen dieses Buches sprengen, alle Probleme und ihre teilweise höchst unkonventionellen und improvisierten Lösungen anzuführen. Stellvertretend soll hier nur auf die abenteuerliche Konstruktion eines neuen Kohlendioxidfilters zur Reinigung der Atemluft verwiesen werden. Da die Mondfähre nur runde, das Kommandomodul jedoch eckige Filter besaß, musste aus der im Raumschiff vorhandenen Ausrüstung ein passender luftdichter Adapter gebastelt werden. Das Reinhaltungs- und Lebenserhaltungssystem (Environmental Control & Life Support System, ECLS) der Mondfähre war nämlich nur für 2 Personen ausgelegt, d. h. die 3 Astronauten

---

[89] Kranz, Gene. 2000. *Failure is not an Option.* New York: Simon & Schuster.

produzierten gemeinsam beim Ausatmen um 50 % mehr Kohlendioxid (CO_2), als das ECLS der Mondfähre filtern konnte.

Jim Lovell, der einzige Astronaut, der zweimal zum Mond geflogen ist, ohne ihn betreten zu haben, verarbeitete seine Eindrücke später in dem Erlebnisbericht *Lost Moon,* der 1995 als Grundlage für das Drehbuch zum Kinofilm *Apollo 13* diente. Darin beschrieb Lovell die Mission von Apollo 13 als *„erfolgreichen Fehlschlag".*[90] Im Film wurden die Astronauten Jim Lovell, Fred Haise und John Swigert von den Schauspielern Tom Hanks, Bill Paxton und Kevin Bacon verkörpert. Flugdirektor Gene Kranz wurde von Ed Harris gespielt.[91]

Mit der glücklichen Landung wurde aus der Beinahe-Katastrophe ein Triumph für die NASA, denn nur dem hohen Ausbildungsgrad und perfekten Zusammenspiel aller Beteiligten war es letztlich zu verdanken, dass die scheinbar ausweglose Situation der Irrfahrer gemeistert werden konnte.

Der kritische Abschlussbericht der Untersuchungskommission deckte jedoch wieder eklatante Mängel und Fahrlässigkeiten bei Entwicklung und Bodentests auf. So stellte sich heraus, dass der betreffende Sauerstofftank schon einmal im Servicemodul von Apollo 10 installiert und später wieder ausgebaut worden war, wobei er vom Kranhaken rutschte und zu Boden gefallen war. Danach war er für Drucktests benutzt worden. Dabei wurde eine Spannung von 65 V angelegt, obwohl das System selbst ursprünglich nur auf 28 V ausgelegt war und man bei diesem Tank die rechtzeitige Umrüstung einfach versäumt hatte. Durch die Überspannung war die Kabelisolierung der Elektrik des betreffenden Tanks beschädigt worden, was ebenfalls von niemandem bemerkt worden war (Abb. 4.11).[92]

Nach dem Splashdown im Südpazifik wurde das Kommandomodul *Odyssey* vom amphibischen Landungsschiff und Hubschrauberträger USS Iwo Jima geborgen. Damit war die sprichwörtliche Odyssee aber noch lange nicht zu Ende: Im Zuge der Untersuchungen wurde das CM zerlegt. Die Außenhülle wurde zunächst als Dauerleihgabe an das nationale französische Luft- und Raumfahrtmuseum Musée de l'Air et de l'Espace (MAE) am Pariser Flughafen Le Bourget übergeben. Die ausgebaute Inneneinrichtung wurde nach dem Abschluss der Untersuchungen in ein Trainingsmodul

---

[90] Lovell, Jim u. a. 1995. *Apollo 13. Ein Erlebnisbericht.* München: Goldmann. Engl. Originalzitat: „succeful failure".

[91] Moosleitner, Peter u. a. 1996. *Mondlandung,* S. 34.

[92] Gründer, Matthias. 2000. *SOS im All,* S. 111.

Abb. 4.11 Servicemodul von Apollo 13. Das durch eine Explosion stark beschädigte Servicemodul von Apollo 13, fotografiert aus dem Kommandomodul kurz nach der Trennung bzw. vor der Landung am 17.04.1970. (© NASA)

(Mockup) eingebaut und bis zur Jahrtausendwende in einem Naturkundemuseum, dem Museum of Natural History & Science in Louisville, Kentucky, ausgestellt. Schließlich wurde die Originalhülle von Frankreich wieder zurückgefordert und mit der ursprünglichen Einrichtung versehen. Die originalgetreu wiederhergestellte Kommandokapsel von Apollo 13 ist seitdem im Kansas Cosmosphere & Space Center in Hutchinson, Kansas ausgestellt.

Nach der ersten Erleichterung über die glückliche Landung von Apollo 13 wurde in der Öffentlichkeit zunehmend Kritik am kostspieligen und teuren Apollo-Programm laut. Die Notwendigkeit, bei künftigen Apollo-Missionen keine gebrauchten Teile mehr zu verwenden und alles nochmals auf Herz und Nieren zu überprüfen ließ die Kosten weiter explodieren. Die Antriebs- und Versorgungseinheit des Apollo-Raumschiffes, das sogenannte Service Module (SM), musste zudem aufgerüstet werden: Jeweils ein zusätzlicher Sauerstofftank und eine zusätzliche Batterie sollten die Belüftung und Stromversorgung des Command Module (CM), in welchem die drei Astronauten zum Mond flogen, dreifach redundant absichern. An eine weitere Mondmission im laufenden Jahr war nicht mehr zu denken. Der für das zweite Halbjahr 1970 geplante Flug von Apollo 14 musste um vier Monate auf Anfang 1971 verschoben werden. An eine weitere Mondmission im laufenden Jahr war nicht mehr zu denken. Trotzdem verursachte jeder einzelne Tag, den das Programm lief, Fixkosten in Höhe von 10 Mio. $. Jeder weitere Start einer Saturn 5 verschlang zudem weitere 190 Mio. $, was nach heutigem Wert immerhin 1 Mia. $ ausmacht. Nach der Auswertung der Bodenproben von Apollo 11 und 12 war zudem klar, dass man auf dem Mond keine sensationellen neuen Entdeckungen mehr machen würde. Es wurden keine Hinweise auf außerirdisches Leben gefunden. Es wurde auch kein neues Superelement mit irgendwelchen überirdischen Eigenschaften entdeckt. Im Gegenteil: Die Isotopensignatur des Mondmaterials war mit der irdischen identisch, was auf einen gemeinsamen Ursprung von Erde und Mond hindeutete. Buzz Aldrin, der nach Neil Armstrong als zweiter Mensch den Mond betrat, bezeichnete seine Eindrücke von der Mondoberfläche als *„magnificent desolation"* (dt. grandiose Trostlosigkeit). Er beschrieb eine graue Landschaft aus Staub und Steinen ohne Geräusche, ohne Anzeichen von Leben, ohne einen einzigen Lufthauch und über dem Horizont ein schwarzer Himmel.[93] Trotzdem waren noch mindestens sieben weitere bemannte Mondlandungen bis Apollo 20 geplant.

Hinzu kam, dass sich die Regierung von Präsident Nixon plötzlich einer ganz neuen Herausforderung gegenübergestellt sah:

Am 24. April 1970 – nur eine Woche nach der Landung von Apollo 13 – startete die Volksrepublik China mit einer selbst entwickelten Trägerrakete vom Typ *Chang Zheng* (dt. Langer Marsch) ihren ersten Satelliten *Dong Fang Hong* (dt. Der Osten ist Rot)s.[94] Nachdem China bereits 1964 die erste Atombombe und 1968 die erste Wasserstoffbombe getestet hatte, war es nun auch in der Lage, die USA mit atomaren Interkontinentalraketen (ICBM) direkt anzugreifen. Im Vietnamkrieg unterstütze China den kommunistischen Norden. Der Krieg eskalierte nach dem Sturz des kambodschanischen Königs Norodom Sihanouk, als Nixon amerikanische Soldaten in Kambodscha einmarschieren ließ, um den Vietkong von seinen geheimen Versorgungsrouten, dem sogenannten Ho-Chi-Minh-Pfad, abzuschneiden.

Diese drängenden irdischen Probleme führten schließlich dazu, dass Nixon für das folgende Haushaltsjahr eine deutliche Budgetkürzung für die NASA ankündigte.

---

[93] Koser, Wolfgang. 2019. Space Spezial Nr. 2. Der Mond, S. 122.

[94] Mackowiak, Bernhard u. a. 2018. *Raumfahrt*, S. 230. Der „Lange Marsch" (Chang Zheng), der Rückzug der Roten Armee unter Mao Zedong 1934–1935, stellt den zentralen Helden- und Gründungsmythos der Volksrepublik China dar. „Der Osten ist Rot" (Dong Fang Hong) ist ein Propaganda-Loblied auf Mao Zedong und die Kommunistische Partei Chinas.

Tab. 4.3   Gegenüberstellung der bemannten Raumfahrtaktivitäten der USA (Apollo) und der Sowjetunion (Sojus) 1967 bis 1969

Jahr	Monat	U S A	Sowjetunion
1967	April	-X-	**Sojus 1** (Rufzeichen: Rubin) 1. Kosmonaut zum 2. Mal im Orbit 1. Tödlicher Unfall bei Raumflug Wladimir M. Komarow (2. Flug, †)
1968	Okt.	**Apollo 7** 1. US-Dreierbesatzung im Raumschiff 1. Raumfahrer zum 3. Mal im All W. Shirra (3. Flug), D. Eisele, W. Cunningham	**Sojus 3** (Rufzeichen: Argon) Georgi T. Beregowoi
	Dez.	**Apollo 8** 1. Bemannter Mondflug F. Borman (2. F), J. Lovell (3. F), W. Anders	-X-
1969	Jan.	-X-	**Sojus 4** (Amur), **Sojus 5** (Baikal) 4 Kosmonauten gleichzeitig im Orbit 1. Umstieg zwischen Raumfahrzeugen W. Schatalow, B. Wolynow, J. Chrunow, A. Jelissejew
	März	**Apollo 9** (RZ: Gumdrop, Spider) Docking Raumschiff und Mondfähre im Orbit J. McDivitt (2. F), D. Scott (2. F), R. Schweickart	-X-
	Mai	**Apollo 10** (Charly Brown, Snoopy) Mondfähre bis 14 km an Mondoberfläche T. Stafford (3. F), J. Young (3. F), E. Cernan (2. F)	-X-
	Juli	**Apollo 11** (RZ: Columbia, Eagle) 1. Mondlandung, 1. Mensch auf dem Mond N. Armstrong (2. Flug, 1. Mond), E. Aldrin (2. F, 2. M), M. Collins (2. F)	-X-
	Okt.	-X-	**Sojus 6** (Antaios), **Sojus 7** (Buran), **Sojus 8** (Granit) 3 Raumfahrzeuge mit 7 Raumfahrern Gleichzeitig im Orbit S6: G. Schonin, W. Kubassow S7: Filiptschenko, Wolkow, Gorbatko S8: Schatalow (2. F), Jelissejew (2. F)

(Fortsetzung)

Tab. 4.3   (Fortsetzung)

Jahr	Monat	U S A	Sowjetunion
	Nov.	**Apollo 12** (Yankee Clipper, Intrepid) 2. Mondlandung C. Conrad (3. F, 3. M), R. Gordon (2. F), A. Bean (4. M)	-X-

Die Nixon-Administration war der Überzeugung, dass eine langfristige Weiterführung des Apollo-Programms weder aus wissenschaftlicher, noch aus propagandistischer Sicht sinnvoll sei. Andererseits war die NASA durch langfristige Verträge an ihre zahlreichen Auftragnehmer bzw. Zulieferer gebunden. Zudem hatte die NASA ein ehrgeiziges Apollo-Anwendungs-Programm (Apollo Applications Program, AAP) ins Leben gerufen, in dessen Rahmen sogar der Aufbau einer Mondbasis als wissenschaftliche Forschungsstation für den Daueraufenthalt von bis zu 200 Tagen geplant war. Der Streit eskalierte und NASA-Administrator Thomas Paine erklärte schließlich Mitte September seinen Rücktritt. Damit übernahm dessen Stellvertreter George M. Low (1926–1984) interimistisch die Leitung der Weltraumbehörde. Kurt Spillmann stellte in diesem Zusammenhang fest, dass sich der *„Idealismus der 1960er Jahre dem Pragmatismus der 1970er Jahre"* beugen musste.[95]

Enttäuscht von den angekündigten Budgetkürzungen beendete auch Wernher von Braun seine operative Tätigkeit als Direktor des Marschall SFC, die er zehn Jahre lang innegehabt hatte. Brauns Nachfolger und damit neuer Leiter des German Rocket-Team wurde sein bisheriger Stellvertreter Eberhard F. M. Rees (1908–1998). Braun selbst übernahm die Leitung des neu gegründeten strategischen Planungsbüros der NASA. Es sollte ein Nachfolgeprogramm für die zukünftige bemannte Raumfahrt der USA ausarbeiten. Diese Planungen konnten jedoch nicht darüber hinwegtäuschen, dass der Apollo-Rush abebbte. Der Beschluss zur Kürzung des Apollo-Programmes im Jahr 1970 stellte daher eine Zäsur in der Geschichte der Raumfahrt dar (Tab. 4.3). Mit ihr endete das Goldene Zeitalter der Raumfahrt.

---

[95] Spillmann, Kurt. 1988. Geschichte der Raumfahrt. In: *Der Weltraum seit* 1945, S. 31 bzw. Zimmer, Harro. 1997. *Das NASA-Protokoll,* S. 139.

4.4   Apollo versus LOK: Die Mondmissionen 1970–1975

Die Mondmissionen der Jahre 1970 und 1971 standen noch ganz im Zeichen des Wettlaufs zum Mond, der eigentlich schon mit der ersten bemannten Mondlandung 1969 entschieden war. Nach der Beinahe-Katastrophe von Apollo 13 und weiterer dramatischen Entwicklungen wurde das Apollo-Programm gekürzt und lief langsam aus. Dennoch kam es mit den Mondautos ab Apollo 15 noch einmal zu einer spektakulären Neuerung. Die Sowjetunion fuhr zweigleisig zum Mond: Offiziell forcierte sie die unbemannte Erkundung des Erdtrabanten mit Sonden. Dabei gelangen ebenfalls spektakuläre Neuerungen: Einerseits die erste automatische Rückführung von Mondgestein mit Luna 16 und andererseits der Einsatz des ersten unbemannten Mondrovers Lunochod 1. Neben dem offiziellen Luna-Mondsondenprogramm gab es jedoch auch noch ein streng geheimes bemanntes Mondprogramm. Mit der Mondrakete N-1 sollte das Raumschiff LOK in eine Transferbahn zum Mond geschossen werden und mit der Mondfähre LK ein Kosmonaut auf dem Mond landen. Während LOK und LK unbemannt getestet wurden, gab es mit der N-1 mehrere Fehlstarts.

Die Tatsache, dass das Apollo-Programm nach der Odyssee von Apollo 13 für ein dreiviertel Jahr unterbrochen werden musste, eröffnete der Sowjetunion ein Zeitfenster, um die Schmach von Apollo 11 wettzumachen.

Im Juni 1970 gelang den Kosmonauten Andrijan G. Nikolajew (1929–2004) und Witali I. Sewastjanow (1935–2010) im Raumschiff Sojus 9 (Rufzeichen: *Sokol*, kyrill. Сокол, dt. Falke) mit 17 Tagen im All ein neuer Langzeitrekord. Es war der letzte Langzeitrekord, der in einem einzigen Raumfahrzeug durchgeführt wurde. Die Apollo-Missionen zum Mond und zurück dauerten je nach Länge des Mondaufenthaltes zwischen 8 und 12 Tagen. Alle folgenden Rekorde wurden an Bord von Raumstationen aufgestellt, wobei die Raumfahrer mit anderen Raumfahrzeugen gestartet und gelandet sind. Nach der Landung war es den Kosmonauten aufgrund des enormen Muskelschwundes kaum möglich, aus eigener Kraft aus der Kapsel zu steigen. Sie benötigten über eine Woche, um sich wieder zu akklimatisieren.[96]

Für Nikolajew war es nach Wostok 3 der zweite Raumflug. Mit seiner Ehefrau Walentina W. Tereschkowa (*1930), die 1963 mit Wostok 6 als erste Frau ins All geflogen war, bildeten sie ein Traumpaar der Sowjetpropaganda.

Im September 1970 landete die sowjetische Sonde Luna 16 im Mare Fecunditatis (dt. Meer der Fruchtbarkeit). Die zwei Tonnen schwere

---

[96] Block, Torsten. 1992. *Bemannte Raumfahrt*, S. 66.

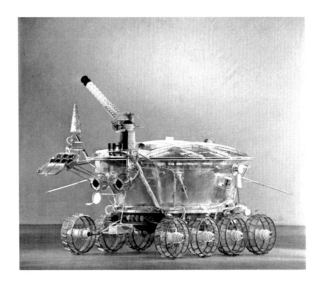

Abb. 4.12 Lunochod 1 war der erste Mondrover. Er legte von November 1970 bis Oktober 1971 über 10 km zurück. Er war unbemannt und wurde von der Erde aus ferngesteuert. Die beiden Augen vorne enthielten kleine Fotokameras. Die Bilder wurden zur Erde gefunkt um Hindernissen ausweichen zu können. Auf dem Mond wurde der Deckel automatisch aufgeklappt und legte die Solarzellen zur Energieversorgung frei. (© B. Borisov/DPA/picture alliance)

Robotersonde entnahm mit einem automatischen Bohrsystem eine 35 cm lange und 100 g schwere Bodenprobe und kehrte damit zur Erde zurück. Angesichts der Tatsache, dass die Amerikaner mit Apollo 11 und 12 im Jahr zuvor bereits 56 kg Mondgestein zur Erde gebracht hatten, war dies zwar vergleichsweise wenig, aber es ging ums Prinzip: Mit Luna 16 war es erstmals gelungen, automatisch beziehungsweise unbemannt Gesteinsmaterial von einem fremden Himmelskörper auf die Erde zu bringen (engl. Robotic Sample Return Mission).

Zwei Monate später setzte Luna 17 das unbemannte Mondfahrzeug Lunochod 1 (dt. Mondgänger)[97] im Mare Ibrium (dt. Regenmeer) ab. Der 750 kg schwere Mondrover war von November 1970 bis Oktober 1971 insgesamt elf Monate lang aktiv und legte während dieser Zeit auf seinen acht Rädern über 10 km zurück (Abb. 4.12). Die Energieversorgung erfolgte über Solarzellen im aufgeklappten Deckel des ovalen Fahrzeugrumpfes. Zur Navigation mittels Fernsteuerung wurden von zwei kleinen Frontkameras

---

[97] Kyrill. Луноход, engl. Transkription: Lunokhod.

insgesamt 20.000 Bilder vom Boden unmittelbar vor dem Rover übertragen. Darüber hinaus wurden mit vier hochauflösenden Kameras insgesamt 200 Panoramabilder der Umgebung aufgenommen und zur Erde gefunkt. An insgesamt 500 Stellen wurden mit einem Penetrometer die Dichte und mit einem Röntgenfluoreszenzspektrometer die chemische Zusammensetzung des Mondbodens gemessen. Darüber hinaus war das Mondmobil mit einem Strahlendetektor ausgerüstet. Die Messdaten wurden automatisch zur Erde gefunkt und dort ausgewertet. Führender Konstrukteur dieser neuen Generation automatisierter Robotersonden war Georgi N. Babakin (1914–71).[98]

Mit Lunochod wurde erstmals eine neuartige Kategorie von Raumfahrzeugen eingesetzt: der Rover. Wörtlich übersetzt bedeutet dies Vagabund oder Wanderer und hat im Zusammenhang mit Raumfahrzeugen nichts mit dem gleichnamigen britischen Automobilhersteller zu tun. In der Raumfahrt sind Rover spezielle Kraftfahrzeuge für den Betrieb auf fremden Himmelskörpern. Sie können bemannt oder unbemannt sein.

Die Sowjetpropaganda lief wieder auf Hochtouren. Nun hatte man endlich eine Alternative zu den ungleich kostspieligeren und zudem gefährlicheren bemannten Mondmissionen der USA erfolgreich eingesetzt. Damit hatte die Sowjetunion den besten Vorwand um behaupten zu können, dass es den Wettlauf zum Mond gar nicht gegeben hätte, weil man gar kein bemanntes Mondprogramm geplant hätte. Tatsächlich gab es in der zweiten Hälfte der 1960er Jahre ein streng geheimes bemanntes Mondprogramm in der Sowjetunion. Auf Basis des Erdorbitalraumschiffes vom Typ Sojus wurde mithilfe einer neuentwickelten Antriebssektion ein Mondorbitalraumschiff (russ. Lunnij Orbitalnij Korabl, LOK) entwickelt.[99] Der Name leitete sich von der Tatsache her, dass das LOK genauso wie das Apollo-Mutterschiff nicht auf dem Mond landen, sondern ihn in einer Umlaufbahn umkreisen sollte. Während die Antriebs- und Versorgungssektion des Sojus-Systems lediglich über kleinere Triebwerke zur Lageregelung und Bahnkorrektur im Erdorbit verfügte, wurde für das LOK eine neue Antriebssektion mit einem großen Triebwerk für die Abbremsung zum Einschwenken in den Mondorbit sowie zum Einschuss in die Transferbahn vom Mond zurück zur Erde entwickelt.[100] Den Einschuss in die Transferbahn von der Erde zum Mond hätte wie bei Apollo die Oberstufe der Trägerrakete durch-

---

[98] Zimmer, Harro. 1996. *Der rote Orbit*, S. 137 f. bzw. Mackowiak, Bernhard u. a. 2018. *Raumfahrt*, S. 173.

[99] Lunnij Orbitalnij Korabl (LOK) = Лунный Орбитальный Корабль (ЛОК).

[100] Reichl, Eugen. 2010. *Bemannte Raumfahrzeuge*, S. 56–59.

geführt. Man spricht in diesem Zusammenhang auch von einer sogenannten Kickstufe. Für den Abstieg zum Mond wurde analog zur amerikanischen Mondfähre Lunar Module (LM) ein sowjetisches Lunnij Korabl (LK) entwickelt, welches allerdings nur für einen Kosmonauten ausgelegt war.[101] Es wären demnach zwei Kosmonauten mit dem LOK zum Mond geflogen, von denen einer im LK auf dem Erdtrabanten gelandet wäre. Die unbemannten Testflüge der Prototypen im Erdorbit liefen unter dem Namen *Kosmos*.[102] Dies war eine Tarnbezeichnung für Satelliten, über die die Sowjetunion der Öffentlichkeit keine genaueren Angaben machen wollte. Als Trägerrakete für den Erdorbit fungierte die dreistufige Sojus-Rakete. Sie war die letzte und erfolgreichste Entwicklung des Zentralen Konstruktionsbüros für Experimentellen Maschinenbau (ZKBEM) unter der Leitung von Chefkonstrukteur Sergej P. Koroljow (1906–1966), dem Vater der Orbitalrakete.[103]

Die unbemannten Testflüge zum Mond liefen unter der Tarnbezeichnung Zond (kyrill. Зонд), dem russischen Wort für Sonde. Als Trägerrakete für den Einschuss in die Transferbahn zum Mond fungierte eine vierstufige Schwerlastrakete vom Typ Proton (kyrill. Протон).[104] Dieser Raketentyp war Anfang der 1960er Jahre vom Zentralen Konstruktionsbüro für Maschinenbau (ZKBM) unter der Leitung von Wladimir N. Tschelomei (1914–1984) unter der Bezeichnung UR-500 als schwere dreistufige Interkontinentalrakete entwickelt worden.[105] Ihre primäre Nutzlast sollte die neue 100-Megatonnen-Superbombe der Sowjetunion sein. Dabei handelte es sich um die stärkste jemals konstruierte Wasserstoffbombe der Welt, die unter der Bezeichnung Zar-Bombe (russ. Tsar Bomba) in die Geschichte eingegangen ist. Als Trägerrakete für die Prototypen des LOK-Raumschiffes erhielt die Proton eine vierte Stufe, die als Kickstufe für den Einschuss in die Transferbahn zum Mond fungierte.[106] Im Oktober 1970 flog ein Prototyp des LOK unter der Tarnbezeichnung Zond 8 in einer hochelliptischen Erdumlaufbahn (engl. Highly Elliptical Orbit, HEO) mit einem Apogäum (erdfernster Punkt) von rund 400.000 km um den Mond herum. Der

---

[101] Ebd., S. 50–55.

[102] Kyrill. Космос, engl. Transkription Cosmos.

[103] Reichl, Eugen. 2011. *Trägerraketen*, S. 112 f.

[104] Protonen sind positiv geladene Elementarteilchen, die gemeinsam mit den Neutronen den Atomkern bilden.

[105] UR = russ. Universalnija Raketa = kyrill. Универса́льная Раке́та (УР) = dt. Universelle Rakete.

[106] Ebd., S. 106 f.

Wiedereintritt in die Erdatmosphäre erfolgte über der Arktis mit Wasserung im Indischen Ozean.

In Tab. 4.4 sind die Parameter der Mondraumschiffe Apollo und LOK nebeneinander gestellt, in Tab. 1.2 die Mondfähren Lunar Module und Lunnij Korabl (Tab. 4.5).

Unabhängig vom streng geheimen bemannten Mondprogramm zeigte die offizielle Sowjetpropaganda in der Öffentlichkeit des Westens durchaus ihre Wirkung: Warum sollten die USA Milliardensummen an Steuergeldern ausgeben und das Leben von Astronauten aufs Spiel setzen, wenn die Sowjetunion gleichzeitig auch mit unbemannten Sonden Messungen aller Art vornehmen, Mondstaub und Mondgestein analysieren und zur Erde bringen konnte?

Nun hatte die Nixon-Administration mit dem Interimschef der NASA leichtes Spiel: Das Apollo-Programm wurde um drei geplante Mondflüge gekürzt und musste demnach mit Apollo 17 enden. Dieser Beschluss stellte eine Zäsur in der Geschichte der Raumfahrt dar. Mit ihr endete der große Wettlauf ins All und damit auch die Pionierzeit der Raumfahrt. Die beiden Supermächte einigten sich auf ein symbolträchtiges Gemeinschaftsprojekt, das Apollo-Sojus-Test-Projekt (ASTP), welches 1975 durchgeführt werden sollte.

Ende Januar 1971 startete schließlich Apollo 14 mit viermonatiger Verspätung zum Mond. Kommandant (engl. Commander, CDR) Alan B. Shepard (1923–1998) war zehn Jahre zuvor mit Mercury 3 als erster Amerikaner in den Weltraum geflogen. Nun durfte er im Alter von 48 Jahren als ältester Mensch den Mond betreten. Pilot der Mondfähre (engl. Lunar Module Pilot, LMP, sprich: „Lempi") mit dem Rufzeichen *Antares* war Edgar („Ed") D. Mitchell (1930–2016), der als sechster Mensch den Mond betrat. Apollo 14 war die dritte bemannte Mondlandung nach Apollo 11 und 12 im Jahre 1969. Der dritte Astronaut in der Apollo-Crew war Stuart A. („Stu") Roosa (1933–1994), der als Pilot des Apollo-Mutterschiffs (engl. Command Module Pilot, CMP) mit dem Rufzeichen *Kitty Hawk* im Mondorbit verblieb.[107]

Der Aufenthalt bei den Fra-Mauro-Kratern[108] im Mare Nubium (dt. Wolkenmeer) dauerte insgesamt 33 h, wobei zwei Mondspaziergänge („moonwalks") unternommen wurden, die im NASA-Jargon Lunar Extra-

---

[107] Antares (dt. Gegenmars) ist der hellste Stern im Sternbild Skorpion. Kitty Hawk (North Carolina) ist der Ort, an dem die Brüder Wilbur und Orville Wright 1903 zum ersten Motorflug gestartet sind.

[108] Benannt nach dem venezianischen Mönch und Kartographen Fra(ter) Mauro (1385–1459).

Tab. 4.4 Parametervergleich zwischen den Mondraumschiffen Apollo (USA) und LOK (SU). Quelle der Kenngrößen: Reichl, Eugen. 2010. Bemannte Raumfahrzeuge seit 1960, S. 53, 58, 62 u. 69. AFC=Alkaline Fuel Cell (Alkalische Brennstoffzelle), LEO=Low Earth Orbit (niedrige Erdumlaufbahn für Testzwecke), NTO=(Di-) Nitrogen Tetroxyde (Distickstofftetroxid, N_2O_4), RCS=Reaction Control System (Lageregelungssystem), TLI=Trans-Lunar Injection (Einschuss in die Transferbahn zum Mond), UDMH=unsymmetrisches Dimethylhydrazin ($C_2H_8N_2$)

Parameter Mondraumschiff	Apollo (USA)	LOK (SU)
Gesamtlänge Mutterschiff exkl. Mondfähre	11 m (CSM)	10 m
Gesamtmasse (exkl. Mondfähre)	30 t	28 t
Durchmesser	3,90 m	2,95 m
Anzahl der Module (inkl. Mondfähre)	3	4
Trägerrakete LEO/TLI	Saturn 1B/Saturn 5	Proton/Nositel N1
Raumfahrerkapsel	Command Module (CM)	Start-Lande-Sektion + Orbitalsektion
Besatzung der Kapsel	3	2
Einsätze unbemannt/bemannt/Raumfahrer	4 / 15 / 45 Astronauten	5 / 0 / 0
Bemannte Mondflüge/Raumfahrer	9 Mondflüge/27 Astronauten	0/0
Erster Start	Februar 1966	März 1968
Letzter Start	Juli 1975	Oktober 1970
Rauminhalt der Kapsel	6 m³	4 m³ (SL-Sektion) 5 m³ (O-Sektion)
Masse der Kapsel	6 t	10 t (2 Sektionen)
Höhe der Kapsel	3,25 m	2,25 m (SL-Sekt.) 3,45 m (O-Sekt.)
Triebwerke zur Lageregelung (RCS)	12 × 412 kN	?
Antriebs- und Versorgungseinheit	Service Module (SM)	Antriebssektion
Masse der A&V-Einheit (vollgetankt)	25 t	18 t
Länge der A&V-Einheit	7,5 m	6,30 m
Haupttriebwerk zur Bahnregelung	Aerojet AJ-10 SPS	Block D RD-58
Schubkraft Hauptantrieb	98 kN	83 kN
Triebwerke zur Lageregelung (RCS)	16 × 440 kN	?
Treibstoffkombi (Brennstoff + Oxidator)	UDMH + NTO	UDMH + NTO
Energieversorgung	3 × AFC à 2 kW = 6 kW	?

Vehicular Activity (EVA) heißen. Zwischen den Ausflügen ruhten sich die Astronauten in der Mondfähre in Hängematten aus. Die erste EVA diente der Erkundung des Landeplatzes, dem obligatorischen Flaggenhissen sowie dem Ausladen und Aufstellen der Ausrüstung, insbesondere der kleinen, würfelförmigen Messinstrumentenstation für wissenschaftliche Langzeitexperimente, den sogenannten Apollo Lunar Scientific Experiments Package (ALSEP). Die zweite EVA sollte zu einem rund eine Meile von der Landestelle entfernten Mondkrater führen. Dort sollten weitere Messungen durch-

Tab. 4.5 Parametervergleich zwischen den Mondfähren Lunar Module (LM = USA) und Lunnij Korabl (LK = SU). Im Gegensatz zum sowjetischen LK bestand das amerikanische LM aus zwei Stufen, der Landestufe (Descent Stage) und der Aufstiegsstufe (Ascent Stage). Jede dieser Stufen besaß ein eigenes Raketentriebwerk. Quelle der Kenngrößen: Reichl, Eugen. 2010. Bemannte Raumfahrzeuge seit 1960, S. 53 u. 69. NTO = (Di-) Nitrogen Tetroxyde (Distickstofftetroxid, N_2O_4), UDMH = unsymmetrisches Dimethylhydrazin ($C_2H_8N_2$)

Parameter Mondfähre	Lunar Module (LM) USA	Lunnij Korabl (LK) = SU
Besatzung	2	1
Einsätze unbemannt/bemannt/ Raumfahrer	1 / 9 / 18 Astronauten	4 / 0 / 0
Bemannte Mondlandungen/ Raumfahrer	6 Landungen/12 Astronauten	0/0
Erster Start	Januar 1968	November 1970
Letzter Start	Dezember 1972	August 1971
Masse	12 t	5,5 t
Höhe	7 m	5,20 m
Rauminhalt	6,7 m³	5 m³
Hauptantrieb(e)	Descent Stage + Ascent Stage	RD-858
Treibstoffkombination (Brennstoff + Oxidator)	Aerozin 50 + NTO	UDMH + NTO
Schubkraft	45 kN (DS) + 15 kN (AS)	20 kN

geführt und Bodenproben entnommen werden. Für den Transport von Werkzeug, Messgeräten und den Gesteinsproben wurde erstmals ein Handkarren mitgeführt. Im offiziellen NASA-Jargon trug er die Bezeichnung Modular Equipment Transporter (MET), die Astronauten selber nannten es scherzhaft „*Rickshaw*" (dt. Rikscha). Während der monatelangen Startverzögerungen hatte ein Mitglied des German Rocket Team den Astronauten ein Field-Training im Nördlinger Ries vorgeschlagen. Dabei handelt es sich um einen 14 Mio. Jahre alten Meteoritenkrater mit rund 24 km Durchmesser zwischen der Schwäbischen und der Fränkischen Alb an der Grenze zwischen Bayern und Württemberg. Shepard und Mitchell hatten das Training im Sommer 1970 absolviert und den MET als brauchbar befunden. Dabei hatten sie allerdings nicht berücksichtigt, dass der Mondstaub – das sogenannte Regolith – im Kratergebiet deutlich tiefer ist als bei den Landestellen von Apollo 11 und 12. Die relativ schmalen Räder des MET versanken im Regolith und das Vorankommen war deutlich anstrengender als bei der Feldübung in Deutschland. Sie benötigten zwei Stunden für eine Meile und hatten den Krater nicht gefunden (Abb. 4.13). Den Astronauten wurde die Atemluft langsam knapp und in den Raumanzügen sammelte sich der Schweiß. Unverrichteter Dinge

Abb. 4.13 Astronaut Alan Shepard von Apollo 14 im Februar 1971 mit dem Hand-karren Modular Equipment Transporter (MET), genannt Rikscha, bei den Fra-Mauro-Kratern im Mare Nubium. Aus einer Stange und einem mitgebrachten Schlägerkopf bastelte er sich ein Eisen 6 und schlug damit zwei Golfbälle. (© NASA)

machten sie kehrt und erreichten nach vier Stunden ausgelaugt und durch-geschwitzt die Mondfähre. Mithilfe der 2009 gestarteten Mondsonde Lunar Reconnaissance Orbiter (LRO) konnten die Spuren ausgewertet werden und es stellte sich heraus, dass die beiden Astronauten nur 30 m südlich am Kraterrand vorbeimarschiert sind, ohne es zu bemerken. Um die Stimmung zu heben und dem Mondaufenthalt einen versöhnlichen Abschluss zu geben, montierte Shepard eine Stange ab und steckte sie in einen mitgebrachten Schlägerkopf von einem Golf-Eisen 6. Damit schlug er zwei Golfbälle. Das war die erste sportliche Aktivität auf einem anderen Himmelskörper. Dennoch wurden insgesamt 43 kg Mondgestein zur Erde zurückgebracht, wobei das älteste Stück 4,5 Mia. Jahre alt war. Beim Start zum Rückflug ließen die Astronauten das Landegestell der Antares aus einigen Metern Höhe zu Boden fallen und erzeugten dadurch ein kleines

Beben, welches vom ALSEP-Seismometer registriert wurde und Rückschlüsse auf den inneren Aufbau des Erdtrabanten zuließ.[109]

Das Kommandomodul *Kitty Hawk* (CM-110) kann man heute im Kennedy Space Center (KSC) am Cape Canaveral, Florida besichtigen.

Die Erfahrungen mit dem verfehlten Missionsziel des zweiten Außenbordeinsatzes führten zu zwei Neuentwicklungen. Erstens wurde das tragbare Lebenserhaltungssystem (engl. Portable Life Support System, PLSS) des Raumanzuges aufgerüstet, um längere Außenbordaktivitäten zu ermöglichen. Zweitens sollte auf die Mitnahme des MET-Handkarrens zugunsten eines Mondautos verzichtet werden.

Jetzt war wieder die Sowjetunion am Zug: Im Juni 1971 erfolgte der streng geheime Testflug der neu entwickelten Mondrakete Nositel 1 (N-1).[110] Die N-1 wurde genauso wie die amerikanische Saturn 5 ausschließlich für den bemannten Mondflug entwickelt und gebaut. Für die Testflüge mit den leeren Prototypen und Modellattrappen (Mock-up) des LOK-Raumschiffs genügten die Proton-Raketen, welche Derivate von in großen Stückzahlen produzierten atomaren Interkontinentalraketen darstellten. Für den Flug einer voll ausgerüsteten und bemannten LOK/LK-Raumschiffkombination war jedoch eine deutlich größere und stärkere Trägerrakete notwendig. Die amerikanische Saturn-Rakete war die letzte große Entwicklung unter der Ägide des deutschstämmigen Raketenkonstrukteurs Wernher von Braun, der als Vater der Weltraumrakete gilt. Sein kongenialer Gegenspieler, der russische Raketenkonstrukteur Sergej Koroljow, welcher als Vater der orbitalen Trägerrakete gilt, war jedoch bereits 1966 gestorben.

Die alte Weisheit des antiken griechischen Philosophen Heraklit von Ephesos (520–460 v. Chr.), nach welcher der Krieg der Vater aller Dinge sei, zeigt sich auch bei der Geschichte der beiden Raketenkonstrukteure eindrucksvoll: Wernher von Braun konnte seine Raumfahrtvisionen während des Zweiten Weltkrieges nur durch die Unterstützung der Nazi-Diktatur unter Adolf Hitler verwirklichen, der das Aggregat Vier (A4) als Vergeltungswaffe Zwei (V2) zur Bombardierung Londons einsetzen ließ. Nach dem Krieg wurden er und seine Leute nach Amerika gebracht. Das sogenannte German Rocket Team entwickelte zunächst atomare Mittel- und Langstreckenraketen für die US-Streitkräfte. Die Trägerraketen der amerikanischen Raumfahrt der Nachkriegszeit leiteten sich von diesen

[109] Block, Torsten. 1992. *Bemannte Raumfahrt*, S. 67.
[110] Nositel, kyrill. Носитель, bedeutet wörtlich übersetzt Träger. Die in lat. Schrift gebräuchliche Abkürzung N-1 entspricht kyrill. H-1. Im Falle eines erfolgreichen Mondfluges war die Bezeichnung Herkules vorgesehen.

ab. Sergej Koroljow wiederum konnte seine Visionen während des Kalten Krieges nur durch die Unterstützung der Sowjetdiktatur unter Stalin und später Chruschtschow verwirklichen. Die von ihm entwickelte erste Trägerrakete, die sogenannte Raketa Semjorka (R-7), war die weltweit erste atomare Interkontinentalrakete (engl. Intercontinental Ballistic Missile, ICBM). Von ihr leiteten sich die Trägerraketen für die sowjetische Raumfahrt ab.[111]

Koroljows Nachfolger Wassili P. Mischin (1917–2001) führte als Generalkonstrukteur des Zentralen Konstruktionsbüros für Experimentellen Maschinenbau (ZKBEM) Koroljows Prinzip der Bündelung mehrerer Antriebsblöcke zu einer größeren Rakete fort. Bei der Konstruktion der Nositel wurde das Bündelungsprinzip jedoch überstrapaziert. Es war ein 105 m langes und 2800 t schweres Ungetüm mit insgesamt vier Stufen und nicht weniger als 44 Triebwerken entstanden. Allein die Startstufe besaß 30 Triebwerke, die in zwei konzentrischen Kreisen angeordnet waren, wobei der innere Kreis aus sechs und der äußere Kreis aus 24 Triebwerken bestand. Steuerungs- und regeltechnisch war das mit den damaligen Möglichkeiten schlichtweg nicht zu bewältigen.[112]

Das Hauptproblem war die relativ geringe Schubkraft der vom Versuchskonstruktionsbüro OKB-276 unter der Leitung von Nikolai D. Kusnezow (1911–1995) konstruierten NK-15 Triebwerke mit nur 1400 Kilonewton (kN) pro Triebwerk.[113] Das German Rocket Team unter Wernher von Braun entwickelte dagegen mit dem F-1 die größten und schubstärksten Einkammer-Raketentriebwerke aller Zeiten: Mit 6900 kN lieferte ein einzelnes F-1 so viel Schub wie fünf NK-15.[114]

Nach zwei Fehlstarts im Jahr 1969, bei denen auch die Startrampe Ba 110 R zerstört worden war, wurden einige Änderungen bei der Konstruktion vorgenommen, die jedoch das grundlegende Problem nicht behoben hatten.[115] Beim dritten Probestart Ende Juli 1971 führte asymmetrischer Schub zu einer instabilen Flugbahn. Das automatische Steuerungssystem mit den zu schwach dimensionierten Strahlrudern konnten die Schieflage nicht völlig ausgleichen und die Rakete geriet ins Trudeln. 50 s nach dem

---

[111] Hensel, André. 2019. *Geschichte der Raumfahrt bis 1970*.

[112] Reichl, Eugen. 2011. *Trägerraketen*, S. 44 f.

[113] OKB = Opytno Konstruktorskoje Bjuro, kyrill. Опытно Конструкторское Бюро (ОКБ) = Versuchskonstruktionsbüro, NK = Nikolai Kusnezow, 1000 kN = 100 t Schubkraft.

[114] Reichl, Eugen u. a. 2020. *Raketen. Die internationale Enzyklopädie*, S. 176.

[115] Eyermann, Karl-Heinz. 1993. Explosion stoppt Wettlauf zum Mond. Teil 1: Die russische Riesenrakete N-1 als Konkurrent zur Saturn-5. In: *Flug Revue*. 38. Jg., Nr. 12 (Dez.), S. 42 f.

Start hielt die Gitterstruktur den enormen Belastungen nicht mehr stand: Die Verbindungsstreben zwischen den Stufen brachen ab und die Rakete fiel auseinander.[116]

Neben den technischen Problemen mit der N-1 gab es für das ZKBEM unter Wassili Mischin auch noch eine interne sowjetische Konkurrenz: Das ZKBM unter Wladimir Teschelomei hatte eine Machbarkeitsstudie für eine Superschwerlastrakete auf Basis der Proton vorgelegt. Unter der internen Bezeichnung UR-700 sollte sie eine der Saturn 5 vergleichbare Nutzlastkapazität befördern. Der Konkurrenzkampf zwischen den beiden großen Konstruktionsbüros verhinderte eine notwendige Bündelung der Ressourcen.[117]

Die Mondraketen Saturn 5 und Nositel N-1 werden in Tab. 4.6 miteinander verglichen.

Auf Basis der genannten Kenngrößen der beiden Mondraketen lassen sich Massenverhältnisse („mass ratios") berechnen, die Rückschlüsse auf die Effizienz bzw. Performance der jeweiligen Konstruktion geben.[118]

Die Gesamtmasse einer Trägerrakete beim Start („mass at time zero" $= m_0$) errechnet sich aus der Summe von Trocken- bzw. Leermasse („dry mass" $= m_D$), Raketentreibstoffmasse („rocket propellant mass" $= m_{RP}$) und Nutzlastmasse („payload mass" $= m_{P/L}$):

$$m_0 = m_D + m_{RP} + m_{P/L} \tag{4.1}$$

Die Trocken- bzw. Leermasse („dry mass" $= m_D$) errechnet sich wiederum aus der Summe von Strukturmasse („structure mass" $= m_S$) und der Masse des Antriebssystems („propulsion mass" $= m_P$):

$$m_D = m_S + m_P \tag{4.2}$$

Die Strukturmasse (m_S) ist die Masse der hohlen Grundkonstruktion einer Rakete mit den Steuerungs- und Regelungssystemen, den Stufenadaptern sowie der Verkleidung. Die Antriebsmasse (m_P) bezieht sich auf das Antriebssystem der Rakete, das heißt die Tanks, die Leitungen und Pumpen sowie die Triebwerke, die wiederum aus Brennkammern und Düsen bestehen. Die Formel für die Berechnung des Leermassenverhältnisses (σ) lautet:

---

[116] Ders. 1994. Explosion stoppt Wettlauf zum Mond. Teil 2: Vier Fehlstarts beenden das russische N-1-Projekt. In: *Flug Revue*. 39. Jg., Nr. 1 (Jan.), S. 43 f.

[117] Terweij, Jakob. 1991. Mondrakete explodierte beim Start. In: *Flug Revue*. 36. Jg., Nr. 3 (März), S. 63. UR = russ. Universalnija Raketa = kyrill. Универсальная Ракета (УР) = dt. Universelle Rakete.

[118] Messerschmid, Ernst u. a. 2017. Raumfahrtsysteme, S. 47. m_0 = mass at time zero, griech. Buchstaben: σ = Sigma, η = Eta, μ = My.

Tab. 4.6 Parametervergleich zwischen den Mondraketen Saturn 5 (USA) und Nositel N-1 (SU). Gemäß der maximalen Nutzlast in den niedrigen Erdorbit (engl. Low Earth Orbit, LEO) gehören beide Raketen in die größte Kategorie, der sogenannten Super Heavy-lift Launch Vehicle (SHLV). Die Nutzlast für den Einschuss in die Transferbahn zum Mond (engl. Trans-Lunar Injection, TLI) beträgt rund ein Viertel davon. In der Literatur wird der Antrieb des Raumschiffes teilweise als weitere Raketenstufe mitgezählt. Nach dieser Zählung hätte die Saturn 4 und die Nositel 5 Stufen. Quelle der Kenngrößen: Reichl, Eugen. 2011. Trägerraketen seit 1957, S. 44 und 48 sowie Messerschmid, Ernst u. a. 2017. Raumfahrtsysteme, S. 56. LOX = Liquid Oxygen (flüssiger Sauerstoff), LH_2 = Liquid Hydrogen (flüssiger Wasserstoff), RP = Rocket Propellant (Raketenkerosin), Treibstoffkombination = Brennstoff + Oxidator

Parameter Mondrakete	Saturn 5 (USA)	Nositel N-1 (SU)
Gesamtlänge	110,60 m	105,30 m
Basisdurchmesser	18 m (inkl. Flossen)	22,40 m
Gesamtmasse	2950 t	2800 t
Gesamtschub	40.690 kN (= 4069 t)	56.760 kN (= 5676 t)
Max. Nutzlast LEO = Größenklasse	125 t = SHLV	95 t = SHLV
Max. Nutzlast TLI (Raumschifftyp)	45 t (Apollo)	25 t (LOK)
Anzahl der Raketenstufen	3	4
Gesamtzahl der Triebwerke	11	43
Hersteller der Triebwerke	NAA Rocketdyne	Nikolai Kusnezow (NK)
Anzahl × Typ Triebwerke 1. Stufe	5 × F-1	30 × NK-15
Treibstoffkombination 1. Stufe	RP-1 + LOX	Kerosin + LOX
Schubleistung der 1. Stufe	6900 × 5 = 34.500 kN	1400 × 30 = 42.000 kN
Anzahl × Typ Triebwerke 2. Stufe	5 × J-2	8 × NK-15 V
Treibstoffkombination 2. Stufe	LH_2 + LOX	Kerosin + LOX
109538524Schubleistung der 2. Stufe	1030 × 5 = 5150 kN	1650 × 8 = 13.200 kN
Anzahl × Typ Triebwerke 3. Stufe	1 × J-2	4 × NK-21
Treibstoffkombination 3. Stufe	LH_2 + LOX	Kerosin + LOX
Schubleistung der 3. Stufe	1030 kN	445 × 4 = 1780 kN
Anzahl × Typ Triebwerke 4. Stufe	0	1 × NK-19
Treibstoffkombination 4. Stufe	X	Kerosin + LOX
Schubleistung der 4. Stufe (Kickstufe)	0	395 kN
Erster Start	November 1967	Februar 1969
Letzter Start	Mai 1973	November 1972
Anzahl der Starts/davon erfolgreich	13/13	4/0

$$\sigma = \frac{m_D}{m_0} \tag{4.3}$$

Die Raketentreibstoffmasse („rocket propellant mass" = m_{RP}) errechnet sich aus der Summe von Brennstoffmasse („fuel mass" = m_F) und Oxidatormasse („oxidizer mass" = m_{OX}) sowie bei bestimmten Treibstoffkombinationen auch einem Katalysatorstoff („catalyst mass" = m_C):

$$m_{RP} = m_F + m_{OX} (+ m_C) \tag{4.4}$$

In der Luftfahrt wird der Sauerstoff der Umgebungsluft als Oxidator für die Verbrennung genutzt. Düsentriebwerke saugen die Luft an und pressen sie mithilfe von Turbinenschaufeln verdichtet in die Brennkammer. Dies funktioniert jedoch nur in der Troposphäre, der untersten Schicht der Erdatmosphäre, die bis in ca. 15 km Höhe reicht. In ihr befinden sich 90 % der gesamten Luftmasse. In den darüber liegenden Atmosphärenschichten ist die Luft zu dünn, um genug Sauerstoff für die Verbrennung zu bekommen. Im luftleeren Vakuum des Weltraumes sowieso. Daher funktioniert die Raumfahrt nur mit Raketenantrieb, wobei der zur Verbrennung notwendige Oxidator in der Rakete mitgeführt werden muss. Der Treibstoff ist bei Weltraumträgerraketen der mit Abstand größte Gewichtsfaktor. Bei der Saturn 5 betrug allein die Treibstoffmasse aller 3 Stufen sowie dem Apollo-Servicemodul rund 2550 t. Das waren rund 90 % der Gesamtmasse des Apollo-Saturn-Raumfahrtsystems. Die Formel für das Treibstoffmassenverhältnis (η)entspricht dem Verhältnis der Startmasse („mass at time zero" $= m_0$) zur Brennschlussmasse („burn-out mass" $= m_{B/O}$):

$$\eta = \frac{m_0}{m_{B/O}} \tag{4.5}$$

Die Nutzlast („payload", P/L) befindet sich an der Spitze der Rakete. In der Regel handelt es sich dabei um ein Raumfahrzeug. Neben der Primärnutzlast („primary payload") können auch noch kleinere Sekundärnutzlasten („secondary payload") mitgeführt werden, um die maximale Nutzlastkapazität auszuschöpfen. Daneben gibt es in neuerer Zeit auch noch Tertiärnutzlasten („tertiary payload") im Bereich der Mikro- und Nanosatelliten. Das Nutzlastverhältnis (μ) ist ein wichtiger Indikator für die Effizienz bzw. Wirtschaftlichkeit einer Rakete. Sie errechnet sich aus dem Verhältnis von Nutzlastmasse („payload mass" $= m_{P/L}$) zur Startmasse (m_0) der Rakete:

$$\mu = \frac{m_{P/L}}{m_0} \tag{4.6}$$

Das Nutzlastverhältnis für die Transferbahn zum Mond (TLI) war bei der amerikanischen Saturn 5 mit einem Wert von 0,015 fast doppelt so hoch wie bei der Nositel N-1 mit 0,009. Allgemeinverständlich ausgedrückt: Die maximale Zuladung für den Mondflug betrug bei der Saturn 1,5 % vom Gesamtgewicht und bei der Nositel lediglich 0,9 %. Anders ausgedrückt: Um eine Tonne Nutzlast zum Mond zu befördern, wurden bei der Saturn 65 t Treibstoff, Antrieb und Fahrzeugstruktur benötigt, bei der Nositel 113 t. Noch bescheidener sieht das Masseverhältnis aus, wenn man nur die Rückkehrmasse, das heißt die Landekapsel, berücksichtigt.

Das 6 t schwere Kommandomodul des Apollo-Raumschiffes entsprach nur 0,2 % der Startmasse des Apollo-Saturn-Systems. Die 3 t schwere Landesektion des LOK-Raumschiffes entsprach sogar nur 0,1 % der Startmasse des LOK-Nositel-Systems. Im Vergleich zu anderen Fahrzeugarten zu Lande, zu Wasser und in der Luft erscheinen beide Werte verschwindend gering. Das wäre in etwa so, wie wenn ein Jumbo Jet zu einem Interkontinentalflug starten, am Ende jedoch nur das Cockpit mit den Piloten landen würde. Der Rest ginge unterwegs verloren und für jeden Flug müsste extra ein neuer Jumbo Jet gebaut werden. Das macht die Raumfahrt so kostspielig. Die Herstellung einer Saturn 5 kostete damals rund 110 Mio. $, nach heutigem Wert ungefähr 660 Mio. $. Die Hauptlieferanten waren Boeing (1. Stufe S-IC), North American Aviation (2. Stufe S-II), Douglas Aircraft (3. Stufe S-IVB) und International Business Machines (IBM, Instrument Unit).

Ende Juli 1971 startete Apollo 15 mit Kommandant (CDR) David („Dave") R. Scott, der bereits mit Apollo 9 zum Mond geflogen war. Seine Begleiter waren die beiden Newcomer Alfred („Al") M. Worden (1932–2020) als Pilot des Apollo-Mutterschiffs (CMP) mit dem Rufzeichen Endeavour (dt. Anstrengung/Bemühung) und James („Jim") B. Irwin (1930–1991) als Pilot der Mondfähre (LMP) mit dem Rufzeichen *Falcon* (dt. Falke). Scott betrat als siebter und Irwin als achter Mensch den Mond. Die Mondfähre hatte eine spektakuläre Neuheit an Bord: Ein Mondauto, welches im offiziellen NASA-Jargon als Lunar Roving Vehicle (LRV) bezeichnet, intern aber einfach Lunar Rover genannt wurde. Es handelte sich dabei um ein zusammenklappbares Fahrgestell mit Elektroantrieb, welches im Landegestell (engl. Descent Module) der Mondfähre Muntergebracht wurde. Nach der Landung in der Rima Hadley (dt. Hadley-Rinne) am Fuße der Mondapenninen wurde das Fahrgestell herausgezogen und aufgeklappt.[119]

Die Elektromotoren und Batteriekapazitäten erlaubten eine Höchstgeschwindigkeit von 12 km/h und eine maximale Reichweite von ca. 55 Meilen (rund 90 km). Auf das Fahrgestell waren neben den zwei Sitzen für die Astronauten auch einige Messinstrumente und eine Parabolantenne montiert. Scott und Irwin legten mit dem Lunar Rover 28 km zurück, wobei sie sich jedoch nicht weiter als 5 km von der Mondfähre entfernten,

---

[119] Die bis zu 1 km breite und 400 m tiefe Mondrinne ist nach dem englischen Astronomen John Hadley (1682–1744) benannt. Die Mondapenninen (lat. Montes Apenninus) sind das mächtigste lunare Gebirge und sind nach dem irdischen Gebirge benannt, welches die Italienische Halbinsel von Norden nach Süden durchzieht.

Abb. 4.14 Astronaut James Irwin von Apollo 15 salutiert neben der US-Flagge. Im Hintergrund die Mondfähre *Falcon* (dt. Falke), aus deren mit Goldfolie verkleidetem Landegestell der erste bemannte Mondrover, das sogenannte Lunar Roving Vehicle (LRV), herausgezogen wurde. (© NASA)

um bei einer Panne notfalls auch zu Fuß wieder zurückkehren zu können. Die Astronauten nannten den Lunar Rover scherzhaft „*Moon Buggy*". Als erster bemannter Mondrover stellte er den unbemannten sowjetischen Lunochod in den Schatten. Der Aufenthalt auf dem Mond betrug erstmals mehr als zwei Tage. Die Bilder von den über den Mond fahrenden Astronauten sorgten vorübergehend wieder für eine große mediale Aufmerksamkeit (Abb. 4.14). Das galt auch für ein kleines physikalisches Experiment vor laufender Kamera: Scott ließ einen Hammer und eine Feder fallen und beide berührten gleichzeitig den Boden, da es im Vakuum des Weltraumes keinen Luftwiderstand gibt. Schließlich wurde auch noch eine Gedenktafel für 14 verstorbene Raumfahrer aufgestellt, zusammen mit einer kleinen Skulptur aus Aluminium, die ein belgischer Künstler angefertigt hatte und den Namen „*Fallen Astronaut*" (dt. gefallener Astronaut) trug. Vor dem Rückflug wurde im Mondorbit vom Apollo-Mutterschiff noch ein kleiner Satellit ausgesetzt. Auf dem Rückflug unternahm Worden auch noch einen Weltraumausstieg (EVA). Es war dies das erste Außenbordmanöver während eines Raumfluges außerhalb der Erdumlaufbahn.

Bei der Landung von Apollo 15 Anfang August 1971 gab es dann doch noch eine Schrecksekunde, als sich nur zwei der drei Bremsfallschirme öffneten, sodass das Kommandomodul relativ hart auf dem Wasser aufschlug.[120] Es wurde von dem Hubschrauberträger USS *Okinawa* geborgen und befindet sich heute im National Museum of the United States Air Force (NMUSAF) in Dayton, Ohio.

Mitte 1972 erfuhr die NASA von einem schwunghaften und lukrativen Handel mit Apollo-Mondpost in Deutschland. Eine Untersuchung wurde eingeleitet und es stellte sich heraus, dass ein Mitglied des German Rocket Team namens Walter Eiermann die drei Astronauten von Apollo 15 überredet hatte, 100 mit offiziellen Apollo-Sonderbriefmarken frankierte Briefumschläge auf ihre Mondmission mitzunehmen. Den Astronauten war zwar grundsätzlich gestattet, einige kleine persönliche Gegenstände mitzunehmen, diese mussten jedoch vorab gemeldet und registriert werden und durften anschließend nicht kommerziell verwertet werden. Insbesondere brennbares Material war streng limitiert. Eiermann bot jedem der drei Astronauten 7000 $ an, wenn sie die Briefumschläge handsignierten und am Starttag im Postamt des Kennedy Space Center (KSC) von Cape Canaveral und am Landetag in der Poststation des Bergungsschiffes, dem Helikopterträger USS *Okinawa*, abstempeln ließen (Abb. 4.15). Die Astronauten waren unter der Bedingung einverstanden, dass die Mondpost nicht vor dem Ende des Apollo-Programms in den Verkauf gelangte. Neben den hundert Stück für Eiermann nahmen die drei Astronauten dann auch noch auf eigene Faust weitere 300 frankierte Briefumschläge mit, die sie später an Freunde und Verwandte verschenken bzw. an Dritte verkaufen wollten. Eiermann übergab entgegen der Abmachung seine 100 Briefumschläge ohne zu zögern an den befreundeten Briefmarkenhändler Walter Sieger in Lorch bei Stuttgart. Dieser bot sie umgehend für knapp 5000 Deutsche Mark (DM) pro Stück an. Für diesen Betrag hat man sich damals einen VW-Käfer kaufen können. Wenn die Astronauten etwas von der deutschen Sammelleidenschaft für Briefmarken geahnt hätten, so hätten sie für ihre Aktion, mit der sie ihren Job riskierten, auch locker das Zehnfache verlangen können. Zu allem Überfluss stellte sich auch noch heraus, dass David Scott zusätzlich zwei Uhren der Schweizer Manufaktur Waltham unerlaubt mitgenommen hatte, um diese auf ihre Raumflugtauglichkeit zu testen. Waterproof ist bei Uhren ein beliebtes Verkaufsargument, aber „Spaceproof" ist ein Alleinstellungsmerkmal. Seit Mitte der 1960er Jahre

---

[120] Gründer, Matthias 2000. *SOS im All*, S. 118.

Abb. 4.15 Einer der insgesamt 400 Briefumschläge, die mit Apollo 15 zum Mond geflogen sind. In der Mitte das offizielle Missionsabzeichen von Apollo 15. Der obere Poststempel stammt vom Kennedy Space Center, Fl[orida] und trägt das Datum 26. Jul. 1971, der Starttag. Der untere Poststempel stammt von der Poststelle der USS Okinawa (LPH-3 = Landing Platform Helicopter No. 3) und datiert vom 7. Aug. 1971, dem Tag der Wasserlandung und Bergung des Kommandomoduls. Rechts drei offizielle Apollo-Sonderbriefmarken des United States Postal Service (USPS). Links oben der handschriftliche Vermerk: *„Landed at Hadley Moon July 30 1971"* mit den Unterschriften der beiden Mondgänger Dave Scott und Jim Irwin. Links unten die Unterschriften aller drei Astronauten: Dave Scott, Al Worden und Jim Irwin. (© Auktionshaus Eppli/DPA/picture alliance)

war für die bemannten Raumfahrtprogramme der NASA ausschließlich die Omega *Speedmaster Professional* zertifiziert. Sie wurde auch von den Apollo-Astronauten benutzt und ist als „Moon Watch" in die Geschichte eingegangen.[121]

Der Briefmarken- und Uhrenskandal erregte großes Aufsehen und führte zu verschärften Kontrollen. Die drei Astronauten wurden von der Flugliste gestrichen und durften nicht wieder in den Weltraum fliegen. Anlässlich des 50. Jahrestages der ersten bemannten Mondlandung wurde 2019 einer der Briefumschläge für 11.000 € versteigert.

Im September 1971 startete die Sowjetunion 2 weitere Mondsonden:

---

[121] Das sowjetische Gegenstück zur Omega Speedmaster war die Poljot Strela.

Tab. 4.7 Die Mondmissionen der USA und der Sowjetunion 1970 bis 1971

Jahr	Monat	USA	Sowjetunion
1970	April	Apollo 13 (RZ: Odyssey/Aquarius) Explosion im Servicemodul 1. Raumfahrer zum 4. Mal im All J. Lovell (4.), J. Swigert, F. Haise	–
	Juni	–	Sojus 9 (Rufzeichen: Falke) Langzeitrekord: 18 Tage A. Nikolaiew (2.), W. Sewastianow
	Sept	–	Luna 16 1. automatische Rück- führung von Mondgestein (Sample Return)
	Okt	–	Zond 8 (LOK) Unbemannter Testflug des Mondorbitalschiffes LOK
	Nov	–	Luna 17 → Lunochod 1 1. Mondrover (unbemannt)
1971	Jan	Apollo 14 Rufzeichen: Kitty Hawk/Antares	11 Monate aktiv (Nov. 1970 – Okt. 1971)
	Feb	3. Mondlandung, Handkarren (MET) A. Shepard (2.), S. Roosa, E. Mitchell	10,5 km Wegstrecke 200 Bilder, 500 Bodenproben
	Juni	–	3. Fehlstart der N-1 Mond- rakete mit LOK-Mockup
	Juli	Apollo 15 (RZ: Endeavour / Falcon) 4. Mondlandung, 1. Mondauto (LRV)	–
	Aug	D. Scott (3.), A. Worden, J. Irwin	
	Sept	–	Luna 19 (Mondorbiter) 1 Jahr lang Datenüber- tragung

Luna 18 sollte so wie Luna 16 ein Jahr zuvor weich auf dem Mond landen und mit Bodenproben wieder zurück zur Erde fliegen. Der Kontakt brach jedoch bei der Landung ab. Die Sonde dürfte im Mare Fecunditatis (dt. Meer der Fruchtbarkeit) entweder zu hart aufgeschlagen oder bei der Landung umgekippt sein.

Luna 19 war als Mondorbiter konzipiert und sollte Bilder von der Mondoberfläche liefern. Die Sonde startete Ende September und schwenkte Anfang Oktober planmäßig in eine 140 km hohe Umlaufbahn um den Mond ein. Von dort sendete sie ein Jahr lang Bilder und parallel dazu auch Profildaten von einem Radar-Höhenmesser. Dies ermöglichte eine dreidimensionale Darstellung der Mondoberfläche.

Die Mondmissionen der USA und der Sowjetunion von 1970 bis 1971 sind in Tab. 4.7 zusammengestellt.

4.5   Lunar Rover versus Lunochod: Die Mondmissionen 1972–1976

1972 lief das Apollo-Programm endgültig aus. Nach den beiden letzten bemannten Mondmissionen Apollo 16 und 17 hatten die USA das Interesse am Erdtrabanten verloren. Der letzte Fehlstart einer N-1 beendete auch das streng geheime bemannte sowjetische Mondprogramm. Die Sowjetunion startete allerdings noch bis 1976 unbemannte Sonden zum Mond. Dabei gelangte mit Lunochod 2 ein weiterer unbemannter Rover zum Mond. Mit Luna 20 und 24 gelang auch noch zweimal eine automatische Rückführung von Mondgestein.

Nachdem die sowjetische Mondsonde Luna 18 im September 1971 bei einer unsanften Landung verloren gegangen war, ließ man im Februar 1972 mit Luna 20 eine Ersatzsonde in dasselbe Zielgebiet starten. Diesmal gelang die weiche Landung im Mare Fecunditatis (dt. Meer der Fruchtbarkeit) nur knapp zwei Kilometer von Luna 18 entfernt. Allerdings konnte der Bohrer nur 15 cm in den Mondboden eindringen. Dementsprechend war die Ausbeute mit nur 55 g sehr gering. Das war zwar im Vergleich zu den 77 kg Mondgestein von Apollo 15 geradezu mickrig, dennoch gelang der Sowjetunion damit nach Luna 16 die zweite automatische Rückführung von Bodenproben zur Erde (engl. Robotic Sample Return Mission).

Im April 1972 flog Apollo 16 mit dem Rufzeichen *Casper* zum Mond. Für Kommandant (CDR) John W. Young war es nach Apollo 10 bereits der zweite Mondflug. Insgesamt war es jedoch bereits sein vierter Raumflug und damit war seine einzigartige Raumfahrerkarriere auch noch nicht zu Ende: Anfang der 1980er Jahre bekam er noch zweimal die Gelegenheit, mit einem Space Shuttle zu fliegen. John Young ist somit der einzige Raumfahrer, der mit vier verschiedenen Arten von Raumfahrzeugen geflogen ist: Zwei Raumkapseln (Gemini 3 und 10), zwei Raumschiffen (Apollo 10 und 16), einer Mondfähre (Lunar Module Orion) sowie zweimal mit einer Raumfähre (Space Shuttle Columbia). Damit ist er auch der einzige Raumfahrer, der an drei verschiedenen bemannten Raumfahrtprogrammen teilgenommen hat (Gemini, Apollo und Space Shuttle). Als Kommandant von Apollo 16 durfte er als neunter Mensch den Mond betreten. Zuvor stand die Mondlandemission allerdings kurz vor dem Abbruch. Nach der Trennung der Mondfähre mit dem Rufzeichen *Orion* vom Apollo-Mutterschiff fiel dessen Schwenkantrieb des Haupttriebwerkes teilweise aus. Erst nach stundenlangen Analysen und Simulationen entschied das Bodenkontrollzentrum (Mission Control Center, MCC) in Houston, die Mondlandung trotzdem durchzuführen. Durch die Verzögerung verkürzte sich die ursprünglich für zwölf Tage geplante Apollo-Mission um einen Tag.[122] Dennoch verbrachten John Young und der Mondfährenpilot (LMP) Charles („Charlie") M. Duke (*1935) bei der insgesamt fünften bemannten Mondlandung knapp drei Tage auf der Mondoberfläche. Das von Kratern übersäte Descartes-Hochplateau war der südlichste Landeplatz des Apollo-Programms.[123]

Während dieser Zeit wurden drei Außenbordeinsätze (Lunar Extra-Vehicular Activity, LEVA) durchgeführt, bei denen zum zweiten Mal ein Mondrover (Lunar Roving Vehicle, LRV) eingesetzt wurde. Es wurden insgesamt sechs kleinere Krater besucht und dabei in Summe elf Kilometer zurückgelegt. Mit einem neuartigen Bohrer konnte bis zu 3 m tief gebohrt werden. Insgesamt konnten über 95 kg Bodenproben gewonnen und zur Erde gebracht werden. Wie bei allen Mondlandungen wurde auch diesmal eine kleine Messinstrumentenstation für wissenschaftliche Langzeitexperimente, das sogenannte Apollo Lunar Scientific Experiments Package (ALSEP), aufgestellt und aktiviert. Während dieser Zeit verblieb der Newcomer T. Kenneth („Ken") Mattingly (*1936) als Pilot des Kommandomoduls (CMP) im Apollo-Mutterschiff im Mondorbit. Allerdings kam auch Mattingly noch zu seiner EVA, weil auch diesmal ein kleiner Mondsatellit manuell freigesetzt wurde. Es handelte sich um das gleiche Modell, welches auch schon von Apollo 15 im Mondorbit ausgesetzt wurde. Der Satellit untersuchte die Auswirkungen der irdischen Magnetosphäre sowie des Sonnenwindes in Mondnähe.

Das Kommandomodul *Casper* (CM-113) wurde vom Flugzeugträger USS *Ticonderoga* geborgen befindet sich heute im Marshall Space Flight Center (MSFC) in Huntsville, Alabama.

Das Apollo-Programm neigte sich nun langsam seinem Ende zu. Für Dezember 1972 war der letzte bemannte Mondflug mit Apollo 17 vorgesehen.

Die sowjetische Führung erhöhte den Druck auf ihre Raumfahrtingenieure: Noch vor der geplanten letzten Apollo-Mission sollte die Mondrakete Nositel 1 (N-1) mit der voll ausgerüsteten LOK/LK-Raumschiffkombination unbemannt zum Mond starten. Wenn dies nicht gelänge, würde eine Fortführung des bemannten Mondprogramms keinen Sinn mehr machen. Das Hauptproblem war, dass alle drei bisherigen Startversuche mit

---

[122] Gründer, Matthias 2000. *SOS im All*, S. 119. In der griech. Mythologie war Orion der Sohn des Meeresgottes Poseidon und ein sagenhafter Jäger.

[123] Benannt nach dem französischen Philosophen und Naturwissenschaftler René Descartes (1596–1650).

der Nositel Fehlstarts waren, was auf die enorme Komplexität der Trägerrakete mit vier Stufen und 43 Triebwerken zurückzuführen war. Leistungsstarke Triebwerke wie die gewaltigen F-1 der amerikanischen Mondrakete Saturn waren in der Sowjetunion nicht verfügbar. Somit lief es auf einen letzten, verzweifelten „Alles oder Nichts"-Versuchsstart hinaus. Am 22. November 1972 hob die N-1 zu ihrem letzten Versuchsstart ab. Nach rund 100 s geriet die Treibstoffpumpe eines der 30 Triebwerke der ersten Stufe in Brand. Es folgte eine Kettenreaktion, an deren Ende die Rakete mitsamt ihrer Nutzlast explodierte. Damit war das streng geheime sowjetische bemannte Mondprogramm endgültig gescheitert. Bis zum Ende des Kalten Krieges gab es darüber nur Spekulationen und einige Bilder amerikanischer Aufklärungssatelliten. Eine fünfte N-1, die zum Zeitpunkt der Einstellung des Programms bereits weitestgehend fertiggestellt war, sollte aus Geheimhaltungsgründen verschrottet werden, um die Spuren zu verwischen. Einige Ingenieure wollten sich jedoch nicht vom letzten Exemplar ihrer größten jemals gebauten Trägerrakete trennen und versteckten die vier Raketenstufen unter Planen in einem Seitenflügel der Montagehalle hinter verschiebbaren Trennwänden. Dort lagerten sie 15 Jahre lang unbemerkt, bis der Raum für die Montage der neuen großen Trägerrakete Energija gebraucht wurde.[124]

Über den Verbleib der letzten Nositel wird im 2. Band der Trilogie zur Geschichte der Raumfahrt berichtet.

Im Dezember 1972 erfolgte schließlich mit Apollo 17 der bis heute letzte Flug von Menschen zum Mond. Es war damit auch der letzte bemannte Start mit einer Rakete vom Typ Saturn 5. Für Kommandant (CDR) Eugene („Gene") A. Cernan war es der dritte Raumflug bzw. der zweite Mondflug nach Apollo 10. Begleitet wurde er im Kommandomodul mit dem Rufzeichen *America* von den Newcomern Ronald („Ron") E. Evans (1933–90) als CMP sowie Dr. Harrison („Jack") H. Schmitt (*1935). Dr. Schmitt war der erste Astronaut, der keine Ausbildung als Militärpilot gemacht hatte. Er hatte an der renommierten Harvard University einen PhD in Geologie gemacht.[125] Ursprünglich war er erst für die siebte Mondlandung mit Apollo 18 vorgesehen gewesen. Nach der Kürzung des Apollo-Programmes wurde er von der Scientific Community nachträglich hineinreklamiert. Schmitt hatte zuvor die Astronauten auf ihre Außenbordaktivitäten zum Einsammeln von Bodenproben vorbereitet. Nun durfte er endlich selber

---

[124] Eyermann, Karl-Heinz 1994. Explosion stoppt Wettlauf zum Mond. Teil 2: Vier Fehlstarts beenden das russische N-1-Projekt. In: *Flug Revue*. 39. Jg., Nr. 1 (Jan.), S. 45.
[125] PhD = Philosophiae Doctor, engl. Doctor of Philosophy.

Abb. 4.16 Blue Marble (dt. Blaue Murmel), eines der berühmtesten Bilder der Erde. Aufgenommen im Dezember 1972 von Astronaut Harrison Schmitt von Apollo 17. Man sieht den gesamten Kontinent Afrika mit Madagaskar. Der Kongo-Regenwald ist von Wolken verdeckt, während die Sahara im Norden und die Kalahari im Süden wolkenfrei sind. Rechts oben ist die arabische Halbinsel zu erkennen und ganz im Süden die Antarktis. (© NASA)

auf der Mondoberfläche tätig werden. Schmitt gelang am ersten Flugtag aus rund 45.000 km Entfernung eines der berühmtesten Bilder der Erde, die sogenannte Blue Marble (Blaue Murmel). Es ist eines der wenigen Fotos einer vollständig von der Sonne erleuchteten Hemisphäre. Dieses Foto wurde zu einer Ikone der Umweltschutzbewegung der 1970er und 1980er Jahre (Abb. 4.16).

Cernan und Schmitt landeten mit der Mondfähre Challenger (Herausforderer) zwischen den Montes Taurus (Stiergebirge) und dem Littrow-Krater[126] am Rande des Mare Serenitatis (Meer der Heiterkeit). Schmitt war der zwölfte und letzte Mensch, der den Mond im 20. Jahrhundert betreten hat. Er entdeckte bei seinen Untersuchungen im Krater Shorty das sogenannte Orange Soil. Es ist mit orangefarbenen Glassplittern durchsetzt. Glas kann auf natürliche Weise aus geschmolzenen Silikaten entstehen,

---

[126] Benannt nach dem österreichischen Astronomen Joseph J. von Littrow (1781–1840).

zum Beispiel durch Vulkanismus oder Meteoriteneinschläge (sogenanntes Impaktglas).

Apollo 17 brach alle bisherigen Rekorde: Mit über drei Tagen wurde es der längste Mondaufenthalt. Bei drei lunaren Außenbordaktivitäten (LEVA) verbrachten die Astronauten insgesamt rund 22 h direkt auf der Mondoberfläche. Die Fahrt zum Südmassiv am 12. Dezember dauerte über 7½ Stunden. Dieser EVA-Dauerrekord konnte erst im Jahr 1992 überboten werden, als im Rahmen der Space-Shuttle-Mission STS-49 ein defekter Satellit im Orbit eingefangen, repariert und wieder ausgesetzt wurde.[127] Mit einer Gesamtstrecke von 36 km wurde die längste Strecke mit dem Lunar Rover zurückgelegt, wobei die weiteste Entfernung von der Landefähre 7,5 km betrug. Mit über 110 kg Mondgestein gab es die größte Ausbeute. Erstmals wurde neben der üblichen Messinstrumentenstation ALSEP auch ein Gravimeter eingesetzt, um die innere Struktur des Mondes zu analysieren. Es war die reibungsloseste Mondmission. Endlich hatte man die komplexen technischen Systeme im Griff, aber das Apollo-Mondlandeprogramm ging unweigerlich zu Ende. Gene Cernan verließ am 14. Dezember 1972 als letzter Mensch im 20. Jahrhundert den Mond.[128]

Das Kommandomodul America (CM-114) wird im Johnson Space Center (JSC) in Houston, Texas ausgestellt. Als Bergungsschiff hatte auch diesmal die USS *Ticonderoga* fungiert.

Mit dem Ende des Apollo-Programms verließ auch Wernher von Braun die NASA und wechselte in die Privatwirtschaft. Nach massiven Budget-kürzungen sah er keine Chance mehr, seine weitreichenden Ideen für eine ständige, bemannte Mondbasis und in weiterer Folge auch einen bemannten Flug zum Mars realisieren zu können. Er starb 1977 an Krebs. Sein Nach-folger als Direktor des Planungsbüros der NASA wurde Jesco H. H. M. Freiherr von Puttkamer (1933–2012). Er war Anfang der 1960er Jahre als junger Diplomingenieur in die USA emigriert und hatte mit Braun an den Gemini- und Apollo-Programmen gearbeitet. Als letzter Repräsentant des German Rocket Team stellte er kurz vor seinem Tod 2012 mit 50 Dienst-jahren (Goldenes Dienstjubiläum) einen NASA-Mitarbeiterrekord auf.

Während in den USA über die Ergebnisse der bemannten Mond-landungen und die Zukunft der bemannten Raumfahrt generell diskutiert wurde, setzte die Sowjetunion zwischen 1973 und 1976 mit den Mond-

---

[127] Die Shuttle-Mission STS-49 wird in Abschn. 4.5 ausführlich beschrieben.
[128] Mackowiak u. a. 2017. *Raumfahrt*, S. 168 f.

sonden Luna 21 bis 24 neue Maßstäbe für die unbemannte Erforschung des Erdtrabanten.

Im Januar 1973 landete Luna 21 mit dem zweiten unbemannten Mondrover Lunochod 2 am Südrand des Krater Le Monnier.[129] Der Krater hat einen Durchmesser von rund 60 km und befindet sich am Rande des Mare Serenitatis (Meer der Heiterkeit) am Übergang zu den Montes Taurus (Stiergebirge). Lunochod (Mondgänger) war rund 850 kg schwer. Die Plattform – der sogenannte Bus – war die gleiche wie bei Lunochod 1. Der Fahrzeugrumpf glich einer ovalen Wanne, die von acht Rädern angetrieben wurde. Das Fahrzeug war 1,80 m lang, 1,60 m breit und 1,35 m hoch. Durch eine umfangreichere Ausstattung mit Kameras und Messgeräten wog Lunochod 2 mit insgesamt 850 kg rund 100 kg mehr als Lunochod 1. Entwickelt und gebaut wurden beide Mondrover sowie ihre Trägersonden vom Versuchskonstruktionsbüro OKB-301 unter der Leitung von Alexander L. Kemurdschian (1921–2003).[130]

Die unbemannten Fahrzeuge wurden von der Halbinsel Krim aus von fünfköpfigen Teams ferngesteuert: Der Fahrer gab die Steuerbefehle, der Navigator ermittelte anhand der übermittelten Fotos der Frontkameras den Standort, der Funker war für die Funkverbindung zuständig, der Betriebsingenieur für die Funktionalität der Bordinstrumente und der Kommandant koordinierte alle Aktivitäten und traf die letzten Entscheidungen. Zur Steuerung war Lunochod mit drei Frontkameras, einem Strecken- und Geschwindigkeitsmesser, einem Kreiselsystem, einem Neigungswinkelmesser sowie einem Bodenfühler ausgestattet. Lunochod wurde nur tagsüber bewegt. In diesem Zusammenhang muss erwähnt werden, dass der Mond eine seinem Erdumlauf synchrone Rotation hat, das heißt ein Tag und eine Nacht entsprechen einem Monat. Ein Tag dauert demnach auf dem Mond volle zwei Wochen. Zu Beginn eines solchen Mondtages wurde der Deckel des Fahrzeugrumpfes aufgeklappt. Auf seiner Innenseite befanden sich die Solarzellen für die Energieversorgung. Gleichzeitig wurden die unter dem Deckel befindlichen Radiatoren zur Kühlung des Lunochod freigelegt. Während des zweiwöchigen Tages kann die Oberflächentemperatur auf bis zu 130 °C steigen. Umgekehrt wurde der Deckel zu Beginn der Mondnacht zugeklappt und der Mondrover in einen Ruhemodus versetzt. Während der zweiwöchigen Mondnacht kann die Oberflächentemperatur auf bis

---

[129] Der Krater ist nach dem französischen Astronomen Pierre Charles Le Monnier (1715–1799) benannt.

[130] Zimmer, Harro. 1996. *Der rote Orbit*, S. 137 f. bzw. Mackowiak, Bernhard u. a. 2018. *Raumfahrt*, S. 173. Lunochod = kyrill. Луноход, engl. Transkription Lunokhod.

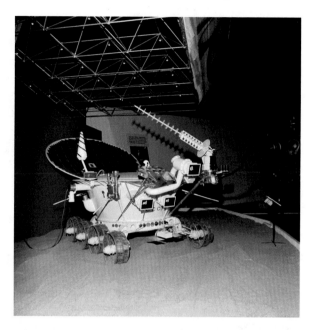

Abb. 4.17 Im März 1974 zeigte die Sowjetunion bei einer Ausstellung in Düsseldorf ein maßstabsgetreues Modell von Lunochod 2. Der Mondrover wurde von der Trägersonde Luna 21 im Januar 1973 auf der Mondoberfläche abgesetzt und legte in den folgenden fünf Monaten 39 km zurück. Er war unbemannt und wurde von der Erde aus mithilfe von drei rechteckigen Frontkameras ferngesteuert. Im Hintergrund sieht man den aufgeklappten Deckel mit den Solarzellen zur Energieversorgung. (© Wilhelm Leuschner/dpa/picture-alliance)

zu −160 °C fallen. Damit Lunochod nicht völlig einfror, besaß er Radionuklid-Heizelemente. Durch den radioaktiven Zerfall von Polonium-Isotopen wurde Wärme freigesetzt. Ausgestattet war Lunochod unter anderem mit einem Penetrometer zur Bestimmung der Bodendichte, einem Röntgenfluoreszenzspektrometer, Strahlendetektoren für Alpha-, Protonen- und Röntgenstrahlung, einem Astrophotometer zur Helligkeitsmessung, einem Magnetometer sowie einem Laserreflektor auf dem Deckel. Wenn dieser von der Erde aus mit einem Laserstrahl angepeilt wurde, konnte die Distanz zwischen Erde und Mond auf den Meter genau bestimmt werden.[131]

Im Juni 1973 gab die Sowjetpropaganda bekannt, dass die Mondmission von Lunochod 2 planmäßig und erfolgreich beendet worden sei (Abb. 4.17). Dies überraschte die Beobachter im Westen, denn der Vorgänger Lunochod

---

[131] Hofstätter, Rudolf 1989. *Sowjet-Raumfahrt*, S. 103.

1 war immerhin elf Monate lang auf dem Erdtrabanten unterwegs gewesen, bevor das Polonium in dem Radionuklid-Heizelement so weit zerfallen war, dass es nicht mehr genug Wärme abgeben konnte und der Mondrover einfror. Man ging daher davon aus, dass der besser ausgerüstete Nachfolger über ein Jahr lang aktiv bleiben werde. Dass die Mission von Lunochod 2 nach nur fünf Monaten bereits planmäßig beendet worden sei, wollte man im Westen nicht glauben. Erst nach dem Ende des Kalten Krieges kam die Wahrheit ans Licht: Demnach sollte Lunochod Anfang Mai einen tektonischen Grabenbruch im Le-Monnier-Krater untersuchen. Dieser Graben ist ca. 15 km lang, durchschnittlich 300 m breit und 40 bis 80 m tief. Mehrere Versuche, den Mondrover an verschiedenen Stellen über die Kante der Rinne zu steuern, schlugen wegen Gerölls und Neigungswinkeln von über 30° fehl. Am 10. Mai stieg die Temperatur im Inneren des Mondrovers auf ca. 50 °C. Daraufhin entschloss sich die Bedienmannschaft auf der Erde, die Systeme abzuschalten, um eine Überhitzung zu vermeiden. Lunochod 2 ließ sich danach trotz mehrmaliger Versuche nicht wieder aktivieren. Man nimmt an, dass die Radiatoren zur Kühlung verstopften, als der Mondrover gegen einen Wall aus Mondstaub gefahren ist. Trotz dem vorzeitigen und ungeplanten Ende der Mission legte Lunochod 2 in fünf Monaten insgesamt 39 km zurück. Das waren nicht nur 3 km mehr als die längste Strecke eines bemannten Lunar Rover des Apollo-Programms, das war überhaupt die längste Strecke, die ein Rover im 20. Jahrhundert auf einem fremden Himmelskörper zurückgelegt hat. Dieser Rekord konnte erst 40 Jahre später im Jahr 2014 durch den amerikanischen Marsrover *Opportunity* (dt. Chance bzw. Gelegenheit) überboten werden. Während der fünfmonatigen Mondmission übertrug Lunochod insgesamt 80.000 Bilder von den Frontkameras zur Fernsteuerung sowie 86 Panoramabilder von den vier hochauflösenden Panoramakameras. Darüber hinaus wurden unzählige Daten von automatischen Untersuchungen des Mondbodens übertragen.[132]

Ende Mai 1974 startete die Sowjetunion mit Luna 22 ihren letzten Mondorbiter. Er schwenkte im Juni in eine 220 km hohe Umlaufbahn um den Mond ein. Dank Schubdüsen zur Bahnänderung konnte der Orbiter auf bis zu 25 km abgesenkt und anschließend wieder angehoben werden. Die Umlaufsonde sendete bis November 1975 insgesamt 18 Monate lang Bilder und parallel dazu auch Profildaten von einem Radar-Höhenmesser sowie mithilfe eines Gammaspektrometers und eines Magnetometers auch Informationen über die Struktur und Zusammensetzung der Oberfläche.

---

[132] Ebd., S. 104.

Dies ermöglichte wie schon bei der Schwestersonde Luna 19 eine dreidimensionale Darstellung der Mondoberfläche mit Hinweisen auf die Art
des Mondbodens. Ziel war die Auskundschaftung geeigneter Landeplätze für
weitere Landesonden.[133]
    Im Oktober 1974 wurde mit Luna 23 eine weitere Rückkehrsonde
gestartet. Bei der unsanften Landung Anfang November im Mare Crisium
(dt. Meer der Gefahren) kippte die Sonde jedoch um. Der Bohrer konnte
nicht mehr ausgefahren werden und an einen Rückstart war auch nicht zu
denken. Die gescheiterte Mission wurde im Oktober 1975 wiederholt. Diesmal versagte jedoch die Trägerrakete vom Typ Proton, weshalb die Sonde in
der Erdatmosphäre verglühte. Beim dritten Versuch im August 1976 klappte
es endlich: Luna 24 landete sanft rund 2 km von Luna 23 entfernt. Es war
die dritte automatische Rückführung von extraterrestrischem Material (engl.
Robotic Sample Return Mission). Mit 170 g Mondgestein wurde mehr
Mondmaterial zurückgeführt als mit den beiden früheren automatischen
Rückkehrmissionen Luna 16 und 20 zusammen. Insgesamt brachten die
drei sowjetischen Rückkehrsonden 325 g Mondmaterial zur Erde zurück.
Die Apollo-Astronauten konnten mit ihren insgesamt 385 kg zwar mehr als
1000 Mal so viel Mondstaub und Mondgestein zur Erde mitnehmen, aber
letztlich stellte sich doch die folgende, grundsätzliche Frage: Warum sollte
man mit Milliardenaufwand Menschen zum Mond fliegen lassen, um dort
mit Mondautos herumzufahren, Messgeräte zu bedienen und Bodenproben
einzusammeln, wenn dies auch mit unbemannten Sonden und Rovern möglich ist? Für die Sowjetunion war dies das vorgeschobene Argument, um
zu behaupten, dass es den Wettlauf zum Mond in dieser Form gar nicht
gegeben hätte, und in den USA war es ein Argument, um das NASA-Budget
und das Apollo-Programm zu kürzen. Im Frühjahr 1977 wurde der seit
1971 im Amt befindliche NASA-Administrator James C. Fletcher (1919–
1991) durch Robert A. Frosch (1928–2020) abgelöst. Kurz darauf wurde
entschieden, die fünf Apollo-Messstationen für Langzeitexperimente, die
sogenannten Apollo Lunar Surface Experimental Packages (ALSEP), abzuschalten. Der ständige Kontakt und die Auswertung der Daten hatte immer
noch 1 Mio. $ jährlich gekostet.[134]
    Die Sowjetunion beendete parallel dazu auch ihr Luna-Mondprogramm.
Wassili P. Mischin (1917–2001), der seit dem Tod von Sergej Koroljow
1966 als Generalkonstrukteur das Zentrale Konstruktionsbüro für

---

[133] Ebd., S. 105.
[134] Zimmer, Harro. 1997. *Das NASA-Protokoll*, S. 141.

Experimentellen Maschinenbau (ZKBEM) geleitet hatte, wurde entlassen und durch Walentin P. Gluschko (1908–1989) ersetzt.[135] Die für 1977 geplante Trägersonde Luna 25 mit dem modifizierten Mondrover Lunochod 3 wurde nicht mehr gestartet. Die Trägerrakete wurde für einen Satellitenstart benutzt und Lunochod 3 landete im Museum.

Eine Ironie der Geschichte ist die Tatsache, dass der Mondrover, mit welchem die Sowjetunion die USA im Wettlauf zum Mond ausstechen wollte, heute einem Amerikaner gehört. Als nach dem Zusammenbruch der Sowjetunion das Geld für Raumfahrtaktivitäten knapp wurde, hat die russische Raumfahrtbehörde den Lunochod 2 gemeinsam mit seiner Trägersonde Luna 21 beim Auktionshaus Sotheby's versteigern lassen. Der Computerspiele-Entwickler und Weltraumtourist Richard Garriott (*1961), Sohn des Skylab-Astronauten Owen Garriott (1930–2019), ersteigerte beide Raumfahrzeuge für 68.500 $. Damit wurde er der erste Privateigentümer eines künstlichen Objektes auf dem Mond.[136]

Die Mondmissionen der USA und der Sowjetunion von 1972 bis 1976 sind in Tab. 4.8 zusammengestellt.

4.6   Bilanz des Wettlaufs zum Mond und Verschwörungstheorien

> Die Erfolge der Sowjetunion mit ihren unbemannten Mondsonden führten in den USA zu einer öffentlichen Diskussion über Kosten und Nutzen bemannter Mondmissionen. Hinzu kamen Verschwörungstheorien, nach denen diese Mondlandungen angeblich gar nicht stattgefunden hätten. Trotz dieser Dissonanzen war die Dekade zwischen Mitte der 1960er und Mitte der 1970er Jahre die Hochphase der Mondmissionen. Der Wettlauf zum Mond lässt sich im Rückblick in zwei Phasen unterteilen: einen unbemannte und eine bemannte. Die unbemannte Phase begann bereits Ende der 1950er Jahre und wurde in allen Teildisziplinen von der Sowjetunion gewonnen. Die USA gewannen den bemannten Wettlauf und ließen im Rahmen ihres Apollo-Programmes bei sechs Mondlandungen insgesamt zwölf Astronauten den Mond betreten.

Mit dem Ende der amerikanischen und sowjetischen Mondprogramme endete die große Pionierzeit der Raumfahrt. Der Mond geriet bis zum Ende des Kalten Krieges aus dem Fokus der beiden Supermächte. Die Sowjet-

---

[135] Zimmer, Harro. 1996. *Der rote Orbit*, S. 147 f.
[136] Space Spezial Nr. 2/2019. *Der Mond*, S. 151.

Tab. 4.8 Die Mondmissionen der USA und der Sowjetunion 1972 bis 1976

Jahr	Monat	U S A	Sowjetunion
1972	Feb	–	Luna 20 2. automatische Rückführung von Mondgestein
	April	Apollo 16 (RZ: Casper/Orion) 5. Mondlandung, 2. Mondauto J. Young (4.), T. Mattingly, C. Duke	–
	Nov	–	4. Fehlstart der N-1 mit LOK + LK-Kombination → Einstellung des bemannten sowjet. Mondprogramms
	Dez	Apollo 17 (America/Challenger) 6. und letzte Mondlandung, 3. Mondauto E. Cernan (3.), R. Evans, H. Schmitt	–
1973	Jan	–	Luna 21 → Lunochod 2 2. unbemannter Mondrover
	Mai	–	Jan. bis Mai = 5 Monate aktiv 39 km Wegstrecke (Rekord) 86 Panoramabilder, Bodenproben
1974	Mai	–	Luna 22 Mondorbiter 15 Monate lang Datenüber- tragung
	Okt	–	Luna 23 Keine Bodenprobenentnahme, da Bohrer defekt
1976	Aug	–	Luna 24 3. automatische Rückführung von Mondgestein

union konzentrierte sich auf den Einsatz von bemannten Raumstationen vom Typ Saljut und später Mir und die USA konzentrierte sich auf die Entwicklung und den Einsatz wiederverwendbarer Raumfähren vom Typ Space Shuttle. Mit diesen neuen Raumfahrzeugarten wurde die bemannte Raumfahrt zur Routine. Sie spielte sich fortan allerdings nur noch in niedrigen Erdumlaufbahnen (engl. Low Earth Orbit, LEO) zwischen 200 und 600 km Höhe ab.

Dieser Einschnitt in der Geschichte der Raumfahrt verlangt nach einer Zwischenbilanz:

Wer gewann den Wettlauf zum Mond, was blieb vom Mond und warum wurde er zum Gegenstand von Verschwörungstheorien?

In diesem Zusammenhang ist zu bedenken, dass sich der Wettlauf zum Mond in zwei Phasen abgespielt hat: Einer unbemannten und einer bemannten. Die unbemannte begann bereits 1959, also Jahre vor der ersten bemannten Mondlandung. Mit den Sonden Lunik 1 bis 3 brachte die Sowjetunion die ersten künstlichen Raumflugkörper zum Mond. Lunik 1 war im Januar 1959 die erste Vorbeiflugsonde (engl. Fly-by), die letztlich in einen Sonnenorbit einschwenkte. Im September folgte Lunik 2, die erste Einschlagsonde (engl. Impactor), das erste künstliche Flugobjekt, das auf einem fremden Himmelskörper einschlug. Nur einen Monat später lieferte Lunik 3 die ersten Bilder von der Rückseite des Mondes. Sie waren damals eine Weltsensation. Im Januar 1966 gelang der Sowjetunion mit Luna 9 die erste weiche Landung auf dem Mond. Luna 9 war somit die erste erfolgreiche Landesonde (engl. Lander) der Raumfahrtgeschichte. Eine Woche lang sendete Luna 9 Bilder vom Oceanus Procellarum (dt. Ozean der Stürme) und maß die Strahlungsintensität am Boden. Im April 1966 schwenkte Luna 10 erstmals in den Mondorbit ein und wurde dadurch zur ersten Umlaufsonde (engl. Orbiter). Luna 16 brachte im September 1970 erstmals automatisch Mondgestein zur Erde zurück (engl. Robotic Sample Return) und war damit die erste Rückkehrsonde (engl. Return Probe) der Raumfahrtgeschichte. Luna 17 war dann schließlich im November 1970 die weltweit erste Trägersonde, die einen unbemannten Rover (Lunochod) absetzte. Damit hatte die Sowjetunion den unbemannten Wettlauf zum Mond in allen Teildisziplinen für sich entschieden.

Zwischen 1959 und 1976 flogen insgesamt 42 Sonden zum Mond. Davon waren 24 sowjetische Mondsonden vom Typ Lunik (1–3) und Luna (4–24). Drei Luna-Sonden brachten Mondmaterial zur Erde zurück und zwei waren Trägersonden, die jeweils einen unbemannten Mondrover vom Typ Lunochod absetzten. 18 Mondsonden wurden von den USA gestartet: Pioneer 4 war eine Vorbeiflugsonde (Fly-by), die fünf Sonden vom Typ Ranger waren Einschlagsonden (Impactor), weitere fünf Sonden vom Typ Lunar Orbiter waren Umlaufsonden (Orbiter) und sieben Sonden vom Typ Surveyor waren Landesonden (Lander). Daneben gab es auf beiden Seiten eine Reihe von Fehlstarts, bei denen die Sonden den Mond nicht erreichten. Im Gegensatz zu den USA wurden diese von der Sowjetunion nicht bekannt gegeben und daher auch nicht mitgezählt.

Nach dem Rückflug von Luna 24 im Jahr 1976 blieb es 14 Jahre lang ruhig auf dem Mond. Erst 1990 startete das japanische Weltraumforschungsinstitut ISAS (Institute of Space and Astronautical Science) die Mondsonde Hiten. Es war die erste Raumsonde eines Drittstaates. Dies wird im 3. Band der Trilogie zur Geschichte der Raumfahrt ausführlich dargestellt.

Viel bekannter und spektakulärer war natürlich der bemannte Wettlauf zum Mond. Die Sowjetunion bestritt bis zuletzt, sich an diesem Wettlauf beteiligt zu haben und führte als Begründung ihre Erfolge in der unbemannten Erforschung des Mondes an. Tatsächlich gab es ein streng geheimes bemanntes Mondprogramm mit der Mondrakete Nositel N-1 und dem Mondraumschiff LOK. Während zwei weitgehend leere und leichte Prototypen des LOK mit einer Trägerrakete vom Typ Proton K unter den Tarnbezeichnungen Zond 7 und 8 mit Schildkröten an Bord in einer extrem elliptischen Erdumlaufbahn um den Mond herumgeflogen sind, gab es mit der N-1 vier Fehlstarts. Nachdem die USA ihr Apollo-Mondlandeprogramm gekürzt hatten, stellte auch die Sowjetunion ihr bemanntes Mondprogramm ein. Während die Sowjetunion die erste, unbemannte Phase des Wettlaufs zum Mond in allen Teildisziplinen gewinnen könnte, gelang dies den USA bei der zweiten, bemannten Phase.

Im Rahmen der Mission Apollo 4 startete erstmals die Mondrakete Saturn 5 mit einem unbemannten Apollo-Raumschiff in den Orbit. Mit Apollo 8 flogen im Dezember 1968 erstmals Menschen zum Mond und mit Apollo 11 erfolgte im Juli 1969 die erste bemannte Mondlandung. Erstmals betraten Menschen einen anderen Himmelskörper und erstmals wurde extraterrestrisches Material zur Erde zurückgebracht (engl. Sample Return). Mit Apollo 15 wurde im Juli 1971 schließlich noch der erste bemannte Rover (engl. Lunar Roving Vehicle, LRV) auf dem Mond eingesetzt.

Im Rahmen des Apollo-Programmes wurden im Laufe von vier Jahren zwischen Dezember 1968 und Dezember 1972 insgesamt neun Mondflüge mit 23 Astronauten durchgeführt, vier von ihnen durften sogar zweimal zum Mond fliegen. Bei sechs Mondflügen kam es zu einer Mondlandung, wobei insgesamt 12 Astronauten den Mond betreten haben. Sechs von ihnen bekamen die Gelegenheit, mit einem Mondauto auf ihm herumzufahren. Insgesamt wurden 385 kg Mondgestein eingesammelt und zur Erde mitgenommen. Angesichts der Bilder der US-Astronauten auf dem Mond verblassten die Erstleistungen der Sowjetunion bei der unbemannten Erforschung des Erdtrabanten und gerieten vor der Weltöffentlichkeit nahezu in Vergessenheit.

Dass die bemannte Raumfahrt auch Menschenleben forderte, wurde den Amerikanern 1967 bewusst. In diesem Jahr starben insgesamt acht Astronauten im Dienst: Ende Januar ereignete sich bei einem Bodentest am Gelände der Cape Canaveral Air Force Station (CCAFS) die Brandkatastrophe im Kommandomodul von Apollo 1, bei der die Astronauten Lt. Col. Virgil I. Grissom (1926–1967), Lt. Col. Edward H. White (1930–1967) und Lt. Cdr. Roger B. Chaffee (1935–1967) ums Leben kamen. Im

Juni starb Maj. Edward G. Givens (1930–1967) bei einem Verkehrsunfall mit seinem VW-Käfer während einer Dienstreise in der Nähe von Houston. Im September starb Lt. Col. Russell L. Rogers (1928–1967) beim Absturz mit einem Düsenjäger vom Typ Republic F-105 Thunderchief. Im Oktober starb Maj. Clifton C. Williams (1932–1967) bei einem Trainingsflug mit einem Strahltrainer vom Typ Northrop T-38 Talon. Er wäre bei der zweiten Mondlandung mit Apollo 12 dabei gewesen. Im November stürzte Maj. Michael J. Adams (1930–1967) mit dem Raketenflugzeug bzw. Raumgleiter North American NAA X-15 ab, nachdem er über 50 Meilen (80 km) hochgeflogen war, was nach der Definition der U. S. Air Force (USAF) die Grenze zum Weltraum darstellte. Im Dezember starb schließlich Maj. Robert H. Lawrence (1935–1967) bei einem Absturz mit einem Düsenjäger vom Typ Lockheed F-104 Starfighter. Er war der erste Afroamerikaner, der zur Astronautenausbildung zugelassen worden war und hätte daher auch der erste Afroamerikaner im All sein sollen. 1967 starben somit mehr US-Astronauten als bei der Challenger-Katastrophe 1986. 1970 erwischte es schließlich auch noch Lt. Col. James M. Taylor (1930–1970), der bei einem Absturz während eines Trainingsfluges mit einer Northrop T-38 Talon ums Leben kam.

Das Saturn-Apollo-Programm hatte insgesamt rund 25 Mia. $ verschlungen. Matthias Gründer stellte zusammenfassend fest, dass das Apollo-Saturn-System das *„bis dato teuerste und aufwendigste Transportmittel der Menschheitsgeschichte"* gewesen sei.[137] Wenn man die bemannten und unbemannten Vorbereitungsprogramme Gemini, Lunar Orbiter und Surveyor dazurechnet, kommt man auf über 30 Mia. $. Dies entspricht inflationsbereinigt im Jahr 2020 umgerechnet annähernd 200 Mia. $. Das ist ungefähr dieselbe Summe, die Entwicklung, Bau und Betrieb der Internationalen Raumstation ISS bis zum Jahr 2020 gekostet haben.[138] Mitte der 1960er Jahre, am Höhepunkt des Apollo Rush, betrug das Budget der NASA immerhin 5,5 % der gesamten Staatsausgaben der USA. Diese gigantische Summe wurde allerdings nicht einfach sinnlos zum Mond geschossen. Es handelte sich um das größte staatliche Förderprogramm für Hochtechnologie und Wissenschaft, in dessen Zuge ein eigener Industriezweig mit unzähligen hochqualifizierten Arbeitsplätzen entstand. In der Hochblüte des Apollo Rush haben über 400.000 Menschen direkt oder indirekt für das Mondlandeprogramm gearbeitet. Rund 20.000 Firmen und

---

[137] Gründer, Matthias 2000. *SOS im All!,* S. 124.

[138] In dieser Berechnung sind auch die ISS-Vorbereitungsprogramme Freedom und Shuttle-Mir sowie die Entwicklung der neuen Transportsysteme Cargo & Crew Dragon (SpaceX) und CST-100 Starliner (Boeing) berücksichtigt.

200 Universitäten und Forschungseinrichtungen bekamen Aufträge von der NASA. Zahlreiche bahnbrechende Technologien wurden entwickelt, von denen heute noch viele irdische Bereiche profitieren: Man denke nur an den Einsatz von Leichtmetallen, Kunststoffen und Verbundwerkstoffen im Fahrzeugbau, die inzwischen längst auch im Automobilbau Standard sind. Für den Bau der Saturn-Rakete wurde beispielsweise ein neuartiges Verfahren zum Schweißen von Aluminiumbauteilen entwickelt. Bis dahin war man der Meinung, dass man Alubleche nicht zusammenschweißen könne.[139] Man denke an die Solartechnik, die heutzutage auf den Dächern vieler Einfamilienhäuser zu finden ist. Man denke an die Mikroelektronik, die aus dem raumfüllenden Großrechner einen kompakten Personal Computer (PC) für den eigenen Arbeitsplatz gemacht hat. Der Gemini Digital Computer (GDC) zur Steuerung und Regelung der Gemini-Raumkapsel war der erste in einem bemannten Fahrzeug eingesetzte Bordcomputer und der Apollo Guidance Computer (AGC) war als Teil des Primary Guidance, Navigation & Control System (PGNCS, sprich: „Pings") das weltweit erste eingebettete Computersystem (engl. Embedded System). Moderne Autopiloten oder auch das autonome Autofahren wären ohne diese technischen Pioniertaten undenkbar. In diesem Zusammenhang sei in der von Männern dominierten Raumfahrtgeschichte der Nachkriegszeit auch einmal eine bedeutende Frau hinter den Kulissen erwähnt: Die Mathematikerin Margaret E. H. Hamilton (*1936) leitete die Abteilung für Computerprogrammierung des Instrumentation Laboratory am renommierten Massachusetts Institute of Technology (MIT) in Cambridge, Massachusetts. Im Rahmen des Apollo-Programmes bekam das MIT den Auftrag, die Steuerungssoftware für das Apollo-Raumschiff zu programmieren. Bei dieser Gelegenheit entwickelte Hamilton mit ihrem Team zahlreiche innovative Ansätze zur Softwareentwicklung, Systemarchitektur und Prozessmodellierung. Auf sie geht der Begriff „Software Engineering" zurück. Es war eine Phase des „Learning by Doing", weil es zu dieser Zeit noch keine wissenschaftliche Ausbildung- und Fachrichtung Informatik gab. Margaret Hamilton gehört zu den sogenannten Hidden Heroes, den verborgenen Heldinnen und Helden im Hintergrund, deren Leistungen erst sehr spät gewürdigt wurden. Hamilton bekam 2016 im Alter von 80 Jahren die Freiheitsmedaille des Präsidenten (Presidential Medal of Freedom), die höchste zivile Auszeichnung der USA, verliehen.

---

[139] Puttkamer, Jesco von. 1999. Innovationsschub ist bis heute spürbar. In: *Flug Revue*, 44. Jg., Nr.9 (Sept.), S. 42.

Darüber hinaus wurden Softwareprogramme zur Berechnung und Simulation von Schwingungen der Saturn-Rakete beim Start entwickelt. Auf der Basis dieser Programme werden heute noch Flugzeuge oder Hochhäuser berechnet.[140] Die elektronische Flugsteuerung (engl. Fly by Wire) ist in der modernen Luftfahrt zum Standard geworden. Um die Forschungseinrichtungen zu vernetzen und die riesigen Datenmengen auszutauschen wurde im Auftrag der Advanced Research Projects Agency (ARPA) des US-Verteidigungsministeriums das ARPANet eingerichtet. Es war der Vorläufer des Internet, ohne welches unsere heutige globale Informationsgesellschaft nicht denkbar wäre.

An Bord von Gemini und Apollo kamen erstmals Brennstoffzellen für die Energiegewinnung zum Einsatz. Bei Gemini die Brennstoffzelle mit Polymerelektrolytmembran (Polymer Electrolyte Membrane Fuel Cell, PEMFC) und bei Apollo die alkalische Brennstoffzelle (Alkaline Fuel Cell, AFC). Letztere kam später auch im Skylab und im Space Shuttle zum Einsatz. Der Wasserstoffantrieb mittels Brennstoffzelle wird im 21. Jahrhundert als eine Schlüsseltechnologie der Energiewende betrachtet.

Die NASA hatte gewaltige Investitionen in ihre Bodeninfrastruktur (Ground Segment, G/S) getätigt, v. a. der Launch Complex No. 39 (LC-39) auf dem Gelände des Kennedy Space Center (KSC) am Cape Canaveral mit dem Vertical Vehicle Assembly Building (VAB) und den beiden Startrampen (Launch Pad) A und B. Das waren durchaus nachhaltige Investitionen, denn diese Infrastruktur konnte später im Rahmen des Shuttle-Programms mit dem Space Transportation System (STS) 30 Jahre lang nachgenutzt werden. Eine erneute intensive Nutzung ergibt sich im Rahmen des Artemis-Mondprogramms mit der Mondrakete Space Launch System (STS) und dem Raumschiff Orion. In der Michoud Assembly Facility (MAF) bei New Orleans, in welcher die 1. Stufe der Saturn zusammengebaut wurde, erfolgte später die Montage der Außentanks (External Tank) des STS. In der Missisippi Test Facility (MTF) wurden zunächst die Raketentriebwerke der Saturn und später die des Space Shuttle getestet. Ebenso diente die Dynamic Structural Test Facility (DSTF) am Gelände des Marshall Space Flight Center (MSFC) in Huntsville, Alabama zunächst strukturdynamischen Belastungstests der Saturn-Rakete und später des Space Shuttle.

Schließlich hat das Apollo-Programm auch neue Managementmethoden und Organisationsprinzipien hervorgebracht. Nie zuvor mussten so viele

---

[140] Ebd., S. 43.

Wissenschaftler, Forschungseinrichtungen, Behörden, Firmen und Fabriken koordiniert werden, um ein gemeinsames Ziel zu verwirklichen. Das moderne Projektmanagement wurde in der Apollo-Ära entscheidend weiterentwickelt.

Der Apollo Rush besaß eine enorme katalytische Wirkung auf Industrie und Wirtschaft und brachte einen gewaltigen Innovationsschub.

Trotzdem stellte sich angesichts der ungeheuren Aufwendungen die Frage nach dem Sinn und Zweck der bemannten Mondmissionen. Letztlich konnten die US-Astronauten auf dem Mond auch nur Bodenproben einsammeln und Messgeräte bedienen, was den Sowjets bekanntlich auch unbemannt gelungen ist. In diesem Zusammenhang hat man simplifizierend die Gesamtkosten von rund 25 Mia. $ den 385 kg Mondgestein als Ausbeute gegenübergestellt.[141]

Damit kam man auf einen Kilopreis von rund 65 Mio. $ für Staub und Gesteinsbrocken vom Mond. Ein Argument lautete, dass es der Sowjetunion mit den unbemannten Rückkehrsonden Luna 16 und 20 zu einem Bruchteil der Apollo-Kosten gelungen sei, Mondmaterial zur Erde zu bringen. Allerdings brachten beide Sonden zusammen nur rund 180 g Mondstaub (Regolith) zur Erde zurück. Zwar brachte die spätere Rückkehrsonde Luna 24 im Jahr 1976 nochmals 170 g zur Erde, das war zusammengerechnet aber trotzdem nicht einmal ein Tausendstel der Menge, welche die Apollo-Astronauten zur Erde gebracht hatten. Dabei geht es nicht nur um die Quantität, sondern auch um die Qualität der Proben. Die drei sowjetischen Sonden sammelten ihre Proben automatisch genau an der Stelle, an der sie gelandet waren. Die zwölf Apollo-Astronauten sammelten dagegen über 2000 Einzelproben von verschiedenen, ausgewählten Stellen, die genau dokumentiert wurden.[142] Anders wären beispielsweise Armalcolit oder Orange Soil auf dem Mond auch nicht entdeckt worden.

Die zweifellos gewaltigen Summen für das Apollo-Programm relativieren sich auch, wenn man bedenkt, dass das US-Verteidigungsministerium (Department of Defense, DoD) im selben Zeitraum für den Vietnamkrieg mehr als 150 Mia. $ ausgegeben hat.

Die deutsche Tageszeitung Die Welt kommentierte anlässlich der Rückkehr der letzten Mondfahrer, das Apollo-Programm sei *„eine*

---

[141] Siefarth, Günter (Hrsg.). 1974. *Hat sich der Mond gelohnt?* (= Funk-Fernseh-Protokolle, Heft 8).

[142] Grömer, Gernot 2007. Zum Stellenwert der bemannten Raumfahrt in der Grundlagenforschung. In: *Raumfahrt und Recht.* Hrsg. C. Brünner u. a. Wien, Köln, Graz: Böhlau, S. 164 f.

Machtdemonstration im Kalten Krieg. Die wissenschaftlichen Ergebnisse, so eindrucksvoll sie sein mögen, waren nur Beiwerk."[143]

Günter Siefarth stellte in diesem Zusammenhang fest, dass „die beiden Raumfahrtkonkurrenten vor dem Hintergrund des Kalten Krieges *der übrigen Welt beweisen wollten, wer auf wissenschaftlich-technischem Gebiet die Nase vorn hat.*"[144]

Carl Sagan bezeichnete den Mond als eine „*Sackgasse* [...] *eine statische, luftleere, wasserlose, tote Welt mit einem schwarzen Himmel.*"[145]

Andererseits stellte er jedoch auch fest, dass die Anzahl naturwissenschaftlicher Promotionen zur Zeit des Apollo-Programmes ihren Höhepunkt erreichte.[146]

Anatol Johansen bezeichnet das Apollo-Saturn-Programm als ein „*Crashprogramm*", bei welchem es nicht um eine nachhaltige Besiedelung des Weltraumes ging, sondern nur darum, den ersten Raumfahrer auf die Mondoberfläche zu bringen. Ein nachhaltiges Programm hätte einer Raumstation im Erd- bzw. Mondorbit und letztlich auch einer Mondbasis bedurft. Ein wiederverwendbares Raumschiff wäre zwischen den beiden Orbitalstationen gependelt und für den Flug zur jeweiligen Oberfläche wären wiederverwendbare Raumfähren zum Einsatz gekommen. Allerdings hätte der Aufbau einer solchen Infrastruktur den Programmstart erheblich verzögert und verteuert. Stattdessen sollte der Mond noch vor dem Ende der Dekade (Kennedy: „*before this decade is out*") mit einem Direktschuss von der Erde aus erreicht werden, was den Einsatz von einem 3000 t schweren „Riesenfossil" namens Saturn 5 notwendig machte.[147] Dies führte schließlich zu den astronomischen Kosten von rund 190 Mio. $ für jeden einzelnen Start, was nach heutigem Wert immerhin rund 1 Mia. $ entspricht.

Es ging beim bemannten Mondlandeprogramm also primär darum, die Leitungsfähigkeit des jeweiligen Gesellschafts- und Wirtschaftssystems zu demonstrieren und daraus einen irdischen Führungsanspruch abzuleiten.

Daneben darf jedoch auch ein weiterer wichtiger Aspekt nicht unerwähnt bleiben. Die Evolution hat die Menschheit mit einem Entdeckungs- und Erkenntnisdrang sowie einer überragenden Intelligenz ausgestattet, welche es

---

[143] Zit. nach: Gründer, Matthias 2000. *SOS im Alll*, S. 123.

[144] Siefarth, Günter 2001. *Geschichte der Raumfahrt*, S. 61.

[145] Sagan, Carl 1999. *Blauer Punkt im Alll*, S. 273.

[146] Ebd., S. 289.

[147] Johansen, Anatol 1999. Mann im Mond. In: *Flug Revue*, 44. Jg., Nr.9 (Sept.), S. 41.

ihr ermöglicht, Fahrzeuge zu konstruieren, die sie nahezu überall hinbringen können. Als Christoph Columbus vor einem halben Jahrtausend mit drei voll ausgerüsteten und bemannten Schiffen über den Atlantik nach Westen ins Ungewisse aufbrach, wurde die Expedition vom spanischen Königshaus finanziert. Zuvor war Columbus bei mehreren Herrschern mit seinem gewagten Plan abgeblitzt. Zu kostspielig und zu unsicher. Spanien war bis dahin ein Land am äußersten Rand der damals bekannten Welt und man erhoffte sich durch die Entdeckung neuer Handelswege Reichtum und einen strategischen Vorteil gegenüber Konkurrenten wie Frankreich oder England. Nie zuvor wurde es gewagt, mit Schiffen mehrere Tausend Kilometer über das offene Meer zu segeln. Die Wissenschaft ging bis zu diesem Zeitpunkt davon aus, dass die Erde eine flache Scheibe sei, über deren Rand endlose Wasserfälle ins Bodenlose stürzen. Selbst die Wikinger, die Amerika bereits ein halbes Jahrtausend zuvor erstmals entdeckt hatten, hangelten sich von Skandinavien über die Färöer, Island, Grönland und Neufundland zum amerikanischen Kontinent.

Im Vergleich zum Aufwand war der Ertrag bei der Entdeckung Amerikas ungleich höher als bei der Erforschung des Mondes. Auf dem Mond wurden keine bis dahin unbekannten Lebewesen entdeckt. Ebenso wenig Bodenschätze, deren Abbau und Abtransport in die Alte Welt sich lohnen würde. Bei der Analyse des Mondgesteins wurde die gleiche Isotopensignatur wie auf der Erde festgestellt. Damit war klar, dass Erde und Mond geologisch eng verwandt sein müssen. Mit diesen und anderen Erkenntnissen setzte sich die sogenannte Kollisionstheorie (engl. Impact Hypothesis) zur Entstehung des Mondes durch. Demnach muss die frühe Vorform der Erde, die sogenannte Protoerde, vor über 4 Mia. Jahren mit einem anderen Protoplaneten von der Größe des Mars kollidiert sein. Diese gigantische Kollision wird analog zum Urknall (engl. Big Bang) umgangssprachlich auch Big Splash genannt. Die Wissenschaftler gaben diesem Protoplaneten den Namen Theia nach der griechischen Titanin und Mutter der Mondgöttin Selene. Bei der Kollision vereinigten sich einerseits die Massen von Theia und Protoerde zur Erde, andererseits wurden aber auch riesige Mengen Materie von Theia und der Protoerde in den Weltraum geschleudert, die sich schließlich durch gegenseitige Anziehungskraft in einer Umlaufbahn um die Erde zum Mond vereinigten. Das erklärt zum Beispiel auch, warum der Mond rund ein Viertel der Masse der Erde besitzt, während alle anderen Monde des Sonnensystems im Verhältnis zu ihren Planeten viel kleiner sind.[148]

---

[148] Space Spezial Nr. 2/1019. *Der Mond*, S. 18–21.

Aber nicht nur die Auswertung des Mondgesteins hat uns neue Erkenntnisse über die Erde beschert, sondern auch der Blick vom Mond auf die Erde. Dieser Perspektivenwechsel hat das Bild vom „Raumschiff Erde" geprägt. Ikonografische Fotos wie „Blue Marble" oder „Earthrise" haben uns die Begrenztheit und Verletzlichkeit unseres natürlichen Lebensraumes und seiner Ressourcen vor Augen geführt. 1968 gründete sich der Club of Rome als Zusammenschluss von Wissenschaftlern unterschiedlicher Disziplinen und Länder, um eine nachhaltige Zukunft zu entwickeln. 1972 veröffentlichte er seinen Bericht zur Lage der Menschheit mit dem Titel *Die Grenzen des Wachstums* (engl. *The Limits to Growth*). Ende der 1960er bzw. Anfang der 1970er Jahre erlebte die Hippie-Bewegung ihren Höhepunkt. Flower Power sollte den Fokus stärker auf den Umweltschutz und den Weltfrieden lenken und weniger auf das Wettrüsten der Supermächte und die Stellvertreterkriege wie den in Vietnam. 1971 wurde in Kanada die Umweltschutzorganisation Greenpeace gegründet. In der ersten Hälfte der 1970er Jahre wurde die Gaia-Hypothese entwickelt, nach welcher die irdische Biosphäre als ein einziger Superorganismus zu betrachten ist. Die Raumfahrtaktivitäten der folgenden 50 Jahre drehten sich daher auch primär um die Erde.[149]

Letztlich war die öffentliche Diskussion über die Kosten der bemannten Raumfahrt Zeichen einer lebendigen Demokratie und einer kritischen Medienlandschaft. In der Sowjetunion war derartiges undenkbar. Die tatsächlichen Kosten der sowjetischen Raumfahrtprogramme können bis heute nicht zuverlässig ermittelt werden. Es gehörte zu den Grundprinzipien der zentralistischen Planwirtschaft, keine absoluten Haushaltszahlen bekannt zu geben. Es gab immer nur Erfolgsmeldungen mit relativen Zahlen, zum Beispiel um wie viel Prozent das Plansoll übererfüllt worden sei. Die sowjetische Raumfahrt wurde vom militärisch-industriellen Komplex finanziert und kontrolliert. Es gab auch keine zivile Luft- und Raumfahrtbehörde wie die amerikanische NASA. Offizielle kritische Stellungnahmen waren verboten.

Der Deutsche Fernsehfunk (DFF), die staatliche Fernsehanstalt der Deutschen Demokratischen Republik (DDR), ließ das Sandmännchen in der gleichnamigen Trickfilmserie mit einem Lunochod auf dem Mond landen und den Kindern zum Einschlafen Mondstaub statt Sand in die Augen streuen. Auf diese augenzwinkernde Art und Weise kam der Ostblock schließlich doch noch zu seiner „bemannten" Mondlandung.

Das Recht auf freie Meinungsäußerung trieb in den USA allerdings auch skurrile Blüten:

---

[149] Marsiske, Hans-Arthur 2005. *Heimat Weltall*, S. 183.

1976 veröffentlichte William („Bill") C. Kaysing (1922–2005) ein Buch mit dem Titel *„We never went to the Moon. America's thirty billion dollar swindle."*[150] Der deutschstämmige Bill Kaysing hatte Anglistik studiert und 1957–1963 im Dokumentations- und Publikationsbüro von Rocketdyne gearbeitet. Rocketdyne war eine 1955 gegründete Tochtergesellschaft des Flugzeugherstellers North American Aviation (NAA) mit dem Ziel, Raketentriebwerke für die U. S. Air Force und die NASA zu bauen. Kaysing behauptete in seinem Buch, dass die bemannten Mondlandungen gar nicht stattgefunden hätten, weil die USA dazu technisch gar nicht in der Lage gewesen seien. Die drei Astronauten seien kurz vor dem Start am Cape Canaveral von der Startrampe evakuiert worden. Während die Saturn-Rakete mit dem Apollo-Raumschiff unbemannt in den Weltraum geflogen sei, habe man die Astronauten nach Nevada ausgeflogen. Auf dem weitläufigen Gelände der Nellis Air Force Test & Training Range, einem Test- und Übungsgelände der Luftwaffe in der Wüste nordwestlich von Las Vegas befindet sich ein streng bewachtes militärisches Sperrgebiet, die legendäre Area 51. Dieser Sektor ist seit den 1960er Jahren Gegenstand von Verschwörungstheorien, u. a. was die Untersuchung von angeblich abgestürzten UFOs und eingefangenen Aliens betrifft. Tatsächlich wurden auf diesem Gelände in der Zeit des Kalten Krieges neue Flugzeugtypen, v. a. Spionage- und Tarnkappenflugzeuge, getestet. Jedenfalls behauptete Kaysing, dass die Szenen von der Mondlandung in einem geheimen Filmstudio in der Area 51 gedreht worden seien. Dabei untermauerte er seine unwissenschaftlichen Thesen mit angeblichen Ungereimtheiten bei den von der NASA veröffentlichten Fotos und Videos. Einerseits führte er Fotos an, die bei Simulationen im Astronautenausbildungszentrum am Johnson Space Center (JSC) in Houston, Texas aufgenommen worden waren. Man sah auf diesen Bildern ein Simulationsmodell (Mock-up) der Mondfähre sowie zwei Astronauten in ihren Raumanzügen, die dabei fotografiert und gefilmt wurden, wie sie Messinstrumente in den Sand steckten und aktivierten. Vordergründig erinnerte das an Proben für einen Hollywood-Film. Dies gehörte allerdings zum üblichen Vorbereitungsprogramm von bemannten Raumfahrtmissionen. Alle Ausrüstungsgegenstände mussten unter möglichst realistischen Bedingungen auf der Erde ausgiebig getestet und die Astronauten in der Handhabung entsprechend geschult werden. Im Weltraum sollte schließlich jeder Handgriff sitzen und alles möglichst reibungslos funktionieren. Bei den Fotos von der Mondoberfläche wies er

---

[150] Dt. Übers.: Wir sind nie zum Mond geflogen. Amerikas 30-Mrd.-US$-Schwindel.

u. a. auf die fehlenden Sterne am Mondhimmel hin, ohne jedoch zu berücksichtigen, dass aufgrund der starken Reflexion des Sonnenlichtes durch den hellgrauen Mondstaub (Regolith) und die weißen Raumanzüge sowie die starke Strahlungsbelastung die mitgeführten Hasselblad-Kameras auf eine sehr kurze Belichtungszeit eingestellt waren, so dass die Kameras das schwache Licht der Sterne gar nicht einfangen konnten. Wenn man Sterne fotografieren will, benötigt man lange Belichtungszeiten und muss andere Lichtquellen ausblenden. Die Amerikaner sind jedenfalls nicht zum Mond geflogen, um dort am helllichten Tag Sterne zu fotografieren. Ein Widerspruch in sich war auch die Behauptung Kaysings, dass das Filmmaterial aufgrund der hohen Temperaturen auf der Mondoberfläche und der Strahlungsintensität aufgrund der fehlenden Atmosphäre hätte schmelzen müssen. Tatsächlich ist es so, dass die Oberflächentemperatur während des zwei Wochen andauernden Mondtages zwar auf bis zu 130 °C ansteigen kann, aufgrund der fehlenden Atmosphäre kann die Hitze jedoch nicht aufsteigen, das heißt einen Meter über der Mondoberfläche ist es schon deutlich kühler. Die ungefilterte Weltraumstrahlung war wie gesagt auch ein Grund für die kurzen Belichtungszeiten, weshalb eben auch die Sterne im Hintergrund auf den Fotos nicht zu sehen sind. Dasselbe gilt übrigens auch für spätere Weltraumfotos, zum Beispiel vom Space Shuttle. Die Weltraumstrahlung nahm Kaysing auch zum Anlass für einen weiteren Gegenbeweis: Der Flug durch den Van-Allen-Strahlungsgürtel der Erde auf dem Weg zum Mond wäre für die Astronauten tödlich gewesen. Tatsächlich war die Strahlenbelastung für die Apollo-Astronauten nicht unerheblich. In einer Woche bekamen sie so viel Strahlung ab wie auf der Erde in einem ganzen Jahr. Da die Apollo-Mondmissionen jedoch auf max. 12 Tage begrenzt waren und man i. d. R. nur einmal zum Mond flog, war die Strahlenbelastung überschaubar.

Eine weitere angebliche Ungereimtheit waren die fehlenden Krater unter den Landfähren. Kaysing behauptete, dass die Triebwerkdüse eine große Menge Mondstaub hätte aufwirbeln müssen und der heiße Abgasstrahl zudem das Regolith zum Schmelzen hätte bringen müssen. Dabei wurde jedoch nicht berücksichtigt, dass der Staudruck der Abgase sich im Vakuum des Weltraumes sofort verflüchtigt. Außerdem waren die Triebwerke der Mondfähre eher schwach dimensioniert um Treibstoff und Gewicht zu sparen. Immerhin beträgt die Gravitation des Mondes nur ein Sechstel der Erde, das heißt die Mondfähre war auf dem Mond sechsmal leichter als auf der Erde. Darüber hinaus führte Kaysing auch die angeblich wehenden Flaggen, welche die Astronauten bei jeder Landung in die Erde steckten, als Beweis für die Fälschung an. Natürlich kann auf dem Mond nichts wehen, weil es keine Atmosphäre und damit auch keinen Wind gibt. Die Flaggen haben ja auch nicht geweht, sondern wurden an einer aufklappbaren Querstrebe aufgehängt. Die Faltenwürfe rührten daher, dass die Flaggen zusammengefaltet transportiert wurden und sich nach dem Aufhängen auch nicht verändert haben. Es gibt Fotosequenzen, auf denen die Bewegungen des Astronauten erkennbar sind, während der Faltenwurf der Flagge unverändert bleibt. Schließlich wurden auch noch uneinheitliche Schattenwürfe als Beweis dafür angeführt, dass es mehrere Lichtquellen, das heißt Studioscheinwerfer gegeben haben müsse. Tatsächlich lassen sich die unterschiedlichen Schattenwürfe aufgrund der rauen Mondoberfläche und der Perspektive des Fotografen erklären. Kaysing konstruierte aus diesen und anderen angeblichen Fälschungsbeweisen eine großangelegte Verschwörungstheorie, in welche die Regierung, das Militär, die NASA, die Geheimdienste und mehr oder weniger alle Forschungseinrichtungen und Firmen, die am Apollo-Programm mitgewirkt haben, involviert seien. Alle Beteiligten seien einer Gehirnwäsche unterzogen worden und wer nicht mitgespielt habe, sei umgebracht worden. So verstieg sich Kaysing sogar in der Behauptung, dass der tragische Feuerunfall der drei Astronauten von Apollo 1 bei einem Bodentest im Jahr 1967 ein kaltblütig kalkulierter Mord gewesen sei, um sie zum Schweigen zu bringen.

In Wahrheit wäre es wohl viel aufwendiger gewesen, 400.000 Mitarbeiterinnen und Mitarbeiter aller beteiligten Einrichtungen und Institutionen zum Schweigen zu bringen, als ein Raumschiff zu bauen, welches Astronauten zum Mond bringt. Absurd und widersprüchlich erscheinen die angeblichen Beweise für gefälschte Filmaufnahmen aus dem Filmstudio, wenn man der NASA und anderen Regierungsorganisationen einerseits zutraut, mit größtem Aufwand einen gigantischen und milliardenteuren Schwindel zu produzieren, um damit die ganze Welt zu täuschen, und gleichzeitig traut man den Verantwortlichen derart dilettantische Fehler bei der Filmproduktion zu. Wieso sollte man in einem Filmstudio die Türen offenstehen lassen oder gar extra künstlichen Wind erzeugen, damit eine Flagge weht, die nicht wehen soll? Wieso sollte man ausgerechnet die Sternenkulisse im Hintergrund vergessen, die doch zu den Requisiten jeder Space Opera gehört? Wieso sollte man mit Studioscheinwerfern aus verschiedenen Richtungen verwirrende Schattenspiele produzieren, die von der Regie nicht erwünscht sind? In jedem Hollywood-Studio gehört das doch zum Grundhandwerk und bei der NASA sollen angeblich nur lauter Dilettanten am Werk gewesen sein?

Abgesehen von diesen inneren Widersprüchen hätte der investigative Journalismus der USA früher oder später eine undichte Stelle ausfindig gemacht. Darüber hinaus hat natürlich auch die Sowjetunion die amerikanischen Raumfahrtaktivitäten mit Argusaugen beobachtet. Der Funkverkehr und die Telemetriedaten wurden auch von sowjetischen Weltraumüberwachungsstationen empfangen. Wenn auch nur der geringste Zweifel aufgekommen wäre, hätte das die Sowjetpropaganda sofort ausgeschlachtet.

Tatsächlich handelt es sich beim Apollo-Programm um eines der am besten dokumentierten und bis ins kleinste Detail nachvollziehbaren Ereignissen der Menschheitsgeschichte. Mithilfe der gewaltigen Datenmengen ist jede einzelne Flugsekunde rekonstruierbar; von der Funktionalität jedes Subsystems bis hin zu den Körperfunktionen der Astronauten. Natürlich sind auch die 385 kg Mondgestein und Mondstaub, welche die Apollo-Astronauten zur Erde mitgebracht haben, unwiderlegbare Beweise. Die Verschwörungstheoretiker verweisen in diesem Zusammenhang zwar gerne auf die unbemannten Rückkehrsonden der Sowjetunion, die haben jedoch zusammen nur rund 350 g, also weniger als ein Tausendstel der Masse, zur Erde gebracht. Man hätte eine ganze Flotte von Rückkehrsonden bauen und von der Weltöffentlichkeit unbemerkt einsetzten müssen. Ein Aufwand, der dem einer bemannten Mondlandung kaum nachsteht. Schließlich sind die auf dem Mond zurückgelassenen Ausrüstungsgegenstände nicht zu leugnende Zeugen der Tatsache, dass Menschen auf dem Mond gelandet sind. Zu den größten zählen die sechs Mondfähren, die drei Mondrover und fünf Saturn-Oberstufen. Die Abstiegsstufen (engl. Descent Stage) der Mondfähren verblieben am Landeplatz und dienten beim Rückflug als Startplattformen, während die Aufstiegsstufen (engl. Ascent Stage) der Mondfähren nach dem Umstieg der Astronauten ins CSM-Mutterschiff zurück auf den Mond stürzten. Die Oberstufen der Saturn 5 trugen die Bezeichnung Saturn Four Bravo (S-IVB). Mit ihrer Hilfe erfolgte der Einschuss in die Transferbahn zum Mond (engl. Trans-Lunar Injection, TLI). Aufgrund derselben Flugbahn wurde das Apollo-Raumschiff auf seinem Flug zum Mond von der S-IVB quasi begleitet.[151] Das Raumschiff wurde rechtzeitig vor dem Erreichen des Mondes mithilfe des Haupttriebwerkes im Servicemodul (SM) abgebremst und schwenkte in den Mondorbit ein. Bei Apollo 8 bis 12 ließ man die S-IVB am Mond vorbeifliegen und bei Apollo 13 bis 17 ungebremst auf den Mond einschlagen. Mithilfe der ab Apollo 11 aufgestellten Seismometer konnte man die durch die Einschläge

---

[151] Reichl, Eugen 2011. *Trägerraketen seit 1957*, S. 49.

verursachten Erschütterungen messen und dadurch Rückschlüsse auf den inneren Aufbau des Mondes ziehen. Neben diesen tonnenschweren Raumfahrzeugteilen wurden aber auch noch Hunderte kleinere Ausrüstungsgegenstände zurückgelassen. Die Aufstiegsstufe der Mondfähre sollte schließlich so leicht wie möglich sein, damit sie problemlos zum Apollo-Mutterschiff zurückfliegen konnte. Neben den sechs kleinen Messstationen für Langzeitexperimente (engl. Apollo Lunar Surface Experiments Package, ALSEP) waren das auch weitere Messinstrumente, sechs Flaggen mit Ständer, zwei Golfbälle, zahlreiche Werkzeuge, die Ausscheidungen und Abfälle der Astronauten während ihrer Mondaufenthalte (Apollo Bags) und vieles mehr. Die ALSEPs lieferten noch bis 1977 laufend Messdaten von der Mondoberfläche. Darüber hinaus hatten die Apollo-Astronauten auch Laserstrahlenreflektoren aufgestellt, um die exakte Entfernung zwischen Erde und Mond messen zu können. Diese sogenannten Lunar Laser Ranging Retroreflectors (LLRR) können bis heute von irdischen Laserstationen für entsprechende Messungen genutzt werden.

Die im Juni 2009 gestartete Umlaufsonde Lunar Reconnaissance Orbiter (LRO) besitzt hochauflösende Kameras, die nicht nur sämtliche Ausrüstungsgegenstände, sondern auch die Fußspuren der Astronauten auf dem Mond fotografieren können.

Tatsache ist, dass alle Verschwörungstheoretiker der Welt es in 50 Jahren nicht geschafft haben, auch nur einen einzigen unwiderlegbaren Beweis für die Fälschung der Mondlandung zu erbringen. Es handelt sich ausschließlich um unwissenschaftliche Vermutungen und Verdächtigungen. Trotzdem ließen sie alle Gegenbeweise unbeeindruckt. Es gibt einen psychologischen Erklärungsversuch für die beharrliche Leugnung der bemannten Mondlandung. Kaysings Mutter hatte romantische Gedichte an den Mond verfasst. Sie stand damit in der jahrtausendealten Tradition einer mythologisch-romantischen Betrachtung des Erdtrabanten. Bereits in den frühen Hochkulturen kam dem Mond neben der Sonne eine zentrale kultische Bedeutung zu. Er wurde mit einer der Hauptgottheiten des Polytheismus identifiziert: Isis bei den Ägyptern, Selene und Artemis bei den Griechen, Luna und Diana bei den Römern, Mani bei den Germanen. Die Mondphasen wurden als himmlische Metapher für den ewigen Kreislauf von Tod und Wiedergeburt gedeutet.[152] Auch im Monotheismus kommt dem Mond eine zentrale Bedeutung zu: Der Mondkalender ist die Basis der islamischen

---

[152] Sagan, Carl 1999. *Blauer Punkt im All*, S. 221.

Zeitrechnung und auch im Christentum wird der Mondkalender angewendet, um den Ostertermin und die damit zusammenhängenden Feste von Fastnacht bis Pfingsten zu berechnen. Die Astrologie bescheinigt dem Mond einen großen Einfluss auf das Pflanzenwachstum und die Körperfunktionen. Daher dient der Mondkalender im Volksglauben als Basis für Land- und Forstwirtschaftliche Arbeiten sowie für alternativmedizinische Anwendungen. Der Mond wird auch immer wieder mit dem Fruchtbarkeitszyklus in Verbindung gebracht. Darüber hinaus wird dem Mond einen großen Einfluss auf die menschliche Psyche zugeschrieben. Im Aberglauben erzeugen Vollmondnächte besondere Kräfte und lassen zum Beispiel Menschen schlafwandeln oder gar zu Werwölfen mutieren. In der Literatur der Romantik im 19. Jahrhundert spielte der Mond ebenfalls eine zentrale Rolle, wobei er je nach Handlung entweder eine unheilvolle Wirkung entfaltet oder zwei Liebende zusammenführt.

Durch das Betreten des Mondes und die von den Astronauten hinterlassenen Ausrüstungsgegenstände wurde das geheimnisvolle Reich jahrtausendealter Mythen und Legenden quasi entzaubert und entweiht. Die Erkenntnis, dass es sich um einen leblosen, wüstenhaften, staubigen Himmelskörper handelt, der aufgrund einer Kollision aus irdischem Material entstanden ist, hat den Mond seiner mythologischen Bedeutung und seines magischen Zaubers beraubt. Der Mond konnte nun nicht länger als unerreichbarer Sehnsuchtsort mit geheimnisvollen Kräften gelten. Dies hat offensichtlich bei vielen ein *„irrationales Unbehagen"* ausgelöst.[153] Andere sahen darin gar einen Akt der *„Schamlosigkeit und Gotteslästerung"*.[154]

Die Ablehnung der ernüchternden Erkenntnis von der wahren Gestalt des Mondes hat dann zur Entwicklung der Verschwörungstheorie geführt, um die gute alte Weltordnung wiederherzustellen. Bereits 100 Jahre vor dem ersten bemannten Mondflug hatte Jules Verne, der Begründer der Science-Fiction-Literatur, in seinem Roman *Von der Erde zum Mond* (franz. *De la Terre à la Lune*) die Auswirkungen dieses *„seltsamsten Unternehmens der Menschheit"* in prophetischer Manier wie folgt beschrieben: Durch die Meldung werde *„die ganze Welt teilnehmend von Staunen und Schrecken erfüllt."* Die Raumfahrer hätten sich *„durch Überschreitung der von Gott den Kreaturen der irdischen Welt gesteckten Grenzen außer Verbindung mit der Menschheit gesetzt."*[155]

---

[153] Kuphal, Eckart 2013. *Den Mond neu entdecken*, S. 39.

[154] Sagan, Carl. 1999. *Blauer Punkt im All*, S. 223.

[155] Verne, Jules 2018. *Von der Erde zum Mond*, S. 215.

Große Popularität erhielt die Mondlandungs-Verschwörungstheorie durch einen Science-Fiction-Spielfilm, der 1978 in die Kinos kam. Der Titel lautete *Capricorn One*, in der deutschen Simultanübersetzung *Unternehmen Capricorn*. Drehbuchautor und Regisseur Peter Hyams (*1943) entwarf darin ein fiktives Szenario für ein bemanntes Marsprogramm der NASA unter dem Namen *Capricorn*, benannt nach dem Sternzeichen Steinbock. Als die Verantwortlichen bei der NASA merken, dass das von ihr entwickelte Mars-Raumschiff nicht in der Lage ist, die Astronauten lebend zum Mars und wieder zurück zu bringen, befürchten sie ähnliche Budgetkürzungen und Kündigungen wie nach dem Ende des Apollo-Mondprogrammes. Daraufhin entwickeln sie den Plan für eine großangelegte Fälschung. Die drei Astronauten werden kurz vor dem Raketenstart heimlich entführt und zu einem von der Außenwelt streng abgeschirmten militärischen Sperrgebiet mitten in die Wüste gebracht. Dort werden sie gezwungen, in einem eigens errichteten Filmstudio die Szenen auf der Marsoberfläche nachzustellen. Gleichzeitig fliegt das Raumschiff unbemannt zum Mars, während es den aufgezeichneten Funkverkehr von früheren irdischen Trainings- und Testsimulationen abstrahlt. Die angeblichen Liveübertragungen aus dem Raumschiff stammen dann wiederum aus dem irdischen Filmstudio. Bei der Rückkehr des Raumschiffes sind die Astronauten schon unterwegs zum vorberechneten Landeplatz, als sie plötzlich umkehren müssen. Die Landekapsel ist beim Wiedereintritt in die Erdatmosphäre vor laufenden Kameras verglüht. Der NASA-Programmdirektor verkündet in den Medien bereits den tragischen Tod der drei Astronauten. In diesem Moment ist den Betroffenen klar, dass sie ermordet werden sollen. Sie können mit einem Flugzeug von der streng geheimen Militärbasis fliehen, müssen jedoch wenig später wegen Treibstoffmangels notlanden. Um die Chance zu erhöhen, dass wenigstens einer von ihnen überlebt, trennen sie sich und gehen in drei verschiedene Richtungen los. Zwei von ihnen werden von den Killerkommandos entdeckt und eliminiert. Der dritte Astronaut, Kommandant Charles Brubaker – gespielt von Schauspieler James Brolin (*1940) – wird von einem Journalisten gefunden, der Verdacht geschöpft und sich auf die Suche nach den Astronauten gemacht hat. Er rettet ihn und fliegt in einem alten Doppeldecker direkt zur offiziellen Trauerfeier. Der überlebende Astronaut betritt die Bühne in dem Moment, als der US-Präsident die Trauerrede zum Gedenken an die drei verstorbenen Astronauten hält. Auch wenn es sich um einen fiktionalen Spielfilm und keine wissenschaftliche Dokumentation handelte, trug er sehr zur Popularität der Verschwörungstheorie um die Mondlandung bei.

Einen weiteren Höhepunkt erreichte die Verschwörungstheorie zur Jahrtausendwende. 1999 klagte Bill Kaysing gegen den Astronauten Jim Lovell wegen übler Nachrede. Der zweimalige Mondflieger Lovell hatte Keysing in einem Interview als „wacky" bezeichnet.[156] Dieses mehrdeutige Eigenschaftswort kann sowohl exzentrisch bzw. schrullig als auch verrückt bedeuten. Zwei Jahre lang prozessierte Kaysing, wobei er Lovell u. a. unterstellte, einer hypnotischen Gehirnwäsche unterzogen worden zu sein und mit seinen Raumfahrtvorträgen Geschichtsfälschung zu betreiben. Obwohl die Klage schließlich abgewiesen wurde, gelang es Kaysing noch, im Jahr 2001 für den US-Fernsehsender Fox an einem Dokumentarfilm unter dem Titel „Conspiracy Theory: Did we land on the Moon?" mitzuwirken.[157] Kaysing bekam noch einmal eine große Bühne, um seine verworrenen Verschwörungstheorien einem breiten Publikum näher zu bringen. Die NASA war ebenfalls zur Mitwirkung eingeladen worden, ihr Öffentlichkeitssprecher agierte jedoch ungeschickt. Anstatt sich auf die nahezu unerschöpfliche Fülle unwiderlegbarer Beweise zu konzentrieren, wurde arrogant und herablassend über die Verschwörungstheoretiker geredet. Laut diversen Umfragen waren immerhin 10 bis 20 % der Bevölkerung der Meinung, die Mondlandung sei ein Fake.[158] Schließlich versuchte die NASA es auf einem anderen Weg: Sie beauftragte ihren Mitarbeiter James E. Oberg (*1944), der sich als Sachbuchautor einen Namen gemacht hatte, mit dem Verfassen einer Gegendarstellung in Buchform, welche alle Behauptungen der Verschwörungstheoretiker widerlegen sollte. Die amerikanische Presse und diverse Fachkommentatoren wunderten sich, dass die NASA es 30 Jahre nach dem Apollo-Programm plötzlich nötig habe, ein Buch in Auftrag zu geben, nur um zu beweisen, dass ihre Astronauten tatsächlich auf dem Mond gelandet seien, wo doch die Beweise tausendfach auf dem Tisch liegen. Man würde damit der unwissenschaftlichen Verschwörungsliteratur zu viel Anerkennung und Aufmerksamkeit schenken. Die NASA stoppte daraufhin ihr Buchprojekt.[159]

---

[156] Zit. nach: Röthlein, Brigitte 2008. *Der Mond,* S. 112.
[157] Ebd., S. 113. Dt. Übers.: Verschwörungstheorie: Sind wir auf dem Mond gelandet?
[158] Ebd., S. 110.
[159] Ebd., S. 119.

Die ansonsten für ihren investigativen Journalismus und ihre Seriosität bekannte Redaktion des deutsche Nachrichtenmagazins *Der Spiegel* ließ über ihre Fernsehproduktionsfirma *Spiegel TV* die Fox-Dokumentation übersetzen und strahlte sie noch im selben Jahr im deutschen Fernsehen aus. Damit sprang das sogenannte „Moon Hoax Virus" auch nach Mitteleuropa über.[160]

Aufschlussreich ist die Tatsache, dass die Verschwörungstheorie um die Mondlandung oftmals mit einer weiteren populären Verschwörungstheorie kombiniert wird: Viele NASA-Verschwörungstheoretiker glauben nämlich auch daran, dass UFOs mit Aliens auf der Erde gelandet oder abgestürzt seien und die Regierung gemeinsam mit der NASA, dem Militär und den Geheimdiensten dies ebenfalls vor der Weltöffentlichkeit geheim halte. Demnach müsste sich unter dem angeblichen streng geheimen Filmstudio in der Area 51 ein noch geheimeres unterirdisches Alienlabor befinden, in welchem die außerirdischen Lebensformen und ihre UFOs untersucht werden. Es gibt darüber hinaus auch noch eine Abwandlung, welche besagt, dass die Astronauten doch auf dem Mond waren, allerdings hätten sie dort Kontakt mit Aliens aufgenommen. Der Grund, weshalb die Sterne auf den Bildern fehlen, sei nach dieser Theorie darauf zurückzuführen, dass man beim Wegretuschieren der um die Astronauten herumschwirrenden Ufos zufällig auch die Sterne entfernt hätte.

Es ist grotesk, dass einerseits das, was objektiv-wissenschaftlich bewiesen und nachvollziehbar ist, abgelehnt wird, während man andererseits bereitwillig an Dinge glaubt, für die es bis heute keinerlei Beweise gibt.

Eine weitere skurrile Posse als Folge des Apollo-Projektes war der Verkauf von Grundstücken auf dem Mond. Die US-Astronauten hatten nach ihren Mondlandungen zwar jedes Mal die Flagge der Vereinigten Staaten gehisst, dass hatte jedoch keinerlei völkerrechtliche Auswirkungen. Der Weltraumvertrag von 1967 (Outer Space Treaty, OST) beinhaltete nämlich in Artikel II die Hoheitsfreiheit des Weltraums und seiner Himmelskörper, das heißt kein irdischer Staat durfte Gebiete in Besitz nehmen bzw. Souveränitätsrechte beanspruchen (Aneignungsverbot).[161]

Ein findiger und gewiefter Amerikaner namens Dennis Hope erhob 1980 beim Grundbuchamt von San Francisco einen Besitzanspruch (Claim of Ownership) auf den Mond. Dabei berief er sich auf ein Gesetz

---

[160] Walter, Ulrich 2019. *Im Schwarzen Loch ist der Teufel los*, S. 213. Hoax = Falschmeldung, Fake.

[161] Hobe, Stephan 2019. Wem gehört der Weltraum? In: *Zeitschrift für Politikwissenschaft*, 29. Jg., S. 494.

aus der Zeit der Eroberung des Wilden Westens. Der „Homestead Act"
von 1862 erlaubte es den Siedlern, herrenloses Land in Besitz zu nehmen.
Der Claim musste öffentlich kundgemacht werden und wenn innerhalb
einer bestimmten Frist niemand sonst einen berechtigten Besitzanspruch
aus früheren Zeiten anmeldete, erhielt der Siedler das Eigentumsrecht. Mit
seinem selbstbewussten Auftreten und geschickter Rhetorik konnte Hope
die ahnungslosen Verwaltungsbeamten beeindrucken und überrumpeln. Der
außerirdische Claim wurde tatsächlich ins Grundbuchregister eingetragen.
Nachdem erwartungsgemäß keiner der zwölf auf dem Mond gelandeten
Apollo-Astronauten den Claim innerhalb der Frist für sich beanspruchte,
erklärte Hope den Mond zu seinem Privateigentum (Private Property). Er
schrieb daraufhin Briefe an die UNO in New York und die US-Regierung
in Washington. Darin verteidigte er seinen Besitzanspruch über den Mond
mit dem Argument, dass das Aneignungsverbot gem. Art. II OST ihn nicht
betreffe, da es sich um einen völkerrechtlichen Vertrag handle, welcher nur
für die Vertragsstaaten verbindlich sei, nicht jedoch für Privatpersonen.
Nach dem Vorbild der amerikanischen Unabhängigkeitserklärung vom
4. Juli 1776 erklärte Hope seine eigene galaktische Unabhängigkeit in
der sogenannten „Declaration of Galactic Independence". Anschließend
ernannte er sich selber zum „President of the Galactic Government". Eine
seiner ersten Amtshandlungen war die Kreation einer eigenen Staatsflagge
sowie die Eröffnung einer irdischen Botschaft, indem er die Firma Lunar
Embassy mit Sitz in Rio Vista zwischen San Francisco und Sacramento
gründete. Er eröffnete ein eigenes Grundbuchregister und anstatt Visa
wurden Mondparzellen verkauft. Das abenteuerliche und dreiste Geschäfts-
modell ging tatsächlich auf und machte Hope zum Multimillionär.[162]

Rechtlich betrachtet sind die von Hope verkauften Besitzurkunden
natürlich wertlos. Die Vertragsstaaten des Weltraumvertrages haben die
Verpflichtung, die völkerrechtlichen Bestimmungen auf nationaler Ebene
umzusetzen. Wenn also die USA keine Souveränitätsrechte über den Mond
ausüben darf, dann kann auch keine US-Behörde einem US-Bürger irgendwelche Eigentumsrechte über den Mond gewähren. Ein Recht, das man
selber nicht hat, kann man auch niemandem übertragen. Dieser alte Rechts-
grundsatz lautet auf Lateinisch: „Nemo plus iuris transferre potest quam ipse
habet."[163]

---

[162] https://lunarembassy.com/who-owns-the-moon-dennis-hope/ (Abgerufen am 10.01.2021).

[163] Soucek, Alexander 2007. Einführung in ausgewählte rechtliche Aspekte der bemannten Raumfahrt.
In: *Raumfahrt und Recht*. Hrsg. C. Brünner u. a., S. 180 f.

Anlässlich des 50. Jahrestages der ersten bemannten Mondlandung im Jahr 2019 bot Hope im Rahmen einer Jubiläumsaktion Ländereien in der Nähe des Landesplatzes von Apollo 11 (Tranquility Base) an. Ein Acre wurde zum Preis von 44,99 $ angeboten.[164] Für die Eintragung des Namens in die Besitzurkunde fielen noch 2,50 $ Verwaltungsgebühr an. Passend dazu konnte sogar die Staatsbürgerschaft erworben werden: Für 22,99 $ bekam man einen eigenen Lunar Passport. Mittlerweile verkauft Hope sogar Land auf dem Mars. Ein Acre war Anfang 2021 immerhin schon ab 24,99 $ zu haben. Hope wirbt damit, dass er bereits über 5 Mio. Acre auf Mond und Mars verkauft habe, darunter auch an Elon Musk, den Gründer von Tesla und SpaceX, damit dieser später mit seinen Raumschiffen auf eigenem Gebiet landen und eine Basis errichten könne. Daher solle man unbedingt jetzt zugreifen und Grundbesitz auf dem Mars erwerben, bevor dieser besiedelt wird und die Preise explodieren. Dafür würden einem die Enkelkinder später angeblich einmal dankbar sein: *„One day, your grandchildren will thank you!"*.[165]

Die Erfolgsgeschichte von Dennis Hope ist ein weiterer erstaunlicher Beleg dafür, dass Amerika tatsächlich das Land der unbegrenzten Möglichkeiten ist!

Literatur

Armstrong, Neil A.; Aldrin, Edwin E.; Collins, Michael. 1970. *Wir waren die Ersten*. Frankfurt am Main, Berlin: Ullstein.

Block, Torsten. 1992. *Bemannte Raumfahrt. 30 Jahre Menschen im All.* (= Raumfahrt-Archiv, Bd. 1). Goslar: Eigenverlag.

Brünner, Christian; Soucek, Alexander; Walter, Edith (Hrsg.). 2007. *Raumfahrt und Recht. Faszination Weltraum – Regeln zwischen Himmel und Erde.* (= Studien zu Politik und Verwaltung, Bd. 89. Wien, Köln, Graz: Böhlau.

Büdeler, Werner. 1982. *Geschichte der Raumfahrt*. Würzburg: Stürtz, 2. Aufl.

Büdeler, Werner. 1992. *Raumfahrt*. (= Naturwissenschaft und Technik. Vergangenheit – Gegenwart – Zukunft). Weinheim: Zweiburgen.

Bührke, Thomas. 2019. Der Schuss zum Mond. Der Bau der Mondrakete sowie des Apollo-Raumschiffes und der Landefähre vor 50 Jahren war eine technische Meisterleistung. In: *Bild der Wissenschaft*. 56. Jg., Nr. 1 (Jan.), S. 14–21.

---

[164] Das Acre ist ein angloamerikan. Flächenmaß. 1 Acre entspricht etwa 40 Ar bzw. 4000 m².

[165] https://lunarembassy.com/product/buy-land-on-mars/?attribute_pa_area=1-acre (Abgerufen am 10.01.2021).

Dambek, Thorsten. 2010. Warum hat die Rückseite kein Gesicht? In: *Bild der Wissenschaft*. 74. Jg., Nr. 6 (Juni), S. 48.

Eyermann, Karl-Heinz. 1993–94. Explosion stoppt Wettlauf zum Mond. In: *Flug Revue*. Teil 1: Die russische Riesenrakete N-1 als Konkurrent zur Saturn-5. 38. Jg. 1993, Nr. 12 (Dez.), S. 40–44. Teil 2: Vier Fehlstarts beenden das russische N-1-Projekt. 39. Jg. 1994, Nr. 1 (Jan.), S. 42–45.

Furniss, Tim. 1998. *Die Mondlandung. Ein kleiner Schritt für einen Mann, aber ein großer Schritt für die Menschheit*. Bindlach: Gondrom.

Grömer, Gernot. 2007. Zum Stellenwert der bemannten Raumfahrt in der Grundlagenforschung. In: *Raumfahrt und Recht*. Hrsg. C. Brünner u. a. Wien, Köln, Graz: Böhlau, S. 160–168.

Gründer, Matthias. 2000. *SOS im All. Pannen, Probleme und Katastrophen der bemannten Raumfahrt*. Berlin: Schwarzkopf & Schwarzkopf.

Hensel, André T. 2019. *Geschichte der Raumfahrt bis 1970. Vom Wettlauf ins All bis zur Mondlandung*. Berlin, Heidelberg: Springer, 2. Aufl.

Hobe, Stephan. 2019. Wem gehört der Weltraum? Welches Recht gilt im Weltraum und kann das überhaupt durchgesetzt werden? *In: Zeitschrift für Politikwissenschaft*, 29. Jg., S. 493–504.

Hofstätter, Rudolf. 1989. *Sowjet-Raumfahrt*. Basel, Berlin: Birkhäuser, Springer.

Jack, Uwe W. 2019. Apollo 8: "You are Go for TLI". In: *Flieger Revue. Magazin für Luft- und Raumfahrt*. Nr. 1 (Jan.), S. 48–51.

Johansen, Anatol. 1999. Mann im Mond. In: *Flug Revue*, 44. Jg., Nr. 9 (Sept.), S. 38–42.

Kuphal, Eckart. 2013. *Den Mond neu entdecken. Spannende Fakten über Entstehung, Gestalt und Umlaufbahn unseres Erdtrabanten*. Berlin, Heidelberg: Springer Spektrum.

Koser, Wolfgang (Chefred.); Matting, Matthias; Baruschka, Simone; Grieser, Franz; Hiess, Peter; Mantel-Rehbach, Claudia; Stöger, Marcus (Mitarb.). 2019. *Die Geschichte der NASA. Die faszinierende Chronik der legendären US-Weltraum-Agentur*. (= Space Spezial, Nr. 1). München, Hannover: eMedia.

Kranz, Gene. 2000. Failure is not an Option. New York: Simon & Schuster.

Ley, Wilfried; Wittmann, Klaus; Hallmann, Willi (Hrsg.). 2011. *Handbuch der Raumfahrttechnik*. München: Hanser, 4. Aufl.

Lorenzen, Dirk H. 2021. Der neue Wettlauf ins All. Die Zukunft der Raumfahrt. Stuttgart: Franckh-Kosmos.

Lovell, Jim. 1995. Apollo 13. Ein Erlebnisbericht. München: Goldmann.

Lovell, Jim; Kluger Jeffrey. 1995. Apollo 13. Ein Erlebnisbericht. München: Goldmann.

Mackowiak, Bernhard; Schughart, Anna. 2018. *Raumfahrt. Der Mensch im All*. Köln: Edition Fackelträger, Naumann & Göbel.

Marsiske, Hans-Arthur. 2005. *Heimat Weltall. Wohin soll die Raumfahrt führen?* (= Edition Suhrkamp, Bd. 2396). Frankfurt am Main: Suhrkamp.

Messerschmid, Ernst; Fasoulas, Stefanos. 2011. *Raumfahrtsysteme. Eine Einführung mit Übungen und Lösungen.* Berlin: Springer Vieweg, 4. Aufl.

Moosleitner, Peter (Hrsg.); Sprado, Hans-Hermann (Red.). 1996. *Mondlandung.* (= P. M. Das historische Ereignis, Nr. 10). München: G+J.

Puttkamer, Jesco von. 1999. Innovationsschub ist bis heute spürbar. In: *Flug Revue,* 44. Jg., Nr.9 (Sept.), S. 42 f.

Rademacher, Cay. 1995. Odyssee im All. Der dramatische Flug von Apollo 13. In: *GEO. Das Reportage-Magazin.* 20. Jg. Nr. 2 (Febr.), S. 123–138.

Reichl, Eugen. 2010. *Bemannte Raumfahrzeuge seit 1960.* (= Typenkompass). Stuttgart: Motorbuch, 2. Aufl.

Reichl, Eugen. 2011. *Trägerraketen seit 1957.* (= Typenkompass). Stuttgart: Motorbuch.

Reichl, Eugen; Röttler, Dietmar. 2020. *Raketen. Die Internationale Enzyklopädie.* Stuttgart: Motorbuch.

Rönnefahrt, Helmuth K. G. (Begr.); Euler, Heinrich (Bearb.). 1975. Vertrags-Ploetz. *Konferenzen und Verträge. Ein Handbuch geschichtlich bedeutsamer Zusammenkünfte und Vereinbarungen.* Bd. 4 A: 1914–1959, Bd. 4 B: 1959–1963, Bd. 5: 1963–1970. Würzburg: Ploetz, 2. Aufl.

Röthlein, Brigitte. 2008. *Der Mond. Neues über den Erdtrabanten.* München: DTV.

Sagan, Carl. 1999. *Blauer Punkt im All. Unsere Heimat Universum.* Eltville: Bechtermünz.

Siefarth, Günter (Hrsg.). 1974. *Hat sich der Mond gelohnt? Zurück zur Erde.* (= Funk-Fernseh-Protokolle, Heft 8). München, Wien, Zürich: TR.

Siefarth, Günter. 2001. *Geschichte der Raumfahrt.* (= Beck'sche Reihe Wissen, Bd. 2153). München: Beck.

Soucek, Alexander. 2007. Einführung in ausgewählte rechtliche Aspekte der bemannten Raumfahrt mit Schwerpunkt Internationale Raumstation ISS. In: Raumfahrt und Recht. Hrsg. C. Brünner u. a. Wien, Köln, Graz: Böhlau, S. 178–187.

Soucek, Alexander. 2015. *Space Law Essentials.* Vol. 1: Textbook. (= Linde Praktiker Skripten). Wien: Linde.

Spillmann, Kurt R. (Hrsg.). 1988. *Der Weltraum seit 1945.* Basel, Berlin: Birkhäuser, Springer.

Terweij, Jakob. 1991. Mondrakete explodierte beim Start. In: *Flug Revue.* 36. Jg., Nr. 3 (März), S. 63.

Tschertok, Boris J. 1997. Per aspera ad astra. Vor 40 Jahren eröffnete Sputnik 1 das Zeitalter der Raumfahrt. In: *Flieger Revue. Magazin für Luft- und Raumfahrt.* 45. Jg., Nr. 10 (Okt.), S. 70–74.

Ulamec, Stephan; Hanowski, Nicolaus. 2011. Weltraumastronomie und Planetenmissionen. In: *Handbuch der Raumfahrttechnik.* Hrsg. W. Ley, K. Wittmann, W. Hallmann. München: Hanser, 4. Aufl., S. 553–570.

Verne, Jules. 2018. *Von der Erde zum Mond.* Hamburg: Impian.

Walter, Ulrich. 2019. *Im Schwarzen Loch ist der Teufel los. Astronaut Ulrich Walter erklärt das Weltall.* München: Penguin.

Wolek, Ulrich. 2007. Der Sputnik-Schock. Vor 50 Jahren sandte der erste künstliche Satellit sein Funksignal zur Erde. In: GEO. Das Bild der Erde. 32. Jg., Nr. 9 (Sept.), S. 120–123.

Wolf, Dieter O. A.; Hoose, Hubertus M.; Dauses, Manfred A. 1983. *Die Militarisierung des Weltraums. Rüstungswettlauf in der vierten Dimension.* (= B & G aktuell. Hrsg. Arbeitskreis für Wehrforschung, Bd. 36). Koblenz: Bernard & Graefe.

Zimmer, Harro. 1996. *Der rote Orbit. Glanz und Elend der russischen Raumfahrt.* (= Kosmos-Report). Stuttgart: Franckh-Kosmos.

Zimmer, Harro. 1997. *Das NASA-Protokoll. Erfolge und Niederlagen.* (= Kosmos-Report). Stuttgart: Franckh-Kosmos.

5

Von der Konfrontation zur Kooperation: Der Wettlauf um das erste Raumlabor und das erste gemeinsame Raumfahrtprojekt

Inhaltsverzeichnis

Zunächst werden frühe theoretische Konzepte für Raumstationen beschrieben. Im Kalten Krieg sollten sie auch als Spionageplattformen und Raketenabschussrampen fungieren. Anfang der 1970er Jahre kam es zu einem dramatischen Wettlauf um das erste freifliegende Raumlabor (Free Flyer). Die Sowjetunion hatte zunächst mehrere Fehlschläge und Katastrophen mit Toten zu beklagen (Saljut 1 bis 3). Dadurch gelang es den USA, mit dem Skylab das erste Raumlabor erfolgreich zu bemannen. Schließlich einigten sich die beiden Supermächte auf das Apollo-Sojus-Testprojekt (ASTP), als erstes gemeinsames Raumfahrtprojekt. Damit endete 1975 die Pionierzeit der Raumfahrt.

© Springer-Verlag GmbH Deutschland, ein Teil von Springer Nature 2023
A. T. Hensel, *Geschichte der Raumfahrt bis 1975*,
https://doi.org/10.1007/978-3-662-64573-4_5

5.1 Himmelsräder und Spionageplattformen im Orbit: Frühe Ideen und Konzepte für eine Raumstation

Bereits in der Zwischenkriegszeit wurden erste Konzepte für Raumstationen im Erdorbit entworfen. Nach dem 2. Weltkrieg wurden diese Konzepte wieder aufgegriffen und weiterverfolgt. Herrmann Noordung und Wernher von Braun konzipierten radförmige, rotierende Raumstationen, um eine künstliche Schwerkraft zu erzeugen. Im Kalten Krieg sollten Raumstationen schließlich als Spionageplattformen und Raketen-Abschussrampen fungieren. In diesem Zusammenhang ist das freifliegende Raumlabor von der vollwertigen Raumstation abzugrenzen. Die Entwicklung mündete schließlich in das amerikanische Skylab und die sowjetische Saljut-Reihe.

Die großen Vordenker und Pioniere der Raumfahrt haben sich bereits in der Zwischenkriegszeit mit grundlegenden Konzepten von Raumstationen befasst. So hat beispielsweise der österreichische Offizier Hermann Noordung, geb. Potočnik (1892–1929) in seinem 1929 veröffentlichten Buch *„Das Problem der Befahrung des Weltraums"* eine radförmige Raumstation entworfen. Sie sollte in einer von ihm erstmals berechneten geostationären Erdumlaufbahn (Geostationary Earth Orbit, GEO) in knapp 35.800 km Höhe die Erde umkreisen und als bemannter Beobachtungsposten und Wetterwarte fungieren. Sein Konzept, welches er *„Raumwarte"* nannte, sollte aus drei Modulen bestehen: Das ringförmige Wohnmodul sollte durch Rotation eine künstliche Schwerkraft erzeugen. Noordung nannte es *„Wohnrad"*. In der Radnabe sollte sich das Versorgungsmodul befinden, welches er *„Maschinenhaus"* nannte. Ein riesiger Parabolspiegel sollte als Sonnenkollektor fungieren und Batterien speisen, welche die notwendige Energie für die Station liefern. Das dritte Modul sollte ein Observatorium zur Erdbeobachtung sein.[1]

Der ehemalige Ingenieur-Hauptmann der k. u. k. Armee Noordung hatte dabei sowohl die militärische als auch die zivile Nutzung im Blickfeld: Beobachtung von Aufmärschen gegnerischer Truppen, genaue Kartografie der Erde, Relaisstation für interkontinentale Funkverbindungen, Eisbergwarnung von Schiffen, Wettervorhersage etc.

Wernher von Braun griff Anfang der 1950er Jahre das Konzept Noordungs auf und entwarf ein sogenanntes *„Sky Wheel"* (Himmelsrad).

---

[1] Noordung, Hermann. 1928. *Das Problem der Befahrung des Weltraums*, S. 134–147.

Im Gegensatz zu Noordung schlug Braun eine niedrige Erdumlaufbahn (Low Earth Orbit, LEO) vor. Dadurch würde es viel einfacher und billiger sein, die Module für eine große Raumstation in den Orbit zu befördern und für die weitere Versorgung könnten wiederverwendbare Raumtransporter mit Flügeln fungieren. Brauns Konzept sah im Endausbau einen doppelten, rotierenden Ring mit 85 m Durchmesser. Das Himmelsrad sollte nicht nur der Erdbeobachtung dienen, sondern auch als Plattform für die Wartung und Reparatur von Satelliten (On-Orbit Servicing, OOS) sowie als Sprungbrett für Flüge in die tiefen Weltraum (Deep Space) fungieren.[2]

Brauns Konzept diente schließlich dem Produzenten, Drehbuchautor und Regisseur Stanley Kubrick (1928–1999) als Vorlage für eine imaginäre Orbitalstation der in dem Science-Fiction-Film *2001: Odyssee im Weltraum* (engl. Originaltitel *2001: A Space Odyssey*), der im Jahr 1968 in die Kinos kam. Bei Kubrick diente die Orbitalstation als Drehkreuz bzw. Sprungbrett (Hub) für interplanetare Raumflüge. Berühmt ist die Szene mit dem sich drehenden Riesenrad im Orbit zu den Klängen des Donauwalzers.

Beim Übergang von der Utopie zur Realität bewahrheitete sich wieder einmal die alte Weisheit des antiken griechischen Philosophen Heraklit von Ephesos, nach welcher der Krieg der Vater aller Dinge sei. Die Entwicklung der ersten Raumstationen begann nämlich mit dem spektakulären Abschuss eines amerikanischen Spionageflugzeuges über der Sowjetunion:

Im Rahmen der Geheimoperation *Overflight* (Überflug) flog die US-Luftwaffe (U.S. Air Force, USAF) seit 1957 im Auftrag des US-Geheimdienstes Central Intelligent Agency (CIA) mit Flugzeugen vom Typ Lockheed U-2 Dragon Lady (Drachendame) über der Sowjetunion. Aufgrund der Dienstgipfelhöhe von über 20 km war man überzeugt, oberhalb der Reichweite der sowjetischen Flugabwehr zu operieren. Am 1. Mai 1960 wurde dann allerdings der Pilot F. Gary Powers (1929–77) über Swerdlowsk (heute heißt die Stadt wieder Jekaterinburg) am Ural mit einer neuartigen sowjetischen Flugabwehrrakete vom Typ S-75 Dwina abgeschossen. Zusammen mit Trümmerteilen der Maschine wurde der US-Pilot wie eine Trophäe im Fernsehen präsentiert. Der U-2-Zwischenfall sorgte für weltweites Aufsehen und bescherte den USA eine blamable diplomatische Niederlage, da sie bis dahin alle sowjetischen Vorwürfe bezüglich Luftraumverletzung als paranoid zurückgewiesen hatten. Nun mussten tatsächlich alle Spionageflüge über dem Gebiet der Ostblockstaaten eingestellt werden. Parallel dazu wurden Alternativen ausgelotet. Alle Spionagesatelliten der USA liefen unter der

---

[2] Messerschmid, Ernst u. a. 1997. *Raumstationen*, S. 10 f.

Bezeichnung Keyhole (KH, dt. Schlüsselloch). Die in den 1960er Jahren gestarteten Satelliten der ersten Generation, *Corona* (KH 1 bis 4), *Argon* (KH 5), *Lanyard* (KH 6), und *Gambit* (KH 7 bis 8) waren mit einer Masse von bis zu 2 t noch relativ klein und besaßen nur eine kurze Lebensdauer.[3] Ihre eingebauten Fotokameras besaßen noch keine allzu hohe Auflösung und die Filme waren nach einigen Hundert Fotos voll. Nach dem Abwurf der Filme, die in kleinen Kapseln an Fallschirmen zur Erde flogen, waren die Aufklärungssatelliten bis zu ihrem Verglühen in der Erdatmosphäre inaktiv. Die Bergung der Filmkapseln erfolgte noch in der Luft durch speziell umgerüstete Transportflugzeuge des Typs Fairchild C-119.[4]

Die U. S. Air Force arbeitete an der Entwicklung eines Raumgleiters unter der Bezeichnung Dyno-Soar. Das Kürzel setzt sich aus den Begriffen „dynamic" und „soaring" zusammen, was so viel wie dynamischer Gleitflug bedeutet. Ausgesprochen wurde das Kürzel wie das Wort Dinosaur (Dinosaurier). Dyno-Soar sollte in einer niedrigen Erdumlaufbahn (LEO) zwischen 100 und 150 km Höhe fliegen. Da der Luftraum an der Grenze zum Weltraum endet, wäre ein Überflug in dieser Höhe auch keine Verletzung der Lufthoheit und somit auch keine Rechtfertigung für einen Abschuss. Die Firma Boeing bekam den Auftrag zur Entwicklung eines experimentellen Prototyps unter der Bezeichnung X-20. Als Trägerflugzeuge für suborbitale Testflüge sollten B-52-Bomber dienen, während die Serienmodelle mit Titan-Trägerraketen in den Orbit befördert werden sollten. Dort hätte die Besatzung entweder selber fotografiert oder bei Aufklärungssatelliten im LEO die Filme ausgetauscht. Im Kriegsfall hätten die Raumgleiter auch als strategische Nuklearbomber eingesetzt werden können.

Gleichzeitig zu den USA arbeitete auch die Sowjetunion an der Entwicklung eines Raumgleiters. Das Experimental-Konstruktionsbüro OKB-155 unter der Leitung von Artjom I. Mikojan (1905–1970) und Michail I. Gurewitsch (1892–1976) entwarf ein Konzept unter der Bezeichnung Spiral 50/50. Es handelte sich dabei um eine Kombination aus einem konventionellen Trägerflugzeug mit Turbinen-Luftstrahltriebwerken und einem Raumgleiter mit Raketentriebwerk. Das Trägerflugzeug sollte den Raumgleiter auf mehrfache Schallgeschwindigkeit beschleunigen und in ca. 20 km

---

[3] Der U-2-Abschuss und die erste Generation von Aufklärungssatelliten werden im 1. Band ausführlicher behandelt. Vgl. Hensel, André. 2019. *Geschichte der Raumfahrt bis 1970*, S. 81. Corona ist eine ovale Oberflächenstruktur auf einem Planeten, Korona die äußere Schicht der Sonnenatmosphäre. Argon ist ein Edelgas. Ein Lanyard war ursprünglich ein Trageband für Waffen. Gambit ist ein Schachzug, bei dem ein Bauer geopfert wird, um einen taktischen Vorteil zu erlangen.

[4] Reichl, Eugen. 2013. *Satelliten*, S. 23 f.

Höhe ausklinken. Anschließend sollte der Raumgleiter mit einer Hilfsrakete in den LEO gebracht werden. Der Entwicklungsauftrag für das Trägerflugzeug sollte an das OKB-156 unter der Leitung von Andrei N. Tupolew (1888–1972) gehen, während der Raumgleiter vom OKB-155 von Mikojan und Gurewitsch selbst konstruiert und gebaut wurde. Insgesamt wurden zwei Prototypen unter der Bezeichnung MiG 105 Spiral gebaut.[5] Da die Raumgleiter nur für kurze Orbitalflüge ausgelegt waren, hätten auch immer nur Momentaufnahmen gemacht werden können. Es gab jedoch den Bedarf nach ständiger Fernaufklärung und Beobachtung. Es hätten daher ganze Flotten von Raumgleitern eingesetzt werden müssen. Hinzu kamen zahlreiche ungeklärte technische Probleme. Schließlich wurden beide Projekte Mitte der 1960er Jahre zugunsten von bemannten Raumstationen aufgegeben. Die Entwicklungskosten für den amerikanischen Dyna-Soar hatten sich mittlerweile auf über 0,5 Mia. $ summiert, ohne dass auch nur ein X-20-Prototyp gebaut worden war. Ganz umsonst waren die Investitionen jedoch nicht, denn die Erkenntnisse flossen teilweise in die Konzeption der Raumfähren Space Shuttle (USA) und Buran (SU) ein.

Die Air Force gab ihrem neuen Projekt die zivil klingende Tarnbezeichnung Manned Orbiting Laboratory (MOL, dt. bemanntes Orbital-Labor). Das MOL sollte an eine modifizierte Gemini-Raumkapsel montiert werden und gemeinsam mit einer Titan-Trägerrakete in den LEO befördert werden. Dort sollten dann bis zu sechswöchige Orbitalflüge durchgeführt werden, bevor die Gemini-Kapsel abgetrennt und mit den Astronauten zur Erde zurückfliegen sollte. Die Röhre des MOL sollte knapp 22 m lang sein und mit einem Durchmesser von 3 m direkt an der Unterseite der Gemini-Kapsel befestigt sein. Das Innenvolumen hätte rund 11 m³ betragen und die Masse rund 15 t. Als Ausstattung waren mehrere hochauflösende Kameras mit großen Teleobjektiven sowie ein Radar vorgesehen.[6]

Als man in der Sowjetunion davon erfuhr, wurde auch dort ein entsprechendes Programm gestartet. Es erhielt die Tarnbezeichnung Almas (kyrill. Алмаз, dt. Diamant, engl. Transkription Almaz). Die Entwickelung wurde dem Versuchskonstruktionsbüro OKB-52 unter der Leitung von Wladimir N. Tschelomei (1914–1984) übertragen. Die interne technische Bezeichnung für die militärische Raumstation lautete Orbitalnaja

---

[5] Butowski, Piotr. 1991. Das Projekt Spiral. In: *Flug Revue*. 36. Jg., Nr. 3 (März), S. 62. MiG = Mikojan i Gurewitsch = kyrill. Микоян и Гуревич (МиГ); Spiral = russ. Spiralj = kyrill. Спираль.

[6] Messerschmid, Ernst u. a. 1997. *Raumstationen*, S. 13.

Pilotiruemaja Stanzija (OPS), was wörtlich übersetzt so viel wie „Orbitale Pilotierte Station" bedeutet.[7]

Als Zubringer- und Versorgungsfahrzeug für Kosmonauten und Material sollte das ebenfalls noch zu entwickelnde Transportny Korabl Snabschenija (TKS) fungieren, wörtlich übersetzt „Transportschiff für Versorgungszwecke".[8]

Anfang der 1970er Jahre wurde in den USA die 2. Generation von Aufklärungs- und Frühwarnsatelliten gestartet:

1970 bis 1973 wurden im Rahmen des sogenannten Defense Support Program (DSP, dt. Verteidigungsunterstützungsprogramm) vier neuartige Frühwarnsatelliten gestartet. Die eingebauten Infrarotkameras konnten die heißen Abgasstrahlen startender Raketen entdecken und die Gammadetektoren konnten nukleare Explosionen aufspüren. Da die DSP-Satelliten im geostationären Orbit (GEO) operierten, genügten drei funktionsfähige Frühwarnsatelliten, um die ganze Erde mit Ausnahme der Polargebiete abzutasten.[9]

Ab Mitte 1971 wurde zudem eine neue Generation von Aufklärungssatelliten gestartet: Keyhole Nine (KH-9) *Hexagon* (dt. Sechseck) war ein gewaltiger zylindrischer Satellit von über 15 m Länge und 3 m Durchmesser. Die Gesamtmasse betrug mit rund 12 t ein Vielfaches der Vorgänger KH 1 bis 8. Dank großer Solarpaneele, Tanks und Steuerdüsen für die Bahn- und Lageregelungstriebwerke konnte KH-9 monatelang auf Kurs gehalten und mit Energie versorgt werden. Große, hochauflösende Kameras konnten aus 200 bis 300 km Höhe bis zu 60 cm kleine Objekte identifizieren. Dank mehrerer Rückführungskapseln konnten in regelmäßigen Abständen Filme zur Erde abgeworfen werden.[10]

Die Fortschritte in der Satellitentechnik führten schließlich dazu, dass die U.S. Air Force ihre Pläne für eine bemannte militärische Spionage-Plattform im Erdorbit aufgab. Die NASA verfügte nach dem vorzeitigen Ende des Apollo-Programmes noch über vier komplette Saturn-Apollo-Systeme, denn ursprünglich waren mindestens zehn Mondlandungen vorgesehen gewesen. Im Rahmen des Apollo-Anwendungs-Programmes (engl. Apollo Applications Program, AAP) hätte in weiterer Folge sogar eine Mondbasis errichtet werden sollen, in welcher sich die Astronauten mehrere Wochen

---

[7] Orbitalnaja Pilotiruemaja Stanzija (OPS) = kyrill. Орбитальная Пилотируемая Станция (ОПС).
[8] Transportny Korabl Snabschenija (TKS) = kyrill. Транспортный Корабль Снабжения (ТКС).
[9] Reichl, Eugen. 2013. *Satelliten*, S. 68 f.
[10] Ebd. S. 71 f.

oder gar Monate hätten aufhalten sollen. Man stellte sich nun die Frage, wie man diese sündteuren Systeme noch sinnvoll nachnutzen könnte. Aus den hochfliegenden Plänen für eine Mondbasis wurde aufgrund der Budgetkürzungen nun ein bescheideneres Programm zur sinnvollen Resteverwertung. Schließlich gab es im Erdorbit noch ein neues Betätigungsfeld für die bemannte Raumfahrt: Bisher hatten sich Raumfahrer immer nur für ein paar Tage in engen, kleinen Raumkapseln im Erdorbit aufgehalten. Ausnahmen waren die beiden jeweils zweiwöchigen Apollo-Testflüge Nr. 7 und 9. Dabei hatte sich gezeigt, dass das Apollo-Raumschiff auch sehr gut als Teil eines Raumlabors für den Erdorbit geeignet wäre. Dasselbe galt auch für die Hülle der dritten Stufe der Saturn-Rakete, die man bei einem Orbitalflug nicht als Antrieb benötigte. Die vom Flugzeughersteller McDonnell Douglas Corp. gebaute Stufe Saturn Four Bravo (S-IVB) war 18,8 m lang, hatte einen Durchmesser von 6,60 und besaß eine Leermasse von über 13 t. Wenn man die für das Apollo-Raumschiff vorgesehene Nutzlastverkleidung hinzunimmt, kommt man auf eine Gesamtlänge von 25 m. 1970 stellte die NASA ihr Konzept unter der Bezeichnung Skylab vor. Skylab ist ein zusammengesetztes Kürzel aus Sky und „laboratory" (dt. Himmelslabor). Die interne technische Bezeichnung lautete Orbital Workshop (OWS). Das vorgestellte Konzept sah vor, dass das Skylab mit einer Saturn 5 in eine niedrige Erdumlaufbahn (engl. Low Earth Orbit, LEO) befördert werden sollte. Für diesen Flug genügte die Schubkraft der ersten beiden Saturn-Stufen. In den folgenden Monaten sollten dann insgesamt drei Apollo-Raumschiffe mit der kleineren Saturn 1B in den LEO fliegen, an Skylab andocken und ein bis drei Monate verbunden bleiben.

In der Sowjetunion befürchtete man nun, dass die Amerikaner nach der bemannten Mondlandung erneut eine wichtige Erstleitung der Raumfahrt für sich reklamieren könnten. Die militärische Raumstation OPS Almas und das zugehörige Transportraumschiff TKS befanden sich noch in einer frühen Entwicklungsphase und ein bemannter Erstflug war nicht vor Mitte der 1970er Jahre zu erwarten. Die NASA kündigte den Start ihres Raumlabors jedoch bereits für 1973 an, also unmittelbar im Anschluss an das Ende des Apollo-Mondprogramms. Nun suchte man auch in der Sowjetunion nach einer schnellen Alternativlösung unter Verwendung bestehender Systeme. Man wollte den Amerikanern unbedingt zuvorkommen, um die Niederlage im Wettlauf zum Mond wettzumachen. Wieder war das Improvisationstalent des sowjetischen Konstrukteurs und Kosmonauten Konstantin P. Feoktistow (1926–2009) gefragt. Feoktistow hatte bereits 1964 die Einmann-Raumkapsel vom Typ Wostok so umgebaut, dass bis zu drei Kosmonauten hineinpassten. Dafür musste er die Kapsel gnadenlos ausweiden, das heißt auf redundante Lebenserhaltungssysteme sowie auf Raumanzüge verzichten. Die Raumkapsel hatte den Namen Woschoderhalten. Zur Belohnung hatte er die Gelegenheit bekommen, selber in Woschod 1 mitzufliegen. Es war das erste Mal gewesen, dass drei Raumfahrer gemeinsam in einem Raumfahrzeug ins All geflogen sind.[11] Seitdem hatte sich in der Sowjetunion die Meinung durchgesetzt, dass die sowjetischen Raumfahrzeuge sicher genug seien, sodass mit Ausnahme von geplanten Außenbordaktivitäten auf die luftdichten Raumanzüge verzichtet werden könne. Dass dies ein tödlicher Irrtum war, sollte sich bei der ersten Besatzung des ersten Raumlabors herausstellen. Feoktistow bastelte mit seinem Team vom Zentralen Konstruktionsbüro für experimentellen Maschinenbau (ZKBEM) von 1970 bis 1971 in nur 16 Monaten basierend auf der Plattform der ursprünglich geplanten Almas-Raumstation und Komponenten aus dem seit 1967 eingesetzten Sojus-Raumschiff ein Raumlabor zusammen, welches den Namen Saljut (kyrill. Салют, dt. Salut, engl. Transkription Salyut) erhielt. Die interne technische Bezeichnung lautete Dolgowremennaja Orbitalnaja Stanzija (DOS), was wörtlich übersetzt so viel wie „Dauerhafte Orbitale Station" bedeutet.[12]

Im Zusammenhang mit den sowjetischen Bezeichnungen „stanzija" für Station und den amerikanischen Bezeichnungen „laboratory" für Labor ist eine grundsätzliche Definitionsfrage zu klären, nämlich die nach dem Unterschied zwischen einem Raumlabor und einer Raumstation. Es gibt grundsätzlich drei Arten von Raumlaboren:

1. Freifliegende Raumlabore (Free Flyer). Dabei handelte es sich i. d. R. um Vorläufer der Raumstationen. Sie waren monolithisch, das heißt, sie bestanden nur aus einem Block und waren nicht modular aufgebaut. Darüber hinaus besaßen sie nur einen Andockstutzen für ein einziges Raumfahrzeug, das heißt, es war keine direkte Übergabe und damit auch keine durchgehende Besatzung möglich. Das amerikanische Skylab, die sowjetischen Saljut 1 bis 5 sowie die chinesischen Tiangong 1 und 2 können zu dieser Kategorie gezählt werden. Die europäische Weltraumagentur ESA hat in der zweiten Hälfte der 1980er Jahre ein Columbus

---

[11] Über das Woschod-Programm wird im 1. Band ausführlich berichtet. Vgl. Hensel, André. 2019. *Geschichte der Raumfahrt bis 1970*, S. 125–141.

[12] Dolgowremennaja Orbitalnaja Stanzija (DOS) = kyrill. Долговременная Орбитальная Станция (ДОС).

Free Flying Laboratory (CFFL) geplant, dieses jedoch schließlich zugunsten eines ISS-Moduls aufgegeben.

2. Integrierte Raumlabore, die als Nutzlast eines Raumfahrzeuges fungierten. Sie konnten nur in Verbindung mit einem Trägersystem betrieben werden, das heißt, sie waren an dessen Subsysteme angeschlossen. Im 20. Jahrhundert waren das die Raumlabore Spacelab und Spacehab, die in den Nutzlastbuchten der Raumfähren vom Typ Space Shuttle mitgeführt wurden.

3. Labormodule von Raumstationen. Diese sind dauerhaft mit der Raumstation verbunden und dienen primär der Durchführung von Experimenten und Versuchen. Sie können ebenfalls nicht autark betrieben werden, das heißt, sie müssen an die Versorgungssysteme der Raumstation angeschlossen sein. Die Labormodule der sowjetisch-russischen Raumstation Mir waren Kwant, Kristall, Spektr und Priroda. Die Labormodule der Internationalen Raumstation ISS heißen Columbus (ESA), Destiny (USA), Kibo (Japan) und Nauka (Russland). Letztere werden im 3. Band der Trilogie zur Geschichte der Raumfahrt ausführlich beschrieben.

Eine vollwertige Raumstation ist für einen langen Einsatzzeitraum über viele Jahre konzipiert. Dazu gehört die Möglichkeit, mittels eigener Steuerdüsen zur Bahn- und Lageregelung eine dauerhaft stabile Umlaufbahn in einem niedrigen Erdorbit (LEO) zu halten. Dies impliziert auch die Notwendigkeit, immer wieder aufgetankt werden zu können. Es müssen mehrere Andockstationen für bemannte und unbemannte Raumfahrzeuge zum Wechsel der Besatzungen sowie der Versorgung mit Treibstoffen, Lebensmitteln, Ersatzteilen etc. vorhanden sein. Schließlich verfügt eine vollwertige Raumstation über einen modularen Aufbau: Rund um ein Basis- bzw. Zentralmodul gruppieren sich mehrere Module mit unterschiedlichen Funktionen, darunter Wohnmodule für die Besatzung und Labormodule für die wissenschaftlichen Experimente.[13]

Das amerikanische Skylab und die sowjetischen Saljut 1 bis 5 besaßen diese Voraussetzungen noch nicht oder nur teilweise. Sie gelten daher unabhängig von ihrer Eigenbezeichnung als freifliegende Raumlabore (engl. Free Flyer) bzw. Vorläufer von Raumstationen. Als vollwertige Raumstationen dürfen Saljut 6 und 7, Mir, die Internationale Raumstation

---

[13] Messerschmid, Ernst u. a. 1997. *Raumstationen*, S. 2.

ISS sowie die seit 2021 im Aufbau befindliche chinesische Raumstation gelten.

Zum dauerhaften Betrieb von Raumlaboren und Raumstationen im Orbit sind ein ständiger Datenaustausch sowie eine ununterbrochene Kommunikation mit der Besatzung unerlässlich. In dieser Hinsicht hatte die Sowjetunion gegenüber ihrem Erzfeind einen großen Nachteil bei der irdischen Infrastruktur: Die USA besaßen auf allen Kontinenten Verbündete und dazu noch auf allen Ozeanen zahlreiche Inseln. Das ermöglichte ihnen in den 1960er Jahren den Aufbau eines weltweiten Netzes von Bodenkontrollstationen zum lückenlosen Empfang der Telemetriedaten und zur ständigen Kommunikation mit den bemannten Raumfahrzeugen im Orbit und auf dem Mond. Alle Daten und Informationen liefen im Mission Control Center (MCC) in Houston, Texas zusammen. Die Uhren der Raumfahrzeuge und der Astronauten orientierten sich an der Ortszeit von Houston, der Central Standard Time (CST). Sie entspricht der koordinierten Weltzeit (engl. Universal Time Coordinated) minus sechs Stunden (UTC −6). Die Sowjetunion besaß ebenfalls ein solches Raumfahrtkontrollzentrum, das sogenannte Zentr Uprawlenija Poljotami (ZUP), was wörtlich übersetzt Flugleitzentrale bedeutet. Das ZUP befindet sich in der Moskauer Vorstadt Kaliningrad, seit 1996 nach dem führenden sowjetischen Raketenkonstrukteur Koroljow benannt. Im Sprechfunkverkehr trägt das ZUP das Rufzeichen „Sarja" (kyrill. Заря, dt. Morgenröte), die Uhren orientieren sich an der Moskauer Zeit (UTC +3).[14]

Was der Sowjetunion jedoch fehlte, war ein globales Netz von Bodenstationen, die die empfangenen Daten ins ZUP lieferten. Die südlichste Bodenkontrollstation befand sich in Jewpatorija auf der Halbinsel Krim. So gab es bei den Raumfahrtmissionen der 1960er Jahre immer wieder lange Funklöcher, in denen der Datenaustausch mit den Raumfahrzeugen und die Kommunikation mit den Kosmonauten unterbrochen war. Hinzu kam, dass die beim Überflug über sowjetisches Territorium zu übertragende Datenmenge ständig stieg. Es wurde daher 1970 mit dem Aufbau einer Flotte von Raumflugkontrollschiffen begonnen. Da der Start von Saljut 1 für 1971 vorgesehen war, musste alles ganz schnell gehen. Hierbei zeigte sich erneut das sowjetische Improvisationstalent, in einer Mangelwirtschaft aus altem Material etwas Neues zusammenzubasteln. In einer Leningrader Werft wurden zwei gebrauchte Frachtschiffe mit Antennenkuppeln und

---

[14] Hofstätter, Rudolf. 1989. *Sowjet-Raumfahrt*, S. 150. Zentr Uprawlenija Poljotami (ZUP) = kyrill. Центр Управления Полётами (ЦУП).

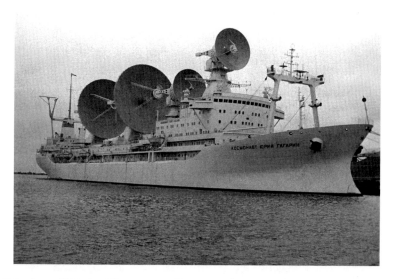

Abb. 5.1 Das 1971 in Dienst gestellte Raumflugkontrollschiff „*Kosmonaut Juri Gagarin*" war das Flaggschiff der Weltraumflotte, die in Odessa am Schwarzen Meer stationiert war. Die Aufgabe der Weltraumflotte war es, den ständigen Funkkontakt und Datentransfer zu den sowjetischen Raumlaboren und Raumstationen im Orbit zu gewährleisten. (© May Nachinkin/dpa/picture alliance)

Parabolantennen ausgerüstet und nach dem 1966 verstorbenen Vater der sowjetischen Weltraumrakete Sergej Koroljow und dem 1967 mit Sojus 1 abgestürzten Kosmonauten Wladimir Komarow benannt. Parallel dazu wurde in aller Eile ein großes Raumflugkontrollschiff gebaut, welches 1971 auf den Namen des 1968 bei einem Trainingsflug abgestürzten ersten Raumfahrers Juri Gagarin getauft wurde. Die „*Kosmonaut Juri Gagarin*" war 231 m lang und 31 m breit (Abb. 5.1). Ihre Wasserverdrängung betrug 45.000 t. An Deck befanden sich zwei große Parabolantennen mit 25 m Durchmesser sowie zwei kleinere mit immerhin noch 12 m Durchmesser. Die Besatzung bestand aus rund 150 Seeleuten sowie 280 Technikern und Wissenschaftlern. Die Juri Gagarin wurde zum Flaggschiff der sogenannten „Kosmischen Flotte", die in der deutschen Sekundärliteratur auch „Weltraumflotte" genannt wurde. Die Flottenbasis befand sich in Odessa am Schwarzen Meer. Bis Ende der 1970er Jahre wurden noch eine Handvoll weiterer Frachter umgebaut und nach zwischenzeitlich verstorbenen Kosmonauten benannt. Darüber hinaus wurden noch rund ein Dutzend kleinerer Schiffe zu schwimmenden Funkrelaisstationen umgebaut.

Schließlich wurden weitere Schiffe für die Suche und Bergung von Satelliten und Raumsonden bzw. deren Rückkehrkapseln ausgerüstet.[15]

Da die freifliegenden Raumlabore viel größer und schwerer waren als alle bisherigen Raumflugkörper, war klar, dass sie beim Absturz nicht vollständig in der Erdatmosphäre verglühen und größere Trümmerteile auf die Erde fallen werden. Dasselbe galt auch für die geplanten unbemannten Raumtransporter, mit denen die zukünftigen Raumstationen versorgt werden sollten. Um beim Start möglichst viele Gerätschaften, Proviant und Treibstoffe mitführen zu können, wurde auf die schweren Hitzeschutzschilde für den Wiedereintritt verzichtet, das heißt die Raumtransporter sollten mit Abfällen befüllt verglühen. Für kontrollierte Abstürze war der Südpazifik vorgesehen. Die riesige, weitgehend insellose Wasserfläche zwischen Neuseeland, Chile und der Antarktis wird auch Raumschifffriedhof (Spacecraft Cemetery) genannt. Dennoch bestand die Gefahr, dass herabstürzende Trümmerteile ein Flugzeug, ein Schiff oder eine polynesische Insel treffen könnten. Im Falle eines unkontrollierten Absturzes könnte auch das Festland betroffen sein. Artikel II des Weltraumvertrages (Outer Space Treaty, OST) von 1967 besagt, dass jeder Staat für jedweden Schaden, welchen ein von ihm gestartetes Weltraumobjekt (Space Object) im Luftraum oder auf der Erde verursacht, unabhängig vom Verschulden uneingeschränkt haftet (Gefährdungshaftung). Tritt der Schaden jedoch im Weltraum ein, so haftet der Startstaat gem. Art. III OST nur bei Eigenverschulden (Verschuldenshaftung).[16]

Um die eher allgemein gehaltenen Bestimmungen des Weltraumvertrages zu präzisieren, verabschiedete die Vollversammlung der Vereinten Nationen am 29.11.1971 eine Resolution über die völkerrechtliche Haftung für Schäden durch Weltraumgegenstände, die sogenannte Weltraumhaftungskonvention (Space Liability Convention). Zu diesem Zeitpunkt war das erste Raumlabor Saljut 1 bereits abgestürzt. Nach den ersten Ratifizierungen trat die Konvention schließlich am 1.9.1972 in Kraft. Bis zum Ende des 20. Jahrhunderts wurde sie von rund 80 Staaten ratifiziert. Die Weltraumhaftungskonvention bietet eine sehr großzügige Definition des verantwortlichen Startstaates: Es kann sich dabei sowohl um den Staat handeln, von dessen Territorium bzw. Raumfahrtzentrum aus der Start erfolgt, als auch um die Staaten, die als Auftraggeber für eine Raumfahrtmission fungieren.

---

[15] Ebd., S. 90.

[16] Balogh, Werner. 2007. Rechtliche Aspekte von Raketenstarts. In: *Raumfahrt und Recht*. Hrsg. C. Brünner u. a., S. 65.

Alle beteiligten Staaten haften nach dem Prinzip der Solidarhaftung, das heißt, der Geschädigte kann sich auch nur an einen dieser Staaten wenden, i. d. R. an den mit dem größten finanziellen Potenzial und der höchsten Rechtssicherheit. Da es sich um eine völkerrechtliche Vereinbarung handelt, haften primär immer die Vertragsstaaten, unabhängig davon, wer der tatsächliche Verursacher ist. Es liegt an den beteiligten Staaten, das internationale Übereinkommen in nationales Recht umzuwandeln und im Rahmen eines Weltraumgesetzes Regeln für eine sekundäre Innenhaftung für verursachende Firmen, Konsortien oder Privatpersonen festzulegen.[17]

Eine erste Bewährungsprobe für die Weltraumhaftungskonvention ergab sich 1978. Die Sowjetunion hatte seit Ende der 1960er Jahre in regelmäßigen Abständen eine Serie von Aufklärungssatelliten für die Seeraumüberwachung gestartet. Die Satelliten waren mit einem aktiven Radar ausgestattet, welcher gegnerische Schiffsflotten ausfindig machen sollte. Die streng geheime, interne russische Bezeichnung lautete Uprawljajemij Sputnik-Aktiwnij (US-A).[18] Um die wahre Funktion zu verschleiern, wurden sie offiziell unter der Tarnbezeichnung *Kosmos* (kyrill. Космос) gestartet, einer Endlosserie von sowjetischen Raumflugkörpern mit fortlaufender Nummerierung. Als die USA erkannten, worum es sich handelte, nannten sie es Radar Ocean Reconnaissance Satellite (RORSAT).[19] Aktive Radarsysteme haben einen hohen Energieverbrach. Großflächige Solarzellenausleger konnten allerdings aus zwei Gründen nicht eingesetzt werden: Einerseits fliegen Aufklärungssatelliten in einer niedrigen polaren Umlaufbahn (Polar Earth Orbit, PEO), um die gesamte Erdkugel abzudecken und eine möglichst hohe Auflösung zu erhalten. Die RORSATs der ersten Generation flogen in einer Höhe von nur ca. 250 km, das heißt mitten durch die Thermosphäre (ca. 100 bis 500 km hoch). Die Solarpaneele hätten wie Bremsfallschirme gewirkt und die Spionagesatelliten nach kurzer Zeit abstürzen lassen. Andererseits hätten die Solarpaneele auch das Sichtfeld des Radars eingeschränkt. Daher wurden die RORSATs mit kleinen Atomreaktoren vom Typ *Buk* (dt. Buche) mit rund 30 kg Uran 235 und 2 kW Leistung ausgestattet. Am Ende der Lebensdauer von rund einem halben Jahr sollten die Kernreaktoren automatisch vom Satelliten abgetrennt und mit einem eigenen kleinen Triebwerk in einen Parkorbit von rund

---

[17] Soucek, Alexander. 2007. Einführung in ausgewählte rechtliche Aspekte der bemannten Raumfahrt. In: *Raumfahrt und Recht.* Hrsg. C. Brünner u. a., S. 182.

[18] Uprawljajemij Sputnik-Aktiwnij (US-A) = kyrill. Управляемый Спутник-Активный (УС-А).

[19] Reichl, Eugen. 2013. *Satelliten seit 1957,* S. 90.

950 km Höhe gebracht werden. Dort sollten sie einige Jahrhunderte die Erde umkreisen, während sich das radioaktive Material zersetzt.

Am 24.1.1978 schlug die Abtrennung allerdings fehl und Kosmos 954 stürzte unkontrolliert über den kanadischen Northwest Territories ab. Die radioaktiven Trümmerteile verteilten sich über einen 600 km langen Streifen zwischen dem Great Slave Lake und dem Baker Lake auf einer Fläche von der Größe Österreichs. Die Aufräumarbeiten (Operation *Morning Light*) zogen sich über neun Monate hin. Zwölf größere Trümmerteile wurden gefunden und fachgerecht entsorgt. Der Streit um eine angemessene Entschädigung gemäß der Weltraumhaftungskonvention zog sich über Jahre hin. Schließlich zahlte die Sowjetunion unter internationalem Druck doch noch drei Mio. kanadische Dollar, die Hälfte der geforderten Summe.[20]

Heute befinden sich immer noch 30 dieser Atomreaktoren in einer Parkbahn und verseuchen den Orbit. Die Gammastrahlen der Zerfallsprozesse bilden eine Störquelle für andere Satelliten, die mit ihren empfindlichen Instrumenten die natürliche radioaktive Höhenstrahlung messen. Darüber hinaus verlieren diese Kernreaktoren radioaktives Kühlmittel. Es handelt sich dabei um eine Legierung aus Natrium und Kalium (NaK). Aufgrund der hohen Oberflächenspannung bilden sich besonders große Tropfen. Kühlen diese aus, so verfestigen sie sich und werden zu Geschossen, die andere Satelliten treffen können.

5.2   Saljut 1 bis 3: Potemkinsche Dörfer im All (1971–1973)

Die erste Generation der sowjetischen freifliegenden Raumlabore vom Typ Saljut war noch nicht ausgereift. Dasselbe galt auch für die Kopplungsstutzen der Sojus-Raumkapseln. Trotzdem wollte die Sowjetunion unbedingt vor den USA das erste Raumlabor erfolgreich in Betrieb nehmen, um die Niederlage im Wettlauf zum Mond auszugleichen. So kam es Anfang der 1970er Jahre zu einer Reihe von Fehlstarts und Katastrophen, bei denen drei Kosmonauten starben und drei Raumlabore abstürzten, ohne bemannt worden zu sein. Die ersten sowjetischen Raumlabore waren Potemkinsche Dörfer im All und die Sowjetunion verpasste damit ihre Chance, bei den Raumlaboren erfolgreiche Erstleistungen zu erbringen.

---

[20]Balogh, Werner. 2007. Rechtliche Aspekte von Raketenstarts. In: *Raumfahrt und Recht.* Hrsg. C. Brünner u. a., S. 60 f. u. 71.

Am 19. April 1971 starteten die Sowjets schließlich das erste Raumlabor der Welt. Offiziell trug es die Bezeichnung Saljut 1(engl. Transkription: Salyut). Da es sich um die zivile Version handelte, erhielt es die interne Bezeichnung Dauerhafte Orbitale Station (DOS) und die Seriennummer DOS 1. Die Trägerrakete vom Typ Proton K brachte es in eine sehr niedrige Umlaufbahn mit einem Perigäum von lediglich 200 km und einem Apogäum von 220 km Höhe. In dieser Höhe ist die Bremswirkung der Erdatmosphäre noch spürbar, sodass ein Wiedereintritt in die tieferen Schichten mit einem darauffolgenden Verglühen nach rund fünf Monaten absehbar war. Saljut 1 war insgesamt 15,80 m lang und hatte eine Gesamtmasse von 19 t. Die zylinderförmige Druckkabine war rund 13 m lang, hatte einen Durchmesser von 4,15 m und besaß ein nutzbares Innenvolumen von rund 90 m³. Außen waren insgesamt 36 kleine Steuerdüsen zur Lageregelung angebracht, jeweils 18 mit 98 bzw. 10 N Schubkraft. Am Heck befand sich die Antriebssektion und am Bug der Kopplungsadapter für die Sojus-Raumschiffe.[21] Beide Sektionen waren mit jeweils zwei Solarpaneelen ausgestattet, die im ausgeklappten Zustand eine Spannweite von 9,80 m erreichten. Die elektrische Leistung war mit insgesamt 1 kW noch sehr bescheiden. Es gab aber im Inneren auch noch nicht viel, was mit Strom versorgt werden musste. Matthias Gründer kommentiert: *„Der überstürzte Start der Station hatte zwar großen propagandistischen, keinesfalls aber einen wissenschaftlichen Nutzen, denn Saljut war praktisch eine leere Büchse."*[22]

Nur drei Tage nach dem Start von Saljut 1 sollte mit Sojus 10 (Rufzeichen: Granit 2) die erste Dreimann-Besatzung folgen: Kommandant Wladimir A. Schatalow und Bordingenieur Alexej S. Jelissejew waren bereits 1969 im Raumschiff Sojus 8 gemeinsam im Orbit gewesen und somit ein eingespieltes Team. Für beide war es der insgesamt dritte Raumflug. Mit ihnen flog der Neuling Nikolai N. Rukawischnikow (1932–2002). Am 24. April 1971 dockte erstmals ein bemanntes Raumschiff an ein Raumlabor an. Noch am selben Tag landete Sojus 10; es war die erste Nachtlandung eines bemannten Raumfahrzeuges. Die Sowjetpropaganda erklärte die Mission als planmäßig und erfolgreich abgeschlossen. Angeblich sei es nur ein Testflug gewesen, um das Annäherungs- und Kopplungsmanöver (engl. Rendezvous & Docking, RVD) im Orbit zu testen. Im Westen wollte man das nicht so ganz glauben. Vor allem die überstürzte Landung noch in derselben Nacht weckte berechtigte Zweifel an einer gelungenen Mission. Tatsächlich gab es

---

[21] Reichl, Eugen. 2010. *Raumstationen*, S. 9 bzw. Messerschmid, Ernst u. a. 1997. *Raumstationen*, S. 26.
[22] Gründer, Matthias. 2000. *SOS im Weltraum*, S. 262.

Probleme mit den Kopplungsadaptern. Aufgrund der kurzen Entwicklungszeit waren sie technisch noch unausgereift. So gelang zwar das Annäherungs-
und Kopplungsmanöver, es kam jedoch keine vollständige, elektrische und
luftdichte Verbindung zustande. Im NASA-Jargon unterscheidet man beim
RVD zwischen Soft und Hard Capture. Da kein Außenbordeinsatz (EVA)
geplant war, hatten die sowjetischen Kosmonauten – wie seit Woschod 1964
üblich – auch keine Raumanzüge dabei, das heißt die Luke konnte nicht
geöffnet werden. Der für die Kopplung zuständige Sojus-Bordcomputer
konnte mit den Daten der unvollständigen Verbindung nichts anfangen und
zündete die Lageregelungstriebwerke. Dadurch verdrehte sich das Sojus-
Raumschiff und beschädigte den Kopplungsadapter. Ein Entkoppeln ließ
der Bordcomputer ebenfalls nicht zu, weil er so programmiert war, dass
ein Abkoppeln erst nach einem vorangegangenen erfolgreichen und vollständigen Ankoppeln vorgesehen war. Nun waren die drei Kosmonauten
in ihrem Raumschiff gefangen und konnten weder vor noch zurück. Eine
sichere Landung wäre unter diesen Umständen auch nicht mehr möglich gewesen. Nach fünf langen Stunden gelang es schließlich dem Bodenkontrollzentrum ZUP, einen in aller Eile programmierten Steuerbefehl
an das Raumlabor zu senden, welches den eigentlich passiven Kopplungstrichter des Raumlabors dazu brachte, das angedockte Raumschiff frei-
zugeben. Da man nicht genau wusste, wie stark die Beschädigung am
Kopplungsadapter des Raumschiffes war, entschied das ZUP, die Mission
sofort abzubrechen. Dies führte schließlich zu besagter erstmaliger Landung
bei Nacht.[23]

Die Sowjetführung erhöhte den Druck auf ihre Raumfahrtingenieure.
Noch in der ersten Jahreshälfte musste ein erfolgreicher Umstieg in das
Raumlabor erfolgen, bevor es in die Erdatmosphäre eintauchte und verglühte. In Windeseile wurde der Kopplungsmechanismus umkonstruiert
und in Sojus 11 eingebaut. Parallel dazu wurde ein neues Team zusammengestellt: Kommandant sollte Alexej A. Leonow werden, der bereits 1965
mit Woschod 2 als erster Mensch einen Außenbordeinsatz im Weltraum
absolviert hatte. Er sollte gemeinsam mit Waleri N. Kubassow und Pjotr
I. Kolodin (1930–2021) fliegen. Kubassow, der bereits 1969 in Sojus
6 im Gruppenflug mit Sojus 7 und 8 geflogen war, fiel jedoch bei der
letzten Flugtauglichkeitsuntersuchung durch: Auf seinem Lungenröntgen-
bild wurde ein dunkler Fleck entdeckt, der als Beginn einer Tuberkulose

---

[23] Woydt, Hermann. 2017. *SOS im Weltraum*, S. 70.

gedeutet wurde. Das Standard-Prozedere sah vor, dass in diesem Fall nicht nur der erkrankte Kosmonaut, sondern die gesamte Mannschaft auszutauschen sei. Aus diesem Grund stand immer auch eine Ersatzmannschaft (Backup) bereit, welche dieselbe Ausbildung und Startvorbereitung durchlief. In diesem Fall bestand die Ersatzmannschaft aus Oberstleutnant Georgi T. Dobrowolski (1928–1971) als Kommandanten sowie den Ingenieuren Viktor I. Pazajew (1933–1971) und Wladislaw N. Wolkow. Wolkow war der einzige mit Raumflugerfahrung, er war bereits 1969 in Sojus 7 im Gruppenflug mit Kubassow geflogen. Leonow und Kolodin protestierten gegen diese Regelung und setzten alle Hebel in Bewegung, weil sie unbedingt dabei sein wollten, wenn erstmals ein bemanntes Raumlabor in Betrieb ging. Die Flugkommission wollte aber nicht noch mehr Zeit mit Kompetenzgerangel und persönlichen Befindlichkeiten verlieren und beließ es bei der Ersatzmannschaft.

Am 6. Juni 1971 startete Sojus 11 mit dem Rufzeichen Jantar (kyrill. Янтарь, dt. Bernstein) in den Orbit. Einen Tag später gelang die vollständige Kopplung und Wiktor Pazajew betrat als erster Mensch ein Raumlabor. Beißender Geruch nach verbranntem Plastik machte es allerdings notwendig, dass sich die Kosmonauten unverrichteter Dinge wieder in ihr Raumschiff zurückziehen und einen weiteren Tag in der engen Sojus-Orbitalsektion verbringen mussten. In der Zwischenzeit wurden die Ventilatoren an Bord des Raumlabors hochgefahren, um einen kompletten Luftaustausch vorzunehmen. Am nächsten Tag, es war der 8. Juni 1971, konnte Saljut 1 endlich bemannt und in Betrieb genommen werden.[24]

Die Sowjetpropaganda überschlug sich mit Jubelmeldungen: Eine neue Phase der Eroberung und Erforschung des Weltraums sei angebrochen. Endlich konnte die Sowjetunion wieder eine Erstleistung in der Raumfahrt verkünden. Damit sollte dann die Niederlage im Wettlauf zum Mond wettgemacht sein. Die erste Woche verbrachten die Kosmonauten damit, sich zu akklimatisieren, die einzelnen Gerätschaften in Betrieb zu nehmen und mit den geplanten biomedizinischen und physikalischen Experimenten zu beginnen. Nach einer Woche schien bereits Routine an Bord eingekehrt zu sein, als die Amerikaner einen Funkspruch abhörten, der wie eine Szene aus einem Sketch wirkte: Während Dobrowolski und Pazajew ein Nickerchen machten, teilte der wachhabende Wolkow plötzlich aufgeregt über Funk mit, dass ein Schleier an Bord sei. Nach einer Schweigeminute fragte

---

[24] Ebd., S. 71.

die Bodenkontrollstation verwirrt nach, was denn nun mit dieser Meldung eigentlich gemeint sei. Daraufhin schrie Wolkow ins Mikrofon, dass ein Feuer ausgebrochen sei und die Station sofort evakuiert werden müsse. Da die Sowjets wussten, dass ihre Funksprüche abgehört werden, hatten sie eine eigene Kosmonautensprache mit zahlreichen Codewörtern entwickelt. Nun begann die Bodenkontrolle den offensichtlich in Panik geratenen Kosmonauten darüber aufzuklären, dass es für derartige Notfälle ein Betriebshandbuch gäbe, und er dort erst einmal das betreffende Kapitel lesen müsse. Wolkow behauptete daraufhin, die Bedienungsanleitung nicht finden zu können und bat darum, dass man ihm das betreffende Kapitel einfach vorlese. Dies wurde jedoch mit dem Hinweis verweigert, dass damit zu viele technische Einzelheiten über den Äther verkündet werden müssten. Inzwischen zeigten die Telemetriedaten am Boden an, dass mit dem Steuerpult etwas nicht stimmte, woraufhin es per Fernsteuerung einfach abgeschaltet wurde. Tatsächlich war in einem Steuerpult durch einen Kurzschluss ein Schwelbrand ausgebrochen, welcher die Kabine in Rauch hüllte. Nach dem Abschalten hörte die Rauchentwicklung wieder auf und die Situation beruhigte sich wieder. Dieser Vorfall zeigte, dass offenbar weder Besatzung noch Bodenstation auf den Ernstfall vorbereitet waren und der Ausbildungsstand der Kosmonauten schlecht war.[25]

Zehn Tage später sollten die drei Kosmonauten den dritten Startversuch der streng geheimen Mondrakete Nositel 1 (N-1) mit einem unbemannten Mock-up des Mondraumschiffes LOK beobachten. Ein erfolgreicher Start hätte einen weiteren Propagandaerfolg gebracht und die USA mit ihrem gekürzten und auslaufenden Apollo-Programm alt aussehen lassen. Während des nächtlichen Überfluges des Orbitallabors wurden dessen Kameras und Teleobjektive auf die neu errichtete und hell erleuchtete Startrampe in Baikonur gerichtet. Um einer erneuten Zerstörung der Startrampe im Falle einer Explosion vorzubeugen, sollte die Riesenrakete unmittelbar nach dem Start seitwärts abschwenken. Dies tat sie dann auch programmgemäß, jedoch geriet der Koloss dadurch aus dem Gleichgewicht und kippte ab. Die dabei auftretenden enormen Querbeschleunigungskräfte waren völlig unterschätzt worden. Die Strahlruder schlugen zwar sofort in die Gegenrichtung aus, waren jedoch zu klein dimensioniert. Der Flugwinkel wurde immer flacher und schließlich zerbrach die Rakete in mehrere Teile und stürzte ab.[26]

---

[25] Gründer, Matthias. 2000. *SOS im All*, S. 263 f.

[26] Eyermann, Karl-Heinz: Historie. Explosion stoppt Wettlauf zum Mond. Teil 2: Vier Fehlstarts beenden das russische N-1-Projekt. In: *Flug Revue*. 39. Jg. 1994, Nr. 1 (Jan.), S. 43.

Drei Tage später traten die drei Kosmonauten die Rückreise zur Erde an. Mit knapp 24 Tagen im Orbit konnten sie immerhin noch einen neuen Langzeitrekord für Raumflüge aufstellen.

Nachdem sich das dreiteilige Sojus-Raumschiff vom Saljut-Raumlabor abgekoppelt hatte, stiegen die Kosmonauten in die Sojus-Landekapsel um und leiteten den Wiedereintritt in die Erdatmosphäre ein, in deren Verlauf sowohl die vordere Orbitalsektion als auch die hintere Gerätesektion abgesprengt wurden. Dass der Funkverkehr während des Wiedereintritts in die Erdatmosphäre unterbrochen wurde, war normal, aber eigentlich hätten sich die Kosmonauten nach dem Entfalten der Bremsfallschirme wieder bei der Bodenkontrolle melden müssen. Nach der Landung in der kasachischen Steppe eilte die Bergungsmannschaft zu Landekapsel und fand die Kosmonauten leblos in ihren Sitzen. Alle Wiederbelebungsversuche schlugen fehl. Offensichtlich waren die Kosmonauten beim Abstieg erstickt. Eine Untersuchung ergab, dass sich beim Absprengen der Orbitalsektion ein Druckausgleichsventil der Landekapsel gelockert hatte. Dieses hätte eigentlich erst bei der Landung geöffnet werden sollen, um einen Druckausgleich zwischen dem Kabinendruck in der Kapsel und der Umgebungsluft herzustellen. Durch das vorzeitige Öffnen des Ausgleichsventils noch im Weltraum entwich jedoch die gesamte Atemluft aus der Kapsel. Diesmal rächte sich die sowjetische Improvisation auf tödliche Weise, denn wie bereits erwähnt, verzichteten die Sowjets seit 1965 darauf, ihre Kosmonauten mit Raumanzügen auszustatten. Nur wenn ein Außenbordmanöver (EVA) geplant war, wurden Skaphander mitgeführt. In diesem Fall fanden allerdings nur zwei Kosmonauten in der engen Sojus-Kapsel Platz. Für die Saljut-Raumlabore waren jedoch Dreimannbesatzungen vorgesehen: Ein Kommandant, ein Bordingenieur für die Überwachung und Instandhaltung der Systeme und ein Forschungskosmonaut für die Durchführung der wissenschaftlichen Experimente.[27]

Ohne Druckanzug ist der menschliche Körper im Vakuum unweigerlich zum Tode verurteilt. Dies geschieht nicht nur durch Erstickung, sondern auch durch das Platzen von Luftkammern und Adern. Wenn man versucht, die Luft anzuhalten, entsteht in der Lunge und den beiden Mittelohren ein Überdruck, welcher zum Platzen der Lungenbläschen und Trommelfelle führt. Darüber hinaus sinkt der Siedepunkt des Wassers und somit auch der Körperflüssigkeiten unter die Körpertemperatur von 37 °C bzw. 99 °F.

---

[27] Woydt, Hermann. 2017. *SOS im Weltraum*, S. 77 f.

Das Blut fängt an zu kochen und bildet Bläschen. Diese stoppen den Blut-fluss und bringen die Adern zum Platzen. Das geschieht innerhalb von zwei Minuten.[28] Sauerstoffmasken, wie man sie aus der Luftfahrt kennt, hätten demnach auch nichts genützt.

Dies war bereits der zweite tödliche Kosmonautenunfall bei einer Rückkehr aus dem Orbit und die bis dahin größte Katastrophe in der bemannten Raumfahrt. Sie konnte im Gegensatz zu vielen anderen Rück-schlägen der sowjetischen Raumfahrt auch nicht verheimlicht werden, denn die Inbetriebnahme des Raumlabors war ja bereits verkündet worden und anstatt einer Siegesparade über den Roten Platz in Moskau gab es nun ein Staatsbegräbnis an der Kremlmauer. Die USA kondolierte und schickte den dreifachen Astronauten und Leiter der Astronautenausbildung bei der NASA, Tomas P. („Tom") Stafford, nach Moskau. Dort durfte er gemeinsam mit seinen sowjetischen Kollegen als Sargträger fungieren.

Die Katastrophe von Sojus 11 zeigte wie auch bei Apollo 1 die tödlichen Risiken, welche die Raumfahrer auf sich nahmen, vor allem dann, wenn die Raumfahrzeuge noch nicht ausgereift waren und unter Zeit- und Geld-druck entwickelt werden mussten. Nun war klar, dass das Sojus-Raumschiff unbedingt weiterentwickelt und sicherer gemacht werden musste, bevor man wieder Menschen in den Weltraum fliegen lassen konnte. Die Sowjetunion musste daher für mindestens ein Jahr ihre bemannten Raumflüge einstellen. Der Start des amerikanischen Skylab war für 1973 geplant und so bestand immer noch die Möglichkeit, vor den Amerikanern eine erste wirklich erfolgreiche bemannte Mission mit einem Raumlabor durchzuführen. Für Saljut 1 kamen diese Pläne allerdings zu spät. Durch die geringe Umlauf-bahn verlor das erste Raumlabor der Welt immer mehr an Schwung und tauchte schließlich am 25. September 1971 in die Erdatmosphäre ein, wo sie zerbrach und verglühte.

In den folgenden zwölf Monaten wurde die Start- und Landesektion des Sojus-Raumschiffes zu einer zweisitzigen Raumkapsel umgebaut. Der Zündmechanismus für die Sprengbolzen sowie die Druckausgleichsventile wurden ebenfalls überarbeitet. Um auf Nummer sicher zu gehen, wurde angeordnet, dass bei allen künftigen Raumflugmanövern in der Start- und Landesektion des Sojus-Raumschiffes wieder Druckanzüge anzulegen seien. Da der für die Außenbordmanöver konzipierte Raumanzug zu unhandlich war, um die Instrumententafel zu bedienen, musste ein weiterer Raumanzug entwickelt werden. Auch hierbei wurde wieder improvisiert: Man bediente

---

[28] Walter, Ulrich. 2019. *Höllenritt durch Raum und Zeit*, S. 41 f.

sich beim sogenannten Sokol (kyrill. Сокол, dt. Falke), einem Druck-anzug für Kampfpiloten in Düsenjägern. Dieser wurde mit einem neuen Helm und den notwendigen Lebenserhaltungssystemen ausgestattet. Das Modell erhielt die Bezeichnung Sokol K, wobei das K für Kosmos steht. Da die notwendigen Umbauten zu einem höheren Gewicht der Start- und Landesektion führten, musste bei einer anderen Sektion Gewicht eingespart werden. Da die Sojus-Raumschiffe künftig nur noch als Zubringerfahrzeuge für Raumlabore und Raumstationen fungieren sollten, wurde entschieden, die ausklappbaren Solarpaneele wegzulassen. Die Stromversorgung sollte ausschließlich mit den Akkumulatoren erfolgen, die nach dem Andocken an das Raumlabor wieder aufgeladen werden konnten.[29] Dadurch wurde jedoch der Aktionsradius stark eingeschränkt: Gelang das Kopplungs-manöver nicht innerhalb von zwei Tagen nach dem Start, musste das Raum-schiff unverrichteter Dinge wieder zur Erde zurückkehren.

Am 26. Juni 1972 startete das umgebaute Sojus-Raumschiff mit der Zweimannkapsel zu einem unbemannten Testflug. Aus Geheimhaltungs-gründen erhielt es die Satelliten-Tarnbezeichnung Kosmos mit der fort-laufenden Nummer 496. Kosmos (kyrill. Космос, dt. Weltraum, engl. Transkription Cosmos) war eine neutrale Bezeichnung für Raumfahrzeuge aller Art, über welche die Sowjetunion keine genaueren Angaben machen wollte. Dies betraf primär den Test von Prototypen sowie den Ein-satz militärischer Satelliten. Es war aber auch ein beliebtes Mittel, um gescheiterte Missionen zu verschleiern.

Am 29. Juli 1972 wurde DOS 2 vom Kosmodrom Baikonur gestartet. Allerdings versagte die zweite Stufe der Trägerrakete vom Typ Proton K. Das Raumlabor stürzte in den Pazifik. Da es den Orbit nicht erreichte, musste auch keine Meldung über den Start eines Raumfahrzeuges gemacht werden. Der Vorfall wurde komplett totgeschwiegen. In der Sekundärliteratur findet man die Bezeichnungen Saljut 2 A bzw. 2–1.

Jetzt wurde die Zeit langsam knapp, denn die NASA kündigte den Start ihres Raumlabors Skylab für Mai 1973 an. Innerhalb von neun Monaten musste daher zumindest ein weiteres sowjetisches Raumlabor startbereit gemacht werden. Um auf Nummer sicher zu gehen, wurden jetzt sogar zwei Raumlabore parallel montiert: Das dritte zivile Labor mit der Seriennummer DOS 3 und das erste militärische Labor mit der Seriennummer OPS 1.[30]

---

[29] Mackowiak u. a. 2018. *Raumfahrt*, S. 220 f.

[30] Zur Erinnerung: Die Abkürzung DOS steht für Dolgowremennaja Orbitalnaja Stanzija = Dauer-hafte Orbitale Station und OPS für Orbitalnaja Pilotiruemaja Stanzija = Orbitale Pilotierte Station.

Man hoffte, durch den internen Konkurrenzkampf die beiden Teams zu Höchstleistungen anzuspornen. OPS 1 war als Erstes fertig. Mit 14,55 m Länge war es um 1,25 m kürzer als DOS und mit einer Gesamtmasse von rund 18 t ungefähr gleiche schwer. Im Inneren wurde OPS anstatt der aus dem DOS bekannten Experimentiereinrichtungen mit großen Kameras und einem Radar zur Aufklärung ausgestattet. Darüber hinaus wurde das militärische Raumlabor mit Flugabwehrraketen und einer großkalibrigen Schnellfeuerkanone bewaffnet. Die Überwachungsgeräte erforderten wesentlich mehr Energie als die Experimentiergeräte, weshalb die Solarpaneele ungefähr doppelt so groß waren und mit 3 kW die dreifache elektrische Leistung wie bei Saljut 1 lieferten.[31]

Am 4. April 1973 startete OPS 1 schließlich vom Kosmodrom Baikonur mit einer Proton-Rakete in den Orbit. Intern erhielt das Raumlabor den Namen Almas 1 (kyrill. Алмаз, dt. Diamant, engl. Transkription: Almaz). Um den militärischen Einsatzzweck des Raumlabors zu verschleiern, erhielt es die offizielle Bezeichnung Saljut 2. Die ersten zwölf Tage verliefen planmäßig: Die Umlaufbahn wurde mithilfe der Steuerdüsen zweimal korrigiert und die ersten Geräte von der Bodenkontrollstation aus aktiviert. Am 14. April meldeten die Telemetriedaten einen vollständigen Druckverlust im Innenraum. Das Raumlabor war undicht geworden. Zwei Tage später riss der Kontakt vollständig ab. Das Raumlabor geriet außer Kontrolle und trat schließlich Ende Mai 1973 wieder in die Erdatmosphäre ein und verglühte über Neu Guinea. Die Untersuchungen ergaben, dass die Oberstufe der Proton-Trägerrakete drei Tage nach dem Start des Raumlabors im selben Orbit explodiert war. Dies geschah vermutlich durch Druck- und Temperaturschwankungen in Verbindung mit Treibstoffresten im Tank. Die Trümmer der Oberstufe umkreisen die Erde in derselben Umlaufbahn wie das Raumlabor. Nach einer Woche kollidierten sie mit Saljut 2 und schlugen Löcher in das Raumlabor. Beide Solarpaneele wurden abgerissen, sodass die Stromversorgung zusammenbrach. Nach zwei Tagen waren die Akkus leer und der Kontakt zur Bodenkontrollstation brach ab.[32] Glücklicherweise war Sojus 12 zu diesem Zeitpunkt noch nicht gestartet, sonst hätte die Besatzung dasselbe Schicksal wie Sojus 11 ereilt. Der Fall zeigte jedenfalls auf, dass der Weltraumschrott eine nicht zu unterschätzende Gefahr für Raumfahrzeuge darstellt.

Die sowjetischen Ingenieure gerieten nun unter extremem Zeitdruck. Das amerikanische Skylab sollte Mitte Mai starten. Das nächste Raumlabor mit

---

[31] Reichl, Eugen. 2010. *Raumstationen seit 1971*, S. 16.
[32] Ebd., S. 27.

der Seriennummer DOS 3 musste daher unbedingt noch in der ersten Mai-hälfte starten. In einer überstürzten Hau-Ruck-Aktion wurde DOS 3 ohne ausreichende Systemtests für den Start vorbereitet. Am 11. Mai 1973 – nur drei Tage vor dem amerikanischen Skylab – startete das Raumlabor mit einer Proton-Rakete vom Kosmodrom Baikonur in den Orbit. Dort konnte die Flugbahn jedoch nicht stabilisiert werden, weil die Übertragung der Funk-kommandos von der Bodenkontrollstation zu den Steuerdüsen des Raum-labors nicht funktionierte. Das Raumlabor taumelte unkontrolliert dem Wiedereintritt in die Erdatmosphäre entgegen. Nach nur elf Tagen verglühte sie in derselben. Auch diese gescheiterte Mission wurde von der Sowjetunion verschleiert. Was als Saljut 3 in die Raumfahrtgeschichte hätte eingehen sollen, wurde nun ganz unspektakulär unter der Tarnbezeichnung Kosmos 557 zu den Akten gelegt.[33] In der Sekundärliteratur findet man dagegen auch die Bezeichnungen Saljut 3 A bzw. 3–1.

Mit insgesamt vier gescheiterten Missionen zwischen April 1971 und Mai 1973 verpasste die Sowjetunion damit die große Chance, nach dem verlorenen Wettlauf zum Mond wieder eine erfolgreiche Erstleistung in der bemannten Raumfahrt für sich beanspruchen zu können.

Die ersten Saljut-Raumlabore kann man daher auch als „Potemkinsche Dörfer im All" bezeichnen. Dabei handelt es sich um eine Redewendung, die ihren Ursprung in der ersten Annexion der Krim durch Russland hat. Das ursprünglich unter der Oberhoheit des Osmanischen Reiches stehende Khanat der Krimtartaren wurde 1783 dem Russischen Zarenreich ein-verleibt. Die deutschstämmige Zarin Katharina die Große, eine geborene Prinzessin von Anhalt, beauftragte ihren Liebhaber, den Feldmarschall und Gouverneur von Neurussland, Fürst Gregori A. Potemkin (1739–1791), mit der Ansiedlung von russischen Bauern. Bei einer Inspektionsreise soll der Fürst seiner Zarin eiligst aufgestellte Kulissendörfer mit mobilen Statisten präsentiert haben, um seine Herrin und Geliebte zu beeindrucken. Seitdem sind Potemkinsche Dörfer eine Redewendung für eine hochstaplerische Vor-spiegelung falscher Tatsachen für etwas, das besser und größer erscheinen soll, als es wirklich ist. Die Eigenbezeichnung Orbitalnaja Stanzija, das heißt Orbitale Station, entsprach zumindest bei der ersten Saljut-Generation keinesfalls der Realität.

Die sowjetischen Missionen zu den Raumlaboren Saljut 1 bis 3 von 1971 bis 1973 sind in Tab. 5.1 im Überblick dargestellt.

---

[33] Mackowiak, Bernhard u. a. 2018. *Raumfahrt*, S. 219.

Tab. 5.1 Sowjetische Missionen zu den Raumlaboren Saljut 1 bis 3 von 1971 bis 1973. D = Tage, DOS = Dauerhafte Orbitale Station (zivil), K = Kommandant, OPS = Orbitale Pilotierte Station (militärisch) → = Docking (Kopplung zweier Raumfahrzeuge)

Jahr	Monat	Saljut-Raumlabore der 1. Generation
1 9 7 1	April	Saljut 1 (DOS 1) gestartet (Absturz im Oktober 1971)
		Sojus 10 (Rufzeichen: Granit)
		1. Rendezvous mit Raumlabor, Docking fehlgeschlagen
		Schatalow (3., K), Jelissejew (3.), Rukawischnikow
	Juni	Sojus 11 → Saljut 1 (Rufzeichen: Bernstein)
		1. bemanntes Raumlabor, 22 d, tödlicher Unfall bei Rückkehr
		Drobowolski (K,†), Pazajew (†), Wolkow (2.,†)
1972	Juli	Saljut 2 A (DOS 2)
		Explosion der Proton-Trägerrakete beim Start
1 9 7 3	April	Saljut 2 (OPS 1) = Almas 1
		1. militärisches Raumlabor, leckgeschlagen, nicht bemannt, Absturz im Mai 1973
	Mai	Saljut 3 A (DOS 3) = Kosmos 557
		Fehlstart, kein stabiler Orbit, Absturz im selben Monat

5.3 Skylab: Apollo-Resteverwertung (1973–1974)

Mit dem amerikanischen Raumlabor Skylab wurden die vom gekürzten Mondprogramm übrig gebliebenen Apollo- und Saturn-Systeme sinnvoll verwertet. Dies geschah im Rahmen des Apollo-Anwendungs-Programms (AAP). Mit Skylab gelang den USA die erste erfolgreiche bemannte Mission mit einem freifliegenden Raumlabor (Free Flyer). Im Zuge von drei Missionen zwischen Mai 1973 und Februar 1974 wurden neue Langzeitrekorde für Raumflüge und Außenbordmanöver (EVA) aufgestellt und erstmals auch Reparatur- und Servicearbeiten im Erdorbit (On-Orbit Servicing) durchgeführt. Die Sowjetunion konnte dagegen erst im Sommer 1974 mit Saljut 3 ihre ersten erfolgreichen Expeditionen zu einem Raumlabor durchführen.

Nachdem die Sowjetunion zwei Jahre lang vergeblich versucht hatte, eine erfolgreiche Mission mit einem Raumlabor durchzuführen, waren nun endlich die USA am Zuge. Wie bereits in Abschn. 5.1 erläutert, war bereits Mitte der 1960er Jahre das Apollo-Anwendungs-Programm (engl. Apollo Applications Program, AAP) ins Leben gerufen worden, um eine Nachnutzung des Apollo-Mondlandeprogramms zu konzipieren. Die ursprüngliche Idee war die Errichtung einer Mondbasis, um einen Daueraufenthalt von Astronauten auf der Mondoberfläche zu ermöglichen. Nach den massiven Budgetkürzungen bei der NASA ab 1970 war davon keine

Rede mehr. Stattdessen ging es nur noch darum, die restlichen vier Apollo-Saturn-Systeme zu verwerten, denn ursprünglich waren ja mindestens zehn Mondlandungen geplant gewesen. Die Überlegungen mündeten schließlich in zwei konkrete Projekte: dem Raumlabor Skylab (Abkürzung für Sky Laboratory, dt. Himmelslabor) und dem Apollo-Sojus-Test-Projekt (ASTP). Letzteres wird in Abschn. 5.2 ausführlich behandelt.

Als Hülle für das Raumlabor Skylab fungierte eine vom Flugzeughersteller McDonnell Douglas gebaute Saturn-Oberstufe, die sogenannte Saturn Four Bravo (S-IVB). Sie war 18,80 m lang, hatte einen Durchmesser von 6,60 und besaß eine Leermasse von über 13 t. Wenn man die für das Apollo-Raumschiff vorgesehene Nutzlastverkleidung hinzunimmt, kommt man auf eine Gesamtlänge von 25 m. In der kleineren, zweistufigen Orbitalrakete Saturn 1B bildete sie die zweite Stufe und in der größeren, dreistufigen Mondrakete Saturn 5 die dritte Stufe. Innerhalb der NASA wurden nun für diesen sogenannten Orbital Workshop (OWS) zwei unterschiedliche Konzepte ausgearbeitet:

Der ursprüngliche Plan entstand noch unter der Ägide von Wernher von Braun, der zuletzt Direktor des strategischen Planungsbüros der NASA war. Nach diesem Plan sollte zunächst eine Saturn 1B unbemannt starten und ihre Oberstufe in eine niedrige Umlaufbahn (LEO) bringen. Da die Tanks vor dem Start befüllt werden mussten, wurde dieses Konzept Wet Workshop (dt. Nasse Werkstatt) genannt. In weiterer Folge sollten dann mehrere Saturn 1B mit dem bemannten Apollo-Raumschiff in den Orbit folgen und die leeren Tanks der ausgebrannten Oberstufe zu einem Raumlabor ausbauen. Dieses Konzept wird On-Orbit Assembling genannt. Damit sind Montagearbeiten in der Erdumlaufbahn gemeint. Dies war ein durchaus zukunftsweisendes Konzept für den Aufbau großer, modularer Raumstationen. Erstes Beispiel war der Aufbau der sowjetischen Raumstation Mir in der zweiten Hälfte der 1980er Jahre, dem sich ein Kapitel des 2. Bandes der Trilogie zur Geschichte der Raumfahrt widmet.

Skylab war jedoch ein Raumlabor, welches von der Größe und Masse her immer noch mit einer einzigen Superschwerlastrakete, einem sogenannten Super-heavy Lift Launch Vehicle (SHLV), gestartet werden konnte. Das einzige SHLV, welches damals zur Verfügung stand, war die Saturn 5 und nach der Kürzung des Apollo-Programmes blieben einige Exemplare übrig. Die Saturn 5 war sogar so schubstark, dass die ersten beiden Stufen S-IC und S-II genügten, um das 77 t schwere Raumlabor in den LEO zu befördern. Aus diesen Überlegungen entstand der alternative Plan, nach welchem das komplette Raumlabor auf der Erde zusammengebaut und ausgestattet werden konnte. Die Zusatzmodule wie Luftschleuse, Andockadapter und

Sonnenobservatorium konnten unter der Nutzlastverkleidung untergebracht werden, die ursprünglich für die Aufnahme des Apollo-Raumschiffes vorgesehen war. Da die Tanks der Oberstufe nicht mit Treibstoff befüllt wurden, wurde dieses Konzept Dry Workshop (dt. trockene Werkstatt) genannt. Der Vorteil dieses Konzeptes lag auf der Hand: Das Raumlabor konnte mit der nachfolgenden Mission sofort bemannt werden und den Betrieb aufnehmen. Nur so konnte man verhindern, dass die Sowjets den USA doch noch zuvorkamen.

Die Firma McDonnell Douglas erhielt den Auftrag, zwei S-IVB Oberstufen in Raumlabore umzubauen. Eines sollte unter der internen Bezeichnung Skylab A in den Orbit fliegen und das zweite mit der internen Bezeichnung Skylab B als Versuchsmodell (engl. Mock-up) für Training und Simulation am Boden dienen und bei Bedarf auch als Ersatz (engl. Back-up) fungieren, falls Skylab A aufgrund eines Fehlstarts oder eines technischen Defektes im Orbit nicht in Betrieb gehen konnte. Parallel dazu wurde die Rakete mit der Seriennummer SA-513 adaptiert. Die Abkürzung steht für Saturn-Apollo 5 No. 13. Es handelte sich demnach um das 13. Exemplar der Saturn 5.

Das Skylab bestand aus den folgenden Modulen (Abb. 5.2):[34]

1. Orbital Workshop (OWS): Die Orbitalwerkstatt war das Basismodul und das Herzstück des Raumlabors. Sie war 14,60 m lang, besaß einen Durchmesser von 6,70 m und eine Masse von rund 38 t. Ihr nutzbares Innenvolumen betrug mit rund 300 m^3 mehr als das Dreifache des Innenvolumens der sowjetischen Raumlabore vom Typ Saljut. Der zylindrische Innenraum hatte zwei Etagen, die durch einen Gitterfußboden voneinander getrennt waren. Die erste Etage bildete den Wohnbereich mit zuvor nicht gekanntem Luxus wie zum Beispiel einer Dusche (Space Shower). Die zweite Etage bildete das eigentliche Labor für die Experimente.

2. Airlock Module (AM): Die Luftschleuse verband den OWS mit dem MDA. Sie war 5,20 m lang und besaß die Druckgasbehälter zur Regulierung der Kabinenatmosphäre. Außerdem verfügte sie über eine Luke für Außenbordaktivitäten (EVA). Ihre Masse betrug 22 t und das Innenvolumen 17,4 m^3.

3. Multiple Docking Adapter (MDA): Der mehrfache Andockstutzen bildete das Bindeglied zwischen den AM, ATM und CSM. Er war 5,20 m lang,

---

[34] Mackowiak, Bernhard u. a. 2018. *Raumfahrt*, S. 226 bzw. Reichl, Eugen. 2010. *Raumstationen seit 1971*, S. 18 f. bzw. Messerschmid, Ernst. 2017. *Raumfahrtsysteme*, S. 30.

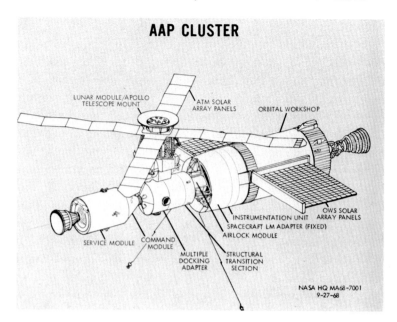

Abb. 5.2 Der Modulplan des amerikanischen Raumlabors Skylab. Links das angekoppelte Apollo-Raumschiff, das sogenannte Command & Service Module (CSM). Das CSM hängt am Multiple Docking Adapter (MDA), welcher zwei Andockstutzen besitzt. Über dem MDA befindet sich das Weltraumteleskop, das sogenannte Apollo Telescope Mount (ATM) mit seinen vier Solarzellenauslegern zur Stromversorgung, den ATM Solar Array Panels (SAP). Hinter dem MDA befindet sich die Luftschleuse, das Airlock Module (AM). Es stellt den Verbindungstunnel zum eigentlichen Raumlabor, dem Orbital Workshop (OWS) dar. Das OWS sollte von zwei großen Solarzellenauslegern, den OWS Solar Array Panels (SAP), mit Strom versorgt werden. Die Überschrift AAP ist die Abkürzung für das Apollo Applications Program (Apollo-Anwendungsprogramm). (© NASA)

hatte einen Durchmesser von 3 m und eine Masse von rund 6 t. Es gab zwei Andockstutzen für das CSM: Einen regulären in der Längsachse, an welchem die Besatzungen andockten, und einen seitlichen für eine eventuelle Rettungsmission, falls das ursprüngliche Raumschiff aus irgendeinem Grund nicht mehr für den Rückflug zur Erde zur Verfügung stand.

4. Apollo Telescope Mount (ATM): Dieser Anbau trug ein Weltraumteleskop, welches primär der Sonnenbeobachtung diente. Es besaß einen Durchmesser von 6 m und eine Masse von rund 11 t. Wegen der charakteristischen Anordnung seiner vier Solarpaneele wurde das ATM von den Astronauten scherzhaft „*Windmill*" (Windmühle) genannt.

5. Solar Array Panels (SAP): Skylab besaß insgesamt sechs ausklappbare Solarzellenausleger. Das OWS sollte über zwei große Solarpaneele

mit Strom versorgt werden. Jeder Ausleger hatte eine Fläche von rund
9 × 8 m, sodass beide Paneele insgesamt rund 145 m² groß waren. Die
gesamte Spannweite inklusive OWS betrug rund 22 m. Jeder Ausleger
lieferte rund 3,5 kW Strom. Das ATM besaß eine eigene Stromversorgung mit vier Solarpaneelen, die jeweils 1 kW leisteten, insgesamt also
weitere 4 kW. Beim Ausklappen aller sechs Paneele standen dem Skylab
somit 11 kW Strom zur Verfügung, das Elffache an elektrischer Leistung,
die dem sowjetischen Raumlabor Saljut 1 zur Verfügung stand.

6. Command & Service Module (CSM): Hierbei handelte es sich um das
Apollo-Raumschiff ohne die Mondfähre (Lunar Module), die im Orbit
nicht benötigt wurde. Das angedockte CSM bildete einen integralen
Bestandteil von Skylab, ohne welches das Raumlabor nicht bemannt
funktionieren konnte. So lief die Kommunikation mit dem Bodenkontrollzentrum, dem Mission Control Center (MCC) in Houston, über
das Command Module (CM). Skylab konnte nicht aufgetankt werden,
sodass alle Betriebsstoffe vom Service Module (SM) entnommen werden
mussten. Die Gesamtmasse des CSM betrug rund 20 t. Das waren rund
10 t weniger als bei den Mondmissionen, da für die Manöver im Erdorbit
weniger Treibstoff benötigt wurde. Die Gesamtlänge betrug 10,75 m. Das
CM bot zudem weitere 6 m³ bewohnbares Innenvolumen.

Insgesamt kam das Skylab mit allen Modulen auf eine Gesamtmasse von
77 t, mit angedocktem CSM sogar über 100 t. Das gesamte Innenvolumen
aller Module inklusive CM summierte sich auf rund 350 m³. Die Gesamtlänge mit angedocktem CSM betrug über 36 m. Damit konnte Skylab als
kleiner, über das Firmament fliegender Punkt verfolgt werden. Es war damit
das erste Raumfahrzeug, welches mit bloßem Auge erkannt werden konnte.
Bis zum Jungfernflug des Space Shuttle im April 1981 war Skylab der größte
Raumflugkörper seiner Zeit.

Am 14. Mai 1973 startete schließlich die 13. und letzte Saturn 5 von
Cape Canaveral und beförderte das unbemannte Skylab in eine sehr stabile
Umlaufbahn von 430 bis 440 km Höhe. Das war doppelt so hoch wie die
sowjetischen Raumlabore vom Typ Saljut. In dieser Höhe ist die Bremswirkung der Atmosphäre kaum noch spürbar, sodass Skylab bis Ende
des Jahrzehnts im Orbit bleiben konnte. Geplant waren zumindest drei
bemannte Flüge mit den restlichen Apollo-Raumschiffen, wobei ein viertes
als Reserve für Rettungsmissionen zurückbehalten wurde. Was nun die
offizielle Zählung der NASA betraf, so wurde die Apollo-Zählung nicht
fortgeführt, weil das Mondlandeprogramm beendet war. Es begann somit
eine neue Skylab-Zählung, der Start des unbemannten Raumlabors erhielt

die Bezeichnung Skylab 1 und die drei folgenden bemannten Apollo-Flüge zu diesem Raumlabor die Bezeichnungen Skylab 2 bis 4, wobei Skylab intern auch mit SL abgekürzt wurde. Das macht den Vergleich mit den sowjetischen Missionen verwirrend, weil die Sowjets eine getrennte Zählung vornahmen: Eine eigene Saljut-Zählung für jedes erfolgreich in den Orbit beförderte Raumlabor und eine fortlaufende Sojus-Zählung für jede bemannte Mission dorthin. Es gab insgesamt sieben Saljut, aber nur ein Skylab. Jedenfalls gab es nur ein Skylab, das im Weltraum flog. Gemäß dem Raumfahrtgrundsatz der Redundanz gab es immer noch ein identisches Zweitexemplar als Versuchsmodell (Mock-up) für das Training am Boden bzw. als Ersatz (Back-up), falls das Originalexemplar aufgrund eines Fehlstarts oder eines technischen Defektes im Orbit nicht einsatzbereit gewesen wäre. Skylab 1 entspricht somit Skylab A, während Skylab B nicht gestartet wurde und heute im National Air & Space Museum (NASM) der Smithsonian Institution in Washington DC besichtigt werden kann. Zur Unterscheidung zwischen dem eigentlichen Skylab-Raumlabor und den bemannten Missionen des Apollo-Raumschiffes dorthin führte die NASA noch zwei weitere interne Zählweisen ein: Die bemannten Missionen zum Raumlabor wurden als Skylab Manned Mission (SLM) bezeichnet, wodurch Skylab 2 die synonyme Bezeichnung SLM-1 erhielt. Die zweite alternative Zählweise trug das Kürzel CSM für Command & Service Module, also dem Apollo-Raumschiff ohne Mondfähre. Demnach entsprach die Mission Skylab 2 dem Skylab CSM 1. Daneben gab es bei der NASA aber auch noch eine fortlaufende Seriennummer für das Apollo-Raumschiff, die auch Mock-ups und Prototypen beinhaltete. Die von Skylab 2 verwendete CSM-Kombination trug die Seriennummer 116. Vollends verwirrend wird die Angelegenheit dadurch, dass man in der Sekundärliteratur trotz alledem teilweise auch noch eine fortlaufende Apollo-Zählung findet. Dies ergibt in Summe sechs Synonyme für dieselbe Raumfahrtmission: Skylab 2 = SL-2 = SLM-1 = Skylab CSM 1 = CSM-116 = Apollo 18.

Die Skylab-Besatzungen bestanden aus jeweils drei Astronauten: Einem Kommandanten (engl. Commander, CDR) mit Raumflugerfahrung, einem Piloten (engl. Pilot, P) sowie einem promovierten Wissenschaftler für die Durchführung und Überwachung der Experimente im OWS (engl. Science Pilot, SP). Wie bei den Mondflügen erfolgen die Starts vom Kennedy Space Center (KSC) am Cape Canaveral und die Wasserlandung der Kommando-kapsel (engl. Splashdown) erfolgte an Fallschirmen im Pazifik.

Eigentlich hätte Skylab 2 nur einen Tag nach Skylab 1 starten sollen, um das Raumlabor erfolgreich zu bemannen, bevor die Sowjets einen weiteren Startversuch unternehmen konnten. Die vom Raumlabor empfangenen

Telemetriedaten ließen dies jedoch nicht zu. Offensichtlich war beim Start der große Schutzschild abgerissen, der das OWS vor Mikrometeoriten und zu starker Aufheizung durch die Sonneneinstrahlung schützen sollte. Jedenfalls stieg die Innenraumtemperatur innerhalb eines Tages auf über 40 °C. Darüber hinaus schien das Schutzschild beim Abriss auch die beiden großen Solarpaneele beschädigt zu haben. Jedenfalls ließen die sich nicht entfalten und konnten daher auch keinen Strom liefern. Glücklicherweise konnten wenigstens die vier kleineren Solarpaneele des ATM ausgefahren werden, sodass Skylab zumindest notdürftig mit Strom versorgt werden konnte. Ein totaler Stromausfall hätte den Kontrollverlust über das Raumlabor bedeutet.[35]

Eilig wurde ein entfaltbarer, provisorischer Schutzschild für den OWS sowie eine ausziehbare Stange zum manuellen Ausklappen der Solarpaneele konstruiert. Parallel dazu mussten die drei Astronauten ein Zusatztraining für die Montage des neuen Schutzschildes und das manuelle Ausklappen der Solarpaneele absolvieren. Am 25. Mai 1973 konnte Skylab 2 endlich mit zehntägiger Verspätung starten. Für Kommandant Charles P. Conrad war es nach Gemini 5 und 11 sowie Apollo 12 bereits der vierte Raumflug (Abb. 5.3). Pilot Paul J. Weitz (1932–2017) und Fliegerarzt Dr. Joseph P. Kerwin (*1932) absolvierten dagegen als Newcomer ihre ersten Raumflüge.[36]

Skylab 2 war die erste OOS-Mission der Raumfahrtgeschichte. Die Abkürzung steht für On-Orbit Servicing. Damit sind Montage- und Instandhaltungsarbeiten in der Erdumlaufbahn gemeint. Hierzu gehören Auf- bzw. Zusammenbau, Betankung, Inspektion, Instandsetzung, Reparatur, Ausbau bzw. Verbesserung (Upgrading) sowie Versorgung und Wartung. Beim Rendezvous mit Skylab stellte sich heraus, dass eines der beiden Solarmodule komplett abgerissen und damit verloren war. Noch bevor das Apollo-Raumschiff andockte, versuchte Kerwin aus einer geöffneten Luke des CM heraus (engl. Stand-up EVA), das andere, verklemmte Solarpaneel mit der Stange zu entfalten. Die Stangenkonstruktion erwies sich jedoch als zu schwach, wodurch der erste Versuch misslang.[37] Das anschließende Andockmanöver misslang ebenfalls. Es kam zunächst nur eine lose Verbindung (engl. Soft Capture) zustande. Der Docking-Adapter musste repariert werden. Die Astronauten mussten ihre Raumanzüge für Außenbordmanöver (EVA) anlegen und die Luft aus dem CM ablassen, um den undichten Adapter gefahrlos reparieren zu können. Dies gelang schließlich durch ein sogenanntes

---

[35] Gründer, Matthias. 2000. *SOS im All*, S. 136 f.

[36] Ebd., S. 137.

[37] Ebd., S. 138.

Abb. 5.3   Dusche im Raumlabor Skylab mit Astronaut Charles Conrad 1973. (© NASA)

„hot-wiring", bei dem zwei Kabelenden miteinander verdrillt wurden. Nach mehreren Stunden konnte endlich eine luftdichte und elektrische Verbindung (engl. Hard Capture) zwischen dem Apollo-Raumschiff und dem Skylab hergestellt werden. Somit konnte am 26. Mai 1973 das erste amerikanische Raumlabor bemannt und in Betrieb genommen werden.[38] Allerdings war die Innenraumtemperatur wegen des fehlenden Sonnenschutzes mittlerweile auf über 50 °C angestiegen. Die Hitze hatte zudem zum Ausgasen toxischer Stoffe aus einer Schaumstoff-Isolierschicht geführt. Durch zwei kleine Luken, die eigentlich für Außenbordexperimente vorgesehen waren, konnte schließlich das mitgeführte Sonnensegel über dem Orbitallabor ausgebreitet werden. Damit sank die Temperatur im Inneren wieder unter 30 °C. Die nächste Herausforderung war das Entfalten des verklemmten Solarauslegers. Mit dem Strom aus den Paneelen des ATM sowie aus dem CSM konnte das Labor zwar notdürftig mit Strom versorgt werden, die geplanten Experimente hätten jedoch nicht in vollem Umfang durchgeführt werden können. Nachdem der erste Ausklappversuch beim Rendezvous aus dem Apollo-CSM heraus gescheitert war, musste man es nun mit einer EVA aus dem Skylab heraus probieren. Das Hauptproblem dabei war, dass es in der Nähe der Solarpaneele keine Haltegriffe gab, weil dort keine Außenbordaktivitäten geplant waren. Nach einer Woche wagte Conrad den Ausstieg, bei dem er nur durch die Versorgungsleitung für Sauerstoff und Wasser, die sogenannte Navel String (dt. Nabelschnur), gesichert war. Es gelang ihm schließlich mit-

---

[38] Ebd., S. 139.

hilfe des Einsatzes einer Blechschere, den verklemmten Solarausleger frei zu bekommen.[39] Damit standen nun insgesamt rund 7,5 kW elektrischer Leistung für die Stromversorgung zur Verfügung und das Skylab-Experimente-Programm war gerettet. In den folgenden zwei Wochen wurden verschiedenste wissenschaftliche Experimente in der Schwerelosigkeit durchgeführt, wobei Dr. Kerwin mit seinen Untersuchungen der Medizin ein neues Fachgebiet eröffnete: Die Raumfahrtmedizin. Kurz vor dem Rückflug gab es noch einmal ein Außenbordmanöver, um die Filmkassetten vom Weltraumteleskop zu bergen. Apollo 18 landete am 22.6.1973. Mit 28 Tagen wurde schließlich ein neuer Langzeitrekord für die bemannte Raumfahrt aufgestellt. Erstmals hatten sich Menschen einen Monat lang ununterbrochen im Weltraum aufgehalten. Dabei wurde die Erde mehr als 400 Mal umrundet. Bei drei Außenbordmanövern hielten sich die Astronauten über sechs Stunden im freien Weltraum auf.[40] Das Kommandomodul CM-116 ist heute im National Naval Aviation Museum in Pensacola, Florida ausgestellt. Als Bergungsschiff hatte erneut der Flugzeugträger USS *Ticonderoga* fungiert, der zuvor bereits die Kommandomodule von Apollo 16 und 17 geborgen hatte. Danach wurde der Flugzeugträger, der bereits im Zweiten Weltkrieg zum Einsatz gekommen war und einen schweren japanischen Kamikazetreffer überstanden hatte, ausgemustert und verschrottet.

Fünf Wochen später, am 28.7.1973, startete die 2. Langzeitbesatzung. Auch bei dieser Mission sind die zahlreich anzutreffenden Synonyme zu berücksichtigen: Skylab 3 = SL-3 = SLM-2 = Skylab CSM 2 = CSM-117 = Apollo 19.

Für Kommandant Alan L. Bean war es der zweite Weltraumeinsatz nach Apollo 12, während Pilot Jack R. Lousma (*1936) und Wissenschaftsastronaut Dr. Owen K. Garriott (1930–2019) erstmals in den Weltraum flogen. Garriott war Professor für Elektrotechnik an der renommierten Stanford University und hatte sich in seiner Dissertation mit der Ausbreitung elektromagnetischer Wellen in den oberen Schichten der Atmosphäre beschäftigt.[41]

Erneut begann es als OOS-Mission. Zu diesem Zweck war das Apollo-Raumschiff mit Ersatzteilen und Werkzeugen vollgepackt. Der provisorische Hitzeschutzschild wurde durch eine bessere und größere Schutzfolie

---

[39] Ebd., S. 140 f.

[40] Reichl, Eugen. 2010. *Raumstationen seit 1971*, S. 21.

[41] Owen Garriott begründete die erste Raumfahrerdynastie: Sein Sohn Richard A. Garriott (*1961), ein bekannter Computerspiel-Pionier, flog 2008 als Weltraumtourist mit einem russischen Sojus-Raumschiff zur Internationalen Raumstation ISS.

Abb. 5.4 Astronaut Jack Lousma beim Außenbordeinsatz (EVA) am Raumlabor Skylab 1973. (© NASA)

ersetzt. Garriott und Lousma benötigten dafür über sechseinhalb Stunden und absolvierten damit den bis dahin längsten Außenbordeinsatz (EVA). Darüber hinaus wurde ein zusätzliches Kühlaggregat eingebaut, wodurch die Innenraumtemperatur auf angenehme Werte sank. Ein Austausch der Stabilisierungskreisel (Gyroskope) verbesserte zudem die Fluglage. Daneben wurde viel Zeit mit der Reparatur bzw. Instandhaltung fehlerhafter Einzel-komponenten verbracht, wobei das größte Problem ein Leck an zwei Steuer-düsen des Apollo-Raumschiffes war, durch welche Treibstoff austrat.[42]

Insgesamt wurden drei EVAs mit einer Gesamtzeit von 13 h und 45 min durchgeführt (Abb. 5.4). Über 1000 Experimentierstunden wurden absolviert. In einem landesweiten Wettbewerb durften sogar Schulklassen Vorschläge für wissenschaftliche Experimente einbringen. Es wurden unter anderem auch Versuche mit Mäusen und Fruchtfliegen gemacht. Nach 59 Tagen und über 850 Erdumkreisungen landete Apollo 19 am 25.9.1973. Erstmals hatten sich Menschen zwei Monate lang ununterbrochen im Welt-raum aufgehalten.[43]

---

[42] Gründer, Matthias. 2000. *SOS im All*, S. 147.
[43] Reichl, Eugen. 2010. *Raumstationen seit 1971*, S. 22.

Als Bergungsschiff fungierte das amphibische Landungsschiff bzw. der Hubschrauberträger USS *New Orleans*. Das Kommandomodul CM-117 befindet sich heute im Glenn Research Center (GRC) der NASA in Cleveland, Ohio.

Drei Tage nach der Landung von Apollo 19 konnte die Sowjetunion nach zweijähriger Unterbrechung endlich wieder Kosmonauten in den Weltraum befördern. Das Sojus-Raumschiff war nach der Katastrophe von Sojus 11 mit drei getöteten Kosmonauten umfangreich modifiziert worden. Anstatt drei gab es nur noch zwei Sitzplätze in der Kapsel. Die Sitzplatzbeschränkung war notwendig geworden, weil die Kosmonauten bei Start und Landung aus Sicherheitsgründen den neuen Druckanzug vom Typ *Sokol* (kyrill. Сокол, dt. Falke) tragen mussten.

Sojus 12 startete am 27.9.1973 mit dem Rufzeichen Ural (kyrill. Урал) und landete nur zwei Tage später wieder. Es handelte sich um einen reinen Testflug, bei dem alle Systeme auf ihre Funktion überprüft wurden. Kommandant war der Fliegerarzt Dr. Wassili G. Lasarew (1928–1990) und sein Bordingenieur war Oleg G. Makarow (1933–2003). Für beide war es jeweils der erste Raumflug. Er stand ganz im Schatten der Skylab-Missionen.

Am 18.11.1973, startete schließlich die dritte und letzte Langzeitbesatzung zum Raumlabor. Auch bei dieser Mission sind die zahlreich anzutreffenden Synonyme zu berücksichtigen: Skylab 4= SL-4 = SLM-3 = Skylab CSM 3 = CSM-118 = Apollo 20.

Für alle drei Astronauten war es der erste Raumflug. Dies war sehr ungewöhnlich, denn normalerweise war zumindest der Kommandant ein erfahrener Raumfahrer. Gerald P. Carr (1932–2020) war der erste Kommandant (CDR) eines mehrsitzigen Raumfahrzeuges ohne Raumflugerfahrung seit Neil Armstrong 1966 in Gemini 8. Pilot war William („Bill") R. Pogue (1930–2014) und der Wissenschaftspilot (SP) war Dr. Edward G. Gibson (*1936), ein Maschinenbauingenieur, der seinen Doktor am renommierten California Institute of Technology (CIT) erworben hatte. Da es der vorletzte Flug eines Apollo-Raumschiffes war und es acht Jahre dauern sollte, bis das Space Shuttle seinen Flugbetrieb aufnahm, sollte es für alle drei Astronauten auch der einzige Raumflug bleiben. Auch diesmal begann die Mission mit Instandsetzungs- und Wartungsarbeiten (OOS). Die Kreiselstabilisierungssysteme bereiteten erneut Probleme. Insgesamt wurden vier EVAs mit einer Gesamtdauer von 22 h absolviert, darunter einen mit über sieben Stunden, was einen neuen Rekord darstellte. Natürlich wurden auch wieder zahlreiche wissenschaftliche Experimente durchgeführt. Dabei hatte sich allerdings gezeigt, dass der ursprüngliche Arbeitsplan, der bei Simulationen im Mock-up auf der Erde ausgearbeitet worden war, in der vorgegebenen Zeit so nicht durchführbar war. In der Schwerelosigkeit dauerte alles deutlich länger. Vor allem die Außenbordeinsätze in den klobigen Raumanzügen dauerten fünfmal länger als geplant. Zwischenzeitlich sank die Arbeitsmotivation der Astronauten auf einen Tiefpunkt. Es kam zu hitzigen Diskussionen mit dem Missionskontrollzentrum (MCC) in Houston: Die Crew beschwerte sich über das Arbeitspensum und den technischen Zustand des Raumlabors. Schließlich stellten die Astronauten den Arbeitsplan einfach selber um, was zu einer Entspannung der Situation an Bord führte.[44]

Ein besonderes, ursprünglich nicht geplantes Experiment war die Beobachtung des Kometen Kohoutek, der erst im März 1973 – acht Monate vor dem Start von Skylab 4 – von der Hamburger Sternwarte aus entdeckt worden war. Die Berechnungen seiner extrem elliptischen Flugbahn ergaben, dass er sich erst in ca. 75.000 Jahren wieder der Sonne und damit auch der Erde nähern wird.

Apollo 20 landete erst am 8.2.1974. Erstmals hatten Raumfahrer einen Jahreswechsel im Weltraum verbracht. Mit 84 Tagen bzw. 12 Wochen und über 1200 Erdumrundungen wurde ein neuer Langzeitrekord aufgestellt, der erst 1978 von der Sowjetunion mit der ersten vollwertigen Raumstation Saljut 6 überboten werden konnte.

Erneut fungierte die USS *New Orleans* als Bergungsschiff. Das Kommandomodul CM-118 befindet sich heute im National Air and Space Museum (NASM) der Smithsonian Institution in Washington, DC (Abb. 5.5).

Skylab wurde innerhalb von neun Monaten zwischen Mai 1973 und Februar 1974 dreimal mit einer jeweils dreiköpfigen Besatzung bemannt. Die neun Astronauten verbrachten insgesamt 171 Tage bzw. 24 Wochen an Bord des Raumlabors. Sie absolvierten zehn Außenbordeinsätze (EVAs), bei denen sie sich insgesamt 42 h im freien Weltraum aufgehalten haben. Instandhaltungs- und Wartungsarbeiten im Orbit (eng. On-Orbit Servicing, OOS) wurden zur Routine. Knapp hundert medizinische, technische und wissenschaftliche Experimente wurden durchgeführt. Die Gesamtkosten beliefen sich auf rund 2,5 Mia. $. Das entspricht einem Zehntel der Kosten für das Apollo-Mondprogramm. In diesem Zusammenhang ist allerdings zu berücksichtigen, dass die Entwicklungskosten für das Apollo-Raumschiff und die Saturn-Trägerrakete vom Apollo-Mondprogramm getragen wurden.

---

[44] Gründer, Matthias. 2000. *SOS im All*, S. 152 f. bzw. Reichl, Eugen. 2010. *Raumstationen seit 1971*, S. 24.

Abb. 5.5 Foto von Skylab, aufgenommen 1974 von der letzten Besatzung Skylab 4. Skylab war das bisher einzige frei fliegende Raumlabor (Free Flyer) der USA. Es wurde im Mai 1973 gestartet und bis Februar 1974 von drei Langzeitbesatzungen bemannt, die zusammen 171 Tage an Bord des Raumlabors verbrachten und dabei neue Langzeitrekorde aufstellten. Das Foto ist das letzte von Skylab, aufgenommen im Februar 1974 von der letzten Besatzung Skylab 4 nach dem Entkoppeln beim Beginn des Rückfluges. Im Vordergrund der Orbital Workshop (OWS) mit dem provisorischen Thermalschutzschild aus Goldfolie. Rechts der nachträglich ausgeklappte steuerbordseitige Solarzellenausleger, das sogenannte Solar Array Panel (SAP). Das linke Backbordpaneel ist dagegen komplett abgerissen. Am Bug über dem OWS sieht man das Weltraumteleskop Apollo Telescope Mount (ATM) mit seinen vier Solarpaneelen. Wegen der charakteristischen Anordnung der Paneele wurde das ATM von den Astronauten scherzhaft *„Windmill"* (dt. Windmühle) genannt. Das Apollo-Raumschiff (CSM) wurde am Bug unterhalb des ATM angekoppelt. Die Umlaufbahn von Skylab war so hoch und stabil, dass es erst im Juli 1979 in die Erdatmosphäre eintrat und verglühte. (© NASA)

Ursprünglich war geplant, Skylab gegen Ende der 1970er Jahre mit der noch zu entwickelnden Raumfähre vom Typ Space Shuttle anzufliegen und erneut in Betrieb zu nehmen. Die Entwicklung und der Bau des Space Shuttle verzögerten sich jedoch, sodass mit einem Erstflug erst Anfang der 1980er Jahre gerechnet werden konnte. Durch die zunehmende Erderwärmung dehnte sich zudem die Atmosphäre aus. Da Skylab mit der Breitseite quer zur Flugrichtung die Erde umrundete, wirkte die ausgedehnte Atmosphäre wie eine Bremse. Das Raumlabor verlor immer mehr an Höhe. Skylab drohte, ein Opfer des Klimawandels zu werden. Die NASA entwickelte mehrere Pläne, um Skylab zu retten. So gab es Projektstudien für ein unbemanntes, ferngesteuertes Bugsiersystem (engl. Teleoperator Retrieval System, TRS). Auch gab es Überlegungen, die Sowjetunion um Hilfe zu bitten. Das Apollo-Sojus-Testprojekt (ASTP) von 1975 hatte gezeigt, dass es möglich ist, amerikanische und sowjetische Raumfahrzeuge mit einem entsprechenden Adapter zu koppeln. Die Idee war, dass eine gemischt amerikanisch-sowjetische Mannschaft mit einem Sojus-Raumschiff zum Skylab fliegt, es wieder in Betrieb nimmt und in eine höhere Umlaufbahn bugsiert. Mittlerweile war die Sowjetunion allerdings mit ihrer ersten vollwertigen Raumstation Saljut 6 so erfolgreich, dass sich die USA nicht die Blöße geben wollte, den Gegenspieler des Kalten Krieges um Hilfe bitten zu müssen, um ein altersschwaches Raumlabor zu retten. Als klar war, dass das Skylab nicht mehr zu retten war und unkontrolliert abstürzen würde, gab es beim Strategischen Luftwaffenkommando (engl. Strategic Air Command, SAC) die Überlegung, Skylab mit einer Atomrakete abzuschießen. Aufgrund der Größe des Raumlabors würde es nämlich nicht vollständig in der Erdatmosphäre verglühen, sondern lediglich auseinanderbrechen. Es war also damit zu rechnen, dass tonnenschwere, brennende Trümmerteile auf die Erde stürzen würden. Aufgrund des Moskauer Atomteststoppabkommens von 1963 war allerdings die Zündung von Atombomben in der Atmosphäre, im Weltraum und unter Wasser verboten, weshalb der Plan wieder aufgegeben wurde.[45]

Am 11. Juli 1979 – über sechs Jahre nach seinem Start – tauchte das Skylab schließlich in die tieferen Schichten der Erdatmosphäre ein. Der enorme Luftwiderstand und die Reibungshitze ließen das Raumlabor brennen und bersten. Glühende und rauchende Trümmerteile regneten entlang eines 6000 km langen Korridors über dem Indischen Ozean bis nach Australien. Die größten Stücke, die den Erdboden erreichten, schlugen im westaustralischen Outback ein.[46]

Die Redaktion des San Francisco Examiner vergab einen Preis von 10.000 $ für denjenigen, der als Erster ein Stück von Skylab vorbeibrachte. Ein 17-jähriger Australier aus dem Bezirk Esperance fand ein Trümmerteil und buchte den nächsten Flug von Perth nach San Francisco, wo er unter großem Medieninteresse stolz seinen Preis entgegennahm.[47]

---

[45] Gründer, Matthias. 2000. *SOS im All*, S. 154 f.

[46] Ebd., S. 157.

[47] Koser, Wolfgang, u. a., Space Spezial Nr. 1/2019. *Die Geschichte der NASA*, S. 86.

Bis heute ist Skylab das einzige frei fliegende Raumlabor der USA geblieben. Eine eigene Raumstation wurde nie realisiert. Es gab in den späten 1980er und frühen 1990er Jahren zwar Pläne für eine solche Raumstation unter der Bezeichnung *Freedom*, aufgrund der explodierenden Kosten für den Betrieb der Raumfähren vom Typ Space Shuttle gab es jedoch keine Finanzierungsmöglichkeit.[48]

Skylab befand sich insgesamt sechs Jahre und zwei Monate im Orbit, dabei wurde die Erde fast 35.000 Mal umrundet. Die Gesamtflugstrecke betrug rund 1,4 Mia. km. Dies entspricht ungefähr dem durchschnittlichen Abstand (große Halbachse) des Planeten Saturn zur Sonne.

Die Sowjetunion hatte im Dezember 1973 noch während der letzten Skylab-Mission einen zweiten bemannten Testflug mit dem modifizierten Sojus-Raumschiff durchgeführt: Sojus 13 mit dem Rufzeichen *Kawkas* (kyrill. Кавказ, dt. Kaukasus) blieb eine Woche im Orbit. Kommandant Pjotr I. Klimuk (*1942) und Bordingenieur Walentin W. Lebedew (*1942) konnten alle Systeme ausgiebig testen. Damit war das Sojus-Raumschiff wieder voll einsatzbereit. Jetzt fehlte nur noch ein funktionsfähiges Raumlabor. Nachdem zuvor vier Versuche gescheitert waren, wurde am 25. Juni 1974 das fünfte Sowjetische Raumlabor mit einer Proton-Rakete vom Kosmodrom Baikonur aus gestartet. Diesmal handelte es sich wieder um die militärische Version. Da es das zweite Exemplar war, erhielt es intern die Seriennummer OPS 2 bzw. die Bezeichnung Almas 2. Um den militärischen Charakter des Raumlabors und die zwei früheren Fehlstarts zu verschleiern, wurde es von der Sowjetpropaganda offiziell als Saljut 3 bezeichnet. Saljut 3 war baugleich mit Saljut 2 (OPS 1 bzw. Almas 1), das Anfang Mai 1973 gestartet worden war und aufgrund einer Beschädigung durch die Oberstufe der Proton-Trägerrakete bereits Ende des Monats abgestürzt war, ohne dass es bemannt werden konnte. Diesmal gelang der Start und Saljut 3 erreichte einen stabilen Orbit mit einem Apogäum von 270 km und einem Perigäum von 220 km. Dies war viel niedriger als das amerikanische Skylab und es war daher von Anfang an klar, dass Saljut 3 nach nur rund einem halben Jahr schon wieder in die Erdatmosphäre eintauchen und verglühen wird. Der niedrige Orbit ergab sich aus der geringeren Schubkraft der Proton-Trägerrakete im Vergleich zur amerikanischen Saturn 5. Der extrem niedrige LEO war in diesem Fall aber auch erwünscht, denn Saljut 3 hatte 14 Kameras an

---

[48] Beim Spacelab (Space Laboratory = Weltraumlabor) handelte es sich nicht um ein eigenständiges Raumlabor, sondern um ein wiederverwendbares Ausstattungsmodul für Space Shuttles. Die Internationale Raumstation ISS ist – wie der Name schon sagt – kein rein US-amerikanisches Projekt.

Bord, mit denen Aufklärungsfotos über dem Gebiet der USA, Westeuropas und Südvietnam gemacht werden sollten. Die Fotos halfen Nordvietnam bei der Vorbereitung auf die entscheidende letzte Großoffensive. Die leistungsstärkste Kamera war eine Agat-1 mit einer beeindruckenden Brennweite von 6,4 m. Die Infrarotkamera vom Typ Wolga besaß eine Auflösung von 100 m.[49] Spektakulärster Ausrüstungsgegenstand war jedoch eine Bordkanone vom Typ Nudelman-Richter mit einem Kaliber von 23 mm (NR-23, kyrill. HP-23). Es handelte sich dabei um die Standardbewaffnung der sowjetischen Jagdflugzeuge der 1950er und 1960er Jahre. Die Maschinenkanone besaß ein Magazin mit 6000 Schuss und konnte bis zu 800 Schuss pro Minute abfeuern. Im Konfliktfall sollten mithilfe der Bordkanone amerikanische Satelliten abgeschossen werden.[50]

Eine weitere Neuerung war die Tatsache, dass die beiden Solarzellenausleger mit einer Fläche von zusammen rund 50 m² und einer Spannweite von 17 m um 180° entlang der Längsachse gedreht werden konnten. Damit konnten die Solarzellen unabhängig von der Fluglage des Raumlabors zur Sonne hin ausgerichtet werden. Die elektrische Leistung betrug rund 3 kW. Die von Skylab war trotz einem abgerissenen Solarpaneel immer noch zweieinhalb Mal größer.

Am 4. Juli 1974 startete das Raumschiff Sojus 14 mit dem Rufzeichen *Berkut* (kyrill. Беркут, dt. Steinadler) zu Saljut 3. Für Kommandant Pawel R. Popowitsch war es nach Wostok 4 der zweite Raumflug, während es für Bordingenieur Juri P. Artjuchin (1930–1998) der erste und einzige Raumflug war. Die beiden Kosmonauten blieben zwei Wochen an Bord des Raumlabors, testeten alle Systeme ausführlich und machten zahlreiche Aufklärungsfotos. Am 19. Juli landeten sie wohlbehalten in der kasachischen Steppe. Damit konnte die Sowjetunion im 5. Anlauf endlich eine vollständig erfolgreiche Mission zu einem Raumlabor verzeichnen.[51]

Am 26. August 1974 startete bereits das nächste Raumschiff Sojus 15 mit dem Rufzeichen *Dunaj* (kyrill. Дунай, dt. Donau) zu Saljut 3. Für Kommandant Gennadi W. Sarafanow (1942–2005) und Bordingenieur Lew S. Djomin (1926–1998) war es jeweils der erste Raumflug. Diesmal versagte jedoch das automatische Annäherungs- und Andocksystem vom Typ Igla (kyrill. Игла, dt. Nadel). Nach drei gescheiterten Versuchen innerhalb von zwei Tagen ging der Treibstoff der Versorgungssektion des Raumschiffes

---

[49] Reichl, Eugen. 2010. *Raumstationen seit 1971*, S. 25.

[50] Ebd., S. 26.

[51] Ebd.

zu Neige und Sojus 15 musste unverrichteter Dinge am 28. August wieder landen. Die Sowjetpropaganda behauptete so wie bei Sojus 10 und Saljut 1 im April 1971, dass gar kein Umstieg der Mannschaft in das Raumlabor geplant gewesen sei. Die Überarbeitung des Igla-Systems ließ im Jahr 1974 keine weitere bemannte Mission zu Saljut 3 mehr zu, sodass das Raumlabor schließlich nach sieben Monaten, rund 3400 Erdumrundungen und knapp 140 Mio. km Flugstrecke am 25. Januar 1975 in die Erdatmosphäre eintauchte und verglühte. Einen Tag vor dem Absturz wurde noch schnell die Munition aus dem Magazin der Bordkanone durch einen Funkbefehl von der Bodenkontrollstation verschossen.[52] Es war das erste Mal, dass im Weltraum mit scharfer Munition geschossen wurde.

In Tab. 5.2 sind die Missionen zu den Raumlaboren Skylab (USA) und Saljut 3 (SU) 1973 bis 1974 dargestellt, in Tab. 5.3 werden die Parameter der sowjetischen Raumlabore Saljut 1 und 3 bzw. des amerikanischen Raumlabor Skylab verglichen.

5.4   Erste Ost-West-Kooperation im All: Das Apollo-Sojus-Test-Projekt (ASTP) 1975

Das Apollo-Sojus-Test-Projekt (ASTP) im Juli 1975 war das erste gemeinsame Raumfahrtprojekt der beiden Supermächte USA und Sowjetunion. Es bildete gleichzeitig den Abschluss der Pionierzeit der Raumfahrt. Das letzte Apollo-Raumschiff koppelte im Erdorbit mit dem sowjetischen Raumschiff Sojus 19. Es kam dabei zum ersten Treffen zwischen Raumfahrern unterschiedlicher Nationen im Weltraum. Für die USA war es die letzte bemannte Raumfahrtmission der 1970er Jahre.

Im April 1972 schlossen die USA und die Sowjetunion ein Abkommen zur Durchführung eines gemeinsamen bemannten Raumfahrtprojektes. Es erhielt die offizielle Bezeichnung Apollo-Sojus-Test-Projekt (ASTP).[53] Es war dies die erste konkrete Zusammenarbeit der beiden Supermächte in der Raumfahrt. Nachdem der Wettlauf zum Mond entschieden war, sollte die große Pionierzeit der Raumfahrt mit einem symbolischen und versöhnlichen Akt gemeinsam beendet werden. Durch den Rückzug der US-Truppen aus

---

[52] Ebd.

[53] Engl. Apollo-Soyuz Test Project (ASTP), russ. Sojus-Apollon Eksperimentalnij Poljot (SAEP), kyrill. Союз – Аполлон Экспериментальный Полёт (САЭП).

Tab. 5.2 Missionen zu den Raumlaboren Skylab (USA) und Saljut 3 (SU) 1973 bis 1974. CSM = Command & Service Module, d = Tage, DOS = Dauerhafte Orbitale Station (zivil), K = Kommandant, OPS = Orbitale Pilotierte Station (militärisch) → = Docking (Kopplung zweier Raumfahrzeuge)

Jahr	Monat	USA	Sowjetunion
1973	Mai	**Skylab 1** unbemannter Start, letzte Saturn 5 **Skylab 2** ← CSM 1 = Apollo (18) 1. einmonatiger Raumflug (28 d) Mai bis Juni 1973	Saljut 3 A (DOS 3) = Kosmos 557 Fehlstart, kein stabiler Orbit, Absturz im selben Monat
	Juni	Conrad (4., K), Weitz, Kerwin	–
	Juli	**Skylab 3** ← CSM 2 = Apollo (19)	
	Sept	1. zweimonatiger Raumflug (59 d), Juli bis September 1973, Bean (2., K), Lousma, Garriott	Sojus 12 (Rufzeichen: Ural) Lasarew, Makarow
	Nov	**Skylab 4** ← CSM 3 = Apollo (20)	–
	Dez	Langzeitrekord: 84 d Nov. 1973 bis Feb. 1974	Sojus 13 (Rufzeichen: Kaukasus) Klimuk, Lebedew
1974	Feb	Carr (K), Gibson, Pogue	–
	Juni	–	Saljut 3 (OPS 2) = Almas 2 Start mit Proton-Rakete
	Juli	–	Sojus 14 → Saljut 3 Rufzeichen: Steinadler (15 d) Popowitsch (2., K), Artjuchin
	Aug	–	Sojus 15 (→ Saljut 3) Rufzeichen: Donau (2 d) Sarafanow (K), Djomin Rendezvous, kein Docking

Vietnam kam es zudem auch zu einer leichten Entspannung der Ost-West-Beziehungen im Kalten Krieg.

Das ASTP bot den USA zudem die einmalige Chance, einen Blick hinter die Kulissen der streng geheimen sowjetischen Raumfahrt zu werfen. Es wurden Konstruktionspläne und Ingenieurteams ausgetauscht. Erstmals konnte der Start einer sowjetischen Weltraumträgerrakete unmittelbar live mitverfolgt werden. Um ein erfolgreiches Annäherungs- und Kopplungsmanöver (engl. Rendezvous & Docking, RVD) im Orbit durchführen zu können, mussten beide Raumschiffe adaptiert werden. Dabei waren vor allem zwei technische Probleme zu lösen:

Erstens besaßen beide Raumschiffe unterschiedliche Kopplungssysteme. Der Kopplungsstutzen des Apollo-Raumschiffes war ursprünglich für den Umstieg in die Mondfähre konstruiert worden und wurde später auch im Rahmen des Skylab-Programms für das Andocken an das Raum-

Tab. 5.3 Parametervergleich zwischen den sowjetischen Raumlaboren Saljut 1 und 3 bzw. dem amerikanischen Raumlabor Skylab. Quellen der Kennzahlen: Reichl, Eugen. 2010. Raumstationen seit 1971, S. 9, 18 und 25. Reichl nennt bei Skylab die Größen inkl. dem angedockten Apollo-Raumschiff: 36 m lang und 90 t schwer. NASA Space Science Data Coordinated Archive (NSSDCA): Spacecraft Query, Discipline: Human Crew, Name: Salyut bzw. Skylab.https://nssdc.gsfc.nasa.gov/nmc/SpacecraftQuery.jsp (abgerufen am 17.05.2020)

Parameter	Saljut 1 (SU)	Saljut 3 (SU)	Skylab 1 (USA)
Seriennummer	DOS 1	OPS 2 = Almas 2	SA-513
Start	19.04.1971	25.06.1974	14.05.1973
Startplatz	Baikonur	Baikonur	Cape Canaveral
Trägerrakete	Proton K	Proton K	Saturn 5
Absturz (Deorbit/ Reentry)	25.09.1971	25.01.1975	11.07.1979
Gesamtflugdauer im Orbit	175 d	213 d	6 y 58 d
Tage bemannt	23 d	15 d	171 d
Erste/letzte Besatzung	Juni 1971	Juli–August 1973	Mai 73–Febr. 74
Anzahl Besatzungen	1	2	3
Anzahl Raumfahrer	3 Kosmonauten	4 Kosmonauten	9 Astronauten
Außenbordeinsätze (EVA)	0	0	10
Transportraumschiff	Sojus 7 K	Sojus 7 K	Apollo CSM
Erdumkreisungen (Orbits)	2929	3442	34.981
Orbithöhe (Peri- / Apogäum)	200–220 km	220–270 km	430–440 km
Umlaufzeit	88 min	89 min	93 min
Gesamtflugstrecke	118 Mio. km	139 Mio. km	1400 Mio. km
Gesamtlänge	15,80 m	14,55 m	25,0 m
Durchmesser	4,15 m	4,15 m	6,60 m
Gesamtmasse	18 t	18 t	77 t
Innenvolumen	90 m^3	80 m^3	350 m^3
Anzahl Solarpanels	4	2	5 (6)
Spannweite Solarpanels	9,80 m	17,0 m	21,0 m
Stromversorgung	1 kW	3,1 kW	12 kW
Lageregelungstriebwerke	18 × 98 + 18 × 10 N	18 × 98 + 12 × 10 N	Apollo-Triebwerk
Bahnänderungstriebwerke	2 × 3,9 kN	2 × 3,9 kN	Apollo-Triebwerk

labor verwendet. Der Kopplungsstutzen des Sojus-Raumschiffes war für das Andocken an die Raumlabore vom Typ Saljut konstruiert worden. Beide Kopplungssysteme waren nicht kompatibel. In beiden Fällen war der Kopplungsstutzen des Raumschiffes der aktive bzw. männliche Teil mit

Andockdorn, während die Raumlabore den passiven bzw. weiblichen Teil mit dem jeweils passenden Trichter besaßen.

Die Sowjets waren aus Prestigegründen nicht bereit, lediglich den passiven Teil des Kopplungsmanövers zu stellen. Als zweites technisches Problem kam erschwerend hinzu, dass die Kabinenatmosphäre unterschiedlich war. Im Sojus-Raumschiff herrschte dieselbe Atmosphäre wie auf der Erde, das heißt dieselbe Zusammensetzung der Luft und annähernd derselbe Luftdruck. Im Apollo-Raumschiff atmeten die Astronauten dagegen reinen Sauerstoff. Dieser Umstand ermöglichte es, den Kabinendruck auf nur rund ein Drittel des Luftdrucks auf der Erdoberfläche herabzusenken. Im Falle einer undichten Stelle wäre die Luft nicht so schnell entwichen wie bei der Katastrophe von Sojus 11.

Um die beiden Raumschiffe für ein RVD im Orbit kompatibel zu machen, musste daher ein universeller und flexibler Kopplungsadapter mit Druckausgleichsschleuse konstruiert werden, der es beiden Raumschiffen ermöglichte, sowohl den aktiven als auch den passiven Teil des Kopplungsmanövers zu übernehmen. Zu diesem Zweck erhielt die NASA auch erstmals detaillierte Konstruktionspläne von einem sowjetischen Raumfahrzeug. Im Gegensatz zur Sojus-Trägerrakete war in der Spitze der amerikanischen Saturn genügend Platz für die Mitführung eines solchen Adapters. Er wurde einfach an dem Platz verstaut, der ursprünglich für die Mondfähre vorgesehen war. Dieser befand sich von der Spitze aus gesehen hinter dem Apollo-Raumschiff. Es musste demnach im Orbit zunächst ein Kopplungsmanöver mit dem Kopplungsadapter durchgeführt werden, bevor man sich dem Sojus-Raumschiff nähern konnte. In Anlehnung an die Module des Apollo-Raumschiffes wurde der Kopplungsadapter Docking Module (DM) genannt. Der Andockstutzen des Sojus-Raumschiffes war direkt in dessen Orbitalsektion eingebaut. Die Vorbereitungsarbeiten mündeten in einem gemeinsamen zweisprachigen Bordhandbuch, den sogenannten Onboard Joint Operations Instructions. Die Crews wurden in der jeweils anderen Sprache geschult und besuchten sich im Vorfeld gegenseitig an den jeweiligen Raumfahrtzentren.

Parallel zu den Vorbereitungen startete am 5. April 1975 ein Sojus-Raumschiff vom Kosmodrom Baikonur. Ziel war das Ende 1974 gestartete Raumlabor Saljut 4. An Bord befanden sich die Kosmonauten Wassili G. Lasarew und Oleg G. Makarow, die bereits 1973 gemeinsam mit Sojus 12 geflogen waren. Es war der erste sowjetische Raketenstart, der auch von den USA mitverfolgt werden durfte. 160 s nach dem Abheben war die erste, kritische Startphase überstanden und die Rettungsrakete sowie die Schutzhülle um das Raumschiff wurden abgeworfen. Nach 290 s sollte in rund 190 km Höhe die Trennung der Zentralstufe von der Oberstufe erfolgen. Beide Stufen waren durch eine Gitterstruktur miteinander verbunden, an deren Enden jeweils sechs Sprengbolzen angebracht waren. Mit dem Zünden der Oberstufe sorgten die Sprengbolzen für die Trennung der beiden Stufen. Diesmal zündeten jedoch drei Sprengbolzen auf der Unterseite vorzeitig und unterbrachen dadurch eine elektrische Verbindung der automatischen Stufentrennung. Dadurch konnte der Aktivierungsimpuls zur Stufentrennung nicht mehr erfolgen. Die ausströmenden Gase der Oberstufe trafen nun auf die Zentralstufe und wurden dadurch abgelenkt. Es dauerte einige Sekunden, bis der heiße Abgasstrahl das Verbindungsgitter geschmolzen hatte und die Zentralstufe endlich abfiel. Zu diesem Zeitpunkt betrug die Abweichung von der vorgesehenen Flugbahn jedoch bereits mehr als 10°. Der Bordcomputer leitete daraufhin automatisch den Abbruch der Mission ein: Das Sojus-Raumschiff wurde von der Oberstufe abgetrennt und der Landevorgang eingeleitet, das heißt die Landesektion wurde von den restlichen Modulen getrennt und fiel zur Erde zurück. Normalerweise sollte dies in einer ballistischen Flugbahn erfolgen. Zum Zeitpunkt des Abtrennens der Landesektion von der Orbitalsektion zeigte die Flugrichtung jedoch bereits zur Erde. Durch den zusätzlichen Schub beim Abtrennungsvorgang wurde die Fallgeschwindigkeit nochmals stark erhöht. Durch die extreme Flugsituation wurden die beiden Kosmonauten der 21-fachen Erdbeschleunigung (21 g) ausgesetzt, was zur kurzfristigen Bewusstlosigkeit (Blackout) führte. Nach nur 21 min Flugzeit landete die Kapsel am Fallschirm im unzugänglichen Altai-Gebirge nahe der Grenze zur Mongolei. Die Kapsel rollte einen Abhang hinunter. Wenige Meter vor einer steilen Abbruchkante verfingen die die Fallschirme in Bäumen und Sträuchern und brachten die Kapsel zum Stillstand. Draußen herrschte noch tiefster Winter und das Rettungsteam war weit weg. So mussten die beiden Kosmonauten bei bis zu −7 °C eine Nacht lang ausharren, bis die Rettungsmannschaft am nächsten Morgen endlich eintraf.[54]

Normalerweise hätte die Sowjetpropaganda einen solchen Vorfall komplett verschwiegen. Da die Erdumlaufbahn nicht erreicht wurde, hätte man nicht einmal eine fortlaufende Tarnnummer der endlosen Kosmos-Serie vergeben. In diesen Start waren die Amerikaner jedoch eingeweiht, so dass er sich nicht verschweigen lies. Die Sowjets weigerten sich dennoch, diesem Sojus-Start eine offizielle Nummer zu geben, da nur die bemannten Orbitalflüge gezählt wurden. Mit einer Scheitelhöhe von 192 km handelte

---

[54] Woydt, Hermann. 2017. *SOS im Weltraum*, S. 80–84.

es sich jedenfalls um den höchsten suborbitalen bemannten Weltraumflug der Raumfahrtgeschichte. In der westlichen Sekundärliteratur findet
man die inoffiziellen Bezeichnungen Sojus 18-1 bzw. 18-A. In der osteuropäischen Sekundärliteratur ist dagegen von der sogenannten „5. April-
Anomalie" die Rede.[55] Der Fehlstart weckte im Westen ernsthafte Zweifel
an der Funktionstüchtigkeit des sowjetischen Sojus-Systems. Wenn der
erste bemannte Start, den man offiziell mitverfolgen durfte, ein Fehlschlag war, wie viele Fehlschläge hatte es dann vermutlich vorher schon
gegeben, von denen man nichts wusste? Die Sowjetunion geriet in einen
peinlichen Erklärungsnotstand. Man versicherte dem Westen, dass es sich
um einen einmaligen Zwischenfall gehandelt hätte und das Sojus-System
absolut sicher sei. Dagegen sprachen zunächst einmal die vier ums Leben
gekommenen Kosmonauten von Sojus 1 und 11. Da die NASA nur noch
über ein einziges startbereites Apollo-Saturn-System verfügte, bestand sie
darauf, erst dann zu starten, wenn Sojus ohne Zwischenfälle die vorgesehene
Umlaufbahn erreicht hatte. Im Falle eines erneuten Fehlstarts hätten die
Sowjets innerhalb von drei Monaten ein weiteres Sojus-System startbereit
machen können. Immerhin wurde es in Serie produziert. In den folgenden
Jahrzehnten entwickelte es sich zum erfolgreichsten Raumfahrtsystem der
Geschichte, wobei sowohl die Trägerrakete als auch das Raumschiff denselben Namen trugen. Aus den in der zweiten Hälfte der 1960er Jahren für
unterschiedliche Einsatzzwecke entwickelten frühen Versionen wurde bis
1973 eine standardisierte Version mit der Bezeichnung Sojus U entwickelt,
wobei das Kürzel U für unifiziert bzw. vereinheitlicht steht.[56] Als Standard-
Trägerrakete sowohl für bemannte als auch für unbemannte Raumfahrtprogramme wurde sie in den folgenden 35 Jahren bis zu ihrem letzten
Einsatz 2017 insgesamt 786 Mal gebaut und gestartet. In diesen 44 Jahren
gab es nur 22 Fehlstarts. Sie gilt daher als die erfolgreichste Weltraumträgerrakete aller Zeiten.[57]

Im Zusammenhang mit dem ASTP lohnt sich ein Parametervergleich
zwischen der Sojus U und der Saturn 1B, welche die Apollo-Raumschiffe in
den Erdorbit beförderte. Bezüglich der bei Weltraumträgerraketen üblichen
Einteilung in Größenklassen, welche sich auf die maximale Nutzlast in den
niedrigen Erdorbit (engl. Low Earth Orbit, LEO) bezieht, ist die Saturn 1B
eine schwere Trägerrakete (engl. Heavy-lift Launch Vehicle, HLV) und die

[55] Ebd., S. 85.

[56] Sojus U = kyrill. Союз У (Унифицированный = Unifizirowannij).

[57] Reichl, Eugen u. Röttler, Dietmar. 2020. *Raketen. Die internationale Enzyklopädie*, S. 206.

Sojus U eine mittelschwere Trägerrakete (engl. Medium-lift Launch Vehicle, MLV). Der direkte Vergleich ist insofern schwierig, als dass unterschiedliche Stufungskonzepte zum Einsatz kamen: Bei der Saturn gab es die klassische Tandemstufung mit übereinander angeordneten Stufen, die nacheinander zündeten. Das macht die Stufenzählung einfach: Die Saturn 1B war eine zweistufige und die Saturn 5 eine dreistufige Rakete. Teilweise wird in der Sekundärliteratur auch noch der Hauptantrieb des Apollo-Servicemoduls (SM) hinzugerechnet, weshalb die Saturn 1B auf drei und die Saturn 5 auf vier Stufen kommen. Bei den sowjetischen Konstruktionen kam das von Sergej Koroljow bereits in den 1950er Jahren entworfene Bündelungsprinzip aus einem Zentralblock und vier rundherum angehängten Außenblocks (Booster) zum Tragen. Dieses Stufungskonzept wird Parallelstufung genannt. Da die Tanks des Zentralblocks größer waren, brannte dieser auch noch nach dem Ausbrennen und Abwerfen der Booster als eigenständige Stufe weiter. Bei der Stufenzählung werden die Zentral- und Außenblocks je nach Zählweise als eineinhalb oder zwei Stufen gezählt. Hinzu kommt noch die Oberstufe, weshalb die Sojus je nach Zählweise insgesamt zweieinhalb bzw. drei Stufen besitzt (Tab. 5.4).

Am 15. Juli 1975 startete vom Kosmodrom Baikonur Sojus 19. Es war der erste sowjetische Raketenstart, der live im US-Fernsehen übertragen wurde. Kommandant Alexej A. Leonow war ein Veteran der sowjetischen Raumfahrt. Er war bereits zehn Jahre zuvor 1965 mit Woschod 2 geflogen und hatte damals den ersten Weltraumausstieg der Raumfahrtgeschichte unternommen. Für Bordingenieur Waleri N. Kubassow war es nach Sojus 6 im Jahr 1969 ebenfalls der zweite Raumflug. Siebeneinhalb Stunden später startete von Cape Canaveral das Apollo-Raumschiff mit einer Saturn 1B. Es war gleichzeitig der letzte Start einer Rakete der Saturn-Serie und eines Apollo-Raumschiffes. Dieser Flug erhielt seitens der NASA keine offizielle Nummerierung mehr, da das Mondlandeprogramm bereits beendet war. Die NASA nannte es offiziell ASTP-Apollo und vergab intern die Bezeichnung CSM 4 in Fortführung der Zählung vom Skylab-Programm. Zur Erinnerung: CSM steht für Command & Service Module, also das Apollo-Mutterschiff ohne Mondfähre. Das letzte eingesetzte Apollo-Raum-schiff trug die Seriennummer CSM-111. In der Sekundärliteratur findet man unabhängig davon aber auch zwei Varianten einer durchgehenden Apollo-Zählung: Die erste Variante lehnt sich direkt an die letzte bemannte Mondlandung mit Apollo 17 an und zählt den amerikanischen Beitrag zum ASTP als Apollo 18. Die zweite Variante zählt die drei bemannten Skylab-Missionen als Apollo 18 bis 20 mit, wodurch die amerikanische ASTP-Mission die Bezeichnung Apollo 21 erhält. Somit gelten für den letzten Flug

Tab. 5.4 Parametervergleich zwischen den Trägerraketen Saturn 1B (USA) und Sojus U (SU), welche die Raumschiffe Apollo (USA) und Sojus (SU) in den Erdorbit beförderten. Bei der Saturn 1B handelte es sich um eine schwere Trägerrakete (HLV) mit Tandemstufung, d. h. übereinander angeordnete Stufen, die nacheinander gezündet wurden. Bei der Sojus U handelte es sich dagegen um eine mittelschwere Trägerrakete (MLV) mit Parallelstufung, das heißt der Zentralblock und die Außenblocks (Booster) zündeten gleichzeitig. Quellen der Kenngrößen: Reichl, Eugen. 2011. *Trägerraketen seit 1957*, S. 46 und 112 bzw. Reichl, Eugen u. Röttler, Dietmar. 2020. *Raketen. Die internationale Enzyklopädie*, S. 206 und 344. LOX = Liquid Oxygen (flüssiger Sauerstoff), LH_2 = Liquid Hydrogen (flüssiger Wasserstoff), N_4O_2 = Distickstofftetroxid, RP = Rocket Propellant (Raketenkerosin), Treibstoffkombination = Brennstoff + Oxidator

Parameter	Saturn 1B (USA)	Sojus U (SU)
Gesamtlänge der Trägerrakete	68,10 m	50,00 m
Basisdurchmesser	12,40 m (inkl. Ruder)	10,30 m
Gesamtmasse	590 t	310 t
Max. Nutzlast in den LEO = Größenklasse	22 t = HLV	7 t = MLV
Gesamtschub	8250 kN (= 825 t)	4420 kN (=442 t)
Startschub	7120 kN	4120 kN
Anzahl Raketenstufen/Stufungskonzept [3]	3 = Tandemstufung	2,5 = Parallelstufung
Gesamtzahl der Triebwerke	10	6
Anzahl × Typ Triebwerke 1. Stufe	8 × Rocketdyne H-1	4 × RD-117
Treibstoffkombination 1. Stufe	RP-1 + LOX	Kerosin + LOX
Schubleistung 1. Stufe	8 × 890 = 7120 kN	4 × 830 = 3320 kN
Spezifischer Impuls (I_{SP}) 1. Stufe	262 s = 2569 m/s	263 s = 2579 m/s
Anzahl × Typ Triebwerke 2. Stufe	1 × Rocketdyne J-1	1 × RD-118
Treibstoffkombination 2. Stufe	LH_2 + LOX	Kerosin + LOX
Schubleistung 2. Stufe	1030 kN	800 kN
Spezifischer Impuls (I_{SP}) 2. Stufe	421 s = 4040 m/s	319 s = 3128 m/s
Anzahl × Typ Triebwerke 3. Stufe	1 × Aerojet SPS	1 × RD-110
Treibstoffkombination 3. Stufe	Aerozin 50 + N_2O_4	Kerosin + LOX
Schubleistung 3. Stufe	100 kN	300 kN
Spezifischer Impuls (I_{SP}) 3. Stufe	301 s = 2952 m/s	325 s = 3187 m/s
Erster Start	Februar 1966	Mai 1973
Letzter Start	Juli 1975	Februar 2017
Anzahl der Starts/davon erfolgreich	9/9	786/764
Anzahl bemannter Orbitalflüge	5 (Apollo + Skylab)	>100

eines Apollo-Raumschiffes die Synonyme ASTP-Apollo = CSM 4 = CSM-111 = Apollo 18 = Apollo 21.

Die NASA wählte als Kommandanten (CDR) ebenfalls einen sehr erfahrenen Astronauten aus: Tomas („Tom") P. Stafford war in der zweiten Hälfte der 1960er Jahre mit Gemini 6 und 9 sowie mit Apollo 10 geflogen. Somit absolvierte er im Rahmen des ASTP bereits seinen vierten Raumflug. Als Pilot für das Kopplungsmanöver (Docking Module Pilot, DMP) wurde der Veteran Donald („Deke") K. Slayton (1924–1993) reaktiviert. Deke Slayton war bereits im Zweiten Weltkrieg als Pilot Bombereinsätze gegen Deutschland und Japan geflogen. 1959 wurde er als einer der Mercury Seven der Weltöffentlichkeit vorgestellt, der legendären ersten Astronautengeneration. Aufgrund von plötzlich aufgetretenen Herzrhythmusstörungen wurde ihm jedoch die Flugtauglichkeit entzogen. Als Leiter des Astronautenbüros entschied er darüber, welcher Astronaut an welcher Gemini- und Apollo-Mission teilnehmen durfte. Neben seiner Schreibtischkarriere bei der NASA tat er jedoch alles, um die Flugtauglichkeit wiederzuerlangen, was ihm schließlich auch gelang. Mit 51 Jahren wurde er der älteste Newcomer des 20. Jahrhunderts, 16 Jahre, nachdem er als Astronaut ausgewählt und vorgestellt worden war. Es war seine allerletzte Chance, denn es war absehbar, dass Slayton bis zum Start des Space Shuttle definitiv zu alt sein würde. Der dritte Astronaut im Apollo-Raumschiff war der Newcomer Vance D. Brand (*1931), der später noch dreimal mit dem Space Shuttle in den Orbit flog (Abb. 5.6).

Weil zur selben Zeit auch noch das Raumlabor Saljut 4 mit zwei Kosmonauten besetzt war, hielten sich erstmals seit Oktober 1969 mit dem Dreifachflug von Sojus 6, 7, und 8 wieder sieben Raumfahrer gleichzeitig im Weltraum auf.

Der Flug wurde sowohl vom Mission Control Center (MCC) in Houston (Rufzeichen: „*Houston*") als auch vom sowjetischen Raumflugkontrollzentrum ZUP in Kaliningrad bei Moskau (Rufzeichen: „*Sarja*") überwacht, wobei jeweils eine sowjetische Delegation im MCC und eine amerikanische im ZUP anwesend waren.[58]

Am ersten Missionstag koppelte das Apollo-Raumschiff mit dem Docking-Modul (DM). Am zweiten Missionstag erfolgte die Annäherung der beiden Raumschiffe (Abb. 5.7) und am dritten Missionstag schließlich das erste Rendezvous & Docking (RVD), wobei das Apollo-Raumschiff die aktive Rolle übernahm. Bei dieser Gelegenheit entstanden die bis dahin besten und detailreichsten Fotos, die von einem bemannten sowjetischen Raumfahrzeug im Weltraum veröffentlicht wurden.

Drei Stunden nach der Kopplung am 17. Juli wurde die Luftschleuse geöffnet und es kam zum historischen Handschlag zwischen den beiden Kommandanten Leonow und Stafford, bei dem auch kleine Willkommensgeschenke, wie zum Beispiel die Staatsflaggen, ausgetauscht wurden. Es

---

[58] ZUP = Zentr Uprawlenija Paljotam = kyrill. Центр Управления Полётами (ЦУП). Sarja = kyrill. Заря, dt. Morgenröte.

Abb. 5.6 Die Besatzungen des Apollo-Sojus-Test-Projektes (ASTP) 1975. Links die drei amerikanischen Astronauten vor der US-Flagge in goldbraunen Overalls: Deke Slayton, Tom Stafford und Vance Brand. Rechts die beiden sowjetischen Kosmonauten vor der Falgge der Sowjetunion in grünen Overalls: Alexej Leonow und Waleri Kubassow. Im Vordergrund auf dem Tisch ein Modell der beiden gekoppelten Raumschiffe: Links Apollo 21, in der Mitte der Kopplungsadapter und rechts Sojus 19 (© NASA)

war das erste Treffen zwischen Raumfahrern unterschiedlicher Nationen im Weltraum. Am folgenden Tag kam es dann zum Austausch der Raumfahrer: Am Vormittag wechselte Leonow in das Apollo-Kommandomodul, während sich Brand in das Sojus-Orbitalmodul begab. Am Nachmittag nahm dann Leonow Stafford mit hinüber zur Sojus, während Brand mit Kubassow ins Apollo-CM wechselte. Es gab gemeinsame Führungen, die im Fernsehen übertragen wurden, es wurden gemeinsame Experimente durchgeführt und gemeinsam zu Mittag gegessen. Aus Sicherheitsgründen musste jedes Raumschiff zu jeder Zeit immer mit mindestens einem Crewmitglied besetzt sein. Es wäre aber auch nicht genug Platz gewesen, alle fünf Raumfahrer gleichzeitig in einem Raumschiff zu versammeln. Am nächsten Morgen erfolgte nach 44 h die vorübergehende Entkopplung. Eine halbe Stunde später kam es zur zweiten Kopplung, bei welcher das Sojus-Raumschiff die aktive

Abb. 5.7 Foto des Raumschiffes Sojus 19, aufgenommen von Apollo (21) im Rahmen des Apollo-Sojus-Test-Projektes (ASTP) im April 1975. Rechts die zylindrische Versorgungssektion mit den beiden Solarpaneelen. In der Mitte die konische Landesektion, die eigentliche Raumkapsel, in welcher sich die Kosmonauten während Start und Landung aufhielten. Links die kugelförmige Orbitalsektion, in welcher sich die Kosmonauten während der Orbitalflugphase aufhielten. An der Spitze sieht man zwei der insgesamt drei Metallklammern des Kopplungsstutzens, mit welchem die Verbindung zum Docking-Modul (DM) hergestellt wurde. Im Hintergrund verdecken weiße Wolken den Blick auf die Erde. (© NASA)

Rolle übernahm. Man blieb noch einmal drei Stunden lang ohne weiteren Umstieg verbunden. Danach erfolgte die endgültige Trennung. Sojus 19 landete zwei Tage später planmäßig in der kasachischen Steppe. Das Apollo-Raumschiff blieb noch drei weitere Tage in der Umlaufbahn und landete am 24. Juli im Pazifik. Es war dies die letzte Landung eines Apollo-Raumschiffes und die letzte Wasserlandung (Splashdown) eines bemannten Raumfahrzeuges im 20. Jahrhundert. Diese letzte Landung wurde allerdings noch einmal dramatisch: Die Fallschirme öffneten nicht automatisch, woraufhin das Kommandomodul ins Trudeln geriet. Daraufhin zündeten automatisch die Stabilisierungsdüsen, wobei durch ein defektes Ausgleichsventil Treibstoffgase in den Innenraum gelangten. Die Crew musste ihre Sauerstoffmasken anlegen. Brand fiel jedoch in Ohnmacht, bevor ihm das gelang. Stafford musste ihm die Maske überstülpen. Aufgrund der Rauchgasvergiftungen mussten sie zwei Wochen lang in einem Krankenhaus auf Hawaii behandelt und untersucht werden, um Lungenschäden auszuschließen.[59]

Als Bergungsschiff fungierte abermals das amphibische Landungsschiff bzw. der Hubschrauberträger USS *New Orleans*, der bereits die Landekapseln von Apollo 14 sowie Skylab 3 und 4. Das Kommandomodul CM-111 wurde dem California Museum of Science and Industry in Los Angeles als Ausstellungsstück überlassen. Die *New Orleans* kam schließlich im Jahr 1994 nochmals zu Raumfahrtehren, als die Bergungsszene des Kinofilms Apollo 13 gedreht wurde.

Damit waren die Restbestände des Apollo-Programms endgültig aufgebraucht. Die NASA konzentrierte sich in der zweiten Hälfte der 1970er Jahre auf die Entwicklung und den Bau von wiederverwendbaren Raumfähren, dem sogenannten Space Transportation System (STS) oder kurz: Space Shuttle. Es sollte fast sechs Jahre dauern, bis mit dem Jungfernflug des Space Shuttle *Columbia* im April 1981 wieder Astronauten in den Orbit flogen.

Die NASA und die US-Regierung nutzten diese lange Pause, um für die bedeutendsten Pioniere der US-Raumfahrt einen neuen Orden als höchste Auszeichnung für US-Astronauten zu stiften: Die Weltraum-Ehrenmedaille des Kongresses, engl. Congressional Space Medal of Honor (CSMH). Sie wird auf Vorschlag des NASA-Administrators im Namen des Kongresses durch den US-Präsidenten verliehen. Die erstmalige Verleihung erfolgte im Oktober 1978 durch Präsident James E. („Jimmy") Carter (*1924, reg. 1977–1981) an folgende sechs Raumfahrtveteranen:

- Alan B. („Al") Shepard (1923–1998) als erstem Amerikaner im Weltraum (Mercury 3, 1961)
- John H. Glenn (1921–2016) als erstem Amerikaner im Orbit (Mercury 6, 1962)
- Virgil I. („Gus") Grissom (1926–1967) posthum als erstem Kommandanten von Gemini und Apollo (Gemini 3, 1965 und Apollo 1, 1967)
- Frank F. Borman (*1928) als Kommandant der ersten Mondumrundung (Apollo 8, 1968)
- Neil A. Armstrong (1930–2012) als Kommandant der ersten Mondlandung und erstem Menschen auf dem Mond (Apollo 11, 1969)
- Charles („Pete") Conrad (1930–1999) als erstem Kommandanten des Raumlabors Skylab (1973)

---

[59] Koser, Wolfgang u. a. 2019. *Die Geschichte der NASA.* (= Space Spezial, Nr. 1/2019), S. 89.

Bis zum Ende des 20. Jahrhunderts wurden fünf weitere Raumfahrtveteranen mit der CSMH ausgezeichnet:

- James A. („Jim") Lovell (*1928) als Kommandant der Havarie-Mission Apollo 13 (1970)
- Thomas P. („Tom") Stafford (*1930) als Kommandant von Apollo 21 im Rahmen des Apollo-Sojus-Test-Projekts (ASTP) 1975
- John W. Young (1930–2018) als einziger Raumfahrer, der eine Raumkapsel (Gemini), ein Raumschiff (Apollo), eine Mondfähre (Orion) und eine Raumfähre (Columbia) gesteuert hat, insbesondere als Kommandant der erster Space-Shuttle-Mission (STS-1, 1981)
- Edward H. („Ed") White (1930–1967) posthum für den ersten Weltraumausstieg (EVA) eines Astronauten (Gemini 4, 1965) und als Opfer von Apollo 1 (1967)
- Roger B. Chaffee (1935–1967) posthum als Opfer von Apollo 1 (1967)

Literatur

Balogh, Werner. 2007. Rechtliche Aspekte von Raketenstarts. In: *Raumfahrt und Recht*. Hrsg. C. Brünner u. a. Wien, Köln, Graz: Böhlau, S. 56–77

Block, Torsten. 1992. *Bemannte Raumfahrt. 30 Jahre Menschen im All.* (= Raumfahrt-Archiv, Bd. 1). Goslar: Eigenverlag.

Butowski, Piotr. 1991. Das Projekt Spiral. In: *Flug Revue*. 36. Jg., Nr. 3 (März), S. 62.

Gründer, Matthias. 2000. *SOS im All. Pannen, Probleme und Katastrophen der bemannten Raumfahrt*. Berlin: Schwarzkopf & Schwarzkopf.

Hofstätter, Rudolf. 1989. *Sowjet-Raumfahrt*. Basel, Berlin: Birkhäuser, Springer.

Koser, Wolfgang (Chefred.); Matting, Matthias; Baruschka, Simone; Grieser, Franz; Hiess, Peter; Mantel-Rehbach, Claudia; Stöger, Marcus. 2019. *Die Geschichte der NASA. Die faszinierende Chronik der legendären US-Weltraum-Agentur*. (= Space Spezial, Nr. 1/2019. Hrsg. A. u. C. Heise). München, Hannover: eMedia.

Mackowiak, Bernhard; Schughart, Anna. 2018. *Raumfahrt. Der Mensch im All.* Köln: Edition Fackelträger, Naumann & Göbel.

Messerschmid, Ernst; Fasoulas, Stefanos. 2017. *Raumfahrtsysteme. Eine Einführung mit Übungen und Lösungen*. Berlin: Springer Vieweg, 5. Aufl.

Reichl, Eugen. 2010a. *Bemannte Raumfahrzeuge seit 1960.* (= Typenkompass). Stuttgart: Motorbuch, 2. Aufl.

Reichl, Eugen. 2010b. *Raumstationen seit 1971.* (= Typenkompass). Stuttgart: Motorbuch

Reichl Eugen. 2011. *Trägerraketen seit 1957.* (= Typenkompass). Stuttgart: Motorbuch.

Reichl Eugen. 2013. *Satelliten seit 1957.* (= Typenkompass). Stuttgart: Motorbuch.

Reichl Eugen; Röttler, Dietmar. 2020. *Raketen. Die internationale Enzyklopädie.* Stuttgart: Motorbuch.

Siefarth, Günter. 2001. *Geschichte der Raumfahrt.* (= Beck'sche Reihe Wissen, Bd. 2153). München: Beck.

Soucek, Alexander. 2007. Einführung in ausgewählte rechtliche Aspekte der bemannten Raumfahrt mit Schwerpunkt Internationale Raumstation ISS. In: *Raumfahrt und Recht.* Hrsg. C. Brünner u. a. Wien, Köln, Graz: Böhlau, S. 178–187.

Spillmann, Kurt R. (Hrsg.). 1988. *Der Weltraum seit 1945.* Basel, Berlin: Birkhäuser, Springer.

Walter, Ulrich. 2019. *Höllenritt durch Raum und Zeit. Astronaut Ulrich Walter erklärt die Raumfahrt.* München: Penguin.

Zimmer, Harro. 1996. *Der rote Orbit. Glanz und Elend der russischen Raumfahrt.* (= Kosmos-Report). Stuttgart: Franckh-Kosmos.

Zimmer, Harro. 1997. *Das NASA-Protokoll. Erfolge und Niederlagen.* (= Kosmos-Report). Stuttgart: Franckh-Kosmos.

6

Die Anfänge der westeuropäischen Raumfahrt

Inhaltsverzeichnis

Die Anfänge einer eigenständigen westeuropäischen Raumfahrt in der Nachkriegszeit bis Mitte der 1970er Jahre vollzog sich im Spannungsfeld zwischen nationalstaatlicher Raumfahrtpolitik und ersten Versuchen gemeinsamer europäischer Raumfahrtaktivitäten. Deutschland hatte seine Raketen- und Raumfahrtkompetenz an die Siegermächte des Zweiten Weltkrieges verloren und setzte ab den 1960er Jahren auf internationale Kooperation. Großbritannien und Frankreich strebten dagegen den Aufstieg in den exklusiven Kreis der Atommächte und Raumfahrtnationen an, um ihren Großmachtstatus trotz des Verlustes ihrer Kolonien aufrechtzuerhalten. Anfang der 1960er Jahre mussten jedoch auch sie erkennen, dass sie alleine nicht über die notwendigen Ressourcen zur Entwicklung von Raumfahrtsystemen verfügten, die es mit den amerikanischen und sowjetischen aufnehmen konnten. Politisch-strategische Differenzen zwischen NATO-Mitgliedern und neutralen Staaten führten

© Springer-Verlag GmbH Deutschland, ein Teil von Springer Nature 2023
A. T. Hensel, *Geschichte der Raumfahrt bis 1975*,
https://doi.org/10.1007/978-3-662-64573-4_6

schließlich 1962 Jahre zur Gründung von zwei getrennten westeuropäischen Raumfahrtorganisationen, der Trägerraketen-Entwicklungsorganisation ELDO und der Weltraumforschungsorganisation ESRO. Während die ESRO insgesamt 4 Paare von Forschungssatelliten entwickeln konnte, scheiterte die ELDO mit ihrer Europa-Rakete. Die Entwicklung des komplexen Raumfahrtsystems wurde nicht ausreichend koordiniert. So mussten sämtliche ESRO-Satelliten mit amerikanischen Trägerraketen von den USA aus gestartet werden. 1975 gingen schließlich ELDO und ESRO in der neuen europäischen Raumfahrtagentur ESA auf.

6.1 Azur und Helios: Die nationalen Raumfahrtaktivitäten der Bundesrepublik Deutschland

Die nationalen Raumfahrtaktivitäten der Bundesrepublik Deutschland (BRD) in der Nachkriegszeit hatten mit massiven Startschwierigkeiten zu kämpfen: Die gesamte Raketen- und Raumfahrtkompetenz war zu den Siegermächten des Zweiten Weltkrieges abgewandert, die deutsche Luft- und Raketenindustrie zerschlagen und weitere Aktivitäten auf diesem Gebiet zunächst untersagt. Darüber hinaus war die Raketentechnologie durch den Einsatz der ersten Weltraumrakete A4 bzw. V2 gegen London auch moralisch diskreditiert. Die neu gegründete Bundeswehr begnügte sich mit amerikanischen Raketensystemen für die Ausrüstung ihrer Flugkörpergeschwader und Raketenartilleriebataillone. Die BRD verzichtete daher bewusst darauf, eine eigenständige Raumfahrtnation zu werden. Sie setzte bei ihren Raumfahrtaktivitäten von Anfang an auf internationale Kooperation. Die ersten deutschen Satelliten und Sonden wurden von amerikanischen und französischen Raketen gestartet: Azur 1969 mit einer amerikanischen Scout, Dial 1970 mit einer französischen Diamant und die beiden Sonnensonden Helios 1 und 2 1974 und 1976 mit amerikanischen Titan-Raketen. Diese Programme bildeten die Eintrittskarte für die weitere Zusammenarbeit mit den westlichen Raumfahrtnationen. und zeigte die BRD als zuverlässigen Partner für internationale Raumfahrtprogramme.

Wie im 1. Kapitel ausführlich beschrieben, hatte das Deutsche Reich im Zweiten Weltkrieg eine weltweit führende Rolle in der Raketentechnologie erlangt und mit dem Aggregat Vier (A4), welches von der Nazi-Propaganda als Vergeltungswaffe Zwei (V2) angepriesen worden war, die erste Weltraumrakete entwickelt. Nach dem Zusammenbruch des Dritten Reiches hatten sich die alliierten Siegermächte der gesamten technischen Dokumentation, der Hardware und des Personals bemächtigt. Allein 765 deutsche Raketen-ingenieure und Raumfahrtwissenschaftler arbeiteten und forschten Mitte der 1950er Jahre in den USA.[1] Diese Talentabwanderung (Brain Drain) ver-bunden mit der Zerstörung und Demontage der Werke sowie dem Verbot der weiteren Raketenentwicklung in der unmittelbaren Nachkriegszeit hatte Deutschland wieder auf den Stand der 1920er Jahre zurückgeworfen. Das öffentliche Ansehen der deutschen Raketentechnologie war zudem durch die Bombardierung der Londoner Zivilbevölkerung diskreditiert.

Als die Bundesrepublik Deutschland (BRD) durch die Pariser Verträge 1955 wieder ihre Souveränität erlangte und dem nordatlantischen Ver-teidigungsbündnis NATO beitrat, witterten die deutschen Raketen- und Raumfahrtenthusiasten wieder Morgenluft. Die Gesellschaft für Welt-raumforschung e. V. (GfW) bemühte sich durch konsequente Lobbyarbeit, ein friedliches Bild der Raketen- und Raumfahrtforschung zu zeichnen. Im Wintersemester 1954/55 gelang es sogar, an der Technischen Hoch-schule Stuttgart ein Forschungsinstitut für Physik der Strahlantriebe (FPS) zu schaffen. Die Leitung dieser ersten offizielle Einrichtung für Raketen-forschung in der BRD übernahm Eugen Sänger (1905–1964), der während des Zweiten Weltkriegs für die Luftwaffe der Wehrmacht das Konzept für einen Raumgleiter mit der Bezeichnung Silbervogel ausgearbeitet hatte, mit welchem die USA bombardiert werden sollte.[2] Seit 1951 war Sänger der Gründungspräsident der Internationalen Raumfahrtvereinigung (Inter-national Astronautical Federation, IAF). In der ersten Hälfte der 1960er Jahre erarbeitete er für die Junkers Flugzeug- und Motorenwerke (JFM) in München das Konzept eines als RT-8 bezeichneten zweistufigen Raum-transporters, dessen Erststufe unter anderem von einem Ramjet angetrieben werden sollte. Mit seinem Konzept eines wiederverwendbaren Raumtrans-portsystems anstatt des Einsatzes von nur einmal zu verwendenden Weg-werfraketen wollte er die Raumfahrt revolutionieren, war damit seiner Zeit jedoch weit voraus.

Darüber hinaus benötigte die Großforschung (Big Science) auch eine zielgerichtete Förderung, Unterstützung und Finanzierung durch die Bundespolitik. Die Zuständigkeiten für den Luft- und Raumfahrtsektor waren jedoch lange nicht klar geregelt. Es gab ein konkurrierendes Ressort-geflecht mit Bundesministern aus unterschiedlichen Parteien und mit

---

[1] Greschner, Georg. 1987. Zur Geschichte der deutschen Raumfahrt. In: *Weltraum und internationale Politik*, S. 268.

[2] Über die Konzeption des Amerika-Bombers wurde bereits in Abschn. 1.3 ausführlich berichtet.

unterschiedlichen Interessen: Die Forschungsagenden waren beim Bundesministerium für Atomfragen (BMAt) angesiedelt. Das Bundesministerium
für Verkehr (BMV) sah die Luft- und Raumfahrt als Verkehrsmittel der
Zukunft. Die Fragen der Finanzierung wurden vom Finanzministerium
(BMF) und die wirtschaftlich-industriellen Aspekte wurden vom Wirt-
schaftsministerium (BMWi) vertreten. In diesem Zusammenhang gelangte
auch der 1955 gegründete Bundesverband der Deutschen Luftfahrtindustrie
(BDLI) als Interessensvertretung und Lobbying-Plattform an Bedeutung.
Für das Thema Datentransfer und Kommunikation fühlte sich das Bundesministerium für Post- und Fernmeldewesen (BMPF) zuständig und für
alle Fragen der inneren Sicherheit das Innenministerium (BMI) und der
äußeren Sicherheit das Verteidigungsministerium (BMVg). Erst 1961 wurde
ein Interministerieller Ausschuss für Weltraumforschung eingesetzt, der
die Abstimmung der Bundesministerien untereinander verbessern sollte.
1963 kam es schließlich nach langen Verhandlungen zur Gründung des
Bundesministeriums für wissenschaftliche Forschung (BMwF), wobei die
Deutsche Kommission für Weltraumforschung (DKfW) unter dem Vorsitz
des Forschungsministers die staatlichen Raumfahrtaktivitäten bündeln und
koordinieren sollte.[3]

Unabhängig von den politischen Vorgaben hatte bereits seit dem Ende
der 1950er Jahre die Deutsche Raketengesellschaft Hermann Oberth e. V.
(DRG) Versuche mit Post- und Versorgungsraketen im Wattenmeer vor
der Elbmündung bei Cuxhaven unternommen.[4] Die einstufige Rakete vom
Typ *Kumulus* (= Haufenwolke) war 3 m lang und besaß eine Startmasse
von 28 kg. Ihr Triebwerk leistete einen Schub von 5 kN und erreichte eine
Gipfelhöhe von 20 km. Im September 1961 ließ man erstmals eine zweistufige Rakete vom Typ *Cirrus* (= Federwolke) starten. Sie war 4 m lang,
hatte eine Startmasse von 60 kg und einen Startschub von 17 kN. Damit
erreichte sie eine Gipfelhöhe von 50 km. Ein führendes Mitglied der DRG
war Berthold Seliger (1928–2020). Der ehemalige Assistent des Raumfahrt-
pioniers Eugen Sänger hatte sich selbständig gemacht und 1961 die Seliger
Forschungs- und Entwicklungsgesellschaft mbH gegründet. Offizielles
Firmenziel war die Entwicklung von Prototypen für Höhenforschungsraketen. Im Februar 1963 startete erstmals ein zweistufiger Prototyp, der
eine Gipfelhöhe von 80 km erreichte. Am 2. Mai 1963 startete erstmals ein
dreistufiger Prototyp, welcher eine Gipfelhöhe von über 100 km erreichte.

---

[3] Reinke, Niklas. 2004. *Geschichte der deutschen Raumfahrtpolitik*, S. 61 bzw. 65.

[4] Die DRG wird in der Sekundärliteratur auch als Hermann-Oberth-Gesellschaft (HOG) bezeichnet.

Damit hatte 20 Jahre nach Wernher von Braun mit seiner A4 wieder eine deutsche Rakete die Grenze zum Weltraum erreicht. Dies erregte das Interesse der Rüstungsindustrie und ausländischer Militärs. Im Dezember 1963 gab es schließlich eine Vorführung vor Vertretern von Streitkräften aus Drittstaaten, die weder der NATO noch dem Warschauer Pakt angehörten. Dies erregte wiederum den Argwohn der Siegermächte des Zweiten Weltkrieges. Sie übten gegenüber der jungen BRD immer noch gewisse alliierte Kontrollrechte aus. Immerhin hatte die deutsche Wehrmacht mit der V2 im letzten Kriegsjahr London bombardiert. Dadurch war die eigenständige, nationale Raketenentwicklung auch in Deutschland selbst in Misskredit geraten. Man wollte keine V2-Nostalgiker unterstützen. Nachdem es im Juni 1964 bei einer Vorführung zu einem tödlichen Unfall gekommen war, untersagten die deutschen Behörden weitere Raketenstarts.

Die deutsche Bundeswehr hatte ebenfalls keinerlei Interesse an einer eigenständigen deutschen Raketenentwicklung. Aufgrund der Mitgliedschaft im Nordatlantischen Verteidigungsbündnis NATO wurde sie mit amerikanischen Raketen ausgestattet:[5]

Die Raketenartilleriebataillone (RakArtBtl) des Heeres erhielten taktische Schlachtfeldraketen, im Englischen Tactical Ballistic Missile (TBM) oder auch Battlefield Range Ballistic Missile (BRBM) genannt. Der praktische Teil der Ausbildung erfolgte im Raketenartillerielehrbataillon (RakArtLBtl) und der theoretische Teil in der Raketenschule des Heeres (RakS H) in Eschweiler bei Aachen.[6]

Für die ganz kurzen Reichweiten bis zu 50 km wurden Raketen vom Typ MGR-1 *Honest John* angeschafft. Sie wurden Mitte der 1970er Jahre durch den Typ MGM-52 *Lance* abgelöst. Für Reichweiten bis zu 140 km wurden Raketen vom Typ MGM-29 *Sergeant* verwendet.[7] Mit einem Startschub von 200 kN spielte die Sergeant auch beim Beginn des Raumfahrtzeitalters eine entscheidende Rolle: Der erste amerikanische Satellit Explorer 1 und die erste amerikanische Raumsonde Pioneer 1 wurden mit Trägerraketen vom Typ Jupiter Juno ins All befördert, deren Oberstufen aus gebündelten Sergeant-Raketen bestanden.

---

[5] NATO = North Atlantic Treaty Organization.

[6] Der Vater des Autors dieses Buches, Dipl.-Ing. Dr. Hartmut Hensel, unterrichtete Mitte der 1960er Jahre nach dem Abschluss seines Maschinenbaustudiums an der RakS H Werkstoffkunde und Werkzeugmaschinenkunde.

[7] MGR = Mobile Guided Rocket, MGM = Mobile Guided Missile, dt. mobile gelenkte/gesteuerte Rakete. Lance = Lanze. Sergeant ist ein militärischer Dienstgrad, welcher dem deutschen Unteroffizier entspricht.

Die Flugabwehrraketenbataillone (FlaRakBtl) der Luftwaffe wurden mit Flugabwehrraketen (FlaRak) der Typen MIM-23 *Hawk* für niedrige Flugziele und MIM-14 *Nike* für hochfliegende Ziele ausgerüstet. Die Flugkörpergeschwader (FKG) der Luftwaffe erhielten strategische Kurzstreckenraketen des Typs MGM-31 A *Pershing I* mit einer Reichweite von bis zu 740 km. Diese Raketenkategorie wird im Englischen Short Range Ballistic Missile (SRBM) oder auch Theatre Range Ballistic Missile (TRBM) genannt.[8]

Die BRD verzichtete aus den genannten extrinsischen und intrinsischen Gründen darauf, eine eigenständige Raumfahrtnation zu werden. Eine Raumfahrtnation ist ein Staat, der im Rahmen eines nationalen Raumfahrtprogrammes einen selbst entwickelten und gebauten Satelliten mit einer selbst entwickelten und gebauten Trägerrakete in die Erdumlaufbahn befördert. Die BRD richtete ihre Raumfahrtaktivitäten von Anfang an auf internationale Zusammenarbeit aus. Sie war daher auch ein Gründungsmitglied und ein Hauptfinanzier der beiden 1962 gegründeten westeuropäischen Raumfahrtorganisationen, der Weltraumforschungsorganisation ESRO (European Space Research Organisation) und der Trägerraketen-Entwicklungsorganisation ELDO (European Launcher Development Organisation). Deren Geschichte wird im übernächsten Abschnitt ausführlich behandelt.

Parallel zu den Raumfahrtaktivitäten im Rahmen der ELDO und ESRO entwickelte und baute die BRD in der ersten Hälfte der 1970er Jahre aber auch eigene Satelliten und Sonden.

Als „*Urknall*" für die bundesdeutsche Raumfahrtpolitik gilt eine Denkschrift (Memo) der Deutschen Forschungsgemeinschaft (DFG) aus dem Jahr 1960.[9]

Ende der 1960er Jahre machte sich zudem in der BRD die Erkenntnis breit, dass man die unterschiedlichen Vereine, Verbände und nationalen Forschungsanstalten im Bereich der Luft- und Raumfahrt nach dem Vorbild der NASA zusammenlegen sollte.

So entstand 1967 die Deutsche Gesellschaft für Luft- und Raumfahrt e. V. (DGLR) durch die Fusion der zwei folgenden wissenschaftlichen Gesellschaften:

---

[8] MIM = Mobile Interceptor Missile, dt. mobile Abfangrakete. Hawk = Habicht. Mobil bedeutet in diesem Zusammenhang, dass die Rakete von einer mobilen Abschussrampe bzw. einem Trägerfahrzeug gestartet wird. Nike ist die Siegesgöttin der antiken griechischen Mythologie. Gen. John J. Pershing (1860–1948) war der Oberbefehlshaber der US-Truppen in Europa im Ersten Weltkrieg.

[9] Wieland, Bernhard u. a. 1998. *Situation und Perspektiven der deutschen Raumfahrtindustrie*, S. 17.

1. Wissenschaftliche Gesellschaft für Luft- und Raumfahrt e. V. (WGLR), die aus der 1912 gegründeten Wissenschaftlichen Gesellschaft für Luftfahrt e. V. (WGL) hervorgegangen war;
2. Deutsche Gesellschaft für Raketentechnik und Raumfahrt e. V. (DGRR), die aus dem 1923 gegründeten Verein für Raumschiffahrt e. V. (VfR) hervorgegangen war.

1969 erfolgte schließlich die Gründung der Deutschen Forschungs- und Versuchsanstalt für Luft- und Raumfahrt (DFVLR) als nationale Luft- und Raumfahrtagentur nach dem Vorbild der NASA durch die Fusion folgender nationaler deutscher Forschungs- und Versuchseinrichtungen:

1. Aerodynamische Versuchsanstalt (AVA), 1919 in Göttingen gegründet;
2. Deutsche Versuchsanstalt für Luftfahrt (DVL), 1912 in Berlin gegründet;
3. Deutsche Forschungsanstalt für Luftfahrt (DFL), 1936 in Braunschweig gegründet.

Im Juli 1965 unterzeichnete das deutsche Forschungsministerium (BMwF) mit der NASA eine Absichtserklärung (Memorandum of Understanding, MoU) zum Start des ersten deutschen Satelliten. Der Forschungssatellit sollte die kosmische Hintergrundstrahlung und ihre Wechselwirkung mit der Magnetosphäre untersuchen sowie die Polarlichter und ihre Interaktionen mit den Sonneneruptionen erforschen. Die ursprüngliche Finanzplanung ging von 30 Mio. DM aus. Die NASA sollte die Trägerrakete vom Typ Scout B bereitstellen, den Start von der Vandenberg Air Force Base (VBG AFB) aus in eine polare Umlaufbahn durchführen und mit ihrem globalen Netz von Bodenstationen die Bahnverfolgung und die Übermittlung der Telemetriedaten übernehmen.[10] Bei der Scout B handelte es sich um eine vierstufige Feststoffrakete mit einer Gesamtlänge von 22,80 m und einem Durchmesser von nur 1 m. Der Startschub betrug lediglich 472 kN und die Nutzlastkapazität für eine niedrige Umlaufbahn (LEO) war auf max. 145 kg beschränkt. Dies galt allerdings nur für den Start in eine äquatornahe Umlaufbahn mit geringer Bahnneigung (Inklination), wo der Drehimpuls der Erde mitgenutzt werden konnte. Beim Start in eine polare Umlaufbahn (PEO) mit hoher Inklination (ca. 90°) sank die max. Nutzlastkapazität auf unter 100 kg.[11]

---

[10] Reinke, Niklas. 2004. *Geschichte der deutschen Raumfahrtpolitik*, S. 104.
[11] Reichl, Eugen. 2011. *Trägerraketen seit 1957*, S. 50 f. bzw. Ders. u. a. 2020. *Raketen*, S. 355.

Von deutschen Hochschulen, Forschungseinrichtungen und der Industrie wurden über 100 Experimentiervorschläge eingereicht, von denen nach den Vorgaben der NASA bezüglich Größe und Gewicht letztlich nur 7 realisiert werden konnten. Die NASA verlangte zudem, dass jedes Instrument und jedes Subsystem des Satelliten auf seine Weltraumtauglichkeit überprüft wird (Space Proofing). Zu diesem Zweck sollte jede Komponente einzeln mit einer suborbitalen Höhenforschungsrakete im Weltraum getestet werden. Das vervielfachte die Kosten für die Entwicklung und en Bau des Satelliten auf rund 80 Mio. DM. Der zylindrische Satellit von 1,20 m Länge und 75 cm Durchmesser sowie einer Masse von 72 kg erhielt schließlich den Namen Azur (= Himmelblau). Die NASA gab dem Satelliten die Bezeichnung German Research Satellite (GRS).[12]

Bei der Vergabe der Aufträge an die deutsche Luft- und Raumfahrtindustrie musste auf das föderale Gleichgewicht der BRD Rücksicht genommen werden. Der CSU-Vorsitzende und begeisterte Flieger Franz Josef Strauß (1915–1988) wollte das agrarisch strukturierte Bayern in ein High-Tech-Musterland verwandeln und erreichte mit seiner Politik, dass sein Bundesland eine führende Position erlangte.

Industrieller Hauptauftragnehmer wurde Messerschmitt-Bölkow-Blohm (MBB) mit Sitz in Ottobrunn bei München. Gesellschafter dieses 1969 gegründeten Luft- und Raumfahrtkonzerns waren Willy Messerschmitt (1898–1978), Ludwig Bölkow (1912–2003) und die Werftenfamilie Blohm. Als Subauftragnehmer bzw. Zulieferer fungierten u. a. der Entwicklungsring Nord (ERNO), eine Arbeitsgemeinschaft der norddeutschen Luft- und Raumfahrtindustrie mit Sitz in Bremen, in der sich 1964 Focke-Wulf, Weserflug und Hamburger Flugzeugbau zusammenfanden. Darüber hinaus waren auch die Dornier-Werke mit Sitz in Friedrichshafen am Bodensee, AEG-Telefunken mit Sitz in Frankfurt am Main, Standard Elektrik Lorenz (SEL) mit Sitz in Stuttgart und Siemens mit Sitz in München beteiligt.

Ebenfalls in der Nähe der Bayerischen Landeshauptstadt wurde das Raumfahrtkontrollzentrum (German Space Operations Center, GSOC) der DFVLR errichtet. Beim Dorf Oberpfaffenhofen in der Gemeinde Weßling im Landkreis Starnberg südwestlich von München hatten die Dornier-Werke bereits 1936 einen Werksflugplatz zum Einfliegen und Testen ihrer Flugzeuge errichtet. Im neuen deutschen Raumfahrtkontrollzentrum wurden nun auch die Telemetriedaten von *Azur* ausgewertet. Für die wissenschaftliche Nutzlast war v. a. das Max-Planck-Institut für extraterrestrische

---

[12]Reichl, Eugen. 2013. *Satelliten seit 1957*, S. 65.

Physik in Garching bei München verantwortlich. Somit erlangte Bayern bzw. der Großraum München bereits von Beginn an eine führende Stellung in der bundesdeutschen Raumfahrt.[13]

Azur wurde schließlich am 8. November 1969 gestartet und erreichte eine elliptische Umlaufbahn mit einem Apogäum von rund 3200 km und einem Perigäum von 380 km. Die BRD wurde damit zum weltweit 9. Staat, der über einen eigenen Satelliten im Weltraum verfügte. Die Energieversorgung erfolgt über 5300 kleine Solarzellen, die an der Außenhaut des Zylinders angebracht waren. Gemeinsam erzeugten sie eine Leistung von 39 W. Der Satellit war auf eine Einsatzdauer von einem Jahr ausgelegt, allerdings gab es schon nach einem Monat im Orbit Probleme mit dem Datentransfer, so dass nur ein Teil der Messdaten zur Erde übermittelt wurde. Mitte 1970 brach schließlich der Kontakt zum Satelliten knapp 8 Monate nach dem Start vollständig ab.[14]

Die Erfahrung hatte zudem gezeigt, dass sich die Abhängigkeit von ausländischen Starteinrichtungen und Trägersystemen nachteilig auf die Finanzierungs- und Planungssicherheit auswirkt. Die NASA hatte besonders strenge Kriterien und strikte Vorgaben gemacht, so dass man sich beim nächsten Satelliten an Frankreich wandte.

Für den Start des zweiten deutschen Satelliten schloss die DFVLR einen Vertrag mit der französischen Raumfahrtbehörde Centre National d'Études Spatiales (CNES) ab. Der 63 kg schwere Satellit sollte mit einer Trägerrakete vom Typ Diamant B gestartet werden und erhielt deshalb von den Franzosen die Bezeichnung *Dial* als Abkürzung für Diamant Allemagne (Deutscher Diamant). Die französische Diamant war ähnlich wie die amerikanische Scout eine leichte Trägerrakete (Small-lift Launch Vehicle, SLV), die nur rund 150 kg Nutzlast in einen niedrigen Erdorbit (LEO) befördern konnte.[15] In Deutschland wurde der Satellit auch als wissenschaftliche Kapsel (*Wika*) bezeichnet. Im Gegensatz zu Azur sollte Dial in einer äquatorialen Umlaufbahn die Erde umkreisen. Zu diesem Zweck wurde der Satellit vom Raketenstartgelände im Übersee-Departement Französisch-Guayana aus gestartet, welches nur rund 580 km nördlich des Äquators liegt. Hauptauftragnehmer für den Bau des Satelliten waren die Junkers Flugzeug- und Motorenwerke (JFM). *Dial* wurde am 10. März

---

[13] Reinke, Niklas. 2004. *Geschichte der deutschen Raumfahrtpolitik*, S. 105 f.

[14] Reichl, Eugen. 2013. *Satelliten seit 1957*, S. 66.

[15] Reichl, Eugen. 2013. *Trägerraketen seit 1957*, S. 28 f.

1970 gestartet und lieferte 70 Tage lang Messdaten zum irdischen Magnetfeld und zu verschiedenen Zustandsgrößen der Exosphäre.

1969 unterzeichneten die beiden Luft- und Raumfahrtagenturen DFVLR und NASA eine Absichtserklärung (MoU) zum Start von zwei deutschen atmosphärischen Forschungssatelliten mit der Bezeichnung *Aeros* und zwei Sonnensonden mit der Bezeichnung *Helios* in der ersten Hälfte der 1970er Jahre. Die Entscheidung für jeweils zwei baugleiche Raumfahrzeuge fiel aus mehreren Gründen: Zum einen musste immer mit einem Fehlstart der Trägerrakete und dem Verlust der Nutzlast gerechnet werden. Zum anderen hätte während der Weltraummission auch jederzeit ein Subsystem oder Messinstrument des Raumfahrzeuges ausfallen können. Schließlich ist es auch nützlich, die Daten von beiden Raumfahrzeugen zu vergleichen, um Abweichungen zu analysieren und Durchschnittswerte zu ermitteln.

Die beiden deutschen Aeros-Satelliten sollten wie zuvor schon Azur der Erforschung der Hochatmosphäre (Aeronomie) dienen und von einer Trägerrakete vom Typ *Scout* von der Vandenberg Air Force Base (VBG AFB) an der kalifornischen Pazifikküste aus in polare Umlaufbahnen (PEO) gestartet werden. Da Aeros mit knapp 130 kg fast doppelt so schwer wie Azur war, musste auch die stärkere Version Scout D für den Start verwendet werden. Die vierstufige Scout D verfügte über einen Startschub von 520 kN. Sie galt als äußerst zuverlässig und wurde auch von Großbritannien und Italien genutzt.[16] Hersteller der Scout-Raketenfamilie war die Firma Ling-Temco-Vought (LTV).

Industrieller Hauptauftragnehmer für den Bau der Aeros-Satelliten war Dornier in Friedrichshafen am Bodensee. Die zylindrischen Satelliten besaßen einen Durchmesser von rund 90 cm bei einer Länge von nur 70 cm. Die elliptischen Umlaufbahnen mit einem Perigäum von 220 km und einem Apogäum von 870 km Höhe führte quer durch die Thermo- bzw. Ionosphäre. Die Messinstrumente sollten die chemische Zusammensetzung und die Temperatur sowie die Elektronen- und Ionendichte in Abhängigkeit zur kosmischen Höhenstrahlung, insbesondere der extrem ultravioletten (EUV) Strahlung, vermessen. Darüber hinaus wurde auch das ionisierte Plasma untersucht. Aeros A (oder 1) wurde im Dezember 1972 gestartet und Aeros B (oder 2) im Juli 1974. Die Telemetriedaten wurden wie bei Azur im deutschen Raumfahrtkontrollzentrum (GSOC) in Oberpfaffenhofen bei München gesammelt und ausgewertet. Aeros A verglühte 8 Monate nach dem Start im August 1973 und Aeros B trat 14 Monate

---

[16] Reichl, Eugen u. a. 2020. *Raketen*, S. 356.

nach seinem Start im September 1975 in die tieferen Schichten der Erdatmosphäre ein.[17]

Wesentlich ambitionierter als das Aeros-Programm war das Helios-Programm. Mit Helios sollte in mehrfacher Hinsicht Neuland betreten werden.[18] Noch nie hatte ein Drittstaat (d. h. außer USA noch Sowjetunion) Raumsonden entwickelt und gebaut. Zudem sollten diese Sonden der Sonne so nahe kommen wie kein Raumfahrzeug zuvor und dabei bisher unerreichte Geschwindigkeiten erreichen.

Das Memorandum zwischen DFVLR und NASA sah vor, dass Deutschland 70 % der Projektkosten von insgesamt 260 Mio. $ für die Entwicklung und den Bau der Raumsonden aufwendet und die USA die Trägerraketen, die Startinfrastruktur und das globale Deep Space Network (DSN), einem weltweiten Netzwerk von Bodenstationen zum Empfang der Telemetriedaten von Raumfahrzeugen außerhalb des Erdorbits. Da die Sonden mit einer Startmasse von ca. 375 kg fast dreimal so schwer waren wie die Aeros-Satelliten und zudem das Gravitationsfeld der Erde vollständig überwinden mussten, war eine mittelschwere Trägerrakete (Medium-lift Launch Vehicle, MLV) notwendig. Die NASA arbeitete zu Beginn der 1970er Jahre an einer speziellen Version der von Martin Marietta ursprünglich für die Air Force entwickelten und gebauten ballistischen Interkontinentalrakete (ICBM) *Titan*, mit deren 2. Generation (Titan II) auch schon die bemannten Gemini-Raumschiffe in den Erdorbit befördert worden waren. In der 3. Generation (Titan III) waren auch schubstarke Feststoffbooster hinzugekommen. Die nun entwickelte Version Titan III E Centaur besaß eine zusätzliche Oberstufe, die ebenfalls schon im Gemini-Programm Verwendung gefunden hatte, nämlich als Oberstufe der Atlas-Trägerrakete, wobei die Centaur als Ziel für die Annäherungs- und Kopplungsmanöver (RVD) fungiert hatte. Die nun entwickelte Version war primär für die beiden Marssonden Viking 1 und 2 sowie für die beiden Deep-Space-Raumsonden Voyager 1 und 2 vorgesehen, die 1975 bzw. 1977 gestartet werden sollten. Für letztere wurde noch eine 4. Stufe entwickelt, die Star genannt wurde und die eigentlich nicht mehr zur Trägerrakete, sondern zur Raumsonde gehörte. Mit ihr sollten zu einem späteren Zeitpunkt diverse Bahnkorrekturen vorgenommen werden können. Die Entwicklungskosten musste die NASA daher ohnehin tragen und brauchte daher ein-

---

[17] Reichl, Eugen. 2013. *Satelliten seit 1957*, S. 77 f.

[18] Helios ist der Sonnengott der antiken griechischen Mythologie. Bei den alten Römern entsprach ihm Sol.

fach nur zwei weitere Exemplare zu bauen. Nachdem der erste Testflug im Februar 1974 misslang, weil die Turbopumpe der Centaur versagte, war man bei der NASA gerne bereit, zunächst die beiden deutschen Raumsonden zu starten, bevor man den Verlust der eigenen riskierte. Die Titan III E Centaur besaß eine Gesamtstartmasse von über 630 t und einen Startschub von 12.600 kN, wobei allein die beiden Booster 10.600 kN lieferten. Die Treibstoffkombination, ein Ammoniumperchlorat-Verbundtreibstoff (Ammonium Perchlorate Composite Propellant, APCP) wurde später auch in den Solid Rocket Boosters (SRB) des Space Transportation System (STS) eingesetzt. Die Nutzlastkapazität in die niedrige Erdumlaufbahn (LEO) betrug zwar über 15 t, bei einer Beschleunigung auf Fluchtgeschwindigkeit zur Überwindung der Erdanziehungskraft sank die Kapazität jedoch auf unter 5 t. Diese Titan-Version besaß die bis dahin größte Nutzlastverkleidung mit einer Länge von rund 15 m und einem Durchmesser von ca. 4,30 m.[19] Für die Titan III waren bereits 1963 im Norden der Cape Canaveral Air Force Station (CCAFS) zwei neue Startkomplexe (Launch Complex) errichtet worden: LC-40 und LC-41. Die Helios-Sonden starteten vom LC-41, dem nördlichsten LC der CCAFS, in unmittelbarer Nähe des weiter nördlich angrenzenden Kennedy Space Center (KSC) der NASA.

Als Hauptauftragnehmer für die beiden Sonnensonden bewarben sich erneut die beiden größten deutschen Luft- und Raumfahrtkonzerne, der Entwicklungsring Nord (ERNO) mit Sitz in Bremen und Messerschmitt-Bölkow-Blohm (MBB) mit Sitz in Ottobrunn bei München. Den Zuschlag erhielt schließlich MBB. Da sich die beiden Raumsonden näher als jedes andere Raumfahrzeug der Sonne nähern sollten, lag die größte Herausforderung im Temperaturkontrollsystem (Thermal Control System, TCS). Damit sich die Sonden nicht zu sehr aufheizten, wurde die Form einer Garnrolle gewählt, d. h. eine schmale runde Taille und ausladende Stirnseiten. 50 % der Oberfläche wurde zudem mit spiegelnden Reflektoren besetzt. Zusätzlich sorgten Radiatoren an den Stirnseiten für Kühlung. Darüber hinaus sollten die Sonden in eine schnelle Rotation mit einer Umdrehung pro Sekunde (1 rps) versetzt werden, damit jede Stelle immer nur kurz der direkten Sonneneinstrahlung ausgesetzt war.[20]

---

[19] Reichl, Eugen. 2013. *Satelliten seit 1957*, S. 58 f. bzw. Ders. u. a. 2020. *Raketen*, S. 382. Die Kennzahlen divergieren teilweise.

[20] Reichl, Eugen. 2011. *Raumsonden seit 1958*, S. 15. rps = revolutions per second.

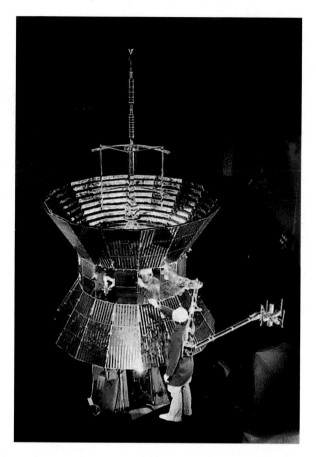

Abb. 6.1 Das Foto zeigt die erste deutsche Raumsonde Helios 1 zur Erforschung der Sonne beim Test im Herstellerwerk von MBB. Helios war die erste Raumsonde eines Drittstaates, sie flog näher zur Sonne als alle anderen Raumflugkörper des 20. Jahrhunderts und erreichte dabei auch die höchste Geschwindigkeit. (© NASA)

Die Garnrollen besaßen an den Stirnseiten einen Durchmesser von 2,77 m. Die Länge inklusive der Antennen betrug 4,23 m. Darüber hinaus gab es noch ausfahrbare seitliche Ausleger für das Magnetometer und den Plasmawellendetektor mit Längen von 4,70 m und 14,80 m. Rund 14.000 kleine Solarzellen lieferten eine elektrische Leistung von 270 W. Das Lageregelungssystem verfügte über 3 kleine Düsen mit je 1 N Schub, die mit Stickstoff betrieben wurden (Abb. 6.1).[21]

---

[21] Ebd., S. 14.

An Bord der Helios befanden sich insgesamt 10 Messinstrumente. Vermessen wurde der Sonnenwind, das solare Magnetfeld, die Plasmawellen, die kosmische Hintergrundstrahlung, die Radiowellen das Zodiakallicht sowie die schweren Partikel und Mikrometeoriten.

Helios 1 wurde am 10. Dezember 1974 gestartet. Sie war die erste Raumsonde eines Drittstaates und die erste richtige Sonnensonde. Es war gleichzeitig der erste erfolgreiche Start einer Titan III E Centaur. Mitte März 1975 umrundete Helios 1 die Sonne in einer Entfernung von nur 46,5 Mio. km, was 0,31 astronomischen Einheiten (AE) entspricht, d. h. knapp einem Drittel der durchschnittlichen Entfernung der Erde zur Sonne. Das war die bis dahin größte Annäherung (Perihel) eines von Menschenhand geschaffenen Objektes (Raumflugkörper) an die Sonne. Dabei wurde auch eine relative Geschwindigkeit von rund 70 m/s bzw. 250.000 km/h zur Sonne erreicht, was der höchsten gemessenen Geschwindigkeit eines Raumflugkörpers im 20. Jahrhundert entspricht. Diese extrem hohe Geschwindigkeit führte die Raumsonde in eine extrem elliptische Sonnenumlaufbahn mit einem größten Abstand (Aphel) von ca. 145 Mio. km (=0,99 AE), d. h. die Sonde wurde durch den Vorbeischwung (Slingshot) an der Sonne fast bis zur Erdbahn wieder zurückgeschleudert, bevor sie erneut zur Sonne zurückfiel und beschleunigte. Somit gelang es, den gesamten Raum zwischen Erde und Sonne bzw. den zunehmenden Einfluss der Sonne bei der Annäherung zu vermessen. So wurde z. B. festgestellt, dass in der Nähe der Sonne 15 Mal so viele Mikrometeoriten umherschwirren als in der Nähe der Erde.

Helios 2 folgte am 15. Januar 1976. Sie kam im April der Sonne sogar noch etwas näher: Mit nur 43,5 Mio. km bzw. 0,29 AE erfolgte die größte Annäherung eines Raumflugkörpers im 20. Jahrhundert. Beide Sonden waren für eine Lebensdauer von mindestens 18 Monaten konzipiert. Die deutsche Wertarbeit ermöglichte es jedoch, 11 Jahre lang von Helios 1 und 6 Jahre lang von Helios 2 Messdaten zu empfangen. Der Kontakt zu Helios 1 brach erst im März 1986 ab. Die Sammlung und Analyse der Telemetriedaten erfolgte im deutschen Raumflugkontrollzentrum (GSOC) in Oberpfaffenhofen bei München.

Von den Gesamtkosten von 260 Mio. $ für das Helios-Programm hatte die BRD 180 Mio. $ (ca. 70 %) für die Entwicklung und den Bau der Sonden übernommen. Die übrigen 80 Mio. $ hatte die NASA für den Bau und Start der Trägerrakete übernommen. Der Start einer Raumsonde mit einer Titan III E Centaur kostete demnach 40 Mio. $.

Die ersten deutschen Satelliten- und Sonden-Projekte waren sowohl für die deutsche Luft- und Raumfahrtindustrie als auch die wissenschaftliche Weltraumforschung in Deutschland von enormer Bedeutung. Das Know-

How wurde deutlich erweitert und die BRD zeigte sich als zuverlässiger Partner für internationale Raumfahrtprogramme. Die ersten deutschen Satellitenprojekte Azur (1969) und Dial (1970) bildeten die Eintrittskarte für die weitere Zusammenarbeit mit den westlichen Raumfahrtnationen.[22]

Mit dem Satellitenprogramm Aeros und dem Sondenprogramm Helios wurde zudem Mitte der 1970er Jahre eine „*Tradition der bilateralen, transatlantischen Raumfahrt-Kooperation*" begründet.[23]

6.2 Diamant und Black Arrow: Die nationalen Raumfahrtaktivitäten von Frankreich und Großbritannien

Als Hauptsiegermächte des Zweiten Weltkrieges mit ständigen Sitzen im Weltsicherheitsrat der Vereinten Nationen strebten Frankreich und Großbritannien danach, eigenständige Atom- und Weltraummächte zu werden, um den beiden Supermächten USA und Sowjetunion auf Augenhöhe begegnen zu können. Während Großbritannien mit US-Hilfe bereits 1952 zur 3. Atommacht aufgestiegen war, dauerte die Entwicklung der ersten französischen Atombombe bis 1960. Umgekehrt lief es bei der Entwicklung eigener Trägerraketen und Satelliten. Frankreich gründete bereits 1961 ihre nationale Raumfahrtagentur CNES und startete 1965 mit einer eigenen Rakete vom Typ Diamant den ersten eigenen Satelliten namens Astérix von Hammaguir in Algerien. In Großbritannien gelang dies erst 1971 mit der Trägerrakete Black Arrow und dem Satelliten Prospero von Woomera in Australien. Während die Briten kein Problem damit hatten, ihre Satelliten von amerikanischen Trägerraketen starten zu lassen, drängten die Franzosen schon frühzeitig auf eine eigenständige Satellitenstartkompetenz.

Um in den exklusiven Kreis der Raumfahrtnationen aufsteigen zu können, muss es einem Staat gelingen, im Rahmen eines nationalen Raumfahrtprogrammes einen selbst entwickelten und gebauten Satelliten mit einer selbst entwickelten und gebauten Trägerrakete in eine stabile Erdumlaufbahn (Orbit) zu befördern. Im Kalten Krieg definierte dies den Status einer Großmacht im bürokratisch-organisatorischen, militärstrategischen, wissenschaftlich-technischen und wirtschaftlich-industriellen Sinne. In diesem Zusammenhang spielten Großmachtstreben, nationales Prestigedenken und die gezielte Förderung der nationalen Industrie eine tragende

---

[22] Reinke, Niklas. 2004. *Geschichte der deutschen Raumfahrtpolitik*, S. 106.

[23] Ebd., S. 107.

Rolle. Wie im vorangegangenen Abschnitt erläutert, verzichtete die BRD sowohl aus extrinsischen (alliierte Vorbehalte und Verbote) als auch aus intrinsischen (Diskreditierung der Raketentechnik durch den Einsatz der V2) Gründen darauf, eine eigenständige Raumfahrtnation zu werden.

In Großbritannien und Frankreich gab es solche Hinderungsgründe dagegen nicht. Im Gegenteil: So wie die USA und die Sowjetunion gehörten auch sie zu den Hauptsiegermächten des Zweiten Weltkrieges mit einem ständigen Sitz inklusive Vetorecht im Weltsicherheitsrat der Vereinten Nationen (United Nations Security Council, UNSC). Um den beiden Supermächten am Verhandlungstisch auf Augenhöhe begegnen zu können, sahen auch sie die Notwendigkeit, eigene Atomwaffenarsenale mit den entsprechenden Trägerraketen zu entwickeln und damit auch einen unabhängigen Zugang zum Weltraum zu generieren.

Zunächst einmal galt es unmittelbar nach dem Ende des Zweiten Weltkrieges ein Stück vom Kuchen der deutschen Raketentechnologie abzubekommen. Wie bereits in Abschn. 1.4 ausführlich beschrieben, hatten die USA das weitaus größte Stück abbekommen, gefolgt von der Sowjetunion. Die erste alliierte Siegermacht, der V2-Raketen in die Hände fielen, war allerdings Großbritannien. Beim Vormarsch der 1. Kanadischen und der 2. Britischen Armee entlang der Kanalküste stießen britische Soldaten im Herbst 1945 in den Niederlanden auf fluchtartig verlassene Abschussrampen mit startbereiten V2-Raketen.[24]

Nach dem Krieg starteten die Briten die Operation Backfire (dt. Gegenschlag) in deren Rahmen einige V2-Raketen zu Testzwecken gestartet werden sollten. Bei Altenwalde, einem Vorort von Cuxhaven an der Elbmündung befand sich ein Test- und Übungsschießplatz der Reichsmarine. Von dort aus war mit schwerer Schiffsartillerie ins Wattenmeer hinausgeschossen worden. Die Briten versammelten in Altenwalde die ihnen in die Hände gefallenen 30 deutschen Raketeningenieure unter der Leitung von Walter H. J. Riedel (1902–1968). Riedel hatte während des Krieges in Peenemünde als einer der engsten Mitarbeiter von Brauns das technische Konstruktionsbüro geleitet. Im Oktober 1945 wurden schließlich 3 Exemplare der V2 in Altenwalde gestartet und rund 250 km über die Nordsee fliegen gelassen. Danach wurden Riedel und sein Team nach Großbritannien gebracht, wo sie die weitere Raketenentwicklung vorantreiben sollten.[25]

---

[24] Büdeler, Werner. 1982. *Geschichte der Raumfahrt*, S. 292.

[25] Reinke, Niklas. 2004. *Geschichte der deutschen Raumfahrtpolitik*, S. 39.

Auch Frankreichs Raumfahrt basierte auf der deutschen Raketentechnologie. 1945 wurden 70 Spezialisten aus Peenemünde nach Frankreich gebracht. 1946 errichtete das Amt für Entwicklung und Beschaffung neuer Waffensysteme (Direction des Études et Fabrications d'Armement, DEFA) in Vernon in der Normandie ein Forschungslabor für ballistische und aerodynamische Studien (Laboratoire des Recherches Balistiques et Aérodynamiques, LRBA). Dort wurde in der zweiten Hälfte der 1950er Jahre auf Basis des Aggregat 4 (A4) die erste französische Weltraumrakete *Véronique* (dt. Veronika) entwickelt. Parallel dazu hatte das französische Luftfahrtministerium 50 weitere Fachkräfte aus der deutschen Luftfahrtindustrie rund um die führenden Triebwerkexperten Eugen Sänger (1905–1964) und Hermann Östrich (1903–1973) angeworben, um an neuen Antriebssystemen, wie z. B. Raketen- oder Staustrahlantrieb, zu forschen.[26]

In der ersten Hälfte der 1950er Jahre half das Team um Sänger der Nord Aviation bei der Entwicklung eines experimentellen Kampfflugzeuges mit der Bezeichnung Nord 1500 *Griffon* (dt. Greif). Der Griffon besaß einen Hybridantrieb: Ein konventionelles Turbinenstrahltriebwerk für Unterschallgeschwindigkeiten (Östrich) und ein Staustrahltriebwerk für Überschallgeschwindigkeiten (Sänger). Es war das erste in Westeuropa gebaute Luftfahrzeug, das doppelte Schallgeschwindigkeit (Ma 2) erreichte.[27]

Der Name der Höhenforschungsrakete Véronique setzte sich aus dem Ortsnamen Vernon und électronique (Elektronik) zusammen und bildet gleichzeitig einen beliebten weiblichen Vornamen (dt. Veronika). Die *Véronique* basierte zwar technisch auf der V2, war allerdings mit einer Länge von rund 7,30 m und einem Durchmesser von ca. 55 cm nur etwa halb so groß. Bei einer Gesamtmasse von ca. 1,4 t betrug die wissenschaftliche Nutzlastkapazität zur Erforschung der Hochatmosphäre nur rund 50 kg. Sie war die erste flüssigkeitsbetriebene Rakete Frankreichs.

Zur Errichtung und Verwaltung der Raketenstartplätze für die Testflüge gründeten Armee und Luftwaffe ein gemeinsames Versuchszentrum, das Centre Interarmées d'Essais d'Engins Spéciaux (CIEES). Das CIEES errichtete in der algerischen Sahara ein erstes Raketentestgelände bei Colomb-Béchar. Der Ort lag im Westen Algeriens nahe der marokkanischen Grenze, d. h. der Startkorridor in Drehrichtung der Erde (Osten) führte über eigenes Territorium. Darüber hinaus war es auch ein Verkehrsknotenpunkt an der Mittelmeer-Niger-Bahn mit eigenem Flugplatz und einem

---

[26] Ebd.
[27] Facon, Patrick. 1994. *Illustrierte Geschichte der Luftfahrt*, S. 160.

Grenzübergang zum damals ebenfalls noch unter französischem Protektorat stehenden Sultanat Marokko. Die Einweihung erfolgte im Februar 1952 mit dem Jungfernflug der *Véronique*. Zur selben Zeit kam es jedoch in Marokko zu einem Unabhängigkeitskampf gegen die französische Kolonialherrschaft. Das CIEES beschloss daraufhin, weiter südlich ein neues Raketentestgelände zu errichten, wo auch mehr Platz war. Die Wahl fiel auf die unbesiedelte Fels- und Steinwüste Hammada Guir. Aus der arabischen Bezeichnung machten die Franzosen den Ortsnamen Hammaguir (sprich: *Ammagir*). Die Startrampen (Rampe de Lancement, RL) erhielten französische Frauennamen: Beatrice, Blandine und Brigitte.[28]

Am 21. Februar 1954 erreichte eine von Hammaguir aus gestartete *Véronique* eine ballistische Scheitelhöhe von 135 km und war damit die erste französische Weltraumrakete. Im selben Jahr begann jedoch der algerische Unabhängigkeitskrieg. Frankreich hatte Algerien 1947 im sogenannten Algerien-Statut zu einem Übersee-Departement (Département d'Outre-Mer, DOM) und damit zu einem Teil des französischen Mutterlandes erklärt und allen Einwohnern die französische Staatsbürgerschaft zuerkannt. Tatsächlich gab es jedoch nach wie vor eine Zwei-Klassen-Gesellschaft mit einer kleinen Führungsschicht französischstämmiger Kolonialisten, die das fruchtbare Land entlang der Mittelmeerküste besaßen und alle wichtigen Ämter und Funktionen in Verwaltung, Wirtschaft und beim Militär inne hatten, aber nur knapp 10 % der Gesamtbevölkerung ausmachten.

Der verlorene Indochinakrieg mit dem Verlust der Kolonien in Südostasien, der sich ausweitende Algerienkrieg und die Unabhängigkeitsbestrebungen aller französischen Kolonien in Afrika hatten in Frankreich eine schwere Regierungskrise ausgelöst.[29] Sie mündete 1958 in eine neue Verfassung, welche die Fünfte Republik begründete. Um die Großmachtstellung auch nach dem Ende des Kolonialreiches zu halten und den beiden Supermächten USA und Sowjetunion auch weiterhin auf Augenhöhe begegnen zu können, beschloss die neue Regierung unter Präsident Charles A. J. M. de Gaulle (1890–1970, reg. 1958–1969), eine eigene Atomstreitmacht, die Force de Frappe nucléaire, aufzubauen. Man wollte nicht länger als Juniorpartner der USA in der NATO fungieren. Seit

---

[28] Reichl, Eugen u. a. 2020. *Raketen*, S. 72 f.

[29] Im sogenannten „Afrikanischen Jahr" 1960 wurden insgesamt 18 Kolonien unabhängig, darunter allein 14 französische: Cameroun (Kamerun), Centrafrique (Zentralafrika), Congo (Kongo), Côte d'Ivoire (Elfenbeinküste), Dahomé (heute Benin), Gabon (Gabun), Madagascar (Madagaskar), Mali, Mauritanie (Mauretanien), Niger, Haute-Volta (Obervolta, heute Burkina Faso), Sénégal (Senegal), Tchad (Tschad) und Togo.

der Invasion der Alliierten in der Normandie 1944 waren in Frankreich amerikanische Truppen stationiert, die auch mit Atomwaffen ausgerüstet waren.

Das CIEES und die Force de Frappe errichteten daraufhin in Algerien ein neues Atombomben- und Raketentestgelände rund 650 km südöstlich von Hammaguir bei der Oasenstadt Reggane mitten in der Sahara. Dort wurde im Rahmen des Projektes *Gerboise Bleue* (Blaue Wüstenspringmaus) am 3. Februar 1960 die 1. französische Atombombe gezündet, wodurch Frankreich nach den USA, der Sowjetunion und Großbritannien zur 4. Atommacht aufstieg.

Parallel dazu wurden auch entsprechende Trägerraketen entwickelt. Zu diesem Zweck hatte das Verteidigungsministerium eine Forschungs- und Entwicklungsgesellschaft zum Bau experimenteller ballistischer Trägerraketen gegründet, die Société d'Étude et de Réalisation d'Engins Balistiques (SEREB). Die Raketen erhielten die technische Bezeichnung VE für Véhicule Expérimental (dt. experimenteller Träger) mit einer dreistelligen Nummer, wobei die 1. Ziffer die Anzahl der Stufen angab. Das Raketenprogramm erhielt die Bezeichnung Pierre Précieuse (Edelstein) und die einzelnen Raketentypen wurden nach Edelsteinen benannt. Zunächst wurden die einstufigen Typen VE 110 *Agate* (Achat), VE 111 *Topaze* (Topas) und VE 121 *Émeraude* (Smaragd) als Prototypen für Kurzstreckenraketen mit unterschiedlichen Treibstoffkombinationen entwickelt. In weiterer Folge wurden davon zweistufige Prototypen für Mittelstreckenraketen abgeleitet: Die VE 210 *Rubis* (Rubin) nutzte die Achat als Erststufe und die VE 231 *Saphir* bestand aus einer Smaragd als erster und einer Topas als zweiter Stufe. Die Raketen der Edelstein-Serie wurden von Hammaguir aus gestartet.[30]

Bereits Ende 1961 hatte die französische Regierung beschlossen, auf Basis der Saphir eine dreistufige Orbitalrakete als Satellitenträger zu entwickeln und parallel dazu auch einen eigenen Satelliten zu bauen. Um das französische Raumfahrtprogramm zu organisieren, wurde im Dezember 1961 eine eigene nationale Raumfahrtbehörde gegründet, das Centre National d'Études Spatiales (CNES). Die Entwicklung der nach dem teuersten Edelstein Diamant (sprich: *Djamo*) genannten Trägerrakete lag allerdings noch bei der SEREB, welche die Expertise für die Edelstein-Serie hatte.[31]

---

[30] Reichl, Eugen. 2011. *Trägerraketen seit 1957*, S. 29.
[31] Reichl, Eugen u. a. 2020. *Raketen*, S. 71.

Als Hersteller kamen die bedeutendsten französischen Luft- und Raumfahrtunternehmen zum Zuge: Nord Aviation mit Sitz in Bourges baute die
ersten beiden Stufen Smaragd und Topas, Sud Aviation mit Sitz in Toulouse
baute die 3. Stufe und Matra (Mécanique Avion Traction) lieferte die Ausrüstung und Steuerung.

Die 1. Stufe Smaragd war 9,80 m lang bei einem Durchmesser von
1,30 m. Das Raketentriebwerk vom Typ Vexin nutzte eine ungewöhnliche
Treibstoffkombination: Destilliertes Terpentin (Kiefernöl) als Brennstoff und
Salpetersäure (HNO_3) als Oxidator. Der Startschub betrug 275 kN. Die 2.
Stufe Topas war 5,40 m lang bei einem Durchmesser von 85 cm. Die Topas
war eine Feststoffrakete, die als Treibstoffbasis Isolan nutzte. Das Triebwerk
vom Typ SEP entwickelte einen Schub von 130 kN. Die 3. Stufe wurde
als Kickstufe entwickelt, um den Satelliten aus seiner ballistischen Flugbahn in eine stabile Umlaufbahn zu befördern. Sie erhielt die technische
Bezeichnung P 064 und besaß ein kleineres Feststofftriebwerk mit 38 kN.
Insgesamt war die Diamant A 19 m lang und besaß einen Basisdurchmesser
inklusive Flossen von 2,30 m. Die Leermasse betrug rund 2,5 t und die
Startmasse inkl. Treibstoff und Nutzlast ca. 18,5 t. Mit einer max. Nutzlast
in den niedrigen Erdorbit (LEO) von lediglich 70 kg gehörte sie zur Kategorie der sogenannten Microlauncher, das sind Trägerraketen für Mikrosatelliten unter 100 kg.[32]

Parallel dazu wurde Matra beauftragt, den ersten französischen Satelliten
mit der Bezeichnung A-1 Astérix zu bauen. Der nach einer berühmten
Comic-Figur benannte Satellit besaß noch keine wissenschaftlichen
Instrumente, sondern sollte lediglich die Funktionalität der Diamant
als Satellitenträgerrakete unter Beweis stellen.[33] Die Sensoren maßen
Beschleunigung, Geschwindigkeit, Temperatur und Druck der Rakete
während der Startphase und übertrugen die Daten aus dem Orbit an die
Bodenstation. Astérix war 53 cm lang und besaß einen Durchmesser von
55 cm. Die Masse betrug 42 kg.

Die zeitnahe Durchführung des ersten eigenständigen Raumfahrtprogrammes eines Drittstaates geriet durch die Eskalation des Algerien-
krieges in Gefahr. Nachdem der Krieg 24.000 französischen Soldaten und
rund 300.000 Algeriern das Leben gekostet hatte, kam es schließlich im
Frühjahr 1962 zu einem Waffenstillstand. In den Verträgen von Évian am

---

[32] Ebd. Microlauncher = Micro Satellite Launch Vehicle (MSLV).

[33] Astérix ist eine Comicfigur des Autors René Goscinny und des Zeichners Albert Uderzo. Er wohnt in
einem imaginären gallischen Dorf, welches um 50 v. Chr. den römischen Invasoren Widerstand leistet.

Genfer See wurde die Abhaltung eines Unabhängigkeitsreferendums vereinbart, welches im Juli 1962 99 % Zustimmung für die Unabhängigkeit Algeriens brachte. Ein Vertragsbestandteil sah jedoch vor, dass die französischen Streitkräfte noch einige Jahre bestimmte Stützpunkte weiternutzen durften. Während der Marinestützpunkt Mers-el-Kébir bei Oran als Enklave mit direktem Meerzugang noch 15 Jahre lang weiter genutzt werden durfte, war die Nutzung der im Landesinneren gelegenen Raketenstartplätze des CIEES in Colomb-Béchar, Hammaguir und Reggane auf lediglich 5 Jahre begrenzt, d. h. Raketenstarts konnten nur noch bis zum Frühjahr 1967 durchgeführt werden. Oberirdische Atombombentests durften wegen des atomaren Fallouts überhaupt nicht mehr durchgeführt werden. Die Force de Frappe durfte nur noch ein abgelegenes Gelände ganz im Süden Algeriens mitten in der Sahara bei der Oase In Ekker 5 Jahre lang für unterirdische Kernwaffentests nutzen.

Es war demnach in mehrfacher Hinsicht dringende Eile geboten: Einerseits musste das Diamant/Astérix-Programm in Algerien schnellstmöglich durchgezogen werden und parallel dazu ein neues Raketenstartgelände und ein neues Atombombentestgelände in zwei der verbliebenen französischen Überseegebiete (France d'Outre-Mer) errichtet werden.

Die Atomstreitmacht (Force de Frappe) verlagerte ihr Atombombentestgelände nach Französisch-Polynesien (Polynésie française) im Südpazifik. Der Tuamotu-Archipel besteht aus insgesamt 78 Atollen, von denen nur 45 von insgesamt rund 15.000 Polynesiern bewohnt sind. Zwei unbewohnte Atolle im Süden des Archipels, Mururoa und Fangataufa, mussten von 1966 an 30 Jahre lang als Testgelände für insgesamt rund 200 Atombombentests herhalten.

Bezüglich des neuen Raumfahrtzentrums fiel die Wahl schließlich auf Französisch-Guayana (Guyane française), dem einzigen französischen Festlandbesitz in Südamerika. Dieses Gebiet war bis dahin aus mehreren Gründen berüchtigt und verrufen: Einerseits für den Pfefferanbau, der nach der Hauptstadt Cayenne benannt wurde und bis Mitte des 19. Jahrhunderts durch die Ausbeutung tausender aus Afrika verschleppter Sklaven besonders rentabel war. Gleichzeitig war das Gebiet auch noch Ziel von Goldgräbern, die mit ihrem Quecksilber die Flüsse und damit die vom Fischfang lebende einheimische Bevölkerung vergifteten. Andererseits litten die ersten französischen Siedler unter grassierenden Tropenkrankheiten und flüchteten sich auf eine kleine vorgelagerte Inselgruppe, die sie Inseln des Heils (Îles du Salut) nannten. In weiterer Folge diente dieser Archipel bis zur Mitte des 20. Jahrhunderts als Strafkolonie und Verbannungsort für Dissidenten und Schwerverbrecher. Die Sterblichkeitsrate war wegen der Tropenkrankheiten und unzureichender Versorgung sehr hoch. Wenn also jemand aus der französischen Gesellschaft verschwinden sollte, dann musste er sprichwörtlich dorthin gehen, wo der Pfeffer wächst. Besonders berüchtigt war die Teufelsinsel (Île du Diable), die u. a. 3 berühmte Gefangene beherbergte:

1. Hauptmann Alfred Dreyfus (1859–1935) stammte aus einer jüdischen Familie aus dem Elsass und wurde wegen angeblicher Spionage für das Deutsche Reich auf die Teufelsinsel verbannt. Die Dreyfus-Affäre führte schließlich zu einer Regierungskrise und steht symbolisch für den französischen Antisemitismus.
2. Ein vor allem im Deutschland der Zwischenkriegszeit berühmter Gefangener war der Elsässer Alfons P. Schwartz (1886–1945), der während des Ersten Weltkrieges bei der Geheimen Feldpolizei, der deutschen militärischen Spionageabwehr, tätig gewesen war und unmittelbar nach dem Krieg als französischer Hochverräter auf die Teufelsinsel verbannt wurde. In Deutschland galt er dagegen als letzter Kriegsgefangener des Ersten Weltkrieges, der erst 1932 nach jahrelangen Verhandlungen begnadigt und entlassen wurde.
3. Der Tresorknacker Henri Charrière (1906–1973) schrieb nach seiner abenteuerlichen Flucht von der Teufelsinsel nach Britisch-Guayana den autobiographischen Roman *Papillon* (dt. Schmetterling), der ein internationaler Bestseller und von Hollywood verfilmt wurde.

Für die Raumfahrt war Französisch-Guayana jedoch in mehrfacher Hinsicht ideal:

1. Als Übersee-Departement (Département d'Outre-Mer, DOM) gehörte es zum französischen Mutterland und alle Einwohner besaßen die französische Staatsbürgerschaft. Mit einer Gesamtbevölkerung von weniger als 40.000 Einwohnern Mitte der 1960er Jahre war kein großer Volksaufstand mit hunderttausenden von Toten so wie in Algerien zu befürchten.
2. Das Gebiet liegt am 5. Grad nördlicher Breite und Kourou ist nur rund 580 km vom Äquator entfernt. Dadurch kann der Drehimpuls der Erdrotation beim Start optimal ausgenutzt werden. Zum Vergleich: Cape Canaveral befindet sich am 28. Breitengrad und damit fast 6 Mal weiter vom Äquator entfernt.

3. Das Gebiet liegt so wie auch Cape Canaveral an der Ostküste des amerikanischen Kontinents, d. h. der Startkorridor in Richtung Osten (= Drehrichtung der Erde) führt über den unbesiedelten Atlantik hinweg.

Bei der Kleinstadt Kourou nördlich der Hauptstadt Cayenne ließ das CNES ein neues großes Raumfahrtzentrum errichten, das Centre Spatial Guyanais (CSG). Es war somit das erste zivile Raumfahrtzentrum Frankreichs. Der Bau des neuen Raumfahrtzentrums und der parallel dazu begonnene Ausbau des Flughafens Rochambeau sowie die Stationierung von Einheiten der Luftwaffe (Armee de l'Air) und der Fremdenlegion (Légion étrangère) brachten der Region einen wirtschaftlichen Aufschwung. Der erste Start von Kourou erfolgte im Jahr 1964 mit einer Höhenforschungsrakete vom Typ Véronique.

Parallel wurde in Algerien mit Hochdruck am ersten Satellitenstart gearbeitet. Am 26. Februar 1965 war es dann endlich soweit: Die erste Diamant A hob von der Startrampe (Rampe de Lancement) LR Brigitte in Hammaguir ab und brachte den Satelliten A-1 in eine niedrige Umlaufbahn (LEO) mit einem Apogäum von rund 1700 km und einem Perigäum von ca. 530 km. Damit stieg Frankreich nach der Sowjetunion und den USA zur 3. Raumfahrtnation bzw. Weltraummacht auf. Die *Diamant* war somit die erste Satellitenträgerrakete eines Drittstaates und *Astérix* der erste Satellit, der ohne Beteiligung einer der beiden Supermächte gestartet wurde. Astérix war allerdings nicht der erste westeuropäische Satellit. Das war der italienische Satellit San Marco 1, der bereits im Dezember 1964 von der NASA mit einer Scout-Rakete vom Wallops Flight Center (WFC) in Virginia aus gestartet worden war.

Das neue Selbstbewusstsein der wiedererstarkten „Grande Nation" führte zu einer diplomatischen Krise zwischen Paris und Washington. Die gaullistische Regierung war nun nicht länger bereit, die von den USA dominierten Kommandostrukturen der NATO zu akzeptieren. Der alliierte Oberbefehlshaber für Europa (Supreme Allied Commander Europe, SACEUR) war immer ein US-General. Im Kriegsfall wären demnach alle NATO-Streitkräfte in Europa, d. h. nicht nur die in Frankreich stationierten US-Truppen, sondern auch die französischen Streitkräfte inklusive der Force de Frappe, dem Oberbefehl des amerikanischen SACEUR unterstellt worden. De Gaulle wollte jedoch selber den Oberbefehl über seine Streitkräfte behalten. Nachdem man nun nicht mehr auf den atomaren Schutzschirm der USA angewiesen war, erklärte Frankreich 1966 den Austritt aus den Kommandostrukturen der NATO. Alle in Frankreich stationierten

US-Truppen mussten daraufhin das Land verlassen und das NATO-Hauptquartier wurde von Paris nach Brüssel verlegt. Formal blieb Frankreich als Mitglied in der NATO, fortan jedoch mit einem eigenständigen, nationalen Oberkommando.

Bis zum Frühjahr 1967 wurden noch 3 weitere Raketen vom Typ Diamant A von Hammaguir aus gestartet. Als Nutzlast fungierten Testsatelliten vom Typ *Diapason* (Stimmgabel) und *Diadème* (Diadem). Mit ihnen wurden vor allem die Bahndaten ermittelt und vermessen.

Danach wurde die Diamant für den Einsatz von Kourou aus weiterentwickelt: Die 1. Stufe wurde auf über 14 m verlängert und die Treibstofftanks konnten 50 % mehr aufnehmen. Das neue Triebwerk vom Typ Valois verbrannte die bewährte Treibstoffkombination unsymmetrisches Dimethylhydrazin (UDMH) als Brennstoff und Distickstofftetroxid (N_2O_4) als Oxidator. Das ergab eine Schubleistung von 350 kN. Diese neue Erststufe wurde *Amethyste* (Amethyst) genannt. Die Zweitstufe wurde unverändert aus der Diamant A übernommen, während die 3. Stufe leicht modifiziert wurde, indem ein etwas leistungsstärkeres Triebwerk und größere Tanks eingebaut wurden. Die Diamant B war insgesamt 23,50 m lang und damit 4,50 m länger als ihre Vorgängerin Diamant A und mit einer Gesamtstartmasse von rund 25 t auch rund 6,5 t schwerer. Die max. Nutzlast in den LEO lag nun bei ca. 120 kg und damit annähernd doppelt so hoch wie bei der Vorgängerin (Abb. 6.2). Die Diamant war somit kein Microlauncher mehr, sondern schon ein Minilauncher für den Start von Minisatelliten von 100 bis 500 kg Masse. Der Erstflug erfolgte am 10. März 1970 mit dem deutschen Satelliten Dial (Diamant Allemagne = Deutscher Diamant). Der erste Satellit, der von Kourou aus gestartet wurde, war somit ein deutsches Produkt.[34]

Es folgten bis zum Frühjahr 1972 noch 4 weitere Starts mit französischen Satelliten, wobei es zwei Fehlschläge gab: Einmal versagte die 2. Stufe und ein anderes Mal löste sich die Nutzlastverkleidung nicht von den Satelliten.

Aufgrund der Erfahrungen mit den Fehlstarts wurde die *Diamant* noch einmal weiterentwickelt. Der Typ BP4 besaß eine neue 2. Stufe mit der Bezeichnung Rita, die von einer ballistischen strategischen U-Boot-Rakete (Missile Mer-Sol Balistique Stratégique, MSBS) abgeleitet wurde. Die neue Nutzlastverkleidung (Fairing) wurde einfach vom britischen Satellitenträger *Black Arrow* übernommen. Die Diamant BP4 kam nur 3 Mal zum Einsatz. Sie war nicht konkurrenzfähig. Im Gegensatz zur amerikanischen *Scout*

---

[34] Reichl, Eugen u. a. 2020. *Raketen*, S. 73.

Abb. 6.2   Start einer Diamant B in Kourou. Die französische Diamant war die erste in Westeuropa entwickelte und gebaute Satelliten-Trägerrakete. Mit der Version B wurde im März 1970 erstmals ein Satellit vom Raumfahrtzentrum Kourou in Französisch-Guayana aus gestartet. Es handelte sich dabei um den zweiten deutschen Satelliten Dial bzw. Wika. (© ESA)

war sie dreimal so teuer und dabei weniger leistungsfähig. Das Diamant-Programm wurde im Herbst 1975 eingestellt.[35]

Die zweite westeuropäische Raumfahrtnation nach Frankreich sollte Großbritannien werden. Wie bereits beschrieben, waren die Briten die ersten, die 1945 im Rahmen der Operation *Backfire* die ersten Versuche mit deutschen V2-Raketen von Cuxhaven an der Elbmündung aus unternommen hatten. Darüber hinaus waren auch rund 30 führende Wissenschaftler und Techniker aus Peenemünde rund um den Triebwerksspezialisten Walter H. J. Riedel (1902–1968) angeworben worden.[36]

---

[35] Ebd., S. 76.

[36] Reinke, Niklas. 2004. *Geschichte der deutschen Raumfahrtpolitik*, S. 39.

Sie wurden von der Royal Aircraft Establishment (RAE) unter Vertrag genommen. Dabei handelte es sich um die Forschungs- und Entwicklungsabteilung der Luftwaffe (Royal Air Force, RAF) in Farnborough, Hampshire. Anfang der 1950er Jahre bekam das RAE den Auftrag, eine Versuchsrakete zu entwickeln, die in der Lage war, eine Nutzlast von 250 Pfund (= ca. 115 kg) über eine Entfernung von 500 Meilen (= ca. 800 km) zu transportieren. Die Versuchsrakete erhielt die Bezeichnung Black Knight (Schwarzer Ritter) und sollte als Prototyp für künftige britische Atomraketen fungieren. Das britische Atombombenprogramm war von den USA stark gefördert worden, so dass es relativ schnell zum Erfolg führte: Die erste britische Atombombe konnte bereits im Oktober 1952 auf einer zum Montebello-Archipel gehörenden Insel vor der Küste Westaustraliens erfolgreich getestet werden. Damit wurde Großbritannien zur weltweit 3. Atommacht nach den USA und der Sowjetunion. Jetzt fehlte nur noch die passende Trägerrakete. Den Auftrag für den Bau der *Black Knight* erhielt Saunders-Roe Ltd. (Saro), eine Firma, die während der Zweiten Weltkrieges v. a. Flugboote für die Royal Navy gebaut und ihren Sitz auf der Isle of Wight hatte. Zuletzt war es Saro gelungen, von der Royal Air Force (RAF) den Auftrag für den Bau eines experimentellen Raketenflugzeuges mit der Bezeichnung SR 53 zu erhalten. Den Auftrag für den Bau der Raketentriebwerke erhielt Hawker Siddeley aus Coventry. Die Triebwerke der Gamma-Serie nutzten das von den Amerikanern aus dem Flugbenzin bzw. Kerosin (Jet Propellant, JP) weiterentwickelte Raketenkerosin (Rocket Propellant, RP) als Brennstoff und Wasserstoffperoxid (H_2O_2) als Oxidator. Die *Black Knight* war 10,20 m lang und besaß einen Durchmesser von 90 cm. Die Startmasse betrug 5,4 t.

Das Raketentestgelände wurde im dünnbesiedelten australischen Outback errichtet: Die Woomera Prohibited Area (WPA) war ein riesiges militärisches Sperrgebiet im Ausmaß von über 120.000 km^2 im Bundesstaat South Australia.[37] Von 1953 bis 1957 waren im Teilgebiet Maralinga die britischen Atombomben getestet worden. Parallel dazu war im Teilgebiet Koolymilka auch ein Raketentestgelände (Woomera Rocket Range Complex) entstanden. Am 13. Februar 1957 wurde erstmals eine Höhenforschungsrakete vom Typ Skylark (Feldlerche) von Woomera aus gestartet. Die suborbitale, ballistische Flugbahn erreichte eine Scheitelhöhe von über 100 km und war damit der erste von Großbritannien entwickelte Raumflugkörper. Für die Testflüge mit der *Black Knight* und ihren geplanten

---

[37] Der Ortsname Woomera (sprich: *Wuhmera*) leitet sich von einem Wurfspeer der Aborigines ab.

Derivaten wurden neue Launch Areas (LA) errichtet.[38] Der Erstflug einer *Black Knight* erfolgte im September 1958 vom LA-5 in Woomera aus. Bis 1965 wurden insgesamt 22 suborbitale Testflüge durchgeführt.

Parallel dazu führte das British National Committee for Space Research (BNCSR) ein erstes nationales Satellitenprogramm durch, welches die Bezeichnung Ariel erhielt.[39] Die ersten beiden Satelliten der Serie wurden noch in den USA gebaut. Ariel 1 wurde am 26. April 1962 mit einer amerikanischen Trägerrakete vom Typ Thor-Delta vom Launch Complex LC-17 der Cape Canaveral Air Force Station (CCAFS) aus gestartet und war der erste Satellit, der von einem Drittstaat, d. h. weder USA noch Sowjetunion, entwickelt wurde. Allerdings war ihm keine lange Einsatzdauer vergönnt, denn die USA unternahmen Anfang Juli 1962 einen Atombombentest in 400 km Höhe (Operation Starfish Prime). Durch den gewaltigen elektromagnetischen Impuls und die Ionisierung der Hochatmosphäre wurde die Bordelektronik so in Mitleidenschaft gezogen, dass der Satellit funktionsuntüchtig wurde und ausfiel. Ariel 2 wurde im März 1964 mit einer Scout-Rakete von der Wallops Flight Center (WFC) der NASA in Virginia aus gestartet. Nachdem Italien im Dezember 1964 mit San Marco 1 den ersten in Westeuropa gebauten Satelliten mit einer Scout vom WFC starten ließ und Frankreich im November 1965 seinen ersten Satelliten *Astérix* sogar mit einer eigenen Trägerrakete vom Typ Diamant A erfolgreich in den Orbit befördert hatte, standen die Briten unter Zugzwang. Ariel 3 wurde dann auch vollständig in Großbritannien gebaut und im Mai 1967 mit einer Scout von der Vandenberg Air Force Base (VBG AFB) in Kalifornien aus gestartet. In den 1970er Jahren wurden noch 3 weitere Forschungssatelliten vom Typ Ariel mit Scout-Raketen gestartet, wobei die Satellitenmasse von ursprünglich 62 kg (Ariel 1) auf zuletzt 155 kg (Ariel 6) anstieg.

Aus der Versuchsrakete Black Knight sollte die *Black Prince* (Schwarzer Fürst) als zweistufige Interkontinental- bzw. Satellitenträgerrakete weiterentwickelt werden. Wegen Kostenexplosionen und zunehmender technischer Schwierigkeiten wurde das Programm schließlich zugunsten einer einfacheren Lösung abgebrochen. Letztere erhielt die Bezeichnung Black Arrow (Schwarzer Pfeil). Die 1. Stufe war eine auf 2 m Durchmesser aufgeblähte Black Knight mit 8 Gamma-Triebwerken, die zusammen 256 kN Startschub lieferten. Die 2. Stufe war eine weitere Black Knight

---

[38] Reichl, Eugen u. a. 2020. *Raketen*, S. 82 f.
[39] Ariel ist nach einem Luftgeist in Shakespeares Drama *The Tempest* (Der Sturm) benannt.

mit 1,37 m Durchmesser und 2 Gamma-Triebwerken, die zusammen 64 kN Schub lieferten. Als Hauptauftragnehmer für Rakete und Triebwerke fungierten Nachfolgeunternehmen: Saro war 1964 von Westland Aircraft übernommen worden und Hawker Siddeley wurde 1966 von Rolls Royce (RR) übernommen, weshalb die Rakete von Westland und die Triebwerke fortan als RR Gamma ausgeliefert wurden. Die 3. Stufe wurde neu entwickelt und kam von Bristol Aerojet (BAJ) und erhielt den Namen Waxwing (Seidenschwanz). Das Feststofftriebwerk lieferte einen Schub von 29,5 kN und konnte beim Erreichen der Scheitelhöhe der ballistischen Flugbahn als Kickstufe für den Einschuss in einen stabilen Erdorbit dienen (Tab. 6.1).[40]

Für die Starts der *Black Arrow* wurde in Woomera die Launch Area LA-5B adaptiert. Der erste Testflug sollte die Funktionalität der ersten beiden Stufen Black Knight 1 und 2 in einem suborbitalen Flug bestätigen. Beim ersten Startversuch im Juni 1969 versagte jedoch die Triebwerkssteuerung, so dass die Rakete außer Kontrolle geriet und per Fernsteuerung gesprengt werden musste. Der zweite Startversuch im März 1970 gelang dagegen und die Rakete erreichte in ihrer ballistischen Flugbahn einen Scheitelpunkt von 550 km. Dies war die erforderliche Höhe zur Zündung der Kickstufe für den Einschuss in eine stabile niedrige Erdumlaufbahn (LEO). Nun war die Zeit reif für den ersten eigenen Satellitenstart. Die Zeit drängte, denn zwischenzeitlich waren auch schon Japan im Februar und China im April 1970 in einem asiatischen Wettlauf ins All mit eigenen Trägerraketen und Satelliten in den exklusiven Kreis der Raumfahrtnationen aufgestiegen.[41]

Die Briten wollten nicht die einzige Großmacht mit einem ständigen Sitz im Weltsicherheitsrat der Vereinten Nationen sein, die keine Weltraummacht ist. Dies hätte den Großmachtstatus auch angesichts des Verlustes der meisten Kolonien im Laufe der 1960er Jahre in Frage gestellt. Man wollte daher unbedingt noch im Jahr 1970 den ersten Satelliten selber starten. Anfang September wurde der Satellit *Orba* von Woomera aus gestartet. Die 1. Stufe funktionierte einwandfrei, während die Triebwerke der 2. Stufe durch ein Leck im Oxidator-Leitungssystem zu wenig Druck aufbauten und zu früh abschalteten. Die Kickstufe funktionierte dagegen wieder einwandfrei, allerdings war die Scheitelhöhe der Black Knight 2 zu niedrig, so dass der Satellit keine stabile Umlaufbahn erreichen konnte und kurz nach

---

[40] Reichl, Eugen. 2011. *Trägerraketen seit 1957*, S. 24 bzw. Ders. u. a. 2020. *Raketen*, S. 69.

[41] Der asiatische Wettlauf ins All wird im 3. Band der Trilogie zur Geschichte der Raumfahrt ausführlich behandelt.

Tab. 6.1 Vergleich zwischen den Satellitenträgerraketen Diamant (F) und Black Arrow (GB). Die französische Diamant und die britische Black Arrow waren die ersten Satellitenträgerraketen, die in Westeuropa entwickelt und gebaut wurden. Mit ihnen stiegen Frankreich (1965) und Großbritannien (1971) in den exklusiven Kreis der Raumfahrtnationen bzw. Weltraummächte auf.[42] BAJ = Bristol Aerojet, F = Frankreich, GB = Großbritannien, HNO_3 = Salpetersäure, H_2O_2 = Wasserstoffperoxid, Micro Sat LV = Micro Satellite Launch Vehicle (<100 kg Nutzlast), Mini Sat LV = Mini Satellite Launch Vehicle (<500 kg Nutzlast), RP-1 = Rocket Propellant No. 1, SEREB = Société d'Étude et de Réalisation d'Engins Balistiques, RAE = Royal Aircraft Establishment, RR = Rolls Royce, ZQ = Zuverlässigkeitsquote

Parameter	Diamant A (F)	Black Arrow (GB)
Entwickler	SEREB	RAE
Hersteller	Nord & Sud Aviation	Westland Aircraft
Gesamtlänge	19 m	13 m
Basisdurchmesser	1,30 m	2 m
Leermasse	2,5 t	1,7 t
Gesamtmasse/Startmasse	18,5 t	18 t
Max. Nutzlast für LEO = Größenklasse	80 kg = Micro Sat LV	135 kg = Mini Sat LV
Startschub	274 kN	256 kN
Anzahl der Raketenstufen/Art	3/Tandem	3/Tandem
Gesamtzahl der Triebwerke	3	11
Bezeichnung der 1. Stufe	Emeraude (Smaragd)	Black Night 1
Triebwerke Anzahl × Typ 1. Stufe	1 × LRBA Vexin B	8 × RR Gamma
Treibstoffkombi Brennstoff + Oxidator	Terpentinöl + HNO_3	RP-1 + H_2O_2
Schubleistung der 1. Stufe	274 kN	8 × 32 = 256 kN
Bezeichnung der 2. Stufe	Topaze (Topas)	Black Night 2
Triebwerke Anzahl × Typ 2. Stufe	1 × SEP P 2.2	2 × RR Gamma
Treibstoffkombi Brennstoff + Oxidator	Feststoff Isolan	RP-1 + H_2O_2
Schubleistung der 2. Stufe	130 kN	2 × 32 = 64 kN
Bezeichnung der 3. Stufe	P 064	Waxwing
Triebwerke Anzahl × Typ 3. Stufe	1 × SEP P 0.6	1 × BAJ Waxwing
Treibstoff	Feststoff Isolan	Feststoff
Schubleistung der 3. Stufe	38 kN	29,5 kN
Erster/letzter Start	26.11.1965/15.02.1967	27.06.1969/28.10.1971
Anzahl Starts/davon erfolgreich = ZQ	4/3 = 75 %	4/2 = 50 %
Startgelände	Hammaguir (Algerien)	Woomera (Australien)
1. Satellitenstart	Astérix (26.11.1965)	Prospero (28.10.1971)

---

[42] Reichl, Eugen. 2011. *Trägerraketen seit 1957*, S. 24 f. (Black Arrow) u. 28 f. (Diamant). Ders. u. a. 2020. *Raketen*, S. 69 f. (Black Arrow) u. S. 71 (Diamant A).

Tab. 6.2 Liste der Raumfahrtnationen bis 1975. Im Berichtszeitraum dieses 1. Bandes bis 1975 ist es weltweit nur 6 Staaten gelungen, in den exklusiven Kreis der Raumfahrtnationen aufzusteigen. Voraussetzung war der Start eines eigenen Satelliten mit einer eigenen Trägerrakete in eine stabile Umlaufbahn (Orbit). AUS = Australien, DZ = Algerien, KZ = Kasachstan

Nr.	RF-Nation	Startdatum	Startort	Trägerrakete	Satellit
1	Sowjetunion	04.10.1957	Baikonur (KZ)	Sputnik 8K71	Sputnik 1
2	USA	01.02.1958	Cape Canaveral	Juno I	Explorer 1
3	Frankreich	26.11.1965	Hammaguir (DZ)	Diamant A	Astérix
4	Japan	11.02.1970	Kagoshima	Lambda 4	Osumi
5	Volksrepublik China	24.04.1970	Jiuquan	Langer Marsch 1	Dong Fang Hong 1
6	Großbritannien	28.10.1971	Woomera (AUS)	Black Arrow	Prospero

dem Start in den tieferen Atmosphärenschichten verglühte. Es musste daher ein neuer Satellit gebaut werden. Dieser erhielt den Namen Prospero.[43] Er war 66 kg schwer und 70 cm hoch bei einen Durchmesser von 1,2 m. Genauso wie der abgestürzte Orba sollte er die Mikrometeoritendichte in der Exosphäre messen. Am 28. Oktober 1971 gelang endlich der erste eigene Satellitenstart, wodurch Großbritannien nach der Sowjetunion, den USA, Frankreich, Japan und China zur 6. Raumfahrtnation bzw. Weltraummacht aufstieg (Tab. 6.2). Der Orbit mit einem Perigäum von 530 km und einem Apogäum von ca. 1400 km ist so stabil, dass Prospero heute noch die Erde umkreist. Aufgrund der geringen Zuverlässigkeitsquote von nur 50 % hatten die Briten vorsichtshalber noch ein 5. Exemplar der *Black Arrow* gebaut, welches jedoch nicht mehr zum Einsatz kam und seither im Science Museum in London ausgestellt ist.[44]

6.3   ELDO und die Europa-Rakete: Der gescheiterte Versuch eines gemeinsamen Weltraumträgersystems

Die Hauptaufgabe der 1962 gegründeten westeuropäischen Raumfahrtorganisation ELDO war die Entwicklung einer eigenen Satelliten-Trägerrakete, um von der Starthilfe und Kontrolle der USA unabhängig zu werden. Treibende

---

[43] Prospero ist ein Zauberer und die Hauptfigur in Shakespeares Drama *The Tempest* (Der Sturm).

[44] Reichl, Eugen. 2011. *Trägerraketen seit 1957*, S. 25. Ders. u. a. 2020. *Raketen*, S. 70.

Kräfte waren Großbritannien und Frankreich, die ihre nationalen Träger-raketenprogramme in ein gesamteuropäisches Projekt einbinden wollten. Dem-entsprechend sollte die Europa 1 auf einer britischen Startstufe (Blue Streak) und einer französischen Mittelstufe (Coralie) aufbauen, während der dritte große Beitragszahler Westdeutschland die Oberstufe (Astris) entwickeln sollte. Das Startgelände wurde in Australien (Woomera) errichtet. Wegen mangel-hafter Koordination und Kooperation scheiterten 3 Startversuche des Gesamt-systems zwischen 1968 und 1970. Nach dem Ausstieg Großbritanniens und Australiens wurde die Europa 2 für den geostationären Orbit entwickelt, die von Französisch-Guayana (Kourou) aus starten sollte. Frankreich und die BRD trugen gemeinsam 90 % der Finanzierungslast. Nach dem Fehlstart beim Jungfernflug der Europa 2 Ende 1971 einigte man sich schließlich auf die Ein-stellung des Europa-Programms. Der erste Versuch einer gemeinsamen west-europäischen Trägerrakete war damit gescheitert.

Zu Beginn der 1960er Jahre erkannten sowohl Frankreich als auch Großbritannien, dass sie nicht die Ressourcen hatten, um eigenständige nationale Raumfahrtprogramme, vergleichbar jenen der beiden Super-mächte USA und Sowjetunion, durchzuführen. Das Internationale Geo-physikalische Jahr von Mitte 1957 bis Ende 1958 hatte den Beginn des Wettlaufs ins All (Space Race) eingeläutet und die beiden Supermächte investierten fortan gewaltige Ressourcen in den Ausbau ihrer Raumfahrt-programme. Es ging dabei nicht mehr nur um Programme zur Erforschung der Hochatmosphäre, sondern v. a. auch um Anwendungssysteme in den Bereichen Aufklärung, Kommunikation, Navigation und Meteorologie. Die entsprechenden leistungsfähigen Satelliten wurden immer größer, komplexer und schwerer. Die Erdumlaufbahnen, in denen sie operierten, lagen zum größten Teil weit oberhalb der niedrigen Bahnen (Low Earth Orbit, LEO) für die ersten nationalen Forschungssatelliten. So befinden sich Navigationssatelliten in mittleren Umlaufbahnen (Medium Earth Orbit, MEO) zwischen 18.000 und 24.000 km Höhe, während sich Nachrichten- und Wettersatelliten im geostationären Orbit (GEO) in knapp 35.800 km Höhe befinden. Um zuverlässige und leistungsfähige Systeme mit globaler Abdeckung zu etablieren, genügen auch nicht mehr einzelne Satelliten. Es müssen ganze Satellitennetzwerke in den Orbit verfrachtet werden.

Somit war schon sehr früh klar, dass eine unabhängige Raumfahrt-politik mit eigenen Raumfahrtsystemen nur mittels einer internationalen Zusammenarbeit der westeuropäischen Staaten möglich ist. Treibende Kräfte waren hierbei wie erwähnt Frankreich und Großbritannien, die sowohl im Bereich der Satelliten als auch der Trägerraketen nationale Programme gestartet hatten.

Ende 1960 fand beim europäischen Kernforschungszentrum CERN in Meyrin bei Genf eine Konferenz statt, in welcher die weitere Vorgehensweise abgestimmt werden sollte. Vorbild für die internationale Zusammenarbeit und die gemeinsame Finanzierung war das 1953 von 12 westeuropäischen Staaten gegründete Conseil Européen pour la Recherche Nucléaire (CERN). Bereits die ersten Verhandlungen führten zu der Erkenntnis, dass neutrale Staaten wie Schweden oder die Schweiz durchaus bereit waren, sich an zivilen Programmen zur Erforschung der Hochatmosphäre und des Weltraumes zu beteiligen, nicht jedoch an der Entwicklung von schweren Trägerraketen und Satellitennetzwerken, da diese auch für militärstrategische Zwecke genutzt werden könnten. Darüber hinaus gab es bei einigen Staaten auch gewisse politische Vorbehalte gegenüber dem iberofaschistischen Franco-Regime in Spanien, was die Beteiligung an einer gemeinsamen Trägerrakete betraf. Es wurde daher schnell klar, dass es zwei getrennter Organisationen mit unterschiedlicher Mitgliederstruktur bedurfte: Eine für die Entwicklung einer großen europäischen Trägerrakete und eine für die Entwicklung von Forschungssatelliten und den Einsatz suborbitaler Höhenforschungsraketen. Zu diesem Zweck wurde ein Vorbereitungskomitee für Weltraumforschung gegründet, das Comité Préparatoire pour la Recherche Spatiale (COPERS).[45]

Damit war bereits ein großer Nachteil verbunden: Es konnte keine einheitliche westeuropäische Raumfahrtorganisation nach dem Vorbild der NASA geben. COPERS traf sich Anfang des Jahres 1960 in Straßburg zur ersten Konferenz. Die teilnehmenden Länder waren Frankreich, Großbritannien, die BRD, Italien, Spanien, die Niederlande, Belgien, Dänemark, Schweden, Norwegen und die Schweiz. Weitere Länder waren als Beobachter mit dabei, darunter auch Österreich und Australien. Bereits bei dieser ersten Sitzung traten gravierende politische, organisatorische und finanzielle Differenzen zwischen den beteiligten Ländern zu Tage. Treibende Kräfte waren Großbritannien und Frankreich, die ihre nationalen Raketenprogramme auf eine möglichst breite, internationale finanzielle Basis stellen wollten, ohne jedoch den entsprechenden Technologietransfer zulassen zu wollen. Das Ergebnis waren mangelnde Transparenz und unzureichende Koordination. Westdeutschland und Italien zögerten, weil sie große finanzielle Belastungen befürchteten. Beide Länder wollten lieber die bereits ausgereiften und bewährten amerikanischen Trägerraketen für den Start ihrer Satelliten nutzen, ohne in ein kostspieliges westeuropäisches

---

[45] Reinke, Niklas. 2004. *Geschichte der deutschen Raumfahrtpolitik*, S. 72 f.

Raketenprogramm zu investieren, von welchem primär die britische und die französische Luft- und Raumfahrtindustrie profitiert hätte und dessen Ausgang ungewiss gewesen wäre. Den britischen und französischen Delegierten war von Anfang an klar, dass das Projekt ohne die Wirtschaftsgroßmacht BRD von Vornherein zum Scheitern verurteilt war. Westdeutschland sollte dazu überredet werden, rund ¼ der Gesamtkosten zu übernehmen. Der britisch-französische Vorschlag lautete daher, eine dreistufige Trägerrakete zu entwickeln, deren 1. Stufe in Großbritannien, 2. Stufe in Frankreich und 3. Stufe in Deutschland entwickelt und gebaut werden sollte. Damit war ein weiterer Geburtsfehler des neuen Raumfahrtsystems verbunden: Eine mehrstufige Trägerrakete ist ein komplexes Zusammenspiel zahlreicher Komponenten und Subsysteme. Ohne zentrale Koordination, transparenten Technologietransfer und einen gemeinsamen industriellen Generalauftragnehmer kann so etwas nicht funktionieren. Nachdem Deutschland grundsätzliche Zustimmung signalisiert hatte, wurde in einer weiteren Konferenz im Oktober in London versucht, den viertgrößten potenziellen Beitragszahler Italien mit ins Boot zu holen. In der Zwischenzeit hatten sich aus den bereits genannten Gründen Spanien, Schweden, Norwegen und Dänemark aus den Verhandlungen zurückgezogen. Italien wurde mit der Zusage geködert, dass die Testsatelliten für die Testflüge der neuen europäischen Trägerrakete in Italien entwickelt und gebaut werden können. Damit bekam das ohnehin schon zersplitterte Raketenprogramm eine weitere nationale Komponente hinzu. Parallel dazu trat in den Verhandlungen aber auch noch ein britisch-französischer Konflikt auf. Es ging dabei um die Frage nach dem Raketenstartgelände. Frankreich favorisierte seine Anlagen in Algerien, von wo auch schon die französischen Raketen der Edelstein-Serie gestartet worden waren. Großbritannien lehnte diesen Vorschlag unter Hinweis auf die unsichere politische und militärische Lage im Algerienkrieg ab. Stattdessen schlugen die Briten das militärische Test- und Versuchsgelände Woomera (sprich: *Wuhmera*) im südaustralischen Outback vor. Die Woomera Prohibited Area (WPA) war ein riesiges militärisches Sperrgebiet, das seit 1947 von den australischen und britischen Streitkräften für Test und Training mit verschiedenen Waffensystemen genutzt worden war. Unter anderem waren im Laufe der 1950er Jahre in der Testzone Maralinga auch britische Atomwaffentests durchgeführt worden. Beide Raketenstartgelände lagen ungefähr gleich weit vom Äquator entfernt: Colomb-Béchar am 31. Grad nördlicher Breite und Woomera am 30. Grad südlicher Breite. Allerdings war Algerien viel näher an Europa, während Australien am anderen Ende der Welt lag, d. h. sämtliche Komponenten mussten rund um den Globus verschifft werden. Weil Frankreich den Algerienkrieg zu verlieren drohte, setzten sich schließlich die Briten und Australier durch. Damit war auch entschieden, dass Australien als einziges nicht-europäisches Land ebenfalls Mitglied der westeuropäischen Trägerraketen-Entwicklungs- organisation werden sollte. Schließlich wurden auch noch Belgien und die Niederlande als Mitfinanziers mit der Zusage ins Boot geholt, die not- wendigen Bodenstationen für die Bahnverfolgung (Belgien) und den Empfang der Telemetriedaten (Niederlande) zur Verfügung zu stellen.[46]

Damit wurde ein Prinzip eingeführt, welches die westeuropäische Raum- fahrt in Zukunft prägen sollte: Der sogenannte Geographic Return (Geo- Return). Dabei ging es darum, die jeweiligen Finanzierungsanteile in Form von Aufträgen an die jeweilige nationale Luft- und Raumfahrtindustrie (Aerospace Industry) wieder zurückzuführen. In weiterer Folge sollte diese dann auch Unteraufträge an zahlreiche nationale Lieferanten vergeben. Die Finanzierung der gemeinsamen Weltraumorganisation diente somit primär der Förderung der eigenen, nationalen Hightech-Industrie und dem Aufbau einer entsprechenden Infrastruktur.

Die Entwicklungskosten für die neue europäische Trägerrakete wurden ursprünglich sehr optimistisch mit 850 Mio. DM angesetzt. Umgerechnet auf das Preisniveau von 2020 entspricht dies ca. 1,7 Mia. €. Man einigte sich schließlich auf folgende Aufteilung: Großbritannien übernahm rund 41 % der Gesamtkosten, Frankreich 24 %, die BRD 19 %, Italien 10 % und Belgien und die Niederlande beteiligten sich mit jeweils ca. 3 %.[47]

Damit hatte die BRD zunächst einen geringeren Finanzierungsanteil, als von Großbritannien und Frankreich zunächst erhofft. Allerdings konnte der Aufteilungsschlüssel jederzeit geändert werden, wenn sich an der Aufgaben- teilung etwas änderte. Der britische Beitrag erschien nur auf den ersten Blick sehr großzügig. Tatsächlich rechneten sich die Briten ihr gescheitertes nationales Atomraketenprogramm auf ihren Finanzierungsbeitrag an. Die Blue Streak (dt. Blauer Streifen) hätte die erste britische Mittelstreckenrakete (Intermediate Range Ballistic Missile, IRBM) werden sollen. Mit einer Reichweite von knapp 4000 km hätte sie den europäischen Teil der Sowjet- union bis zum Ural abgedeckt und eine Ergänzung zu den amerikanischen Interkontinentalraketen (Intercontinental Ballistic Missile, ICBM) dar- gestellt. Als Hauptauftragnehmer hatte die De Havilland Aircraft Company fungiert. Einer der Subauftragnehmer war Rolls Royce für die Triebwerke. Die Blue Streak war 18,50 m lang bei einem Durchmesser von 3 m. Die

---

[46] Woydt, Hermann. 2015. *Das Ariane-Programm*, S. 4 f.
[47] Ebd., S. 5 bzw. Reichl, Eugen u. a. 2020. *Raketen*, S. 78.

Leermasse betrug rund 6,5 t und die Startmasse knapp 90 t. Die beiden Rolls-Royce-Triebwerke vom Typ RZ 12 lieferten jeweils rund 670 kN Schub. Als Brennstoff kam Raketenkerosin (Rocket Propellant, RP-1) und als Oxidator flüssiger Sauerstoff (LOX) zum Einsatz.[48]

In der zweiten Hälfte der 1950er Jahre vervielfachten sich die Entwicklungskosten der *Blue Streak* von 50 auf 300 Mio. £. Nachdem 1960 immer noch kein Jungfernflug abzusehen war, wurde das Programm vom britischen Parlament gestrichen. Neben der Kostenexplosion und den Zeitverzögerungen wurde auch die mangelnde Abschreckungswirkung als Atomrakete bemängelt. Sie hätte nämlich vor ihrem Einsatz erst betankt werden müssen. Da Sauerstoff einen sehr niedrigen Siedepunkt von -183 °C hat, wäre die Rakete bei längerer Lagerung vereist. Außerdem hatte sich die Suche nach geeigneten Stationierungsorten als extrem schwierig herausgestellt. Da man schon sehr viel Geld in das Projekt investiert hatte, wollte man es zumindest als Trägerrakete für den ersten britischen Satellitenstart nachnutzen. Das Nachfolgeprojekt *Black Prince* kam jedoch über den Konzeptstatus nicht hinaus. Schließlich kam die britische Regierung auf die Idee, die *Blue Streak* als Erststufe der neuen westeuropäischen Trägerrakete einzusetzen und dadurch in die 1960er Jahre hinüberzuretten.

Darüber hinaus finanzierten sich die Briten mit ihren Beiträgen auch den großzügigen Ausbau der Startanlagen in der Woomera Prohibited Area (WPA) in Südaustralien. Auf dem Gelände Koolymilka innerhalb der WPA hatten die Briten im Laufe der 1950er Jahre bereits 4 kleinere Launch Areas (LA 1–4) errichtet, um dort kleine militärische und zivile Raketen zu testen. Unter anderen war 1957 dort auch erstmals die Höhenforschungsrakete *Skylark* (dt. Feldlerche) getestet worden. Australiens Beitrag zur Trägerraketen-Entwicklungsorganisation lag allein in der Zurverfügungstellung der WPA. Großbritannien errichtete in der 1. Hälfte der 1960er Jahre zwei neue, große Startkomplexe (Launch Areas): Die LA 5 für den eigenen nationalen Minilauncher *Black Arrow* und die LA 6 für die *Blue Streak* bzw. die künftige Europa-Rakete.[49]

Ähnliche Überlegungen gab es auch in Frankreich. Das Edelstein-Programm mit der *Diamant* als größter Trägerrakete war gegenüber den amerikanischen und sowjetischen Trägersystemen nicht konkurrenzfähig. Ende 1961 wurde eine nationale Raumfahrtagentur nach dem Vorbild der NASA gegründet, das Centre National d'Études Spatiales (CNES). Sie sollte

---

[48] Reichl, Eugen u. a. 2020. *Raketen*, S. 79.
[49] Reichl, Eugen u. a. 2020. *Raketen*, S. 82 f.

parallel einerseits die Entwicklung einer eigenen kleinen Satellitenträger-rakete (Diamant) und eines ersten nationalen Satelliten (Astérix) voran-treiben und andererseits auch einer leistungsfähigen und zuverlässigen 2. Stufe für die geplante Europa-Rakete. Den Entwicklungsauftrag erhielt das nationale Forschungslabor für Ballistik und Aerodynamik (Laboratoire de Recherches Balistiques et Aérodynamiques, LRBA). Den Hauptauftrag für den Bau erhielt Nord Aviation.

Das Ergebnis war die ballistische Versuchsrakete Cora. Sie war 11 m lang und hatte einen Durchmesser von 2 m. Das Startgewicht betrug 16 t. Als 2. Stufe der Europa-Rakete ohne eigene Nutzlastverkleidung war sie ledig-lich 5,5 m lang und erhielt die Bezeichnung *Coralie*. Angetrieben wurde sie von 4 Raketentriebwerken vom Typ Vexin A. Entwickelt und gebaut wurden sie von dem französischen Triebwerkshersteller SNECMA.[50] Die Vexin-Triebwerke nutzten die Treibstoffkombination unsymmetrisches Dimethyl-hydrazin (UDMH, $C_2H_8N_2$) als Brennstoff und Distickstofftetroxid (NTO, N_2O_4) als Oxidator und entwickelten eine Schubleistung von 68,5 kN.

Am 29. März 1962 wurde schließlich die European Launcher Develop-ment Organisation (ELDO) offiziell gegründet.[51] Gründungsmitglieder waren die bereits genannten 6 westeuropäischen Staaten Großbritannien, Frankreich, die BRD, Italien, Belgien und die Niederlande mit Australien als außereuropäischem Mitglied, welches lediglich das Startgelände zur Verfügung stellte. Die im selben Jahr gegründete Weltraumforschungs-organisation ESRO für die Entwicklung und den Bau von Satelliten umfasste dagegen 4 weitere Länder und war damit deutlich breiter auf-gestellt. Dies wird im folgenden Abschnitt ausführlich dargestellt. Die Ratifizierungen zogen sich allerdings in die Länge, weil es in einigen Mit-gliedsländern immer noch Widerstände gab. Dadurch konnte der ELDO-Vertrag erst Ende Februar 1964 in Kraft treten. Um die Übergangszeit nicht nutzlos verstreichen zu lassen, war eine ELDO Preparatory Group (ELDO-PG) gegründet worden. Das in Paris eingerichtete Sekretariat war jedoch nur schwach besetzt und das Mandat befristet. Mangelnde Transparenz und Koordination begleiteten den Entwicklungsprozess von Anfang an. Das besserte sich auch nicht nach dem Inkrafttreten der Ver-träge. Geleitet von einem Generalsekretär sowie einem technischen und einem Verwaltungsdirektor erreichte der gesamte Personalstand nicht ein-

---

[50] SNECMA = Société Nationale d'Études et de Constructions de Moteurs d'Aviation (dt. Nationale Gesellschaft zur Entwicklung und zum Bau von Flugmotoren).

[51] Dt. Europäische Trägerraketen-Entwicklungsorganisation, franz. Centre Européen pour la Construction de Lanceurs d'Engins Spatiaux (CECLES).

mal 200 Mitarbeiterinnen und Mitarbeiter. Die beiden Hauptinitiatoren Großbritannien und Frankreich investierten ihre Ressourcen lieber in ihre nationalen Programmbeiträge und wollten sich dabei nicht allzu tief in die Karten blicken lassen. Das Grundprinzip der national eigenständigen Stufenentwicklung ermöglichte keine effektive Gesamtleitung und Kontrolle des Projektes. Die Aufträge für Forschung und Entwicklung (F&E) sowie die Produktion der Komponenten und Subsysteme wurden nicht zentral von der ELDO vergeben und überwacht, sondern von den einzelnen Mitgliedsländern. Das höchste Entscheidungsgremium der ELDO war der Rat, der zweimal jährlich tagte und aus jeweils zwei Delegierten pro Mitgliedsstaat bestand. Jedes Mitglied hatte eine Stimme, deren Gewichtung jedoch vom Kostenschlüssel abhing, d. h. Großbritannien und Frankreich hatten mit zusammen 65 % Stimmenanteilen fast eine $^2/_3$-Mehrheit.[52]

Die deutsche Oberstufe erhielt die lateinische Bezeichnung Astris. Dabei handelt es sich um den ablativus pluralis von astrum (dt. Stern). *Astris* bedeutet demnach *„von den Sternen"*. Das klang sehr hochtrabend, denn die Brennschlusshöhe betrug gerade einmal 400 km. Die Auftragsvergabe entwickelte sich zu einem deutschen Nord-Süd-Duell. Erstmals seit dem Zweiten Weltkrieg fungierte der Staat wieder als Auftraggeber für ein Raketenentwicklungsprojekt. Das war für die deutsche Luft- und Raumfahrtindustrie eine einmalige Chance. Um den Auftrag bewarb sich einerseits die Bölkow GmbH aus Ottobrunn bei München. Firmengründer Ludwig Bölkow (1912–2003) war während des Zweiten Weltkriegs Entwicklungsleiter bei den 1938 in Augsburg von Willy Messerschmitt (1898–1978) gegründeten gleichnamigen Flugzeugwerken. Bölkow war u. a. maßgeblich an der Entwicklung des weltweit ersten Düsenjägers Me 262 beteiligt. Nach dem Krieg hatte er ein eigenes Ingenieurbüro für die Entwicklung von Luftfahrzeugen gegründet. 1959 bildete Bölkow ein süddeutsches Entwicklungskonsortium mit der Messerschmitt AG, die inzwischen auch die Junkers Flugzeugwerke (JFW) übernommen hatte, sowie der von Ernst Heinkel (1888–1958) gegründeten gleichnamigen Flugzeugwerke mit Sitz in Stuttgart. Messerschmitt, Bölkow, Junkers und Heinkel bildeten gemeinsam den Entwicklungsring (EWR) Süd mit Sitz in München. Gefördert wurde der EWR von den beiden süddeutschen Bundesländern Bayern und Baden-Württemberg, die traditionell katholisch-konservativ („schwarz") regiert wurden. Dem stand der Entwicklungsring Nord (ERNO) gegenüber. Er wurde 1964 als Arbeits-

---

[52] Reinke, Niklas. 2004. *Geschichte der deutschen Raumfahrtpolitik*, S. 82 f.

gemeinschaft der Hamburger Flugzeugbau (HFB) und der Vereinigten Flugtechnischen Werke (VFW) mit Sitz in Bremen gegründet. Die VFW war ein Zusammenschluss der Bremer Flugzeughersteller Focke-Wulf (FW) und Weserflug. Der ERNO wurde von den Freien Hansestädten Hamburg und Bremen unterstützt, die traditionell sozialdemokratisch („rot") regiert wurden. Der wirtschaftspolitische Konflikt zwischen dem roten Norden und dem schwarzen Süden wurde schließlich durch einen typisch deutsch-föderalistischen Kompromiss entschärft: Die Konkurrenten wurden gezwungen, eine Bietergemeinschaft zu bilden, welche die Bezeichnung Arbeitsgemeinschaft Satellitenträger (ASAT) erhielt. An ihr waren beide Seiten zu je 50 % beteiligt. Es gab demnach keinen einzelnen Hauptauftragnehmer, der die Gesamtkoordination innehatte. Das organisatorische Chaos bei der ELDO spiegelte sich somit auch auf nationaler Ebene wieder. Darüber hinaus war auch noch die Deutsche Forschungsanstalt für Luftfahrt (DFL) mit ihrem Prüfstand für Raketentriebwerke in Trauen bei Faßberg, Niedersachsen an der Entwicklung und Erprobung beteiligt.[53]

Die ASAT war einerseits eine Zwangsehe, andererseits aber auch ein Modell für die Zukunft: Es war notwendig geworden, die kleinteilige Luftfahrtindustrie, deren Strukturen in den 1930er Jahren entstanden sind, durch Fusionen zu großen, nationalen Luft- und Raumfahrtunternehmen zu fusionieren, die bei der Vergabe von Großaufträgen international konkurrenzfähig sind. War der EWR zunächst nur ein loses Bündnis unabhängiger Luftfahrtunternehmen, um nationale Großaufträge zu erhalten, so kam es 1968 zur Fusion unter der Bezeichnung Messerschmitt-Bölkow GmbH (MB). Nur ein Jahr später gesellte sich auch die Flugzeugsparte der Schiffswerft Blohm + Voss hinzu. Durch den Zusammenschluss entstand schließlich die Messerschmitt-Bölkow-Blohm GmbH (MBB), der größte deutsche Luft- und Raumfahrtkonzern.[54]

Ähnliche Entwicklungen gab es auch in den anderen westeuropäischen Ländern: Die britische Regierung forcierte bereits 1960 einen großen Zusammenschluss der kriselnden nationalen Flugzeugindustrie: Bristol Aircraft, English Electric Aviation, Hunting Percival Aircraft und Vickers Armstrong fusionierten zur British Aircraft Corporation (BAC), dem fortan größten britischen Aerospace-Konzern. 1977 wurde die BAC schließlich mit Hawker Siddeley und Scottish Aviation zur British Aerospace (BAe)

---

[53] Ebd., S. 85 f.

[54] MBB wurde 1989 von der Konzerngruppe Daimler-Benz übernommen und fusionierte mit den bereits zu DB gehörenden Tochtergesellschaften Dornier und der Motoren- & Turbinen-Union (MTU) zur Deutschen Aerospace Aktiengesellschaft (DASA).

mit Sitz in Farnborough fusioniert, wodurch einer der größten Aerospace-Konzerne von Europa entstand. 1969 wurden Fiat Aviazione, Aeronautiche e Ferrotranviarie (Aerfer), Finmeccanica und Salmoiraghi zum größten italienischen Luft- und Raumfahrtkonzern Aeritalia fusioniert. 1970 wurden die beiden größten französischen Luft- und Raumfahrtkonzerne, die Nord Aviation mit Sitz in Bourges und die Sud Aviation mit Sitz in Toulouse gemeinsam mit dem Raketenentwicklungsgesellschaft SEREB zur Société Nationale Industrielle Aérospatiale (SNIAS) fusioniert. Nachdem sich die sperrige Abkürzung im Sprachgebrauch nicht durchsetzen konnte, sprach man bald nur noch von der Aérospatiale.

Die von der ASAT entwickelte und gebaute deutsche Oberstufe *Astris* war 3,36 m lang und besaß einen Durchmesser von 2 m. Die Leermasse betrug 600 kg und die Startmasse 3320 kg. Als Brennstoff fungierte Aerozin 50. Dabei handelte es sich um eine Mischung aus jeweils 50 % unsymmetrischem Dimethylhydrazin (UDMH, $C_2H_8N_2$) und Hydrazin (N_2H_4). Als Oxidator fungierte Distickstofftetroxid (N_2O_4). Das Astris-Triebwerk erzeugte einen Schub von 23 kN.[55]

Der entscheidende Unterschied zu den ersten beiden Stufen der Europa-Rakete war der Umstand, dass sowohl die britische *Blue Streak*, als auch die französische *Cora* auch alleine gestartet werden konnten, d. h. diese beiden Länder entwickelten im Rahmen des Europa-Programmes eigenständige Raketensysteme, während die deutsche Astris-Oberstufe nicht unabhängig gestartet werden konnte.

Die Entwicklung der Europa-Rakete zur Serienreife sollte in 4 Phasen ablaufen:[56]

1. In Phase 1 sollte noch in der ersten Hälfte der 1960er Jahre die britische Erststufe Blue Streak alleine von der neu gebauten Launch Area LA-6 in Woomera 3 Teststarts absolvieren.
2. In Phase 2 sollten Mitte der 1960er Jahre suborbitale Testflüge der dreistufigen Konfiguration durchgeführt werden, wobei nur die Erststufe aktiv sein sollte, um die aerodynamischen Belastungen des Gesamtsystems zu testen. Parallel dazu sollte auch die französische Zweitstufe in der Konfiguration Cora mit der inaktiven deutschen Drittstufe Astris vom algerischen Hammaguir aus testweise gestartet werden.

---

[55] Reichl, Eugen u. a. 2020. *Raketen*, S. 79.
[56] Ebd., S. 78. Reichl nennt nur 3 Phasen, wobei er Phase 2 und 3 zusammenfasst.

3. In Phase 3 sollten anschließend die ersten beiden Stufen Blue Streak und Coralie nacheinander zünden und schließlich alle 3 Stufen, d. h. inklusive Astris. Als Einschlagzone war die Simpson-Wüste im Northern Territory vorgesehen.
4. In Phase 4 sollten schließlich 3 Orbitalflüge mit italienischen Testsatelliten durchgeführt werden. Spätestens im Jahr 1970 sollte die Europa-Rakete dann serienreif und einsatzbereit sein.

Der erste Teststart der Blue Streak, Flight One (F1), erfolgte im Juni 1964 und verlief noch nicht fehlerfrei. Die beiden folgenden Teststarts F2 im Oktober 1964 und F3 im März 1965 dagegen schon. Bei der Tagung des ELDO-Rates im Frühjahr 1965 verkündete Großbritannien offiziell die Einsatzbereitschaft der Erststufe Blue Streak und der Startanlagen in Woomera. Damit hätten sie ihren Teil des Vertrages erfüllt und forderten eine deutliche Reduzierung des britischen Finanzierungsanteils. Frankreich erklärte sich nur dann bereit, einen höheren Finanzierungsanteil zu übernehmen, wenn die ELDO strategisch neu ausgerichtet würde. Die ursprüngliche dreistufige Version der Europa-Rakete war nicht in der Lage, einen Satelliten in den geostationären Orbit (GEO) zu transportieren. Frankreich forderte daher die sofortige Einstellung der Teststarts und die Entwicklung einer vierstufigen Europa 2 mit einer zusätzlichen Kickstufe, welche den Satelliten aus der erdnahen Parkbahn in eine geostationäre Transferbahn (Geostationary Transfer Orbit, GTO) katapultiert. Frankreich wollte die 4. Stufe selber entwickeln und bauen. Darüber hinaus wurde auch das britisch-australische Startgelände in Südaustralien in Frage gestellt. Woomera liegt am 31. Breitengrad und damit weiter vom Äquator entfernt als Cape Canaveral. Frankreich forderte die Errichtung neuer Startkomplexe in Französisch-Guayana. Das 1964 eingeweihte Centre Spatial Guyanais (CSG) lag am 5. Breitengrad und damit nur rund 580 km vom Äquator entfernt. Dadurch konnte der Drehimpuls der Erde beim Start in Richtung Osten viel besser ausgenutzt werden, d. h. es konnte mehr Nutzlast in die Parkbahn transportiert und anschließend in den GTO überführt werden. Großbritannien und Australien warfen den Franzosen nun vor, dass sie nach dem verlorenen Algerienkrieg und dem Verlust ihrer Startgelände in der algerischen Wüste auf Kosten der westeuropäischen Partnerländer ihr neues Raumfahrtzentrum in Südamerika refinanzieren wollten. Australien schlug als Alternative sogar ein neues Raketenstartgelände an der Nordküste bei Darwin vor. Die Hauptstadt des Northern Territory liegt jedoch am 12. Breitengrad und damit immer noch mehr als doppelt so weit vom Äquator entfernt wie Kourou in Französisch-Guayana. Der britisch-französische Konflikt wurde auch dadurch verschärft, dass der französische Staatspräsident Charles de Gaulle ein Veto gegen den Beitritt Großbritanniens zur Europäischen Wirtschaftsgemeinschaft (EWG) eingelegt hatte. Die neu gewählte Labour-Regierung unter Premierminister J. Harold Wilson (1916–1995, reg. 1964–1970 u. 1974–1976) fokussierte sich nun auf die Reform des Arbeitsmarktes und des Bildungswesens sowie auf die Sanierung maroder Staatsbetriebe. Für kostspielige europäische Prestigeprojekte war nicht mehr so viel Geld übrig.

Der Streit drohte die ELDO zu zerreißen und führte schließlich zu einem faulen Kompromiss: Die Tests mit der dreistufigen Europa 1 wurden wie geplant von Woomera aus fortgesetzt und parallel dazu sollte die vierstufige Europa 2 entwickelt werden, deren erste 3 Stufen denen der Europa 1 entsprechen und die von Kourou aus gestartet werden sollte. Damit war das ohnehin schon komplexe Programm noch unübersichtlicher geworden.[57] Die ELDO hatte plötzlich zwei getrennte Programme mit unterschiedlichen Unterstützern und Zielsetzungen: Die Europa 1 sollte von Woomera aus wissenschaftliche Satelliten zur Höhenforschung und Erdbeobachtung in niedrige, polare Umlaufbahnen bringen. Dieses Programm wurde v. a. von Großbritannien und Australien unterstützt. Die Europa 2 sollte von Kourou aus v. a. kommerzielle Kommunikations- und Wettersatelliten in äquatoriale, geostationäre Umlaufbahnen befördern. Hinter diesem Programm stand v. a. Frankreich. Die Zweigleisigkeit führte zu einer Kostenexplosion und zu einer mühsamen Neuverhandlung des Finanzierungsschlüssels: Großbritannien war nicht länger bereit, den Hauptanteil zu tragen und damit indirekt das französische Programm zu subventionieren. Eigentlich hätte Frankreich jetzt den größten Teil der Finanzierung übernehmen müssen. Der gaullistischen Regierung gelang es jedoch, den Finanzierungsanteil auf ¼ des Gesamtbudgets zu begrenzen. Dafür wurde Westdeutschland überredet, seinen Anteil deutlich zu erhöhen. Das Argument war das größere Bruttoinlandsprodukt (BIP) der BRD im Vergleich zu Frankreich oder Großbritannien. Allerdings gab es dafür keinen zusätzlichen Großauftrag. Die Deutschen stimmten dennoch zu, weil sie die europäische Integration und insbesondere die strategische Partnerschaft mit Frankreich nicht aufs Spiel setzen wollten. Der neue Aufteilungsschlüssel ab dem Fiskaljahr 1966 sah folgendermaßen aus: Großbritannien reduzierte seinen Finanzierungsanteil von 41 auf nur noch 27 %. Deutschland zog gleich und erhöhte seinen Anteil von 19 auf 27 %. Frankreich

---

[57] Reinke, Niklas. 2004. *Geschichte der deutschen Raumfahrtpolitik*, S. 88 f.

erhöhte seinen Anteil nur unwesentlich von 24 auf 25 %, obwohl zwei neue Großaufträge folgten: Der Ausbau des Raumfahrtzentrums (CSG) in Kourou und die Entwicklung der Kickstufe der Europa 2. Italiens Beitrag wurde von 10 auf 12 % erhöht, während sich Belgien und die Niederlande nun mit jeweils 4,5 % anstatt bisher je 3 % beteiligten.[58] In Deutschland entwickelte sich eine innenpolitische Debatte über die Priorisierungen in der Raumfahrtpolitik. Zahlreiche Forschungseinrichtungen bemängelten, dass durch die Neuaufteilung der Finanzierungsbeiträge für die ELDO mehr als die Hälfte des gesamten deutschen Weltraumforschungsbudgets für internationale Programme ausgegeben wird, während Frankreich beispielsweise immer noch über 70 % seines Raumfahrtbudgets für nationale Programme reserviert habe. Die deutsche Regierung finanziere damit primär die Raumfahrt in anderen Ländern und vernachlässige dabei die Entwicklung der eigenen Weltraumforschung bzw. Luft- und Raumfahrtindustrie.[59]

In den folgenden Jahren entwickelte sich Frankreich zur führenden Weltraummacht Westeuropas. Bereits im November 1965 war es ihnen gelungen, erstmals einen eigenen Satelliten (Astérix) mit einer eigenen Trägerrakete (Diamant) in den Erdorbit zu befördern und damit nach den beiden Supermächten USA und Sowjetunion zur weltweit 3. Raumfahrtnation aufzusteigen. Im November und Dezember 1966 erfolgten von Hammaguir aus zwei erfolgreiche Teststarts der Cora-Rakete mit inaktiven Attrappen der deutschen Astris-Oberstufe. Der 3. Testflug wurde von Biscarrosse an der Biscaya aus gestartet. Danach wurde die französische Zweitstufe der Europa-Rakete für einsatzbereit erklärt. Schließlich wurde die Kickstufe der Europa 2 entwickelt. Hauptauftragnehmer war die aus der Fusion von Nord und Sud Aviation hervorgegangene Société Nationale Industrielle Aérospatiale (SNIAS). Die neue Stufe erhielt die Bezeichnung SNIAS Étage de Perigée (SEP).[60] Sie war 2 m lang und besaß einen Durchmesser von 73 cm. Die Leermasse betrug 125 kg und die Startmasse 810 kg. Das Raketentriebwerk vom Typ SEP P.07 verbrannte des Festtreibstoff Isolan, der bereits in der Topas-Rakete aus der Edelstein-Serie erfolgreich zum Einsatz gekommen war. Die Schubleistung betrug 41 kN und damit deutlich mehr als das deutsche Astris-Triebwerk. Diese Schubleistung war auch notwendig, denn die SEP sollte einen 420 kg schweren Satelliten aus dem vorläufigen Parkorbit in rund 400 km Höhe in einen hochelliptischen geostationären

---

[58] Ebd., S. 90 f.
[59] Ebd., S. 114–116.
[60] Étage de Perigée = Perigäum-Stufe, im Englischen auch Perigee Kick Stage (PKS) genannt.

Transferorbit (Geostationary Transfer Orbit, GTO) mit einem Perigäum von 400 km und einem Apogäum von 35.786 km katapultieren. Beim Erreichen des Apogäums sollte dann der integrierte Apogäumsmotor (Apogee Kick Motor, AKM) den Satelliten in eine Kreisbahn überführen. Parallel dazu wurde das Raumfahrtzentrum in Französisch-Guayana (CSG) ausgebaut. Es entstand ein neuer großer Startkomplex, das Ensemble de Lancement Europa (ELE).

In der Zwischenzeit waren auch die Briten nicht untätig. Im Rahmen der Erprobungsphase 2 sollten 3 suborbitale Testflüge mit der Europa 1 in der dreistufigen Konfiguration von Woomera aus erfolgen, wobei nur die Erststufe aktiv sein sollte, um die aerodynamischen Belastungen des Gesamtsystems zu testen. Der erste Start im Mai 1966, in der Gesamtstatistik war das bereits Flug Nr. 4 (F4), war nur ein Teilerfolg, weil die Bodenstation falsche Bahndaten berechnete und die Blue Streak per Funkbefehl vorzeitig abschaltete. Der Teststart F5 im November 1966 verlief dagegen reibungslos (Abb. 6.3).

Daraufhin wurde die Erprobungsphase 3 gestartet, bei der auch die französische Zweitstufe Coralie gezündet werden sollte. Beim ersten Versuch (F6) im August 1967 zündete die Coralie nach der Stufentrennung nicht und stürzte ab. Beim zweiten Versuch (F7) im Dezember 1967 zündete die Coralie zwar, jedoch hatte diesmal die Stufentrennung von der Blue Streak nicht funktioniert, so dass die gesamte Rakete explodierte. Trotz der Fehlstarts wurde entschieden, beim nächsten Start (F8) alle 3 Stufen hintereinander zu zünden. Im November 1968 wurde erstmals das Gesamtsystem mit 3 aktiven Stufen und einem italienischen Testsatelliten gestartet. Diesmal gelang die Stufentrennung und auch das Triebwerk der Coralie arbeitete problemlos. Allerdings explodierte das deutsche Astris-Triebwerk kurz nach der Zündung. Ähnlich verlief auch der nächste Startversuch F9 im Juli 1969. Um die Ursache zu eruieren und das Problem zu beheben, wurde das Testprogramm für ein Jahr unterbrochen. Der Fehler lag schließlich nicht am deutschen Raketentriebwerk, sondern an fehlerhaften Sprengbolzen zur Stufentrennung. Die Briten verloren nun endgültig die Geduld und erklärten, nur noch einen Teststart in Woomera unterstützen und sich danach aus der Finanzierung der ELDO zurückziehen zu wollen. Entweder war der nächste Start erfolgreich und die Europa 1 damit zur Serienreife fertig entwickelt oder das Programm war gescheitert. Die Franzosen konzentrierten sich sowieso nur noch auf die Europa 2 und den Bau der eigenen Startanlagen in Kourou. Der letzte Startversuch (F10) im Juni 1970 war dann zumindest ein Teilerfolg, denn erstmals arbeiteten alle 3 Stufen zuverlässig. Allerdings hatte sich die Nutzlastverkleidung nicht

Abb. 6.3 Start einer Europa 1 in Woomera, Südaustralien (1966). Die Europa 1 sollte die erste gemeinsame westeuropäische Satellitenträgerrakete werden. Sie wurde im Auftrag der Europäischen Trägerraketen-Entwicklungsorganisation ELDO entwickelt und gebaut. Trotz mehrerer Startversuche gelang es nicht, einen Testsatelliten in den Orbit zu befördern. (© ESA)

gelöst, so dass sich der italienische Testsatellit nicht von der deutschen Astris-Oberstufe trennen konnte. Es konnte somit kein stabiler Orbit erreicht werden, so dass Astris und der Satellit nach einer halben Erdumrundung in den Atlantik stürzten. Jetzt reichte es auch den Italienern, die nun ebenfalls ihren Rückzug aus der ELDO verkündeten. Damit war das Europa-1-Programm endgültig gescheitert. Um die Weiterentwicklung der Europa 2 und des Raumfahrtzentrums in Kourou zu sichern, gelang es den Franzosen, die Deutschen zu einer Kostenteilung zu überreden. Der neue Finanzierungsschlüssel sah jeweils 45 % deutschen und französischen sowie je 5 % belgischen und niederländischen Anteil vor.[61]

---

[61] Woydt, Hermann. 2015. *Das Ariane-Programm*, S. 9 f.

Die deutsche Kompromissbereitschaft erstaunt umso mehr, als dass es keinen zusätzlichen Großauftrag für die deutsche Luft- und Raumfahrtindustrie gab, denn die neue 4. Stufe wurde ja ebenfalls in Frankreich entwickelt und gebaut. Ein Hauptgrund für die deutsche Großzügigkeit war sicherlich die strategische Partnerschaft mit Frankreich im Bereich der Luft- und Raumfahrt. Der Markt für Großraumflugzeuge (Wide Bodies) in der westlichen Hemisphäre wurde zu Beginn der 1970er Jahre von 3 amerikanischen Unternehmen beherrscht (Triopol):[62]

1. Die bereits 1916 in Seattle vom deutschstämmigen Wilhelm E. Böing (1881–1956, anglisiert William Boeing) gegründete Flugzeugfirma Boeing. Das 1969 präsentierte neue Flaggschiff der Boeing-Flotte war die vierstrahlige B 747 (sprich: *Bi Seven-Four-Seven*) Jumbo Jet.
2. Die 1926 von Allan H. Loughhead (1889–1969) in Los Angeles gegründete Flugzeugfirma Lockheed. Ihr 1970 vorgestelltes neues Flaggschiff war die dreistrahlige L-1011 (sprich: *El Ten-Eleven*) TriStar.
3. Das 1967 aus der Fusion der McDonnell Aircraft Corp. mit der Douglas Aircraft Co. In Long Beach hervorgegangene Luft- und Raumfahrtunternehmen McDonnell Douglas. Ihr ebenfalls 1970 vorgestelltes neues Flaggschiff war die dreistrahlige DC-10 (Sprich: *Di-Si Ten*).

1970 wurde die deutsch-französische Firma Airbus zum Bau von europäischen Großraumflugzeugen gegründet. Teilhaber waren die deutsche MBB und ERNO sowie die französische Société Nationale Industrielle Aérospatiale (SNIAS), die im selben Jahr aus der Fusion der beiden Flugzeughersteller Nord und Sud Aviation hervorging. Hauptsitz und größter Endmontagestandort wurde Toulouse. Die südfranzösische Stadt war zuvor schon der Hauptstandort von Sud Aviation gewesen. Mit dem Modell A 300 sollte das weltweit erste zweistrahlige Großraumflugzeug entstehen, um das amerikanische Triopol zu brechen. 1971 traten die spanische CASA und 1979 schließlich auch die British Aerospace (BAe) dem Airbus-Konsortium bei.[63]

1969 war zudem ein bilateraler Vertrag zum Bau und Start von zwei experimentellen Telekommunikationssatelliten mit der Bezeichnung Sym-

---

[62] Ein Großraumflugzeug (engl. Wide-Body) besitzt einen breiten Rumpf mit mind. 5 m Durchmesser und in der Passagierkabine mind. 2 Gänge (engl. Twin-Aisle) mit bis zu 10 Sitzen in einer Reihe (3-4-3) in der Economy Class.

[63] CASA = Construcciones Aeronáuticas Sociedad Anónima. Die BAe entstand 1977 durch die Fusion der Britisch Aircraft Corp. (BAC) mit Hawker Siddeley und Scottish Aviation.

phonie unterzeichnet worden. Für den Bau der Satelliten wurde eigens ein deutsch-französisches Industriekonsortium gebildet, welches die Bezeichnung Consortium Industriel Franco-Allemande pour le satellite Symphonie (CIFAS). Hauptbeteiligte waren die größten Luft- und Raumfahrtkonzerne beider Länder, die deutsche Messerschmitt-Bölkow-Blohm (MBB) und die französische Aérospatiale. Weitere Teilnehmer waren aus Frankreich Thomson-CSF und SAT sowie aus Deutschland AEG-Telefunken und Siemens. Den Start in eine geostationäre Umlaufbahn (GEO) sollte die neue Europa 2 von Kourou aus durchführen. Das gemeinsame strategisches Ziel war, die einseitige Abhängigkeit vom amerikanisch dominierten International Telecommunications Satellite Consortium (INTELSAT) zu beenden. Mehrheitseigentümer an INTELSAT war die amerikanische Communications Satellite Corp. (COMSAT), die bereits 1962 als weltweit erste kommerzielle Satellitenbetreibergesellschaft gegründet worden war. Die USA wollten daher den Start konkurrierender Kommunikationssatelliten nicht unterstützen.[64]

Die vierstufige Europa 2 war 33,40 m lang und besaß einen Basisdurchmesser von 3,70 m. Die 4 Stufen waren mit insgesamt 8 Triebwerken bestückt, was das Zusammenspiel der Subsysteme noch komplizierter machte als bei der Europa 1. Die Leermasse betrug knapp 10 t und die Startmasse 112 t (Tab. 6.3).

Der Jungfernflug der Europa 2 erfolgte im November 1971. Es war der erste Start einer Großrakete vom französischen Centre Spatial Guyanais (CSG) in Kourou. Nach 2 min versagte das Trägheitsnavigationssystem. Die Rakete kam vom Kurs ab und stellte sich quer zur Flugrichtung. Aufgrund der zunehmenden aerodynamischen Belastungen brach sie auseinander und explodierte. Das Testprogramm musste für mindestens ein Jahr unterbrochen werden. In dieser Zeit kamen die Franzosen zu der Erkenntnis, dass die Europa 2 auch nach einem erfolgreichen Testprogramm nicht mehr konkurrenzfähig sei. Die Satelliten wurden immer größer und schwerer. Dies erforderte Nutzlastkapazitäten, die einem Vielfachen der Europa 2 entsprachen.[65]

Die amerikanische Atlas-Centaur konnte zu dieser Zeit mit knapp 2 t bereits das fünffache der Nutzlast in den GTO befördern. Die Franzosen forderten daher die sofortige Einstellung der Teststarts mit der Europa 2 und die Entwicklung einer Europa 3. Dieses Konzept sah weniger Stufen vor, um

---

[64] Reinke, Niklas. 2004. *Geschichte der deutschen Raumfahrtpolitik*, S. 97 f.

[65] Woydt, Hermann. 2015. *Das Ariane-Programm*, S. 18 f.

Tab. 6.3 Vergleich zwischen den Satellitenträgerraketen Europa 1 und 2. Die ersten westeuropäischen Satellitenträgerraketen Europa 1 und 2 wurden von 1962 bis 1972 von der ELDO entwickelt und getestet. Sämtliche Startversuche in der vollständigen Konfiguration mit 3 (E1) bzw. 4 (E2) Stufen schlugen fehl.[66] Aerozin 50 = je 50 % UDMH + Hydrazin, ASAT = Arbeitsgemeinschaft Satellitenträger, D = Deutschland, ELDO = European Launcher Development Organisation, ERNO = Entwicklungsring Nord, F = Frankreich, GB = Großbritannien, GTO = Geostationary Transfer Orbit, LEO = Low Earth Orbit, LOX = Liquid Oxygen, LRBA = Laboratoire de Recherches Balistiques et Aérodynamiques, MBB = Messerschmitt-Bölkow-Blohm, RP = Rocket Propellant, SEP = SNIAS Étage de Perigée, SLV = Small-lift Launch Vehicle, SNECMA = Société National d'Études et de Constructions de Moteurs d'Aviation, SNIAS = Société Nationale Industrielle Aérospatiale, UDMH = unsymmetrisches Dimethylhydrazin $(C_2H_8N_2)$, ZQ = Zuverlässigkeitsquote

Parameter	Europa 1	Europa 2
Gesamtlänge	31,70 m	33,40 m
Basisdurchmesser	3,50 m	3,70 m
Leermasse	9,1 t	9,8 t
Gesamtmasse/Startmasse	105 t	112 t
Nutzlast LEO/ GTO = Größenklasse	1200/200 kg = SLV	1450/400 kg = SLV
Anzahl der Raketenstufen/ Art	3/Tandem	4/Tandem
Gesamtzahl der Triebwerke	7	8
Entwicklungsorganisation	ELDO	
Bezeichnung (Land) 1. Stufe	Blue Streak (GB)	
Hersteller 1. Stufe	Hawker Siddeley	
Triebwerke Anzahl × Typ 1. Stufe	2 × Rolls Royce RZ 12	
Treibstoffkombi Brennstoff + Oxidator	RP-1 + LOX	
Schubleistung der 1. Stufe	2 × 670 = 1340 kN	
Bezeichnung (Land) 2. Stufe	Coralie (F)	
Hersteller 2. Stufe	LRBA + Nord Aviation	
Triebwerke Anzahl × Typ 2. Stufe	4 × SNECMA Vexin A	
Treibstoffkombi Brennstoff + Oxidator	UDMH + Distickstofftetroxid	
Schubleistung der 2. Stufe	4 × 68,5 = 274 kN	
Bezeichnung (Land) 3. Stufe	Astris (D)	
Hersteller 3. Stufe	ASAT = MBB + ERNO	
Triebwerke Anzahl × Typ 3. Stufe	1 × Astris	
Treibstoffkombi Brennstoff + Oxidator	Aerozin 50 + Distickstofftetroxid	
Schubleistung der 3. Stufe	23 kN	
Bezeichnung (Land) 4. Stufe	X	SEP (F)
Hersteller 4. Stufe	X	SNIAS

(Fortsetzung)

[66] Reichel, Eugen. 2011. *Trägerraketen seit 1957*, S. 32. Ders. u. a. 2020. *Raketen*, S. 79. Woydt, Hermann. 2015. *Das Ariane-Programm*, S. 19.

Tab. 6.3 (Fortsetzung)

Parameter	Europa 1	Europa 2
Triebwerke Anzahl × Typ 3. Stufe	X	1 × SEP P 0.7
Schubleistung der 4. Stufe	X	41 kN
Erster/letzter Start	29.11.1968/06.06.1970	05.11.1971
Anzahl Starts/davon erfolg-reich = ZQ	3/0 = 0 %	1/0 = 0 %
Startgelände	Woomera (Australien)	Kourou (Fr.-Guayana)

die Komplexität des Gesamtsystems zu reduzieren und das Zusammenspiel der Subsysteme zu verbessern. Die zweistufige Basisversion sollte bis zu 4,5 t Nutzlast in eine niedrige Erdumlaufbahn (LEO) befördern können, während die dreistufige Variante mindestens 1,5 t Nutzlast in den geostationären Transferorbit (GTO) befördern sollte. Die 1. Stufe sollte in Frankreich entwickelt und gebaut werden und die Treibstoffkombination unsymmetrisches Dimethylhydrazin (UMDH, $C_2H_8N_2$) als Brennstoff und Distickstofftetroxid (NTO, N_2O_4) als Oxidator nutzen. Die 2. Stufe sollte von einem Joint Venture von MBB und SNIAS als deutsch-französische Koproduktion entstehen und die hochenergetische Treibstoffkombination aus flüssigem Wasserstoff und Sauerstoff ($LH_2 + LOX$) nutzen. Die Kickstufe zum Einschuss des Satelliten in den GTO sollte in Deutschland entwickelt und gebaut werden.[67]

In Westdeutschland kam man jedoch zu der Erkenntnis, dass man das gesamte Projekt einer gemeinsamen europäischen Trägerrakete auf eine viel breitere Basis stellen müsse. Vor allem Großbritannien und einige neutrale Staaten wie Schweden oder Spanien, die in der Weltraumforschungsorganisation ESRO vertreten waren, sollten mit ins Boot geholt werden. In den Verhandlungen mit Frankreich wurde schließlich das Ziel festgelegt, eine einheitliche europäische Raumfahrtagentur zu gründen, die sowohl Trägerraketen, als auch Satelliten entwickelt, baut und startet. Die ELDO stellte daraufhin 1973 ihre Tätigkeiten ein. Bis dahin waren umgerechnet rund 4 Mia. € in das Projekt geflossen, ohne dass auch nur ein einziger Satellit in eine Erdumlaufbahn gebracht werden konnte (Tab. 6.4).[68]

4 Exemplare der Europa-Raketen kann man heute noch besichtigen: Jeweils eines am Gelände des Raumfahrtzentrums CSG bei Kourou in Französisch-Guayana, eines im British Museum in London und eines im

---

[67] Leitenberger, Bernd. 2015. *Die Europa-Rakete*, S. 85–91.
[68] Reichl, Eugen u. a. 2020. *Raketen*, S. 78.

Tab. 6.4 Testflüge des Trägerraketensystems Europa. Das von der ELDO entwickelte Trägerraketensystem Europa wurde zwischen 1964 und 1971 insgesamt 11 Mal zu Testzwecken in unterschiedlichen Konfigurationen gestartet. Vollständig erfolgreich waren nur 3 Flüge in Teilkonfigurationen (F2, F3, F5). In der vollständigen Konfiguration mit 3 (E1) bzw. 4 (E2) aktiven Stufen erreichte kein Testsatellit die Umlaufbahn (Orbit).[69] CSG = Centre Spatial Guyanais (Raumfahrtzentrum Französisch-Guayana, Kourou), ELE = Ensemble de Lancement Europa (Startkomplex Europa), F = Flight/Flug, LA = Launch Area (Startgelände), WPA = Woomera Prohibited Area (Woomera Sperrgebiet, Südaustralien)

Flug Nr.	Startdatum	Aktive Stufen	Konfiguration	Startgelände	Ergebnis
F1	05.05.1964	1	Blue Streak	WPA, LA-6	Teilerfolg
F2	20.10.1964	1	Blue Streak	WPA, LA-6	Erfolg
F3	22.03.1965	1	Blue Streak	WPA, LA-6	Erfolg
F4	24.05.1966	1	Blue Streak + 2 inakt. Stufen	WPA, LA-6	Fehlschlag
F5	15.11.1966	1	Blue Streak + 2 inakt. Stufen	WPA, LA-6	Erfolg
F6	04.08.1967	2	Blue Streak + Coralie + inakt. Astris	WPA, LA-6	Fehlschlag
F7	05.12.1967	2	Blue Streak + Coralie + inakt. Astris	WPA, LA-6	Fehlschlag
F8	30.11.1968	3	Europa 1 + Testsatellit	WPA, LA-6	Fehlschlag
F9	31.07.1969	3	Europa 1 + Testsatellit	WPA, LA-6	Fehlschlag
F10	10.06.1970	3	Europa 1 + Testsatellit	WPA, LA-6	Fehlschlag
F11	05.11.1971	4	Europa 2 + Testsatellit	CSG, ELE	Fehlschlag

Euro Space Center bei Redu in Belgien, wo die Bodenstation zur Bahnverfolgung (Tracking Station) errichtet wurde. Ein weiteres Exemplar gehört zum Bestand des Deutschen Museums und befindet sich in der Außenstelle Flugwerft Schleißheim nördlich von München (Abb. 6.4).

Am Ende blieben noch die beiden deutsch-französischen Telekommunikationssatelliten Symphonie 1 und 2 übrig. Notgedrungen musste man sich schließlich doch an die USA wenden, damit diese endlich gestartet werden konnten. Die Bedingungen waren ernüchternd: Die Satelliten durften nur für wissenschaftlich-experimentelle, nicht jedoch für kommerzielle Zwecke eingesetzt werden. Schließlich unterbrach auch noch das amerikanische Handelsministerium die Ausfuhr wichtiger Bauteile für die fast fertiggestellten Satelliten. Nach jahrelangen Verzögerungen konnten die beiden Satelliten endlich im Dezember 1974 und im August 1975 mit Trägerraketen vom Typ Thor-Delta vom Launch Complex No. 17

---

[69] Woydt, Hermann. 2015. *Das Ariane Programm*, S. 19.

Abb. 6.4 Europa-Rakete im Deutschen Museum. Ein Exemplar der Europa-Rakete befindet sich in der Flugwerft Schleißheim, einer Außenstelle des Deutschen Museums nördlich von München. In der Vitrine im Vordergrund befindet sich ein Modell der Europa-Rakete. Im Hintergrund links die deutsche Oberstufe Astris. Rechts davon ein Teil der französischen Mittelstufe Coralie. (© André T. Hensel)

(LC-17) der Cape Canaveral Air Force Station (CCAFS) gestartet werden. Die Erfahrungen mit dem US-Diktat ließen in Deutschland und Frankreich die Notwendigkeit umso dringlicher erscheinen, trotz des Desasters mit der Europa-Rakete einen eigenen westeuropäischen Satellitenträger entwickeln zu müssen.[70]

Die Geschichte der europäischen Trägerraketenserie Ariane wird im 2. Band der Trilogie zur Geschichte der Raumfahrt ausführlich behandelt.

6.4   ESRO: Europäische Forschungssatelliten von Iris über Aurora bis HEOS

Die 1962 gegründete westeuropäische Weltraumforschungsorganisation ESRO hatte im Gegensatz zur Trägerraketenentwicklungsorganisation ELDO auch 4 neutrale Mitgliedsstaaten und war somit breiter aufgestellt. In den Mitgliedsländern wurden einige Forschungs- und Kontroll- und Startzentren errichtet, darunter das Raumflugkontrollzentrum ESOC in Darmstadt. Zwischen 1967

---

[70] Reinke, Niklas. 2004. *Geschichte der deutschen Raumfahrtpolitik,* S. 110 f. In der Sekundärliteratur findet man fälschlicherweise als Startgelände das Kennedy Space Center (KSC) der NASA. Dieses liegt nördlich der CCAFS und wurde im 20. Jahrhundert ausschließlich für die Starts der Saturn V und des Space Shuttle genutzt.

und 1972 wurden insgesamt 8 ESRO-Satelliten gestartet. 7 Starts erfolgten von Vandenberg an der kalifornischen Pazifikküste in polare Orbits und ein Start von Cape Canaveral an der Atlantikküste von Florida in einen äquatornahen Orbit. Fünfmal kam eine Trägerrakete vom Typ Scout zum Einsatz, dreimal eine vom Typ Thor-Delta. Primäres Forschungsziel war die Erforschung der Hochatmosphäre unter besonderer Berücksichtigung des Einflusses der kosmischen Strahlung. Während die ersten beiden Satellitenserien Iris (ESRO I) und Aurora bzw. Boreas (ESRO II) nur teilweise erfolgreich waren, kann die unter westdeutscher Ägide entwickelte 3. Serie HEOS (ESRO III) als voller Erfolg und Höhepunkt gelten. Die Serie TD (ESRO IV) musste vorzeitig beendet werden, weil nach dem Scheitern der ELDO auch die Finanzierung der ESRO zurückgefahren wurde.

Wie bereits im vorangegangenen Abschnitt ausführlich beschrieben, sind aus dem Vorbereitungskomitee für Weltraumforschung, dem Comité Préparatoire pour la Recherche Spatiale (COPERS), im Jahr 1962 zwei getrennte westeuropäische Weltraumorganisationen hervorgegangen: Die Trägerraketen-Entwicklungsorganisation ELDO und die Weltraum-Forschungsorganisation ESRO. Während die ELDO nur aktive 6 Mitglieder plus Australien hatte, waren der ESRO auch die neutralen Staaten Spanien, Schweden, Dänemark und die Schweiz beigetreten. Die ESRO hatte somit eine wesentlich breitere Mitgliederbasis. Ein weiterer Vorteil war die Tatsache, dass Satelliten viel einfacher und billiger zu bauen sind als die zum Transport in den Orbit benötigten Trägerraketen. Die ESRO buchte für ihre Satellitenstarts daher ausgereifte und zuverlässige amerikanische Trägerraketen vom Typ Scout und Thor-Delta. Die Starts in äquatoriale Orbits erfolgten dabei von der Cape Canaveral Air Force Station (CCAFS) in Florida und die Starts in polare Orbits von der Vandenberg Air Force Base (VBG AFB) in Kalifornien.

Die Abkürzung ESRO stand für European Space Research Organisation. Daneben gab es als offizielle Bezeichnung auch die französische Variante Conseil Européen de Recherche Spatiale (CERS). Das Logo zeigte einen die Erde umkreisenden Satelliten und trug als Umschrift die beiden offiziellen Abkürzungen ESRO und CERS.[71] Hauptsitz war wie auch bei der ELDO Paris. Das Hauptziel der ESRO war die friedliche Erforschung des Weltraums mit wissenschaftlichen Forschungssatelliten. Das schloss sowohl militärische als auch kommerzielle Anwendungssatelliten von vornherein aus. Daneben sollten aber auch eigene Höhenforschungsraketen mit kleinen

---

[71] Im Folgenden wird die im deutschsprachigen Raum verbreitete engl. Abkürzung ESRO verwendet.

Sonden von Schweden aus in suborbitale ballistische Flugbahnen gestartet werden.

Die Finanzierung der ESRO lehnte sich an die Regelung im europäischen Kernforschungszentrum CERN an und orientierte sich am Bruttosozialprodukt (BSP) der Mitgliedsländer.[72] Demnach hatte die BRD mit rund 21,4 % den größten Finanzierungsanteil. Oberstes strategisches Entscheidungsgremium war der ESRO-Rat, in welchem jedes Mitgliedsland eine Stimme besaß. Hauptsitz und Generalsekretariat wurden in Paris eingerichtet. Zum Generaldirektor wurde der französische Kernphysiker und Mitbegründer des CERN, Prof. Pierre V. Auger (1899–1993), ernannt. Neben dem Pariser Hauptquartier wurden in verschiedenen Mitgliedsländern diverse ESRO-Einrichtungen etabliert:[73]

- European Space Research & Technology Centre (ESTEC) in Noordwijk, Niederlande. In den Laboren des Weltraumforschungs- und Technologiezentrums wurden die Satelliten auf Herz und Nieren geprüft. Dazu gehörten umfangreiche Belastungstests und Materialprüfungen. Anfangs befand sich beim ESTEC auch das European Space Data Acquisition & Analysis Centre (ESDAC). Das Datenverarbeitungszentrum wanderte 1967 zum ESOC nach Darmstadt.
- European Space Operations Centre (ESOC) in Darmstadt, Hessen, BRD. Dabei handelte es sich um das Raumflugkontrollzentrum, in welchem alle Telemetriedaten der Satelliten erfasst und analysiert wurden. Von hier aus wurden die Satelliten auch gesteuert.
- European Space Tracking & Telemetry Network (ESTRACK), ein globales Netzwerk von Bodenstationen zur Bahnverfolgung und zum lückenlosen Empfang der Telemetriedaten. Zentrale Bodenstation war das European Space Security & Education Centre (ESEC), das Raumfahrtsicherheits- und Bildungszentrum in Redu, Belgien.
- European Space Research Institute (ESRIN) in Frascati bei Rom, Italien. Das Weltraumforschungsinstitut war die Anlaufstelle und das Koordinationszentrum für die europäischen Forschungseinrichtungen und Hochschulen, die mit der ESRO kooperierten.
- European Space & Sounding Rocket Range (ESRANGE) in Kiruna, Lappland, Schweden. Hier wurden die Höhenforschungsraketen und Gasballone gestartet, deren Instrumente und Sonden die

---

[72] CERN = Conseil Européen pour la Recherche Nucléaire.

[73] Reinke, Niklas. 2004. *Geschichte der deutschen Raumfahrtpolitik*, S. 74 f.

Hochatmosphäre (Strato-, Meso-, Thermo- und Ionosphäre) untersuchen sollten. Die Polarregion eignet sich dafür besonders, weil die Interaktion zwischen Erdatmosphäre und kosmischer Strahlung über den geomagnetischen Polen am größten ist. Diese Wechselwirkungen rufen u. a. das Polarlicht (Aurora) hervor. Die ESRO führte insgesamt rund 170 Raketenstarts durch, wobei am häufigsten die britischen Typen Skylark (Feldlerche) und Skua (dt. Raubmöve), die französische Centaure (dt. Zentaur) sowie die amerikanische Nike-Apache zum Einsatz kamen. In diesem Abschnitt werden jedoch nur die Satellitenprogramme behandelt.

Zwischen 1967 und 1972 wurden insgesamt 8 ESRO-Satelliten gestartet. 7 Starts erfolgten von der Vandenberg Air Force Base (VBG AFB) an der kalifornischen Pazifikküste in polare Orbits und ein Start von der Cape Canaveral Air Force Station (CCAFS) an der Atlantikküste von Florida in einen äquatornahen Orbit. Fünfmal kam eine Trägerrakete vom Typ Scout zum Einsatz. Dabei handelte es sich um ein sogenanntes Mini Satellite Launch Vehicle (MSLV) mit einer Nutzlastkapazität von unter 500 kg. Umgangssprachlich wird diese Größenklasse auch Minilauncher genannt. Viermal kam die Version Scout B und einmal eine Scout D zum Einsatz. Die Scout B war eine vierstufige Feststoffrakete mit einer Gesamtlänge von 22,80 m und einem Basisdurchmesser von 1 m. Die 4 Stufen trugen die Bezeichnungen Algol, Castor, Antares und Altair. Die Startmasse betrug 18 t und die max. Nutzlastkapazität in den niedrigen Erdorbit (LEO) betrug rund 150 kg.[74]

Für schwerere Satelliten bzw. höhere Umlaufbahnen kam dreimal eine Trägerrakete vom Typ Thor-Delta zum Einsatz, einmal von Cape Canaveral und zweimal von Vandenberg. Die Thor-Delta Versionen E bis N gehörten in die Kategorie der Small-lift Launch Vehicle (SLV) mit einer Nutzlastkapazität von unter 2 t. Das Stufen- und Antriebskonzept war gemischt bzw. hybrid: Die Zentralstufe (Core Stage) vom Typ Thor nutzte Flüssigtreibstoff und war von 3 Feststoffboostern vom Typ Castor umgeben. Die 2. Stufe vom Typ Delta nutzte wieder Flüssigtreibstoff, während die Oberstufe Altair wiederum einen Feststoffantrieb hatte. Die Booster zündeten parallel zur zentralen Erststufe (Parallelstufung), während die beiden darüberliegenden Stufen nacheinander gezündet wurden (Tandemstufung). Insgesamt wurden daher 3,5 Stufen gezählt.[75]

---

[74] Reichl, Eugen u. a. 2020. *Raketen*, S. 354 f.
[75] Ebd., S. 293–295.

Bei der Entwicklung und dem Bau der Satelliten wurde einerseits darauf geachtet, dass im Sinne des Geo-Return-Konzeptes die industriellen Entwicklungs- und Fertigungsaufträge anteilsmäßig auch wieder an die Länder zurückflossen, aus denen die Finanzmittel für die ESRO kamen. Dementsprechend waren deutsche Forschungsreinrichtungen und die deutsche Raumfahrtindustrie auch an 4 der 8 ESRO-Satelliten zumindest beteiligt. Eine weitere Prämisse war die Vorgabe, dass von jedem Satellitentyp jeweils 2 Exemplare gebaut und gestartet werden sollten. Redundanz ist ein grundlegendes Funktions- und Sicherheitsprinzip in der Luft- und Raumfahrt. Jedes wichtige Subsystem muss redundant ausgelegt sein, so dass bei einem Ausfall bzw. Defekt das Backup-System die Funktion übernehmen kann. Bei eine Autopanne fährt man einfach an den Straßenrand, schaltet die Warnblinkanlage ein und ruft den Pannendienst. In der Luftfahrt müssen die Flugzeuge zumindest noch den nächstgelegenen Flughafen ansteuern und sicher landen können. In der Raumfahrt kann man nicht einfach so landen. Satelliten sind dafür auch gar nicht konstruiert. Ein Wiedereintritt in die Erdatmosphäre bedeutet für sie unweigerlich ein Auseinanderbrechen und Verglühen. Ein Satellit kann aber auch schon am Beginn seiner Mission zerstört werden, wenn es zu einem Fehlstart mit der Trägerrakete kommt. Das geschah dann auch gleich beim ersten ESRO-Satelliten, der im Mai 1967 gestartet wurde. Die 3. Stufe der Trägerrakete zündete nicht, so dass der Satellit abstürzte, ohne den Orbit erreicht zu haben. Aber selbst wenn der Start gelänge, könnten während der Betriebsphase technische Probleme auftreten, die zum Ausfall der Datenübertragung führen. Das geschah beim Ersatzsatelliten, als ein halbes Jahr nach dem Start das bordeigene Magnetbandgerät zur Zwischenspeicherung der Messdaten ausfiel. Schließlich hat man bei 2 oder mehr baugleichen Satelliten im Orbit immer gewisse Abweichungen bei den Messdaten, so dass Ausreißer erkannt und Durchschnittswerte ermittelt werden können.

Die ersten beiden Satellitenpaare der ESRO erhielten zunächst die interne Bezeichnung ESRO I und II jeweils mit dem Zusatz A und B. Sie sollten primär den Einfluss der kosmischen Strahlung auf die Erdatmosphäre in den Polarregionen erforschen. Aufgrund von Verzögerungen beim Bau der Serie ESRO I kamen zuerst die beiden ESRO-II-Satelliten zum Einsatz. Sie erhielten die Bezeichnung International Radiation Investigation Satellite (IRIS). IRIS 1 (ESRO 2 A) wog nur 74 kg. 5 der 7 Messinstrumente wurden von britischen Universitäten entwickelt und gebaut. Sie sollten die Alphateilchen, Elektronen, Protonen und die Röntgenstrahlen in der Ionosphäre messen. Der Start Ende Mai 1967 mit einer Scout B von Vandenberg aus misslang jedoch. Die 3. Stufe Antares zündete nicht, so dass die Trägerrakete mitsamt dem Satelliten abstürzte. Der 2. Startversuch mit dem Backup-Satelliten IRIS 2 (ESRO 2B) gelang ein Jahr später. Er war mit knapp 90 kg etwas umfangreicher ausgestattet. Die Bahnneigung (Inklination) lag bei 97° und damit genau auf der Achse der geomagnetischen Pole. Das Perigäum betrug rund 335 km und das Apogäum lag bei ca. 1085 km Höhe. Der Satellit war für eine Lebensdauer von ca. 3 Jahren ausgelegt. Die Zwischenspeicherung der Messdaten erfolgte mittels Magnetband, dessen Speicherkapazität ungefähr einem Umlauf von 99 min entsprach. Beim Überflug über die Bodenstation wurden die Daten innerhalb von 5 min zur Erde übermittelt, bevor das Magnetband erneut mit der Aufzeichnung begann. Im Dezember 1968, knapp 7 Monate nach dem Start, fiel das Magnetbandgerät aus. Danach konnten nur noch Daten in Echtzeit beim Überflug über eine Empfangsstation übertragen werden. Trotz der Unterstützung durch Datenrelaisstationen der NASA gingen 80 % der Messdaten verloren. Im Mai 1971 trat IRIS 2 in die Erdatmosphäre ein und verglühte. Etwas besser lief es mit der ESRO-I-Serie. Diese beiden ca. 85 kg schweren Satelliten sollten die Polarlichter bzw. die Ionisierung der Hochatmosphäre durch die Sonnenstrahlung vermessen. Das Nordpolarlicht trägt die wissenschaftlich-lateinische Bezeichnung Aurora borealis. Daher wurden die beiden Satelliten Aurora und Boreas getauft. Sie wurden so wie auch die beiden IRIS-Satelliten mit Trägerraketen vom Typ Scout B von Vandenberg aus in polare Orbits gebracht. Die Messinstrumente kamen von britischen und skandinavischen Universitäten. Aurora (ESRO 1 A) wurde im Oktober 1968 und Boreas (ESRO 1B) ein Jahr später im Oktober 1969 gestartet. Während Aurora bis Mitte 1970 die Erde umkreiste, stürzte Boreas bereits nach 7 Wochen ab, weil er beim Start nicht die notwendige Mindesthöhe für einen dauerhaft stabilen Orbit erreichte. Die erste westeuropäische Satellitenserie war somit großteils auch eine Pannenserie.

Wesentlich erfolgreicher war das nächste Satellitenpaar der Serie ESRO III. Es sollte den Einfluss der Sonnenaktivität auf das Magnetfeld der Erde untersuchen. Der Sonnenwind staucht die Magnetosphäre auf der sonnenzugewandten Seite auf ca. 60.000 km zusammen und zieht sie auf der sonnenabgewandten Seite zu einer Art Magnetschweif auf bis zu 600.000 km auseinander. Um möglichst große Bereiche der Magnetosphäre abzudecken zu können, sollten die Starts der beiden Satelliten folgende Prämissen erfüllen:

1. Die Forschungssatelliten sollten in eine stark elliptische Umlaufbahn (Highly Elliptical Orbit, HEO) mit großer Exzentrizität, d. h. großem Abstand zwischen Apo- und Perigäum, gestartet werden. Die Satelliten

erhielten daher die Bezeichnung Highly Eccentric Orbit Satellite (HEOS). Das Perigäum (erdnächster Punkt) sollte bei ca. 600 km Höhe und das Apogäum (erdfernster Punkt) bei ca. 245.000 km Höhe liegen. Daher kamen bei den Starts Trägerraketen vom Typ Thor-Delta zum Einsatz.

2. Die Satelliten sollten in Bahnen mit unterschiedlicher Neigung zum Äquator gestartet werden: einen äquatorialen Orbit mit geringer Inklination und einen polaren Orbit mit hoher Inklination. Sie sollten quasi überkreuz fliegen. Für den Start in den äquatornahen Orbit war Cape Canaveral bahntechnisch günstiger. So kam es, dass HEOS 1 als einziger Satellit der ESRO von Florida aus gestartet wurde.

Hauptauftragnehmer waren zunächst die Junkers Flugzeug- und Motorenwerke AG (JFM) in Ottobrunn bei München, die 1969 in der Konzerngruppe Messerschmitt-Bölkow-Blohm GmbH (MBB) aufgingen. Das Geo-Return-Prinzip erforderte es, dass Entwicklung und Bau einzelner Subsysteme auch an Firmen der Partnerländer vergeben wurden. So baute die British Aircraft Corp. (BAC) das Bahn- und Lageregelungssystem (Attitude & Orbit Control System, AOCS), während die französische SNECMA das Temperaturkontrollsystem (Thermal Control System, TCS) beisteuerte.[76] Die Grundstruktur (Satellitenbus) war ein Zylinder mit 1,30 m Durchmesser und 70 cm Höhe sowie einer Masse von rund 100 kg. Die Seitenflächen waren mit Solarzellen zur Stromversorgung bestückt. Bei den Messinstrumenten war das Max-Planck-Institut für extraterrestrische Physik in München federführend beteiligt. HEOS 1 (ESRO 3 A) wurde im Dezember 1968 mit einer Thor-Delta E vom Launch Complex No. 17 (LC-17) der Cape Canaveral Air Force Station (CCAFS) aus gestartet. Die Inklination betrug 28°, was genau der Lage der CCAFS am 28. Grad nördlicher Breite entsprach, d. h. die Trägerrakete startete gerade Richtung Osten. Das Perigäum lag bei rund 6700 km und das Apogäum bei ca. 225.000 km. HEOS 1 trat erst knapp 6 Jahre später im Oktober 1975 wieder in die Erdatmosphäre ein. HEOS 2 (ESRO 3B) wurde im Januar 1972 mit einer Thor-Delta L vom Space Launch Complex No. 2 (SLC-2, sprich: *Slick Tu*) der Vandenberg Air Force Base (VBG AFB) aus gestartet. Die Inklination betrug 90° und führte somit über die Pole. Der Orbit von HEOS 2 war noch exzentrischer als der von HEOS 1. Das Apogäum lag

---

[76] SNECMA = Société Nationale d'Études et de Constructions de Moteurs d'Aviation.

bei ca. 245.000 km und damit rund 20.000 km höher und das Perigäum lag bei nur rund 400 km und drang damit in die Thermosphäre ein. Dadurch wurde HEOS 2 auch deutlich schneller abgebremst und verglühte nach nur 2 ½ Jahren im August 1974.[77]

HEOS (ESRO III) war das erfolgreichste Satellitenprogramm der ESRO und kann als ein Höhepunkt ihrer Tätigkeit angesehen werden.

Das nächste Satellitenprogramm ESRO IV war gleichzeitig das letzte, welches zumindest noch teilweise gestartet werden konnte. Zentrales Forschungsziel war die Vermessung und Analyse der kosmischen Hintergrundstrahlung. Ursprünglich sollten in dieser Serie 3 Satelliten mit unterschiedlichen Messinstrumenten gestartet werden. Es sollten u. a. die UV-, Röntgen-, Gamma- und Partikelstrahlung im Weltall gemessen werden. Da sie eine Masse von rund 500 kg haben sollten, kamen für sie nur Trägerraketen vom Typ Thor-Delta in Frage, weshalb die Satellitenserie ESRO IV als Bezeichnung die Abkürzung für die Trägerrakete tragen sollte: TD. Hauptauftragnehmer war die französische Mécanique Avion Traction (MATRA). Subauftragnehmer waren u. a. der deutsche Entwicklungsring Nord (ERNO) und die schwedische Svenska Aeroplan Aktiebolaget (SAAB).

TD 1 (ESRO 4 A) wurde im März 1972 mit einer Thor-Delta N vom SLC-2 der VBG AFB in einen leicht retrograden polaren Orbit mit einer Inklination von 97,5° gebracht. Die Höhe der Kreisbahn betrug im Schnitt ca. 540 km. Nach nur 2 Monaten fielen die Bordaufzeichnungsgeräte aus, so dass wie bei IRIS 2 zunächst nur noch eine Übertragung der Telemetriedaten in Echtzeit beim Überflug über die Bodenempfangsstation möglich war. Im Oktober 1973 gelang es, zumindest ein Aufzeichnungsgerät wieder in Betrieb zu setzen, wodurch sich die Datenmenge wieder deutlich erhöhte. In weiterer Folge kam es noch zweimal zu einem Ausfall der Zwischenspeicherung. Im Mai 1974 wurde TD 1 endgültig inaktiv. Erst im Januar 1980 trat er wieder in die Erdatmosphäre ein und verglühte.

Als sich im Laufe des Jahres 1972 abzeichnete, dass die europäische Trägerraketen-Entwicklungsorganisation ELDO mit der Europa-Rakete gescheitert war und die beteiligten Länder eine neue westeuropäische Raumfahrtagentur gründen wollten, die auch für Satelliten zuständig sein sollte, wurden auch bei der ESRO die Gelder gekürzt. Damit musste auch das TD-Programm vorzeitig beendet werden. Die Mitarbeiter der ELDO bemühten sich zuletzt, aus dem gekürzten Programm zu retten, was noch zu retten war. Die pragmatische Lösung war ein letzter Satellit mit einer

---

[77] Reichl, Eugen. 2013. *Satelliten seit 1957*, S. 60 f.

Tab. 6.5 Liste aller gestarteten Satelliten der ESRO. Die ESRO hat zwischen 1967 und 1972 insgesamt 8 Satelliten entwickelt und bauen lassen, die von amerikanischen Trägerraketen gestartet wurden.[78]   CCAFS = Cape Canaveral Air Force Station (Florida), ESRO = European Space Research Organisation, HEOS = Highly Eccentric Orbit Satellite, IRIS = International Radiation Investigation Satellite, TD = Thor-Delta, UV = Ultraviolett, VBG AFB = Vandenberg Air Force Base (California)

Satellit	Missionsprofil	Startdatum	Startort	Trägerrakete	(Inaktiv) Absturz
IRIS 1 (ESRO 2 A)	Kosmische Strahlung	29.05.1967	VBG AFB	Scout B	29.05.1967 (kein Orbit)
IRIS 2 (ESRO 2B)	Kosmische Strahlung	17.05.1968	VBG AFB	Scout B	(10.12.1968) 08.05.1971
Aurora (ESRO 1 A)	Polarlichter Ionosphäre	03.10.1968	VBG AFB	Scout B	26.06.1970
HEOS 1 (ESRO 3 A)	Sonnenaktivität Magnetfeld	05.12.1968	CCAFS	Thor-Delta E	28.10.1975
Boreas (ESRO 1B)	Polarlichter Ionosphäre	01.10.1969	VBG AFB	Scout B	23.11.1969
HEOS 2 (ESRO 3B)	Sonnenaktivität Magnetfeld	31.01.1972	VBG AFB	Thor-Delta L	05.08.1974
TD 1 (ESRO 4 A)	UV-, Röntgen-, Gamma-strahlung	12.03.1972	VBG AFB	Thor-Delta N	(04.05.1974) 09.01.1980
ESRO 4(B) (TD 2 + 3)	Ionosphäre Sonnen-partikel	22.11.1972	VBG AFB	Scout D	15.04.1974

Masse von nur noch 130 kg, welcher die wichtigsten Messinstrumente der nicht mehr realisierten TD 2 und 3 tragen sollte. Dieser Ersatzsatellit wurde einfach ESRO IV genannt und im November 1972 mit einer Scout D von Vandenberg aus gestartet. Aufgrund der sehr niedrigen Umlaufbahn mit einem Perigäum von nur rund 250 km trat er bereits im April 1974 wieder in die tieferen Schichten der Erdatmosphäre ein und verglühte (Tab. 6.5).

Die ESRO hatte bis 1974 auch noch weitere Satellitenprogramme initiiert, darunter Cosmic Ray Satellite (COS), Geostationary Earth Orbit Satellite (GEOS), Meteorological Satellite (Meteosat), Orbital Test Satellite (OTS) und European X-Ray Observatory Satellite (EXOSAT). Diese und andere begonnenen Satellitenprogramme wurden schließlich von der Nachfolgeorganisation übernommen und realisiert.

---

[78] Reinke, Niklas. 2004. *Geschichte der deutschen Raumfahrtpolitik*, S. 78. Reinke führt in seiner Tabelle den ersten Satelliten Iris 1 (ESRO 2 A) nicht an, weil dieser den Orbit nicht erreicht hat.

Im Mai 1975 wurde die European Space Agency (ESA) als Nachfolgeorganisation von ELDO und ESRO gegründet. Sie sollte einerseits die von der ESRO begonnenen Satellitenprogramme fortsetzen und andererseits eine neue Serie von Trägerraketen entwickeln, die den Namen *Ariane* erhielt. Die Geschichte der ESA und der *Ariane* wird im 2. Band der Trilogie zur Geschichte der Raumfahrt ausführlich beschrieben.

Literatur

Facon, Patrick. 1994. *Illustrierte Geschichte der Luftfahrt. Die Flugpioniere und ihre Maschinen vom 18. Jahrhundert bis heute.* Eltville am Rhein: Bechtermünz.

Greschner, Georg S. 1987. Zur Geschichte der deutschen Raumfahrt. In: *Weltraum und internationale Politik.* Hrsg. Karl Kaiser, Stephan von Welck. (= Schriften des Forschungsinstituts der Deutschen Gesellschaft für Auswärtige Politik, Bd. 54). München: Oldenbourg, S. 255–276.

Leitenberger, Bernd. 2015. *Die Europa-Rakete. Technik und Geschichte.* (= Editon Raumfahrt kompakt). Norderstedt: Books on Demand, 2. Aufl.

Reichl, Eugen. 2011. *Trägerraketen seit 1957.* (= Typenkompass). Stuttgart: Motorbuch.

Ders. 2011. *Raumsonden seit 1958.* (= Typenkompass). Stuttgart: Motorbuch.

Ders. 2013. *Satelliten seit 1957.* (= Typenkompass). Stuttgart: Motorbuch.

Ders.; Röttler, Dietmar. 2020. *Raketen. Die internationale Enzyklopädie.* Stuttgart: Motorbuch.

Reinke, Niklas. 2004. *Geschichte der deutschen Raumfahrtpolitik. Konzepte, Einflußfaktoren und Interdependenzen 1923–2002.* München: Oldenbourg.

Wieland, Bernhard; Mahmood, Talat; Röller, Lars-Henrik. 1998. *Situation und Perspektiven der deutschen Raumfahrtindustrie. Eine ordnungspolitische Analyse.* (= Beiträge zur Strukturforschung, Bd. 172. Hrsg. Deutsches Institut für Wirtschaftsforschung). Berlin: Duncker & Humblot.

Woydt, Hermann. 2015. *Das Ariane-Programm.* Stuttgart: Motorbuch.

Nachwort

Der Wettlauf zwischen den Supermächten zur Eroberung des Weltraumes stellte zweifellos eines der spannendsten und aufsehenerregendsten Kapitel des Kalten Krieges dar. War es den großen Theoretikern und Visionären vor allem um die friedliche Erforschung und Besiedlung des Weltraumes gegangen, so zeigte sich bei der praktischen Umsetzung des Raumfahrtgedankens von Anfang an der entscheidende Einfluss des Militärs. Der berühmte Aphorismus des antiken griechischen Philosophen Heraklit von Ephesos, nach welcher der Krieg der Vater aller Dinge sei, hat sich auch während der Pionierzeit der Raumfahrt bewahrheitet. Offiziell stand die friedliche Erforschung des Weltraumes zum Wohle der Menschheit im Vordergrund (vgl. Weltraumvertrag). Andererseits waren alle Trägerraketen bis auf die Saturn 5 Derivate militärischer Systeme. Schließlich bildeten die mit Atomsprengköpfen bestückten Interkontinentalraketen (ICBM) das Rückgrat der beiden Supermächte. Es verwundert daher auch nicht, dass die Raumfahrer der 1960er und 1970er Jahre fast ausschließlich Militärpiloten waren. In diesem Zusammenhang muss auch auf die überragende Bedeutung des militärisch-industriellen Komplexes für die Raumfahrt der Nachkriegszeit hingewiesen werden. Gemeinsam mit der Förderung und Finanzierung durch die Großmachtpolitik bildete er die Basis für die enormen Fortschritte in der Raumfahrt- und Raketentechnologie innerhalb von nur zwei Jahrzehnten. Das Zeitalter der Großforschung (Big Science) hatte begonnen. Die in der Literatur oftmals festgestellte einseitige Fokussierung des Wettlaufes in der Raumfahrt auf die beiden zweifellos genialen Raketenkonstrukteure Wernher von Braun und Sergej Koroljow bzw. auf einzelne Raumfahrerpersönlichkeiten wie Juri Gagarin

© Springer-Verlag GmbH Deutschland, ein Teil von Springer Nature 2023
A. Hensel, *Geschichte der Raumfahrt bis 1975*, https://doi.org/10.1007/978-3-662-64573-4

oder Neil Armstrong darf nicht darüber hinwegtäuschen, dass hinter den großen Erfolgen der Raumfahrt unzählige Arbeiter, Beamte, Ingenieure und Wissenschaftlerteams standen. Es war ein nicht immer konfliktfreies Zusammenspiel einer Vielzahl von Behörden, Unternehmen, Forschungseinrichtungen und Universitäten, welche über Erfolg oder Misserfolg eines Raumfahrtprogrammes mitentschieden.

Die in den 1950er Jahren entstandene Raketenlücke zugunsten der Sowjetunion konnte in den 1960er Jahren von den USA geschlossen werden. Gleichzeitig tat sich eine Technologielücke zugunsten der USA auf, der die Sowjetunion nichts Gleichwertiges entgegensetzen konnte.

In diesem Zusammenhang müssen die unterschiedlichen Raumfahrtstrategien der beiden Supermächte berücksichtigt werden: In den USA mussten aufgrund der Raketenlücke viel kompaktere und leichtere Raumfahrzeuge entwickelt werden. Außerdem hatten der Sicherheitsaspekt und die wissenschaftliche Ausbeute eine höhere Bedeutung. Zudem mussten den Volksvertretern im Kongress regelmäßig Rechenschaftsberichte vorgelegt werden. Hinzu kann eine kritische Presse. All dies führte dazu, dass die Öffentlichkeit und damit natürlich auch die Sowjetunion über den Stand der amerikanischen Raumfahrtprogramme gut informiert waren.

In der Sowjetunion standen dagegen Geheimhaltung und Propaganda im Vordergrund. Ein gutes Beispiel ist die Geschichte der „Mercury Seven": Die sieben für das erste bemannte Raumfahrtprogramm der USA ausgewählten Astronauten wurden bereits im Frühjahr 1959 der Weltöffentlichkeit vorgestellt – zwei Jahre vor dem bemannten Erstflug einer Mercury-Kapsel. Die Identitäten der Wostok-Kosmonauten wurden dagegen erst bekannt gegeben, nachdem sie in den Orbit gestartet waren. Keine einzige sowjetische Raumfahrtmission der 1950er- und 60er-Jahre wurde vor dem Start angekündigt. Die staatliche Sowjetpropaganda wurde von den osteuropäischen Medien unreflektiert übernommen. So wurde beispielsweise behauptet, dass die Kosmonauten ihre Kapsel selber gesteuert hätten, dabei liefen die Flüge von Wostok und Woschod automatisch bzw. ferngesteuert ab. Erst das Sojus-System ermöglichte die Steuerung an Bord. Die sowjetische Strategie erinnert an Mottos wie „Masse statt Klasse", „Quantität vor Qualität" oder „Improvisation statt Innovation".

Dies hat allerdings nicht nur Nachteile: Der finanzielle und technische Aufwand für die Entwicklung, den Bau und die Wartung hochkomplexer High-End-Raumfahrtsysteme ist enorm und wird von den Steuerzahlern nicht unbegrenzt unterstützt. Der Beschluss zur Kürzung des Apollo-Programmes im Jahr 1970 stellte insofern eine Zäsur dar, als dass in der zweiten Hälfte der 70er-Jahre kein einziger Astronaut mehr in den

Weltraum fliegen konnte. Nach der Beinahe-Katastrophe von Apollo 13, der Eskalation des Vietnamkrieges und dem Aufstieg Chinas zur Raumfahrtnation, wurde das Apollo-Programm gekürzt und lief aus. Dennoch kam es mit den Mondautos (Lunar Rover) ab Apollo 15 noch einmal zu einer spektakulären Neuerung. Die Sowjetunion fuhr zweigleisig zum Mond: Offiziell forcierte sie die unbemannte Erkundung des Erdtrabanten mit Sonden. Dabei gelangen ebenfalls spektakuläre Neuerungen: Einerseits die erste automatische Rückführung von Mondgestein mit Luna 16 und andererseits der Einsatz des ersten unbemannten Mondrovers Lunochod. Neben dem offiziellen Luna-Mondsonden-Programm gab es jedoch auch noch ein streng geheimes bemanntes Mondprogramm. Mit der Mondrakete N-1 sollte das Raumschiff LOK in eine Transferbahn zum Mond geschossen werden und mit der Mondfähre LK ein Kosmonaut auf dem Mond landen. Während LOK und LK unbemannt getestet wurden, gab es mit der N-1 mehrere Fehlstarts. Abschließend kann festgehalten werden, dass es eigentlich zwei Wettläufe zum Mond gegeben hat: Einen unbemannten mit Raumsonden und einen bemannten mit Raumschiffen. Die spektakulären Bilder von den US-Astronauten auf dem Mond haben die Tatsache überdeckt, dass die Sowjetunion den unbemannten Wettlauf in allen Teildisziplinen gewonnen hatte: Lunik 1 war im Januar 1959 die erste Raumsonde bzw. Vorbeiflugsonde (Fly-by), Lunik 2 war im September 1959 die erste Einschlagsonde (Impaktor) und damit das erste künstliche Objekt auf dem Mond, Lunik 3 lieferte im Oktober 1959 die ersten Bilder von der Rückseite des Mondes, Luna 9 war im Februar 1966 die erste Landesonde (Lander), die weich auf dem Mond gelandet ist und erste Bilder und Daten direkt von der Mondoberfläche geliefert hat, Luna 10 war im April 1966 die erste Umlaufsonde (Orbiter), Luna 16 war im September 1970 die erste Rückkehrsonde, die vollautomatisch Bodenproben vom Mond zur Erde zurückbrachte (Automatic Sample Return) und Luna 17 war im November 1970 schließlich die erste Trägersonde, die einen unbemannten Rover namens Lunochod auf dem Mond absetzte.

Nach dem Wettlauf zum Mond kam es in der 1. Hälfte der 1970er Jahre zu einem Wettlauf um das erste freifliegende Raumlabor (Free Flyer). Die Sowjetunion hatte zunächst mehrere Fehlschläge und Katastrophen mit Toten zu beklagen (Saljut 1 bis 3). Dadurch gelang es den USA mit dem Skylab das erste Raumlabor erfolgreich zu bemannen. Die sowjetischen Raumlabore dienten entweder zivilen bzw. wissenschaftlichen Zwecken (Saljut 1 und 4) oder militärischen Zwecken (Saljut 2, 3 und 5 = Almas 1, 2 und 3). Letztere sollten als Spionageplattformen und Raketenabschussrampen fungieren. Schließlich einigten sich die beiden Supermächte auf das Apollo-Sojus-

Testprojekt (ASTP), als erstes gemeinsames Raumfahrtprojekt. Damit endete 1975 die Pionierzeit der Raumfahrt und damit auch der Betrachtungszeitraum des 1. Bandes der Trilogie zur Geschichte der Raumfahrt.

Anschließend gingen die beiden Supermächte in der bemannten Raumfahrt getrennte Wege. Die Sowjets entwickelten in der 2. Hälfte der 1970er Jahre ihre Raumlabore zu vollwertigen Raumstationen weiter, während sich die USA auf die Entwicklung eines universellen, wiederverwendbaren Raumtransportsystems, das sogenannte Space Transportation System (STS) konzentrierte. Diese Raumfahrtprogramme, von Saljut 4 bis Mir bzw. vom Space Shuttle bis zum Buran, werden im 2. Band der Trilogie zur Geschichte der Raumfahrt von 1975 bis 2000 behandelt. Der 3. Band befasst sich mit der Geschichte der Raumfahrt im 21. Jahrhundert, von der Internationalen Raumstation ISS über die Aktivitäten der europäischen Raumfahrtagentur ESA und den asiatischen Wettlauf ins All bis hin zur Privatisierung und Kommerzialisierung der Raumfahrt, die unter der Bezeichnung New Space bekannt ist. Auch das Programm Artemis der NASA für die Rückkehr zum Mond wird darin behandelt. Darüber hinaus werden auch die Planetensonden und die Weltraumteleskope im 3. Band beschrieben. Ein Ergänzungsband soll sich mit den Zukunftsthemen der Raumfahrt auseinandersetzen, darunter Weltraumtourismus (Space Tourism), Weltraumbergbau (Space Mining), Weltraumproduktion (Space Manufacturing) sowie Weltraumkolonisation (Space Colonization) und Erdumwandlung (Terraforming).

Zuletzt stellt sich angesichts der ungeheuren Aufwendungen die Frage nach dem Sinn und Zweck der (bemannten) Raumfahrt im Hinblick auf die zahlreichen ungelösten irdischen Probleme. Diese Frage wurde vor allem im Anschluss an das Apollo-Programm gestellt, als man simplifizierend die Gesamtkosten von rund 25 Mrd. $ den 385 kg Mondgestein als Ausbeute gegenüberstellte. [1]

Diese „Milchmädchenrechnung" berücksichtigt jedoch nicht die Tatsache, dass im Zuge des Apollo-Rush ein eigener Industriezweig mit unzähligen hoch qualifizierten Arbeitsplätzen entstanden ist. Es handelte sich um das größte staatliche Förderungsprogramm für zukunftsorientierte Forschung und Spitzentechnologie.

Viele irdische Bereiche profitieren heute von den Entwicklungen der Raumfahrttechnik: Man denke nur an den Einsatz von Leichtmetallen, Kunststoffen und Verbundwerkstoffen sowie die Brennstoffzellentechnologie, die inzwischen längst auch im Automobilbau Einzug gehalten hat. Man denke an die Solar-

---

[1]Siefahrt, Günter. 1974. *Hat sich der Mond gelohnt?*(= Funk-Fernseh-Protokolle. Heft 8). München, Wien, Zürich: TR.

technik, die heutzutage auf den Dächern vieler Einfamilienhäuser zu finden ist. Man denke an die Mikroelektronik, die aus dem raumfüllenden Großrechner einen kompakten Personal Computer (PC) für den eigenen Arbeitsplatz gemacht hat. Und man denke nicht zuletzt auch an das Internet, ohne welches unsere heutige globale Informationsgesellschaft nicht existieren würde.

Schließlich darf auch die überragende Bedeutung der Satelliten nicht übersehen werden, ohne die unsere moderne globale Zivilisation gar nicht denkbar wäre. Die globale Kommunikation funktioniert längst nicht mehr allein über Kabel, sondern über ein Netz von Kommunikationssatelliten. Ebenso bestimmt man heutzutage seinen Standort nicht mehr mit dem Kompass, sondern mittels GPS (Global Positioning System), welches auf einem Netz von Navigationssatelliten basiert. Ohne dieses Satellitennetz funktioniert kein Navigationsgerät. Die moderne Wettervorhersage basiert auf Satellitenbildern. Ohne sie müssten wir uns immer noch auf Bauernregeln verlassen und wüssten nicht, was hinter dem Horizont auf uns zukommt.

Die Raumfahrt darf daher nicht einfach nur als abgehobene Ressourcenverschwendung angesehen werden, auch wenn man den Verantwortlichen primär militärische oder propagandistische Gründe unterstellen will.

Im Betrachtungszeitraum dieses Bandes wurden von den USA zwischen 1961 und 1975 insgesamt 40 bemannte Raumfahrzeuge gestartet und damit 73 Astronauten in den Weltraum befördert. Gezählt werden hierbei alle bemannten Raumkapseln und Raumschiffe der Typen Mercury, Gemini und Apollo (CSM-Mutterschiff) sowie die bemannten Raumflüge mit den Mondfähren (LM). Die Sowjetunion hatte im selben Zeitraum 29 bemannte Raumfahrzeuge gestartet und 47 Kosmonauten sowie 1 Kosmonautin in den Weltraum befördert. Vier kamen dabei ums Leben. Insgesamt haben beide Supermächte im Betrachtungszeitraum 69 bemannte Raumfahrzeuge gestartet und damit 120 Raumfahrer sowie 1 Raumfahrerin ins All befördert. Wenn man die 69 bemannten Raumfahrzeuge mit den insgesamt 2033 unbemannten Raumfahrzeugen aller Art im selben Zeitraum vergleicht, muss man feststellen, dass sich ca. 96,5 % aller Raumfahrtaktivitäten unbemannt abgespielt haben. Umgekehrt ausgedrückt: Die spektakuläre bemannte Raumfahrt hat nur ca. 3,5 % aller Raumfahrtaktivitäten im Berichtszeitraum ausgemacht. In den folgenden Tab. A.1 und A.2 sind die Anzahl der Starts bemannter Raumfahrzeuge und Raumfahrer für jedes Jahr des berichtszeitraumes aufgelistet. Als offizielle Quelle dient das NASA Space Science Data Coordinated Archive (NSSDCA) mit der URL https://nssdc.gsfc.nasa.gov/nmc/SpacecraftQuery.jsp (letzter Zugriff: 19.09.2023). Unter dem Menüpunkt *Spacecraft Query* ist die *Discipline: Human Crew* auszuwählen. Bei der Zählung und Übertragung in die folgenden Tabellen ist folgendes zu

Tab. A.1 Anzahl der erfolgreichen Starts von bemannten Raumfahrzeugen (RFZ) aller Art über 100 km Höhe (Kármán-Linie) in den 1960er Jahren. Folgt man der offiziellen Zählung des NSSDCA, so ergibt die Summe für das Jahr 1969 nur 6 bemannte RFZ für die USA bzw. insgesamt nur 25 bemannte RFZ für die USA im gesamten Betrachtungszeitraum

Startjahr	1961	1962	1963	1964	1965	1966	1967	1968	1969	Summe
Bemannte RFZ USA	2	3	3	0	5	5	0	2	8	26
Astronauten	2	3	3	0	10	10	0	6	12	46
Bemannte RFZ SU	2	2	2	1	1	0	1	1	5	15
Kosmonauten	2	2	2	3	2	0	1†	1	11	24
Summe bemannte RFZ	4	5	5	1	6	5	1	3	13	41
Summe Raumfahrer	4	5	5	3	12	10	1	7	23	70

Tab. A.2 Anzahl der erfolgreichen Starts von bemannten Raumfahrzeugen (RFZ) aller Art über 100 km Höhe in der 1. Hälfte der 1970er Jahren

Startjahr	1970	1971	1972	1973	1974	1975	Summe
Bemannte RFZ USA	1	4	4	4	0	1	14
Astronauten	3	6	6	9	0	3	27
Bemannte RFZ SU	1	3	0	2	5	3	14
Kosmonauten	2	6 (3†)	0	4	6	6	24
Summe bemannte RFZ	2	7	4	6	5	4	28
Summe Raumfahrer	5	12	6	13	6	9	51

beachten: Die beiden Flüge von Joe Walker mit dem Raketenflugzeug X-15 im Jahr 1963 werden von den NASA nicht gezählt, sind aber trotzdem in der Tabelle angeführt, da sie über 100 km gingen. Die vier Apollo-Missionen des Jahres 1969 zählen doppelt, da jeweils eine vom CSM-Mutterschiff abgekoppelte Mondfähre (LM) unabhängig bemannt geflogen ist. Die NASA zählt allerdings nur die beiden LM, die auf dem Mond gelandet sind (Apollo 11 und 12) als eigenständige bemannte Raumfahrzeuge. Die beiden LM, die im Erdorbit (Apollo 9) und im Mondorbit (Apollo 10) getestet wurden, werden von der NASA dagegen nicht mitgezählt. Die vier Apollo-Missionen der Jahre 1971 und 1972 zählen doppelt, da jeweils eine vom CSM-Mutterschiff abgekoppelte Mondfähre (LM) unabhängig bemannt geflogen ist. Die Raumstationen Skylab (USA) und Saljut (SU) werden nur jeweils einmal in ihrem jeweiligen Startjahr (Launch Date) gezählt. Die bemannten Missionen mit Raumschiffen der Typen Apollo (USA) und Sojus (SU) zu den Raumstationen, die sich über den Jahreswechsel hinausgezogen haben, werden ebenfalls jeweils nur einmal im jeweiligen Startjahr (Launch Date) gezählt. Die NSSDCA zählt für das Jahr 1973 auch 2 unbemannte Testflüge von sowjetischen Raumschiffen, die unter der Tarnbezeichnung Kosmos abgewickelt wurden. Sie werden in der Tabelle jedoch nicht berücksichtigt.

Anzahl der erfolgreichen Starts von bemannten Raumfahrzeugen (RFZ) aller Art über 100 km Höhe in der 1. Hälfte der 1970er Jahren.

In Tab. A.3 werden sämtliche unbemannten Raumfahrtmissionen im Berichtszeitraum aufgelistet. Offizielle Quelle für die Anzahl der Starts von Weltraumträgerraketen (Space Launch Vehicle, SLV) war der Space Launch Report (SLR) mit der URL http://www.spacelaunchreport.com (letzter Zugriff: 19.09.2021). Leider ist diese Homepage nicht mehr aktiv. Alternativ dazu kann noch auf die Space Facts Online mit der URL https://spacestatsonline.com zugegriffen werden (Stand: 21.09.2023). Für die Anzahl unbemannter Raumfahrzeuge (Spacecraft, S/C) wurde wiederum das NSSDCA (s. o.) herangezogen. Unter dem Menüpunkt *Spacecraft Query* ist die *Discipline: Any* auszuwählen. Davon müssen anschließend die Zahlenwerte der *Discipline: Human Crew* subtrahiert werden.

Tab. A.3 Anzahl der Starts von Weltraumträgerraketen (SLV) und unbemannten Raumfahrzeugen (S/C) im Berichtszeitraum

Startjahr	Weltraumträgerraketen (SLV)	Unbemannte Raumfahrzeuge (S/C)
1957	2	4
1958	6	18
1959	12	25
1960	19	41
1961	25	54
1962	60	75
1963	50	76
1964	83	114
1965	103	156
1966	112	150
1967	121	171
1968	11 4	154
1969	97	137
1970	110	137
1971	115	159
1972	104	129
1973	104	136
1974	102	131
1975	121	166
Summe	1460	2033

Abschließend noch ein Wort an alle Verschwörungstheoretiker, die behaupten, die Mondlandung hätte gar nicht stattgefunden und sämtliche Dokumente seien gefälscht:

Es gibt kaum ein Ereignis der Menschheitsgeschichte, welches so gut dokumentiert ist wie die Mondflüge und Mondlandungen. Es gibt riesige Mengen an Telemetriedaten anhand derer man jede Flugsekunde nachvollziehen kann, von der genauen Position des Raumschiffes und der Funktion einzelner Subsysteme bis hin zum Sprechfunkverkehr und zur Pulsfrequenz der Astronauten. Diese Daten kamen aus dem Weltraum und wurden auch in der Sowjetunion empfangen und dokumentiert. Die Sowjets hätten sofort aufgeschrien, wenn auch nur der geringste Zweifel aufgekommen wäre.

Letztlich haben die zwölf auf dem Mond gelandeten Astronauten unauslöschliche Spuren hinterlassen. Da der Mond keine Atmosphäre hat, gibt es auch kein Wetter und somit keine Verwitterung. Jeder Fußabdruck ist noch genau dort, wo er hinterlassen wurde.

Die Astronauten haben zudem viel Material zurückgelassen: Allen voran die sechs Landegestelle der Mondlandefähren und die drei Mondautos. Sie sind nicht zu leugnende Zeugnisse der Tatsache, dass es Menschen gelungen ist, die Wiege der Menschheit zu verlassen und zu einem anderen Himmelskörper zu gelangen.

Summary

Militärische Dienstgrade

Da die Raumfahrt im 20. Jahrhundert militärisch dominiert war, kommen in diesem Band zahlreiche militärische Dienstgrade vor. Dies betrifft vor allem die Offiziersdienstgrade der Raumfahrer sowie der Oberbefehlshaber. Zur korrekten Einordnung und zum Vergleich dienen die beiden folgenden Tabellen der entsprechenden Offiziersdienstgrade in Deutschland, den USA und der Sowjetunion, die nach deren Auflösung 1991 auch von den Streitkräften der Russischen Föderation übernommen wurden. Man unterteilt die Offiziersränge in vier Gruppen: Leutnante, Hauptleute, Stabsoffiziere und Generale bzw. Admirale.

In Deutschland muss zwischen dem von 1871 bis 1918 bestehenden Reichsheer des Zweiten Reiches, der von 1919 bis 1935 bestehenden Reichswehr der Weimarer Republik, der von 1935 bis 1945 bestehenden Wehrmacht des Dritten Reiches und der 1955 gegründeten Bundeswehr der Bundesrepublik Deutschland (BRD) unterschieden werden. Analog dazu gab es von 1872 bis 1918 die Kaiserliche Marine, von 1919 bis 1935 die Reichsmarine, von 1935 bis 1945 die Kriegsmarine und seit 1955 die Bundesmarine. Dies ist insofern relevant, als dass es bei den Generals- und Admiralsrängen Unterschiede gibt. Die drei höchsten Dienstränge Generaloberst bzw. Generaladmiral, Generalfeldmarschall bzw. Großadmiral sowie Reichsmarschall gab es nur bis 1945. Bei Gründung der Bundeswehr 1955 wurde bewusst darauf verzichtet. Stattdessen wurde ein neuer unterster Generals- und Admiralsrang geschaffen, nämlich Brigadegeneral bzw. Flottilenadmiral. Die Dienstgrade Generaladmiral und Reichsmarschall werden in den folgenden Tabellen nicht angeführt, weil es in den anderen

© Springer-Verlag GmbH Deutschland, ein Teil von Springer Nature 2023
A. Hensel, *Geschichte der Raumfahrt bis 1975*, https://doi.org/10.1007/978-3-662-64573-4

beiden Ländern keine Entsprechungen gibt. Dasselbe gilt für den 1993 bei der Bundeswehr eingeführten Dienstgrad Stabshauptmann bzw. Stabskapitänleutnant.

Der amerikanische Commodore bzw. der deutsche Kommodore gehörten eigentlich nicht zur Admiralität, sondern bezeichneten Kapitäne mit erweiterten Befugnissen. Sie befehligten in der Regel einen Kampfverband mit einem schweren Kreuzer, Schlachtschiff oder Flugzeugträger sowie mehreren Begleitschiffen. Der Dienstrang Commodore wurde bei der United States Navy (USN) bereits im Ersten Weltkrieg abgeschafft. Stattdessen wurde der Rear Admiral (Konteradmiral) in eine lower half (untere Hälfte) und eine upper half (obere Hälfte) aufgeteilt. Bei der Bundesmarine wurde 1955 aus dem Kommodore der bereits erwähnte Flottillenadmiral. In der britischen Royal Navy wurde der Dienstgrad Commodore dagegen als unterster Admiralsrang beibehalten.

Während in Großbritannien bereits während des Ersten Weltkrieges die Royal Air Force (RAF) als eigenständige Streitkraft gegründet wurde, waren die fliegenden Verbände der USA bis zum Ende des Zweiten Weltkrieges eine Teilstreitkraft der United States Army (U.S. Army). Sie trug die Bezeichnung United States Army Air Forces (USAAF). Aufgrund der zunehmenden Bedeutung des Luftkrieges mit der Erringung der Luftherrschaft und den Erfahrungen aus den Flächenbombardements gegen deutsche und japanische Städte, wurden die USAAF 1947 mit der Bezeichnung United States Air Force (USAF) als eigenständige Streitkraft mit eigenem Oberkommando ausgegliedert. Dabei wurden die Dienstgradbezeichnungen der U.S. Army übernommen. In Großbritannien haben sich dagegen eigene Dienstgradbezeichnungen etabliert, weshalb die Spalte für die USA nicht auch auf Großbritannien bezogen werden kann. So entspricht beispielsweise der amerikanische Lieutenant der USAF dem britischen Pilot Officer der RAF, dem Captain der Flight Lieutenant, dem Colonel der Group Captain und dem General der Air Marshal (Luftmarschall). Unterschiede gibt es aber nicht nur bei der Air Force, sondern auch bei der Army. Dem amerikanischen General of the Army entspricht beispielsweise der britische Field Marshal (Feldmarschall). Der Field Marshal ist somit höherrangiger als der Air Marchal. Ein weiterer Unterschied besteht bei der Marineinfanterie: Während die Royal Marines nach wie vor eine Teilstreitkraft der Royal Navy darstellt, wurde das United States Marine Corps (USMC) bereits 1775 gleichzeitig mit Army und Navy während des Amerikanischen Unabhängigkeitskrieges als eigenständige Streitkraft gegründet. Ebenso wurde die amerikanische Küstenwache, die United States Coast Guard (USCG), bereits 1790 als eigenständige Streitkraft gegründet. 1903 wurde aus den

Milizverbänden der US-Bundesstaaten die Nationalgarde, engl. United States National Guard (USNG), gebildet. Die sechste und jüngste Streitkraft der USA ist die Weltraumwaffe, die United States Space Force (USSF). Sie geht auf das 1982 gegründete Weltraumkommando der Luftwaffe (Air Force Space Command, AFSPC) zurück. 2019 wurde das AFSPC aus der USAF ausgegliedert und gemeinsam mit anderen Einheiten und Einrichtungen der USAF als eigenständige Streitkraft eingerichtet.

Während USAF, USMC, USNG und USSF dieselben Dienstgradbezeichnungen wie die U.S. Army führen, werden bei der USCG dieselben Dienstgradbezeichnungen wie bei der USN geführt. Verwechslungsgefahr besteht bei der Dienstgradbezeichnung Captain, der zwei verschiedene Bedeutungen hat: Bei U.S. Army, USAF, USMC, USNG und USSF entspricht er dem deutschen Hauptmann, bei USN und USCG jedoch dem Kapitän zur See, d. h. drei Dienstränge höher. Dementsprechend gibt es auch unterschiedliche Abkürzungen: Cpt. bei U.S. Army, USAF, USMC, USNG und USSF bzw. Capt. bei USN und USCG.

In der Sowjetunion bzw. Russland gibt es keine Entsprechung für den Brigadegeneral bzw. Kommodore oder Flottillenadmiral. Dort beginnt die Generalität bzw. Admiralität mit dem Generalmajor bzw. Konteradmiral. Verwechslungsgefahr besteht beim Generaloberst. Der deutsche Generaloberst rangierte zwischen dem General und dem Generalfeldmarschall, während der sowjet.-russ. Generaloberst (Generál Polkównik) zwischen dem Generalleutnant (Generál Lejtenánt) und dem Armeegeneral (Generál Ármii) steht. Einen General ohne Zusatz hat es in der Sowjetunion nicht gegeben und gibt es auch in Russland nicht. Der höchste Dienstgrad Marschall (Márschal) wird immer zusammen mit der Staatsbezeichnung geführt: Marschall der Sowjetunion (russ. Márschal Sowjétskogo Sojusa, kyrill. Маршал Советского Союза) bis 1991 und seitdem Marschall der Russischen Föderation (russ. Márschal Rossíjskoj Federázii, kyrill. Маршал Российской Федерации). Am unteren Ende der Offizierslaufbahn steht der Unterleutnant (russ. Mladschij Lejtenánt, kyrill. Младший Лейтенант). Er wird in den Vergleichstabellen nicht angeführt, weil es in den anderen beiden Ländern keine Entsprechung gibt, dort beginnt die Offizierslaufbahn mit dem Leutnant bzw. Second Lieutenant.

This book is the 1st volume of a trilogy on the history of space travel. It is based on a diploma thesis that was approved at the Department of History Sciences at the Faculty of Cultural Studies of the Alps-Adriatic-University of Klagenfurt in Carinthia, Austria in 2002. The thesis was completely revised, updated and expanded for publication by Springer on the occasion of the 50th anniversary of the first Moon landing in 2019. It was revised again for

Tab. A.4 Vergleich der Offiziersdienstgrade der Marine in Deutschland, USA und Sowjetunion bzw. Russland. k. E. = keine Entsprechung, USAF = United States Air Force (Luftwaffe der USA), USMC = United States Marine Corps (Marineinfanterie der USA), USNG = United States National Guard (Nationalgarde der USA), USSF = United States Space Force (Weltraumwaffe der USA)

Deutschland Heer & Luft- waffe	U.S. Army, USAF, USMC, USNG, USSF	US-Abk	SU/RUS Armee, Luft- waffe	Kyrillisch
Leutnant	Second Lieutenant	2nd Lt	Lejtenánt	Лейтенáнт
Oberleutnant	First Lieutenant	1st Lt	Stárschij Lejtenánt	Стáрший Лейтенáнт
Hauptmann	Captain	Cpt	Kapitán	Капитáн
Major	Major	Maj	Majór	Майóр
Oberstleutnant	Lieutenant Colonel	Lt. Col	Podpolkównik	Подполкóвник
Oberst	Colonel	Col	Polkównik	Полкóвник
Brigadegeneral	Brigadier General	Brig. Gen	k. E	k. E
Generalmajor	Major General	Maj. Gen	Generál Majór	Генерáл Майóр
Generalleutnant	Lieutenant General	Lt. Gen	Generál Lejtenánt	Генерáл Лейтенáнт
General	General	Gen	Generál Polkównik	Генерáл Полкóвник
Generaloberst	k. E	k. E	Generál Ármii	Генерáл Áрмии
Generalfeld- marschall (Luftmarschall)	General of the Army, Gen. of the Air Force	Gen. A Gen. AF	Márschal	Мáршал

the 3rd edition in 2022. This volume deals with the pioneering area of space travel up to 1975 with a focus on the Space Race between the superpowers USA and the Soviet Union. Half a century ago, the first humans landed on the Moon. This world-historical event is undoubtedly a highlight of the industrial age and exemplifies the Third Industrial Revolution. It was also the culmination of the pioneering era of space travel, with which this first volume deals with the history of spaceflight, which is based on a total of two volumes. This pioneering period is also called race to space or just space race. This race was characterized by numerous spectacular successes such as world firsts and world records, but also by setbacks and catastrophes.

The global public followed all of the activities associated with the space race with great interest during this time. This public interest was not only about the fascination with new technology and the conquest of new spheres and domains, but it was also about the demonstration of the performance of the respective systems. At that time only two countries had the necessary

Tab. A.5 Vergleich der Offiziersdienstgrade der Marine in Deutschland, USA und Sowjetunion bzw. Russland. k. E.=keine Entsprechung, USN=United States Navy (Marine der USA), USCG=United States Coast Guard (Küstenwache der USA)

Deutsche Marine	USN & USCG	US-Abk	SU/RUS Marine	Kyrillisch
Leutnant zur See	Ensign	Ens	Lejtenánt	Лейтена́нт
Oberleutnant zur See	Lieutenant Junior Grade	Lt. JG	Stárschij Lejtenánt	Ста́рший Лейтена́нт
Kapitänleutnant	Lieutenant	Lt	Kapitán Lejtenánt	Капита́н Лейтена́нт
Korvetten- kapitän	Lieutenant Commander	Lt. Cdr	Kapitán 3go Ránga (Kapitän 3. Ranges)	Капита́н 3го ра́нга
Fregatten- kapitän	Commander	Cdr	Kapitán 2go Ránga	Капита́н 2го ра́нга
Kapitän zur See	Captain	Capt	Kapitán 1go Ránga	Капита́н 1го ра́нга
Kommodore, Flottillenadmiral	Commodore, Rear Admiral (lower)	Com., RAdm. L	k. E	k. E
Konteradmiral	Rear Admiral (upper)	RAdm. u	Kóntr Admirál	Ко́нтр Адмира́л
Vizeadmiral	Vice Admiral	VAdm	Wíze Admirál	Ви́це Адмира́л
Admiral	Admiral	Adm	Admirál	Адмира́л
Großadmiral	Fleet Admiral	FAdm	Admirál Flóta	Адмира́л фло́та

resources to carry out extensive space programs, namely the two superpowers USA and the Soviet Union. Since these two powers stood against each other in a global systemic conflict in the post-World War II period, space developed into the largest theater of the Cold War. The country who had the edge in outer spacewas considered superior and could derive a global leadership claim.

The space race began in 1945 with the race between the two main victorious powers the USA and the Soviet Union for the German rocket technology. German engineers under the supervision of Wernher von Braun had developed in the first half of the 40s the so called Aggregate Four (A-4), the first large or rather the first long-range missile used by the German Wehrmacht in the last year of the war under the codename „Retribution Weapon Two" (V-2) to bombard London. Although most German technology and engineers had fallen into the hands of the Americans, they failed to take advantage of their initial starting point over the next ten years. This was partly due to the internal competition between the three US military branches, the Army, the Navy and the Air Force, as well as the strategic planning of the Air Force, which placed its top priority to modernizing their air fleets (conversion from propeller to jet propulsion).

In the centralized dictatorial Soviet Union all efforts were bundled. In addition, they preferred simple, improvised and robust solutions that promised quick success without lengthy and time-consuming basic technological research. A Soviet engineering team led by Sergei Korolevdeveloped the first space launch vehicle (SLV) in the mid-'50s with the Rocket No. 7 (Russian: Raketa Semyorka, R-7), which was capable of delivering a payload of over a ton into orbit.

All Soviet SLV of the following decades were based on the concept of the R-7. This created the so-called missile gap, which brought the Soviet Union in the late 50s and early 60s sensational successes. Additionally, there was a decisive information advantage: while the Soviets planned their space programs under the strictest secrecy, space programs in the United States were publically announced in advance. Thus, the Soviets always knew when the United States was planning the next step, while the Americans, conversely, did not know what the Soviets were doing in the vastness of the Kazakh steppe.

The launch of the first three satellites of the Sputnik series in 1957 and 1958 sparked in the United States the so-called SputnikCrisis. Suddenly, the American public realized that the combination of the atomic bomb and the space rocket, the so-called nuclear missile, would be the decisive and dominant weapons system of the Cold War. As a result, the US government acted and pooled its space programs under the aegis of the newly formed National Aeronautics and Space Administration (NASA).

Before these measures could have any effects, the Soviet Union succeeded in 1961 in putting the first man in space: the cosmonaut Yuri Gagarinin space capsule Vostok. Up until the mid-60s, more sensational first performances followed such as the first double flight of two Vostok capsules in 1962, the first woman in space in 1963, the first three-crew in a space capsule of the Voskhod type in 1964, and the first extra-vehicular activity (EVA) in 1965. These spectacular successes however concealed the fact that while the missile gap was in favor of the Soviet Union, a technology gap was opening in favor of the United States. Due to the lower payload capacities of American SLV, the first American Mercuryspace capsules need to be constructed much lighter and more compact compared to Soviet models. In addition, American astronauts should be able to control their space capsule themselves in contrast to the cosmonauts. To this end, new fields of research and a new industry, the aerospace industry, emerged in the United States. The manned US space programs in the second half of the 1960s – Gemini and Apollo – were the largest state-of-the-art research and development (R&D) programs for cutting-edge technology. This created the so-called technologygapin favor of the United States.

A total of 150 universities and research institutions as well as 20,000 companies with around 400,000 specialists were involved in these programs. To provide a network between these institutions, the Internet was invented, which has since shaped the modern information and knowledge society. While mutual surveillance and control prevailed in the Soviet Union, and personnel should only know as much as they needed to fulfill their individual duties, the United States developed a lively nationwide exchange of information and knowledge. Large amounts of funding were invested in the development of mainframe computers to collect and process the enormous amounts of data. Parallel to these developments, spacecraft needed very compact but powerful computers to control complex systems. The technological advantage of the United States experienced its breakthrough in the second half of the 60s in the race to the Moon or just Moon Race. Although the Soviet Union subsequently denied participating in the race, there were in fact top-secret projects for the Nositel N-1 lunar launch vehicle and a so-called Moon Orbital Spaceship (= Lunniy Orbitalny Korabl, LOK), which were to be developed from the Earth orbit-designed Soyuzspacecraft. The prototypes, however, were immature and not competitive. The N-1 produced four launch failures. Here Soviet know-how reached its limits.

The United States, on the other hand, succeeded in developing a powerful lunar launch vehicle with the Saturn and closing the missile gap, as well as in building the first spaceship for the manned flight to another celestial body with the Apollosystem. The first landing of humans on the Moon in 1969 was the culmination of the space race and the end of the pioneering era of space travel. After the near-disaster of Apollo 13 in 1970, the budgets for NASA and the Apollo program were cut causing the Apollo rush to ebb away.

After the odyssey of Apollo 13, the escalation of the Vietnam War and the rise of China to a spacefaring nation, the Apollo program was reduced and allowed to expire. Nevertheless, starting with the lunar rovers in Apollo 15 a spectacular innovation occurred. The Soviet Union was able to develop further uncrewed innovations: on the one hand the 1st robotic sample return of Moon regolith with the Luna 16 probe and on the other hand the 1st uncrewed Moon rover named Lunokhod. After the Moon Race there was a new race to create the 1st free flying space laboratory in the 1st half of the 1970s. The Soviet Union had several failures and a disaster that ended in deaths (Salyut 1 to 3). These failures and delays allowed the USA to succeed in developing the 1st research facility in space – the Skylab. The Soviet space laboratories were used for civil and scientific (Salyut 1 and 4) or military purposes (Salyut 2, 3 and 5 = Almaz 1, 2 and 3). The latter should have served as spying platforms or launch pads for missiles. However, the superpowers agreed to the Apollo-Soyuz Test Project (ASTP) as the 1st joint space program. With this agreement the pioneering area of space travel ended in 1975.

Afterwards the two superpowers went separate ways in crewed spaceflight: The Soviet Union developed their free flying space laboratories further to full-fledged space stations (Salyut & Mir) and the USA focused on the development of a universal reusable Space Transportation System (STS) with the Space Shuttles. This programs are described in the 2nd volume that covers the period from 1975 up to 2000. The 3rd volume deals with the space programs of the 21st century, from the International Space Station (ISS) to New Space. The history of the planetary and solar space probes, the space telescopes, the European Ariane launcher program and the Asian space race are also reported in the 3rd volume.

This 1st volume is based on a diploma thesis that was approved at the Department of History Sciences at the Faculty of Cultural Studies of the Alps-Adriatic-University of Klagenfurt in Carinthia, Austria. The thesis was completely revised, updated and expanded for publication by Springer on the occasion of the 50th anniversary of the first Moon landing.

Glossar

Ballistische Boden-Boden-Rakete Die meisten Weltraumträgerraketen der Nachkriegszeit waren Derivate von militärischen, ballistischen Boden-Boden-Raketen (engl. Surface-to-Surface Ballistic Missile, SSBM). Diese ballistischen Raketen wurden im Kalten Krieg von den Atommächten in großer Stückzahl produziert und mit Atomsprengköpfen ausgestattet. Die Langstrecken- bzw. Interkontinentalraketen dienten auch als Basis für → Trägerraketen, um Nutzlasten (engl. payload, P/L), vor allem → Raumfahrzeuge (engl. spacecraft, S/C) in den Weltraum zu befördern. Die ballistischen Boden-Boden-Raketen werden je nach Reichweite in folgende Kategorien eingeteilt:

1. Taktische Schlachtfeldrakete mit einer Reichweite von bis zu 250 km, die zur Raketen-artillerie (RakArt) gehört, engl. Tactical Ballistic Missile (TBM) oder Battlefield Range Ballistic Missile (BRBM). Beispiele: Rheinbote (DR); MGR-1 Honest John, MGM-5 Corporal, MGM-29 Sergeant, MGM-52 Lance (USA); Totschka = SS-21 Scarab (SU).

2. Kurzstreckenrakete mit einer Reichweite von 250 bis 1000 km, engl. Short Range Ballistic Missile (SRBM) oder Theatre Range Ballistic Missile (TRBM). Beispiele: Vergeltungswaffe Zwei (V2 = A4) (DR); PGM-11 Redstone, MGM-31 Pershing 1 (USA); R-11 = SS-1 Scud (SU).

3. Mittelstreckenrakete mit einer Reichweite von 1000 bis 3500 km, engl. Medium Range Ballistic Missile (MRBM). Beispiele: PGM-19 Jupiter, Pershing 2 (USA); R-5 Podeba = SS-3 Shyster, R-12 Dvina = SS-4 Sandal (SU).

4. Langstreckenrakete mit einer Reichweite von 3500 bis 5500 km. Für diese Kategorie findet man in der engl. Literatur drei verschiedene Bezeichnungen: Intermediate Range Ballistic Missile (IRBM), Long Range Ballistic Missile (LRBM), oder Transcontinental Range Ballistic Missile (TCBM). Beispiele: PGM-17 Thor (USA), R-14 Tschussowaja = SS-5 Skean, RSD-10 Pioner = SS-20 Saber (SU).

5. Interkontinentalrakete mit einer Reichweite von über 5500 km, engl. Intercontinental Ballistic Missile (ICBM). Beispiele: Atlas, Titan, Minuteman, Peacekeeper (USA); R-7

© Springer-Verlag GmbH Deutschland, ein Teil von Springer Nature 2023
A. Hensel, *Geschichte der Raumfahrt bis 1975*, https://doi.org/10.1007/978-3-662-64573-4

Semjorka = SS-6 Sapwood, R-9 Desna = SS-9 Sasin, R-16 = SS-7 Saddler, R-36 = SS-9 Scarp (SU).

Bussystem Im Zusammenhang mit der Raumfahrt steht der Begriff Bussystem für die zentrale Baugruppe eines unbemannten Raumfahrzeuges. Bei Satelliten und Raumsonden stellen sie die zentrale Plattform mit der Versorgungseinheit dar, die verschiedene → Subsysteme (Betriebssysteme) für die Energieversorgung, die Bahn- und Lageregelung, die zentralen Bordrechner, die Thermalkontrolle usw. beinhaltet. Standartbusse werden in Serie produziert und senken dadurch die Entwicklungs- und Produktionskosten. Der Bus wird mit einem Nutzlastmodul gekoppelt, welches je nach Typ z. B. mit Antennen, Sensoren oder Kameras bestückt ist.

EVA Eine Extra-Vehicular Activity (EVA) wird mit Außenbordaktivität oder Außenbordmanöver übersetzt und ugs. auch als Weltraumspaziergang (spacewalk) bezeichnet. Letzteres ist eher unpassend, denn eine EVA ist alles andere als ein Spaziergang. Sie zählt zu den schwierigsten Manövern einer Raumfahrtmission. In der Frühzeit der bemannten Raumfahrt war es i. d. R. immer nur 1 Raumfahrer (single EVA). Die 1. EVA gelang dem Kosmonauten Alexei Leonow im März 1965 mit Woschod 2. Nur 2 Monate später folgte der 1. Astronaut Edward White mit Gemini 4. Die Raumfahrer tragen spezielle Raumanzüge mit integrierten Lebenserhaltungssystemen. Bekannt sind das amerik. Extravehicular Mobility Unit (EMU) und der sowjet.-russ. Orlan. Beide Systeme hängen an einer Sicherungsleine mit Versorgungsschläuchen für Sauerstoff und Kühlwasser. Diese Leine wird Nabelschnur (Navel String) genannt. Im Januar 1969 gelang mit den sowjetischen Raumkapseln Sojus 4 und 5 erstmals ein Umstieg von 2 Kosmonauten. Die Außenbordaktivitäten der Apollo-Astronauten auf dem Mond wurden als Lunar Extra-Vehicular Activity (LEVA), ugs. auch als Mondspaziergang (moonwalk) bezeichnet. Sie erfolgten ohne Nabelschnur. Stattdessen trugen die Astronauten ein sog. Portable Life Support System (PLSS) in Form eines Tornisters auf dem Rücken. Die 1. EVA mit einem Düsentornister (Manned Maneuvering Unit, MMU) führte der Astronaut Bruce McCandless 1984 vom Space Shuttle Challenger aus. Das MMU war das kleinste bemannte Raumfahrzeug. Beim Jungfernflug des Space Shuttle Endeavour 1992 fand die 1. triple EVA statt. Ein gestrandeter Kommunikationssatellit musste von 3 Astronauten gleichzeitig eingefangen werden. Die längste EVA war 2001 mit knapp 9 h ein Montageeinsatz an der ISS. Das Gegenteil von EVA ist die Intra-Vehicular Activity (IVA), also die Aktivitäten innerhalb eines Raumfahrzeuges.

Glitch Ein Glitch ist ein unvorhergesehener und unerklärlicher Zwischenfall in der bemannten Raumfahrt, dessen Ursache sich nicht ermitteln und der sich auch nicht auf Knopfdruck beheben lässt. Trotz umfangreicher Tests, bei denen am Boden alle möglichen Situationen simuliert werden, können aufgrund der hohen Komplexität der Raumfahrzeuge und ihrer Trägerraketen sowie der extremen

Bedingungen während des Fluges derartige Situationen eintreten. Das German Rocket-Team hat diesen Begriff Anfang der 1960er Jahre geprägt. Etymologisch leitet er sich vom deutschen Wort Glitsche ab, welches eine Gleitrutschbahn auf festgetretenem Schnee oder Eis bezeichnet. Ein Glitch ist demnach eine Art Ausrutscher. Später fand der Begriff auch in der Elektronik Verwendung für eine Fehlfunktion bei logischen bzw. digitalen Schaltungen.

Mondfähre Eine Mondfähre ist ein bemanntes → Raumfahrzeug, welches dem Flug zwischen einem Raumschiff und der Mondoberfläche dient. Die einzige bisher gebaute und eingesetzte Mondfähre war das Lunar Module (LM), welches ein unabhängiger Teil des Apollo-Systems war. Im Mondorbit wurde die Mondfähre vom Apollo-Mutterschiff (CSM) abgetrennt und landete mit zwei Astronauten auf der Mondoberfläche. Bei 6 Landungen wurden insgesamt 12 Astronauten auf den Mond befördert. Der in der facheinschlägigen Literatur ebenfalls vorkommende Begriff Mondlandefähre ist eigentlich nicht ganz korrekt, denn die Astronauten landeten nicht nur auf dem Mond, sondern starten mit der Mondfähre auch zum Rückflug, wobei das Landegestell als Startplattform genutzt wurde und auf der Mondoberfläche zurückblieb. Die Sowjetunion entwickelte parallel dazu im Rahmen ihres streng geheimen bemannten Mondprogrammes ebenfalls eine Mondfähre mit der Bezeichnung Lunnij Korabl (LK). Es wurde dreimal im Erdorbit erfolgreich getestet. Aufgrund technischer Probleme bei der Entwicklung des Mondraumschiffes LOK und der Trägerrakete N-1 kam es jedoch zu keinem bemannten Einsatz.

New Space New Space bzw. NewSpace, auch Space 2.0 genannt, bezeichnet die Privatisierung und Kommerzialisierung Raumfahrt durch die New Economy des 21. Jahrhunderts. Sie steht im Gegensatz zu den staatlichen Aktivitäten der → Raumfahrtnationen im 20. Jahrhundert. Damals haben die beiden Supermächte USA und Sowjetunion im Rahmen des Kalten Krieges einen Wettlauf ins All (engl. Space Race) ausgetragen. Im 21. Jahrhundert treten neue Akteure auf den Plan. Unter dem Begriff Billionaire Space Race wird der Wettlauf der Milliardäre als private Investoren zusammengefasst. Hier sind v. a. vier Investoren und ihre Firmen zu nennen: PayPal- und Tesla-Gründer Elon Musk mit SpaceX, Amazon-Gründer Jeff Bezos mit Blue Origin, Microsoft-Mitbegründer Paul G. Allen mit Stratolaunch und Virgin-Gründer Richard Branson mit Virgin Galactic. Ein wesentliches Unterscheidungsmerkmal zu den staatlichen Raumfahrtaktivitäten ist die Kommerzialisierung der Raumfahrt, d. h. die Gewinnorientierung durch Kosten-Nutzen-Optimierung. Die Reduzierung der Kosten soll u. a. durch folgende technische Innovationen erreicht werden:

1. Reusable Launch Vehicle (RLV) = Wiederverwendbare Raumfahrtsysteme.
2. Air Launch Vehicle (ALV) bzw. Airborne Launch Assist (ALA) = Raketenstart von Trägerflugzeug in ca. 10 km Höhe.
3. Mini/Micro Satellite Launch Vehicle (MSLV) = Kleinrakete für Kleinsatelliten.
4. Kleinsatelliten (Mini-, Mikro-, Nanosatellit = Cubesat; Piko-, Femtosatellit = SpaceChip).

Der wirtschaftliche Nutzen soll u. a. durch folgende Geschäftsmodelle erreicht werden:

1. Kommerzieller Satellitentransport, v. a. Telekommunikation = Business to Business (B2B).
2. Weltraumtourismus (Space Tourism) = Business to Customer (B2C).
3. Weltraumbestattung (Space Burial) mittels Lippenstifturne (Lipstick Urn, B2C).
4. Public Private Partnership (PPP) = Zusammenarbeit mit staatl. Raumfahrtbehörde.
5. Rideshare = Mitnahme von Sekundärnutzlasten (Huckepacksatelliten, Piggyback Payload).
6. Joint Ventures, z. B. Boeing + Lockheed Martin = United Launch Alliance (ULA).
7. Weltraumbergbau (Space Mining) = Abbau von Bodenschätzen auf Himmelskörpern, z. B. Mondbergbau (Lunar Mining), Marsbergbau (Mars Mining), Asteroidenbergbau (Asteroid Mining) etc.
8. Weltraumproduktion (Space Manufacturing) = Herstellung von Produkten unter Weltraumbedingungen (Zero-/Mikrogravitation, Ultrareinraum, Hochvakuum). Nutzung lokaler Ressourcen für den Aufbau und Betrieb von Raumbasen, z. B. Bau einer Mondbasis aus Mondstaub (Lunar Regolith) mittels 3D-Druckverfahren.
9. Weltraumkolonisierung (Space Colonization) = Besiedelung anderer Himmelskörper durch den Menschen. Realistischerweise kommt hierfür in absehbarer Zeit nur der Mars infrage.

Orbit Der Orbit bezeichnet die Umlaufbahn um einen Himmelskörper. Die Umlaufbahn erfolgt in der Regel ellipsenförmig mit einem dem Himmelskörper nächstgelegenen Punkt (Periapsis) und einem entferntesten Punkt (Apoapsis). Im Erdorbit heißen die Apsiden Perigäum und Apogäum, im Mondorbit Periselenum und Aposelenum, im Sonnenorbit Perihel bzw. Aphel und im Marsorbit Periares und Apares. Der Mond bewegt sich zwischen einem Perigäum von ca. 360.000 km und einem Apogäum von ca. 405.000 km. Der durchschnittliche Abstand zur Erde beträgt ca. 385.000 km. Die Erde bewegt sich zwischen einem Perihel von ca. 147 Mio. km und einem Aphel von ca. 152 Mio. km. Die durchschnittliche Entfernung zur Sonne beträgt ca. 149 Mio. km. Dies entspricht einer Astronomischen Einheit (AE, engl. Astronomical Unit, AU). 99,9 % aller Raumfahrtaktivitäten spielen sich im Erdorbit innerhalb eines Radius von 40.000 km ab. Ausnahmen sind lediglich die unbemannten Raumsonden sowie die bemannten Mondprogramme Apollo und Artemis. Bei künstlichen Satelliten in der Erdumlaufbahn gibt es verschiedene Kategorien von Orbits, die von der Umlaufhöhe, der Exzentrizität (Differenz zwischen Apogäum und Perigäum) und der Bahnneigung (Inklinationswinkel zum Äquator) abhängen:

1. Parking Orbit/Early Orbit: Die Parkbahn ist ein sehr niedriger Zwischenorbit in 150 bis 200 km Höhe. Dort finden Systemtests (Checkout) unter Weltraumbedingungen statt und es wird das Drehmoment der Erde genutzt um mittels einer erneuten Zündung der letzten Raketenstufe in eine Transferbahn überzugehen, z. B. einen geostationären Transferorbit (Geostationary Transfer Orbit, GTO) oder eine Transferbahn zum Mond (Lunar Transfer Orbit, LTO).
2. Low Earth Orbit (LEO): Die niedrige Erdumlaufbahnbefindet sich zwischen 200 und 2000 km Höhe. Hier werden vor allem Satelliten zur Erdbeobachtung eingesetzt, zum Beispiel Aufklärungs- und Wettersatelliten. In diesem Bereich spielt sich auch die bemannte Raumfahrt ab. Die Umlaufzeit beträgt im Durchschnitt rund 1,5–3 h und

das Empfangszeitfenster für eine überflogene Bodenstation rund 10–15 min. Die Internationale Raumstation ISS umkreist die Erde in rund 400 km Höhe mit einer Umlaufgeschwindigkeit von ca. 8 km/s = 28.000 km/h und einer Umlaufzeit von rund 90 min = 1,5 h. Die maximale Nutzlastkapazität für den LEO ist die Berechnungsgrundlage für die Einteilung von → Trägerraketen in Größenklassen.

3. Medium Earth Orbit (MEO): Die mittlere Erdumlaufbahn liegt zwischen 2000 und 30.000 km Höhe. Hier werden vor allem Navigationssatelliten eingesetzt. Die NAVSTAR-Satelliten des GPS-Systems umkreisen die Erde in rund 20.200 km Höhe und die europäischen Galileo-Satelliten in ca. 23.200 km. Die Umlaufzeit beträgt im Durchschnitt rund 12 h und die Umlaufgeschwindigkeit ca. 4 km/s = 14.000 km/h.

4. Geosynchronous Orbit (GSO): Bei der geosynchronen Umlaufbahn entspricht die Umlaufzeit exakt der Erdrotation, d. h. genau einem siderischen Tag (= 23 h, 56 min).

5. Geostationary Orbit (GEO): Die geostationäre Umlaufbahn stellt einen Sonderfall des GSO dar. Es handelt sich dabei um eine geosynchrone Umlaufbahn mit einer Bahnneigung (Inklinationswinkel) von 0°, d. h. der Satellit bewegt sich über dem Äquator. Daher wird die Abkürzung GEO teilweise auch mit Geosynchronous Equatorial Orbit aufgelöst. Bei einer Höhe von exakt 35.786 km und einer Umlaufgeschwindigkeit von 3 km/s (= 11.000 km/h) heben sich Gravitations- und Zentrifugalkraft gegenseitig auf, was zu einer sehr stabilen, kreisförmigen Umlaufbahn führt. Der Satellit scheint über einem bestimmten Punkt der Erde scheinbar zu stehen. Dies wird vor allem von Kommunikationssatelliten genutzt. Es genügt ein einmaliges Anpeilen des Satelliten, um eine dauerhafte Verbindung herzustellen. Eine komplizierte Bahnverfolgung und das Verschwinden des Satelliten hinter dem Horizont entfallen.

6. Polar Earth Orbit (PEO): Die polare Erdumlaufbahn ist eine spezielle Umlaufbahn mit einem Inklinationswinkel (Bahnneigung) von 90° bzw. 270° zum Äquator. Sie führt über die Pole und ist für Satelliten relevant, die alle Breitengrade abdecken sollen. Das gilt vor allem für Aufklärungssatelliten, sowie für einige Forschungs-, Navigations- und Wettersatelliten.

7. Retrograde Orbit: Eine Rückläufige bzw. gegenläufige Umlaufbahn hat ein Satellit mit einer Bahnneigung (Inklination) von über 90° bzw. unter 270°, d. h. der Satellit fliegt entgegen der Erdrotation. Die Trägerrakete muss in diesem Fall Richtung Westen starten. Die Herausforderung dabei ist der deutlich höhere Energie- bzw. Treibstoffaufwand, weil die Rakete den Schwung der Erdumdrehung beim Start nicht mitnehmen kann, sondern ihn im Gegenteil erst überwinden muss.

8. Sun-Synchronous Orbit (SSO): In einem Sonnensynchronen Orbit hat der die Erde umkreisende Satellit relativ zur Sonne immer dieselbe Bahnebene. Diese Orbitalebene dreht sich in einem Jahr genau einmal um die Erde (360° pro Jahr). Dadurch überfliegt der Satellit dieselben Orte immer zur selben Ortszeit. Dies ist für bestimmte Erdbeobachtungs- und Wettersatelliten relevant. Darüber hinaus kann die Bahnebene so gewählt werden, dass der Satellit niemals in den Erdschatten tritt. Dies ist nicht nur für Sonnenbeobachtungssatelliten wichtig, sondern auch für Satelliten, deren Subsysteme und Instrumente besonders viel Energie benötigen. Die Solarzellen werden ununterbrochen von der Sonne bestrahlt und es sind keine schweren und platzraubenden Akkumulatoren zur Stromspeicherung nötig. Der stabilste SSO befindet sich ein einer Höhe von etwa 800 km bei einer Inklination von ca. 99°.

9. Highly Elliptical Orbit (HEO): Die hochelliptische Umlaufbahn ist eine Umlaufbahn mit sehr hoher Exzentrizität, d. h. einem sehr großen Unterschied zwischen Perigäum und Apogäum. Diese eignet zum Beispiel für Forschungssatelliten, die den Van-Allen-Strahlungsgürtel oder die Magnetosphäre der Erde vermessen, zum Beispiel der europäische Forschungssatellit HEOS. Das sowjetische Kommunikationssatellitennetz Molnija fliegt ebenfalls im HEO.

10. Transferorbits sind extrem elliptische Sonderformen des HEO für den spritsparenden Übergang von einer erdnahen Parkbahn im LEO zu einer weiter entfernten Umlaufbahn. Der geosynchrone Transferorbit (Geosynchronous Transfer Orbit, GTO) ist eine Übergangsbahn zum GSO bzw. GEO und der Lunare Transferorbit (Lunar Transfer Orbit, LTO) als die effizienteste Flugbahn zum Mond.

11. Super-synchronous Orbit: Der supersynchrone Orbit ist eine Umlaufbahn oberhalb des GEO, d. h. oberhalb von ca. 36.000 km. Hierher werden v. a. ausrangierte geostationäre Satelliten manövriert und stillgelegt. Diese Orbithöhe wird daher auch umgangssprachlich als Friedhofsorbit (engl. Graveyard Orbit) bezeichnet. Satelliten in niedrigeren Umlaufbahnen werden nach dem Ende ihrer Lebensdauer bevorzugt abgebremst, damit sie in der Erdatmosphäre verglühen.

Ausrangierte Raumlabore und Raumstationen sowie die nicht wiederverwendbaren Raumtransporter bringt man kontrolliert über dem Südpazifik zwischen Neuseeland, Chile und der Antarktis zum Absturz. Diese Zone wird auch Raumschifffriedhof (Spacecraft Cemetery) genannt. Der bisher größte Raumflugkörper war die Raumstation Mir im Jahr 2001.

Rakete → Trägerrakete

Raketenrucksack Ein Raketenrucksack (Jet-Pack) ist das kleinste bemannte Raumfahrzeug. Es besteht aus einem mit Steuerdüsen und Tanks für Brennstoff und Oxidator ausgestatteten Tornister, welcher auf den Rücken geschnallt wird. Das Jet-Pack kommt bei Außenbordaktivitäten (EVA) zum Einsatz, bei denen der Raumfahrer nicht durch eine Sicherungsleine mit dem größeren Raumfahrzeug verbunden ist. Beispiele sind ist das amerikanischeManned Maneuvering Unit (MMU), welches bei einigen Space-Shuttle-Missionen eingesetzt wurde und das sowjetische Sredstvo Peredvizheniya Kosmonavta (SPK), welches für Außenbordaktivitäten an der Raumstation Mir zum Einsatz gekommen ist.

Raumbasis Eine Raumbasis ist eine feste Station auf einem anderen Himmelskörper, der keine Atmosphäre hat (der Weltraum beginnt erst oberhalb der Atmosphäre). Da der Mars eine Atmosphäre hat, wäre eine Marsbasis keine Raumbasis. Die Apollo-Astronauten haben ihre gelandeten Mondfähren als temporäre Mondbasen bezeichnet. So hat beispielsweise Neil Armstrong unmittelbar nach der ersten Mondlandung von einer „Tranquility Base" gesprochen. Die einzige realistische dauerhafte Raumbasis für das 21. Jahrhundert wäre eine Mondbasis (engl. Moon Base) in der Nähe eines der beiden Pole. Dort gibt es Wassereis in den dauerbeschatteten Kratern und stetigen Sonnenschein an deren Rändern. An anderen Orten dauert eine Mondnacht volle zwei Wochen, in welcher die Oberflächentemperatur auf −160 °C sinkt. Das wäre ein Problem für die Energieversorgung mittels Solarzellen. Umgekehrt dauert ein Mondtag ebenfalls volle zwei Wochen und kann in Äquatornähe, also mit der Sonne im Zenit Oberflächentemperaturen von bis zu +130 °C hervorrufen. Eine Raumbasis ist nicht zu verwechseln mit einer → Raumstation, die die frei im Weltraum schwebt.

Raumfähre Die Raumfähre ist ein wiederverwendbares Raumfahrzeug, mit dem Menschen und Nutzlasten (engl. payload, P/L) in den Erdorbit transportiert werden können. Einziger bisher gebauter und eingesetzter Raumfähren-Typ ist das amerikanische Space Shuttle, im NASA-Jargon auch Orbiter genannt. Gemeinsam mit dem Außentank und den beiden Feststoff-Boostern bildete es das sogenannte Space Transportation System (STS). Zwischen 1981 und 2011 wurden insgesamt fünf Space Shuttles im Orbit eingesetzt: Columbia, Challenger, Discovery, Atlantis und Endeavour. Zwei davon wurden bei Unfällen zerstört. Parallel dazu wurden in den 1980er Jahren sowohl in der Sowjetunion als auch in Westeuropa ebenfalls Raumfähren konzipiert. Vom sowjetischen Buran gab es einen Prototypen für Testflüge innerhalb der Atmosphäre und ein Serienmodell, mit welchem lediglich ein unbemannter Testflug im Orbit durchgeführt wurde. Der westeuropäische Hermes ist über den Projekt-Status nicht hinausgekommen. Nach dem Zusammenbruch der Sowjetunion und dem Ende des Kalten Krieges wurde die internationale Zusammenarbeit forciert und die Aktivitäten zur bemannten Raumfahrt gebündelt.

Raumfahrer Zu den Raumfahrer/innen werden alle Personen gezählt, welche im Flug die 100-km-Grenze zum → Weltraum überschritten haben. Da es bis 2020 drei Raumfahrtnationen gelungen ist, im Rahmen von nationalen Raumfahrtprogrammen Raumfahrer in den Weltraum zu befördern, gibt es grundsätzlich auch drei verschiedene Berufsbezeichnungen: Astronaut/in (USA), Kosmonaut/in (Sowjetunion bzw. Russland) und Taikonaut/in (China). Indien plant ebenfalls ein nationales bemanntes Raumfahrtprogramm und hat dafür die Berufsbezeichnung Wiomanaut/in (engl. Transkription Vyomanaut) eingeführt. Die Raumfahrer der mit der Sowjetunion verbündeten Ostblockstaaten, die im Rahmen des Interkosmos-Programmes als Gäste die sowjetischen Raumstationen besuchten, wurden Interkosmonauten genannt. Die Raumfahrer der European Space Agency (ESA), die in amerikanischen (Space Shuttle) und russischen (Sojus und Mir) Raumfahrzeugen mitgeflogen sind, werden auch Euronauten genannt. Die französischen Raumfahrer heißen in ihrem Land Spationauten. Der erste deutsche Raumfahrer Sigmund Jähn erhielt den Titel Fliegerkosmonaut. Der einzige österreichische Raumfahrer Franz Viehböck wurde als Austronaut bezeichnet. Darüber hinaus gibt es auch Bezeichnungen für die einzelnen Aufgabenbereiche an Bord: Kommandant/in, Pilot/in, Bord- bzw. Flugingenieur/in, Forschungskosmonaut/in bzw. Wissenschaftsastronaut/in und Missionsspezialist/in. Daneben gibt es auch Raumfahrer/innen, die keine Angehörigen der Raumfahrercorps der beteiligten Raumfahrtagenturen sind: Mitarbeiter/innen von beteiligten Firmen aus der Raumfahrtindustrie werden als Nutzlastspezialist/in (Payload Specialist, PLS) bezeichnet. Eine Person, die ihren Raumflug selber bezahlt und kein entsprechendes Auswahlverfahren bzw. keine reguläre Ausbildung absolviert und auch keine offizielle Funktion an Bord hat, wird Weltraumtourist/in genannt. Bis Ende 2020 gab es insgesamt rund 570 Raumfahrer/innen aus 40 Nationen, wobei rund 360 von ihnen allein aus den USA kamen. Das entsprich rund 2/2 aller Raumfahrer/innen. Rund 70 waren Sowjetbürger (bis 1991) und ca. 50 russische Staatsbürger (seit 1992). Es folgen

12 Japaner, jeweils 11 Chinesen und Deutsche (1 x DDR, 10 x BRD), jeweils 10 Franzosen und Kanadier sowie jeweils 7 Italiener und Briten (4 davon auch US-Staatsbürger). Die NASA verleiht allen Personen, welche die Astronautenausbildung erfolgreich absolviert haben, die Silberne Astronauten-Anstecknadel (Silver Astronaut Pin). Nach dem 1. absolvierten Raumflug erhalten sie die Goldene Astronauten-Anstecknadel (Golden Astronaut Pin). Daneben gibt es auch Personen, deren Raumfahrerstatus umstritten ist. So verleihen die US-Streitkräfte ihren Militärpiloten die Astronaut Badges, sobald sie 50 Meilen (= 80 km) überflogen haben. Analog dazu verleiht die US-Luftfahrtbehörde (Federal Aviation Administration, FAA) allen zivilen Berufspiloten die Commercial Space Transportation Wings als Abzeichen für den Astronautenstatus, sobald sie die 50 Meilen mit einem amerikan. Luft- oder Raumfahrzeug überschritten haben. Die Vereinigung der Raumfahrer (Association of Space Explorers, ASE) akzeptiert dagegen nur Mitglieder, die mind. 1 vollständigen Erdorbit in mind. 100 km Höhe absolviert haben. Daneben gibt es noch Analogastronauten, deren Ziel nicht der Raumflug ist. Sie nehmen an mehrmonatigen Simulationen in autarken Mock-ups von Raumbasen in irdischen Wüsten teil, um neue Technologien auszuprobieren, die dann später bei echten Raumfahrtmissionen zum Einsatz kommen. Eine neue technische Entwicklung ist der sogenannte Robonaut (Robotic Astronaut). Robonauten gelten als eine der Schlüsseltechnologien des New Space. Sie sollen künftg menschliche Raumfahrer bei ständig wiederkehrenden Routinearbeiten (einfache Wartungsarbeiten, Space Mining bzw. Manufacturing) sowie bei besonders gefährlichen Tätigkeiten (z. B. bei hoher Strahlenbelastung) ersetzen bzw. ihnen assistieren.

Raumfahrt Synonyme:Weltraumfahrt,Astronautik   oderKosmonautik,   engl. Astronautics, Space Travel oder Space Flight bzw. Spaceflight.

Raumfahrt ist der Flugverkehr von Raumflugkörpern aller Art im Weltraum. Man unterscheidet grundsätzlich zwischen unbemannter und bemannter, ziviler und militärischer oder staatlicher und privater Raumfahrt. Obwohl die bemannte Raumfahrt viel spektakulärer ist als die unbemannte und auch entsprechend intensiver in den Medien und in der Literatur behandelt wird, darf nicht übersehen werden, dass sich über 95 % aller Raumfahrtaktivitäten unbemannt abspielen. Entscheidend für die Abgrenzung zur Luftfahrt ist die Flughöhe.

Die Grenze zwischen Luftraum und Weltraum ist fließend. Die Exosphäre beginnt bei ca. 500 km Höhe und erstreckt sich über mehrere Tausend km. Die bemannte Raumfahrt spielt sich jedoch darunter ab. Einzige bisherige Ausnahme waren die 8 Apollo-Mondflüge. Tatsächlich spielt die Mesopause eine zentrale Rolle bei der Abgrenzung zwischen Luft- und Raumfahrt. Sie bildet die Grenzschicht sowohl zwischen der Mesosphäre und der Thermosphäre (gem. dem Temperaturverlauf) als auch zwischen der Neutrosphäre und der Ionosphäre (gem. der Teilchenladung). Die Mesopause erstreckt sich zwischen ca. 80 km und rund 100 km Höhe. Was nun die exakte Abgrenzung zwischen Luft- und Raumfahrt betrifft, so gibt es grundsätzlich zwei Ansätze: Bottom Up und Top Down. Beim Bottom-Up-Ansatz wird die Grenze aus Sicht der Luftfahrt, d. h. von unten her betrachtet. Hierbei gibt es zwei Definitionen: Das National Advisory Committee for Aeronautics (NACA), die Vorgängerorganisation der NASA, hat die Grenze bei 50 Meilen = 80 km Höhe festgelegt. Die Begründung war, dass ab dieser

Höhe die Ruder eines Flugzeuges keinen ausreichenden Steuerdruck mehr ausüben können. Die US-Liftwaffe (United States Air Force, USAF) und die Luftfahrtbehörde der USA (Federal Aviation Administration, FAA) haben diesen Grenzwert übernommen. Die Internationale Luftfahrtvereinigung Fédération Aéronautique Internationale (FAI) hat die Grenze zwischen Luft- und Raumfahrt bei 100 km Höhe festgelegt. Es handelt sich dabei um die sogenannte Kármán-Linie, deren Definition auf Theodor von Kármán zurückgeht. Er hat damit argumentiert, dass ab dieser Höhe rein physikalisch gesehen keinerlei aerodynamischer oder aerostatischer Auftrieb mehr möglich ist. Beim Top-Down-Ansatz wird die Grenze aus Sicht der Raumfahrt, d. h. von oben her betrachtet. Auch hier gibt es zwei Definitionen: Die niedrige Erdumlaufbahn (Low Earth Orbit, LEO) wird zwischen 200 und 2000 km Höhe angesetzt. Unterhalb von 200 km Höhe ist die Bremswirkung der Erdatmosphäre so stark, dass keine stabile Erdumlaufbahn erzielt werden kann, ohne dass in regelmäßigen Abständen mit Bahnregelungstriebwerken die Flughöhe angehoben wird. Die NASA definiert den Wiedereintritt (engl. Reentry) in die Erdatmosphäre bei 400.000 Fuß = 122 km Höhe. Ab dieser Höhe wird die Bremswirkung der Erdatmosphäre so stark, dass die Reibungshitze die Außenhaut von Raumfahrzeugen angreift. Daher muss sich spätestens ab dieser Höhe die Landekapsel von ihrem Versorgungsmodul getrennt haben und mit dem Hitzeschutzschild nach untern ausgerichtet sein. Als durchschnittliche und gerundete Höhe hat sich international 100 km als Grenze zwischen Luft- und Weltraum bzw. Luft- und Raumfahrt durchgesetzt. Eine Raumfahrtmission wird i. d. R. in 4 Phasen eingeteilt: Countdown, Launch & Early Orbit Phase (LEOP), On-Orbit Operations (OOO) und Deorbiting. Letzteres wird bei bemannten Missionen auch Reentry, Descent & Landing (RDL) genannt. In der Praxis spielt sich die Luftfahrt jedoch zu 99 % in der Troposphäre (bis 15 km Höhe) ab. Darüber hinaus können nur spezielle Gasballone und Düsenflugzeuge mit besonders leistungsfähigen Turbinen-Strahltriebwerken bis in die Stratosphäre (15 bis 50 km Höhe) vordringen. Gasballone können in dieser Höhe immer weniger Auftrieb erzeugen und ihre Hülle bläht sich immer stärker auf, bis sie schließlich zu platzen droht. Düsentriebwerke versagen bereits ab ca. 25 km Höhe, weil nicht mehr genügend Luft vorhanden ist, die in den Turbinen verdichtet werden kann. Es gibt zu wenig Sauerstoff als Oxidator für die Verbrennung des Treibstoffes. Angetriebene Flüge oberhalb dieser Höhe können daher nur noch mit Raketenantrieben durchgeführt werden, bei denen Brennstoff und Oxidator in getrennten Tanks mitgeführt werden müssen. 99 % aller Raumfahrtaktivitäten spielen sich im Erdorbit unterhalb von 40.000 km Höhe ab. Ausnahmen sind lediglich die Raumsonden sowie das bemannte Apollo-Mondprogramm. Ein bemannter Raumflug wird in den USA Mission und in Russland (Sowjetunion) Expedition (Ekspedizia) genannt.

Raumfahrtnation Den Status eines Landes als Raumfahrtnation (engl. Spacefaring Nation) bzw. Weltraummacht kann man an 3 Niveaus (Level) messen:

1. Ein Staat, dem es gelungen ist, im Rahmen eines eigenen nationalen Raumfahrtprogrammes einen selbst entwickelten und gebauten Satelliten mit einer selbst entwickelten und gebauten Trägerrakete in eine Erdumlaufbahn (Orbit) zu befördern. Dies ist bisher folgenden 11 Staaten gelungen (in chronologischer Reihenfolge): Sowjetunion (Russland) 1957 (Sputnik 1), USA 1958 (Explorer 1), Frankreich 1965 (Astérix), Japan im Februar 1970 (Osumi), China im April 1970 (Dong Fang Hong 1), Großbritannien 1971 (Prospero), Indien 1980 (Rohini 1B), Israel 1988 (Ofeq), Iran 2009 (Omid), Nordkorea 2012 (Kwangmyongsong 3–2) und Südkorea 2013 (STSAT-2C).

2. Ein Staat, dem es gelungen ist, im Rahmen eines eigenen nationalen Raumfahrtprogrammes mit einer selbst entwickelten und gebauten Raumsonde (Lander) auf einem anderen Himmelskörper weich zu landen. Diese Erstleitung erfolgte bisher

ausschließlich mit Mondsonden und ist bisher folgenden 4 (5) Staaten gelungen (in chronologischer Reihenfolge): Sowjetunion im Januar 1966 (Luna 9), USA im Mai 1966 (Surveyor 1), China 2013 (Chang'e 3), Indien im August 2023 (Chandrayaan 3). Derzeit (Stand: September 2023) befindet sich der japanische Lander SLIM auf dem Weg zum Mond.

3. Ein Staat, dem es gelungen ist, im Rahmen eines eigenen nationalen bemannten Raumfahrtprogrammes einen Raumfahrer mit einem selbst entwickelten und gebauten Raumfahrzeug in den Erdorbit zu befördern. Dies ist bisher folgenden 3 Staaten gelungen (in chronologischer Reihenfolge): Sowjetunion (Russland) 1961 (Juri Gagarin in Wostok 1), USA 1962 (John Glenn in Mercury-Atlas 6) und China 2003 (Yang Liwei in Shenzhou 5). Indien will in den nächsten Jahren die 4. Raumfahrtnation werden, der dies gelingt.

Raumfahrtsystem Ein Raumfahrtsystem i. w. S. ist der Überbegriff für die gesamte Infrastruktur, welche für die Durchführung von Raumfahrtmissionen notwendig ist. Dabei werden im Wesentlichen 4 Teilsysteme bzw. Segmente unterschieden:

1. Bodensegment (ground segment, G/S): Es umfasst die gesamte terrestrische Infrastruktur am Boden und kann in die folgenden 2 Subsegmente unterteilt werden: Das Startsegment (Launch Segment), an welchem die Endmontage und der Start der Trägersysteme durchgeführt werden. Dies findet i. d. R. in → Raumfahrtzentren (Space Flight Center, SFC) statt. Das Kontrollsegment (control segment, C/S) besteht einerseits aus dem Raumflugkontrollzentrum (USA: Mission Control Center (MCC), ESA: Space Operations Centre (SOC), Roskosmos: Zentr Uprawlenija Paljotam (ZUP), wo die zentrale Flugkontrolle stattfindet. Daneben gibt es andererseits noch diverse Bodenstationen (Ground Stations) mit Parabolantennen zur Bahnverfolgung und zum Empfang der Telemetriedaten.

2. Transfersystem (transfer system, T/S): Dabei handelt es sich um das Trägersystem (Space Launch Vehicle, SLV), welches die Nutzlast in den Weltraum bringt. Üblicherweise ist dies eine → Trägerrakete. Zwischen 1981 und 2011 wurde diese Aufgabe in den USA primär vom Raumtransportsystem STS (Space Shuttle) übernommen.

3. Raumsegment (space segment, S/S): Dabei handelt es sich um die Nutzlast (payload, P/L) bzw. das Raumfahrzeug (spacecraft, S/C). Es dient der Durchführung der eigentlichen Mission im Weltraum.

4. Das Anwendungs- bzw. Nutzersegment (user segment U/S) umfasst die Auswertung und Aufbereitung der empfangenen Daten für die praktische Anwendung durch die Endnutzer bzw. Konsumenten. Dazu zählen z. B. die meteorologischen Anstalten bzw. etterdienste, wo die Satellitenbilder für die Wettervorhersage ausgewertet werden. Eine andere, weit verbreitete Anwendungsinfrastruktur sind die Satellitennavigationssysteme. Die ESA betreibt 9 User Support & Operations Center (USOC), darunter das Microgravity User Support Center (MUSC) beim Deutschen Zentrum für Luft- und Raumfahrt (DLR) in Köln. Sie dienen u. a. der Auswertung der Forschungsdaten aus dem europäischen ISS-Labormodul Columbus.Die Teilsysteme bzw. Segmente können wiederum in mehrere → Subsysteme untergliedert werden. Die zentrale Baugruppe eines unbemannten Raumfahrzeuges ist das → Bussystem.

Raumfahrtzentrum Ein Raumfahrtzentrum ist eine Anlage, wo die Endmontage und der Start von Raketen bzw. Raumfahrzeugen sowie die Überwachung von Weltraummissionen stattfinden. Diese Funktionen können auch auf mehrere Raumfahrtzentren verteilt sein. Synonyme Begriffe sindRaumflugzentrum,Raumhafen,Weltraumhafen,Raumflughafen,Weltraumflughafen,Weltraumbahn hofoderRaketenstartgelände. Im Englischen werden sie alsSpace Flight Center (SFC)bzw. Space Center oder Space Port bzw.Spaceportbezeichnet. Die russische Bezeichnung lautetKosmodrom(Космодром). Die günstigste Lage für ein Raumflugzentrum ist in der Nähe des Äquators. Dort kann das Drehmoment der Erdrotation optimal genutzt werden. Die horizontale Grundgeschwindigkeit am Äquator beträgt 465 m/s = 1675 km/h, d. h., eine Rakete muss entsprechend weniger beschleunigen, um auf Orbitalgeschwindigkeit zu kommen, wenn sie in Drehrichtung der Erde (Osten) startet. Man kann sich das wie beim Kugelstoßen, Diskus- oder Hammerwerfen vorstellen: Der Werfer rotiert um die eigene Achse und beschleunigt damit die Kugel bzw. den Diskus oder Hammer, bevor er loslässt. Nur für Starts in polare Orbits sind Standorte in der Nähe der Pole günstiger. Berühmte Raumflugzentren sind das Kennedy Space Center (KSC) am Cape Canaveral in Florida, genannt „The Cape" (28° nördl. Breite), das Kosmodrom Baikonur in Kasachstan (45° N), das Centre Spatial Guyanais (CSG) bei Kourou in Französisch-Guayana (5° N) und das chinesische Kosmodrom Wenchang (19° N) auf der Insel Hainan. Da die Trägerraketen i. d. R. nach Osten entgegen der Drehbewegung der Erde starten, sollte der Startkorridor unbesiedelt sein, um im Falle eines Versagens der Trägerrakete keinen weiteren Schaden anzurichten. Am Cape Canaveral und in Kourou starten die Raketen über den Atlantik und in Baikonur über die kasachische Steppe. Große Raumfahrtzentren haben mehrere Anlagen mit jeweils eigenen Gebäuden für die Endmontage und die Betankung mit mehreren angeschlossenen Startrampen. Diese Anlagen werden im Englischen Space Launch Complex (SLC) oder einfach Launch Complex (LC) und die zugehörigen Startrampen werden Launch Pad (LP) genannt. Ein Raumfahrtzentrum, welches ausschließlich der Flugüberwachung dient, wird auch Raumfahrtkontrollzentrum oder Raumflugkontrollzentrum, engl. Mission Control Center (MCC) oder Space Operations Centre (SOC), genannt. Im Kontrollzentrum laufen alle von den verschiedenen Bodenstationen empfangenen Telemetriedaten der sowie der gesamte Funkverkehr zusammen. Am Raketenstartgelände befindet sich i. d. R. noch ein untergeordnetes Startkontrollzentrum, engl. Launch Control Center (LCC). Das MCC und das Astronautenausbildungszentrum der NASA befinden sich im Johnson Space Center (JSC) in Houston, Texas. Es wird auch „Space City" genannt. Die amerikanischen Astronauten richten sich bei ihren Raumflügen nach der Ortzeit in Houston (Central Standard Time, UTC-6). Das Rufzeichen des MCC lautet schlicht „Houston", zentraler Ansprechpartner für die Astronauten ist der sogenannte Capsule Communicator (Capcom). Das Europäische Raumfahrtkontrollzentrum (engl. European Space Operations Centre, ESOC) befindet sich in Darmstadt, Hessen. Das russische Raumflugkontrollzentrum befindet sich in einer Moskauer Vorstadt, die nach dem führenden sowjetischen Raketenkonstrukteur Koroljow benannt ist. Die offizielle Bezeichnung lautet Zentr Uprawlenija Poljotami (ZUP), was wörtlich übersetzt Flugleitzentrale bedeutet. Im Sprechfunkverkehr trägt das ZUP das Rufzeichen „Sarja" (dt. Morgenröte). Das Kosmonautenausbildungszentrum (Zentr Podgotowki Kosmonawtow, ZPK) befindet sich in Swjosdny Gorodok (dt. Sternenstädtchen, engl. Star City) nordöstlich von Moskau. Es ist nach dem 1. Kosmonauten Juri Gagarin benannt.

Raumfahrzeug Raumfahrzeuge (RFZ, engl.Spacecraft, S/C) sind → Raumflugkörper, die der Fortbewegung bzw. dem Aufenthalt im Weltraum dienen. Ein wesentliches Abgrenzungsmerkmal zu anderen Raumflugkörpern ist dabei die Manövrierfähigkeit. Diese erfolgt durch ein Lage- und Bahnregelungssystem mit Steuerdüsen bzw. Triebwerken (engl. Attitude & Orbit Control System, AOCS). Man teilt die Raumfahrzeuge grundsätzlich in unbemannte (engl. uncrewed/ unmanned) und bemannte (engl. crewed/manned) ein. Unbemannte Raumfahrzeuge werden eingeteilt in → Satelliten, → Raumsonden und → Raumtransporter. Was die bemannten Raumfahrzeuge betrifft, so werden diese in der facheinschlägigen Literatur oftmals pauschal als „Raumschiffe" bezeichnet. In diesem Zusammenhang lohnt sich eine vergleichende Betrachtung anderer Fahrzeugkategorien: Nicht jedes Wasserfahrzeug ist ein Schiff, es gibt auch Boote, Flöße usw. Es ist auch nicht jedes Luftfahrzeug automatisch ein Luftschiff. Im Gegenteil: Luftschiffe spielen in der Luftfahrt seit dem Zweiten Weltkrieg keine nennenswerte Rolle mehr. Daher ist es auch nicht sinnvoll, den Begriff Raumschiff synonym für alle Arten bemannter Raumfahrzeuge zu verwenden. Bei den bemannten Raumfahrzeugen wird daher folgende Unterscheidung getroffen: → Mondfähre, → Raketenrucksack, → Raumfähre, → Raumgleiter, → Raumkapsel, → Raumschiff, → Raumstation, → Rover.

Raumflugkörper Raumflugkörper (RFK) ist der Oberbegriff für alle künstlichen Flugobjekte im Weltraum. Sie gehören zu den → Weltraumobjekten. Zu den RFK gehören die → Trägerraketen und ihre Nutzlasten (engl. payload, P/L). sowie deren Teile und Trümmer, darunter auch ausrangierte, antriebs- und funktionslose Raketenstufen. Darüber hinaus auch alle Raumfahrzeuge. Die funktionslosen RFK werden umgangssprachlich auch als Weltraumschrott bezeichnet und stellen eine zunehmende Gefahr für die Raumfahrt dar. Aktive Satelliten und Raumsonden werden dagegen zur Kategorie der unbemannten → Raumfahrzeuge gezählt. Eine weitere Kategorie von Raumflugkörpern im weiteren Sinne sind die bemannten Raumfahrzeuge.

Raumgleiter Ein Raumgleiter, auch Raumflugzeug (engl. spaceplane) genannt, ist ein Raketenflugzeug, welches in einem ballistischen Parabelflug die 100-Km-Grenze zwischen Luft- und Raumfahrt kurzfristig überschreiten kann. Es ist demnach nicht für den Flug im Orbit (Erdumlaufbahn) geeignet. Die einzigen beiden bisher gebauten und eingesetzten Raumgleiter waren das Experimentalflugzeug NAA X-15 der NASA, welches im 1. Band zur Geschichte der Raumfahrt bis 1970 beschrieben wurde, sowie das Space Ship One, das erste private bemannte Raumfahrzeug. Daneben gab es in den 1960er und 1970er Jahren diverse Projekte zur Entwicklung von Raumgleitern, darunter der amerikanische X-20 Dyna-Soar, der sowjetische MiG-105 Spiral oder der deutsche Sänger.

Raumkapsel Eine Raumkapsel (engl. space capsule) ist ein bemanntes Raumfahrzeug, welches für den zeitlich eng begrenzten Flug (max. 2 Wochen) im Erdorbit konzipiert ist. Beispiele hierfür sind: Wostok und Woschod (Sowjetunion) sowie Mercury und Gemini (USA). Sie werden im 1. Band zur Geschichte der Raumfahrt bis 1970 beschrieben. Darüber hinaus können Raumkapseln auch Bestandteile von Raumschiffen sein, so zum Beispiel das Command Module des Apollo-Raumschiffes oder das Crew Module des Orion-Raumschiffes (beide USA) sowie die Start- & Landesektion des Sojus-Raumschiffes (SU/RUS).

Raumschiff Inder Raumfahrtliteratur wird der Begriff Raumschiff oftmals synonym für alle Arten bemannter → Raumfahrzeuge verwendet. Im engsten Sinne ist das Raumschiff ein Raumfahrzeug für den bemannten Flug zu einem anderen Himmelskörper. Demnach wäre das amerikanischeApollo-System für den Flug zum Mond der einzige bisher gebaute und eingesetzte Raumschifftyp. Es besaß einen eigenen Raketenantrieb für den Übergang vom Orbit in die Transferbahn, während die Raumkapseln lediglich über kleine Steuerdüsen zur Korrektur der Umlaufbahn sowie eine Bremsrakete für den Wiedereintritt in die Erdatmosphäre verfügten.
Im erweiterten Sinne kann man aber auch das sowjetischeSojus-System dazuzählen. Es bestand wie das Apollo-System aus drei Modulen und war auf Missionsdauern von über zwei Wochen ausgelegt. Es war in seiner Grundkonzeption und seiner Größe durchaus mit dem Apollo-System vergleichbar, auch wenn die Mondrakete fehlte (vgl. Abschn. 4.2 und4.3). Das neueste Raumschiff istOrion, mit dem die NASA erneut zum Mond und später auch zum Mars fliegen will.

Raumlabor Ein Raumlabor (Synonym: Weltraumlabor, engl. space laboratory) kann im Gegensatz zu einer → Raumstation nicht dauerhaft autark betrieben werden. Es gibt 3 Arten von Raumlaboren:
1. Freifliegende Raumlabore (Free Flyer). Dabei handelt es sich i. d. R. um Vorläufer von Raumstationen. Sie sind monolithisch, d. h. sie bestehen nur aus einem Block und sind nicht modular aufgebaut. Darüber hinaus besitzen sie nur einen Andockstutzen für ein einziges Raumfahrzeug, d. h. es ist keine direkte Übergabe und damit auch keine durchgehende Besatzung möglich. Bekannte Beispiele waren das amerikanische Skylab, die sowjetischen Saljut 1 bis 5 und die chinesischen Tiangong 1 und 2. Die ESA hat in der 2. Hälfte der 1980er Jahre ein Columbus Free Flying Laboratory (CFFL) geplant, dieses jedoch zugunsten eines ISS-Moduls (s. u.) aufgegeben.
2. Integrierte Raumlabore, die als Nutzlast eines Raumfahrzeuges fungieren. Sie können nur in Verbindung mit einem Trägersystem betrieben werden, d. h. sie sind an dessen → Subsysteme angeschlossen. Beispiele waren die Raumlabore Spacelab und Spacehab, die in den Nutzlastbuchten der Raumfähren vom Typ Space Shuttle mitgeführt wurden.
3. Labormodule von Raumstationen. Diese sind dauerhaft mit der Raumstation verbunden und dienen primär der Durchführung von Experimenten und Versuchen. Die Labormodule der Raumstation Mir waren Kwant und Kristall (Sowjetunion) bzw. Spektr und Priroda (Russland). Die Labormodule der Internationalen Raumstation ISS heißen Columbus (ESA), Destiny (NASA), Kibo (JAXA) und Nauka (Roskosmos).

Raumschiff In der Raumfahrtliteratur wird der Begriff Raumschiff (engl. space ship) oftmals synonym für alle Arten bemannter → Raumfahrzeuge verwendet. Im engsten Sinne ist das Raumschiff ein Raumfahrzeug für den bemannten Flug zu einem anderen Himmelskörper. Demnach wäre das amerikanische Apollo-System für den Flug zum Mond der einzige im 20. Jahrhundert gebaute und eingesetzte Raumschifftyp. Es besaß einen eigenen Raketenantrieb für den Übergang vom Orbit in die Transferbahn, während die Raumkapseln lediglich über kleine Steuerdüsen zur Korrektur der Umlaufbahn sowie eine Bremsrakete für den Wiedereintritt in die Erdatmosphäre verfügten. Im erweiterten Sinne kann man aber auch das sowjetisch-russische Sojus-System dazuzählen. Es besteht wie das Apollo-System aus 3 Modulen und ist auf Missionsdauern von über 2 Wochen ausgelegt. Es kann mein seinem Antriebssystem im Gegensatz zu den Raumkapseln nicht nur Lage-, sondern auch eigenständige Bahnänderungen vornehmen. Das neueste Raumschiff ist Orion, mit dem die NASA erneut zum Mond und später auch zum Mars fliegen will.

Raumsonde Raumsonden (engl. Space Probe) sind unbemannte Raumfahrzeuge zur Erforschung anderer Himmelskörper. Man kann Raumsonden grundsätzlich nach zwei Kategorien einteilen: Die erste Kategorie orientiert sich am Himmelskörper, welcher das Ziel der jeweiligen Mission ist. Demnach wird zwischenMondsonden (engl. Lunar Probe),Planetensonden (engl. Planetary Probe) undSonnensonden (engl. Solar Probe) unterschieden. Die zweite Kategorie orientiert sich am Grad der Annäherung an den Himmelskörper:

Vorbeiflugsonden (engl. Flyby Probe). untersuchen die Himmelskörper (v. a. kleinere wie Asteroiden oder Kometen) im Vorbeiflug. Die erste Vorbeiflugsonde war die sowjetische Lunik 1, die im Januar 1959 am Mond vorbeiflog. Bei den Planetensonden waren die amerikanischen Mars-, Venus- und Merkursonden vom Typ Mariner die ersten. Ein spezielles Manöver von Vorbeiflugsonden ist der sogenannte Vorbeischwung (engl. swing-by). Dabei werden die Schwerkraft (Gravitation) und der Drehimpuls (Rotation) eines Himmelskörpers zur Geschwindigkeitsänderung und Kurskorrektur genutzt. Dieser Vorgang wird daher auch Schwerkraftumlenkung (engl. gravity assist) genannt.

Umlaufsonden (engl. Orbiter) schwenken in eine Umlaufbahn ein und umkreisen den Himmelskörper wie ein Satellit. Man unterscheidet Mond-, Planeten- und Sonnenorbiter. Vereinzelt findet man in der Literatur auch den aus Sonde und Satellit zusammengesetzten Begriff Sondellit. Die erste Umlaufsonde war die sowjetische Luna 10, die im April 1966 in den Mondorbit einschwenkte. Bekannte Umlaufsonden waren die amerikanischen Mondsonden vom Typ Lunar Orbiter.

Einschlagsonden (engl. impact probe oder impactor, dt. Impaktor) senden bis zum harten Aufprall der Sonde auf der Oberfläche. Die erste Einschlagsonde war die sowjetische Lunik 2, die im September 1959 auf dem Mond einschlug. Bekannte Einschlagsonden waren die amerikanischen Mondsonden vom Typ Ranger. Eine Unterart der Einschlagsonde ist der Penetrator, dessen Sporn sich in die Erde bohrt, um dort Messungen vorzunehmen.

Landesonden (engl.Lander) landen weich auf einem anderen Himmelskörper. Es gibt Mondlander und Planetenlander, jedoch keine Sonnenlander, da in der Korona über eine Million Grad Celsius herrschen. Mondlander der 1960er und 1970er Jahre waren die Mondsonden vom Typ Luna (Sowjetunion) bzw. Surveyor (USA). Einige frühe Landesonden wurden ungeplant zu Einschlagsonden, weil die weiche Landung nicht gelang. Luna 9 war im Februar 1966 die erste Landesonde, die tatsächlich weich auf dem Mond landete. Bekannt sind auch die sowjetischen Venussonden vom Typ Venera. Es gibt darüber hinaus auch noch zwei Sonderformen:

Trägersonden transportieren ein weiteres, kleineres Raumfahrzeug, welches im Zielgebiet abgesetzt wird. Ein Orbiter kann eine Trägersonde sein, wenn er einen kleineren Lander (i. d. R. eine Landekapsel) absetzt, während er selber im Orbit verbleibt. Raumsonden, die sich im Zielgebiet aufteilen, werden im Englischen Mulitprobe genannt. Bekannte Beispiele waren die sowjetischen Venera-Sonden sowie die amerikanische Sonde Pioneer-Venus. Ein Lander kann ebenfalls eine Trägersonde sein, wenn er nach der Landung einen unbemannten Rover absetzt. Bekannte Beispiele sind die sowjetischen Trägersonden Luna 17 und 21 mit den Mondrovern Lunochod 1 und 2 sowie die amerikanischen Trägersonden Pathfinder und Mars Science Laboratory (MSL) mit den Marsrovern Sojourner und Curiosity.

Rückkehrsonden (engl. return probe) dienen der automatischen Rückführung von extraterrestrischer Materie (in der Regel Bodenproben von anderen Himmelskörpern) zur Erde. Im Englischen werden diese Raumfahrtmissionen Robotic Sample Return Mission genannt. Bekannt sind die drei sowjetischen Rückkehrsonden Luna 16, 20 und 24, die zusammen 325 g Mondstaub und Mondgestein zur Erde zurückgebracht haben.

Raumstation Raumstationen (engl. space station) werden i. d. R. nicht zu den → Raumfahrzeugen gezählt, sondern bilden eine eigene Kategorie von → Raumflugkörpern (RFK). Mit einer Masse von über 100 t und einem Innenvolumen von über 100 m^3 bilden die mulimodularen Raumstationen den mit Abstand größten Typus von RFK. Alle bisherigen Raumstationen waren bzw. sind Orbitalstationen (engl. orbital station). Auch die geplante Lunar Orbital Platform (LOP), genannt Gateway, wird eine Orbitalstation sein, wenn auch nicht dauerhaft bemannt. Eine weitere Möglichkeit wäre die Positionierung an einem der 5 Librationspunkte, an denen sich die Anziehungskraft (Gravitation) von Erde und Sonne gegenseitig aufheben. Die Raumstation würde anstatt der Erde oder den Mond die Sonne umkreisen, wobei ihre Position relativ zur Erde gleichbleiben würde. Eine solche Raumstation könnte beispielsweise als Versorgungsstation für interplanetare Raumflüge fungieren. Raumstationen dienen der Durchführung von dauerhaften bemannten Weltraummissionen. Sie können folgende Hauptfunktionen erfüllen:1. Forschungslabor für die multidisziplinäre Grundlagenforschung. 2. Prüfstand für die Entwicklung neuer Technologien (angewandte Forschung). 3. Beobachtungsplattform für die Fernerkundung der Erde, des Sonnensystems und des Universums (space telscope). 4. Versorgungs- und Wartungsplattform für andere Raumfahrzeuge (orbital servicing). 5. Sprungbrett (Hub) für die weitere bemannte Erschließung des Weltraumes (deep space). Im Gegensatz zu den freifliegenden Raumlaboren der ersten Generation, die als Vorläufer der ersten Raumstationen gelten, besitzen Raumstationen mehrere Andockstellen (docking port), wobei eine zumindest mit Wasser- und Treibstoffleitungen ausgestattet ist. Dadurch ergeben sich mehrere Szenarien: 1. Das Anlegen einer zweiten Raumkapsel, wodurch entweder eine Gastmannschaft die Stammbesatzung besuchen kann oder die Stammbesatzung nahtlos abgelöst werden kann. 2. Das Anlegen unbemannter Raumtransporter zur Versorgung der Station mit Betriebsstoffen, zusätzlicher Ausrüstung, Ersatzteilen und Proviant. 3. Die Kopplung mit Ausbaustufen bzw. weiteren Modulen. Eine vollwertige Raumstation ist für einen lagen Einsatzzeitraum über viele Jahre konzipiert. Es müssen mehrere Andockstationen für bemannte und unbemannte Raumfahrzeuge zum Wechsel der Besatzungen sowie der Versorgung mit Treibstoffen, Lebensmitteln, Ersatzteilen etc. (on-orbit servicing, OOS) vorhanden sein. Darüber hinaus muss die dauerhafte Stromversorgung mittels Solarpaneelen und Batterien gewährleistet sein. Schließlich verfügt eine vollwertige Raumstation über einen modularen Aufbau: Rund um ein Basis- bzw. Zentralmodul gruppieren sich mehrere Module mit unterschiedlichen Funktionen, darunter Andockmodule, Servicemodule, Wohnmodule und Labormodule für die wissenschaftlichen Experimente. Da eine vollwertige Raumstation die Nutzlastkapazität einer einzelnen → Trägerrakete bei weitem übersteigt, müssen die einzelnen Module separat in den Orbit befördert und dort zusammengebaut werden. Die erste Generation der 1970er Jahre Saljut 1 bis 5 (Sowjetunion) und Skylab (USA) gelten als → Raumlabore bzw. Vorläufer von Raumstationen. Saljut 6 (1977–1982) und 7 (1982–1991) waren die ersten vollwertigen Raumstationen, gefolgt von der Mir (1986–2001). Die Internationale Raumstation ISS wurde ab 1998 aufgebaut und ist seit 2000 dauerhaft bemannt. China hat 2021 seine erste Raumstation gestartet.

Raumtransporter Synonyme: Raumfrachter, Versorgungsraumfahrzeug (engl. cargo spacecraft). Raumtransporter sind unbemannte Raumfahrzeuge, die der Versorgung von Raumstationen mit Treibstoff, Proviant, Ausrüstung, Ersatzteilen etc. dienen. Das sowjetische System Progress wurde bereits in der zweiten Hälfte der 70er Jahre für die Versorgung der Saljut-Raumstationen entwickelt. Seit der Außerdienststellung der Space Shuttles bildet Progress das wichtigste Versorgungssystem für die Internationale Raumstation ISS. Daneben wird die ISS auch von dem von der ESA entwickelten Automated Transfer Vehicle (ATV), dem japanischen H-2 Transfer Vehicle (HTV), sowie den amerikanischen Cygnus (OSC) und Cargo Dragon (SpaceX) versorgt. Die chinesischen Raumlabore vom Typ Tiangong werden mit Transportern vom Typ Tianzhou versorgt.

Rendezvous & Docking (RVD) Annäherungs- und Kopplungsmanöver zweier Raumfahrzeuge bzw. eines Raumfahrzeuges mit einer Raumstation. Das sich aktiv mit Antrieb annähernde Raumfahrzeug wird Interceptor (Abfänger) und das passiv auf seiner Bahn befindliche Raumfahrzeug wird Target (Zielobjekt) genannt. Das RVD gehört zu den schwierigsten Manövern in der Raumfahrt. Das vollautomatische RVD wurde in den 1970er Jahren für die Raumlabore vom Typ Saljut entwickelt. Die bekanntesten Systeme waren Igla (dt. Nadel) und Kurs. Man unterscheidet beim RVD jeweils 2 Phasen: Rendezvous: 1. Phasing = Synchronisation der Flugbahnen, 2. Approach = Umstellung von absoluter (ground control) auf relative Navigation (onboard control). Docking: Soft Capture ist nur ein loser Kontakt, Hard Capture ist eine feste, luftdichte Verbindung, bei der auch alle Leitungen verbunden sind. Bei der Hardware unterscheidet man zwischen dem aktiven bzw. männlichen Kopplungsstutzen und dem passiven bzw. weiblichen Kopplungstrichter. Daneben gibt es auch androgyne Kopplungsmechanismen, bei denen je nach Flugmanöver jeder Teil die aktive oder passive Rolle spielen kann. Eine Raumstation besitzt i. d. R. mehrere passive Andockstellen (docking ports). Ein Raumfahrzeug besitzt i. d. R. einen aktiven Andockstutzen am Bug. Für die Kopplung unterschiedlicher Systeme werden spezielle Kopplungsadapter (docking adapter) eingesetzt. Bekannte Beispiele waren das Apollo-Sojus-Test-Projekt (ASTP) 1975 und das Shuttle-Mir-Programm 1994–1998. Das 1. RVD-Manöver der Raumfahrtgeschichte fand im März 1966 statt, als die amerikanische bemannte Raumkapsel Gemini 8 an dem unbemannten Zielsatelliten Agena ankoppelte. Das 1. RVD zweier bemannter Raumschiffe mit Umstieg von Besatzungsmitgliedern gelang der Sowjetunion im Januar 1969 mit Sojus 4 und 5. Die 1. Mehrfachkopplung (multiple docking) gelang der Sowjetunion im Januar 1977, als die beiden Raumschiffe Sojus 26 und 27 gleichzeitig an der Raumstation Saljut 6 angekoppelt waren. Das Andocken mit Hilfe eines Kranarmes wird auch als Anlegen (berthing) bezeichnet. Das Abkoppeln wird undocking genannt.

Rover Rover bedeutet wörtlich übersetzt Vagabund oder Wanderer und hat im Zusammenhang mit Raumfahrzeugen nichts mit dem gleichnamigen britischen Automobilhersteller zu tun. In der Raumfahrt sind Rover spezielle Kraftfahrzeuge für den Betrieb auf fremden Himmelskörpern. Sie können bemannt oder unbemannt sein. Je nach Einsatzgebiet unterscheidet man zwischen Mondrovern und Marsrovern. Andere Himmelskörper wurden bisher noch nicht mit Rovern erforscht. Unbemannte Mondrover waren die zwei Lunochod, die im Rahmen des Luna-Mondsonden-Programmes der Sowjetunion zum Einsatz gekommen sind. Bemannte Mondrover waren die drei Lunar Roving Vehicles (LRV), die im Rahmen des amerikanischen Apollo-Programmes eingesetzt wurden. Inzwischen hat auch China zwei Mondrover mit der Bezeichnung Yutu (Jadehase) auf dem Mond abgesetzt. Bei den Marsrovern wurden bisher von der NASA folgende unbemannte Rover eingesetzt: Sojourner, die beiden Mars Exploration Rover (MER) Spirit und Opportunity sowie zuletzt Curiosity. 2021 hat dann auch China seinen ersten Marsrover Zhurong erfolgreich abgesetzt.

Satellit Satelliten (engl. Satellite) sind die häufigste Art unbemannter Raumfahrzeuge. Gemeint sind hier künstliche Erdsatelliten. Ein veraltetes Synonym lautet Kunstmond. In der Astronomie werden Planetenmonde auch Satelliten genannt. Künstliche Satelliten, die um andere Himmelskörper als die Erde kreisen, gehören zu den Raumsonden und werden Orbiter genannt. Die Satellitenprogramme der 1960er Jahre wurden im 1. Band der Geschichte der Raumfahrt bis 1970 behandelt. Die zentrale Baugruppe ist der sogenannte Satellitenbus (engl. satellite bus) → Bussystem. Bei den Erdsatelliten unterscheidet man zwischen Forschungs- und Anwendungssatelliten. Forschungssatelliten dienen der Erforschung der Erde, der Erdatmosphäre sowie des erdnahen Weltraumes. Bei den Anwendungssatelliten unterscheidet man wiederum zwischen ziviler und militärischer Anwendung, wobei die Übergänge oftmals fließend sind. Die Anwendungssatelliten werden folgendermaßen eingeteilt: Navigationssatelliten (Navsat) dienen der exakten Ortsbestimmung an jedem Punkt der Erde. Zur exakten dreidimensionalen Positionsbestimmung auf der Erde, dem Wasser und in der Luft sind jeweis 3 Navsats notwendig. Es gibt derzeit 4 globale Netze von Navigationssatelliten (Global Navigation Satellite System, GNSS): 1. Global Positioning System (GPS) der USA, 2. Galileo der EU, 3. Globalnaja Nawigazionnaja Sputnikowaja Sistema (GLONASS) von Russland, 4. Bei Dou Satellite System (BDS) der VR China. Kommunikationssatelliten (engl. communication satellite, Comsat) werden auch Nachrichtensatelliten, Fernmeldesatelliten oder Telekommunikationssatelliten genannt. Beim Aufbau globaler Netze von Kommunikationssatelliten (Nachrichtensatelliten) kam es zur Gründung erster privater Satellitenunternehmen (COMSAT), erster öffentlich-privater Partnerschaften (Public Private Partnerships, PPP) sowie zur internationalen Zusammenarbeit. Die bekanntesten Organisationen sind die International Telecommunications Satellite Organization (INTELSAT) und die European Telecommunications Satellite Organization (EUTELSAT). In Osteuropa und Asien gibt es noch die Intersputnik. Wettersatelliten bzw. meteorologische Satelliten (engl. meterological satellite, Metsat) dienen der Wettervorhersage. Der europäische Zusammenschluss heißt European Organization for the Exploitation of Meteorological Satellites (EUMETSAT) und betreibt das Meteosat-Netzwerk. Aufklärungssatelliten bzw. Spionagesatelliten (engl. reconnaissance satellite, Recsat) dienen primär militärischen Zwecken und gehören zu den passiven Militärsatelliten. Sie gewannen nach dem Abschuss eines amerikanischen Spionageflugzeuges vom Typ U-2 über der Sowjetunion für die USA an Bedeutung. Im Zuge der Entspannungspolitik der 70er Jahre erlangten die Aufklärungssatelliten eine wichtige Funktion für die gegenseitige Rüstungskontrolle. Das bedeutendste amerikanische Netz des 20. Jahrhunderts hieß Key Hole (KH) und das sowjetische Pendant Parus. Bei der Satellitenaufklärung werden grundsätzlich 2 Arten unterschieden: Bei der abbildenden Aufklärung (imagery intelligence, IMINT) werden durch optische oder Infrarotkameras sowie durch Radar Bilder erzeugt und übertragen. Bei

der signalerfassenden Aufklärung (signals intelligence, SIGINT) werden ausgesendete Signale des Gegners aufgefangen und ausgewertet. Dies können sowohl Fernmelde- bzw. Kommunikationssignale (communication intelligence, COMINT) als auch sonstige elektronische Signale sein (electronic intelligence, ELINT), z. B. von Leit-, Lenk- Ortungs- und Navigationssystemen des Gegners. Killersatelliten sind aktive Militärsatelliten, die zu den Antisatellitenwaffen (engl. anti-satellite weapons, ASAT) gehören. Ihr Operationsziel ist es, im Kriegsfall die gegnerischen Aufklärungs-, Kommunikations- und Navigationssatelliten zu zerstören. Dies kann grundsätzlich auf 3 Arten geschehen: Entweder man bringt sie auf direkten Kollisionskurs, was eine sehr exakte Steuerung erfordert, oder sie werden mit einem Sprengsatz ausgerüstet, welcher im Vorbeiflug gezündet wird. In beiden Fällen bedeutet das auch den Verlust des Killersatelliten. Eine weitere Möglichkeit wäre eine (Laser-)Kanone oder kleine Raketen, mit denen andere Satelliten gezielt abgeschossen werden können. Neben der Einteilung nach Anwendungsbereichen gibt es auch eine nach Größenklassen, wobei die Gesamtmasse in vollbetanktem Zustand (wet mass) ausschlaggebend ist:
1. Großer Satellit (large satellite): >1000 kg,
2. Mittlerer Satellit (medium satellite): 500–1000 kg,
3. Kleinsatellit (small satellite): <500 kg.
Die Kleinsatelliten werden weiter unterteilt:
1. Minisatellit (MiniSat): 100–499 kg,
2. Mikrosatellit (MicroSat): 10–99 kg,
3. Nanosatellit (NanoSat, CubeSat): 1–9 kg,
4. Pikosatellit (PicoSat): 0,1–0,9 kg,
5. Femtosatellit (Femtosat, ChipSat, space chip): <0,1 kg.
Die Satelliten-Datenbank der Union of Concerned Scientists (UCS) hatte im Jahr 2020 rund 2800 aktive Satelliten im Erdorbit registriert. Davon kam mit rund 1430 Satelliten die Hälfte allein aus den USA. Es folgten mit großem Abstand China mit 380 und Russland mit 180 Satelliten. Alle anderen Nationen kamen zusammen auf rund 810 Satelliten. Rund 2040 Satelliten befanden sich im niedrigen Erdorbit (LEO, 200–2000 km), 140 im mittleren Erdorbit (MEO, 2000–30.000 km), 60 in einer hochelliptischen Umlaufbahn (HEO) und 560 in einer geostationären Umlaufbahn (GEO, 35.786 km). Analog dazu gibt auch eine Satelliteneinteilung nach Umlaufbahnen, z. B. Low Earth Orbit Satellite (LEOS), Medium Earth Orbit Satellite (MEOS) und Geostationary Earth Orbit Satellite (GEOS). Zu den LEOS zählen die Aufklärungs- und Erdbeobachtungssatelliten, zu den MEOS die Navigationssatelliten und zu den GEOS die Kommunikationssatelliten. Eine Entwicklung des New Space sind die sogenannten Pseudosatelliten. Dabei handelt es sich um unbemannte Luftfahrzeuge (Drohnen) in der Stratosphäre (15–50 km Höhe), die verschiedene Funktionen von Satelliten übernehmen können.

Trägerrakete Trägerraketen dienen dazu, Nutzlasten (engl. payload, P/L) in den Weltraum zu befördern. Sie werden auch Weltraumträgerraketen oder Weltraumraketen genannt. Im Englischen wird das Wort Rocket als Oberbergriff für die Antriebsart verwendet. Militärische Raketen mit (Atom-) Sprengkopf heißen Missile und Weltraumträgerraketen werden als Space Launch Vehicle (SLV) oder kurz Launch Vehicle (LV) bezeichnet. Umgangssprachlich ist auch die Kurzform

Launcher gebräuchlich. Die Abkürzung SLV kann in diesem Zusammenhang 3 verschiedene Bedeutungen haben. Bei Raketen, die ausschließlich für den Transport von Satelliten in den Erdorbit entwickelt wurden, wird die Abkürzung SLV auch für Satellite Launch Vehicle verwendet. Für die 3. Variante siehe Punkt 1 unten. Raketen sind die einzigen Fortbewegungsmittel, die die Erdanziehungskraft überwinden können. Während die ballistischen, militärischen Boden-Boden-Raketen (engl. Surface-to-Surface Missile, SSM) nach ihren Reichweiten klassifiziert werden, teilt man die Weltraumträgerraketen in Größenklassen ein, wobei die maximale Nutzlastkapazität (Payload Capability/Capacity, PLC) für die Beförderung in eine niedrige Erdumlaufbahn (engl. Low Earth Orbit, LEO $= 200$ bis 2000 km Höhe) ausschlaggebend ist:

1. Small-lift Launch Vehicle (SLV): Leichte Trägerrakete mit einer PLC < 2 t. Beispiele: Falcon 1, Juno, Redstone, Scout, Thor, Viking/Vanguard (USA); Raketa Semjorka R-7, Sputnik (SU); Ariane 1 und 2 (ESA); Black Arrow (GB); Diamant (F); Langer Marsch 1 (VRC).

2. Medium-lift Launch Vehicle (MLV): Mittelschwere Trägerrakete mit einer PLC von 2 bis 20 t. Beispiele: Atlas, Delta, Falcon 9, Titan (USA); Molnija, Sojus, Wostok, Zyklon (SU); Ariane 3 und 4 (ESA); Langer Marsch 2 bis 4 (VRC).

3. Heavy-lift Launch Vehicle (HLV): Schwere Trägerrakete (Schwerlastrakete) mit einer PLC von 20 bis 50 t. Beispiele: Delta IV Heavy, Saturn 1B, Space Transportation System (STS) Orbiter Vehicle (OV), genannt Space Shuttle (USA); Proton (SU); Ariane 5 und 6 (ESA); Langer Marsch 5 (VRC).

4. Super Heavy-lift Launch Vehicle (SHLV): Superschwere Trägerrakete (Superschwerlastrakete) mit einer PLC > 50 t. Beispiele: Saturn 5, Space Transportation System (STS) Solid Rocket Booster (SRB), Space Launch System (SLS), Falcon Heavy (USA); Nositel N-1, Energija (SU).

Um die Nutzlastkapazität einer Trägerrakete optimal auszuschöpfen, können neben der Primärnutzlast (primary payload) auch 1–2 kleinere Satelliten als Sekundärnutzlasten (secondary payload), sowie eine größere Anzahl von Tertiärnutzlasten (tertiary payload) im Bereich der Mini- bzw. Mikrosatelliten und darunter mitgeführt werden. Die leichten Trägerraketen (SLV) werden analog zu den Kleinsatelliten weiter unterteilt:

1. Mini Satellite Launch Vehicle (MSLV) bzw. Minilauncher mit einer PLC < 500 kg,

2. Micro Satellite Launch Vehicle (MSLV) bzw. Microlauncher mit einer PLC < 100 kg,

3. Nano Satellite Launch Vehicle (NSLV) bzw. Nanolauncher mit einer PLC < 10 kg.

Für sie sind Mini-, Mikro- und Nanosatelliten die Primärnutzlast. Einige Typen sind sogar zu klein und zu schwach, um eigenständig vom Boden aus den Orbit zu erreichen. Daher werden sie von Trägerflugzeugen in ca. 10–12 km Höhe gebracht und von dort aus gestartet. Man nennt dieses Verfahren Airborne Launch Assist (ALA) und die entsprechenden Raketen Air Launch Vehicle (ALV). Beispiele sind die Raketentypen Pegasus von Northrop Grumman und Launcher One von Virgin Galactic. Neben der Nutzlastkapazität gibt es noch weitere Kategorisierungsmöglichkeiten: Beim verwendeten Treibstoff unterscheidet man zwischen Feststoffraketen (solid-propellant) und Flüssigkeitsraketen (liquid-propellant), wobei es auch mehrstufige Raketen mit einer Kombination aus Feststoff- und Flüssigtriebwerken gibt. Man spricht in diesem Zusammenhang auch von Hybridantrieb (hybrid-propellant). Bei der Stufung wird zunächst zwischen einstufigen (single-stage) und mehrstufigen (multiple-stage oder multistage) Raketen unterschieden. Bei den mehrstufigen Trägerraketen können weitere Unterteilungen nach dem Stufenprinzip vorgenommen werden: Bei der Tandemstufung oder Stapelstufung sind die Raketenstufen übereinander angeordnet und werden nacheinander gezündet. Bei der Parallelstufung zünden die Zentralstufe (Sustainer) und die Außenstufen (Booster) gleichzeitig, wobei die Zentralstufe wegen des größeren Tanks länger brennt, während die Booster früher abgeworfen werden. In diesem Fall zählt man 1,5 Stufen. Bekanntestes Beispiel war die sowjetische Sputnik-Trägerrakete. Es gibt auch Kombinationsmöglichkeiten mit einer parallelen Unterstufe und darüber gestapelten Mittel- und Oberstufen. Dieses Kombinationsstufenprinzip war bei den sowjetischen Trägerraketen Wostok, Woschod, Sojus und Proton üblich, wobei die beiden letzteren letztere bis heute von Russland verwendet werden. Bei dieser Kombination zählt man 2,5 Stufen. Die sogenannte Kickstufe ist eine kleine, direkt unterhalb der Nutzlast angebrachte Stufe, welche die Nutzlast aus einem niedrigen Parkorbit in einen Transferorbit (z. B. den Geostationären Transferorbit, GTO) bzw. eine Transferbahn zu einem anderen Himmelskörper katapultiert Schließlich unterscheidet man auch noch zwischen Einwegraketen (engl. Expendable Launch Vehicle, ELV) und wiederverwendbaren Trägerraketen (engl. Reusable Launch Vehicle, RLV). Bekanntestes Beispiel im 20. Jahrhundert waren die Feststoffbooster (engl. Solid Booster Rocket, SRB) des Space Transportation System (STS), die als Starthilfe für das Space Shuttle dienten und an Fallschirmen im Atlantik gelandet sind. Die Erststufe der Falcon 9 von SpaceX kann mit ihrem Triebwerk auf einer Schwimmplattform landen.

Weltraum Synonyme:Weltall oder kurz All, engl. Outer Space oder kurz Space, griech./russ. Kosmos (κόσμος/Космос).
Der Weltraum ist der Raum zwischen den Himmelskörpern oberhalb von deren eventuell vorhandenen Atmosphären. Der aus dem Lateinischen stammende Oberbegriff Universum umfasst dagegen auch die Himmelskörper selbst, d. h. Sterne, Planeten, Monde, Kometen und Asteroiden. Bei Himmelskörpern ohne Atmosphäre, z. B. dem Erdmond oder dem Planeten Merkur, beginnt der Weltraum direkt an der Oberfläche d. h. die Astronauten auf dem Mond befanden sich durchgehend im Weltraum. Bei Himmelskörpern mit Atmosphäre ist die genaue Abgrenzung zum freien Weltraum schwierig, da die Übergänge fließend sind. Beim Mars liegt die Grenze in ca. 80 km Höhe und bei der Venus in ca. 250 km Höhe. Die Exosphäre, die äußerste Schicht der Erdatmosphäre, beginnt bei ca. 500 km Höhe und erstreckt sich über mehrere Tausend km. Es gibt allerdings eine physikalisch bedeutende Grenzschicht, die Mesopause. Je nachdem ob man die Erdatmosphäre nach ihrer Temperaturverteilung oder ihrer Teilchenladung einteilt, bildet die Mesopause die Übergangsschicht zwischen Meso- und Thermosphäre bzw. zwischen Neuro- und Ionosphäre. Die Mesopause befindet sich in ca. 80 bis 100 km Höhe. Es gibt keine exakte physikalische Abgrenzung zwischen Luftraum und Weltraum, allerdings gibt es verschiedene konkrete Ansätze, die Luftfahrt von der Raumfahrt abzugrenzen. Die von der Luftfahrt angewendete Sichtweise von unten (Bottom Up) sowie die von der Raumfahrt angewendete Sichtweise von Oben (Top Down). Bei beiden Sichtweisen gibt es wiederum zwei unterschiedliche Definitionsansätze: Das National Advisory Committee for Aeronautics (NACA), die Vorgängerorganisation der NASA, legte die Obergrenze der Luftfahrt bei 50 Meilen = 80 km fest. Die Argumentation war, dass ab dieser Höhe kein ausreichender Luftdruck mehr vorhanden ist, um eine Steuerung mittels Ruder zu ermöglichen. Diese Definition wurde von der US-Luftwaffe (U. S. Air Force) übernommen und die Piloten von Raketenflugzeugen, die diese Höhe überschritten haben, zu Astronauten erklärt. Der Internationale Flugsportverband (Fédération Aéronautique Internationale, FAI) hat dagegen die vom Luft- und Raumfahrtpionier Theodor von Kármán definierte sogenannte Kármán-Linie in 100 km Höhe übernommen. Ab dieser Höhe ist die Zentrifugalkraft größer als die aerodynamischen Kräfte. Die niedrige Erdumlaufbahn (Low Earth Orbit, LEO) wird zwischen 200 und 2000 km Höhe angesetzt. Unter-

halb von 200 km Höhe ist die Bremswirkung der Erdatmosphäre so stark, dass keine stabile Erdumlaufbahn erzielt werden kann, ohne dass in regelmäßigen Abständen mit Bahnregelungstriebwerken die Flughöhe angehoben wird. Die NASA definiert den Wiedereintritt (Reentry) in die Erdatmosphäre bei 400.000 Fuß = 122 km Höhe. Ab dieser Höhe wird die Bremswirkung der Erdatmosphäre so stark, dass die Reibungshitze die Außenhaut von Raumfahrzeugen angreift. Daher muss sich spätestens ab dieser Höhe die Landekapsel von ihrem Versorgungsmodul getrennt haben und mit dem Hitzeschutzschild nach untern ausgerichtet sein.Als durchschnittliche und gerundete Höhe hat sich international 100 km als Grenze zwischen Luft- und Weltraum bzw. Luft- und Raumfahrt durchgesetzt. Im Weltraumvertrag (Outer Space Treaty, OST) ist keine Grenze international verbindlich festgelegt. Dennoch hat die Grenze eine indirekte völkerrechtliche Relevanz, da der Luftraum zum Hoheitsgebiet des überflogenen Staates gehört, d. h. man unterliegt der nationalen Lufthoheit und Luftraumüberwachung. Die Raumfahrt ist dagegen frei davon. Der Weltraum wird grundsätzlich in 4 Zonen eingeteilt:

1. Der erdnahe Weltraum umfasst die Einflusssphäre (sphere of influence, SOI) der Erde. Sie beinhaltet das Gravitationsfeld bzw. Magnetfeld der Erde und erstreckt sich je nach Definition über einen Radius von ca. 500.000 bis 1.000.000 km um die Erde. Er beinhaltet sämtliche Erdorbits inklusive des Mondorbit.

2. Der interplanetare Weltraum umfasst die Einflusssphäre (SOI) der Sonne, d. h. ihr Gravitationsfeld, Magnetfeld bzw. die vom Sonnenwind erfüllte Heliosphäre. In ihr bewegen sich die Planeten um die Sonne. Das interplanetare Längenmaß ist die Astronomische Einheit (AE, engl. Astronomical Unit, AU). 1 AE entspricht dem mittleren Abstand der Erde zur Sonne, das sind ca. 150 Mio. km. Der interplanetare Raum hat einen Radius von ca. 120 AE, das sind knapp 18 Mia. km bzw. 18 Lichtstunden. Die 1977 gestartete Raumsonde Voyager 1 erreichte 2012 – also nach 35 Jahren Flugzeit – als erstes Raumfahrzeug die Heliopause und damit die Grenze zwischen dem interplanetaren und dem interstellaren Weltraum.

3. **Der interstellare Weltraum umfasst eine gesamte Galaxie, in unserem Fall die Milchstraße. Das interstellare Längenmaß ist das Lichtjahr (Lj., engl. light-year, LY). 1 Lj. entspricht der Strecke, die ein Lichtstrahl in einem Erdenjahr zurücklegt. Das sind ca. 9,5 Bio. km bzw. 63.000 AE. Unsere Heimatgalaxie, die Milchstraße (Milky Way) ist eine Spiralgalaxie mit einem Durchmesser von ca. 200.000 Lj.**

4. Der intergalaktische Raum ist der unendliche Weltraum zwischen den Galaxien. Das intergalaktische Längenmaß ist die Parallaxensekunde (engl. parallax second, Parsec). 1 Parsec ist die Entfernung, aus der 1 AE unter dem Winkel einer Bogensekunde erscheint. Dies entspricht ca. 3,26 Lj. 1 Kiloparsec (kpc) sind demnach 3260 Lj., 1 Megaparsec (Mpc) 3,26 Mio. Lj. und ein Gigaparsec (Gpc) 3,26 Mia. Lj. Intergalaktische Raumfahrt ist Science-Fiction und unrealistisch, weil es keine höhere Geschwindigkeit als die Lichtgeschwindigkeit geben kann.

In der Raumfahrt spielt derzeit nur der Erdnahe und der interplanetare Weltraum eine Rolle. Die NASA unterscheidet zwischen dem cislunaren, dem lunaren und dem translunaren Weltraum. Der cislunare Weltraum erstreckt innerhalb der Umlaufbahn des Mondes und deckt sämtliche Erdorbits ab. Der lunare Weltraum ist der Bereich des Mondes in durchschnittlich ca. 385.000 km und beinhaltet sowohl unbemannte Mondsonden als auch Raumstationen im Mondorbit oder Mondbasen. Der translunare Weltraum (auch deep space genannt) erstreckt sich außerhalb der Mondbahn und ist bisher nur mit unbemannten Sonden erforscht worden.

Weltraumobjekt

Ein Weltraumobjekt (engl. space object) ist im Sinne des Weltraumvertrages (Outer Space Treaty, OST) jeder künstliche Gegenstand im Weltraum und auf den Himmelskörpern (außer der Erde). Frei fliegende Weltraumobjekte werden → Raumflugkörper (RFK) genannt. Weltraumobjekte auf Himmelskörpern sind z. B. Einschlag- und Landesonden (Impactor & Lander) sowie die von ihnen ausgesetzten Fahrzeuge (Rover). Zu dieser Kategorie gehören auch die zahlreichen Hinterlassenschaften der Apollo-Astronauten auf dem Mond, darunter die Landegestelle der Mondfähren, die Mondautos sowie diverse Messinstrumente. Eine künftige Raumbasis auf dem Mond oder dem Mars wäre ebenfalls ein solches Objekt. Der Gegensatz zu den künstlichen Weltraumobjekten sind die natürlichen Himmelsobjekte bzw. Himmelskörper.

Weltraumteleskop Synonym: Weltraumobservatorium, engl. Space Telescope oder Space Observatory. Ein Grundproblem der terrestrischen Astronomie stellt die Erdatmosphäre dar. Sie trübt den freien Blick in den Weltraum und filtert die Gamma- Röntgen- und Infrarotstrahlung. Darüber hinaus stören irdische Lichtquellen sowie die Luftunruhe (Flimmern). Oberhalb der Thermopause in ca. 500 km Höhe hat man dagegen einen ungetrübten Blick auf die Gestirne. Die meisten Weltraumteleskope sind daher auch Erdsatelliten, die jedoch im Gegensatz zu den klassischen Satelliten nicht zur Erde hin ausgerichtet sind. Als erstes Weltraumobservatorium gilt das amerikanische Radio Astronomy Explorer Alpha (RAE-A), der 1968 gestartet wurde und kosmische Radiowellen aufgespürt hat. Radio Astronomy Explorer Bravo (RAE-B) war 1973 das erste Weltraumteleskop in einer Umlaufbahn um den Mond und gilt daher als Mondorbiter. Der Mond schirmt von störenden irdischen Radiowellen ab, so dass man von der Rückseite des Mondes aus einen noch ungetrübteren Blick in die Tiefen des Universums (engl. Deep Space) hat. Als größtes und erfolgreichstes Weltraumteleskop des 20. Jahrhunderts gilt das Hubble Space Telescope (HST), welches seit 1990 von NASA und ESA gemeinsam betrieben wird. Abgelöst wurde es 2022 vom James Webb Space Telescope (JWST).

Verzeichnis zitierter und weiterführender Literatur

1. Monographien

Ahr, Ferdinand (Red.). 1990.*Der Griff nach den Sternen.* (= Entdecker, Forscher, Abenteurer. Sternstunden der Menschheit, Bd. 10). Köln: Lingen.

Armstrong, Neil A.; Aldrin, Edwin E.; Collins, Michael. 1970.*Wir waren die Ersten.* Frankfurt am Main, Berlin: Ullstein.

Asimov, Isaac; McCall, Robert. 1974.*Unsere Welt im All.* Frankfurt am Main: Bucher.

Barber, Murray R. 2020. *Die V2. Entwicklung – Technik – Einsatz.* Stuttgart: Motorbuch.

Bärwolf, Adalbert. 1969.*Brennschluß. Rendezvous mit dem Mond.* Berlin, Frankfurt am Main: Ullstein.

Bärwolf, Adalbert. 1994. Vorstoß in eine neue Welt. Vor 25 Jahren: Die ersten Menschen landen auf dem Mond. In:*Flug Revue. Flugwelt international.*29. Jg., Nr. 7 (Juli), S. 36–38.

Becker, Hans-Jürgen. 2007.*NASA. Wegbereiter der bemannten Raumfahrt.* Stuttgart 2007, Motorbuch.

Becker, Kurt. 1961.*Planeten, Raketen, Astronauten. Das Arena-Buch der Raumfahrt.* Würzburg: Arena.

Beke, Carel. 1959.*Raketen und Erdsatelliten.* Einsiedeln, Zürich, Köln: 1959.

Bell, Joseph N. 1960.*Sieben Männer für den Weltraum. Die Geschichte der Merkur-Astronauten.* Berlin, Frankfurt am Main, Wien: Ullstein.

Bergius C.C. 1983.*Die Straße der Piloten in Wort und Bild. Die abenteuerliche Geschichte der Luft- und Raumfahrt.* München: Droemer-Knaur.

Bialoborski, Eustachy. 1958.*Raketen, Satelliten, Raumschiffe.* Leipzig, Jena: Urania.

Bizony, Piers; Chaikin, Andrew; Launius, Roger. 2019.*Das NASA Archiv. 60 Jahre im All.* Köln: Taschen.

© Springer-Verlag GmbH Deutschland, ein Teil von Springer Nature 2023
A. Hensel, *Geschichte der Raumfahrt bis 1975*, https://doi.org/10.1007/978-3-662-64573-4

Block, Torsten. 1992.*Bemannte Raumfahrt. 30 Jahre Menschen im All.* (= Raumfahrt-Archiv. Bd. 1). Goslar: Eigenverlag.

Bode, Volkhard; Kaiser, Gerhard; Thiel, Christian. 2011.*Raketenspuren. Waffenschmiede und Militärstandort Peenemünde.* Berlin: Links.

Bower, Tom. 1987.*Verschwörung Paperclip. NS-Wissenschaftler im Dienst der Siegermächte.* München: List.

Brandau, Daniel. 2019.*Raketenträume. Raumfahrt- und Technikenthusiasmus in Deutschland 1923–1963.* Paderborn: Schöningh.

Brandstetter, Georg. 2016.*Der Wettlauf zum Mond. Von den Anfängen der Weltraumforschung bis zum Wettkampf der Supermächte: Der kalte Krieg im Weltall.* Salzburg: Universität, Diplomarbeit.

Brauburger, Stefan. 2009.*Wernher von Braun: Ein deutsches Genie zwischen Untergangswahn und Raketenträumen.* München: Pendo.

Braun, Wernher von. 1954.*Die Eroberung des Mondes.* Frankfurt am Main: Fischer.

Brunier, Serge. 2001.*Aufbruch ins All. Menschen erobern den Weltraum.* Stuttgart: Frankh-Kosmos.

Brünner, Christian; Soucek, Alexander; Walter, Edith. 2007.*Raumfahrt und Recht. Regeln zwischen Himmel und Erde.* (= Studien zu Politik und Verwaltung, Bd. 89). Wien: Böhlau.

Büdeler, Werner. 1960.*Vorstoß ins Unbekannte. Das große Abenteuer der Forschung im Internationalen Geophysikalischen Jahr.* München: Ehrenwirth.

Büttner, Stefan; Kaule, Martin. 2020. *Geheimprojekte der Luftwaffe 1935–1945.* Stuttgart: Motorbuch.

Butze, Herbert; Menzel-Tettenborn, Helga (Bearb.). 1968.*Die Sterne rücken näher. Enzyklopädie der Weltraumfahrt.* 2 Bde., Gütersloh: Bertelsmann.

Churchill, Winston. 2003.*Der Zweite Weltkrieg.* Frankfurt am Main: Fischer.

Cieslik, Jürgen. 1970.*So kam der Mensch ins Weltall. Dokumentation zur Weltraumfahrt.* Hannover: Fackelträger.

Clarke, Arthur C. (Hrsg.). 1969.*Wege in den Weltraum. Die Pioniere berichten.* Düsseldorf, Wien: Econ.

Cleator, Philip E. 1955. Aufbruch in den Weltraum. Grundlagen und Möglichkeiten der Weltraumfahrt. Braunschweig 1955, Vieweg.

Croy, Alexis von. 2009.*Der Mond und die Abenteuer der Apollo-Astronauten.* München: Herbig.

Cruddas, Sarah. 2019.*Auf ins All. Die Geschichte der Raumfahrt.* München: Dorling Kindersley.

Delius, Fred G. 1969.*Apollo 11. Die Landung auf dem Mond.* (= Heyne-Sachbuch. Nr. 131). München: Heyne.

Ders. (Hrsg.). 1928.*Die Möglichkeit der Weltraumfahrt. Allgemeinverständliche Beiträge zum Raumschiffahrtsproblem.* Leipzig: Hachmeister & Thal.

Ders. 1929.*Wege zur Raumschiffahrt.* München: Oldenbourg.

Ders. 1949.*Vorstoß ins Weltall.* Wien: Universum.

Ders. 1952.*Die Eroberung des Weltalls.* Stuttgart: Frankh.

Ders. 1954.*Menschen im Weltraum. Neue Projekte für Raketen- und Raumfahrt.* Düsseldorf: Econ.

Ders. 1958.*Die Eroberung des Weltraums.* Frankfurt am Main, Hamburg: Fischer.

Ders. 1958.*Jahrhundert der Raketen.* (= Die Welt von heute, Bd. 9). München: Müller.

Ders. 1958.*Künstliche Satelliten.* (= Kosmos-Bibliothek, Bd. 218). Stuttgart: Franckh-Kosmos.

Ders. 1958.*Raumfahrt. Technische Überwindung des Krieges. Aktuelle Aspekte der Überschall-Luftfahrt und Raumfahrt.* (= Rowohlts deutsche Enzyklopädie. Hrsg. Ernesto Grassi, Bd. 59). Reinbek: Rowohlt.

Ders. 1960.*Künstliche Satelliten, Raumraketen.* Berlin (Ost): Militärverl.

Ders. 1961.*Erste Fahrt zum Mond.* Frankfurt am Main: Fischer.

Ders. 1961.*Unternehmen Luna. Kleiner Reiseführer zum Mond.* Leipzig: Enzyklopädie.

Ders. 1961.*Weltraumfahrt. Das letzte große Abenteuer.* (= Humboldt Taschenbücher, Bd. 98). Berlin, München: Lebendiges Wissen.

Ders. 1962.*Monde von Menschenhand.* Stuttgart: Union.

Ders. (Hrsg.). 1962.*Raumfahrt wohin? Was bringt uns d. Vorstoß ins All? Weltraumforscher aus acht Ländern antworten.* München: Bechtle.

Ders. 1963.*Der Mensch im Weltall. Die zweite Entwicklungsstufe der Raumflugkörper.* (= Rowohlts deutsche Enzyklopädie, Bd. 175/176). Reinbek: Rowohlt.

Ders. 1963.*Raumfahrt heute, morgen, übermorgen.* Düsseldorf: Econ.

Ders. 1966.*Weltraumfahrt. Möglichkeiten und Grenzen.* Gütersloh: Bertelsmann.

Ders. 1967.*Der Mensch und das Weltall.* München: Gersbach.

Ders. 1968.*Bemannte Raumfahrt.* Frankfurt am Main: Fischer.

Ders. 1968.*Bemannter Raumflug. Weltraumfahrt in Farben.* Zürich: Orell Füssli.

Ders. 1968.*Raketentechnik Raumfahrt.* Leipzig: Bibliographisches Institut.

Ders. 1969.*Aufbruch in den Weltraum.* München: Ehrenwirth, 3. Aufl.

Ders. 1969.*Der Weg zum Mond.* Berlin (Ost): Neues Leben.

Ders. 1969.*Station Mond. Das größte Abenteuer unserer Zeit.* München, Wien: Schneider.

Ders. 1970.*Projekt Apollo. Das Abenteuer der Mondlandung.* Gütersloh: Bertelsmann, 3. Aufl.

Ders. 1970.*Apollo 13. Die Flucht aus dem All.* (= Heyne-Sachbuch. Nr. 144). München: Heyne.

Ders. 1970.*„Columbia, hier spricht Adler!"Der Report der ersten Mondlandung.* Weinheim: Chemie.

Ders. 1972. *Zu neuen Horizonten. Weltraumforschung gestern, heute, morgen.* Berlin (Ost): Transpress, 3. Aufl.

Ders. 1972. *DTV-Lexikon der Raumfahrt und Raketentechnik.* München: DTV.

Ders. (Hrsg.). 1974.*Hat sich der Mond gelohnt? Zurück zur Erde.* (= Funk-Fernseh-Protokolle, Heft 8). München, Wien, Zürich: TR.

Ders. 1875.*Reise um den Mond.* (= Bekannte und unbekannte Welten: abenteuerliche Reisen von Julius Verne, Bd. 2) Wien, Leipzig: Hartleben. Zitierte Ausgabe: 2014. Berlin: Paramon.

Ders. 1980.*Raketen und Satelliten. Augen, Ohren, Stimmen im All.* (= Triumphe der Technik). Düsseldorf: Hoch.

Ders. 1980. *Lexikon Raumfahrt.* Berlin (Ost): Transpress, 6. Aufl.

Ders. 1981.*Peenemünde: Die Geschichte der V-Waffen.* Esslingen: Bechtle.

Ders. 1981.*Der erste Tag der neuen Welt. Vom Abenteuer der Raumfahrt zur Zukunft im All.* Frankfurt am Main: Umschau.

Ders. 1982.*Geschichte der Raumfahrt.* Würzburg: Stürtz, 2. Aufl.

Ders. 1982.*Vorstoß ins All. die faszinierende Geschichte der Raumfahrt.* Stuttgart, Wien: Das Beste.

Ders. 1982.*Alliierte Jagd auf deutsche Wissenschaftler. Das Unternehmen Paperclip.* München: Langen-Müller.

Ders. 1987.*Der Mensch im Weltraum. Eine Notwendigkeit.* Frankfurt am Main: Umschau.

Ders. 1987.*Sowjetische Raketen im Dienst von Wissenschaft und Verteidigung.* Berlin (Ost): Militärverl.

Ders. 1988. *Der Erste Weltkrieg.* Düsseldorf: Econ. Lizenzausgabe 1993. Augsburg: Weltbild.

Ders.: 1988.*Raumfahrer von A-Z.* Berlin (Ost): Militärverl.

Ders. 1991.*Herausforderung Weltraum. Die Entwicklung der bemannten Raumfahrt.* Stuttgart: Motorbuch.

Ders. 1992.*Raumfahrt.* (= Naturwissenschaft und Technik. Vergangenheit – Gegenwart – Zukunft). Weinheim: Zweiburgen.

Ders. 1997.*Das NASA-Protokoll. Erfolge und Niederlagen.* (= Kosmos-Report). Stuttgart: Franckh-Kosmos.

Ders. 2001.*Von Apollo zur ISS. Eine Geschichte der Raumfahrt.* München: Herbig.

Ders. 2001.*Geschichte der Raumfahrt.* (= Beck'sche Reihe Wissen, Bd. 2153). München: Beck.

Ders. 2004. *Der Zweite Weltkrieg.* Reinbek bei Hamburg: Rowohlt.

Ders. 2007.*Aufbruch ins All. Die Geschichte der Raumfahrt.* Darmstadt: Primus.

Ders. 2009. *Abenteuer Apollo 11. Von der Mondlandung zur Erkundung des Mars.* München: Herbig.

Ders. 2009.*Wernher von Braun. Visionär des Weltraums, Ingenieur des Krieges.* München: Siedler.

Ders. 2010.*Bemannte Raumfahrzeuge seit 1960.* (= Typenkompass). Stuttgart: Motorbuch, 2. Aufl.

Ders. 2010.*Raumstationen seit 1971.* (= Typenkompass). Stuttgart: Motorbuch.

Ders. 2011.*Raumsonden seit 1958.* (= Typenkompass). Stuttgart: Motorbuch.

Ders. 2011.*Trägerraketen seit 1957.* (= Typenkompass). Stuttgart: Motorbuch.

Ders. 2012.*X-15. An der Grenze zum Weltraum.* Aachen: Shaker.

Ders. 2012.*Geheime Raumfahrtprojekte seit 1957.* (= Typenkompass). Stuttgart: Motorbuch.

Ders. 2012.*Zukunftsprojekte der Raumfahrt.* (=Typenkompass). Stuttgart: Motorbuch.

Ders. 2013. *Satelliten seit 1957.* (=Typenkompass). Stuttgart: Motorbuch.

Ders. 2013.*Projekt Mercury.* (= Raumfahrt-Bibliothek). Stuttgart: Motorbuch.

Ders. 2013.*Projekt Gemini.* (= Raumfahrt-Bibliothek). Stuttgart: Motorbuch.

Ders. 2013.*Private Raumfahrtprojekte.* (=Typenkompass). Stuttgart: Motorbuch.

Ders. 2014.*Projekt Apollo. Die frühen Jahre.* (= Raumfahrt-Bibliothek). Stuttgart: Motorbuch.

Ders. 2014.*Projekt Apollo. Die Mondlandungen.* (= Raumfahrt-Bibliothek). Stuttgart: Motorbuch.

Ders. 2014. Black Arrow – Diamant – OTRAG. Die nationalen europäischen Trägerraketen. (= Edition Raumfahrt). Norderstedt: Books on Demand.

Ders. 2015. Die Europa-Rakete. Technik und Geschichte. (= Edition Raumfahrt kompakt). Norderstedt: Books on Demand, 2. Aufl.

Ders. 2015. Europäische Trägerraketen Bd. 1: *Von der Diamant zur Ariane 4 - Europas steiniger Weg in den Orbit.* (= Edition Raumfahrt). Norderstedt: Books on Demand.

Ders. 2015.*Saturn V. Die Mondrakete.* Stuttgart: Motorbuch.

Ders. 2016.*Interkontinentalraketen.* Stuttgart: Motorbuch.

Ders. 2016.*Die N1. Moskaus Mondrakete.* Stuttgart: Motorbuch.

Ders. 2016. *US-Trägerraketen.* (= Edition Raumfahrt). Norderstedt: Books on Demand.

Ders. 2017.*Moskaus Mondprogramm.* Stuttgart: Motorbuch.

Ders. 2017.*SOS im Weltraum. Menschen – Unfälle – Hintergründe.* Stuttgart: Motorbuch.

Ders. 2018. *Das Mercury-Programm.* (= Edition Raumfahrt). Norderstedt: Books on Demand.

Ders. 2018.*'69: Der dramatische Wettlauf zum Mond.* München: Langen Müller.

Ders. 2019. *Das Apollo-Programm.* (= Edition Raumfahrt). Norderstedt: Books on Demand.

Ders. 2019.*Abenteuer Raumfahrt. Die komplette Geschichte der Expeditionen ins All.*München: Dorling Kindersley.

Ders. 2021. *Raumfahrt-Geschichte. Die 100 wichtigsten Ereignisse.* Stuttgart: Motorbuch.

Ders.; Gritzner, Christian (Hrsg.). 2017.*Beiträge zur Geschichte der Raumfahrt Ausgewählte Vorträge der raumfahrthistorischen Kolloquien 1986–2015.* (=Abhandlungen der Leibniz-Sozietät der Wissenschaften, Bd. 46). Berlin: Trafo.

Ders.; Koc, Aydogan. 2006.*Raumfahrt-Wissen.* Stuttgart: Motorbuch.

Ders., Ley, Willy. 1958*Start in den Weltraum. Ein Buch über Raketen, Satelliten und Raumfahrzeuge.* Frankfurt am Main: Fischer.

Ders.; Marfeld, A. F. 1978.*Weltraumfahrt.* Berlin: Safari.

Ders.; Röttler, Dietmar. 2019.*Mondwärts. Der Wettlauf ins All.* Stuttgart: Motorbuch.

Ders.; Röttler, Dietmar. 2020. *Raketen. Die internationale Enzyklopädie.* Stuttgart: Motorbuch.

Ders., Wittbrodt, H. 1979.*Raketen, Satelliten, Raumstationen. Der Weg der UdSSR und der anderen sozialistischen Länder in den Weltraum.* Leipzig: Fachbuch.

Dies.:*Vorstoß ins All.* 1990. (=Time-Life Bücher. Reise durch das Universum, Bd. 1). Amsterdam. Time-Life.

Donovan, James. 2019.*Apollo 11. Der Wettlauf zum Mond.* München: DVA.

Dornberger, Walter. 1952.*V2 – der Schuß ins Weltall. Geschichte einer großen Erfindung.* Esslingen: Bechtle.

Ducrocq, Albert. 1961.*Sieg über den Raum. Erdsatelliten und Monderoberung.* (=Rowohlts deutsche Enzyklopädie, Bd. 119/120). Reinbek: Rowohlt.

Eisfeld, Rainer. 1996.*Mondsüchtig. Wernher von Braun und die Geburt der Raumfahrt aus dem Geist der Barbarei.* Reinbek bei Hamburg: Rowohlt.

Elsner, Eckhart. 1973.*Raumfahrt in Stichworten.* (=Hirts Stichwörterbücher). Kiel: Hirt.

Engel, Rolf. 1988.*Rußlands Vorstoß ins All. Geschichte der sowjetischen Raumfahrt.* Stuttgart: Bonn Aktuell.

Engelhardt, Rudolf; Merbold, Ulf. 2001.*Enzyklopädie der Raumfahrt.* Frankfurt am Main: Harri Deutsch.

Esser, Michael. 1999.*Der Griff nach den Sternen. Eine Geschichte der Raumfahrt.* Basel, Boston, Berlin: Birkhäuser.

Faber, Peter. 2009.*Hitlers V2-Rakete: Die Geheimwaffe, die den Krieg beenden sollte.* Stegen a. Ammersee: Druffel & Vowinckel.

Facon, Patrick. 1994.*Illustrierte Geschichte der Luftfahrt. Die Flugpioniere und ihre Maschinen vom 18. Jahrhundert bis heute.* Eltville am Rhein: Bechtermünz.

Fahr, Hans J. 1976.*Die zehn fetten Jahre der Weltraumforschung. Der wissenschaftliche Ertrag des letzten Dezenniums.* Darmstadt: WBG.

Faust, Heinrich. 1963.*Raketen, Satelliten, Weltraumflug.* Stuttgart: Reclam.

Freeman, Marsha. 1995.*Hin zu neuen Welten. Die Geschichte der deutschen Raumfahrtpioniere.* (=Erträge der Forschung, Bd. 54). Wiesbaden: Böttiger.

Furniss, Tim. 1998.*Die Mondlandung. Ein kleiner Schritt für einen Mann, aber ein großer Schritt für die Menschheit.* Bindlach: Gondrom.

Gagarin, Juri A. 1962.*Der Weg in den Kosmos. Ein Bericht des ersten Kosmonauten der UdSSR.* Moskau: Fremdsprachige Literatur.

Gartmann, Heinz. 1957.*Träumer, Forscher, Konstrukteure. Das Abenteuer der Weltraumfahrt.* Berlin, Darmstadt: DBG.

Gatland, Kenneth W. 1963.*Astronautik. Erfolge der Gegenwart - Projekte der Zukunft.* Mainz 1963, Krausskopf-Flugwelt.

Gauthier, Charles; Müller, Peter. 1967.*Raumfahrt - das große Abenteuer. Das Wettrennen zum Mond.* (=Hobby-Bücherei, Bd. 11). Stuttgart: EHAPA.

Gilberg, Lew A.; Marquart, Klaus. 1985.*Faszination Weltraumflug. Interessantes über die bemannte Raumfahrt.* Leipzig: Fachbuch.

Glenn, John H.; Carpenter, M. Scott; Shepard, Alan B.; Shirra, Walter M.; Cooper, L. Gordon; Grissom, Virgil I.; Slayton, Donald K. 1962.*Das Astronautenbuch. Sieben amerikanische Weltraumfahrer berichten.* Köln, Berlin: Kiepenheuer & Witsch.

Gorn, Michael H. 2005.*Die Geschichte der NASA.* München: Knesebeck.

Gründer, Matthias. 2000.*SOS im All. Pannen, Probleme und Katastrophen der bemannten Raumfahrt.* Berlin: Schwarzkopf & Schwarzkopf.

Hansen, James R. 2018.*Aufbruch zum Mond. Neil Armstrong: Die autorisierte Biografie.* München: Heyne.

Harbou, Thea von. 1928.*Frau im Mond.* Berlin: Scherl.

Hartl, Philipp. 1988.*Fernwirktechnik der Raumfahrt. Telemetrie, Telekommando, Bahnvermessung.* (=Nachrichtentechnik, Bd. 2) Berlin: Springer, 2. Aufl.

Hensel, André. 2002.*Von der V2 über Sputnik zu Apollo.Der Wettlauf zwischen den Supermächten zur Eroberung des Weltraumes vor dem Hintergrund des Kalten Krieges (1942–1972).* Klagenfurt: Universität, Diplomarbeit.

Herget, Josef; Hierl, Sonja; Seeger, Thomas (Hrsg.).2005.*Informationspolitik ist machbar!?*Reflexionen zum IuD-Programm 1974–1977 nach 30 Jahren. (=Reihe Informationswissenschaft der DGI, Bd. 6). Frankfurt am Main: DGI.

Herrmann, Dieter B. 1986.*Eroberer des Himmels. Meilensteine der Raumfahrt.* Leipzig, Jena, Berlin (Ost): Urania.

Hertenberger, Gerhard. 2009.*Aufbruch in den Weltraum. Geheime Raumfahrtprogramme, dramatische Pannen und faszinierende Erlebnisse russischer Kosmonauten.* Wien 2009, Seifert.

Hoffmann, André. 2011.*Der lange Weg zum Mond und zurück. Die Apollo Missionen.* Dinslaken: Athene Media.

Hofstätter, Rudolf. 1989. Sowjet-Raumfahrt. Basel, Berlin: Birkhäuser, Springer.

Hohmann, Walter. 1925.*Die Erreichbarkeit der Himmelskörper. Untersuchungen über das Raumfahrtproblem.* München: Oldenbourg.

Hoose, Hubertus M.; Burczik, Klaus. 1988.*Sowjetische Raumfahrt. Militärische und Kommerzielle Weltraumsysteme der UdSSR.* Frankfurt am Main: Umschau.

Hopmann, Helmut. 1999.*Schubkraft für die Raumfahrt. Entwicklung der Raketenantriebe in Deutschland.* Lernwerder: Stedinger.

Huzel, Dieter K. 1994.*Von Peenemünde nach Canaveral. Ein Augenzeugenbericht.* Berlin: Vision.

Jaumann, Ralf; Köhler, Ulrich. 2014.*Der Mond. Entstehung, Erforschung, Raumfahrt.* Köln: Komet.

Jikeli, Günther; Werner, Frederic (Hrsg.). 2014.*Raketen und Zwangsarbeit in Peenemünde. Die Verantwortung der Erinnerung.* Schwerin: Friedrich-Ebert-Stiftung.

Kaiser, Hans K. 1969.*Die Weltraumfahrt in Gegenwart und Zukunft.* Baden-Baden: Signal, 3. Aufl.

Kaiser, Karl; Welck, Stephan von (Hrsg.). 1987. *Weltraum und internationale Politik.* (=Schriften des Forschungsinstituts der Deutschen Gesellschaft für Auswärtige Politik. Reihe: Internationale Politik und Wirtschaft, Bd. 54). München: Oldenbourg.

Kalitizn, Nikolai S. 1961. *Weltraumflüge von Ziolkowski bis Gagarin.* Leipzig: Fachbuch.

Kanetzki, Manfred. 2014. *Operation Crossbow. Bomben auf Peenemünde.* Hrsg. vom Historisch-Technischen Museum Peenemünde. Berlin: Links Verlag.

Keegan, John. 2001. *Der Erste Weltkrieg.* Reinbek bei Hamburg: Rowohlt.

Kluge, Robert. 1997. *Der sowjetische Traum vom Fliegen. Analyseversuch eines Gesellschaftlichen Phänomens.* (=Slavistische Beiträge, Bd. 345). München: Sagner.

Koch, Richard. 1961. *Jenseits aller Grenzen. Tatsachen und Probleme am Beginn des Zeitalters der Weltraumfahrt.* München: AWA, 2. Aufl.

Koebner, Thomas (Hrsg.). 2006. Filmklassiker. Beschreibungen und Kommentare. 5 Bände. Stuttgart: Reclam, 5. Aufl.

Koebner, Thomas (Hrsg.). 2006. *Filmklassiker. Beschreibungen und Kommentare.* Bd. 3: 1963–1977. Stuttgart: Reclam, 5. Aufl.

Köhler, Horst W. 1977. *100 × Raumfahrt.* (=Klipp und klar. Die neue Wissensbibliothek. Hrsg. Fachredaktion des Bibliographischen Instituts). Mannheim 1977, Meyers.

Kokorew, Alexander A.: 1976. Mit dem Sputnik begann es… (=Neues Leben konkret. Bd. 28). Berlin (Ost): Neues Leben.

Kopenhagen, Wilfried; Neustädt, Rolf. 1982. *Das große Flugzeugtypenbuch.* Berlin (Ost): Transpress, 2. Aufl.

Koser, Wolfgang (Chefred.); Matting, Matthias; Baruschka, Simone; Grieser, Franz; Hiess, Peter; Mantel-Rehbach, Claudia; Stöger, Marcus (Mitarb.). 2019. *Die Geschichte der NASA. Die faszinierende Chronik der legendären US-Weltraum-Agentur.* (= Space Spezial, Nr. 1). München, Hannover: eMedia.

Kries, Wulf von; Schmidt-Tedd, Bernhard; Schrogl, Kai-Uwe. 2002. *Grundzüge des Raumfahrtrechts. Rahmenbestimmungen und Anwendungsgebiete.* München: Beck.

Kruse, Karl-Albin. 1973. *Das große Buch der Fliegerei und Raumfahrt.* München: Südwest.

Kulke, Ulli. 2010. *Weltraumstürmer. Wernher von Braun und der Wettlauf zum Mond.* Berlin: Quadriga.

Kurowski, Franz. 1973. *Satelliten erforschen die Erde. Von der ersten Rakete zu den Satellitenprogrammen.* Würzburg: Arena.

Kutter, Reinhard. 1983. *Flugzeug-Aerodynamik.* Stuttgart: Motorbuch.

La Roche, Günther; Mildenberger, Otto. 1997. *Solargeneratoren für die Raumfahrt. Grundlagen der photovoltaischen Solargeneratortechnik für Raumfahrtanwendungen.* Wiesbaden: Vieweg + Teubner.

Laumanns, Horst W. 2018. *Die schnellsten Flugzeuge der Welt seit 1945.* Stuttgart: Motorbuch.

Leitenberger, Bernd. 2014. *Das Gemini-Programm*. (= Edition Raumfahrt). Norderstedt: Books on Demand.

Levitt, Israel M. 1961. *Weltraumfahrt heute und morgen*. Berlin, Darmstadt: DBG.

Ley, Wilfried; Wittmann, Klaus; Hallmann, Willi (Hrsg.). 2011. *Handbuch der Raumfahrttechnik*. München: Hanser, 4. Aufl. [5. Aufl. 2019].

Ley, Willy. 1926. *Die Fahrt ins Weltall*. Leipzig: Hachmeister & Thal.

Light, Michael. 2002. *Full Moon. Aufbruch zum Mond*. München: Frederking & Thaler.

Lommel, Horst. 1998. *Der erste bemannte Raketenstart der Welt. Geheimaktion Natter*. Stuttgart: Motorbuch.

Lorenzen, Dirk H. 2021. *Der neue Wettlauf ins All. Die Zukunft der Raumfahrt*. Stuttgart: Franckh-Kosmos.

Lovell, Jim. 1995. *Apollo 13. Ein Erlebnisbericht*. München: Goldmann.

Luginger, Alois. 1964. *Die Eroberung des Alls. Ein Blick in das Werden der Raketen, Satelliten und Raumkapseln*. Regensburg: Vogl.

Mackowiak, Bernhard; Schughart, Anna. 2018. *Raumfahrt. Der Mensch im All*. Köln: Edition Fackelträger, Naumann & Göbel.

Maegraith, Michael. 1969. *Mondlandung. Dokumentation der Weltraumfahrt*. Stuttgart: Belser.

Mailer, Norman. 2010. *Moonfire: Die legendäre Reise der Apollo 11*. Köln: Taschen.

Marchis, Vittorio. 2001. *Wernher von Braun. Der lange Weg zum Mond*. Heidelberg: Spektrum der Wissenschaft.

Marfeld, Alexander F. 1963. *Das Buch der Astronautik. Technik und Dokumentation der Weltraumfahrt*. Berlin: Safari.

Mc Govern, James. 1967. *Spezialisten und Spione. Amerika erobert Hitlers Wunderwaffen*. Gütersloh: Mohn.

Mekulov, Igor A. 1960. *Raketen fliegen zum Mond*. Berlin (Ost): Technik.

Merk, Otto. 1967. *Raumfahrt-Report*. München: Bruckmann.

Messerschmid, Ernst; Fasoulas, Stefanos. 2017. *Raumfahrtsysteme. Eine Einführung mit Übungen und Lösungen*. Berlin: Springer Vieweg, 5. Aufl.

Metzler, Rudolf. 1985. *Der große Augenblick in der Weltraumfahrt. Von den ersten Raketen bis zur Raumstation*. Bindlach: Loewe, 2. Aufl.

Mielke, Heinz. 1956. *Der Weg ins All. Tatsachen und Probleme des Weltraumfluges*. Berlin (Ost): Neues Leben.

Mischin, Wassili P. 1999. *Sowjetische Mondprojekte*. Klitzschen: Elbe-Dnjepr.

Moosleitner, Peter (Hrsg.); Deissinger, Ernst (Red.). 1993. *Chuck Yeager durchbricht die Schallmauer*. (= P.M. Das historische Ereignis, Nr. 1). München: G+J.

Moosleitner, Peter (Hrsg.); Sprado, Hans-Hermann (Red.). 1996. *Mondlandung*. (= P.M. Das historische Ereignis, Nr. 10). München: G+J.

Müller, Helmut. 1969. *Apollo 11. Der Mensch betritt den Mond. Eine Dokumentation aus Anlaß des Raumfahrtunternehmens der NASA vom 16.–24. Juli 1969*. Münster in Westfalen: Aschendorff.

Müller, Klaus. 1994. *Fachwörterbuch Luft- und Raumfahrt*. Planegg: Aviatic.

Müller, Wolfgang D. 1955. *Du wirst die Erde sehen als Stern. Probleme der Weltraumfahrt.* Stuttgart: DVA.

Neufeld, Michael J. 1999.*Die Rakete und das Reich. Wernher von Braun, Peenemünde und der Beginn des Raketenzeitalters.* Berlin: Henschel, 2. Aufl.

Oberth, Hermann. 1923.*Die Rakete zu den Planetenräumen.* München: Oldenbourg.

Osterhage, Wolfgang W. 2021. *Die Geschichte der Raumfahrt.* Berlin, Heidelberg: Springer.

Owen, David. 2002.*Der Mensch im All. Aufbruch in unendliche Weiten.* Niedernhausen: Orbis.

Pesl, Martin Thomas; Schmitzer, Ulrike. 2018.*Houston, wir haben ein Problem. Kuriose Geschichten aus der Raumfahrt.* Wien: Edition Atelier.

Peter, Ernst. 1988.*Der Weg ins All. Meilensteine zur bemannten Raumfahrt.* Stuttgart: Motorbuch.

Petri, Winfried. 1970.*Weltraumfahrt.* München: Reich.

Pfaffe, Herbert; Stache, Peter. 1975. *Raumflugkörper. Ein Typenbuch.* Berlin (Ost): Transpress, 3. Aufl.

Pichler, Herbert J. 1969. *Die Mondlandung. Der Menschheit größtes Abenteuer.* Wien, München, Zürich: Molden.

Piekalkiewicz, Janusz. 1985. *Der Zweite Weltkrieg.* Düsseldorf: Econ. Lizenzausgabe 1992. Augsburg: Weltbild.

Pointer, Josef. 1966.*Das 1×1 der Weltraumfahrt.* Wien, Düsseldorf: Econ.

Polianski, Igor J.; Schwartz, Matthias (Hrsg.). 2009.*Die Spur des Sputnik. Kulturhistorische Expeditionen ins kosmische Zeitalter.* Frankfurt am Main: Campus.

Proske, Rüdiger. 1966.*Zum Mond und weiter.* Bergisch Gladbach: Bastei.

Pulla, Rolf. 2006. *Raketentechnik in Deutschland. Ein Netzwerk aus Militär, Industrie und Hochschulen 1930 bis 1945.* (= Studien zur Technik-, Wirtschafts- und Sozialgeschichte, Bd. 14). Frankfurt am Main: Lang.

Puttkamer, Jesco von. 1969.*Apollo 8. Aufbruch ins All. Der Report der ersten Mondumkreisung.* (= Heyne-Sachbuch. Nr. 130). München: Heyne.

Raumfahrt-Infodienst. 1995–1997.*Das amerikanische Apollo-Programm. Die große Serie zu dem größten Abenteuer der bemannten Raumfahrt.* 21 Bände, München: Gutverlag.

Reichl, Eugen. 2007.*Das Raketentypenbuch.* Stuttgart: Motorbuch.

Reichl, Eugen. 2011. *Raumsonden seit 1958.* Stuttgart: Motorbuch.

Reinke, Niklas. 2004. *Geschichte der deutschen Raumfahrtpolitik. Konzepte, Einflußfaktoren und Interdependenzen 1923–2002.* München: Oldenbourg.

Ritchie, David. 1983.*Der Krieg im Weltraum hat begonnen.* Hamburg: Kabel.

Rjabtschikow, Jewgewnij. 1972.*Rote Raketen. Keiner kennt Baikonur.* Stuttgart: DVA.

Roach, Mary. 2012.*Was macht der Astronaut, wenn er mal muss? Eine etwas andere Geschichte der Raumfahrt.* Reinbek bei Hamburg: Rowohlt.

Rödel, Eberhard. 2014.*Projekt Sputnik. Der Aufbruch ins All.* Stuttgart: Motorbuch.

Romanow, Alexander. 1976.*Sergej Koroljow. Chefkonstrukteur der Raumschiffe.* Moskau: APN.

Rönnefahrt, Helmuth K. G. (Begr.); Euler, Heinrich (Bearb.). 1975. Vertrags-Ploetz. Konferenzen und Verträge. Ein Handbuch geschichtlich bedeutsamer Zusammenkünfte und Vereinbarungen. Bd. 4 A: 1914-1959, Bd. 4 B: 1959–1963, Bd. 5: 1963–1970. Würzburg: Ploetz, 2. Aufl.

Röthlein, Brigitte. 1997.*Mare Tranquillitatis, 20. Juli 1969. Die wissenschaftlich-technische Revolution.* (= 20 Tage im 20. Jahrhundert. Hrsg. Norbert Frei, Klaus-Dietmar Henke, Hans Wollner, Bd. 13). München: DTV.

Ruland, Bernd. 1969.*Wernher von Braun. Mein Leben für die Raumfahrt.* Offenburg: Burda.

Ruppe, Harry O. 1980–82.*Die grenzenlose Dimension. Raumfahrt.* Bd. 1: Chancen und Probleme, Bd. 2: Werkzeuge und Welt. Düsseldorf, Wien: Econ.

Sagan, Carl. 1996. *Blauer Punkt im All. Unsere Heimat Universum.* München: Droemer Knaur. Lizenzausgabe 1999. Augsburg: Bechtermünz, Weltbild.

Sänger, Eugen. 1933.*Raketen-Flugtechnik.* München: Oldenbourg.

Schiemann, Heinrich 1969.*So funktioniert die Weltraumfahrt. Technik und Organisation des Apollo-Projekts.* Stuttgart: DVA.

Scholze, Oskar. 1969.*Der Weg zum Mond.* Stuttgart, Zürich: Wissen.

Schönherr, Karlheinz. 1966.*Sechs Tage bis zum Mond. Wernher von Braun und die Weltraumfahrt.* Freiburg i. B.: Alsatia.

Schröder, Wolfgang. 1961.*Der Sprung ins All. Möglichkeiten und Gefahren der Raumfahrt.* Wiesbaden: Brockhaus.

Schütte, Karl. 1958.*Die Weltraumfahrt hat begonnen. Vom ersten Satelliten bis zur Mondreise.* Freiburg i. B.: Herder.

Scott, Zack. 2018.*Apollo. Der Wettlauf zum Mond.* München: Droemer.

Seibert, Fritz. 1982.*Zu den Sternen – wohin sonst?*Dortmund: Weltkreis.

Shelton, William R. 1968.*Die Russen im Weltraum.* München: List.

Siefarth, Günter. 1972.*Raumfahrt. Raumschiffe und Orbitalstationen.* München: BLV.

Silvestri, Goffredo (Hrsg.); Schiephake, Hanfried (Bearb.). 1986.*Weltenzyklopädie der Raumfahrt.* München: Südwest.

Sokoll, Alfred H. 1965.*Abkürzungen in der Luft- und Raumfahrt.* München: Alkos.

Soucek, Alexander. 2015.*Space Law Essentials.* Vol. 1: Textbook. (= Linde Praktiker Skripten). Wien: Linde.

Sparrow, Giles. 2011.*Abenteuer Raumfahrt. Expeditionen ins All.* München: Dorling Kindersley.

Spillmann, Kurt R. (Hrsg.). 1988.*Der Weltraum seit 1945.* Basel, Berlin: Birkhäuser, Springer.

Stache, Peter. 1973.*Raumfahrt-Trägerraketen. Ein Typenbuch.* Berlin (Ost): Transpress.

Stanek, Bruno. 1983.*Raumfahrt-Lexikon.* Bern, Stuttgart: Hallwag.

Staritz, Rudolf F. 1966. *Einführung in die Technik der Flugkörper (Raketentechnik).* (= Technische Handbücherei, Bd. 75). Berlin: Schiele & Schön.

Steiner, Wolfgang; Schagerl, Martin. 2004. *Raumflugmechanik. Dynamik und Steuerung von Raumfahrzeugen.* Berlin: Springer.

Stuhlinger, Ernst; Ordway, Frederick I. 1992. *Wernher von Braun. Aufbruch in den Weltraum.* Esslingen, München: Bechtle.

Stüwe, Botho. 1995. *Peenemünde West. Die Erprobungsstelle der Luftwaffe für geheime Fernlenkwaffen und deren Entwicklungsgeschichte.* Esslingen, München: Bechtle.

Tölle, Marianne (Red.). 1990. *Die Raumfahrer.* (= Time-Life Bücher. Reise durch das Universum, Bd. 11). Amsterdam: Time-Life.

Tschernjessow, Michail. 1982. *Vom Sputnik zu Saljut. 25 Jahre Raumfahrt.* Moskau: APN.

Verne, Jules. 1874. *Von der Erde zum Mond.* (= Bekannte und unbekannte Welten: abenteuerliche Reisen von Julius Verne, Bd. 1) Wien, Leipzig: Hartleben. Zitierte Ausgabe: 2018. Hamburg: Impian.

Wallisfurth, Rainer M. 1964. *Rußlands Weg zum Mond.* Düsseldorf: Econ.

Walter, Ulrich. 2019. *Höllenritt durch Raum und Zeit. Ein Astronaut erklärt, wie es sich anfühlt, ins All zu reisen.* München: Penguin.

Wärter, Alexandra. 1997. *Wernher von Braun und sein Beitrag zur Entwicklung der Raketentechnik.* Klagenfurt: Universität, Diplomarbeit.

Welles, Herbert George. 1901. *Der Krieg der Welten.* Wien: Perles.

Werth, Karsten. 2006. *Ersatzkrieg im Weltraum. Das US-Raumfahrtprogramm in der Öffentlichkeit der 1960er Jahre.* (= Campus Forschung, Bd. 898). Frankfurt am Main: Campus.

Weyer, Johannes. 1999. *Wernher von Braun.* Reinbek bei Hamburg: Rowohlt.

Wieland, Bernhard; Mahmood, Talat; Röller, Lars-Henrik. 1998. *Situation und Perspektiven der deutschen Raumfahrtindustrie. Eine ordnungspolitische Analyse.* (= Beiträge zur Strukturforschung, Bd. 172. Hrsg. Deutsches Institut für Wirtschaftsforschung). Berlin: Duncker & Humblot.

Winter, Siegfried. 1978. *Das große Fliegerbuch der Luft- und Weltraumfahrt.* Reutlingen: Ensslin und Laiblin, 13. Aufl.

Wolf, Dieter O. A.; Hoose, Hubertus M.; Dauses, Manfred A. 1983. *Die Militarisierung des Weltraums. Rüstungswettlauf in der vierten Dimension.* (= B & G aktuell. Hrsg. Arbeitskreis für Wehrforschung, Bd. 36). Koblenz: Bernard & Graefe.

Woydt, Hermann. 2009. *Von Mercury bis Apollo. Die Geschichte der bemannten US-Raumfahrt.* Aachen: Shaker.

Woydt, Hermann. 2015. *Das Ariane-Programm.* Stuttgart: Motorbuch.

Zeiss, Carl (Hrsg.). 1971. *Das große Projekt. Raumfahrt und Apollo-Programm. Die wissenschaftlichen Erkenntnisse und der praktische Nutzen für die Menschheit.* Stuttgart: Weinbrenner.

Zeithammer, Franz. 1969. *Zwischenstation Mond. Das programmierte Abenteuer.* (= Kosmos-Bibliothek, Bd. 264). Stuttgart: Franckh-Kosmos.

Zigel, Felix J. 1961.*Monderforschung mit Raketen*. Berlin (Ost): Technik.

Zimmer, Harro. 1996.*Der rote Orbit. Glanz und Elend der russischen Raumfahrt.* (= Kosmos-Report). Stuttgart: Franckh-Kosmos.

2. Aufsätze

Balogh, Werner. 2007. Rechtliche Aspekte von Raketenstarts. In: *Raumfahrt und Recht*. Hrsg. C. Brünner u. a. (= StPV, Bd. 89). Wien u. a.: Böhlau, S. 56–77.

Büdeler, Werner. 1984. Wie Raketen die Welt veränderten. In:*P. M. Peter Moosleitners interessantes Magazin*. Nr. 10 (Okt.), S. 54–65.

Bührke, Thomas. 2019. Der Schuss zum Mond. Der Bau der Mondrakete sowie des Apollo-Raumschiffes und der Landefähre vor 50 Jahren war eine technische Meisterleistung. In:*Bild der Wissenschaft*. 56. Jg., Nr. 1 (Jan.), S. 14–21.

Dambek, Thorsten. 2010. Warum hat die Rückseite kein Gesicht? In:*Bild der Wissenschaft*. 74. Jg., Nr. 6 (Juni), S. 48 f.

Dech, Stefan; Reininger, Klaus-Dieter; Schreier, Gunter. 2011. Erdbeobachtung. In:*Handbuch der Raumfahrttechnik*. Hrsg. W. Ley, K. Wittmann, W. Hallmann. München: Hanser, 4. Aufl., S. 505–520.

Ders. 2007. Technische Aspekte der Kommunikation via Weltraum. In: *Raumfahrt und Recht*. Hrsg. C. Brünner u. a. (= StPV, Bd. 89). Wien u. a.: Böhlau, S. 120–129.

Ders. 2022. Bell X-1: Die Mauer muss weg! In: *Take-Off. Ein Sonderheft von Flug Revue*, Nr. 1/2022, S. 40 f.

Ders. 2022. North American X-15: Mit Mach 6 an die Grenzen des Alls. In: *Take-Off. Ein Sonderheft von Flug Revue*, Nr. 1/2022, S. 62 f.

Ders. 2022. Lockheed U-2: In ungekannte Höhen. In: *Take-Off. Ein Sonderheft von Flug Revue*, Nr. 1/2022, S. 56 f.

Dodel, Hans. Kommunikation. 2011. In:*Handbuch der Raumfahrttechnik*. Hrsg. W. Ley, K. Wittmann, W. Hallmann. München: Hanser, 4. Aufl., S. 521–534.

Ebner, Ulrike. 2021. Schneller als Mach 3. In: Flug Revue, 66. Jg., Nr. 10 (Okt.), S. 30 f.

Eyermann, Karl-Heinz. 1993-94. Historie. Explosion stoppt Wettlauf zum Mond. In:*Flug Revue. Flugwelt international*. Teil 1: Die russische Riesenrakete N-1 als Konkurrent zur Saturn-5. 38. Jg. 1993, Nr. 12 (Dez.), S. 40–44. Teil 2: Vier Fehlstarts beenden das russische N-1-Projekt. 39. Jg. 1994, Nr. 1 (Jan.), S. 42–45.

Frischauf, Norbert; Karner, Gerald. 2007. Erdbeobachtung im Spannungsfeld zwischen ziviler und militärischer Nutzung. In: Raumfahrt und Recht. Hrsg. C. Brünner u. a. (= StPV, Bd. 89). Wien u. a.: Böhlau, S. 151–159.

Giesen, Rolf. 2006. Planet der Affen. In:*Filmklassiker. Beschreibungen und Kommentare*. Bd. 3: 1963–1977. Hrsg. T. Koebner. Stuttgart: Reclam, 5. Aufl., S. 186–188.Günter, Thilo. 1999 Vor 30 Jahren. Apollo 11 und der Wettlauf zum

Mond. In:*Sterne und Weltraum. Zeitschrift für Astronomie.* Nr. 6–7 (Juni-Juli), S. 548–556.

Göring, Olaf. 2021. Mutige Pioniere im Weltall: 60 Jahre bemannte Raumfahrt. In: *Flug Revue*, 66. Jg., Nr. 5 (Mai), S. 72–77.

Greschner, Georg S. 1987. Zur Geschichte der deutschen Raumfahrt. In: *Weltraum und internationale Politik.* Hrsg. Karl Kaiser, Stephan von Welck. (= Schriften des Forschungsinstituts der Deutschen Gesellschaft für Auswärtige Politik, Bd. 54). München: Oldenbourg, S. 255–276.

Grob, Norbert. 2006. Krieg der Sterne – Star Wars. In: *Filmklassiker. Beschreibungen und Kommentare.* Hrsg. Thomas Koebner. Stuttgart: Reclam, 3. Aufl. Bd. 3: 1963–1977, S. 549–553.

Hallmann, Willi. 2011. Historischer Überblick. In:*Handbuch der Raumfahrttechnik.* Hrsg. W. Ley, K. Wittmann, W. Hallmann. München: Hanser. 4. Aufl., S. 32–42.

Häring, Beatrice. 2015. Raketen, Rost & Restaurierung. Die ehemalige Heeresversuchsanstalt Peenemünde. In:*Monumente. Magazin für Denkmalkultur in Deutschland.* Nr. 4 (August). Bonn: Deutsche Stiftung für Denkmalschutz.

Herget, Josef. 2005. IuD-Programm. In:*Informationspolitik ist machbar!?*Hrsg. J. Herget, S. Hierl, T. Seeger. (= Reihe Informationswissenschaft der DGI, Bd. 6, S. 63–108). Frankfurt am Main: DGI.

Hobe, Stephan. 2019. Wem gehört der Weltraum? Welches Recht gilt im Weltraum und kann es überhaupt durchgesetzt werden? In: *Zeitschrift für Politikwissenschaft*, 29. Jg., S. 493–504.

Hoeveler, Patrick; Zwerger, Patrick. Lockheed SR-71A Blackbird: Der schwarze Blitz aus Burbank. In: *Take-Off. Ein Sonderheft von Flug Revue*, Nr. 1/2022, S. 70 f.

Hoffmann, Horst. 2001. Kolumbus des Kosmos. Vor 40 Jahren startete der erste Mensch ins All. In:*Flug Revue. Flugwelt international.* 46. Jg., Nr. 4 (April), S. 92–95.

Jack, Uwe W. 2019. Apollo 8: „You are Go for TLI". In:*Flieger Revue. Magazin für Luft- und Raumfahrt.* Nr. 1 (Jan.), S. 48–51.

Jeschke, Wolfgang. 1995. The War of the Worlds. In:*Kindlers Neues Literaturlexikon. Hauptwerke der englischen Literatur.* Bd. 2: Das 20. Jahrhundert. München: Kindler, S. 212 f.

Kens, Karlheinz. 1994. Geschoß durch die Schallbarriere. Die zwei Generationen der Bell X-1. In: *Flug Revue*, 39. Jg., Nr. 10 (Okt.), S. 56–59.

Kiefer, Bernd. 2006. Planet der Affen. In:*Filmklassiker. Beschreibungen und Kommentare.* Bd. 3: 1963–1977. Hrsg. T. Koebner. Stuttgart: Reclam, 5. Aufl., S. 193–199.

Koudelka, Otto. 2000. Satellitenkommunikationssysteme und ihre Anwendung. In: Elektrotechnik und Informationstechnik (E&I), 117. Jg., Nr. 9 (Sept.), S. 560–566.

Kowalski, Gerhard. 1998. Rußlands Militärsatelliten. Geheimnis gelüftet. In:*Flug Revue. Flugwelt international.* 43. Jg., Nr. 1 (Jan.), S. 44–46.

Lassmann, Jens; Obersteiner, Michael H.: Trägersysteme – Gesamtsysteme. In:*Handbuch der Raumfahrttechnik.* Hrsg. W. Ley, K. Wittmann, W. Hallmann. München: Hanser. 4. Aufl., S. 132–149.

Montenbruck, Oliver. 2011. Bahnmechanik. In:*Handbuch der Raumfahrttechnik.* Hrsg. W. Ley, K. Wittmann, W. Hallmann. München: Hanser, 4. Aufl., S. 74–101.

Mühldorfer-Vogt, Christian. 2014. Zwangsarbeit in den Peenemünder Versuchsanstalten 1936–1945. In:*Raketen und Zwangsarbeit in Peenemünde. Die Verantwortung der Erinnerung.* Hrsg. G. Jikeli, F. Werner. Schwerin: Friedrich-Ebert-Stiftung, S. 82–101.

Nowak, Karl. Heinkel He 178: Die erste ihrer Art. In: *Take-Off. Ein Sonderheft von Flug Revue,* Nr. 1/2022, S. 32 f.

Pletschacher, Peter. 1993. Mit Düsenantrieb und Pfeilflügel durch die Schallmauer. In:*Chuck Yeager durchbricht die Schallmauer.* (= P.M. Das historische Ereignis, Nr. 1) München: G+J, S. 13.

Prinzing, Philipp. 2022. Messerschmitt Me 262: Der erste Strahljäger. In: *Take-Off. Ein Sonderheft von Flug Revue,* Nr. 1/2022, S. 38 f.

Rademacher, Cay. 1995. Odyssee im All. Der dramatische Flug von Apollo 13. In:*GEO. DasReportage-Magazin.* 20. Jg. Nr. 2 (Febr.), S. 123–138.

Rascher, Tilman. 1993.*Chuck Yeager durchbricht die Schallmauer.* (= P.M. Das historische Ereignis, Nr. 1), S. 16–29.

Reinhold, Lars. 2022. Messerschmitt Me 163: Komet ohne Strahlkraft. In: *Take-Off. Ein Sonderheft von Flug Revue,* Nr. 1/2022, S. 36 f.

Rietz, Frank E. 1994. Historie. Vorstoß in eine neue Welt. Vor 25 Jahren landeten die ersten Menschen auf dem Mond. In:*Flug Revue. Flugwelt international.* 39. Jg., Nr. 7 (Juli), S. 36–39.

Sassen, Stefan. 2011. Raumfahrtnutzung: Navigation. In:*Handbuch der Raumfahrttechnik.* Hrsg. W. Ley, K. Wittmann, W. Hallmann. München: Hanser. 4. Aufl., S. 535–553.

Schughart, Anna. 2018. Hidden Figures. Die weiblichen Computer der NASA. In:*Raumfahrt. Der Mensch im All.* Bernhard Mackowiak und Anna Schughart. Köln: Fackelträger, S. 108 f.

Schwarz, Karl. 2020. Bemannte Rakete: Ba 349 Natter. In: *Flug Revue,* 65. Jg., Nr. 3 (März), S. 82–85.

Sommer, Josef. 2011. Rendezvous and Docking. In: *Handbuch der Raumfahrttechnik.* Hrsg. W. Ley u. a. München: Hanser, S. 430–443.

Tschertok, Boris. 1997. Per aspera ad astra. Vor 40 Jahren eröffnete Sputnik 1 das Zeitalter der Raumfahrt. In:*Flieger Revue. Magazin für Luft- und Raumfahrt.* 45. Jg., Nr. 10 (Okt.), S. 70–74.

Ulamec, Stephan; Hanowski, Nicolaus. 2011. Weltraumastronomie und Planetenmissionen. In:*Handbuch der Raumfahrttechnik*. Hrsg. W. Ley, K. Wittmann, W. Hallmann. München: Hanser, 4. Aufl., S. 553–570.

Vaas, Rüdiger. 1997. Fernster Kundschafter im Kosmos. Pioneer 10 – ein Satellit [*sic!*] revolutioniert die Planetenforschung. In:*Bild der Wissenschaft*. 34. Jg. 1997, Nr. 9 (Sept.), S. 16–21.

Wittmann, Klaus; Hanowski, Nicolaus. 2011. Raumfahrtmissionen. In:*Handbuch der Raumfahrttechnik*. Hrsg. W. Ley, K. Wittmann, W. Hallmann. München: Hanser, 4. Aufl., S. 42–55.

Wolfrum, Rüdiger. 1987. Weltraumpolitik der Vereinten Nationen. In:*Weltraum und internationale Politik*. Hrsg. K. Kaiser, S. v. Welck. (= Schriften des Forschungsinstituts der Deutschen Gesellschaft für Auswärtige Politik. Reihe: Internationale Politik und Wirtschaft. Bd. 54, S. 451–465). München: Oldenbourg.

Wolek, Ulrich. 2007. Der Sputnik-Schock. Vor 50 Jahren sandte der erste künstliche Satellit ein Funksignal zur Erde. In:*GEO. Das Bild der Erde*. 32. Jg., Nr. 9 (Sept.), S. 120–123.

Zwerger, Patrick. 2022. North American XB-70A Valkyrie: Das weiße Monster. In: *Take-Off. Ein Sonderheft von Flug Revue*, Nr. 1/2022, S. 68 f.

3. Fachzeitschriften und Jahrbücher

Bild der Wissenschaft. 1. Jg. 1964 ff. München, Leinfelden-Echterdingen: DVA, Konradin.

Flug Revue. Magazin für Luft- und Raumfahrt. 1. Jg. 1956 ff. Stuttgart: Motor Presse.

Jahrbuch der Deutschen Gesellschaft für Luft- und Raumfahrt. 1. Jg. 1968–50. Jg. 2008. Hrsg. Deutsche Gesellschaft für Luft- und Raumfahrt (DGLR). Bonn: DGLR.

Jahrbuch der Luft- und Raumfahrt. 1. Jg. 1963 ff. Hrsg. Bundesverband der Deutschen Luft- und Raumfahrtindustrie (BDLI). Essen, Oberhaching: Sutter, Aviatic.

Jahrbuch der Deutschen Gesellschaft für Luft- und Raumfahrt. Hrsg. Deutsche Gesellschaft für Luft- und Raumfahrt (DGLV). 1968 ff. Bonn: DGLR.

Luft- und Raumfahrt. Hrsg. Deutsche Gesellschaft für Luft- und Raumfahrt (DGLR). Bonn: DGLR.

Raumfahrt Concret. Hrsg. Initiative 2000 plus. Neubrandenburg: Iniplu.

Space Raumfahrt-Chronik. Das Raumfahrt-Jahrbuch des Vereins zur Förderung der Raumfahrt e. V. Hrsg. Verein zur Förderung der Raumfahrt (VFR). 2004 ff. München: VFR.

Space. Das Weltraum-Magazin. 1. Jg. 2013 ff. Hrsg. Ansgar und Christian Heise. München, Hannover: eMedia.

Space Raumfahrt-Chronik. Raumfahrt-Jahrbuch des Vereins zur Förderung der Raumfahrt. 1. Jg. 2004 ff. Hrsg. Verein zur Förderung der Raumfahrt (VFR). München: VFR.

Spektrum der Wissenschaft [dt. Ausg. von Scientific American]. 1. Jg. 1978 ff. Heidelberg: Spektrum der Wissenschaft [Springer Nature].

Sterne und Weltraum. 1. Jg. 1962 ff. Mannheim, Heidelberg: Bibliographisches Institut, Spektrum der Wissenschaft [Springer Nature].

Take-Off. Ein Sonderheft von Flug Revue, Aerokurier und Klassiker der Luftfahrt. 1. Jg. 2021 ff. Stuttgart: Motor Presse.

Zeitschrift für Luft- und Weltraumrecht. Hrsg. Institut für Luft- und Weltraumrecht (ILW) der Universität zu Köln. Köln: ILW.

4. Digitale Datenarchive

Bernd Leitenbergers Raumfahrt-Aufsätze: https://www.bernd-leitenberger.de/raumfahrt.shtml (letzter Zugriff: 19.09.2023)

DPA Deutsche Presse-Agentur Picture Alliance: https://www.picture-alliance.com (letzter Zugriff: 19.09.2023)

Enyclopedia Astronautica: http://www.astronautix.com (letzter Zugriff: 19.09.2023)

ESA European Space Agency History: https://www.esa.int/About_us/ESA_history (letzter Zugriff: 19.09.2023)

ESA Mission Navigator: https://www.esa.int/ESA/Our_Missions (Zugriff: 19.09.2023)

ESAPhoto Library for Professionals: https://www.esa-photolibrary.com (letzter Zugriff: 19.09.2023)

ESA Space in Images: http://www.esa.int/ESA_Multimedia/Images (Zugriff: 19.09.2023)

NASA National Aeronautics & Space Administration History Division: https://history.nasa.gov (letzter Zugriff: 19.09.2023)

NASA Image & Video Library: https://images.nasa.gov (letzter Zugriff: 19.09.2023)

NASA Image and Video Library:https://images.nasa.gov (Zugriff: 10.01.2019).

NASA Space Science Data Coordinated Archive (NSSDCA): https://nssdc.gsfc.nasa.gov/nmc/SpacecraftQuery.jsp (Zugriff: 19.09.2023)

NASA Space Science Data Coordinated Archive (NSSDCA) des National Space Science Data Center (NSSDC):https://nssdc.gsfc.nasa.gov/nmc/SpacecraftQuery.jsp (Zugriff: 10.01.2019).

NASA Technical Reports Server (NTRS): https://ntrs.nasa.gov (Zugriff: 19.09.2023)

Raumfahrer Net: http://raumfahrer.net (letzter Zugriff: 19.09.2023)

SF Space Facts: http://spacefacts.de (letzter Zugriff: 19.09.2023)

SSO Space Stats Online: https://spacestatsonline.com (letzter Zugriff: 19.09.2023)

UCS Union of Concerned Scientists Satellite Database: https://www.ucsusa.org/resources/satellite-database (letzter Zugriff: 19.09.2023)

WSF World Space Flight: https://www.worldspaceflight.com (Zugriff: 19.09.2023)

Personen- und Sachverzeichnis

© Springer-Verlag GmbH Deutschland, ein Teil von Springer Nature 2023
A. Hensel, *Geschichte der Raumfahrt bis 1975*, https://doi.org/10.1007/978-3-662-64573-4

Printed in the United States
by Baker & Taylor Publisher Services